2021
天津科技年鉴

天 津 市 科 学 技 术 局 主 办

天津市科学技术发展战略研究院承办

天津市科技史志编修办公室编

方志出版社
Publishing House of Local Records

图书在版编目（CIP）数据

天津科技年鉴. 2021 / 天津市科技史志编修办公室编. -- 北京：方志出版社，2021.12
ISBN 978-7-5144-4888-7

Ⅰ. ①天… Ⅱ. ①天… Ⅲ. ①科学研究事业－天津－2021－年鉴 Ⅳ. ①G322.721-54

中国版本图书馆CIP数据核字(2021)第244559号

天津科技年鉴（2021）

编　　者：天津市科技史志编修办公室
责任编辑：刘　芳
出 版 者：方志出版社
地址　北京市朝阳区潘家园东里9号（国家方志馆4层）
邮编　100021
网址　http://www.zgfzcb.cn
发　　行：方志出版社图书经销中心
电话　（010）67110500
经　　销：各地新华书店
印　　刷：天津中铁物资印业有限公司
开　　本：889×1194　1/16
印　　张：24.75 印张
字　　数：739 千字
版　　次：2021 年 12 月第 1 版　2021 年 12 月第 1 次印刷
印　　刷：001~600 册
ISBN 978-7-5144-4888-7　定价：300.00 元

南开大学等单位周启星等完成的“典型区土壤污染诊断及修复植物的响应机制”项目，获 2020 年度天津市自然科学特等奖。图为孔雀草大田实验现场 （周启星　供稿）

天津大学尧命发等完成的“发动机燃料与新型燃烧模式协同调控机制及方法”项目，获 2020 年度天津市自然科学一等奖。图为光学发动机激光诊断燃烧机理示意图 （刘海峰　供稿）

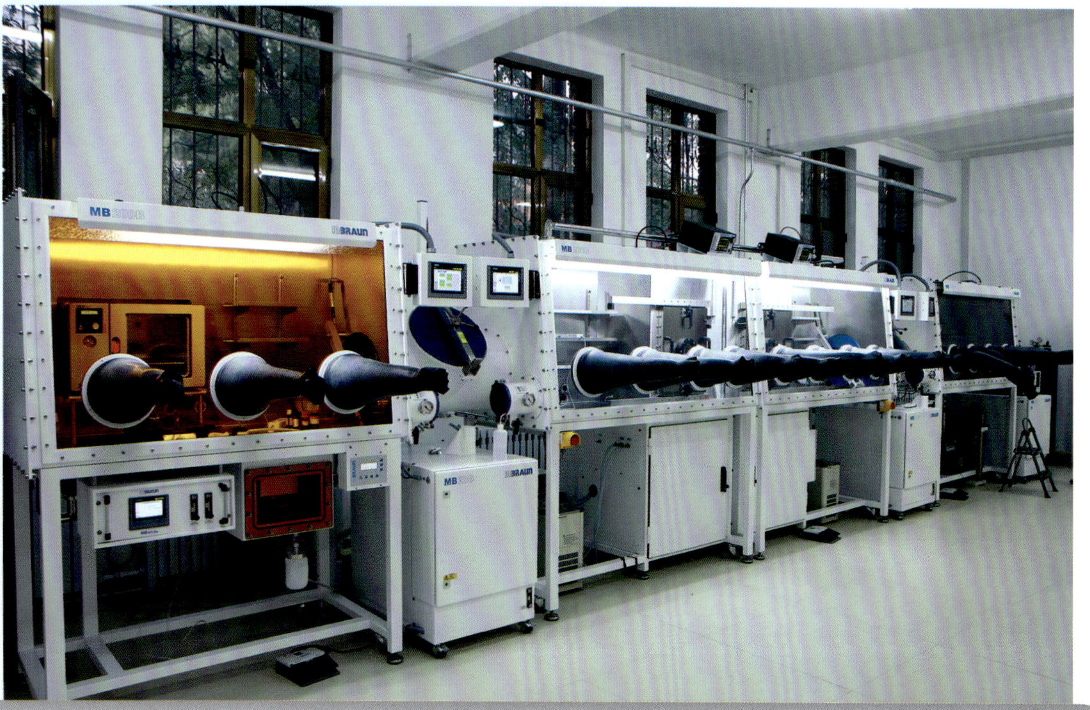

天津大学等单位胡文平等完成的“高迁移率有机半导体材料与器件”项目，获 2020 年度天津市自然科学一等奖。图为天津市分子光电科学重点实验室的设备　　（李荣金　供稿）

学术影响

2篇入选*ACS Catalysis*交叉领域代表性论文（全球共25篇）

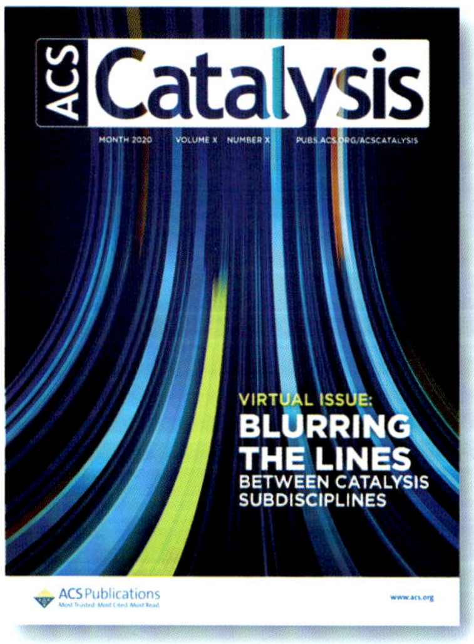

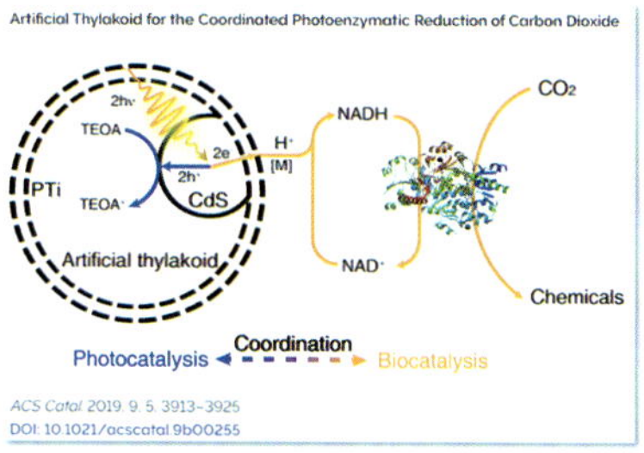

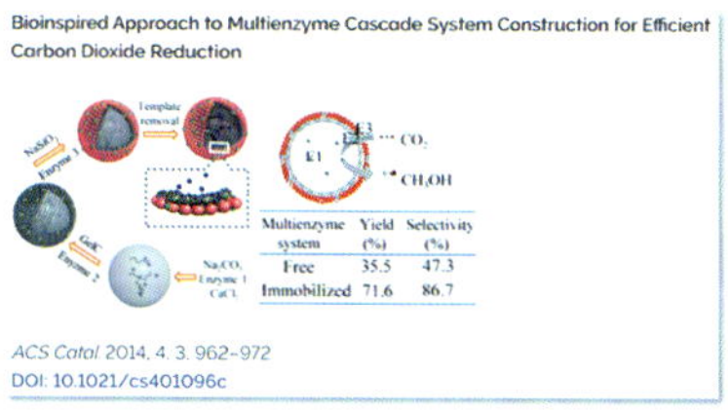

天津大学姜忠义等完成的“酶——光偶联人工光合过程研究”项目，获 2020 年度天津市自然科学一等奖。图为该项研究的学术影响：2 篇入选 ACS Catalysis 交叉领域代表性论文（全球共 25 篇）

（石家福　供稿）

天津大学等单位练继建等完成的“海上风电新型筒型基础与高效安装成套技术”项目，获 2020 年度天津市技术发明特等奖。图为风机岸边吊装与调试（王海军　供稿）

天津大学等单位陈冠益等完成的“大型生活垃圾高效焚烧与敏感性二次污染物控制技术及应用”项目，获 2020 年度天津市技术发明一等奖。图为炉排制造现场（马文超　供稿）

天津大学等单位孙涛等完成的“高刚度磨切一体加工机器人技术及应用”项目，获 2020 年度天津市技术发明一等奖。图为封闭式磨切议题加工机器人 （王　猛　供稿）

南开大学等单位李伟等完成的“合成氯乙烯金基无汞催化剂的研发与工业应用”项目，获 2020 年度天津市技术发明一等奖。图为合成氯乙烯金基无汞催化剂的研发与工业应用实验室评价装置 （李　伟　供稿）

中海油田服务股份有限公司卢涛等完成的“模块式大直径岩心旋转井壁取心仪研制及应用”项目，获2020年度天津市技术发明一等奖。图为大直径旋转井壁取心仪器现场作业 （田志宾　供稿）

天津工业大学等单位史婷娜等完成的“高效高功率密度电机系统关键技术及其应用”项目，获2020年度天津市科技进步特等奖。图为电机自动生产线 （陈　炜　供稿）

天津中医药大学等单位程翼宇等完成的“以制药认知智能为核心的中药智能制造关键技术及其应用”项目，获 2020 年度天津市科技进步特等奖。图为红参智能筛选实验装置　　（李　正　供稿）

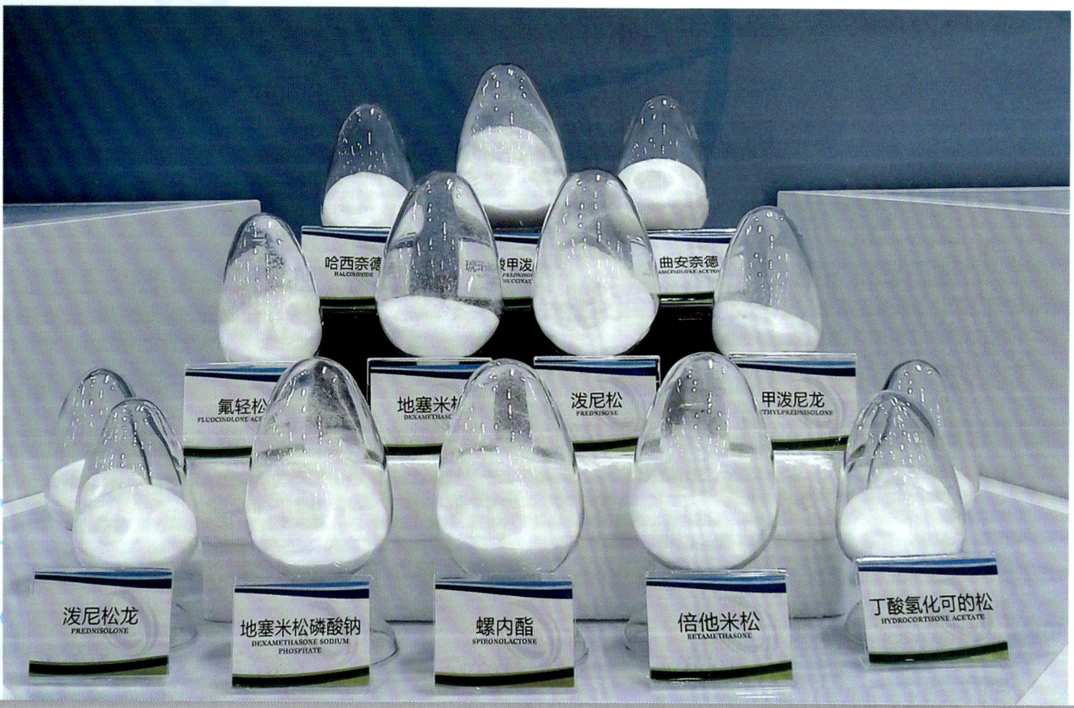

天津药业集团有限公司等单位许正宏等完成的“甾体药物关键生物技术及其产业化应用”项目，获 2020 年度天津市科技进步特等奖。图为甾体药物产品照片　　（任茂宾　供稿）

中铁（天津）隧道工程勘察设计有限公司等单位贺维国等完成的“超长深埋海底隧道建设关键技术及应用”项目，获 2020 年度天津市科技进步一等奖。图为青岛地铁 1 号线 TBM 组装　（范国刚　供稿）

国网天津市电力公司电力科学研究院等单位贾宏杰等完成的“城市电网精益感知与防控关键技术及应用”项目，获 2020 年度天津市科技进步一等奖。图为成果推广应用情况　（吴莉萍　供稿）

天津大学等单位韩庆华等完成的“大型复杂钢结构断裂与疲劳性能及安全评估技术”项目，获 2020 年度天津市科技进步一等奖。图为工程应用于 2008 北京奥运会老山自行车馆建设　（芦　燕　供稿）

天津理工大学等单位周雪松等完成的“风电互联网的关键技术与工程应用”项目，获 2020 年度天津市科技进步一等奖。图为 3.6—MW 风力发电系统全功率测试平台　（周雪松　供稿）

南开大学等单位于宏兵等完成的“高温多变量复杂生产体系节能减排理论方法与关键技术应用研究”项目，获 2020 年度天津市科技进步一等奖。图为烧结实验室 （于宏兵　供稿）

中国船舶重工集团公司第七〇七研究所赵小明等完成的“光纤陀螺及惯性系统技术研究与应用”项目，获 2020 年度天津市科技进步一等奖。图为光纤陀螺及惯导产品生产车间 （周　灏　供稿）

天津科技大学等单位李喜宏等完成的“果蔬节能精准冷链保鲜技术研创及应用”项目，获 2020 年度天津市科技进步一等奖。图为 3 万吨特大型相温库　（陈　兰　供稿）

中海油田服务股份有限公司等单位耿铁等完成的“海洋复杂油气田高效环保钻井液关键技术及规模应用”项目，获 2020 年度天津市科技进步一等奖。图为研发人员在室内合成水基钻井液用处理剂　（郭　磊　供稿）

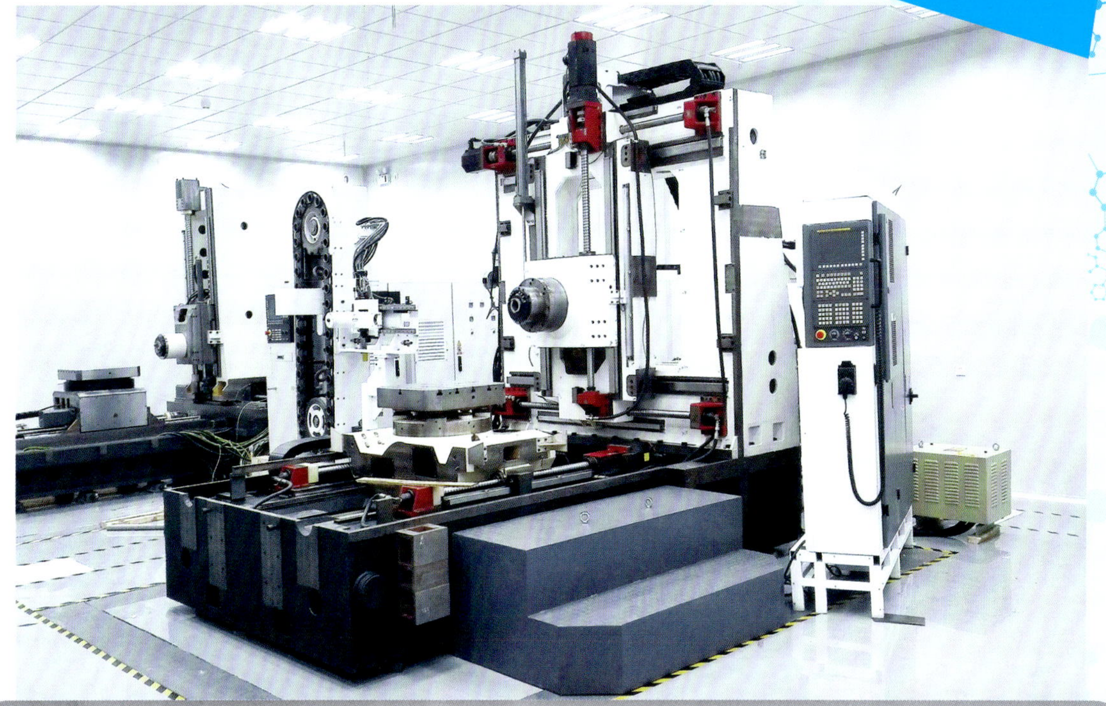

天津大学等单位黄田等完成的“精密卧式加工中心正向设计方法及工程应用”项目，获 2020 年度天津市科技进步一等奖。图为高精度卧式加工中心实验室（高卫国　供稿）

天津职业技术师范大学等单位蔡玉俊等完成的“铝合金汽车覆盖件模具关键技术研发及产业化”项目，获 2020 年度天津市科技进步一等奖。图为铝合金汽车覆盖件模具智能生产制造车间

（李国和　供稿）

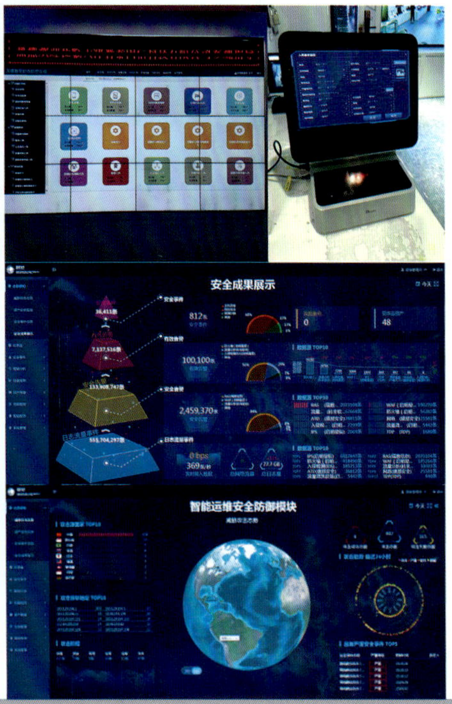

天津大学等单位李晓红等完成的“软件安全漏洞检测关键技术研究及应用”项目，获 2020 年度天津市科技进步一等奖。图为研发产品展示 （李晓红　供稿）

天津水泥工业设计研究院有限公司等单位胡芝娟等完成的“水泥窑废气典型污染物全过程控制及深度治理关键技术与装备”项目，获 2020 年度天津市科技进步一等奖。图为烟气深度治理技术在国外总包项目应用 （胡芝娟　供稿）

中国科学院天津工业生物技术研究所等单位张大伟等完成的“维生素 B12 生产菌种关键技术研发及应用”项目，获 2020 年度天津市科技进步一等奖。图为维生素 B12 生产菌种生产现场

（张大伟　供稿）

天津大学等单位王树新等完成的“系列化水下滑翔机工程设计关键技术与应用”项目，获 2020 年度天津市科技进步一等奖。图为大深度水下滑翔机

（刘玉红　供稿）

天津市农作物研究所等单位刘学军等完成的“小站稻优异种质创制及新品种选育”项目，获 2020 年度天津市科技进步一等奖。图为津稻 179（2017 年和 2018 年被列为天津市主导品种）

（刘学军　供稿）

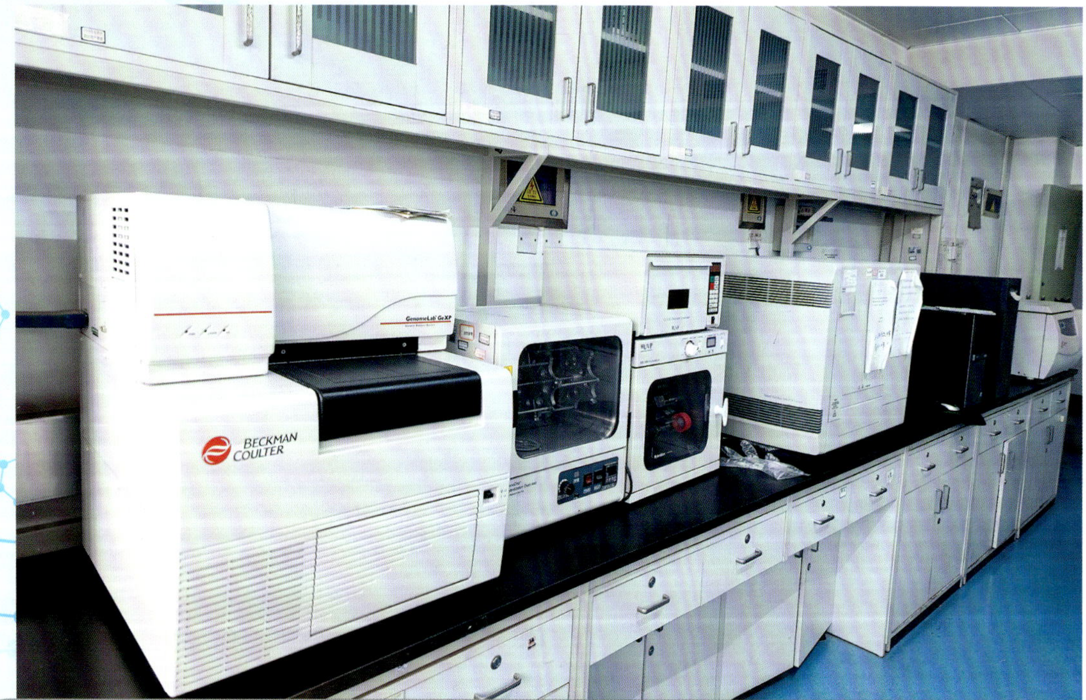

天津医科大学总医院等单位陈军等完成的“肺癌精准诊治体系建立和临床应用”项目，获 2020 年度天津市科技进步一等奖。图为天津市肺癌转移与肿瘤微环境重点实验室　（刘　平　供稿）

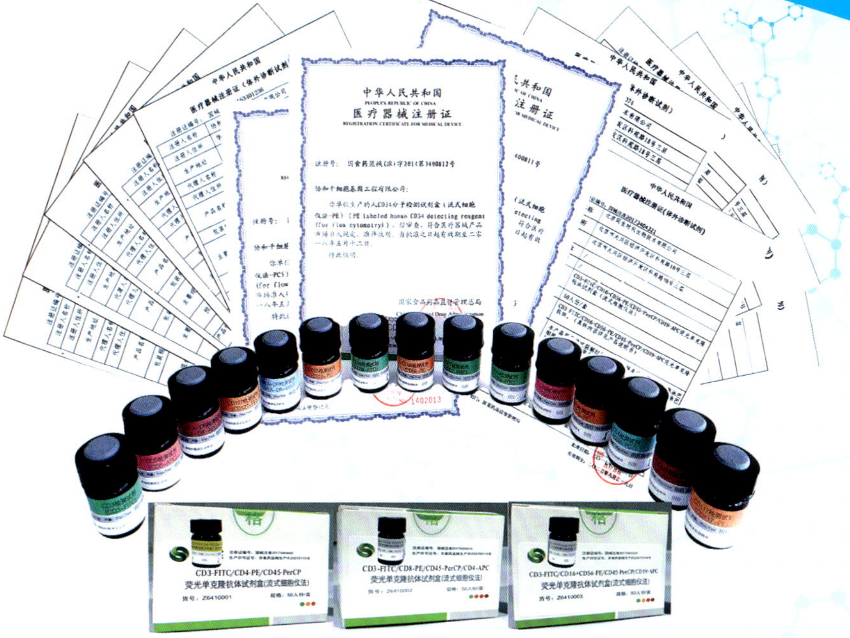

研制HI系列流式单抗诊断试剂，实现流式诊断试剂国产化

中国医学科学院血液病医院（中国医学科学院血液学研究所）等单位王建祥等完成的“血细胞系列单抗关键技术及产品产业化”项目，获 2020 年度天津市科技进步一等奖。图为研制 HI 系列流式诊断抗体实现流式诊断抗体国产化。（血研所科技管理处　供稿）

天津医科大学总医院刘铭等完成的“胰岛素合成和分泌异常所致糖尿病的机制及个体化临床应对”项目，获 2020 年度天津市科技进步一等奖。图为天津医科大学总医院内分泌与代谢病学实验室

（刘　平　供稿）

《天津科技年鉴》编辑委员会

顾　　问　王成怀　梁　肃
主　　任　毛劲松
常务副主任　薛景山
副 主 任　（按姓氏笔画为序）
王凤云　王华峰　郑若冰　段志强
祖延辉　袁　鹰　夏正淮　梅志红

委　　员　（按姓氏笔画为序）
于　扬　于学凤　卞　刚　冯德义　邢向东　华　强
刘惠忠　刘建军　汤桂兰　孙丽华　杨　坤　杨银厂
余向华　张钺伟　赵莉晓　殷　毅　谭振东　樊　敏
魏　东

《天津科技年鉴》编辑人员

主　　编　薛景山　王华峰
副 主 编　马虎兆　纪玉娟　杨　莉
编　　辑　（按姓氏笔画为序）
尹　剑　李　红

编　辑　说　明

《天津科技年鉴》(以下简称“本年鉴”)是天津市科学技术局主办、天津市科学技术发展战略研究院承办、天津市科技史志编修办公室编纂的专业年鉴。自2004年始,每年公开出版一卷,2021卷为第18卷。

本年鉴坚持以马克思列宁主义、毛泽东思想、邓小平理论、“三个代表”重要思想、科学发展观、习近平新时代中国特色社会主义思想为指导,坚持辩证唯物主义和历史唯物主义的立场、观点和方法。科学地分析研究天津科技进步的发展规律和特点,为开展自主创新提供参考依据。本年鉴力求全面反映2020年度天津科技发展的新面貌、新变化,系统介绍从基础研究到高新技术的新进展、新成果,记载科技促进天津经济社会发展的主要成就和年度科技大事、要事。

本年鉴采用分类编辑法,以类目为纲,类目下设分目,分目下设条目,以条目为基本载体。设有特载、科技政策法规、基础研究与前沿技术研究、高新技术及产业化、制造业科技、农业科技、卫生健康科技、城建与交通科技、现代服务业科技、区域协同创新、科技创新创业、科技人才与机构、科技支撑与服务、各区科技、大事记、附录、索引等类目。检索系统包括卷首的中英文目录,卷末的单位名称索引和人名索引。根据目录,读者可按学科、技术类别查找到相关条目。索引按汉语拼音音序排列,索引后的数字表示该内容所在的页码。

条目中涉及的计量单位、数字、符号等均执行国家相关标准和规范。本年鉴采用的条目由全市各有关单位提供,部分条目中的数据因统计口径不同可能产生差异,一般以统计资料为准。

目 录

特 载

专 文

天津科技进步综述 …………1

重要科技活动

天津市科学技术奖励大会暨全市科技工作会议 …………6
2020年天津市创新创业大赛暨第九届中国创新创业大赛 …………6
第四届世界智能大会 …………6
2020中韩科技合作投资洽谈会 …………7
天津市第34届科技周 …………7
第十八届中国国际人才交流大会网上大会 …………8
天津市抗击新冠肺炎疫情表彰大会 …………8
第七届京津冀青年科学家论坛 …………8

2020年天津市科技大事记

1月 …………9
2月 …………9
3月 …………10
4月 …………10
5月 …………11
6月 …………12
7月 …………14
8月 …………16
9月 …………19
10月 …………21
11月 …………23
12月 …………25

科技政策法规

国家科技政策

简况 ……29

天津市科技政策

简况 ……30

基础研究与前沿技术研究

概　况

应用基础与前沿技术研究 ……31

南开大学科技研究 ……31

天津大学科技研究 ……32

数学　物理学　化学

南开大学组合数学中心 ……32

南开大学陈省身数学研究所 ……32

南开大学数学科学学院 ……33

南开大学物理科学学院 ……33

斐波那契数列欣赏 ……33

基于两相湍流扩散的化工计算传质学理论与方法 ……33

界面反射中量子化的反常位移环流 ……34

金属微结构体系中光学奇异点的微观模型、新现象以及所引致的光场调控应用 ……34

原子层沉积技术改性钠离子电池正极材料的研究 ……34

布朗斯特酸离子液体结构对其腐蚀性与催化性能的调控机制 ……34

介孔核壳纳米结构桥接金属和生物催化剂的高效级联反应 ……35

印迹交联酶聚体—离子液体—介孔氧化硅杂化催化剂的制备及其在不同介质中的催化性能 ……35

生命科学

南开大学生命科学学院 ……35

经颅直流电刺激对脑—机接口性能的影响及其机制研究 ……36

基于磁声耦合效应的矢量性经颅聚焦电刺激方法研究 ……36

用于脑皮层运动区功能重塑的阵列靶点磁刺激康复机器人关键技术与仪器研究 ……36

磁声成像中热声效应对电导率重建质量影响的研究 ……36

疫苗靶向递送可注射型水凝胶复合纳米粒双重缓释系统的构建及评价 ……37

基于EGCG-金属配位的微囊型抗癌疫苗的制备及性能评价 ……37

肝癌胚胎抗原Glypican-3纳米疫苗递送系统的设计及其在肝癌免疫治疗中的应用 ……37

多功能聚合物纳米囊泡的构建及其用于肿瘤的可视化化疗联合免疫疗法 ……37

纳米粒自组装温敏水凝胶用于肿瘤光动力治疗与氧化还原自适应机制调控 ……38

基于PI3K/Akt/mTOR自噬信号通路的槐定酸类新化合物抗肝癌作用机制研究 ……38

低能激光对造血干细胞的电离辐射防护作用及机理研究 ……38

利用材料技术人造3D低氧干细胞促缺血组织血管化研究 ……39

P-选择素结合肽修饰脂肪来源间充质干细胞靶向修复血管损伤 ……39

高频超声在浅表器官低速血流成像中的实验研究 ……39

缺血微环境响应性纳米分步控释系统的构建及其在治疗性血管生成中的应用 ……39

阿尔茨海默病的治疗新策略 ……………………40
用于预防和治疗慢性肾脏疾病的多功能基因纳米颗粒的研究 ……………………40
海洋红藻江蓠科的分类及其系统修订 ………40
世界隐摇蚊属分子系统学及生物地理学研究（双翅目：摇蚊科） ……………………41
中国藏缅语族17个民族身体组成成分的体质人类学与文化人类学研究 ……………41

地球科学

2014年云南盈江地震前震序列与成核过程研究 ……………………………………41
梯级水库关键界面氮动态对N2O排放的影响及因素识别 ……………………………41
深水湖泊中稀土元素循环及分异机理研究 ……………………………………………42

信息科学

南开大学人工智能学院 ……………………42
风电互联网的关键技术与工程应用 …………42
基于最优深度级联学习的目标智能感知技术 ……………………………………43
阵列波导光栅解调系统异构集成的关键技术研究 ……………………………………43
无人直升机混沌模型构建与镇定 ……………43
基于红外与可见光图像的双波段双视场立体视觉关键问题研究 ……………………44

材料科学

南开大学材料科学与工程学院 ……………44
发动机燃料与新型燃烧模式协同调控机制及方法 ……………………………………44
高迁移率有机半导体材料与器件 ……………45
酶—光偶联人工光合过程研究 ……………45
合成氯乙烯金基无汞催化剂的研发与工业应用 ……………………………………45
复杂网络驱动的群体智能与传播行为决策分析 ……………………………………45
异种材料连接界面设计与调控 ……………45
高性能材料的表界面功能构筑及其在环境能源领域的应用基础研究 ………………46
高速铁路路基加筋土挡墙力学行为与性能保障技术研究 ……………………………46
基于超亲水和超疏水的自清洁玻璃关键技术及应用 ……………………………………46
钠离子电池关键电极材料与反应机制 ………47
柔性导电支架的通用电极设计助力高耐久性锂硫电池 ……………………………47
面向环己烷氧化的纳米氧化物负载钛基电催化膜反应器构建及催化协同机制 ………48
疏水电荷诱导亲和膜表面功能层的系统协同构建 ……………………………………48
基于膜清洗响应的膜表面智能改性设计 ……48
木质纤维超微结构的生物与化学修复以及其对纤维形变性能的响应机制研究 ………48
木质纤维原料甲酸水解制备纳米纤维素的反应机制及其对纳米复合膜性能调控研究 ……………………………………………49
石墨烯分离膜微纳结构精密调控与分离性能 ……………………………………………49
一种双面防护无机复合保温材料的研发 ……49

环境科学

基于3S维度的生物质固废清洁高效燃气能源化关键技术及应用 ……………………49
典型区土壤污染诊断及修复植物的响应机制 …………………………………………50
生物脱氮颗粒污泥快速形成机制与调控策略基础研究 ……………………………50
异味污染的感官表征方法及暴露效应关系研究 ……………………………………50

农业科学

水稻ABA快速合成调控新机制 ……………50
水稻中tRNA衍生的小RNA及其靶基因的系统鉴定和功能研究 ……………………51
茉莉酸途径调控植物抵御烟粉虱传播TYLCV机制及应用 ……………………………51
牛肌肉发育分化过程中关键lncRNA功能及其调控机制研究 ……………………51
乳脂肪球膜结构及再构建行为与牛乳体系中脂肪稳定性的相关性研究 ……………52

高新技术及产业化

概　况

战略性新兴产业 ……53

信息技术

软件和信息服务业 ……53
集成电路产业 ……54
南开大学软件学院 ……54
南开大学统计与数据科学学院 ……54
天河E级关键技术验证系统重大应用与创新 ……55
软件安全漏洞检测关键技术研究及应用 ……55
食品和饮水中污染物快速检测技术与智能化装备创新及应用 ……55
深度感知边缘智能服务关键技术研究与应用 ……55
伞降系统智能地面站 ……55
端管云一体化协同认知的工业物联网态势安全关键技术及应用 ……56
汽车信息安全关键技术研究及应用 ……56
内生安全交换芯片ESW5610 ……56
安全管理及漏洞免疫平台 ……56
SES特种设备管理系统研发及应用 ……57
防疫机器人 ……57
基于E3D软件的构件模块化技术与智能接口研发 ……57

生物技术

生物医药领域 ……58
南开大学药物化学生物学国家重点实验室 ……58
腹腔微创手术机器人与器械关键技术及应用 ……58
血细胞系列单抗关键技术及产品产业化 ……58
面向创新药物发现的离子通道构象变化分子机制的研究 ……59
发酵法高效生产抗糖尿病新药物4-羟基异亮氨酸 ……59
链霉菌Streptomyces sp. MA37中新型氟化天然产物合成通路和生物活性研究 ……59
兽疫链球菌谷氨酰胺代谢对透明质酸合成调控机理的研究 ……59
枯草芽胞杆菌谷氨酰胺转氨酶催化蛋白交联过程调控机制的研究 ……59
酿酒酵母呈香乙基酯合成代谢调控研究 ……60
高核酸酿酒酵母RNA合成的分子遗传机制研究 ……60
番茄微小核酸miR156与JAZs耦合抗灰霉病机制研究 ……60
中空玉米醇溶蛋白/壳聚糖纳米营养递送体系的构建及体外释放机理研究 ……61
传统食醋酿造乳酸合成代谢网络及其发酵机制研究 ……61
普洱茶“陈香”香韵特征构成的化学物质基础研究 ……61

先进制造技术

高端装备领域 ……61
系列化水下滑翔机工程设计关键技术与应用 ……62
特种水泥基复合材料3D打印成套技术与应用 ……62
低品质余热回收与利用装置及其关键技术的研究与应用 ……62
基于载荷谱的工程机械动力系统及元件基础试验平台技术研究与应用 ……62
五自由度机器人 ……63
乙炔法气相生产醋酸乙烯酯的方法 ……63
用于草酸酯加氢制乙二醇的催化剂及其制备方法 ……63
基于并行四颜色通道的条纹投影三维形貌测量方法及装置 ……63
基于可拉伸激光诱导的具有自热能力的石墨烯模式的新型气体传感平台 ……64
移动机器人安全稳定无线供电方法与效率提高关键技术研究 ……64

装配式混凝土3D打印赵州桥 ………………64
记忆永磁牵引电机智能优化设计及高效能稳定运行控制 ………………65
基于线接触的谐波齿轮三圆弧空间齿廓设计与负载啮合性能研究 ………………65
大运量输送带纵向撕裂故障在线监测关键技术研究 ………………65
基于电弧热能量输入调节的非对称中厚板打底角根焊熔透控制 ………………65
LNG储罐内罐9%Ni钢壁板立缝自动化焊接装备技术 ………………66
焊接装备智能化关键技术研发 ………………66
新材料技术
新材料领域 ………………66
高温多变量复杂生产体系节能减排理论方法与关键技术应用研究 ………………66
微尺度光学传感技术 ………………67
基于混合增强智能的有源配电网高可靠运行关键技术研究与应用 ………………67
高性能铝合金复合细化变质关键技术开发与应用 ………………67
合成二氧化碳化工品聚/环—碳酸酯的催化剂设计与性能研究 ………………67
大马士革刀花纹的可控再造 ………………67
纤维素酶在高得率浆纤维上的分布和扩散机制研究 ………………68
新型高性能PPS/MOFs微纳米纤维水电解槽隔膜材料的制备及应用研究 ………………68
大容量金属膜基赝电容超级电容器制备与关键技术 ………………68
尖端辅助电极在静电纺多射流形成与调控中的作用机制及其应用研究 ………………68
新型功能膜制备技术研究及平台建设 ………………69
吸附颗粒动态膜对超滤膜污染减缓机制研究 ………………69
水污染防治用超疏水中空纤维膜微界面调控方法与制备关键技术研究及平台建设 ………………69
饮用水净化过程中膜材料与膜工艺的稳定性及安全性机理研究 ………………69
新能源与节能技术
能源交通领域 ………………70
海上风电新型筒型基础与高效安装成套技术 ………………70
风光发电系统关键技术研究及应用 ………………71
面向能源革命先锋城市的优质电力供应保障关键技术及工程应用 ………………71
北方新型热泵供热系统关键技术创新与应用 ………………71
合成气制乙二醇成套关键技术及工程应用 ………………71
通过浆液浸渍法制备涂层式V_2O_5-WO_3-TiO_2-SiO_2催化剂的方法 ………………72
新型高性能动力锂离子电池层状正极材料的放大化技术研究 ………………72
ACN环境下含EVs充换电站的交直流混合微电网优化调度与协调控制 ………………72
面向2035年的新能源汽车产业发展规划研究及应用 ………………72
生态环境技术
生态环境领域 ………………73
大型生活垃圾高效焚烧与敏感性二次污染物控制技术及应用 ………………73
工业园区企业废水排放标准及达标工艺技术研发 ………………73
恶臭电子鼻在线监测预警溯源技术研究与应用 ………………74
大气重污染成因与治理攻关项目 ………………74
非二氧化碳温室气体排放路径研究 ………………74
工业有机喷漆废气预处理技术研发与应用推广 ………………74
基于碳交易体系的高碳企业碳排放强度行业先进值研究 ………………75
港口干散货作业应税污染物排放量核算研究——以煤炭为例 ………………75
渤海湾入海河流综合治理及生态修复集成技术及示范 ………………75
六价铬污染场地原位高效化学还原绿色修复技术研究与应用 ………………75

冻土自动观测仪 ……76

海洋技术

在役海洋结构系统安全运维技术研究 ……76
长时序多源海岛海岸带遥感数据处理关键技术及在海洋监管中的应用 ……76
黄海中部春季浮游植物水华进程及其对生物碳汇贡献研究 ……77
基于ANN的渤海海雾数值使用预报技术研究 ……77
鱼籽盐制备关键技术装备研发 ……77
新型海水淡化装备创新孵化平台 ……78
深水海洋油气设施调试装备与技术创新 ……78
高温高压海底管道屈曲触发及非线性整体分析体系的研发与应用 ……78
大型海洋工程项目中多源测绘数据融合技术研发与应用 ……78
海洋油气装备制造静电喷涂技术研发与应用 ……79
基于三维激光扫描技术的大型海洋工程模块测量技术研究 ……79
深层海水综合利用顶层方案研究 ……79
海洋双评价及海洋两空间内部一红线 ……79
天津市铸锻行业大气污染物排放标准研究 ……80

制造业科技

概　况

天津市制造业科技 ……81

电子信息

电子信息领域科技 ……81
多轴联动多传感器协同现场坐标测量技术及应用 ……82
自动双色双面激光打印技术研究及应用 ……82
宽频电磁波探测识别与分析技术研究与应用 ……82

石油化工

渤海化工集团科技 ……82
模块式大直径岩心旋转井壁取心仪研制及应用 ……83
海洋复杂油气田高效环保钻井液关键技术及规模应用 ……83
我国东部断陷盆地老区新领域勘探理论技术创新与十亿吨增储 ……83
以消除复杂地表影响为导向的高精度地震勘探技术 ……83
陆相碎屑岩储层层次表征关键技术及工业化应用 ……84
工厂化压裂施工工艺技术研究 ……84
陶瓷基功能膜材料及过程强化分离装备技术 ……84
复杂工况下水泥浆及固井关键技术创新与应用 ……84

冶　金

深层页岩气开发用高性能套管研究与应用 ……84
125ksi抗硫化氢应力腐蚀石油套管产品及关键工艺技术开发 ……85
优质低合金高强度钢板减量化轧制技术开发与实践 ……85
大型高炉长寿结构及高效生产技术研究与应用 ……85
基于源头－过程－末端全流程的烧结烟气超低排放控制技术研发及应用 ……85
天然气水合物(可燃冰)开采用TP-G2FE特殊扣立管的设计开发 ……85
110钢级抗硫化氢应力腐蚀油井管研制与推广 ……86
超深水用无缝海底管线管的研制与开发 ……86
TP850RD高强度旋挖钻杆用无缝钢管开发 ……86
耐高温、高抗CO_2腐蚀、超高强度SUP15Cr油井管关键技术开发 ……86

汽车船舶

内燃机复合循环理论与方法 ……87
光纤陀螺及惯性系统技术研究与应用 ……87

铝合金汽车覆盖件模具关键技术研发及产业化 ……87
柴油车颗粒物捕集器系统关键技术研究及产业化 ……87
动力电池热安全性测评关键技术及应用 ……87
汽车空心半轴智能精密锻造关键技术研究与产业化 ……88
新能源汽车多材料轻量化混合车身关键技术及应用 ……88
汽车电磁抗扰性能测试与开发关键技术研究及应用 ……88
智能网联车路云系统一体化关键技术研发与应用 ……88
智能网联汽车标准体系建设总体方案研究及应用实施 ……88
中国首艘客滚船 ……89
多功能自动化激光焊接设备的研制 ……89
碟片式分离机中转毂的维修 ……89

现代制药

天津金耀药业有限公司科技 ……89
甾体药物关键生物技术及其产业化应用 ……90
以制药认知智能为核心的中药智能制造关键技术及其应用 ……90
创新药物研发中放射性同位素关键技术的研究 ……90
清宫寿桃丸的临床再评价研究 ……90
胃肠安大品种上市后再评价 ……91
提高加味逍遥丸中丹皮酚含量转移率稳定性 ……91
复方丹参滴丸连续化过程控制及新工艺研究 ……91
中药材质量控制快速检测技术研发 ……92
京万红东方花韵润手霜系列产品 ……92
一种冷浸、温浸、超声浸提联合多用浸提系统 ……92
中药产业价值链专利战略推进项目 ……93
深化测量管理体系建设 ……93
深入推进紫龙金片专利战略研究 ……93
包材防潮性能对比项目 ……93
胃肠安治疗溃疡性结肠炎药理机制 ……94
中药通脉养心丸活性化合物的鉴定及评估 ……94
植物多糖A的应用开发研究 ……94
推进13-氧化巨大戟醇衍生物国际专利保护 ……95
天药股份甲泼尼龙片通过药品一致性评价 ……95
天药股份塞来昔布胶囊获美国ANDA批准文号 ……95
天药股份溴芬酸钠原料药通过CDE技术审评 ……95
黄体酮注射液获生产批件 ……95
塞来昔布胶囊获生产批件 ……95
甲泼尼龙琥珀酸钠冻干粉针剂及其制备方法 ……96
两个IND新药获FDA许可 ……96
泰宁纳德获临床试验默示许可 ……96
含二芳基甲烷结构的羧酸类URAT1抑制剂、制备方法及其在高尿酸血症和痛风治疗上的用途 ……96
高临床相关性肿瘤精准医疗研究平台技术 ……96
苯磺酸氨氯地平片一致性获批 ……96
利培酮片通过仿制药质量和疗效一致性评价 ……97
达贝获批新增适应证 ……97

轻工纺织

天津纺织集团科技 ……97
天津海鸥表业集团有限公司科技 ……98
一种手表的星空显示获中国专利优秀奖 ……98
新型轻纺阻燃材料的开发及其标准化评价技术的构建 ……98
特殊面料解决纬缩织疵的工艺研究 ……98
除尘机构的传动和气电控制改造 ……99

制造装备

高效高功率密度电机系统关键技术及其应用 ……99
高刚度磨切一体加工机器人技术及应用 ……99
精密卧式加工中心正向设计方法及工程应用 ……100
形变诱导硬化型中锰耐磨钢关键技术及应用 ……100

300MN超塑性等温锻造智能成型工艺技术与成套装备……100
多级增效制冷/热泵机组产业化关键技术研究与应用……100
防砂、防垢潜油电泵成套装备开发及产业化……100
工坊啤酒机械装备集成技术及应用……101
自增压式高压泵能量回收一体机产品开发与应用……101
应急式户外净水瓶产品开发与应用……101

农业科技

概　况
农业与农村科技……102
天津市现代农业产业技术体系建设……102
帮扶困难村……102
农业规划与战略
天津市养殖水域滩涂规划（2019—2030年）……102
面向2035、2025年的现代农业创新发展规划思路研究……103
天津市农业科技园区发展规划及政策研究……103
天津市畜牧业“十四五”发展规划……103
天津市蓟州区畜牧业“十四五”发展规划及2035年远景目标……103
昌都市阿旺绵羊产业发展规划……104
基于乡村振兴战略视角下天津乡村产业兴旺的科技支撑路径与对策研究……104
新时期天津涉农区农村集体经济组织成员身份认定及相应权益保障机制研究……104
基于可持续视角的天津休闲农业创新发展研究……104
天津市武清区重要农业资源评价报告（2010—2019年）……105
天津市西青区重要农业资源评价报告（2010—2019年）……105
面向结对帮扶困难村的科技帮扶需求调查与分析……105
人工智能支撑京津冀区域现代农业发展现状与对策研究……105
基于物联网技术的“1+N”农业金融模式创新研究……105
种植业
小站稻优异种质创制及新品种选育……106
果蔬节能精准冷链保鲜技术研创及应用……106
适宜机械化水稻种质创制及新品种选育……106
鲜食葡萄双效杀菌保鲜及配套品控关键技术创新与应用……106
烟粉虱及其传播的番茄病毒病内御外阻防控技术研究与应用……106
天津山楂种植及传统加工产业技术升级与应用……107
辣椒炭疽病分子诊断方法的建立及防治药剂筛选……107
以白粉病为靶标芽孢杆菌类微生物杀菌剂的研发……107
西瓜安全高效生产综合技术的应用研究……107
香菇工厂化栽培病虫害绿色防控技术研究……108
安全种植多种绿色有机肥料的产业化关键技术研究与应用……108
水稻新品种津育粳25……108
水稻新品种津育粳29……108
鲜食糯玉米优异种质创制及系列新品种选育……108
马铃薯优异种质资源的引进创新与利用……108
藜麦产业技术集成及乡村振兴科技示范……109
杏鲍菇制种新工艺及高效栽培技术成果转化……109
天津市设施蔬菜主要病害生防制剂的引进与示范应用……109

以豆类为基料的特殊膳食用食品加工关键技术及产品研发……109
甘薯绿色高效种植技术及乡村振兴科技示范……110
藜麦苗新型蔬菜的培育、营养特征及设施栽培技术研究……110
软枣猕猴桃新品种引进及技术示范推广……110
软枣猕猴桃提质增效栽培技术提升……110
无花果品质提升栽培技术示范……110
滨海新区特色果品栽培技术集成与示范……111
精品鲜食桃品种优化及高效栽培技术应用提升……111
番茄根结内生真菌的分离鉴定及其生防效果的研究……111
多倍体葡萄育种及后代倍性鉴定……112
灌溉条件下盐碱土壤水盐变异特征及作物生长响应……112
树坚果类过敏原鉴定、序列分析及其抗原表位定位……112
转录因子CNR调控番茄果实成熟的分子机制研究……112
养殖水体春季复苏期水华蓝藻对五倍子胁迫的响应……112
黑水虻高效处理餐厨垃圾过程中养分迁移转化积累的研究……113
苇蘑液体发酵条件优化及多糖活性的研究……113
天津市食用菌种质资源的收集与开发……113
甘南州特色食用菌保鲜技术开发……113
番茄抗斑萎病毒资源的创制与应用……114
优质多抗番茄种质资源创制及新品种选育的研究……114
多肉植物引种繁殖技术及规模化生产示范研究……114

林　业

维生素B12生产菌种关键技术研发及应用……114
灵芝活性多糖三萜的高效制备及相关产品研发……115
天津市绿化土壤降碱技术研究……115
天津市立体绿化技术应用示范研究……115
园林树木专用棒肥成果转化……115
天津市园林有害生物信息库的建设……115
基于细根形态结构和生理功能探讨栓皮栎萌蘖力衰退机理……115

畜牧业

家禽疫苗大规模全悬浮连续流细胞培养关键技术及应用……115
优质种猪选育及配套高效生产技术体系示范……116
天然安全高效新型饲料添加剂的关键技术与产业化……116
肥羔工厂化高效生产与健康养殖技术集成示范与推广……116
基于生物钟调控的生长肥育猪动态饲料配制技术研究与应用……116
顶级奶牛种质资源的引进与应用……117
抗病、高产专门化肉羊新品种创制……117
饲料质量安全新技术集成示范与推广……117
猪伪狂犬病毒病快速诊断与防控技术推广……117
猪病毒性腹泻快速诊断及综合防控技术示范推广……117
黄羽肉鸡林地散养模式开发应用……118
木醋液在蛋鸡养殖上的研究与应用……118
基于TLRs/NLRs信号通路研究丁酸梭菌调控大肠杆菌感染仔猪肠道损伤的分子机制……118
猪重要病毒性传染病流行病学分析与免疫防控技术及应用……118
猪粪中抗生素耐药性在好氧堆肥过程中的消长机制……119

渔　业

药源海马繁育与养殖关键技术研究与应用……119
池塘高效生态养殖模式构建及水质调控技术研究与应用……119
海水工厂化养殖鱼类重要病害控制关键技术研究与示范……119
肉质改良剂对大鳞鲃生长、肌肉结构及生理生化指标的影响……119

小檗碱作用下养殖池塘中微囊藻毒素时空分布特征及其与重要环境因子间相关性研究……120
水质检测荧光探针的构筑及在水产养殖中的应用……120
设施农业
高值果蔬贮运微环境保鲜关键技术与产品研发及应用……120
黄瓜新流行病害—棒孢叶斑病抗病分子育种体系创建与应用……120
辣椒种质资源创新及系列新品种选育……121
草莓安全生产关键技术集成与应用……121
互联网植物医生服务平台及其远程诊断技术创新与示范……121
基于物联网的设施蔬菜智能节水灌溉技术研究……121
基于互联网的设施蔬菜智能节水灌溉技术研究与示范……121
优质西瓜新品种及配套栽培技术示范与推广……122
优质耐抽薹小型结球白菜种质创制及新品种选育……122
主要西瓜品种分子标记纯度检测技术体系的建立……122
青花菜叶绿素降解代谢相关基因BoNYE1的克隆及功能研究……122
松花菜苗期根肿病抗性鉴定方法的建立及抗源筛选……123
大白菜根肿病抗性基因定位及种质创新……123
豆类蔬菜新品种及其配套蔬菜在设施蔬菜生产中的应用……123
甜瓜高效栽培技术的应用研究……123
设施果蔬立体节水协同调控技术示范……123
限量供水条件下精准灌溉施肥技术集成与示范……124
鲜食葡萄气效保鲜快速处理成套装置开发……124
京津冀金银花质量控制关键技术及其深加工利用研究……124
基于图像处理的番茄外观商品性育种评价系统的开发与研究……124
设施甜瓜智能管理调控技术示范与推广……124
设施黄瓜智能灌溉系统及其特征参数研究……125
农业高效节水灌溉技术集成示范……125
黄瓜外观表型数据采集系统的研发……125
农产品轻量级微商城系统研发与应用……125
越冬茬设施蔬菜环境与综合调控管理系统的开发与示范应用……126
基于智能手机的温室环境监测与补光控制系统的研究及开发……126
设施蔬菜栽培管理物联网关键技术研究及应用……126
计及规模化农场交直流混合微电网的双向功率变换器控制系统研究……126
食用菌菌糠有机肥生产关键技术的应用……127

卫生健康科技

概　况
天津市卫生健康委员会科技……128
天津医科大学科技……128
天津中医药大学科技……129
天津市心血管疾病临床研究中心科技……129
天津市器官移植临床医学研究中心科技……129
基础医学
基于分子分型指导的前列腺癌精准治疗……129
脑电信号多尺度定量分析在中枢神经系统疾病诊疗中的应用……130
发现免疫细胞加速正常人脑衰老……130
脑内PCSK9与ApoER2对LVA脑梗死靶点研究……130
肺巨噬细胞NLRP3炎性小体活化与PM2.5肺损伤……130
细胞自噬基因ATG5在博来霉素诱导的肺损伤中的作用机制……131

肺泡干细胞自噬在博莱霉素诱导的肺纤维化中的作用机制……131
Tsp1在叶内型肺隔离症肺泡上皮修复中的作用机制……131
清肺承气汤改善ARDS患者肺巨噬细胞功能的研究……131
Linc00426靶向调控肺癌细胞增殖分子机制研究……132
HBx调控miR-155对肝癌干细胞恶性转化的作用……132
肝癌热消融后复发预测及联合DC增强疗效体内实验研究……132
RANKL通路调节Th17在肝移植排斥反应中的作用……133
揭示HIV潜伏感染和复制的表观遗传与转录调控机制……133
固本解毒汤对HPV感染低级别CIN患者宫颈细胞转归的影响……133
ETT-BF对MDRAB之VAP发病影响及干预研究……133
凉膈散拆方对脓毒症大鼠有效性的研究……134
应激剂量HC治疗重度烧伤CIRCI的基础与临床研究……134
干扰素通过Trim21介导的氧化应激促进肿瘤细胞损伤……134
磷脂酶对白念珠菌两性霉素B耐药性的影响……134
黄连素对代谢综合征大鼠骨骼肌胰岛素抵抗作用研究……135
GLP-1对代谢综合征大鼠急性心肌梗死保护机制研究……135
SIRT1-mTOR通路与辐射诱导小肠干细胞损伤……135
连接蛋白43影响紫杉醇诱发上皮间充质转化……136
腰椎管狭窄症多节段黄韧带肥厚病理机制研究……136
直肠癌术后应用低分子肝素及丹参的疗效分析……136
氧化应激通过TGF-β和HIF-1α途径介导铁过载对MDS红系造血损伤的机制研究……136
黄连素减轻移植肾缺血再灌注损伤……137
Hcy对人血管内皮的损伤及AVE3085的保护机制……137
终末期肾病血透患者认知障碍机制的MRI研究……137
生物组织、细胞的光声成像应用研究……137
以Aiolos为靶点的新型抗肿瘤转移药物开发……138

临床医学

肺癌精准诊治体系建立和临床应用……138
胰岛素合成和分泌异常所致糖尿病的机制及个体化临床应对……138
新型冠状病毒（2019- nCoV）抗体检测试剂盒……139
用于新冠肺炎疫情的高流量湿化氧疗系统研发……139
多发性骨髓瘤骨病发病机制及早期综合诊疗的临床应用研究……139
体外开窗系列技术治疗主动脉关键区域病变的技术创新及临床应用……139
经导管主动脉瓣植入术治疗主动脉瓣狭窄临床研究……140
铁过载对血液病患者造血和脏器功能的影响及祛铁治疗在临床的应用……140
定量磁共振成像新技术在脑疾病诊断与预后评估中的创新应用……140
儿童肝移植围术期心脑肾功能保护策略的建立与应用……141
抑郁症的新型标记物ELISA检测及临床应用……141
婴幼儿体外循环心脏手术节约用血综合策略……141
脓毒症中西医结合治疗的基础和临床研究……142
人脐带间充质干细胞防治糖尿病视网膜病变的应用基础研究……142
磁共振功能成像技术在重大脑疾病研究中的应用……142
线粒体氧化应激及功能异常在糖尿病心房重构中的作用……143
改进的CD19-CART治疗B细胞淋巴瘤……143

肝癌诊断试剂研发及个体化生物免疫治疗研究……143
miR-21通过HGF/c-MET调控胰腺癌血管生成机制的研究……143
CT联合模板引导放射性粒子植入治疗肺癌的关键技术及临床应用……144
慢性稳定性冠心病早期预警及危险因素和基因多态性研究……144
冠心病合并COVID-19抗血小板治疗……144
心电标准病历库在心血管病防治中的应用研究……144
血管紧张素-（1-7）调控房颤p38MAPK炎症信号通路的研究……144
冠状动脉搭桥术围手术期临床康复诊疗体系的建立……145
替格瑞洛在接受直接PCI的心梗患者有效性和安全性的研究……145
新型正电子心肌灌注显像剂的研制与实验研究……145
小儿肝移植脑保护研究、临床研究……146
HBcAb阳性供肝应用于儿童肝移植受者可行性研究……146
Treg/Th17平衡在儿童亲体肝移植受者免疫调节中的作用机制……146
多模态MR评价DCD供肝热缺血损伤调控肝再生的研究……147
区域性肝储备功能评估技术在精准肝切除中的应用……147
器官捐献供肝利用最大化的临床策略研究……147
发挥人工智能技术提高大肠癌诊断率……147
结直肠癌患者术后转移预测的早期诊断和防治……148
基于代谢组学技术平台的大肠癌早期标志物……148
直肠吻合口良性狭窄诊疗评判体系的研究……148
大肠癌干样细胞分布特征及自噬性与其生物学行为的关系……148
嗅觉障碍性疾病的创新诊疗技术的建立及推广和应用……149
PAK2蛋白调节Wnt信号通路抵抗前列腺癌去势治疗的机制研究……149
肿瘤微环境神经降压素促进去势抵抗性前列腺癌神经内分泌转化的分子机制……149
阿利吉仑在心房颤动重构中对AngII/JAK/STAT3信号通路及离子通道的影响……149
精浆miR-210在精索静脉曲张生精功能障碍中的作用及机制……150
去势抵抗性前列腺癌新型标志物与循环肿瘤细胞检测……150
银杏叶提取物对阿尔茨海默病大鼠海马bFGF/Notch通路的影响……150
丹红注射液对膜性肾病大鼠足细胞跨膜蛋白表达的影响……151
新型正电子心肌灌注显像剂的研制与实验研究……151
孕早期筛查结合高通量测序技术诊断出生缺陷的研究……151
肺结核合并肺曲霉病危险因素及临床特征的研究……151
基于云计算技术的互联网+COPD分级诊疗管理平台研究与应用……152
真菌生物被膜与抗真菌药耐药性研究……152
肺纤维化临床疗效评价的初步研究……152
预置髂内动脉球囊治疗凶险性前置胎盘对母婴预后的研究……153
前列腺癌中血小板反应蛋白4异常表达的相关机制研究……153
肝切除术中ICG清除率评估剩余肝脏功能的临床研究……153
丹酚乙酸镁对大鼠肢体缺血再灌注损伤保护机制的探讨……153
JNK通路调控近视恢复期脉络膜厚度变化的机制研究……153
内源性透明质酸生物合成对角膜基质损伤愈合的调节机制……154
可吸收锁钉鞘预防带锁髓内钉应力遮挡的研究……154
高血压心肾早期损害的危险分层及治疗策略……154
颈椎间盘切除联合半椎板切除治疗颈椎病……154

氟化镁涂层镁合金的可降解性和生物特性研究……155
基于多尺度动态功能连接的轻微肝性脑病早期诊断……155
ICU躁动患者实施浅镇静对脱机影响及呼吸机参数对预后的评估作用……155
微小RNA对自身免疫性葡萄膜炎Th17细胞的调控及其机制研究……156
PSF蛋白募集泛素连接酶Hakai抑制HIF-1α/VEGF通路活性的机制研究……156
MSCs来源以及IL-10转基因后的exosomes对葡萄膜炎治疗作用的研究……156
EGF/EGFR系统在α-MSH干眼保护作用中的机制研究……157
核酸酶靶向修饰技术编辑AMD高危基因ARMS2、HTRA1表达及其致病机制的初步研究……157
α-MSH经长链非编码RNAL-18调控miR-194/ZIC1通路拮抗视网膜兴奋性毒性的研究……157
青少年眼健康远程监测与大数据平台在近视防控中的应用研究……157
衰老标记蛋白30低表达在皮质性年龄相关性白内障发病机制中的作用……158
IL-10-MSCs通过上调lncRNA003946的表达抑制角膜抑制排斥反应……158
种睫状肌麻痹前后等效球镜度改变度的预估方法……158
一种白内障手术专用劈核器……159
一种视力检查装配墙……159
镜片、眼镜及获取离焦量参数、配镜和评估效果的方法……159
一种用眼监护眼动仪……159

中医中药

五味子对肾脏疾病的保护作用及机制研究……159
中药材低氧气调养护技术研究及应用……160
基于蛋白质组学的针刺人迎穴干预高血压的量效关系研究……160
重症急性胰腺炎关键节点的中医药干预的效应机制……160
复方黄柏液对大鼠皮肤电灼术后创面愈合影响……161
葛根芩连汤调节肠功能改善慢性胰腺炎内外分泌功能的效应机制……161
通里攻下法对急性胰腺炎胰岛β细胞功能临床干预及机制研究……161
基于生活质量改善效应的稳定性冠心病以证驭病辨治方案……161
干燥综合征中医证候规律及疗效评价体系研究……161
“从毒论治”痛风及高尿酸血症的疗效机制及临床实证……162
以金黄膏药对配伍规律探究外用中药透皮给药系统的物质基础……162
针刺人迎穴对SHR大鼠钙激活钾通道调控机制的研究……162
探讨针刺人迎穴降压的免疫机制……162
小檗碱对脂肪供肝缺血再灌注损伤的保护机制……163
软坚散结方以IAPs为靶点诱导乳腺癌细胞凋亡的机制研究……163
基于PRR调控细胞自噬对心肾阳虚治则作用研究……163
复方红景天调控GSK3β/Nrf2通路改善缺血性中风机制……163
基于p38信号通路的井穴放血法对急性一氧化碳中毒的脑保护作用机制研究……164
基于HIF/EPO通路的复方景川片对缺血性脑损伤的神经保护作用研究……164
针刺治疗阿尔茨海默病的机制……164
调律汤对阵发性房颤脉搏波传导速度、左房内径、BNP研究……164
中药联合化疗/免疫治疗对乳腺癌细胞体内外杀伤的研究……164
穴位贴敷联合化痰活血方治疗COPD缓解期疗效观察……165
循环miRNA与寻常型银屑病中医证候的相关性研究……165
黄连膏封包联合淀粉浴佐治肥厚型银屑病的临床护理研究……165

探讨凉血消风法治疗血热型银屑病的机制……165
微血管生成防治银屑病的边天羽养血祛风机制……166
从蛋白表达探讨定志益聪颗粒对VD的作用机制……166
由p38MAPK通路初探大黄-丹参对CRF的“活血排毒”机制……166
基于冠脉通片内源调控VDR对补肾活血法抑制血管钙化研究……167
补肾活血法干预糖尿病肾病肾小管损伤的临床研究……167
补肾活血祛浊中药内外合治慢性肾功能衰竭并发急性痛风……167
补肾活血降浊排毒、敷脐、血透患者功能性便秘的临床疗效观察……168
补肾活血法对肾性骨病干预的用药规律分析……168
三焦针法改善慢性肾脏病抑郁睡眠障碍的研究……168
治疗CKD2-4期用药规律分析及临床研究……168
化浊解毒法改善糖尿病脂毒性机制研究……169
调理脾胃针法对糖尿病前期大鼠降糖作用的研究……169
黑升麻提取物对围绝经期大鼠代谢稳态及胰岛素受体基因mRNA的影响……169
槐耳颗粒联合DC-CIK对荷结肠癌HT29干细胞裸鼠杀伤应用……169
治疗大鼠溃疡性结肠炎的研究……169
基于HIF-1和TAK-1信号通路研究升阳益胃汤对溃疡性结肠炎的干预机制……170
直肠测压评定穴位刺激治疗神经源性肠道疗效……170
中药资源保护及利用的立法建议……170
天津市中医药科技创新体系整合优化研究……170
唐方教授治疗小儿肺系疾病学术思想研究……171
“一带一路”背景下中药产品海外注册研究……171
基于互联通网的慢病智能管理云平台建设与示范推广……171

疾病预防

天津市精神卫生流行病学调查……171
防治骨骼肌萎缩的关键技术和康复应用研究……172
全自动血型分析仪及系列检测卡的开发……172
亚单位流感疫苗的工艺研究及产业化生产……172
应用大数据分析天津市吸烟疾病负担和控烟健康效果的研究……172
重点传染病病原体快速检测与分子特征研究体系建立及其应用……172
单胺类神经递质在碘营养异常致儿童智力损伤中作用研究……173
天津市空气质量健康指数的构建及公众健康风险预报……173
疾病预防控制档案系统创建与标准制定研究……173
一种疫苗接种门诊标准化智能管控系统……174
口腔综合治疗台用水微生物标准……174
胃肠道软式内镜再处理效果评估及危险因素分析……174
男男性服务者手机软件交友和迁移模式研究……174
工作场所苯职业暴露健康风险评价技术研究……174
噪声职业病危害风险管理及监控预警技术的应用研究……174

城建与交通科技

概 况

天津市住房和城乡建设委员会科技…………176
中国建筑第六工程局科技……………………176
中交第一航务工程勘察设计院有限公司科技……………………………………………177

市政工程

高寒高烈度特长深埋山岭隧道建设关键技术及应用……………………………………177
中新天津生态城水资源优化配置关键技术研究与应用………………………………………177
基于大数据的综合交通枢纽客运集疏系统优化………………………………………………177
京津冀地区海绵型道路设计、建造与管理一体化研究及应用……………………………178
正交异性钢桥面板加固对策与焊缝疲劳寿命研究……………………………………………178
外高环保要求地区全装配式长线桥梁高效建造综合技术……………………………………178
复杂海洋环境海上大型互通钢箱梁吊装及顶推施工技术……………………………………178
桥梁事故应急快速检测和评估技术研究……………………………………………………179
145m固定轮盘式摩天轮—桥综合体成套技术研发及应用……………………………………179
BIM在天津公路养护管理中的应用研究……………………………………………………179
天津市普通公路桥梁上部混凝土梁结构维修方法后评价研究………………………………180

建筑工程

水泥窑废气典型污染物全过程控制及深度治理关键技术与装备……………………………180
大型复杂钢结构断裂与疲劳性能及安全评估技术……………………………………………180
滨海工程混凝土劣化机理与耐久性提升关键技术……………………………………………180
复杂场地隧道抗震关键技术研究及在重要基础设施建设中的应用……………………………181
绿色村镇住宅新型结构体系关键技术与应用………………………………………………181
软土地层非线性冻结理论和冻胀融沉低影响控制技术………………………………………182
新型生态混凝土技术在环境修复和城市绿化提升改造中的研究与应用……………………182
国家海洋博物馆项目…………………………182
中国文字博物馆续建工程项目………………182
津湾广场9号楼工程…………………………183
中新天津生态城33#地块南开小学项目……183
应急发热门诊设计……………………………183
天津市第一中心医院新址扩建工程综合楼基坑支护……………………………………………183
天津阳光海岸三期项目消能减震设计可行性论证报告………………………………………183
平泰大厦绿色建筑咨询报告…………………184
环境修复生态混凝土固废综合应用技术研究…………………………………………………184
钢筋套筒灌浆料………………………………184

公用事业

依托天津健康码“两津联动”首次全域场景应用…………………………………………………184
“津心办”项目………………………………185
“津治通”一网通管助力基层治理…………185
天津市公交行业能耗监测及评估技术研究…………………………………………………185
大交通管理体制下的信息化管理体系组织架构和协同机制研究………………………………185

水 务

天津水务集团有限公司科技…………………186
城市污水处理系统运行特性与工艺设计技术研究…………………………………………186
港湾突发性溢油应急及生态修复技术合作研发…………………………………………………187
面向风险控制的区域水环境综合管理技术集成与应用研究……………………………………187

漳卫南运河水资源承载能力和生态修复研究……187
引滦水资源优化配置与科学调度环境分析及战略发展框架研究……187
海河流域地下水超采治理决策支持平台关键技术研究……188
智慧永定河与北方地区智慧流域典型设计成果与应用……188
变化条件下流域径流响应机理与定量归因研究及应用……188
于桥水库多系列水生植物修复技术集成与应用示范……188
引滦水源保护工程于桥水库入库河口湿地试验研究……189
水生态修复工程与防洪除涝双向反馈效应研究……189
环保清淤设备试制及应用研究……189
于桥水库附着藻类、漂浮型植物防控蓝藻水华适应性及污染物去除效果研究……189
于桥水库束丝藻水华危害及防控鱼腥藻水华方法研究……189
海河北系（天津段）河流水质改善集成技术与综合示范……190
海绵城市建设中砂基透水材料与砂基透气防渗材料的关键技术研究……190
非开挖管道修复技术在城市排水管道的推广示范……190
水利水电工程设计施工一体化精益建造关键技术及应用……191

电 力

中国水电基础局有限公司科技……191
城市电网精益感知与防控关键技术及应用……191
电力变压器负载能力提升关键技术及智能装备……191
电力设备巡检诊断与操控机器人关键技术研究及示范应用……192
复杂电网调度人工智能自主决策关键技术及应用……192
高比例受电的城市电网安全清洁构建及运行技术与应用……192
火电机组灵活性改造及热电协同调度技术与应用……192
基于NB-IoT的多业务广覆盖电力物联网关键技术研究与应用……192
基于电力客服的异地双活系统关键技术及应用……192
能源物联海量终端接入与安全管控关键技术及应用……193
适应多元需求的用户侧综合能源接入设计、优化控制技术及工程应用……193
面向能源互联网转型的智能电网多维动态评价关键技术及应用……193
高海拔寒冷地区沥青混凝土心墙坝施工关键技术……193
水泥灌浆自动化成套装备研发与应用……193

港 口

海底裸置管道屈曲机理及控制技术研究……194
港口安全生产风险管控与隐患排查治理系统研发与应用……194
防浪建筑物浪致破坏机理和结构优化研究……194
波浪传播及波浪-结构相互作用基础研究与软件开发……195
港口危险货物集中区域安全风险管控关键技术研究及应用……195
珠海港高栏港区神华煤炭储运中心一期工程……195
BIM技术在煤码头工程中的应用……195
港珠澳大桥主体工程东西人工岛勘察……196
黄骅港散货港区矿石码头一期工程地质勘察……196
多功能海上施工自升平台及海上风电施工关键技术研发应用……196
日照港岚山港区30万吨级矿石码头工程……197
天津港南疆27#通用码头工程……197
干散货港口粉尘污染控制成套技术研究……197
港口大跨屋盖结构智能化抗风设计理论与工程实践……197
印尼芝拉扎电厂水工工程……198
唐山港曹妃甸港区煤码头二期工程……198

厦门港后石港区3号通用泊位工程…………198
海关双优化及监管平台…………198
开放式大场景智能视觉技术在港口安全管控中研究与应用…………199
重载交通环境下桥梁安全动态监测评定方法研究…………199
劲性搅拌桩技术及应用研究…………199
堆场轨道桥大车运行智能控制研究…………199
集装箱主数据及数据仓库建设…………200
门座式起重机姿态控制系统研究…………200
护岸工程现浇混凝土墙身组合式移动钢模板设计与施工技术研究…………200
港口云数据中心网络安全风险防控技术研究…………200
粉沙质海岸泥沙运动理论与港口航道工程设计…………201
航道水运
中交天津航道局有限公司科技…………201
中交第一航务工程局有限公司科技…………201
大型煤炭港区粉尘控制成套技术研究与应用…………201
中长周期波海况下浮式防波堤关键技术研发及应用…………201
山区河流高等级航道通航扩能关键技术研究…………202
《防波堤与护岸设计规范》（JTS 154-2018）…………202
超大型船舶通航与安全靠离泊关键技术研究及应用…………202
退港还海人工沙滩施工关键技术研究…………203
复杂固体废物清理与处置成套施工工艺研究…………203
远距离输送砂浆充填砂袋施工工艺研究及应用…………203
轨道交通
超长深埋海底隧道建设关键技术及应用…………204
城市地铁运营快速动态精密检测技术及应用研究…………204
高速铁路无砟轨道板尺寸快速智能检测系统…………204
高速铁路建设智能仿真技术研究…………204
以行车指挥为核心的轨道交通综合自动化系统…………205
水激活因子主动长效防水关键技术及其地铁工程应用…………205
重载铁路公铁两用三主桁钢桁梁长联顶推技术…………205
轨道板重力式车辆减速器…………205
高速铁路大跨度极不对称转体钢管混凝土拱桥关键技术研究…………205
主城山区高速铁路大型枢纽改造工程设备配套与施工综合技术研究…………206
盾构切群桩下穿施工扰动机理、风险防控关键技术研究与工程应用…………206
CRTS Ⅲ型板流水机组法施工技术研究…………206
隧道巨型岩堆处理及生态环保建设铁路关键技术研究…………207

现代服务业科技

概　况
科技服务业…………208
信息服务
车站智能监测识别系统的构建与应用…………208
大数据融合管理及隐私保护关键技术与应用…………208
基于电力物联网的智慧城市多能源信息采集关键技术研究与应用…………208
面向城市公共交通的云网端智能车载支付系统关键技术及应用…………208
奶牛养殖精准管理信息化系统关键技术研究及推广应用…………209
基于分布式计算的视频会议技术及应用…………209
面向电梯行业产业链协同的云服务平台…………209
渠道激励中心系统…………209
搭建用户权益集约一体化平台的技术实践…………209
不良信息监控处置系统…………209
MPLS VPN网络优化…………210

宽带障碍智能诊断服务……………………210
小区资源与客户GIS化可视系统……………210
医院检查全程陪检系统V1.0 ………………210
医院合同管理系统1.0 ……………………210
质量监督
京津冀大宗果品质量安全风险评估体系创建及应用 ……………………………210
电线电缆检测工作数字化管理系统…………211
健身器材耐久性便携式测试系统……………211
天津市产（商）品质量安全风险监测体系研究……………………………………211
高精度检测计量装备平台建设………………211
“互联网+”电梯动态风险监测预警关键技术研究……………………………211
电梯监测预警平台的开发与应用……………211
基于数值模拟的储罐底板漏磁检测影响因素及缺陷反演技术研究………………211
自动扶梯制停距离在线检测系统研究与开发……………………………………212
包覆层管道脉冲涡流检测技术研究…………212
“互联网+”模式下的天津市计量检测公共服务平台……………………………212
混凝土抗渗仪现场校准装置的研究与应用……………………………………212
混凝土氯离子含量快速测定仪校准方法的研究及校准装置研制…………………212
气体检测仪在线计量装置研究………………213
热量表检定自动采集管理系统………………213
新型高精度红外额温计的研制………………213
用于动态功耗检测的功耗分析仪研制………213
在线电导/电阻率仪校准装置 ……………… 213
在线检测长轴向温度场热源的设计与研制……………………………………213
天津地区市场销售豆制品中转基因成分的风险分析…………………………………213
基于丝网印刷电极电化学生物传感器在食品检测方面的应用研究………………213
金属—聚苯胺复合纳米线及其在电化学传感器研究中的应用……………………214
免疫磁珠捕获分离技术检测克罗诺杆菌属（阪崎肠杆菌）的应用研究………………214
食品快速检测设备的评价技术和质量保证研究……………………………………214
新型食品微生物检测比例稀释仪研制………214
在线二维液相色谱仪测定食品中维生素A、D、E分析方法的研究 ……………214
致酱油产气代表性微生物的筛选和检测方法的建立…………………………………214
食品安全抽检结果的深度挖掘研究分析……………………………………………215
检验检疫
电磁铁样杯定位装置的研制…………………215
液体试剂自动分液设备的研制………………215
用于纺织品水萃取液pH值测定的自动配液加液装置的研制……………………………215
消费品儿童适宜性CF（安全、功能、适宜）效应、体系及服务技术平台的研发………215
奶牛布鲁氏杆菌病的监测及快速检测新技术的研究与产品开发……………………215
气　象
天津市气象科技………………………………216
华北夏季降水气候监测预测技术与应用研究……………………………………216
渤海西岸地区重污染天气预报预警评估关键技术研究及应用…………………………216
雾对天津港口作业的影响及风险预警技术研究……………………………………216
天津地区对流性暴雨β（γ）尺度MCS演变特征及成因的研究…………………………216
静海地区暴雨灾害风险评估…………………217
层状暖云微物理特征及人工增雨适播性研究……………………………………217
基于预报—观测频率匹配法的海河流域精细化降水落区订正研究…………………217
基于集合预报的黄渤海区域大雾概率预报研究……………………………………217
海岸带大雾水汽输送特征及影响的数值模拟研究…………………………………217
强冷空气对渤海海冰的影响及预报技术研究……………………………………218
黄渤海海冰数值预报释用方法及航行风险评估应用研究…………………………218
天津北部山区雷电灾害防御技术研究………218

天津城市热岛对海风（锋）触发局地雷暴强度和结构的影响……219
北辰温室无花果气象服务技术研究——以后丁庄为例……219
温室黄瓜发育期多模型集成预报与应用系统研发……219
黄瓜霜霉病气象致病机理及光谱预警模型研究……219
变分同化中背景误差协方差的改进及对模式预报效果的影响……220
天津城市自动化积水监测预警技术及系统的研究……220
霍尔沃兹墙气象综合观测预报服务教育系统……220
遥感生态指数在天津地区生态质量气象评估中的应用研究……220
西青区生态质量气象评价及其动态变化分析……220
WRF模式城市冠层参数在天津城市地区的优化研究……221
北上台风减弱低压入渤海后强度变化特征分析……221
雷达三维变分风场反演在中小尺度天气系统中的应用研究……221
宝坻区农田渍涝风险信息采集及其精细化服务方法研究……221
天津气象数据服务智能技术的研究……222
基于DERF2.0供热关键期强降温过程预测技术研究……222
增暖1.5℃背景下建筑节能气象参数和设计负荷的变化及其应对……222
防灾减灾
地震灾害风险防治……222
裂隙岩体高边坡灾害防控关键理论、方法及技术与应用……223
青藏高原现今地壳运动结果与地学应用……223
全国跨断层场地优化改造—一测中心跨断层场地升级改造……223
2016年河北开平地震序列发震过程与机理研究……224
天津近代老旧建筑动态抗震能力与地震灾害快速判定技术研究……224
地震应急数据可视化服务平台研究与实现……224
VR虚拟现实气象灾害暴雨泥石流安全教育系统……224
《学校防震与应急》画册……224
地震监测预报……224
国家地震计量站建设……225
地震监测专业设备管理……225
广播电视
地面电视数字化进程……225
广播电视监测技术……225
天津自然博物馆……225

科技人才与机构

概　况
科技人才发展……226
科技人才建设
人才培育项目……226
博士后工作……226
专家管理与服务……227
专业技术人员和管理人员继续教育……227
职称工作……227
优秀科技人才
在天津的中国科学院院士……227
在天津的中国工程院院士……228
人类学终身成就奖……230
职业院校创新创业人才……230
河北工业大学2人入选天津市青年人才托举工程……230
科学研究与技术开发机构
简况……230
科学研究和技术服务业事业单位……230
转制为企业的研究机构……232
科学研究和技术服务业民办非企业单位……233

科学研究与技术开发机构承担课题情况 ……233
科学研究与技术开发机构专利情况…………234
科学研究与技术开发机构R&D活动情况……………………………………234

科技支撑与服务

科技创新工作
简况………………………………………236
科技成果管理与奖励
科技奖励…………………………………237
科技成果转化……………………………251
技术市场…………………………………252
知识产权
简况………………………………………253
知识产权战略……………………………253
知识产权保护……………………………253
知识产权强企工程………………………253
知识产权服务能力………………………253
企业复工复产……………………………253
知识产权文化建设………………………254
知识产权人才培养………………………254
天津水务集团有限公司知识产权…………254
软科学
科技发展战略……………………………254
天津市科研诚信管理制度与机制研究………254
面向2035、2025年的科技创新国际化发展规划思路研究……………………254
加强天津市科技监督与评估体系建设对策研究…………………………………255
深化京津冀基础研究合作的思路与对策研究…………………………………255
天津市行政区综合科技创新能力评价研究…………………………………255
面向2035、2025年的创新型企业发展规划思路研究……………………………255
重点创新改革政策的区域比较和评估研究…………………………………255
天津市科技全面创新改革进展评价与深化举措研究……………………………255
新型企业家创新调查及培养机制研究………255
改革开放40年天津科技体制改革的回顾研究……………………………………256
天津市基础软硬件支撑人工智能发展的难点问题与解决路径研究…………………256
面向2035、2025年的新能源新材料创新发展规划思路研究……………………256
面向2035、2025年的科技监督评估机制规划思路研究……………………………256
面向2035、2025年的科技金融创新生态规划思路研究……………………………256
公立中医院发展与财政、医保的关系及其策略分析……………………………256
区域协同创新
京津冀协同创新…………………………257
一带一路科技创新合作…………………257
科技创新创业
科技创新体系建设………………………258
科技金融…………………………………258
助推创新创业……………………………259
众创空间建设与服务……………………259
产业创新联盟……………………………259
科创中国试点城市建设…………………260
科技平台
科技条件平台建设………………………260
以医联体云平台推进基层医疗服务体系建设研究……………………………………260
中药定量药理学与精准药学平台…………260
天津市智慧建筑设计与运维管控一体化工程技术中心…………………………260
天津市高精密机械手表企业重点实验室 ……261
天津市集成电路设计中心—爱德万测试芯片测试技术联合培训中心……………261
天津市中药注射剂关键技术校企协同创新实验室…………………………………261
天津市绿色海水水处理药剂企业重点实验室…………………………………261
天津药物研究院有限公司技术中心…………261

京津冀肿瘤防治研究联合中心……………261
国家恶性肿瘤临床医学研究中心江西分中心……………262
科技企业
简况……………262
天津市管道工程集团有限公司……………262
天津药物研究院药业有限责任公司……………262
天津水务集团有限公司……………263
科学普及
简况……………263
科普基地建设……………263
天津市科学技术协会科普工作……………264
全域科普……………264
河北工业大学举办科技活动周……………264
战疫情节目……………265
线上—线下相结合的心血管疾病防—治—养一体化"养心"特色科普活动……………265
学术交流
2020中国创新设计大会天津峰会&云峰会……………265
2020天津信息技术应用创新研讨会……………265
弘扬新时代科学家精神建设世界科技强国报告会……………265
中国海油首届科技大会……………265
中国医药生物技术协会临床前评价技术专业委员会……………266
天津国际视网膜论坛暨玻切星世界临床病例讨论会……………266
科技服务
科技惠民……………266
科技扶贫……………266
档案管理科技……………267
职工宣传教育……………267
服务科技工作者……………267
服务地方经济建设……………268
海河工匠技能大赛……………268
天津"健康码"服务城市疫情防控一码通行……………268
天津市"互联网+监管"助力创新监管方式……………268
天津市信息资源统一开放平台……………268

各区科技

天津市滨海新区
简况……………269
科技金融……………269
科技型企业发展……………269
重大科技创新平台建设……………269
生物医药产业发展……………270
科技项目管理……………270
科技人才……………270
科技成果与奖励……………271
科学普及……………271
科技扶贫……………271
天津经济技术开发区
科技管理与服务……………272
科技成果与奖励……………272
科技项目管理……………272
天津港保税区
简况……………272
科技创新创业载体建设……………272
创新发展生态环境……………273
科技奖励……………273
产业创新平台建设……………273
天津滨海高新区
简况……………273
创新主体培育……………273
创新创业通票制度……………274
科技金融……………274
知识产权战略……………274
创新创业氛围……………274
企业研发机构……………275
科技人才……………275

科技招商……275
科技支撑……275
中新天津生态城
简况……275
科技创新体制机制……276
科技项目管理……276
科技金融……276
科技服务……276
和平区
科技型企业发展……276
科技成果与奖励……276
科技服务……276
科技招商……277
河东区
简况……277
科技创新载体建设……277
科技成果与奖励……277
河西区
简况……277
企业复工复产……277
科技服务……277
科技扶贫……277
科技项目管理……278
南开区
简况……278
高新技术企业……278
创新载体建设……278
科技扶贫……278
河北区
简况……278
科技创新载体建设……279
科技重点项目……279
科技成果与奖励……279
科技服务……279
科技招商与引智……279
特色工作……279
红桥区
简况……279
科技服务……280
科技招商……280
科技产业园建设……280
新冠肺炎疫情防控……280
东丽区
科技简况……281
科技型企业培育……281
科技创新载体建设……281
科研机构发展……281
创新生态体系优化发展……281
西青区
简况……281
科技重点项目……282
科技创新载体建设……282
科技人才……282
科技服务……282
津南区
简况……282
科技创新载体建设……282
技术转移与成果转化……283
科技重点项目……283
科技人才……283
科技金融……283
北辰区
简况……283
科技重点项目……283
产学研合作……283
科技人才与奖励……283
武清区
简况……284
科技重点项目……284
产学研合作……284
科技人才……284
科技创新载体建设……284
科技奖励……284
宝坻区
简况……284
京津冀协同发展……284
科技服务体系建设……284
科技服务……285
科技扶贫……285
宁河区
简况……285
科技成果与奖励……285

科技创新载体建设……………………………285
静海区
简况……………………………………………285
科技创新载体建设……………………………285
科技服务………………………………………286
防震减灾………………………………………286
蓟州区
简况……………………………………………286
科技扶贫………………………………………286
产学研合作……………………………………286
科技创新载体建设……………………………286
科技服务………………………………………286

附 录

文件辑录

加强“从0到1”基础研究工作方案（国科发基〔2020〕46号）……………………………287
新形势下加强基础研究若干重点举措（国科办基〔2020〕38号）…………………………290
科技部印发《关于破除科技评价中“唯论文”不良导向的若干措施（试行）》的通知
（国科发监〔2020〕37号）…………………………………………………………………292
赋予科研人员职务科技成果所有权或长期使用权试点实施方案（国科发区〔2020〕128号）……294
国务院关于促进国家高新技术产业开发区高质量发展的若干意见（国发〔2020〕7号）……297
关于加快推动国家科技成果转移转化示范区建设发展的通知（国科办区〔2020〕50号）……300
国家科学技术奖励条例（国务院令第731号第三次修订）…………………………………301
天津市科技创新三年行动计划（2020—2022年）（津政发〔2020〕23号）…………………304
建立高成长初创科技型企业专项投资扶持机制的意见和天津市高成长初创科技型企业专项投资管理
暂行办法（津科规〔2020〕2号）…………………………………………………………308
天津市建设国家新一代人工智能创新发展试验区行动计划（津政办发〔2020〕21号）……311
天津市科技专家库管理办法（津科规〔2020〕1号）………………………………………315
天津市科技领域财政事权和支出责任划分改革方案（津政办发〔2020〕5号）……………316

重要报道

天津航天机电设备研究所助力嫦娥五号…………………………………………………319
打造原始创新策源能力构建原始创新策源体系…………………………………………319
打造京津冀自主创新重要源头……………………………………………………………320
天津市打榜全球创新集群百强……………………………………………………………321
天津市2020年首批瞪羚企业、雏鹰企业通过评价入库…………………………………321
以法治之力助推自创区建设全面升级……………………………………………………322
中药研制从“大海捞针”到“碗里捞针”………………………………………………323
科技防控打赢疫情防控阻击战……………………………………………………………324

2020年中国十大科技进展 ……324
2020年世界十大科技进展 ……326

2020年天津市科技局领导成员及机构名录

2020年天津市科技局领导成员及机构名录 ……328

2020年天津市滨海新区科学技术局及各区科技局领导名单

天津市滨海新区科学技术局主要领导 ……329
各区科技局主要领导 ……329

索引

单位名称索引 ……330
人名索引 ……336

CONTENTS

Special Published

Special Report ······1
Important Scientific and Technological Activities ······6

Science and Technology Memorabilia

Science and Technology Memorabilia in Tianjin in 2020 ······9

Science and Technology Policies and Regulations

Overview of National Science and Technology Policy ······29
General Situation of Tianjin Science and Technology Policy ······30

Basic Research and Frontier Technology Research

General ······31
Mathematics Physics Chemistry ······32
Life Science ······35
Earth Science ······41
Information Science ······42
Materials Science ······44
Environmental Science ······49
Agricultural Science ······50

High Technology and Industrialization

General ······53
Information Technology ······53
Biology Technology ······58
Advanced Manufacturing Technology ······61

New Material Technology ······66
New Energy and Energy-saving Technologies ······70
Eco-environmental Technology ······73
Marine Technology ······76

Manufacturing Industry

General ······81
Electronic Information ······81
Petrochemical Engineering ······82
Metallurgical ······84
Automobile Watercraft ······87
Modern Pharmaceutical ······89
Light and Textile Industry ······97
Manufacturing Equipment ······99

Agriculture Science and Technology

General ······102
Agricultural Planning and Strategy ······102
Planting Industry ······106
Forestry Industry ······114
Animal Husbandry ······115
Fishery Industry ······119
Facility Agriculture ······120

Health Science and Technology

General ······128
Basic medical research ······129
Clinical medical research ······138
Research of Traditional Chinese Medicine ······159
Disease Prevention Research ······171

Urban Construction and Traffic Science and Technology

General ······176
Municipal Engineering ······177

Architectural Engineering …… 180
Public Utility …… 184
Water Affairs …… 186
Electric Power …… 191
Port …… 194
Waterway Transportation …… 201
Rail Traffic …… 204

Modern Service Industry Science and Technology

General …… 208
Information Technology Service …… 208
Quality Supervision …… 210
Inspection and Quarantine …… 215
Meteorological Phenomena …… 216
Disaster Prevention and Reduction …… 222
Radio and Television …… 225

Science and Technology Personnel and Organization

General …… 226
Construction of Scientific and Technological Talents …… 226
Outstanding Scientific and Technological Talents …… 227
Scientific Research and Technology Development Institutions …… 230

Science and Technology Support and Services

Science and Technology Innovation Work …… 236
Science and Technology Achievements and Rewards …… 237
Intellectual Property …… 253
Soft Science …… 254
Regional Collaborative Innovation …… 257
Scientific and Technological Innovation and Entrepreneurship …… 258
Technological Platform …… 260
Science and Technology Enterprise …… 262
Science Popularization …… 263
Academic Communication …… 265
Science and Technology Service …… 266

Regional Science and Technology

Binhai New Area of Tianjin ······269
Tianjin Economic and Technological Development Area ······272
Tianjin Port Free Trade Zone ······272
Tianjin Binhai High-tech Zone ······273
China-singapore Tianjin Eco-City ······275
Heping Area ······276
Hedong Area ······277
Hexi Area ······277
Nankai Area ······278
Hebei Area ······278
Hongqiao Area ······279
Dong li Area ······281
Xiqing Area ······281
Jinnan Area ······282
Beichen Area ······283
Wuqing Area ······284
Baodi Area ······284
Ninghe Area ······285
Jinghai Area ······285
Jizhou Area ······286

Appendix

File Collection ······287
Important Publications ······319
List of Leaders and Organizations for Tianjin Municipal Science and Technology Bureau in 2020 ······328
List of Leaders for Municipal Science and Technology Bureau of Binhai New Area and Districts in 2020 ······329

Index

Organization name index ······330
Personal name index ······336

特　载

专　文

天津科技进步综述

2020年是中国全面建成小康社会的决胜年，是迈进创新型国家行列的冲刺年，是“十三五”收官和“十四五”谋划的关键年，也是应对新冠肺炎疫情等重大挑战的应急攻坚年。

一是以信创产业为主攻方向强化创新策源能力。深入贯彻落实习近平总书记关于“打造我国自主创新的重要源头和原始创新的主要策源地”重要指示要求，全市召开专题会议，将大力发展信创产业作为推进自主创新和原始创新、加快新旧动能转换的重要战略引擎。成立天津市打造自主创新重要源头和原始创新主要策源地工作领导小组，强化统筹协调，有力推动信创、生物技术、高端装备等重点工作取得显著阶段性成效。以滨海高新区为重点建设“中国信创谷”，形成“PKGS（飞腾－麒麟－长城－曙光）”信创品牌，实现从CPU芯片到整机终端的完整产业链布局，全市信创产业规模突破1000亿元，软件和信息技术服务业整体收入同比增长超过20%，增速全国第一。

二是发挥科技战胜疫情关键利器作用。落实习近平总书记“人类同疾病较量最有力的武器就是科学技术”等重要要求，启动绿色通道开展科技抗疫，在全国率先实施“新型冠状病毒感染应急防治”科技重大专项，率先开展外国人来华“不见面审批”，率先设立科学技术奖抗击新冠肺炎疫情特别奖。腺病毒新冠疫苗在全球率先进入临床试验，获批附条件上市；自主研发的中成药、诊疗试剂等产品入选国家诊疗方案，“宣肺败毒方”“血必净注射液”被列入“三方三药”，为全国抗击疫情斗争取得重大战略成果作出天津贡献。落实“双战”部署要求，制定全市高企复工复产工作方案，开展科技型企业主题服务月等专项行动，市区两级联动帮扶，助力规上高企率先实现100%复工复产，推动科技型企业为战胜疫情提供技术支撑和物资保障。

三是谋划布局新阶段科技创新蓝图。深入贯彻落实党的十九届五中全会精神，高标准编制形成天津市科技创新“十四五”规划。制定出台科技创新三年行动计划，为构建新发展格局、推动高质量发展提供强有力科技支撑。召开全市进一步推动科技创新会议，推动高水平完成三年计划首年任务。全市高企总数达到7420家；国家科技型中小企业、“雏鹰”企业、“瞪羚”企业分别达到8179家、3557家、385家，累计认定科技领军（培育）企业216家。聚焦发挥高校源头创新作用，提升大学科技园成果转化、创业孵化、集聚资源、协同创新等核心功能，编制形成大学科技园建设指导意见和三年行动计划。

四是加强国家战略科技力量建设。着眼国家重大战略需求和全市发展需要，市政府两次召开专题会议，谋划建设海河实验室，培育国家实验室“预备队”。获批首批国家应用数学中心，打造以数学为核心、跨学科交叉、产学研协同新型科研组织。组分中药国家重点实验室获批建设，成为全国中医药领域唯一国家重点实验室。环渤海滨海地球关键带国家野外科学观测研究站成功落地，实现全市“零突破”。新一代超级计算机关键技术攻关、基础设施建设高效推进。大型地震工程模拟研究设施完成造波系统正样机试验方案设计优化。国家合成生物技术创新中心在医药化学品生物合成等核心技术方面取得重要突破，创新成果在津衍生孵化科技型企业25家。发布国家新一代人工智能创新发展试验区行动计划，打造智慧城市、智慧港口、自主算力、车联网等10个应用标杆。

五是持续深化京津冀协同创新。在科技部指导下三地共建京津冀国家技术创新中心。加强与中科院合作，探索“天津出卷、中科院答卷、协同攻关、成果转化”新模式，积极吸引中科院创新成果、高水平机构落地。与工程院共同推动人工智能战略院、工程科技战略院建设，发挥高端智库作用，服务全市经济社会发展。深化落实市政府与北大、清华的合作协议，在医疗项目联合研发、创新平台共建等方面取得积极进展。完善京津冀成果转移转化服务体系，实现技术经纪人职称互认，成立技术转移联盟，共享技术交易数据，推动京冀创新成果在津转化和产业化。成功举办“京津冀青年科学家论坛”。

“十三五”以来，科技创新工作以习近平新时代中国特色社会主义思想为指导，深入贯彻落实习近平总书记对天津工作“三个着力”重要要求和一系列指示批示精神，科技创新能力整体大幅跃升，成为新旧动能转换引领高质量发展的关键力量。全社会研发投入强度达到3.28%，居全国第三；综合科技创新水平指数保持全国前列；技术合同年成交额达1113亿元，实现翻一番，占GDP比重居全国前列；获得国家科学技术奖78项；每万人发明专利拥有量达到24.03件，增长近1倍；国家高企数量增长2.2倍，占企业法人比重居全国前列。

（一）坚持国家战略导向，重大创新载体平台建设取得历史性突破

一是国家战略科技力量体系加速形成。成功获批建设新一代超级计算机、大型地震工程模拟研究设施、国家合成生物技术创新中心、组分中药国家重点实验室、国家应用数学中心、血液病国家临床医学研究中心、中医针灸国家临床医学研究中心等10个重大科技基础设施和创新平台，获批数量和等级实现历史性突破，为天津市在超级计算机等相关领域领跑全国乃至世界提供有力支撑，为服务科技强国建设提供重要战略支点。

二是国家级创新载体建设扎实推进。全力支持天津国家自主创新示范区建设，推动出台自主创新示范区条例、促进高新区高质量发展举措等文件，创新管理机制将领导小组办公室调整至滨海高新区，自创区初步形成以信息技术应用创新为核心的主导产业集群。继北京、上海试点后，获批首批国家新一代人工智能创新发展试验区，人工智能发展纳入国家总体战略布局。以中新生态城为核心，以自主算力引擎、智慧港口、车联网应用为重点，项目化、清单化推动试验区建设，打造国家级标杆示范区。

三是国家级平台后备体系更加完善。聚焦信创、人工智能、生物医药、新能源新材料等重点领域，优化市级平台布局，加强后备力量储备。新建设市级重点实验室143家、总数达到350家，每年承担省部级以上项目超3000项。新认定市级临床医学研究中心25家，中医疫病、神经系统疾病方向有望进入国家布局。批复组建区块链、海水资源利用等市级技术创新中心8家，联合开展科研项目超过150项，面向行业开展技术服务和成果输出合同额超4亿元。

（二）坚持主动融入国家区域战略布局，科技协同创新迈出新步伐

一是主动融入京津冀科技协同创新共同体建设。在津成功召开京津冀协同创新座谈会，建立省（市）级科技协同创新工作机制。与科技部第二轮会商目标任务圆满完成，取得国家科技统计数据中心等一大批标志性成果，获国家科技计划项目经费支持超百亿。有效落实与中科院全面合作协议，引聚中科院自动化所、光电院等国家级院所及分支机构46家。开辟与中国工程院科技领域首次市级层面合作，共同打造天津高质量发展的“创新基因库”，取得人工智能“蓝皮书”等合作成果。与北大、清华签订战略合作协议，引进共建的北大新一代信息技术研究院、清华天津高端装备研究院等机构，在光电子工艺、数字视网膜平台、电子束选区熔化3D打印等领域取得突破。基础研究、创新券、大仪共享等合作成效显著，研究成果服务南水北调等国家重大工程，三地753家实验室、1293台大型仪器实现跨区域开放共享，天津市优势科技资源积极服务河北和雄安新区建设。

二是主动参与“一带一路”科技开放合作。出台“一带一路”科技创新合作行动计划，成立“一带一路”科技合作创新联盟，加强与俄罗斯、以色列、意大利等国家的人文交流和科技合作，组织中俄科技创新合作洽谈会等交流活动，建成中国—以色列人群医学国家“一带一路”联合实验室、科技外交官技术转移服务网络等合作平台，培育认定近240个市级国际合作基地、海外研发推广中心和联合研究中心，积极融入全球创新网络，广泛引聚国际优质创新资源。

三是东西部科技扶贫协作深入开展。坚持把科技作为产业扶贫的重要支撑，加强对疆藏青和甘肃、承德在技术攻关、成果转化、平台建设等方面支持，突破牦牛杂交、青稞育种、高原夏菜保鲜等一批亟需技术，推广200多项高效高产新技术、新产品、新品种，建成牦牛专家工作站、青稞联合研究中心等帮扶平台。积极探索科技扶贫协作的有效途径，开发“津科帮扶”APP、培育400多位“空中专家”，打造“带不走”的专家队伍。引导全市企业与受援地14个贫困村建立结对帮扶关系、签订框架协议超亿元。

（三）坚持培育经济发展新动能，支撑引领高质量发展能力不断增强

一是科技型企业发展形成“天津经验”。坚持把发展科技型企业作为服务经济建设主战场的关键抓手，实施科技型企业升级版、创新型企业领军计划，圆满完成10万家科技型中小企业、3000家“雏鹰”、300家“瞪羚”、200家领军等重点阶段任务，成功打造科技型企业发展的2.0和3.0版，为全市深化供给侧结构性改革、加快新旧动能转换注入强大新动力。科技型企业发展的“天津经验”在全国形成示范效应，科技部部长王志刚在全国科技工作会上对天津市创新型企业梯度培育机制给予充分肯定。

二是科技型企业创新“热度”“浓度”持续提升。出台“双创”升级版等有效措施，大力推进众创空间、孵化器等载体建设，大力培育产业技术研究院等新型研发机构，积极营造创新创业浓厚氛围。全市市级以上科技企业孵化器达到80家，其中国家级36家，在孵企业3900家；市级以上众创空间208家，其中国家级备案众创空间88家，专业化众创空间6家、名列全国第3，在孵企业和团队5800个；产业技术研究院达20家，衍生和孵化企业达420家。累计举办五届创新创业大赛，为6000多家企业搭建展示、交流、融资、成长平台。

三是科技与金融加速融合助推企业发展壮大。积极发挥金融“血脉”作用，成立天使、创投等引导基金及政策性担保资金，建立高成长初创科技型企业专项投资扶持机制，出台贷款、股改等奖励政策，在各区支持建立31家科技金融对接服务平台，打造“科技金融大讲堂”服务品牌，形成覆盖科技型企业成长全周期的金融服务体系。引导基金累计参股设立天使、创投基金27支，基金规模超50亿元，开展投资超26亿元，带动投融资近140亿元；“一企一策”帮扶14家科技型企业上市，占全市上市企业总数51%，累计达40家。

（四）坚持牢牢把握科技创新主动权，原始创新、自主创新能力实现新跃升

一是关键核心技术实现重大突破。人工智能领域，以信息技术应用创新、工业机器人等为代表的“七链”聚集国家高新技术企业超900家，取得5G射频前端、晶圆抛光及减薄装备等国内领先技术成果，银河麒麟操作系统V10上榜2020年国内十大科技新闻、央企十大国之重器。装备制造领域，225MN

重型卧式铝挤压成套装备刷新世界之最，海洋地震拖缆采集装备达到国际先进水平，1200吨蒙皮拉伸机、超大型热轧H型钢等打破国外垄断，配网带电作业机器人等填补世界多项行业空白。生物医药领域，嵌合CD19受体T细胞免疫治疗、天然活性物质生物合成、慢性硬膜下血肿药物治疗等关键技术取得重要突破，埃博拉病毒疫苗、人工心脏、创新脑胶质瘤治疗药物等多项成果实现全国第一。新能源新材料领域，光伏用12英寸硅片全球首发，智能磁悬浮透平真空泵技术国际首创，27.5kV高压有源电力滤波器等技术达到国际领先水平。

二是基础研究和应用基础研究取得系列原创成果。出台加强基础科学研究意见，优化前沿研究布局，改善发展机制环境，促进基础研究与应用基础研究融通创新发展。在南开大学、天津大学积极开展市级自然科学基金自主立项试点，探索建立应用基础研究多元投入机制。组合数学、内燃机动力研究、合成生物学等领域领跑全国，光学自由曲面制造、生物活性材料、组分中药等前沿领域处于国际先进水平，高效手性螺环催化剂、酵母长染色体精准定制合成等重大原创性成果不断涌现。

三是天信创技支撑服务国家重大工程。面向国家重大需求，加强重大项目布局和实施推动。超深与复杂地质条件混凝土防渗墙、座舱环境控制系统、超大曲线管幕施工、低重力试验场建设、探测器着陆器机构分系统、大型超平支撑平台技术、深水推进器、“海燕”水下滑翔机等一批重大创新技术和产品为国家重大水利枢纽工程、C919首飞成功、港珠澳大桥开通、“天问一号”火星探测、“嫦娥四号”登陆月球背面、“嫦娥五号”实现地外天体采样、“奋斗者”号万米载人深潜等国家重大创新工程作出积极贡献。

（五）坚持“双轮驱动”，科技体制改革取得新突破

一是科技体制改革顶层设计不断完善。贯彻落实中央关于优化科研管理、推进成果转化、赋予科研机构和科研人员更大自主权等改革部署，把增强科技人员的获得感作为重要导向，修订《天津市促进科技成果转化条例》等法规，出台实行以增加知识价值为导向分配政策、优化科研管理提升科研绩效、深化科技“三评”改革等系列科改新政，政策创新度、突破力度走在全国前列。建立局区共建机制，与东丽、南开、河西、武清等区聚焦成果转化、设计之都申报等深化合作，协力构建各具特色的区域创新体系。

二是科研管理机制持续优化。深入贯彻落实习近平总书记“抓战略、抓规划、抓政策、抓服务”重要要求，推动政府职能由项目管理向创新服务转变。落实市委深化改革要求，重构科技管理体制，科技资金使用更加聚焦，科研工作体系更加精炼。依托人工智能、国家合成生物技术创新中心等重大专项、重大平台，积极探索“揭榜制+里程碑”“包干制”等新型项目组织方式。深化科技领域“放管服”改革，科技计划项目申报实现“无纸化”、做到“五个一”，19个政务服务事项全部实现“最多跑一次”。大力弘扬科学家精神，加强学风作风建设，逐步建立覆盖各类科技活动的科研诚信管理机制。

三是科技成果转化实现系统性突破。建立完善科技成果转化“法规+意见+配套细则+操作规程”的“四重接力棒”政策体系。实施科技成果转移转化“五新工程”，建立以市级展交运营中心为核心的高水平技术转移体系，汇集技术转移机构170多家、技术经理人700多名；设立技术经纪职称专业，获批国家技术转移人才培养基地，打造科技成果评价师、创新工程师等多层次的技术转移人才队伍；开展“科技成果俏津门”品牌活动，创新“企业出题、能者破题、政府助题”众包揭榜新机制。持续实施企业科技特派员制度，累计选派5390名特派员服务4560家企业，转化高校成果超1900项。

四是高水平创新人才加速聚集。深入践行“人才是第一资源”理念，把引智育才作为创新发展的“动力源”。推动出台许可审批、社会保险、住房公积金等20多项外籍人才来津创新发展突破性政策，被科技部誉为“天津模式”，在全国推广。累计引进外国高端人才1万多人次，60位外国专家获“海河友谊奖”，9位专家获“中国政府友谊奖”，天津市多次入选科技部评选的“魅力中国——外籍人才眼中最具吸引力的中国城市”Top10。全市新增国家杰出青年获得者63人、累计138人，新支持市级杰出青年120人。新遴选市级“创新人才推进计划”人才669人、累计910人，入选国家“创新人才推进计划”人才总数达到136人。培育新型企业家531人、累计965人。

（六）坚持“以人民为中心”，科技服务民生取得新进展

一是科技有力支撑乡村振兴。贯彻落实习近平总书记关于科技特派员制度推行20周年重要指示精神，切实发挥好农业科技特派员服务“三农”作用，累计建立81支科技帮扶团队，开发、推广农业新品种、新技术、新成果近1400项，科技特派员、帮扶困难村总数突破“双千”。加强现代都市型农业科技支撑，认定国家级农业科技园区3家和市级园区6家，在蔬菜、肉羊、杂交水稻等领域培育一批优势品种。

二是科技积极服务绿色、安全发展。有机固废燃气化清洁处理技术、烟气超净排放关键技术、扬尘在线监测系统、BIM技术的岩土工程勘察成果等广泛应用于多省市电力、石化、钢铁、建筑等行业，退渔还湿和滨海互花米草防控等技术在七里海、北大港湿地等示范应用。发布年度环境污染防治技术目录，累计入选技术113项，为天津市打赢污染攻坚战、湿地观测与保护等提供有效科技支撑。持续推动市场导向的绿色技术创新体系建设，加快中新生态城国家绿色发展示范区、子牙经开区国家生态工业示范园区、天津经开区绿色产业示范基地建设，树立绿色发展标杆。

三是全域科普建设取得显著成效。落实习近平总书记关于“科技创新、科学普及是实现创新发展的两翼”等重要要求，联合出台推进全域科普工作实施意见，在全国率先打造全域科普。科普基地和人才队伍建设成效显著，市级和国家级科普基地分别达到172家和31家，科普专职人员队伍达到3300人，科技志愿者超9.5万人、科普信息员超16万人。成功举办科技周等科普品牌活动，营造尊重科学崇尚创新的浓厚氛围，全市公民具备基本科学素质比例达到16.58%，位居全国第三。

重要科技活动

天津市科学技术奖励大会暨全市科技工作会议

2020年4月23日，天津市科学技术奖励大会暨全市科技工作会议在天津礼堂召开，大会表彰天津市科学技术奖抗击新冠肺炎疫情特别奖和2019年度天津市科学技术奖获得者，总结部署全市科技工作。会上向天津市科学技术奖抗击新冠肺炎疫情特别奖一等奖获得者、中国工程院院士、天津中医药大学校长张伯礼颁发获奖证书。大会宣读《天津市人民政府关于颁布天津市科学技术奖抗击新冠肺炎疫情特别奖的决定》和《天津市人民政府关于颁布2019年度天津市科学技术奖的决定》。张伯礼院士代表获奖人员发言。表彰在抗击新冠肺炎疫情工作中作出突出贡献的科技人员和单位，授予“新冠肺炎中西医结合救治与创新中药宣肺败毒颗粒研制”等9项成果天津市科学技术奖抗击新冠肺炎疫情特别奖。2019年度，天津市授予13项成果自然科学奖、7项成果技术发明奖、174项成果科学技术进步奖，授予杰伊·西格尔教授天津市国际科学技术合作奖。涵盖电子信息、医疗卫生、环境保护等20余个专业技术领域的近500项科研创新成果申报，其中自然科学特等奖获奖项目“酵母长染色体的精准定制合成”入选2017年中国科学十大进展和中国高等学校十大科技进展；科技进步奖特等奖获奖项目“中国铁路大数据成套技术研究及应用”引进央企资源在津建设中国铁路主数据中心，支撑中国铁路年30亿旅客发送量和年40亿吨货运发送量的运营。

2020年天津市创新创业大赛暨第九届中国创新创业大赛

2020年6月10日，由天津市科技局、市财政局、市教委、市总工会、市共青团、市妇联、市工商联共同举办，天津市科技创新发展中心承办的“2020年天津市创新创业大赛暨第九届中国创新创业大赛”启动。大赛启动仪式通过“讯飞听见”客户端进行全程网络直播。大赛指导单位、承办单位、各区科技局、创新创业载体、投资机构、系列赛主办单位相关负责同志、部分企业代表和相关媒体记者等300余人“云参会”。比赛期间，累计组织线上、线下大赛宣讲会16场，会同宝坻、河北区等举办分赛和特色赛，800余家企业报名参赛，63家企业获奖项，其中31家企业进入全国赛，2家企业晋级总决赛，8家企业获优秀称号。为推动大赛获奖企业与金融资本对接，举办3场大赛获奖企业金融路演对接会。

第四届世界智能大会

2020年6月23日，第四届世界智能大会在线上举办，以“智能新时代：创新、赋能、生态”为主题。由国家发改委、科技部、工信部、国家广电总局、国家网信办、中国科学院、中国工程院、中国科协联合天津市人民政府共同主办。第四届世界智能大会持续秉承高端化、国际化、专业化理念，举办会、展、赛、智能体验等一系列活动；围绕落实智能科技产业“1+10”专项行动，展示天津智能化解决方案和应用场景，打造智能化解决方案的策源地和生产地。大会智能科技展主题为智慧生活、智能制造、科研创新、智慧城市、智能体验、大数据以及智能农业等，共5个展厅、1个室外体验区和1个公共发布区。大会发布《中国新一代人工智能科技产业发展报告（2020）》和《天津市智能科技产业发展年度报告（2020）》。发布成果12项，包括麒麟软件发布的“银河麒麟桌面操作系统V10”和“高级服务器操作系统V10”；天津滨海高新区和华为公司鲲鹏生态创新中心支持政策等。举办10场云平行论坛，其中部市合办6场，包括与科技部合办的新一代人工智能治理及核心技术高峰论坛；与工信部合办的车联网先导应用创新发展国际高峰论坛；与国家网信办合办的构建数字经济产业生态体系高峰论坛；与国家卫健委合办的智能健康与医疗高峰论坛；与中国科协合办的数字经济与未来发展国际高峰论坛以及与新加坡国家发展部合办的中新智慧城市高峰论坛。

2020中韩科技合作投资洽谈会

2020年7月23日，由天津市科学技术局、大韩贸易投资振兴公社（KOTRA）主办的“智汇天津·2020中韩科技合作投资洽谈会”在天津市滨海中关村科技园举办。全市科技型企业、科研院所、孵化投资机构等50余家单位通过线上线下方式参与对接。会议以“智汇天津·共创未来”为主题，梳理韩国人工智能、生物医药、新能源新材料领域先进技术成果185项，通过“天津科技”官网线上发布等方式进行预对接，征集对接合作意向50余项。会议采取线上线下相结合的形式，大韩贸易振兴公社（KOTRA）介绍韩国能源环境和智能医疗领域的发展，开发区科创局和滨海中关村科技园介绍科技创新、孵化投资政策。筛选斗元顶峰、东海株式会社、麦缇格株式会社等韩国科技企业的氢燃料电池、危废处理、牙科诊断等技术成果进行视频路演。会议采取云对接形式，进行40余项次的技术需求与供给对接，实现意向投资超1000万元，天津3家企业就干细胞方向的技术研发、纳米薄膜型化学物质渗漏感应传感器技术、红外测温仪系列产品与韩方企业达成合作协议。

天津市第34届科技周

2020年8月23日，天津市科技局与市科协、市委宣传部、天津市科技周活动组委会各成员单位，以“科技战疫·科普为民·创新强市”为主题，举办天津市第34届科技周活动。组织开展科技战疫、科技创新、全域科普三大系列活动，举办市级重点活动20项，开展科技展览展示、互动体验、咨询服务、科技讲座、科普设施开放等活动2276场次，直接参与各类活动的市民达50万人次，科普受众超过200万人次。8月24日，举行天津市第34届科技周暨第六届天津市科普微视频大赛、河西区科技周启动仪式，为34家新认定市级科普基地授牌，为优秀科普微视频作品、优秀科普图书、优秀科技工作者等颁奖。发布“科技战疫”主题视频，记录天津科技工作者在药物和疫苗开发、流行病学调查等防疫科研攻关中的风采。设置“天津市第34届科技周和天津市科普微视频大赛主视觉展区”“天津市优秀科普图书展区”“防震减灾科普展区”“首善河西创新之城展区”等主题展示活动；8月25日，举办天津市优秀科普图书推荐评选活动，征集优秀科普作品41部（套），作品涉及天文、博物、物理、动植物、传统文化等领域，10部作品被评为“十佳优秀科普图书”；9月21日，举办天津市科学实验展演汇演活动，63支队伍报名参赛，14个作品进入决赛，10支队伍获“天津市十佳科学实验展演作品”称号；9月25日，举办第五届天津市科普讲解大赛，活动以“科技战疫·创新强国”为主题，全市50多家单位的130名选手报名参赛，涵盖科技、教育、卫生等领域，选题涉及疫情防控、人工智能、生态环保、生物技术等专业，10名参赛选手获“天津市十佳科普使者”称号。

特载

第十八届中国国际人才交流大会网上大会

2020年9月7日，第十八届中国国际人才交流大会网上大会召开。科技部部长王志刚、中共深圳市委书记王伟中、科技部党组成员陆明、俄罗斯联邦科学与高等教育部部长法利科夫·瓦列里·尼古拉耶维奇等出席。市科技局借助AR/VR/3D等信息技术手段，搭建街景式虚拟展厅，制作180平方米的个性化虚拟特装展厅，展示宣传天津经济、社会发展的成就和美丽天津的国际形象，包括在科技创新、引智引才等方面成果；“海河英才”行动计划、离岸创新创业基地等引智引才创新举措；重点地区的环境、区域特点和人才政策，累计访问量逾8万次。市科技局作为海外优质人才与项目对接天津的桥梁，指导各有关单位利用大会公共平台，参与人才招聘、项目对接、技术转移等各板块的相关活动，征集项目需求信息32项、人才需求信息75项，对接各类专家组织、海外机构以及高层次海外人才，与德国、英国等国家和地区的专家组织和海外机构进行深入沟通交流，达成初步合作意向23项。天津市国际人才交流协会、中电科半导体材料有限公司、中核高能（天津）装备有限公司等单位与英国纽卡斯尔大学、美中德经济技术交流开发中心、德国马格德堡大学教育与媒体学院建立联系，在规划城建、能源环保、新一代信息技术等领域进行交流，达成部分合作意向。

天津市抗击新冠肺炎疫情表彰大会

2020年10月22日，天津市抗击新冠肺炎疫情表彰大会在天津礼堂举行。大会宣读《中共天津市委天津市人民政府关于授予在我市抗击新冠肺炎疫情工作中作出突出贡献的个人和集体天津市劳动模范和模范集体荣誉称号的决定》和《中共天津市委关于表彰天津市优秀共产党员、天津市先进基层党组织的决定》。其中，249名劳动模范、50个模范集体和150名优秀共产党员、101个先进基层党组织受到表彰。大会向受到表彰的劳动模范、模范集体代表和优秀共产党员、先进基层党组织代表颁奖。天津中医药大学张伯礼、滨海新区应急管理局指挥中心张金宽、天津医科大学肿瘤医院陆伟、南开区体育中心街时代奥城社区曾彭华代表先进个人和先进集体发言。天津市委常委、市人大常委会、市政府、市政协领导班子成员，天津警备区、市人民检察院、武警天津市总队、南开大学、天津大学主要负责同志，天津市获全国抗击新冠肺炎疫情先进个人和先进集体代表，天津市抗击新冠肺炎疫情劳动模范和模范集体代表，天津市优秀共产党员和先进基层党组织代表，因公牺牲同志亲属代表，市有关方面负责同志，市级机关干部、医护人员、高校师生和中学生、基层党员干部群众代表约1800人参加。

第七届京津冀青年科学家论坛

2020年11月30日，由京津冀三地科技主管部门主办的第七届“京津冀青年科学家论坛”在天津召开。该论坛由天津医科大学、首都医科大学、河北医科大学、天津公共卫生与健康联合研究院、天津市科学技术发展战略研究院承办。论坛以“疫情常态化下的公共安全与公众卫生”为主题，邀请中国工程院张伯礼院士、徐建国院士和国家食品安全风险评估中心首席专家吴永宁教授做主旨报告。京津冀三地10多位相关领域资深专家和优秀青年学者围绕“疫情防控”“环境与职业安全”“食品安全”主题，就10个方面的热点问题与创新研究结果进行交流分享。论坛采用线上办会，云端直播的方式，同时在线观看人数达6000人，累计观看人数达1.6万人次。论坛围绕疫情常态下的公共卫生与公众安全领域进行交流，专家就疫情防控、国家公共卫生体系和应对突发重大公共卫生事件的能力等问题提出科学的、具有实践经验的解决方案，为京津冀地区公共卫生和公众安全的发展提供新思路。

2020年天津市科技大事记

1月

3日 天津市科学技术局、南开大学领导为加拿大籍外国专家叶嘉莹补授2019年度中国政府友谊奖。

是日 由中国工程科技发展战略天津研究院主办，钢铁研究总院、天津大学承办的中国工程科技发展战略天津研究院重大咨询研究项目“天津市稀土汽车催化产业发展战略研究”启动会在北京钢铁研究总院召开。

是日 《2020中国城市海外网络传播力建设报告》在北京师范大学发布。天津市在全国337座城市（自治州、地区、盟）中，海外网络传播力综合指数排名第七。

4日 2020中国风能新春茶话会在北京举行，天津大学法学院孙佑海获“中国风能人·杰出贡献人物”奖。

7日—10日 第27届旅游与信息技术国际联盟年会（ENTER 2020）在英国萨里大学召开，国际信息技术与旅游联合会（IFITT）与南开大学旅游与服务学院签署协议，旅游与服务学院获第28届ENTER2021国际会议主办权。

10日 南开大学生命科学学院2019年学术年会在天津科技工作者之家召开。南开大学细胞应答交叉科学中心揭牌成立。该中心围绕“细胞应答的可视化研究”，分析病毒等病原微生物与宿主细胞、免疫细胞识别肿瘤细胞过程中的生物学变化，细胞器重构和免疫激活在细胞应答中的作用和调控机制。

是日 天津市17项成果获2019年度国家科学技术奖，其中自然科学奖2项，包括一等奖1项，二等奖1项；科技进步奖15项，包括特等奖2项，一等奖1项，二等奖12项。南开大学化学学院周其林领衔完成的“高效手性螺环催化剂的发现”项目获国家自然科学一等奖。天津大学与南开大学合作完成的“固体催化剂结构缺陷调控方法和机理研究”项目获国家自然科学二等奖。

是日 天津大学、易思维（天津）科技有限公司、天津扬天科技有限公司、广州数控设备有限公司承担的“混联机构加工机器人关键技术与装备”项目通过国家科技部高技术研究发展中心组织的择优评估检查，获继续资助。

13日 住房和城乡建设部印发公告，天津大学建筑设计研究院丁永君，中水北方勘测设计研究有限责任公司杜雷功、高玉生，天津市市政工程设计研究院曹景获第九批“全国工程勘察设计大师”。

14日 教育部公布2019年度化学化工和交叉领域教育部重点实验室评估结果，南开大学建设的功能高分子材料、天津大学建设的绿色合成与转化、系统生物工程等3个教育部重点实验室评估结果为“优秀”。

28日 天津市科学技术局发布“新型冠状病毒感染应急防治科技重大专项”启动方案。

2月

3日 国家科技应急攻关项目——中西医结合防治新型冠状病毒感染的肺炎的临床研究启动，该项目由天津中医药大学张伯礼负责，湖北省中西医结合医院牵头组织4省8家单位参与。

26日 科技部发布《科技部办公厅关于支持首批

国家应用数学中心建设的函》（国科办函基〔2020〕19号）。公布首批13个国家应用数学中心名单，包括天津大学牵头组建的天津应用数学中心。

28日 中新天津生态城制定《中新天津生态城防疫药品研发和技术攻关专项支持政策实施细则》，企业最高可一次性获300万元资金支持。

3月

12日 ESI数据库更新数据显示，南开大学材料科学学科在上榜的941个机构中排名第94位，首次进入ESI全球前1‰。计算机科学学科新增上榜，成为南开大学第13个进入全球前1%行列的学科领域。

19日 建科机械（天津）股份有限公司登陆创业板，成为2020年A股“云敲钟”上市公司之一。

是日 博奥赛斯（天津）生物科技有限公司自主研发的新型冠状病毒（COVID－19）IgM／IgG胶体金免疫层析法、化学发光法、酶联免疫法等7个新冠抗体检测试剂盒通过欧盟CE认证。

是日 天津一瑞生物科技有限公司研制的新型冠状病毒COVID－19抗体检测试剂盒（胶体金法）获得欧盟准入资格。

20日 麒麟软件成立大会在天津礼堂举行，发布麒麟软件“遨天”行动计划，麒麟软件总部落户天津。天津市人民政府与中国电子信息产业集团有限公司、天津滨海高新区管委会与麒麟软件有限公司分别签署战略合作协议，共同打造国家操作系统发展平台。

21日 天津大学封伟团队在半导体二维原子晶体的可控制备和带隙调控研究上取得突破，探索其光催化领域的应用价值，为后续设计新型半导体二维原子晶体提供研究基础。相关研究成果在线发表《自然·通讯》。

是日 中国汽车技术研究中心有限公司与天津市东丽区人民政府签署战略合作协议和新能源汽车检验中心项目投资协议。

23日 天津市宝坻区发布《京津中关村科技城新政细则》，光环新网、合勤基金、华润电力等23个项目通过“屏对屏”网络连线方式签约宝坻，总投资151亿元，其中11个项目来自北京。

25日 《科技部关于第三批国家专业化众创空间备案示范的通知》发布，确定23家国家专业化众创空间进行示范、备案，包括天津的兽用生物制品国家专业化众创空间和化工新材料国家专业化众创空间。

28日 南开大学谢博阳和天津大学范锦涛获2019年第十六届“王大珩光学奖——高校学生光学奖”。

4月

1日 天津市天堰科技股份有限公司、杨柳青画社获“全国版权示范单位”称号。全国版权示范单位是国内版权领域的最高奖项。

10日 天津市科技局开展人类遗传资源研发活动现场抽查，组织专家团队对中国医学科学院血液病医院、天津医科大学肿瘤医院、方恩（天津）医药发展有限公司、天津诺禾医学检验所有限公司等承担人类遗传资源项目的重点单位进行实地检查。

15日 天津科技大学与泰达医院签约暨“天津科技大学天津市泰达医院医工结合创新研究中心”揭牌仪式举行。

22日 外国人来华工作许可工作研讨会召开，天津市科技局主办。会议传达国家、天津市关于外国专家疫情防控服务、规范经办窗口管理以及政务服务绩效考核指标等文件精神，研讨疫情国际形势下外国人来华工作许可的经办模式、便利措施。

23日 天津市科学技术奖励大会暨全市科技工作会议召开，表彰天津市科学技术奖抗击新冠肺炎疫情特别奖和2019年度天津市科学技术奖获得者，总结部署全市科技工作。授予张伯礼天津市科学技术奖抗击新冠肺炎疫情特别奖一等奖。授予“新冠肺炎中西医结合救治与创新中药宣肺败毒颗粒研制”等9项成果天津市科学技术奖抗击新冠肺炎疫情特别奖。天津市科学技术奖评选出自然科学奖13项，技术发明奖7项，科学技术进步奖174项，国际科学技术合作奖1项。其中特等奖6项，一等奖23项，二等奖100项，三等奖65项，授予天津大学杰伊·西格尔天津市国际科学技术合作奖。

26日 科技部公布2020年度国家备案众创空间名单，天津开发区中钢科德众创空间、36kr氪空间天津泰达社区通过。

28日 由中国产业互联网发展联盟、国家工业信息安全研究发展中心、天津市河西区人民政府与京东智联云联合主办的第四届全国智能制造创新创业大赛在天津启动。

5月

5日 中国载人空间站工程研制的长征五号B运载火箭首飞成功。天津航天长征火箭制造有限公司承担长征五号B运载火箭的零部件制造及全箭总装总测工作。天津市科技领军企业航天长征睿特科技有限公司和航天精工股份有限公司相关科技成果应用于长征五号B运载火箭。

8日 由中国航天科技集团有限公司第五研究院自行研制的中国新一代载人飞船试验船的返回舱段着陆东风着陆场预定区域，新一代载人飞船试验船飞行任务取得成功。天津航天机电设备研究所为舱体研制出包装运输装置，为新飞船的测试和发射提供运输途中的安全保障。

11日 天津东疆保税港区管委会与天津科创天使投资有限公司通过“云签约”签署合作框架备忘录。双方在基金、项目孵化、投融资服务等方面开展合作，推进东疆初创企业培育孵化的进程。

12日 由天津市科技局、北京市科委、河北省科技厅联合举办的“胜券在握”科技创新券系列政策宣传与推广首期活动在线启动。河北省组织相关市科技管理部门、创新券服务提供机构、科技型中小企业等100多人参加。

18日 天津市第十七届人民代表大会常务委员会第十九次会议通过《天津国家自主创新示范区条例》，自2020年7月1日起施行，该条例适用于天津国家自主创新示范区建设以及相关的管理、服务等活动。

是日 《天津市创业孵化基地管理办法》发布，提升和完善财政对创业孵化基地的补贴政策体系。

是日 天津市人民政府举行新闻发布会，丹娜（天津）生物科技有限公司企业自主研发的（2019-nCoV）IgM/IgG抗体检测试剂盒（磁微粒化学发光法）取得国家药品监督管理局注册证和欧盟CE认证，被商务部列入出口企业白名单，在国内外抗击疫情一线投入使用。

20日 天津市生物医药产业撮合对接会在滨海高新区举行，全市60多家生物医药企业、金融机构、医药研发机构参加。

是日 《科技部 天津市人民政府关于批准建设省部共建组分中药国家重点实验室的通知》发布，批准省部共建组分中药国家重点实验室建设运行。该实验室依托单位为天津中医药大学，天津市科技局为实验室主管部门，天津市人民政府是实验室建设与管理的责任主体。张伯礼担任实验室主任。

21日 天津市石化产业撮合对接会在天津经济技术开发区召开，全市80余家石化企业、科研机构、高校和金融机构的近百名代表参加。相关企业介绍主要产品供应情况，发布采购需求，一批企业签订合作意向书，多家金融机构与企业签署授信协议。

25日 中汽中心新能源汽车检验中心（天津）建设项目在天津市东丽经开区氢能产业园启动。该项目总投资约19.9亿元。

26日 农业农村部办公厅、财政部办公厅印发通知，公布2020年农业产业强镇建设名单，天津市武清区梅厂镇、津南区小站镇入选。

27日 天津腾讯网络技术有限公司摘牌高新区渤龙湖290亩土地，建设全国最大IDC数据机房。该项目总投资100亿元，容纳30万台服务器。

28日 中关村发展集团旗下的“大环保”产业综合服务平台入驻天津滨海－中关村协同创新示范基地。该项目是滨海－中关村科技园立足滨海新区八大产业基础，助力天津“大环保”产业发展。

是日 《天津港保税区支持海洋产业发展的若干政策》发布，涉及6个方面24条，重点支持海工装备、海水淡化、保税维修等产业领域，就京冀产业承接、“一带一路”业务拓展、海洋人才等方面给予支持。

29日 南开大学材料科学与工程学院和英国曼彻斯特大学等科研机构合作、在气体吸附分离领域取得重要研究进展的相关成果，在世界权威学术期刊《科学》发表。

30日 第二届全国创新争先奖表彰奖励大会在北京举行，天津市5名科技工作者获奖。天津中医药大学张伯礼获全国创新争先奖章，天津大学王树新、核工业理化工程研究院王黎明、南开大学陈军、天津科技大学程博闻获全国创新争先奖状。

是日 中国科协“科创中国”创新资源共享平台天津（滨海）分中心开通。

是日 天津市2020年“全国科技工作者日”主场活动在天津科技馆举办，为天津市优秀科技志愿者、天津市首批科学传播专业职称获得者等颁发证书。发布天津市“科技工作者之家”服务体系建设指导意见。天津市实施中国科协服务科技经济融合发展行动同步启动。

6月

1日 《中新天津生态城引育新动能促进高新技术企业发展若干措施》发布。该措施共9条，引育奖励每年最高100万元。

是日 天津大学张雷、杨静团队研发出“全天候自愈合材料”。该材料性能达到国际领先水平，相关成果在国际期刊《自然·通讯》发表。

2日 首届天津“海河英才”创业大赛启动，大赛设置大众创业创新赛、大学生创业创新赛、海外人才创业赛三个板块，由天津市人力资源和社会保障局主办。

3日 京津冀科技网红孵化基地在滨海－中关村协同创新示范基地揭牌，打造电商孵化基地，发力“网红经济”，打通“线上+线下”两大平台。

4日 天津市人才工作领导小组召开扩大会议，审议通过《加快集聚海内外高层次人才行动方案》，研究部署全市引进人才工作。

4日—6日 青海省科技厅领导带队到津对接科技援青工作，天津市科技局与青海省科技厅就津青两地合作、对口援助事宜进行交流座谈。

7日 天津大学分子聚集态科学研究院杨杰等在纯有机室温磷光材料研究方面取得进展。研究成果在材料学期刊《物质》在线发表。

8日 天津滨海高新区与中国长城科技集团股份有限公司签署项目合作协议，中国长城（天津）自主创新基地项目落户高新区海洋科技园。

是日 天津经济技术开发区与南京芯耐特半导体有限公司签约，在泰达设立运营、研发、销售为一体的总部中心，进行高端OIS（光学防抖）手机摄像头马达驱动IC研发工作。

是日 天津大学李小英团队在测量时间模式、制备时间复用量子纠缠态方面取得进展，相关研究成果发表于国际学术期刊《物理评论快报》。

9日 天津大学材料与工程学院在绿色电池方面取得突破，在能量密度和循环性等问题上取得进展，开发出具有高安全性、高能量密度、大功率、在生产和使用过程中不产生污染的水系锌基电池，相关成果在材料领域国际学术期刊《自然·能源》和《自然·通讯》发表。

是日 天津市人民政府发布文件，表彰为在全市经济社会发展中做出突出贡献的外籍人才，授予戴斯蒙德·欧西（Desmond O´Shea）等10名外籍人才2020年度天津市海河友谊奖、乐小悦（Letizia Vallini）等10名外籍人才2020年度天津市海河友谊奖提名奖。

10日 2020年天津市创新创业大赛暨第九届中国创新创业大赛（天津赛区）启动，通过讯飞听见客户端进行全程网络直播。

11日 滨海－中关村科技园召开重点招商项目集中签约暨新政细则发布会，21个重点项目签约落地。世界500强上汽集团商业保理项目、世界500强联通集团沃百富科技金融项目、捷信科技金融项目、滨海金交所首批进驻滨海－中关村科技金融中心。

是日 工业和信息化部印发《工业和信息化部办公厅关于公布2019年工业互联网APP优秀解决方案的通知》，天津市8个优秀解决方案入选，入选数量与江苏省并列全国第一。

12日 天津市人民政府与中国远洋海运集团有限公司签署战略合作框架协议。在码头建设、航运物流、航运金融等多领域合作，把天津港打造成为世界一流枢纽港，推进京津冀协同发展重大国家战略实施。

是日 中远海运集团与天津港集团签署《构建世界一流港航全面合作战略框架协议》。

是日 天津大学药学院李楠团队提出纳米抗癌新策略，通过创新设计，将金银作为纳米抗癌药物载体，同时发挥治疗作用，研发出新一代纳米抗癌机器人。相关成果在国际期刊《生物材料》发表。

14日 由中国汽车技术研究中心有限公司、中国人工智能学会主办的第三届中国智能汽车大赛（CIVC）智能驾驶仿真赛闭幕。天津大学电气自动化与信息工程学院左志强课题组获一等奖3项、二等奖1项、三等奖1项。

16日 天津医科大学突发公共卫生事件应急研究中心揭牌成立。

是日 天津医科大学未来医学技术研究中心揭牌成立。

是日 天津地区首座智慧能源工厂—— 汽富维本特勒汽车零部件（天津）有限公司在北辰区竣工。该工厂应用高品质分级电源保障各层级精密设备正常用电需求。

19日 赛迪顾问与新浪医药联合发布《2020生物医药产业园区百强榜》，天津武清开发区位列第43名。

22日 天津市启动技术合同认定登记智能服务平台，该服务平台利用人工智能技术实现对四类技术合同的智能识别，开展技术合同认定智能服务，每份技术合同认定工作时长由0.5天缩短至1分钟，为国内首创。

23日—24日 第四届世界智能大会在天津开幕，大会主题为“智能新时代：创新、赋能、生态”。中国科协、天津市人民政府、南开大学共建数字经济研究中心成立大会暨第四届世界智能大会数字经济与未来发展国际高峰论坛举行；中国日报社与天津市人民政府新闻办以“云直播”形式共同主办“新时代大讲堂”；中国新一代人工智能发展战略研究院发布《中国新一代人工智能科技产业发展报告（2020）》；“云智能科技展”上线；中国科协组织“科创中国”项目云路演活动。

24日　由天津市农业农村委员会、静海区人民政府、国家农业信息化工程技术研究中心推动的《联合筹建天津智能农业研究院合作协议》在云端签约，天津智能农业研究院在云端揭牌。

是日　天津港集团公司与华为技术有限公司签署《战略合作协议》，双方以“建设世界一流港口”为目标，共同建设港口示范工程。

是日　“科创中国”科技服务团天津（云上）供需对接会以视频会议的形式召开。中国科学技术协会组织实施2020年服务科技经济融合发展行动，打造“科创中国”品牌。天津市被纳入首批试点省市，滨海新区被纳入首批试点城市。

28日　天津市科学技术局印发《关于抢抓机遇 加强引进外国高端人才的工作措施》。

29日　中国电子信息行业联合会在北京组织各省市工业和信息化主管部门召开数据管理能力成熟度（DCMM）评估工作推动会，会上公布全国首批9个DCMM试点地区，天津市入选；公布首批6家贯标单位，中汽数据（天津）有限公司和贝壳技术有限公司入选。

30日　天津市科协负责组建的天津市民营企业工程技术系列高级职称评审委员会成立，该机构是全国第一家民营企业职称社会化专业化评审机构。

是日　中日（天津）健康产业发展合作示范区揭牌仪式暨项目签约推介会在天津中医药大学举行。中国神农谷、静海湾智慧小镇、中国国际足球技术目的地大区级中心、肿瘤质子治疗国际医学中心等13个项目集中签约落户，协议投资总额近500亿元。

是日　人力资源和社会保障部下发2020年“海外赤子为国服务行动计划”资助通知，天津市人力资源和社会保障局“人工智能生物健康领域海外赤子津门行”活动纳入重点资助类项目。

7月

3日　天津信息技术应用创新产业（人才）联盟揭牌成立。

9日　天津市科技局与天津市河西区人民政府共建天津科技创新发展中心揭牌。该中心是科技部认定的国家技术转移机构。

10日　国际电工委员会批准天津电气科学研究院有限公司（天津电气院）发起的国际提案“调速电气传动系统第6部分：确定负载工作制类型和相应电流额定值的导则IEC 61800-6 Adjustable speed electrical power drive systems - Part 6: Guide for determination of types of load duty and corresponding current ratings”立项，这是天津电气院主导归口的中国调速电气传动系统领域又一项IEC国际标准。

是日　2020年天津滨海新区“金锤杯”首届无人机飞行应用技能大赛举行，22家单位推送700余人，50余名选手进入决赛。

是日　天津大学刘晶等在国际刊物《自然·材料》发表前瞻性文章，介绍基于半金属拓扑材料的高性能中远红外光电探测的挑战和机遇。

15日　国家知识产权局网站公布《关于第二十一届中国专利奖授奖的决定》。南开大学环境科学与工程学院王建友领衔研发的专利“含有保护水流的电去离子方法与装置”获中国专利优秀奖。

是日　美国化学会《新闻周刊》专栏报道天津大

学化工学院齐崴、王跃飞团队关于“彩虹色仿生荧光多肽纳米颗粒”的研究工作。

是日 青岛海洋科学与技术试点国家实验室组织实施的“海燕-X”水下滑翔机万米深渊观测科学考察团队返航，由天津大学团队设计研发的深海水下滑翔机下潜观测深度达10619米，再破世界纪录。

17日 《天津市海洋装备产业发展五年行动计划(2020—2024年)》出台，天津把海洋油气装备、高技术船舶、港口航道工程装备、海水淡化装备和海洋能开发利用装备作为未来5年要重点发展的高端产品，推进五大产品拓展延伸产业链，加速产业集聚，构建产业生态。

18日 天津大学大气环境与生物能源团队针对“膜分离法捕集二氧化碳”相关成果作为国际权威期刊《温室气体：科学与技术》封面文章发表。

是日 天津大学化工学院仰大勇在《化学评论》发表题为“DNA functional materials assembled from branched DNA: design, synthesis and applications”的综述论文，评述树枝状DNA组装DNA功能材料的研究进展。

21日 国家生物医药国际创新园项目在高新区渤龙湖科技园开工。该项目是2005年科技部、商务部、卫生部和国家食品药品监督管理局与天津市人民政府决定，共同建设国家生物医药国际创新园。

23日 华为云·深思维智能语音语义解决方案发布会在天津举行，发布会由华为与天津深思维科技有限公司联合举办，旨在聚焦金融科技领域，共同探讨智慧新金融业务场景和智能化解决方案。

是日 天津市科学技术局、大韩贸易投资振兴公社（KOTRA）联合主办的“智汇天津 2020中韩科技合作投资洽谈会”在天津滨海中关村科技园举办。全市科技型企业、科研院所、孵化投资机构等50余家单位参加。

24日 北京大学国际癌症研究院、天津医科大学肿瘤医院（国家肿瘤临床医学研究中心）、河北医科大学第四医院共建的“京津冀肿瘤防治研究联合中心”揭牌成立。

是日 中国长城（天津）基地自主安全电脑在滨海高新区下线。该项目主要服务华北地区，生产以PKS体系为核心架构的国产化自主安全电脑，建设国产化自主安全数据中心，满足全社会、多领域、全行业的自主安全信息化产品需求。

27日 天津市科学技术局召开《关于建立高成长初创科技型企业专项投资扶持机制的意见》和《天津市高成长初创科技型企业专项投资管理暂行办法》政策发布会。

是日 天津大沽船业有限责任公司落户天津港保税区。发展气垫船等船舶研发制造业务，建立气垫船、地效船和非钢无人船艇研发制造基地。

28日 南开大学、天津医科大学共建天津公共卫生与健康联合研究院揭牌成立，中国工程院院士徐建国受聘联合研究院院长。

是日 中国高成长企业发布会在天津举办，会议发布《2020年天津市首批雏鹰和瞪羚企业研究报告》。天津市首批204家瞪羚企业、1561家雏鹰企业通过评价入库。

是日 天津市科技局第八服务组联合天津市宝坻区科技局在京津中关村科技城举办“百日千企”行动计划专场融资对接活动，为科技型企业提供专属融资产品，达成融资意向8000万元，来自科技型企业及银行、投资、担保、科技小贷等单位40余人参加。

29日 中国药科大学与天士力控股集团在天津签署战略合作协议，建设“中国药科大学－天士力创新药物研究院”。

是日 天津市科技局会同天津市科协召开2020年

天津市科技活动周协调会议，活动周启动仪式及主场活动实施方案。

30日　58众创天津新经济产业园在西青区开园，20家企业签约入驻。

是日　津甘双地科技特派员启动会在甘肃庄浪县召开。为津甘双地科技特派员代表颁发聘书，宣读天津市科技局甘肃省科技厅《关于认定“双地科技特派员”的通知》。

是日　第五届天津市科普微视频大赛终评活动举行，评选出一等奖作品10部，二等奖作品10部，三等奖作品10部。

31日　习近平总书记出席北斗三号全球卫星导航系统建成暨开通仪式，宣布北斗三号全球卫星导航系统正式开通。北斗卫星导航系统是由中国自主建设运行的重要空间基础设施，天津航天机电设备研究所承制北斗三号30颗卫星的转台、架车、包装等多方位工装工作，负责相关的服务保障。

是日　天津国家自主创新示范区领导小组会议召开。

是日　天津市科技局联合天津市商务局举办“2020年天津市外资企业申报高新技术企业专题培训会”，全市近60家企业及海外商协会、部分区域招商干部80余人参会。

8月

1日　津甘东西部科技扶贫协作签约仪式在甘肃庆阳举行。天津市奶牛产业技术体系创新团队、天津市农业科学院畜牧兽医研究所、天津市农业科学院果树研究所等与当地企业签订科技合作协议。

2日　天津海水淡化产业（人才）联盟成立大会在天津滨海新区举行。15家联盟成员单位举行天津市海水资源利用技术创新中心共建协议、海上平台大型海水淡化项目合作框架协议等6个海水淡化重点项目签约。

4日　国家民族事务委员会公布第三批国家民委“一带一路”国别和区域研究中心入选名单，天津大学申报的“一带一路”人文与人才发展研究中心获批。

5日　天津市车联网产业撮合对接会在西青区举办。中国汽车技术研究中心介绍国内外车联网产业发展进展，西青区政府发布车联网先导区建设方案和车联网应用场景需求，60余家上下游配套企业，20余家金融、科研机构、高校参加，11家重点企业签订战略合作协议。

6日　南开大学与理士国际技术有限公司合作共建的安徽先进能源研究院揭牌。

是日　天津市科技局、天津港保税区管委会联合主办“合作交流育动能·中意中小企业产业园科技对接洽谈会”。天津市科技型企业、科研院所、孵化投资机构等40余家单位，通过“线上会议+网络直播”的模式参与国际科技创新项目对接。

是日　由中国金属学会主办，天津市中重科技工程有限公司承办的“超大热轧H型钢工艺及装备研究开发与示范应用项目可行性评议会”在北京召开，中国工程院院士殷瑞钰、胡正寰、黄庆学、岳清瑞、毛新平等对项目进行评议。

7日　天津市5G发展联盟挂牌成立。天津电信、天津移动、天津联通、天津铁塔、天津广电等基础电信企业负责人，华为、中兴、中信科等5G设备供应商及麒麟软件、中科曙光、科大讯飞、紫光云、天津港等多个行业的领军企业家参加成立大会。

是日　天津市人民政府出台《天津市关于进一步支持发展智能制造的政策措施》，对企业智能化升级、工业互联网发展、培育新兴产业等7个方面的26个子项提出支持措施。

9日　组分中药国家重点实验室揭牌仪式暨第一届学术委员会会议在天津中医药大学举行。科技部基础司、国家中医药管理局科技司、天津市科技局、天津市教委等有关部门以及中国工程院刘昌孝、王广基、黄璐琦、刘良等院士专家参加揭牌仪式。张伯礼担任该实验室主任。

11日　天津小玛网络科技有限公司、中移物联网有限公司签署战略合作协议。协议包括5G+智能制造应用、物联网集成电路方案板设计制造、电动车整车及异业联盟合作、渠道融通等领域。

12日　天津市工业和信息化局对外发布首批10个人工智能应用场景典型案例，吸引国内人工智能头部企业到津发展，推动人工智能与经济社会深度融合。

是日　国家知识产权局公布2020年全国城市知识产权运营服务体系建设重点城市名单，天津滨海新区成为全国11个申报成功城市（城区）之一，列入2020年中央财政支持补助范围。

13日　康希诺生物股份公司登陆科创板，成为首个“A+H”疫苗股。

是日　银河麒麟操作系统V10版本发布，是国内首款实现具有内生安全架构的操作系统。

是日　天津大学地科院界面过程与土壤圈演化研究中心余光辉、滕辉等与南京农业大学、德国图宾根大学和英国邓迪大学的研究人员合作，首次发现真菌“矿物膜”中的矿物具有较强的纳米酶（过氧化物酶）活性，研究成果以“Fungal Nanophase Particles Catalyze Iron Transformation for Oxidative Stress Removal and Iron Acquisition”为题，在美国《当代生物学》发表。

14日　天津大学材料学院封伟团队在材料科学综述期刊《材料科学与工程技术研究报告》发表题为“Three- dimensional Interconnected Networks for Thermally Conductive Polymer Composites: Design, Preparation, Properties, and Mechanisms”的综述。

15日　天津OTC股权登记管理系统启动试运行，实现天津市区域性股权市场与市市场监管委的信息系统对接和信息共享，为在天津OTC挂牌、托管的股份及有限公司提供股权质押、转让等一站式服务。

17日　天津大学尉迟之光团队和加拿大英属哥伦比亚大学Filip Van Petegem团队合作在《自然化学生物学》发表题为“Structural basis for diamide modulation of ryanodine receptor”的研究论文，首次阐明双酰胺类药剂与鱼尼丁受体结合的结构基础，为理解双酰胺的作用机理以及抗药性产生的机制提供重要理论依据。

是日　天津市科学技术局联合中国新一代人工智能发展战略研究院，组织召开天津人工智能试验区社会实验活动专家研讨会。

18日　天津市召开京津冀协同发展、“一基地三区”建设、现代信息产业专题会议，贯彻落实习近平总书记关于“打造我国自主创新的重要源头和原始创新的主要策源地”指示要求，推动全市信息技术应用创新产业发展。

是日　中国经济信息社、中国信息协会和中国城市规划设计研究院联合发布《中国城市数字治理报告（2020）》，天津市民的数字生活满意度位居全国前十。

是日　中国移动在浙江宁波举办“港通天下 千帆竞发”——5G智慧港航生态合作大会，天津港集团与中国移动、其他生态合作伙伴发布“中移动5G智慧港航生态合作千帆计划”，该计划提出未来三年内打造10个全球领先的5G智慧港航标杆，复制100个高质量5G智慧港口，覆盖1000公里重点水域5G智慧航道；推出5G智慧港口平台。

19日　天津东疆保税港区智能集卡示范应用场景启动，该次启动的为业内企业提供智能集装箱卡车示范应用场景，是全市首个为智能集装箱卡车提供的开放测试道路和示范应用场景。

是日 天津滨海新区与以色列舍巴医疗中心签署战略合作框架协议，在大健康领域开展交流合作。

20日 天津利达粮油有限公司与天津农学院乡村振兴研究院签署“小站稻食味与品质保障体系全面战略合作框架协议”，创建“北方粳稻品质·食味分析评价中心暨小站稻品质·食味分析评价中心”。

是日 天津市召开氢能产业撮合对接会，渤化集团、国家电力投资集团、林德（中国）叉车公司等氢能产业链上下游50余家企业和高校院所、金融机构代表参加。

是日 天津市滨海新区“科创中国”试点城市建设启动会暨科技经济融合专家座谈会召开。中国科协科技传播中心与中国电子信息产业集团，中国机械工程学会与滨海高新区等多家单位签署合作协议。

是日 天津大学化工学院仰大勇课题组在化学领域期刊《德国应用化学》发表“通过DNA动态组装在细胞内构建类细胞器结构并调控细胞行为的研究”。

21日 天津港保税区氢能项目签约大会暨氢能产业促进联盟第一届理事会在临港智能装备产业园举行。中国石化综合能源站项目，杭叉集团股份有限公司氢燃料电池叉车研发生产基地项目，国家电投集团、渤化集团加氢母站项目和天津新氢动力科技有限公司氢燃料电池系统项目签约落户保税区。

是日 天津市科技局在普天创达孵化器召开环天南大创业孵化载体联盟筹备工作座谈会，市科技局区域创新处、南开区科技局、市科技创新发展中心有关负责同志以及来自天南大两所高校周边的9家孵化载体代表参加座谈。

25日 天津市人民政府印发《天津市建设国家新一代人工智能创新发展试验区行动计划》，打造智慧城市建设的国家级标杆区，打造自主算力引擎的国家级领航区，打造智慧港口的国家级示范区，打造车联网应用的国家级先导区。

是日 天津大学新能源化工团队在《自然·纳米技术》和《自然·能源》发表邀请论文，对厦门大学郑南峰、傅刚等报道的高效选择性加氢催化剂，以及英国剑桥大学Reisner和东京大学Domen报道的CO_2选择性加氢还原光催化剂进行评述与展望。

是日 中国医学科学院医学信息研究所组织召开《天津市生物医药创新与产业发展战略研究》项目启动会。该研究由曹雪涛院士牵头，得到中国工程科技发展战略天津研究院重点项目的资助。

26日 天津市举办现代中药产业撮合对接会，组织上下游70余家企业、投融资企业、科研院所和平台服务机构进行撮合对接。10个银企合作、产业孵化项目签约。

是日 天津大学与紫光云技术有限公司联合设立的“天津大学－紫光云AIOT产业创新研究院”揭牌成立。

是日 天津市科技局联合北京大学新一代信息技术研究院、清华大学电子信息研究院、清华大学高端装备研究院、天津市科技创新发展中心、天津市科技协作促进会等单位举办北京大学、清华大学科技成果对接会，推动相关科技成果在天津落地发展。30余家企业、投资机构参加会议。

是日 工业和信息化部发布“2020年先进制造业集群项目”中标公告，天津市信息安全、动力电池两个集群入选全国20个先进制造业集群。

26日—27日 天津市科技局、中科院科技创新发展中心（北京分院）、中科院山西煤炭化学研究所、天津市西青区人民政府联合举办中科院山西煤化所新能源新材料领域技术专场对接会。中科院山西煤化所就高比表面积碳化硅连续化生产技术及应用、炭基热管理材料、储能炭材料技术开发与储能应用作主题报告，与全市12家企业达成对接意愿。

26日—27日 在苏州举行的第十六届国际绿色建筑与建筑节能大会暨新技术与产品博览会上，中新天津生态城获“国家绿色生态城区三星级设计标识”“绿色建筑三星级评价标识”。

27日 第五届中国创新挑战赛（天津）启动暨技术需求发布会在天津滨海高新区召开，该次创新挑战赛聚焦信创产业，搭建天津市企业和信创产业与全国、全球高校、院所、企业优质尖端技术对接交流通道。大赛由科技部火炬中心和天津市科学技术局主办、天津滨海高新区管委会承办。

是日 南开大学和天津市人民医院合作共建的南开大学附属人民医院转化医学研究院揭牌成立，中国工程院院士曹雪涛、樊代明等出席成立仪式。

28日 天津朗誉科技发展有限公司研制国内首台具备国际先进水平的240吨重载AGV。

是日 天津市科学技术发展战略研究院揭牌，“天津市京津冀协同创新研究基地”和“天津市知识产权战略研究基地”授牌。

是日 第三届IAI国际设计节开幕式暨第十二届IAI全球设计奖在天津举行。IAI设计奖是具有高识别度和含金量的国际设计大奖。

29日—30日 2020年天津市创新创业大赛暨第九届中国创新创业大赛（天津赛区）决赛在天津市科技创新发展中心举办。

9月

5日 中国智能制造系统解决方案供应商联盟汽车行业分盟暨天津市汽车行业智能制造产业技术创新战略联盟第一次全体会员大会暨汽车行业智能制造转型升级研讨会召开。国务院国有资产监督管理委员会科技创新和社会责任局、工信部装备工业一司，天津市科技局、天津市工信局等80余家会员单位近150人参会。

是日 天津市人社局，天津市发展改革委、天津市教委、天津市科技局、天津市工业和信息化局、天津港保税区、天津滨海高新区，赴陕西省西安市参加中国西部科技创新港“科创月”启动仪式和校地合作峰会活动。

7日 中国环境科学学会发布第三届中国环境科学学会青年科学家奖获奖人员公告，天津大学环境学院王灿获第三届中国环境科学学会青年科学家优秀奖。

8日 纬湃科技亚太区研发中心动工建设。该中心坐落在天津经济技术开发区纬湃科技天津工厂园区，与天津经济技术开发区管委会打造天津市新能源汽车领域技术和人才新高地。

是日 全国抗击新冠肺炎疫情表彰大会在北京人民大会堂举行，天津中医药大学张伯礼获“人民英雄”国家荣誉称号，吴琦等29人获“全国抗击新冠肺炎疫情先进个人”，组分中药国家重点实验室等10家单位获“全国抗击新冠肺炎疫情先进集体”。

是日 天津体育学院与天津大学合作共建的全国首家“智能体育协同创新中心”揭牌。

是日 天津市科技局会同天津市金融局、天津市证监局在天津OTC组织开展上交所资本市场服务（天津）基地2020年首场线下活动“天津市集成电路和生物医药企业科创板上市专场培训会”，全市30余家集成电路和生物医药行业上市储备企业参会。

8日—10日 天津市科技局参加津企承德行，参观考察天津市科技援助项目示范基地，天津市农业科学院果树研究所与平泉尚泽果业有限公司签订“冷凉区果树栽培关键技术研发”技术合作协议。

9日　天津中药监管科学研究中心在天津中医药大学中医药研究院揭牌。揭牌仪式上，天津中医药大学与天津市药品监督管理局签署《中药监管科学战略合作协议》，张伯礼院士担任天津中药监管科学研究中心首席科学家。

10日　天津市电子信息产业撮合对接会在西青区举办，40余家企业签约，围绕产业、市场、金融、产学研用合作等签署项目22个，签约合同27项。

14日　由中共天津市委宣传部、市委网信办、市教委、市公安局、市文化和旅游局、市通信管理局、人民银行天津分行、市总工会、团市委和市妇联等十部门共同主办的2020年国家网络安全宣传周天津地区活动启动。

15日　2020年天津市“最美科技工作者”评选结果发布，20名科技工作者上榜。

是日　第22届中国国际工业博览会发布新松“火弧”机器人智能焊接系统。该产品的机器人系统、焊接系统、工艺系统设计精湛、性能卓越，由天津新松机器人自动化有限公司研发制造。

16日　“京津冀科技成果转化联盟”揭牌，推进京津冀协同创新共同体建设和京津冀创新改革试验区建设，制定有利于新技术、新产品流通和高新技术企业联动的政策，开拓三地统一技术市场，让新技术、新产品在三地间顺畅流通。

是日　天津市科技局组织召开中长期科技规划科研院所创新发展座谈会，驻津院所、市属事业类院所、市属转制院所以及新型研发机构有关负责同志参加座谈。

17日　第二十三届中国北京国际科技产业博览会在北京开幕，天津科技展团组织16家高技术企业携带40余项产品参展。

18日　国家自然科学基金委员会公布2020年度国家自然科学基金部分项目评审结果，天津大学343个项目、南开大学230个项目获资助。

20日　第11届全国青少年科学影像节暨2020年天津市全国科普日主场活动启动仪式在天津大剧院举行。

21日　天津市无人机和新材料人才创新创业联盟在天津经济技术开发区挂牌成立。

是日　第四届全国智能制造创新创业大赛在天津落幕，地下管网清淤检测机器人、智慧城市地网一体化系统、极视角计算机视觉算法商城分获初创组和企业组一等奖。

是日　2020年“海河工匠杯”技能大赛——第一届全国职业技能大赛天津选拔赛（新能源汽车智能化技术赛项）结束，全市汽车维修行业42名选手参加。

是日　2020年天津市科学实验展演汇演活动在天津师范大学音乐厅举行。活动以“科技战疫 创新强国”为主题，全市科技场馆、高等院校、科研院所、中小学等63支队伍参赛，10支队伍获“天津市十佳科学实验展演作品”称号。

22日　第十三届津台投资合作洽谈会暨2020年天津·台湾商品博览会开幕，主题为“融合发展 创新共享”，博览会安排“台商走电商”交流会、第三届京津冀台大健康创新科技研讨会等云上主题活动。

22日　第15届中国信息无障碍论坛暨全国无障碍环境建设成果展示应用推广活动在浙江大学举行。天津大学无障碍通用设计研究中心成果《无障碍标识设计指南及图示》入选“全国首次无障碍设施设计十大精品案例”。

是日　2020（第十四届）世界汽车轻量化大会暨展览会召开，天津玛斯特车身装备技术有限公司发布“玛斯特多材料连接技术数字化平台”。

23日　第十八届天津市社会科学普及周主场活动在河东区举行。天津市社科联现场向新建立社会科学普及示范基地代表授牌，向宣讲专家代表、社科普及工作者、社区代表赠送《习近平谈治国理政》第三卷等书籍。

是日　世界智能大会组委会秘书处、市工业和信息化研究院、天津中科先进技术研究院有限公司、市动力电池产业集群促进中心等单位，就《关于进一步支持发展智能制造的政策措施》为全市动力电池产业集群相关企业举办智能科技产业政策宣贯会。

24日　由eBay和天津市商务局、天津市东丽区人民政府联合主办的“e起创未来”峰会在天津举办，天津市东丽区人民政府在峰会上宣布启动北方跨境数字贸易生态核心区建设。

是日　天津市工业和信息化局组织召开的5G产业“接链”撮合对接活动在天津经济技术开发区举行，天津大学、中国电信、华为公司签署战略合作协议，三方共建的“数字政府——城市智慧治理联合创新实验室”揭牌。

24日—25日　天津市科技局与河北省科技厅、邯郸市人民政府在河北邯郸组织召开2020天津科技河北行产业技术对接会。天津市组织天津大学、河北工业大学、天津科技大学、天津城建大学以及天津新松机器人科技有限公司、中科谱光信息技术有限公司等10余家科技型企业携20余项科技创新项目在活动中进行推介路演，与河北省科技企业开展对接。

25日　第二届中国研究生机器人创新设计大赛落幕，天津大学医学工程与转化研究院《脑肌电协同控制的柔性外肢体手指机器人》获一等奖。

是日　天津市第五届科普讲解大赛决赛落幕，10名选手获“天津市十佳科普使者”称号，部分获奖选手代表天津参加2020年全国科普讲解大赛。

27日　天津市人民政府新闻办公室召开新闻发布会，天津大学相关负责人介绍学校发展态势、科研进展和取得的成绩，发布天津大学建校125周年主题活动的主要内容。

是日　第九届全国生物信息学与系统生物学学术大会开幕，中国生物信息学学会（筹）授予天津大学张春霆首届中国生物信息学终身成就奖。

28日　中华人民共和国第一届职业技能大赛天津选拔赛暨首届“海河工匠杯”技能大赛开幕式在天津市职业技能公共实训中心举行。

是日　滨海高新区信创安全基地揭牌。该基地依托中国信创谷，提供信创产品安全服务平台。

是日　天津武清开发区举行人工智能和机器人产业集中签约会。清华人工智能研究院宾果智能幼儿园等12个项目与武清开发区签约。

29日　天津市与中国气象局召开部市合作共建新时代智慧气象座谈会，签署《中国气象局天津市人民政府共建新时代智慧气象助力智慧城市建设示范区合作协议》。

是日　天津“设计之都”核心区海河柳林地区公园景观设计国际征集暨高峰论坛在天津举行。

是日　天津市科技局在南开大学组织赠书仪式，向南开大学的20余位外国专家赠送《习近平谈治国理政》第三卷（英文版）。

10月

8日　北京空间飞行器总体设计部、天津大学机械工程学院、天津航天机电设备研究所在天津大学签署合作协议，空间机械与热物理技术联合实验室揭牌成立。

9日　《国家知识产权局关于同意建设中国（天津）知识产权保护中心的函》国知发保函字

〔2020〕177号，同意建设中国（天津）知识产权保护中心，面向新一代信息技术产业和新材料产业开展知识产权快速协同保护工作。

11日　天津大学环境学院刘庆岭团队在关于可挥发性有机气体高效处置研究方面取得突破，相关成果在国际期刊《朗缪尔》作为封面文章刊发。

12日　2020年“津洽会”人才智力引进活动在云上“津洽会”平台举行，主题为“加快集聚海内外英才、服务京津冀协同发展”，开展云上人才招聘、人才政策成果展示。

13日　由天津市贸促会、天津市世界贸易中心协会主办的“创新服务 驱动发展”PECC服务贸易创新企业对接会在线上举行。

是日　由工信部国际经济技术合作中心、英中贸易协会联合主办的中英石墨烯产业创新高峰论坛暨中英现代产业合作伙伴关系对话，在天津滨海－中关村协同创新示范基地举行。天津石墨烯创新中心在论坛期间落户滨海－中关村科技园协同创新示范基地。

15日　2020年全国大众创业万众创新活动周天津分会场举行启动仪式。主题为“创新引领创业、创业带动就业”，展示天津双创工作成果。

是日　天津智慧城市产业（人才）联盟成立。

是日　中共中央组织部、人力资源社会保障部、中国科协、共青团中央印发《关于表彰第十六届中国青年科技奖获奖者的决定》，公布第十六届中国青年科技奖获奖名单，国家超级计算天津中心孟祥飞、南开大学展思辉、天津大学陈焱入选。

16日　2020天津国际种业博览会举行。600余家种子企业参会，展示种业新品种、新技术。

是日　2020工业技术软件化发展论坛暨2020中国（天津）工业APP创新应用大赛颁奖仪式在天津召开，格创东智（天津）科技有限公司“工业机器人远程实时运维APP的快速开发和应用解决方案”获助力疫情防控与复工复产突出贡献专题一等奖。

是日　天津市社科界第十六届（2020）学术年会主会场报告会暨启动仪式在中共天津市委党校召开，主题为“中国特色社会主义制度和国家治理体系显著优势”。

17日　全球首次集装箱传统码头无人自动化改造全流程实船作业在天津港取得成功，为全国港口传统码头智能化升级改造，提供可行的实施方案。

18日　中国运筹学会第十一次会员代表大会暨第十五次学术年会在安徽合肥闭幕，南开大学组合数学中心史永堂获中国运筹学会第七届青年科技奖。

19日　天津大学地球系统科学学院傅平青课题组和武汉大学化学与分子科学学院冯钰琦课题组合作，在大气气溶胶组分研究中取得新进展，相关成果发表在美国化学会《环境科学与技术信函》，被选为当期封面文章。

21日　教育部公布第二批国家级新工科研究与实践项目立项结果，天津大学19个项目获批立项，居全国第一。

是日　由自然资源部、天津市人民政府指导，中国矿业联合会主办，天津矿博国际会展有限公司承办的2020中国国际矿业大会在天津开幕。

22日　天津市药品监管科学研究会成立，该研究会由中国工程院院士刘昌孝等人发起筹建，依托天津药物研究院，根据监管研究和行业发展需求，为监管工作建言献策，发挥智库作用。

是日　天津市金融局、滨海高新区管委会组织召开国家自主创新示范区信创产业融资需求对接会。

是日 第八届（2020）中国商业保理行业峰会暨第七届于家堡保理论坛，天津商业保理创新发展基地揭牌。

是日 南开大学与天津医科大学签署战略合作框架协议，助力天津医学教育发展和医疗卫生体系建设。

是日 天津市住房和城乡建设委员会和阿里云计算有限公司签署合作备忘录，助力天津市房地产市场监督管理、住房租赁市场发展、绿色社区创建、老旧小区更新改造等工作。

25日 天津海洋装备产业（人才）联盟成立大会举行。

26日 由天津市京津冀协同发展领导小组办公室、天津港保税区管委会联合主办的“港口和城市新能源运输产业对接会暨京津冀绿色能源产业推进会”在天津港保税区召开。

是日 2020年天津小站稻品牌推介会在天津市津南区举行，中国科学院院士李家洋、中国工程院院士万建民、胡培松参会。会议以“论‘稻’问津”为主题，推介天津市第二批小站稻品种，天津小站稻公共电商平台上线，签约小站稻全产业链战略合作协议。

28日 由科技部火炬中心和天津市科学技术局主办，天津滨海高新区管委会承办的第五届中国创新挑战赛（天津）现场赛在滨海高新区举办。

28—29日 中国测绘学会2020年学术年会举行，中国铁路设计集团有限公司的“高速铁路无砟轨道板尺寸快速智能检测系统”获科学技术奖一等奖。

29日 朝亚（天津）数据中心启用，该中心是朝亚集团在中国内地建设的首个超大规模数据中心园区，汇聚一批大数据、云计算、人工智能等高端项目，为合作企业提供信息服务。

是日 南开大学新物质创造前沿科学中心揭牌，中心首席科学家由中科院院士周其林担任。

是日 2020年全国海洋智能装备创新大赛暨第一届全国智能无人艇搜救大赛在大连海事大学举办，天津大学海洋3I研究组获无人艇搜寻水下目标、自主无人艇水面目标快速救助两项二等奖。

30日 天津市政务服务办与农行天津市分行搭建的“智慧政务服务网点”揭牌。标志天津在全国率先打造城乡均衡一体化政务服务新模式。

是日 天津港集团获天津市交通运输委员会批复，建设天津港港口自动驾驶示范区，成为全球首个获批建设的港口自动驾驶示范区。

31日 中国新一代人工智能发展战略研究院智能网络安全研究中心在南开大学成立。

11月

1日 中国工业与应用数学学会第十八届年会在湖南长沙闭幕，南开大学组合数学中心史永堂获第五届应用数学青年科技奖。

2日 天津市智能轨道交通人才创新创业联盟在武清区举行成立大会。

2日—4日 2020中国生物技术创新大会在苏州举办。大会发布《2020中国生物医药产业园区竞争力评价及分析报告》，公布“2020中国生物医药产业园区综合竞争力前50强”榜单，天津滨海高新区、天津经济技术开发区、天津北辰开发区、天津武清开发区、天津西青开发区等5家园区上榜。

3日 天津科技大学程博闻获“何梁何利基金科学与技术创新奖”的“产业创新奖”。11月4日上海爱数信息技术股份有限公司与中新天津生态城在上海签署战略合作协议，在中新生态城建设爱数北方运营中心。

4日　天津市发展和改革委员会与西门子能源有限公司签署战略合作协议，助力全市加快构建安全、稳定、高效、清洁的现代能源体系。

是日　国家人类遗传资源管理办公室举办“2020年人类遗传资源管理工作培训班”，天津市科技局设立天津分会场，组织全市30余家高校、院所、医院和企业的70余名代表参加线上培训。

5日　中国矿物岩石地球化学学会发布第18届侯德封矿物岩石地球化学青年科学家奖评选公告，天津大学地球系统科学学院刘羿、郑旺获奖。

是日　2020年度国家杰出青年科学基金资助项目申请人名单批准，天津市9人入选，分别为南开大学的李兰冬、万相见、焦丽芳，天津大学的刘国柱、徐连勇、李斌、何春年、韩家广，河北工业大学的杨磊。

6日　天津精细化工和新材料产业（人才）联盟揭牌，56家联盟成员单位围绕“天津精细化工新材料产业‘十四五’高质量发展的机遇和挑战”主题进行交流座谈。企业、高校、科研院所和金融机构等300余人参加。

7日　生物制造产业（人才）联盟揭牌，天津港保税区管委会、中科院天津工业生物技术研究所、复星医药、瑞普生物等单位和企业集中签约12个项目，投资总额50多亿元。

是日　中国工程院院士，天津市农业科学院研究员，蔬菜育种专家侯锋，因病医治无效，在天津逝世，享年92岁。

是日　全国社会科学院系统中国特色社会主义理论体系研究中心第二十五届年会暨习近平新时代中国特色社会主义思想高端论坛在天津召开。

8日　科技部国外人才研究中心发布2019年“魅力中国－外籍人才眼中最具吸引力的中国城市”主题活动结果，天津市上榜2019年“魅力中国——外籍人才眼中最具吸引力的中国城市”最具潜力城市。

12日　在中国数据治理与流通高峰论坛暨全国DCMM现场工作会上，天津拾起卖科技有限公司获中国首个数字管理领域国家标准——DCMM证书。

13日　天津武清开发区与清药同创（北京）药物研发中心有限公司签约，共建创新药研发和转化平台，推动天津市生物医药产业集聚发展。

是日　天津市科技局组织召开天津市科研诚信协同推动工作会议，天津市科协、天津市教委及天津市卫健委等单位有关负责人参会。

14日　数学家、中国科学院院士、南开大学陈省身数学研究所龙以明退休暨杰出贡献奖颁奖典礼在南开大学举行，向龙以明颁发“智德杰出贡献奖”和“文中杰出贡献奖”。

15日　第二十二届中国国际高新技术成果交易会在深圳闭幕，天津滨海新区中加水与环境安全联合研发中心的“基于人工智能和遥感水质监测系统”获优秀产品奖。

17日　天津市科技局会同天津市工业和信息化局、天津滨海新区、天津中科先进技术研究院有限公司、天津市电池行业协会等单位，举办“产研汇”系列活动暨新能源产业成果对接交流会。

18日　天津市智能网联汽车人才创新创业联盟在宝坻区举行成立大会。

是日　天津市社会科学界联合会第七次代表大会、天津市文学艺术界联合会第五次代表大会、天津市作家协会第五次代表大会完成大会闭幕，会议选出市社科联、市文联、市作协新一届领导班子。

19日　“数字经济与绿色发展研究中心”揭牌，天津商业大学吕明元承担的国家社科基金重点项目“大数据与制造业融合机制创新下，我国制造业绿色转型的路径与对策研究”开题。

是日 以“交流·创新·合作·共赢”为主题的第六届中欧生命科学论坛在南开大学举办，论坛在天津大学、天津医科大学设立分会场。中欧生命科学论坛是全欧华人专业协会联合会（FCPAE）和中国科协国际联络部打造的交流沟通平台。

是日 第六届中国国际“互联网+”大学生创新创业大赛总决赛在华南理工大学落幕，天津高校取得4金、9银、13铜的成绩，天津市教育委员会获“青年红色筑梦之旅”赛道省市优秀组织奖，南开大学、天津师范大学获“青年红色筑梦之旅”赛道高校集体奖。

21日 天津市人民政府印发《天津市科技创新三年行动计划（2020—2022年）》，为全市未来三年提升自主创新和原始创新策源能力指出发展路径。

是日 “中国化学会青年化学工作者委员会第三届菁青论坛”在大连召开，会议期间举行第二届“菁青化学奖”颁发仪式。南开大学张新星获“菁青化学新锐奖”，天津大学陈赛获“菁青化学星火奖”。

23日 天津市高新技术企业认定工作领导小组办公室组织市科技局、市财政局、市税务局召开天津市高新技术企业认定管理工作会。

25日 天津市科技局主办2020年“金桥之友”科技金融大讲堂第十四期－技术成果融资中的法律专题培训，科技型企业、高校及科研院所、新型研发机构、科技金融对接服务平台、科技金融服务机构等单位29人参加。

是日 天津市人民政府与中国华能集团有限公司签署加强能源经济领域战略合作框架协议，通过发挥各自优势，在保障供电供热安全稳定、加强氢能科技创新、探索城市综合用能新业态、加大新能源项目开发等领域深化合作。

是日 天津市召开人才工作座谈会，天津大学、天津师范大学、天津理工大学、中国医学科学院血液学研究所、清华大学天津高端装备研究院等对全市人才工作提出意见建议。

是日 神州控股－天津大学联合实验室揭牌仪式在天津大学举行。该实验室推动智慧城市和智慧供应链领域的业务发展和创新，探索创新的人才培养和发展模式，建立育人用人机制。

27日 2020ENR/建筑时报“中国工程设计企业60强”颁奖典礼举行，中国铁路设计集团有限公司、中国天辰工程有限公司、中国汽车工业工程有限公司、中交第一航务工程勘察设计院有限公司上榜。

30日 天津市半导体集成电路人才创新创业联盟成立大会召开，向屠海令、姚建铨、吴以成三位院士颁发联盟特聘专家聘书，天津市半导体集成电路人才培养基地意向签约。

是日 由天津市科技局、北京市科委、河北省科技厅主办的第七届“京津冀青年科学家论坛”在线上召开。中国工程院院士张伯礼、中国工程院院士徐建国和国家食品安全风险评估中心吴永宁做主旨报告。

是日 由中国科协、科技部、天津市人民政府主办的“2020年中国创新方法大赛”总决赛在线上开幕。

12月

1日 中国社会科学院信息化研究中心主办的年度改革创新研讨会——“2020智慧中国年会”在北京召开。天津经济技术开发区管委会获“2020中国数字政府50强创新案例（用户满意创新奖）”。

是日 天津市进一步推动科技创新会议在天津礼堂召开，就实施《天津市科技创新三年行动计划（2020—2022年）》作出部署。

是日 新加坡－天津经济贸易理事会第九次会议举行，中新天津生态城合资公司与大华银行（中国）有限公司等启动战略合作，签署天津生态城国际商业联盟谅解备忘录。

是日 全国高新技术企业认定管理工作领导小组办公室发布《关于天津市2020年第一批高新技术企业备案的复函》，天津市克赛斯工贸有限公司等1192家企业备案。

2日 国家自然科学基金委员会公布2020年度国家自然科学基金重大项目立项名单，天津大学霍宝锋团队参与申报的“平台供应链的管理理论与方法”获批重大项目立项资助。

3日 工业和信息化部公布2020年国家技术创新示范企业名单，中冶天工集团有限公司上榜。

是日 全国哲学社会科学工作办公室对外公布2020年度国家社科基金重大项目立项名单，南开大学获批5项，资助经费340万元。

8日 天津市科技局召开专题会议，研究支持“南开－剑桥工作站”建设的相关事宜

9日 教育部办公厅公布2020年度教育部工程研究中心评估结果，天津大学“轻型动力教育部工程研究中心”获优秀。

10日 天津市人民政府与中国移动通信集团有限公司签署战略合作协议，打造“全5G城市”。

是日 中国技术创业协会发布2020年度“中国技术创业协会科技创业贡献奖”评奖公告，启迪之星（天津）创业咨询服务有限公司获2020年度“科技创业孵化贡献奖”。

是日 全国优质农产品追溯大数据平台项目签约仪式在天津举行。该项目为创业者提供追溯产品商城创业普惠店，销售可追溯的优质农产品。

是日 2020年中国版权年会暨“远集坊”高峰论坛举行。天津人民出版社有限公司、新蕾出版社（天津）有限公司、天津科技翻译出版有限公司的版权项目获中国版权协会评选的2020年度3项大奖。

是日 南开大学和天津市第一中心医院合作共建的南开大学移植医学研究院揭牌成立。

是日 天津市科技局组织开展科技行政执法监督自查，对执法处室及时向社会公开双随机抽查结果、抽查计划执行情况、行政执法全过程记录等行政执法工作相关情况进行监督检查。

11日 天津市互联网信息办公室与北京首都在线科技股份有限公司签署战略合作协议。双方围绕数据中心建设、大数据核心技术研发、示范项目打造、产业聚集发展等方面开展合作。

是日 天津市宁河区人民政府与中国航空工业新能源投资有限公司、中煤东方市政建设集团有限公司举行宁河航空双创产业园项目签约仪式。

是日 天津市科技局在天津大学组织外国专家谈“十四五”科技创新座谈会，引导在津外国专家为“十四五”时期天津科技创新贡献智慧，提升外国专家服务水平。

是日 教育部公布第八届高等学校科学研究优秀成果奖（人文社会科学）获奖成果名单，南开大学31项成果获奖。

12日—13日 第二届“2020年中国机器人行业年会暨Leaderobot中国机器人颁奖典礼”在南京召开，天津大学与中国电子信息产业集团合作研发的脑机交互编解码芯片“脑语者”获“2020年度中国机器人科学引领奖”。

13日 第一届全国职业技能大赛中，天津选手获两枚金牌、一枚铜牌。

14日 天津市互联网新经济人才创新创业联盟成立大会在天津经济技术开发区召开。世界工程组织联合会主席龚克、中国科学院院士马志明、中

国工程院院士戴琼海担任联盟特聘专家。美图电商直播运营中心等4个互联网项目签约。

是日 天津市慈善协会与天津工业大学组建的“天津慈善与社会救助法治研究中心”揭牌成立。

是日 科技部党组成员、科技日报社社长李平带队到天津调研，就科技创新、科技宣传和阵地建设工作进行座谈。

15日 天津市高端装备和智能制造人才创新创业联盟举行成立大会。向苏万华、顾佩华、丁文江3位院士颁发联盟特聘专家证书。

是日 中央网信办发布2020年下半年《通过云计算服务安全评估的云平台》名单，紫光天津政务云平台、天津市政务云（浪潮）平台、曙光天津市政务云等通过云计算服务安全评估，安全能力级别被评定为“增强级”。

16日 共青团天津市科技系统第一次代表大会召开。

是日 发展中国家科学院在官方网站公布新增选院士名单，中国科学院院士、南开大学副校长陈军当选发展中国家科学院院士。

17日 文化和旅游部公布第二批国家全域旅游示范区名单，中新天津生态城上榜。

18日 一飞智控（天津）科技有限公司在天津大学获吉尼斯世界纪录称号——“最长时长无人机表演的动画”，600架无人机一键操控起飞，实现全球首次空中连续动画飞行表演。

是日 《科技部 中央宣传部 中国科协关于表彰全国科普工作先进集体和先进工作者的决定》，对2016年以来在科普工作中做出突出贡献的天津市科学技术信息研究所、天津市科普作家协会、天津自然博物馆、天士力控股集团等授予“全国科普工作先进集体”，陈佳、李兆江、李杉、周燕川、宋文琦、张伟刚、张威等授予“全国科普工作先进工作者”。

是日 天津市科技局召开天津市高成长初创科技型企业专项投资管理委员会办公室第一次会议，听取专项投资前期工作进展情况报告，办公室成员对管委会及管委会办公室议事规则、专项投资架构建议方案和预算安排等事项进行研究讨论，听取海河基管公司对首批拟投项目的投资建议，对相关事项进行部门联审。

是日 天津大学张中祥2015年发表在《气候政策》期刊上的文章“Carbon Emissions Trading in China: The Evolution from Pilots to a Nationwide Scheme”（中国碳排放交易：从地区试点向全国体系演变）入选该刊“办刊20年20篇优秀文章”。

22日 天津市中医药循证医学中心在天津中医药大学揭牌成立。中国工程院院士张伯礼任学术委员会主任，张俊华任天津市中医药循证医学中心主任。

是日 天津鲲鹏生态创新中心在天津滨海高新区启动运营。

是日 马达加斯加鲁班工坊揭牌成立，标志天津自2019年以来在非洲9个国家设立的10个鲁班工坊全部建成。

是日 天津市科技局在南开大学组织外国专家谈“十四五”科技创新暨外国专家需求调研座谈会。

是日 天津市科技局召开天津市“十四五”时期科学技术普及发展规划研讨会。

23日 天津市科技局组织召开天津市2020年度国家级科技计划项目跟踪调查统计专题培训会，部署2020年度跟踪调查统计工作，全市承担国家级科技项目的40余家承担单位参会。

是日 天津市动力与电气人才创新创业联盟成立大会召开，中国工程院院士朱英浩、余贻鑫、王国栋，国际氢能协会副主席毛宗强担任联盟特聘专家。

23日—24日 由中国科协、中共天津市委共同举办的“全域科普工作和基层科协组织建设现场会”在天津召开，主题为“探索全域科普建设，深化科技志愿服务，推动新时代科协组织创新发展”，全国7个地方和基层组织代表进行专题交流，170余人参加会议。

24日　科技部发布《科技部办公厅关于开展第九批国家农业科技园区建设的通知》，天津宝坻农业科技园区上榜。

是日　华北地区首个MCN直播产业园——天津资源智成MCN产业园落户天津。

25日　天津市电子信息与大数据人才创新创业联盟成立大会召开。为中国工程院院士沈昌祥、陈纯，中国科学院院士管晓宏，日本工程院外籍院士李颉，京东集团周伯文，国家创新与发展战略研究会吕本富，中科院微电子所李泠颁发联盟特聘专家证书。

是日　由南开大学与天津市中心妇产科医院合作共建的南开大学妇产科学研究院揭牌成立。

是日　天津市人力资源和社会保障局、天津市互联网信息办公室联合发布《市人社局市网信办关于开展网信专业职称评价工作的通知》。

是日　天津市科技局在市创新发展中心组织召开环天南大孵化载体联盟成立大会暨校内创业项目对接交流会。

26日　天津市生物医药人才创新创业联盟成立大会召开。为中国科学院院士饶子和、中国工程院院士刘昌孝、中国科学院北京基因组研究所于军颁发联盟特聘专家证书。

是日　清华大学天津高端装备研究院技术交流峰会举行，来自天津、山西、安徽等地百余人参加会议。

27日　中国语音创新发展高峰论坛暨中国语音产业联盟年会在天津举行。活动由国家工业信息安全发展研究中心主办，科大讯飞股份有限公司支持。来自工业和信息化部、天津市相关部门，以及智能语音行业专家、企业代表和联盟会员等近百人参加。

28日　天津市科技局组织召开推动滨海高新区高质量发展工作会。

29日　天津飞腾信息技术有限公司发布新一代高性能桌面处理器芯片腾锐D2000。

是日　中国工程院 天津市人民政府合作委员会第一次会议暨院士恳谈会在天津召开。

30日　天津市科技局发布《天津市生态环境保护科技发展蓝皮书（2020）》。

31日　“国资小新”联合国资委网站、《国资报告》杂志揭晓的“2020年度央企十大国之重器”中，“中国电子银河麒麟操作系统V10取得重大突破”上榜。

是日　天津市航空航天人才创新创业联盟成立。

科技政策法规

国家科技政策法规

【简况】 2020年，国家层面出台科技创新重要政策16项（不完全统计），政策内容突出亮点体现以下方面。一是持之以恒加强基础研究。基础研究是整个科学体系的源头，是所有技术问题的总机关，要想实现科技的自立自强，基础创新能力方面必须要过硬。为落实《国务院关于全面加强基础科学研究的若干意见》，2020年1月科技部等五部门联合制定《加强“从0到1”基础研究工作方案》，2020年4月科技部办公厅等六部门办公厅联合发布《新形势下加强基础研究若干重点举措》，切实解决中国基础研究缺少“从0到1”原创性成果的问题，充分发挥基础研究对科技创新的源头供给和引领作用。二是深化职务科技成果权属改革。科技部等9部门联合印发《赋予科研人员职务科技成果所有权或长期使用权试点实施方案》，分领域选择40家高等院校和科研机构开展试点，通过3年时间探索建立赋予科研人员职务科技成果所有权或长期使用权的机制和模式，试点单位可赋予科研人员不低于10年的职务科技成果长期使用权，进一步激发科研人员创新积极性，促进科技成果转移转化。三是持续改进科技评价体系。为落实《关于深化项目评审、人才评价、机构评估改革的意见》《关于进一步弘扬科学家精神加强作风和学风建设的意见》要求，印发《关于破除科技评价中“唯论文”不良导向的若干措施（试行）》《关于规范高等学校SCI论文相关指标使用树立正确评价导向的若干意见》，实施分类考核评价，注重标志性成果的质量、贡献和影响，破除唯分数、唯升学、唯文凭、唯论文、唯帽子的顽瘴痼疾，破除论文“SCI至上”，探索建立科学的评价体系。

表1　　2020年国家层面重要科技政策法规汇总表

文件名称	文件编号	签发单位
加强“从0到1”基础研究工作方案	国科发基〔2020〕46号	科技部　国家发改委　教育部　中科院　国家自然科学基金委
新形势下加强基础研究若干重点举措	国科办基〔2020〕38号	科技部办公厅　财政部办公厅　教育部办公厅　中科院办公厅　工程院办公厅　自然科学基金委办公室
科技部印发《关于破除科技评价中“唯论文”不良导向的若干措施（试行）》的通知	国科发监〔2020〕37号	科技部
关于规范高等学校SCI论文相关指标使用 树立正确评价导向的若干意见	教科技〔2020〕2号	教育部　科技部
科学技术活动评审工作中请托行为处理规定（试行）	国科发监〔2020〕360号	科技部
关于进一步压实国家科技计划（专项、基金等）任务承担单位科研作风学风和科研诚信主体责任的通知	国科发监〔2020〕203号	科技部　国家自然科学基金委
赋予科研人员职务科技成果所有权或长期使权试点实施方案	国科发区〔2020〕128号	科技部　国家发改委　教育部　工信部　财政部　人社部　商务部　国知局　中科院
关于进一步推进高等学校专业化技术转移机构建设发展的实施意见	国科发区〔2020〕133号	科技部　教育部
关于加快推动国家科技成果转移转化示范区建设发展的通知	国科办区〔2020〕50号	科技部办公厅
关于构建更加完善的要素市场化配置体制机制的意见	中发〔2020〕9号	中共中央　国务院

续表1

文件名称	文件编号	签发单位
印发《关于推进国家技术创新中心建设的总体方案(暂行)》的通知	国科发区〔2020〕93号	科技部 财政部
关于持续开展减轻科研人员负担 激发创新活力专项行动的通知	国科发政〔2020〕280号	科技部 财政部 教育部 中科院
关于促进国家高新技术产业开发区高质量发展的若干意见	国发〔2020〕7号	国务院
中央财政科技计划(专项、基金等)绩效评估规范(试行)	国科发监〔2020〕165号	科技部 财政部 国家发改委
关于科技创新支撑复工复产和经济平稳运行的若干措施	国科发区〔2020〕67号	科技部
国家科学技术奖励条例	中华人民共和国国务院令第731号	

（房　冰）

天津市科技政策法规

【简况】 2020年，天津市深入落实“一基地三区”定位、贯彻打造中国自主创新的重要源头和原始创新的主要策源地要求，深化体制机制改革，充分激发创新发展动能。重点政策内容聚焦以下方面：一是总体安排新发展阶段科技创新工作。2020年，市政府制定出台《天津市科技创新三年行动计划（2020—2022）》，以提升自主创新和原始创新策源能力为主线，着力强化创新源头供给，促进成果转移转化，提升企业主体地位，引育创新人才队伍，深化开放协同和体制创新，营造一流创新生态，支撑引领天津市高质量发展。二是支持高成长初创型科技型企业发展。2020年，市科技局出台《建立高成长初创科技型企业专项投资扶持机制的意见和天津市高成长初创科技型企业专项投资管理暂行办法》。通过建立专项投资扶持机制，支持培育更多好企业茁壮成长，推动经济高质量发展，加快新动能引育。三是推动建设国家新一代人工智能创新发展试验区。为深入贯彻落实习近平总书记致第三届世界智能大会贺信精神，根据《新一代人工智能发展规划》《科技部关于支持天津建设国家新一代人工智能创新发展试验区的函》等文件精神，2020年，市政府办公厅出台《天津市建设国家新一代人工智能创新发展试验区行动计划》。

表2　　2020年天津市科技创新政策法规汇总表

文件名称	文号	签发单位
天津市科技专家库管理办法	津科规〔2020〕1号	市科技局
建立高成长初创科技型企业专项投资扶持机制的意见和天津市高成长初创科技型企业专项投资管理暂行办法	津科规〔2020〕2号	市科技局 市财政局
天津市建设国家新一代人工智能创新发展试验区行动计划	津政办发〔2020〕21号	天津市人民政府办公厅
天津市科技创新三年行动计划(2020—2022年)	津政发〔2020〕23号	天津市人民政府
天津市关于促进文化和科技深度融合的实施意见	津科成〔2020〕159号	市科技局 市委宣传部 市委网信办 市财政局 市文化和旅游局
国家合成生物技术创新中心天津财政科研项目资金管理暂行办法	津财建一〔2020〕23号	市财政局 市科技局
关于提升高等学校专利质量促进转化运用的若干意见	津教科函〔2020〕45号	市教委 市知识产权局 市科技局
天津市科技领域财政事权和支出责任划分改革方案	津政办发〔2020〕5号	天津市人民政府办公厅

（房　冰）

基础研究与前沿技术研究

概　况

【应用基础与前沿技术研究】　天津市取得一批基础研究领域原创性成果，新增国家和天津市基础研究类项目1657项。其中，国家重点研发计划项目（课题）41项，获得国拨经费30879万元；国家自然科学基金项目1126项，获得国家直接经费62488万元；天津市自然科学基金项目490项，新增项目市财政投入6588万元。2019年度天津市被国际三大检索系统收录科技论文36302篇，其中被SCI收录19665篇，被EI收录14113篇，被CPCI收录2524篇，比上一年度提高18.4%。2019年，在影响因子10以上期刊发表SCI-E论文1430篇（2018年1005篇），在影响因子15以上期刊发表545篇（2018年318篇）。南开大学万相见团队的“高效可溶液处理有机小分子叠层太阳能电池”，设计合成系列高效近红外吸收的低带隙可溶液处理小分子材料，研发高效近红外吸收小分子材料优化设计的新途径，制备获得系列基于溶液处理的高效有机叠层光伏电池，验证效率为17.3%，刷新当时有机太阳能电池光电转化效率的纪录，为有机太阳能电池的实际应用提供技术支撑，团队负责人获2020年国家杰出青年科学基金。天津大学封伟团队在理论计算与结构设计的基础上，通过精确控制锗硅元素的含量，首次实现锗和硅基二元二维材料的带隙调控，获得一种全新材料——带隙可调的二维层状锗硅烷。这种新型二维材料因兼具适宜带隙结构、宽光谱吸收、高比表面积和表面化学活性，而呈现出优异的光催化性能。实验结果标明，以该材料作为光催化剂，在常温及光照条件下可以高效产氢气；利用该材料对二氧化碳进行光催化反应，生成一氧化碳的效率是目前主流光催化材料的几十甚至数百倍以上。该基础研究成果在线发表国际权威期刊《自然·通讯》。

新增李兰冬、万相见、焦丽芳、刘国柱、徐连勇、李斌、何春年、韩家广、杨磊等9人获国家杰出青年科学基金资助，新增朱平、游淳、胡毅、赵东兵、谢微、陈瑶、帅领、胡德庆、赵子龙、张茜、王悦、Yuchi Zhiguang、刘辉、马哲、田华、芦燕、田栢苓、穆朝絮、冯海洋、卿龙邦等20人获得优秀青年基金资助。

（郭　彤）

【南开大学科技研究】　南开大学获教育部科学技术奖（高等学校科学研究优秀成果奖）4项，其中陈军院士领衔完成的“钠离子电池关键电极材料与反应机制”获自然科学一等奖、严秀平领衔完成的项目获自然科学二等奖，参与获得自然科学一等奖1项、自然科学二等奖1项。获2020年度天津市科学技术奖13项，其中以第一完成单位获奖8项，周启星完成的“典型区土壤污染诊断及修复植物的响应机制”获自然科学特等奖；丁宏兵完成的“高温多变量复杂生产体系节能减排理论方法与关键技术应用研究”获科技进步　等奖；段峰、孙青林、卢学强、刘哲理的项目获科技进步二等奖4项；李伟完成的“合成氯乙烯金基无汞催化剂的研发与工业应用”获技术发明一等奖；刘伟伟完成的项目获技术发明二等奖，参与获得自然科学二等奖1项、科技进步二等奖3项、科技进步三等奖1项。完成天津市成果登记21项，成果鉴定4项。获天津市专利创业奖1项，天津市知识产权创新创业发明与设计大赛三等奖2项、优秀奖3项。新增天津市“一带一路”联合实验室（研究中心）3个，启动建设新物质创造前沿科学中心，新建南开大学光电功能晶体与装备研究院、南开大学单分子科学研究中心，推动生物质资源化利用国家地方联合工程研究中心建设，国家基础数学中心获国家重点研发计划定向项目支持，推动手性科学研究中心建设，智能传感材料与器件交叉科学中心完成专家论证。部署两批校内科技应急攻关项目，新冠肺炎疫情的控制策略研究和CT影像AI筛查。参加第二十二届中国国际工业博览会、第二十二届中国国际高新技术成果交易会、科交会江西对接会和“中国光谷”国际光电子博览会。陈军获第二届全国创新争先奖，展思辉获第十六届中国青年科技奖，马挺完成的“生物表面活性剂油藏原位发酵提高采收率关键技术研发与应用”获中国轻工业联合会科技进步一等奖；程明明完成的“图像场景理解与内容敏感图像处理”获2020年度第十届吴文俊人工智能科学技术二等奖；薛雪获2020中国十大新锐科技人物奖，史永堂获中国运筹学会科学技术奖青年科技奖、应用数学青年科技奖。刘伟伟、于宏兵获2020年天津市最美科技工作者，孙宁获天津市专利奖创业奖、世界人工智能大会青年优秀论文入围奖。（孙嘉欣）

【天津大学科技研究】 天津大学年度科技总经费达37.68亿元，同比增长6.6%。作为第一完成单位4项成果获国家科技奖，其中自然科学二等奖1项，技术发明二等奖1项，科技进步二等奖2项；获省部级特等奖1项，一等奖12项。承担重大项目方面，获批国家重点研发计划项目15项，其中国际合作项目3项；申报国家自然科学基金各类项目1399项，获资助381项，资助率达27.2%。申请中国专利3062件，其中发明专利2646件，授权国内专利1684件，其中发明专利1104件；申请国际专利29件，其中国际阶段13件，国家阶段16件。立项53个攻关项目，其中自体血超氧疗法、可穿戴智能监护系统、负向情绪快速调节方案3项治疗技术在国内抗疫一线得到应用；与企业联合研发的抗原检测产品获得欧盟CE认证，支援国际疫情防控；基于疫情传播风险预警模型撰写的多份咨政报告得到省部级以上领导批示，为国家卫健委、外交部、安全部、海关总署等部委以及天津市的抗疫科学决策提供支撑。天津大学作为第一作者单位SCI收录论文数4610篇，EI收录论文数4729篇。校地校企合作方面，与成都天府新区共建“天津大学四川创新研究院”，与中船集团七一一所、科莱恩国际、浙江医药股份有限公司等行业龙头企业签署战略合作协议；与中兴通讯、山西顺发热电、广州数控等国有、民营企业新建校企联合研究机构18个，累计建立111个。签订技术转让合同124项。人才基地建设方面，获批国家自然科学基金创新研究群体项目1项，“杰青”项目5项，“优青”项目10项；获批首批国家应用数学中心13个；推进大型地震工程模拟研究设施建设；环渤海滨海地球关键带野外科学观测研究站进入国家野外站优先建设名单，化学合成生物学国家重点实验室完成论证；2个教育部工程研究中心均通过评估，其中轻型动力教育部工程研究中心获评优秀。（天津大学）

数学·物理学·化学

【南开大学组合数学中心】 该中心新增国家自然科学基金面上项目1项、专项基金1项，天津市杰出青年科学基金1项、重点项目1项；在组合数学、图论、组合数论等方向取得创新成果，在《应用数学与力学进展》（Adv.Appl.Math.）、J. Combin.Theory Ser.A、《SIAM离散数学期刊》（SIAM J.Discrete Math.）、MATCH、《数论学报》（J.Number Theory）等发表论文40篇。史永堂在图论与组合优化及其应用领域，获中国工业与应用数学学会第五届应用数学青年科技奖、中国运筹学会第七届青年科技奖和南开大学唐立新优秀学者奖。举办2次线下学术会议、68场报告；参加国内学术会议做报告55人次，通过线上方式参加国际学术交流活动6次；邀请专家学者做线上学术报告和专题讲座83人次。

（任晓艳）

【南开大学陈省身数学研究所】 该所承担在研课题19项，2020年内到款760万元，新增科研课题4项，结题2项。在国内外发表学术论文53篇，博士后发表8篇，研究生发表7篇。陈景灵等在最简KS定理和“量子柴郡猫”方面的研究工作取得新进展，相关论文分别发表于Physical Review Letters和《自然·通讯》。冯惠涛主持国家自然科学基金重点项目（从2020年1月起开始执行）；周麒入选“万人计划”青年拔尖人才。新引进博士后研究人员1人。接待国内外访问学者3人次；举办含线上学术报告在内的学术报告47场，Colloquium高级学术讲座1场，智德讲座1场。10月24日，举办天津市数学会2020年学术年会，龙以明院士、张伟平院士、尤建功、唐梓洲、白承铭等参加会议，龙以明院士做开幕式发言，尤建功做市数学会2019至2020年度工作总结。11月3日，举行核心数学与组合数学教育部重点实验室现场考察会，重点实验室主任白承铭做实验室2015至2019工作总结。11月8日，协助举办南开大学数学学科创建100周年、姜立夫先生诞辰130周年暨姜立夫数学教育研讨会，白承铭主持纪念活动。唐梓洲获2019年度南开大学科学研究奖杰出贡献奖（首届），龙以明院士获“文中杰出贡献奖”“智德杰出贡献奖”。

（冯国苹）

【南开大学数学科学学院】　该学院在研科研项目62项，经费2472.478万元。其中，国家自然科学基金项目4项，经费1967.354万；天津市自然科学基金项目11项。新增国家自然科学基金面上项目6项、青年科学基金项目3项，参与重点项目1项。新增天津市自然科学基金项目2项。邀请中国香港理工大学祁力群、美国加州大学洛杉矶分校印卧涛、上海交通大学肖冬梅、广州大学庾建设、华中师范大学彭双阶、中山大学胡建勋等国内外专家作学术报告。发表学术论文101篇，其中SCI\EI94篇，5名教师在《美国国家科学院院刊》（PNAS）、《数学进展》（Adv.Math）、《数学年刊（德）》（Math.Ann）等发表论文。马春华获教育部高校自然科学一等奖，推举1名教师入选天津市青年托举工程。

（李建新）

【南开大学物理科学学院】　该学院新增国家自然科学基金项目21项，其中孔勇发、廖益和赵明刚分别获批3项重点项目，胡毅的“非线性光动力学”获批优秀青年科学基金项目1项。面上项目10项、专项项目2项、青年项目3项，立项直接经费1895万元，总经费2249.74万元，获批天津市项目6项，其中付学文的“光电功能半导体材料挠曲光伏效应的载流子动力学机制研究”获批重点项目立项，同时获批杰出青年基金项目1项。面上项目3项、青年项目1项，立项经费162万元；获批科技部重点研发计划项目2项、广东省基础与应用基础研究重大项目课题1项，其他项目3项，经费1985万元；签订横向项目16项。发表SCI检索论文260余篇，其中《物理评论快报》（Physical Review Letters）8篇，《自然·纳米科技》（Nature Nanotechnology）1篇，《自然·通讯》（Nature Communications）2篇，《科学进展》（Science Advances）2篇，《先进材料》（Advanced Materials）5篇，《纳米通讯》（Nano Letters）4篇。申请专利13件，其中发明专利11件、实用型专利2件；授权专利25件，其中发明专利15件、实用型专利10件；有效专利71件，其中发明专利60件、实用新型专利11件。举办“2020年BESIII新物理研讨会”等多个国内学术会议。

（戴建芳）

【斐波那契数列欣赏】　该项目由天津商业大学吴振奎等完成，获2020年度天津市科技进步三等奖。该科普读物介绍斐波那契数列的性质和应用，阐述几代数学家对斐波那契数列的研究成果和思维方法，以及它在诸领域的应用。是国内第一本以科普形式全面介绍该数列性质和应用的书籍，包括“哥德巴赫猜想”“费尔马猜想”“黎曼猜想”“连续统假设”“不动点理论”“哥德尔不完全性定理”“希尔伯特第十问题”等13册。

【基于两相湍流扩散的化工计算传质学理论与方法】　该项目由天津大学袁希钢、余国琮、刘春江等完成，获2020年度高等学校科学研究优秀成果奖自然科学二等奖。该项目发现点：①提出物质在湍流条件下扩散的理论模型，针对湍流系统引入浓度随体脉动概念，提出描述浓度脉动的理论模型。提出浓度脉动的耗散模型，建立描述物质在湍流条件下扩散行为的“浓度脉动动能－浓度脉动耗散率”两方程模型，建立可同时预测化工设备中的流速场和浓度场的严格模拟计算方法。②针对湍流条件下物质扩散的各向异性行为，直接针对湍流导致的物质流动建立雷诺质流模型，提出一种可对湍流扩散各向异性行为进行预测的“雷诺质流模型”③提出气－液两相错流、逆流流形的计算流体力学模型。提出考虑气相沿错流方向流动对液相湍动能影响的模型，建立气－液两相逆流模型，建立一种便于计算求解的拟两相流计算流体力学模型，实现对复杂的湍流条件下两相流的高效模拟。④建立精馏、吸收以及循环流化床等传质过程模拟方法，将湍流扩散模型化方法推广至气固两相流态化反应过程，建立考虑化学反应的“浓度脉动动能－浓度脉动耗散率模型”两方程模型和“雷诺质流模型”，建立上行床和下行床计算传质学模拟方法。提出的方法在精馏、吸收、催化反应过程的模拟中得到验证，推广至气流固三项体系传质过程预测。3篇论文他引120余次，由Springer出版的英文专著Introduction to Computational Mass Transfer-with applications in chemical Engineering（2014年版）下载量超2万次。

（天津大学）

【界面反射中量子化的反常位移环流】 2020年8月，河北工业大学材料科学与工程学院刘影等在《物理评论快报》(Physical Review Letters)发表“界面反射中量子化的反常位移环流”。该研究在普遍存在的物理过程界面反射中，发现新的量子化物理量，即界面反射中反常位移的环量积分是量子化的。通过对称性分析，给出量子化反常位移环流的存在条件，使用具体的模型计算直接证明反常位移的环量积分具有量子化的特性。该量子化结果用来探测非平庸介质的拓扑特性，为探测外尔点的拓扑电荷提供新的可行性方法。该研究成果推广到金属/超导界面反射中，为探测超导体的配对势提供新思路。

（王媛媛）

【金属微结构体系中光学奇异点的微观模型、新现象以及所引致的光场调控应用】 该项目是国家自然科学基金面上项目，由天津师范大学康明等完成，2020年12月结题。该项目研究奇异点(Exceptional Point)是在参数空间中非厄米哈密顿量（Non-Hermitian Hamiltonian）的本征值和本征态同时简并的点，是非厄米哈密顿量区别于厄米哈密顿量（Hermitian Hamiltonian）的一个显著特征。该项目围绕光与金属微结构体系相互作用过程中出现的光学奇异点的物理内涵及其所产生的新颖光学效应展开研究。基于耦合波理论，建立能够阐释多类金属微结构体系中光学奇异点的微观物理模型，通过理论计算、数值模拟、可能的实验验证，生成具有丰富物理内涵的光学奇异曲线，发掘光与金属微结构相互作用过程中与光学奇异点和奇异曲线密切关联的新奇光学现象。围绕光学奇异点和奇异曲线的丰富物理特性，基于金属微结构体系，开展纳微米尺度光场的精细调控研究，为光场调控提供思路和途径。

（天津师范大学）

【原子层沉积技术改性钠离子电池正极材料的研究】 该项目是国家自然科学基金面上项目，由天津师范大学孙学良等完成，2020年12月结题。钠离子电池正极材料NaNi1/3Fe1/3Mn1/3O$_2$(NFM)存在循环过程中金属溶解缺点，导致循环寿命降低。该项目采用先进的原子层沉积技术在NFM表面（粉末表面和电极表面）沉积四种包覆层（Al_2O_3、ZrO_2、Al_2O_3/ZrO_2和$NaAlO_2$）。运用同步辐射技术研究不同包覆层对NFM与电解液界面间相互作用的影响，调控其相互作用探讨其内在联系。研究粉末表面改性和电极表面改性的异同点，重点研究固体电解质包覆层改善正极材料性能的优势，为建立高性能钠离子电池提供理论依据和实践指导。

（天津师范大学）

【布朗斯特酸离子液体结构对其腐蚀性与催化性能的调控机制】 该项目是国家自然科学基金面上项目，由天津工业大学桂建舟等完成，2020年4月结题。该项目研究不同烷基链长的B酸离子液体对碳钢的腐蚀行为、不同含水量条件下B酸离子液体对不同金属或合金的腐蚀行为、不同离子液体阳离子对碳钢的腐蚀行为，发现不同B酸离子液体的腐蚀性与其酸性不总是存在正比关系，含水量对其腐蚀性具有影响，B酸离子液体对于金属材质具有选择性。其次研究B酸离子液体的缓蚀行为，研究不同结构离子液体对碳钢在酸性条件下的缓蚀行为，发现起缓蚀作用的是B酸离子液体的阳离子，与卤素进行复配可以在降低B酸离子液体用量的同时提高缓蚀率，增加B酸离子液体的疏水性有助于缓蚀，结合分子模拟，开展B酸离子液体结构－缓蚀性能的构效关系研究，建立构效关系模型；最后合成研究聚合B酸离子液体的结构与其缓蚀性能的关系，发现其聚合度是影响缓蚀率的主要因素。在研究的过程中开发合成系列具有高缓蚀性能的B酸离子液体。该项目为B酸离子液体的工业化提供科学依据和必要参数。

（郭建辉）

【介孔核壳纳米结构桥接金属和生物催化剂的高效级联反应】 河北工业大学化工学院生物催化与生物质能源课题组在化学与生物协同催化的研究中发现介孔核壳结构可以为两者搭建桥梁。金属－酶协同催化的一锅级联反应可节省原料及溶剂的用量、避免中间产物的分离纯化步骤。该研究利用多巴胺对金属前体的还原作用，通过水热反应和仿生黏合策略方便的合成一类具有介孔核壳结构的金属－酶双功能纳米催化剂。核壳结构可以确保金属与酶的空间分离，解决两者不兼容问题。所得催化剂在手性胺的动态动力学拆分和有机磷农药的级联降解中表现出优秀的催化性能。制备过程在水相体系中进行，不添加额外的还原剂，绿色环保；介孔金属作为催化活性位点，活性高且稳定性好；催化剂的介孔结构有利于传质和提高催化效率。2020年，相关研究成果发表在催化领域期刊ACS Catalysis。该论文第一作者为高士耆，通讯作者为刘运亭、高静、姜艳军，河北工业大学化工学院为唯一通讯单位。

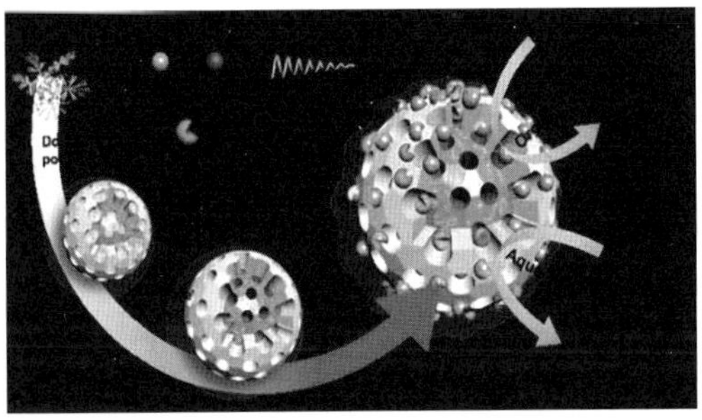

图1　介孔核壳纳米结构桥接金属和生物催化剂

（王媛媛）

【印迹交联酶聚体—离子液体—介孔氧化硅杂化催化剂的制备及其在不同介质中的催化性能】 该项目是国家自然科学基金项目，由天津科技大学崔建东等完成，2020年12月结题。该研究基于印迹交联酶聚体技术和仿生硅化技术，设计建立在离子液体微乳液中制备球形印迹脂肪酶交联酶聚体生物催化剂、核壳结构的球形交联酶聚体生物催化剂、仿生硅包埋的酶@MOF复合物催化剂以及深度共溶剂（一种新型离子液体）中制备的脂肪酶－无机杂化纳米生物催化剂的技术方法，提出为固定化酶穿上“纳米包衣”的策略，起到遮蔽保护作用，发现纳米包衣的存在增强固定化酶的机械强度，起到调控微环境的作用，改善固定化酶的催化微环境，提高固定化酶热稳定性、酸碱耐受性以及重复使用性。发现金属离子和界面作用能诱导激活脂肪酶的活性结构，深度共溶剂中制备的脂肪酶－无机杂化纳米生物催化剂酶活比水中制备提高200%。深度共熔溶剂中存在的大量氢键能稳定酶的活性构象，增加酶分子中β－折叠的数量，减少α－螺旋数量，增加脂肪酶的亲水性，使其结构紧凑性降低。脂肪酶和深度共熔溶剂之间氢键的形成也能保持其结构的稳定性。发表SCI论文20篇，其中JCR一区15篇、IF大于10的5篇、大于5的11篇、入选ESI前1%高被引论文3篇，申请国家发明专利1件。

（李丽娜）

生命科学

【南开大学生命科学学院】 该学院新增国家级项目30项，孔德领主持科技部重点研发计划项目首席科学家1项，杨车主持重点研发计划课题1项；申报国家自然科学基金项目83项，立项25项，刘林、朱玉山、宁文主持重点项目3项，刘杏忠主持重点国际合作项目1项、面上项目16项、青年项目4项、联合基金1项。省部级项目获批18项，其中天津市科技支撑重点项目1项、天津市杰出青年科学基金项目1项、天津市合成生物技术创新提升行动项目1项、天津市自然科学基金9项（重点2项、面上5项、青年2项）。全年新增横向项目21项，合同金额100万元以上的3项。发表SCI论文近200篇，影响因子10分以上的论文22篇。申请专利24件，授权19件。陈瑞阳获首届南开大学科学研究奖杰出贡献奖；丁丹获首届南开大学科学研究奖青年创新奖；马挺团队的“生物表面活性剂油藏原位发酵提高采收率关键技术研发与应用”获2020年度中国轻工业联合会科技进步一等奖。生物活性材料教育部重点实验室、天津市蛋白质科学重点实验室和天津市生物活性材料重点实验室召开学术委员会会议；举办第六届中欧生命科学论坛、人工血管基础研究与临床应用交叉融合论坛、“第五届生物材料与组织工程”博士生学术会议和南开大学生命科学学院2019年学术交流会等。（吝春红）

【经颅直流电刺激对脑—机接口性能的影响及其机制研究】 该项目是国家自然科学基金青年科学基金项目，由中国医学科学院生物医学工程研究所陈小刚、谢小波、崔红岩等完成，2020年2月结题。该项目研究稳态视觉诱发电位脑－机接口的编解码方法和经颅直流电刺激的作用效应和脑－机接口应用。构建的基于频率－相位联合调制的稳态视觉诱发电位脑－机接口系统平均信息传输率达到325.33比特/分钟。实验证明，基于个体校准数据的扩展型典型相关分析可显著提高基于交叉调制频率的脑－机接口的性能。项目组设计实现一套结合经颅直流电刺激的9目标稳态视觉诱发电位脑－机接口系统，通过实验证明经颅直流电刺激能够提高稳态视觉诱发电位脑－机接口的性能，在脑－机接口中的广泛应用提供最佳适用范围与理论依据。（段炳柱）

【基于磁声耦合效应的矢量性经颅聚焦电刺激方法研究】 该项目是国家自然科学基金青年科学基金项目，由中国医学科学院生物医学工程研究所周晓青、王延群、马任等完成，2020年2月结题。该项目针对基于磁声耦合效应的经颅聚焦电刺激（transcranial magneto- acoustic stimulation，TMAS）的方法建立、系统搭建、动物实验及机制探索等方面展开研究。基于磁声耦合效应的矢量性经颅聚焦电刺激的仿真研究，搭建小动物经颅磁声刺激－经颅超声刺激（TMAS-TUS）一体化实验系统完成系统的优化及测试；使用该系统对健康小鼠及PD小鼠的海马区及运动区进行TMAS的实验研究，探究TMAS对健康鼠及PD鼠神经活动的影响；对健康小鼠及PD小鼠进行TMAS-TUS对比实验研究，探究TMAS中聚焦声场对刺激效果的作用及影响；优化已有的基于磁声耦合效应的经颅聚焦电刺激电场检测系统，对TMAS在类生物组织中产生的实际磁声耦合电场进行定量检测；对TMAS中微弱磁声电场对细胞的作用效果进行初步探索，探究TMAS中声场－磁场的耦合机制。研究结果显示TMAS可以在小鼠的海马区（深部脑区）及运动区（皮层区域）实现2mm的聚焦尺寸，验证小动物海马区（深部脑区）及运动区（皮层区域）刺激的可行性、安全性及有效性。实验结果表明，TMAS相对对照组提高小鼠的学习记忆能力和运动调控能力，TUS提高小鼠的学习记忆能力和运动调控能力，TMAS的作用效果优于TUS。（段炳柱）

【用于脑皮层运动区功能重塑的阵列靶点磁刺激康复机器人关键技术与仪器研究】 该项目是天津市重点研发计划科技支撑重点项目，由中国医学科学院生物医学工程研究所殷涛、王欣、靳静娜等完成，2020年5月结题。该项目通过精密导航定位跟踪技术，实现对运动、语言等重要脑功能区的定位定界，相关技术已用于脑胶质瘤手术的术前规划。运动脑区阵列靶点重复经颅磁刺激实验证明其能实现对运动区神经元细胞突触可塑性和功能可塑性的有效增强，有效提高因脑损伤导致的脑运动功能缺失患者的临床疗效。项目技术的临床应用证明其具有重要临床应用价值和显著社会效益，形成的运动功能缺失康复机器人预期能产生巨大的经济效益。该项目研制的样机实现的技术指标如下：三维空间导航定位精度：0.3mm；跟踪目标：5个；有效视场范围：500x500x500 mm^3；位置测量采样率：60Hz；影像上靶点（或区域勾画）选择精度：<0.4 pixel；靶点空间定位精度：<0.4 pixel；磁刺激线圈导航定位精度：优于1/2半能量区尺寸；阵列靶点间距：3mm。（段炳柱）

【磁声成像中热声效应对电导率重建质量影响的研究】 该项目是天津市自然科学基金重点项目，由中国医学科学院生物医学工程研究所刘志朋等完成，2020年5月结题。该项目通过研究在磁声成像中的热声效应，获取生物组织热吸收与激励源特性及组织电特性关系，揭示热声效应声源对磁声成像的影响机制，得到减小其影响的新的电导率重建算法，提高图像重建质量。项目组研制的磁声成像实验平台实现的性能指标如下：①改进磁声信号检测性能，提高检测声信号的信噪比至80dB，对应的声压检测灵敏度达到10～6Pa；②改进稳恒磁场发生器，使磁场强度0～1.5T可调；③改进脉冲磁场发生器，使磁脉冲峰值的磁感应强度在0～2.0T可调，脉冲宽度小于1μS，电流脉冲上升沿变化率不小于108A/s；④实现铜、石墨、明胶、离体新鲜猪肉、人体手指的电导率成像。（段炳柱）

【疫苗靶向递送可注射型水凝胶复合纳米粒双重缓释系统的构建及评价】 该项目是国家自然科学基金青年科学基金项目，由中国医学科学院生物医学工程研究所董霞、蒋丽琴、张超等完成，2020年2月结题。肿瘤免疫治疗是当前肿瘤领域的研究热点。随着对生物材料与免疫系统之间相互作用机制的研究，通过新材料的开发和新技术的应用来提升抗原免疫原性及调控肿瘤免疫逃逸，提高肿瘤免疫治疗的疗效具有重要意义。针对肿瘤疫苗体内低免疫原性这一关键问题，项目组设计构建三种疫苗体系，通过这三种疫苗体系可实现疫苗的局部缓慢、可控释放，延长刺激机体免疫反应时效，诱导强效持久的免疫应答，实现治疗药物的程序化递送及对肿瘤免疫微环境的调控，通过不同治疗方式的协同作用，实现更好的抗肿瘤效果。（段炳柱）

【基于EGCG-金属配位的微囊型抗癌疫苗的制备及性能评价】 该项目是国家自然科学基金青年科学基金项目，由中国医学科学院生物医学工程研究所王晓莉、孙洪范、刘超等完成，2020年2月结题。该项目基于EGCG-金属配位的微颗粒疫苗的制备及性能评价开展研究：①将肿瘤细胞作为模板，基于EGCG-金属配位作用制备微囊型抗癌疫苗，研究制备过程及调控机制；②评价微囊型抗癌疫苗的细胞毒性及其对树突状细胞的活化作用，研究抗癌疫苗与免疫细胞间相互作用机制；③建立小鼠实验模型，将抗癌疫苗用于免疫小鼠，评价抗癌疫苗的性能研究其作用机制，揭示微囊结构－抗原释放特性－免疫原性间内在关系。实验结果表明，该疫苗能被抗原提呈细胞所吞噬，在细胞水平上该疫苗具有刺激活化免疫细胞的能力，验证该疫苗预防及治疗黑色素肿瘤和预防黑色素瘤肺部转移的效果。（段炳柱）

【肝癌胚胎抗原Glypican-3纳米疫苗递送系统的设计及其在肝癌免疫治疗中的应用】 该项目是国家自然科学基金青年科学基金项目，由中国医学科学院生物医学工程研究所张闯年、王海、李盼等完成，2020年2月结题。该项目围绕纳米疫苗在肿瘤免疫治疗中的应用开展研究，通过制备具有DC靶向性和pH敏感性的纳米疫苗，光敏性纳米疫苗及抗原和佐剂共递送纳米疫苗，来有效增强肿瘤免疫治疗效果。研究结果表明：①甘露糖修饰纳米疫苗可增加DC对抗原摄取量；②采用光化学内化技术，通过体外激光刺激，可提高CD8阳性细胞毒性T淋巴细胞比例；③同时负载抗原和免疫佐剂的纳米疫苗可提高肿瘤免疫治疗效果。（段炳柱）

【多功能聚合物纳米囊泡的构建及其用于肿瘤的可视化化疗联合免疫疗法】 该项目是国家自然科学基金面上项目，由中国医学科学院生物医学工程研究所张琳华、宋存先、马桂蕾等完成，2020年2月结题。该项目通过分子自组装构建一类集靶向、成像、可控释药可实现化疗联合免疫疗法的还原敏感性多功能聚合物纳米囊泡。该纳米囊泡可将具有不同抗癌机制的药物同时靶向递送到同一肿瘤细胞内实现肿瘤的联合治疗。研究成果如下：①通过分子自组装制备出共载化疗药与MDR逆转剂的聚合物纳米囊泡，研究表明，该囊泡可有效提高纳米粒的靶向性和增加耐药细胞对化疗药的摄取，避免化疗药物被肿瘤细胞泵出，加强对肿瘤细胞的杀伤能力，克服肿瘤的多药耐药性。②制备可用于肿瘤化疗联合光热治疗并可近红外荧光成像示踪的聚合物囊泡，其具有pH/温度双重响应性、良好的稳定性、载药能力以及较强的光热转换效率，可通过激光促进细胞对囊泡的摄取和药物释放，其介导的化疗联合光热治疗具有抗肿瘤效果，能够降低药物的毒副作用并示踪药物在动物体内的分布。③构建靶向共负载抗原和免疫激动剂的聚合物纳米囊泡，其在肿的靶向免疫治疗上具有良好的抗原提呈细胞靶向性，增加树突状细胞表面标志及细胞因子的表达。在体内该靶向囊泡表现出淋巴细胞活化能力、效应性T细胞的免疫反应、CD8+T和CD4+T细胞应答及记忆性T细胞免疫反应。预防性动物实验结果显示，该靶向囊泡能够延缓肿瘤的出现，具有抑制肿瘤生长的效果，可用于肿瘤的免疫治疗。该成果为多功能纳米药物载体克服MDR、增强疗效监测、降低毒副作用、实现恶性肿瘤的靶向联合治疗提供研究基础，在学术上为分子自组装聚合物纳米囊泡作为新型药物载体的研发提供思路。

（段炳柱）

【纳米粒自组装温敏水凝胶用于肿瘤光动力治疗与氧化还原自适应机制调控】 该项目是天津市自然科学基金青年基金项目，由中国医学科学院生物医学工程研究所黄平升、王伟伟、张闯年等完成，2020年5月结题。该项目合成环醚侧基修饰的聚己内酯（PCL）-聚乙二醇（PEG）-聚己内酯两亲性三嵌段共聚物（PECT），构建纳米粒自组装温敏原位水凝胶为递送平台，有机结合纳米粒光敏剂负载和水凝胶定位控释的优点，为PDT提供原位纳米光敏剂储库。联合血红素加氧酶（HO^{-1}）抑制剂调控肿瘤细胞氧化还原微环境，降低肿瘤细胞对ROS的耐受性，获得协同治疗效果。构建氧化还原微环境诱导仲胺激活的氟-19磁共振成像纳米探针和细胞内级联反应增强PDT的纳米药物，为基于肿瘤细胞氧化还原微环境的诊断和治疗提供思路。技术指标：①PECT温敏自组装纳米水凝胶，原位控释纳米药物或光敏剂达4周以上；②通过改变载药量或注射体积，实现给药剂量的灵活调控；③基于肿瘤细胞氧化还原自适应机制，调控氧化还原平衡，提高ROS在细胞内的累积氧化损伤作用。成果与成效：①瘤旁注高剂量负载光敏剂的纳米粒水凝胶，提高光敏剂的生物利用度，降低非特异性毒副作用；②阐明纳米粒自组装温敏水凝胶对光敏剂的体内外控释机理和动力学行为；③通过PDT与肿瘤细胞氧化还原自适应机制调控协同，抑制肿瘤生长。

（段炳柱）

【基于PI3K/Akt/mTOR自噬信号通路的槐定酸类新化合物抗肝癌作用机制研究】 该项目是天津市自然科学基金青年项目，由天津市医药科学研究所李冬冬、胡蕴慧、赵秀梅等完成，2020年8月结题。该项目以活性天然产物槐定碱为原料，借助分子对接技术，完成20个新结构槐定酸类化合物的设计合成，细胞水平上评价其抗肝癌和抗乳腺癌的活性，优选出体外活性高的化合物；分别建立肝癌和乳腺癌动物模型，评价体内疗效和毒性；流式细胞仪检测化合物对肿瘤细胞凋亡和周期的影响；western blot实验研究其对细胞凋亡和细胞自噬通路的影响。研究表明该类化合物能诱导肿瘤细胞凋亡和自噬的发生，通过调控PI3K/Akt/mTOR自噬信号通路发挥抗肿瘤作用。培养研究生1人，职称晋升3人，发表研究论文3篇，申请发明专利1件。

（李冬冬）

【低能激光对造血干细胞的电离辐射防护作用及机理研究】 该项目是国家自然科学基金青年科学基金项目，由中国医学科学院生物医学工程研究所王宏、邓娟和中国医学科学院放射医学研究所刘强等完成，2020年2月结题。该研究通过LLLI对干细胞的生物学作用研究，Nrf2通路与LLLI介导的干细胞抗辐射作用研究，LLLI预处理干细胞在辐射损伤救治中的体内应用来讨论LLLI在辐射损伤防护中的作用、应用前景及分子机理，讨论细胞存活率、DNA损伤评价、ROS水平、电离辐射防护作用等辐射防护相关的指标。干细胞的低剂量激光氧化应激的作用能够提高抗辐射防护作用。LLLI预处理的细胞抗氧化酶活性均有增加，降低电离辐射的敏感性。在研究其发挥作用分子作用机理中，选取C57小鼠进行辐射造血损伤模型，LLLI引起Nrf2的高表达。项目组通过实验验证的方法，在理论上阐明LLLI的抗氧化辐射防护作用机制，可为LLLI在辐射防护、移植干细胞的功能增强以及其他氧化损伤相关的神经退行性疾病等治疗中的应用提供新的理论和治疗思路。

（段炳柱）

【利用材料技术人造3D低氧干细胞促缺血组织血管化研究】 南开大学黄兴禄课题组和孔德领课题组在《科学进展》（Science Advances）发表Particle- based artificial three- dimensional stem cell spheroids for revascularization of ischemic diseases，得到国家自然科学基金重点项目支持。该研究利用材料技术人为重构3D干细胞，人造3D干细胞（artificial stem cell spheroid，ASSP）具有低氧细胞特性，通过HIF-1α作为重要上游转录因子调控血管再生所需多种细胞因子。诱导细胞聚集生长形成粒径约为100μm左右的干细胞球（stem cell spheroid，SSP），SSP显著上调HIF-1α的表达，能促血管再生细胞因子的分泌。3D干细胞分泌物含有多种细胞因子（cocktail factor，3D-CF）能促内皮细胞的迁移和成管。通过在PLGA颗粒中负载3D-CF，表面包覆SSP细胞膜人造微米尺度（micro-size）的干细胞（ASSP-MP），局部注射到缺血下肢模型，可以长期滞留在病灶部位，提高缺血下肢再生血管的数量和血液灌流率。制备纳米尺度（nano-size）的人造干细胞（ASSP-NP），在表面包被红细胞膜和血小板膜，提高血循环时间和靶向组织缺血部位，静脉注射心肌梗死模型鼠后，ASSP-NP可以靶向到小鼠心梗部位，诱发血管再生缓解心梗导致的组织坏死。

（吝春红）

【P-选择素结合肽修饰脂肪来源间充质干细胞靶向修复血管损伤】 该研究由南开大学生命科学学院完成，得到国家自然科学基金委创新研究群体项目支持。成果Targeted Repair of Vascular Injury by Adipose- Derived Stem Cells Modified with P-Selectin Binding Peptide发表在《尖端科学》（Advanced Science），通讯作者王恺和孔德领。该研究利用细胞表面工程化修饰手段，在细胞膜表面插入靶向识别P-选择素蛋白的向肽PBP。在体外实验中，工程化修饰的ADSCs对P-选择素分子高表达的活化内皮细胞和激活的血小板具有强的靶向性，对新鲜损伤的动脉血管内皮具有强的靶向性结合与修复。通过共价结合将PBP耦连到两亲性聚合物聚乙二醇缀合磷脂衍生物（DMPE-PEG）上，构建修饰分子DMPE-PEG-PBP（DPP）。通过DMPE-PEG与细胞膜磷脂双分子层之间的疏水相互作用，将PBP修饰在活细胞膜表面。在体内实验中，通过构建大鼠股动脉导丝损伤模型，验证DPP修饰的ADSCs经系统注射后对血管损伤的靶向性和治疗效果。DPP修饰的ADSCs抑制内膜增生加速功能性血管内皮（eNOS+）快速再生，抑制管腔的再狭窄。ADSCs在损伤的血管表面高效黏附屏蔽血液中炎症细胞和血小板在血管损伤部位的黏附，减轻局部炎症反应；ADSCs在局部分泌多种活性因子，调节损伤部位激活内皮细胞的炎性状态，恢复损伤内皮细胞功能；降低激活血小板对平滑肌细胞的趋化作用。

（吝春红）

【高频超声在浅表器官低速血流成像中的实验研究】 该项目是国家自然科学基金青年科学基金项目，由中国医学科学院生物医学工程研究所周盛、杨军、王晓春等完成，2020年2月结题。该项目通过建立血流仿真模型和人体皮下血管实验，确立一种单脉冲发射的高频灰阶血流应用于浅表器官的成像方法。取得成果：①分析血液中红细胞对20MHZ至50MHz的高频超声的背向散射特性，研究当超声发射频率高于34MHz时红细胞的散射模型，得出超声发射频率与红细胞的散射规律；②根据血流回声信号的特点，探索灰阶血流成像与血流速度、探测深度的关系，结合超声衰减规律，为浅表器官血流成像确定合适的发射频率；③基于自行设计的高频超声灰阶血流成像系统，根据探头扫查方式对血流成像结果的影响，通过其差异性判定血流成像的矢量性，为浅表器官低速血流成像奠定理论基础；④通过脉冲回波相减法和增加权重抑制固定组织伪像的方法，提取灰阶血流信息在上位机得以实时成像，为浅表器官血流实时成像方法奠定实验基础。

（段炳柱）

【缺血微环境响应性纳米分步控释系统的构建及其在治疗性血管生成中的应用】 该项目是天津市自然科学基金重点项目，由中国医学科学院生物医学工程研究所杨菁、张明明、王晓莉等完成，2020年5月结题。该项目通过合成含过氧草酸酯键（PO）的过氧化氢（H_2O_2）响应性聚合物PEG-PO-PCL-PO-PEG和工艺优化，使得材料H_2O_2响应灵敏度高，具有ROS清除功能，呈剂量依赖性，改善炎症、氧化应激等造成的病理微环境；制备VEGF/NGF H_2O_2响应性纳米分步控释系统，实现小鼠下肢缺血动物模型稳定的治疗性血管生成；合成两大类H_2O_2响应性材料，包括金属有机框架结构MOF和ROS响应性凝胶，细胞和动物水平验证可促进血管生成。项目组研究神经血管协同交互作用在治疗性血管生成中的机理，探索为下肢缺血治疗性血管生成开辟临床选择。合成和制剂工作已完成实验室小试。

（段炳柱）

【阿尔茨海默病的治疗新策略】 南开大学生命科学学院张涛课题组与化学学院郭东升课题组在《先进材料》（Advanced Materials）发表论文，介绍一种由环糊精（CD）和杯芳烃（CA）组成的共组装体对阿尔茨海默病（AD）的潜在治疗机制作用。淀粉样蛋白-β（Aβ）产生和清除的不平衡导致Aβ单体聚集形成纤维和淀粉样斑块，是AD发病的重要机制。该研究根据$A\beta_{1-42}$序列设计CD：CA=1：2的共组装体。CD-CA（1：2）co-assembly表型出显著的解聚$A\beta_{1-42}$纤维和阻止细胞死亡的能力。通过海马内和鼻腔给予CD-CA co-assembly降低不同形式Aβ（斑块、寡聚体和单体）的水平。鼻腔给予CD-CA co-assembly改善AD小鼠的认知障碍、突触可塑性损伤和海马神经元的凋亡。CD-CA co-assembly降低炎症因子的表达，阻止小胶质细胞的激活，促进小胶质细胞由促炎型（M1型）转变为抑炎型（M2型）。鉴于CD-CA co-assembly对Aβ的强键合能力、对认知和AD病理的改善作用和较低毒性，CD-CA co-assembly成为治疗AD的潜在药物。杂多价共组装策略在治疗其他由蛋白异常聚集引起的神经退行性疾病（包括帕金森病和亨廷顿舞蹈病）有应用前景。

（吝春红）

【用于预防和治疗慢性肾脏疾病的多功能基因纳米颗粒的研究】 该研究由南开大学生命科学学院完成，得到国家自然科学基金外国青年学者基金资助，成果Multifunctional Natural Polymer Nanoparticles as Antifibrotic Gene Carriers for CKD Therapy发表《美国肾脏病学会杂志》（Journal of the American Society of Nephrology），通讯作者孔德领。纳米颗粒可以克服局部递送细胞因子生物利用度低和活性周期短的一缺点，实现无创性肾靶向递送抗纤维化生物活性物质，如骨形态发生蛋白7（BMP7）和肝细胞生长因子（HGF）-NK1（HGF/NK1）。该研究利用肌成纤维细胞表面的CD44作为靶点，构建包裹BMP7或NGF/NKI的质粒DNA的天然聚合物壳聚糖（CS）和透明质酸（HA）复合纳米颗粒，该纳米粒的HA分子可靶向肌成纤维细胞表面的CD44，将药物靶向递送于肌成纤维细胞。通过静脉注射该基因纳米颗粒，发现纳米粒子成功富集到肾脏组织。利用该纳米粒子可实现局部递送抗纤维化因子BMP7和HGF/NK1，在肾小球、肾小球附近的肾皮质中实现基因高表达，预防和治疗肾纤维化。在进行性肾纤维化的小鼠模型中系统评价该纳米递送体系对于肾脏纤维化治疗的有效性。静脉注射CS/HApDNA纳米粒可以调控肌成纤维细胞的行为，抑制胞外基质的沉积，抑制肾纤维化的发展，保护肾脏结构和功能。

（吝春红）

【海洋红藻江蓠科的分类及其系统修订】 该项目是国家自然科学基金面上项目，由天津师范大学完成，2020年12月结题。该项目对海洋红藻门江蓠科的分类及其系统开展研究，在野外调查的基础上结合国际最新研究动态，通过形态分类学研究，研究中国该科物种的分类及生物地理分布特征。选用基因序列，通过序列扩增、序列分析，探索分类群的系统演化关系，对疑难属、种进行准确鉴定及系统位置确定。结合形态与分子等两方面的研究结果，分析和修订该科物种的新分类系统和主要鉴定特征的可靠性，重新描述、划分、修订中国江蓠科物种。该研究有助于解决江蓠科国际争议，厘清重要物种的明确划分依据及其亲缘关系，保持中国江蓠科分类学研究的国际前沿地位。有助于澄清栽培种类的演化关系，为提高江蓠栽培的产量和质量等提供参考数据。

（天津师范大学）

【世界隐摇蚊属分子系统学及生物地理学研究（双翅目：摇蚊科）】 该项目是国家自然科学基金面上项目，由天津师范大学闫春财等完成，2020年12月结题。该项目查明全球分布的隐摇蚊属摇蚊的区系组成，编写出全球该属的鉴定资料，给出修订的名录和分布资料。该研究选取隐摇蚊属全部种类为实验材料，以线粒体基因COI、16S rDNA、Cyt b以及核基因ITS-2、CAD1全长序列为分子标记开展分子系统发育研究，探讨全球隐摇蚊属种级以及与邻近属之间的系统发育亲缘关系，理清该属及摇蚊亚科分类系统脉络。为近缘种的区分提供可信的分子依据，确定若干种及属的分类地位，为制定合理的分类系统提供依据。基于系统发育关系研究结果，开展生物地理学研究，建立精简地域分支图，总结归纳该属分布型以及各动物地理区系间的时空演化相关性，追溯该类群的起源及分化，探讨历史生物地理分布格局和区划界线。（天津师范大学）

【中国藏缅语族17个民族身体组成成分的体质人类学与文化人类学研究】 该项目是国家自然科学基金面上项目，由天津师范大学宇克莉等完成，2020年12月结题。人体组成成分是中国体质人类学研究重点，仅见少数单一民族的身体组成成分研究报道，未见以语族为单位开展的多民族人体成分的综合性研究。藏缅语族共有17个民族，占中国55个少数民族的近1/3，源于古氐羌人，藏缅语族各族群身体成分存在共性，生活在西南地区的高原、平坝、森林、峡谷等相对隔绝的地理环境，形成各自的语言、生活方式及文化习俗，导致他们的身体成分出现差异。该项目将体质人类学与文化人类学研究相结合，采用生物电阻抗法首次对藏缅语族各民族身体成分进行测量，使用双能X线吸收测量仪对数据进行校正，建立藏缅语族各民族身体组成成分数据库，得出藏缅语族17个民族身体成分的共性以及彼此间的差异，结合文化人类学各项调查结果，全面、深入分析遗传、环境等因素对人体成分的影响。文化人类学与体质人类学工作者合作开展该研究，为人类学研究提供借鉴。（天津师范大学）

地球科学

【2014年云南盈江地震前震序列与成核过程研究】 该项目是国家自然科学基金青年科学基金项目，由天津市地震局谭毅培等完成，2020年6月结题。该项目以2014年云南盈江MS5.6地震及其前震序列为研究对象，进行以下研究：①使用模板匹配方法对地震序列目录遗漏地震进行检测，目录遗漏余震66个，未检测到遗漏的前震，根据检测后的地震目录计算地震序列参数；②使用波形互相关震相检测技术重新标定序列震相到时并进行精定位，给出相对震源位置结果；③计算前震的震源参数，结果显示前震的破裂尺度接近，破裂面高度重合，判定前震序列为一组震级不断增大的重复地震；④计算前震序列静态应力的变化，后发生的地震处于先发生地震所造成的静态应力变化卸载区，存在应力卸载的作用；⑤发现主震存在地震成核相，利用前震和余震作为模板对主震成核相波形进行拟合，结果显示成核相波形与前震P波开始阶段波形相似，判断成核相为一次震级约为ML3.6的地震破裂。项目研究成果发表SCI论文1篇，核心期刊论文1篇。研究结果对了解中国大陆地震成核过程物理机理和基于前震活动的强震预测预警工作提供科学依据，项目发展的技术方法对分析华北地区未来可能发生的强震提供技术储备。（谭毅培）

【梯级水库关键界面氮动态对N_2O排放的影响及因素识别】 该项目是国家自然科学基金面上项目，由天津师范大学刘小龙等完成，2020年12月结题。对蓄水发电水库和梯级开发水库中氮转化运移的动态过程及其对温室气体N_2O释放影响的基础研究较为薄弱。该项目选取中国乌江干流梯级开发水库为研究对象，通过对不同水库沉积物－水、水－气和深水层－温跃层等三个关键界面沉积物、水体中氮形态、N_2O/N_2含量及其氮氧同位素的分析，结合水化学参数和水文资料，系统开展流域水库氮排放观测，明确水库中氮的界面过程及其影响因素，掌握水库多界面上氮运移和N_2O源汇作用的规律及成因，探讨多界面氮的生物地球化学过程对N_2O产生的影响及因素；从水库氮收支角度评估N_2O释放的总通量；研究成果为评价河流梯级开发N_2O排放的环境效应提供数据基础、研究范例和评估方法。

（天津师范大学）

【深水湖泊中稀土元素循环及分异机理研究】 该课题是国家自然科学基金面上项目，由天津师范大学朱兆洲等完成，2020年12月结题。该项目开展梯级开发河流－水库体系中关键界面的氮转化过程及其对N_2O影响的针对性研究。以中国西南典型梯级开发河流及其水库群为研究对象，对水－气界面、沉积物－水界面、真光层、温跃层、深水层以及下泄水等水体N_2O的产生机理、释放通量及影响因素进行研究。水化学和同位素结果表明真光层和温跃层N_2O的产生受控于硝化作用，深水层至沉积物－水界面则受控于反硝化作用。分层期间乌江渡和洪家渡水库深水厌氧层的N_2O含量水平有差异，同位素组成证明二者底部N_2O受控于是否发生完全的反硝化作用，深层水中的完全反硝化作用通过将N_2O还原为N_2，成为水库去除N_2O的重要的"汇"，底部高含量的N_2O是由界面上反硝化作用引起的。δ15N-N_2O和δ18O-N_2O及其择优占位同位素特征值SP在百花湖厌氧层的结果表明，底部剧烈的反硝化作用可以由SP值直接证明，是表征N_2O产生机理的可靠工具。借助ΔN_2O和ΔN_2发现非分层期间水库剖面具有显著偏高的N_2O产率，温跃层和真光层产率高于深水层。各水库水－气界面N_2O扩散通量与世界其他湖泊水库相比属于中等水平，下泄水中释放的N_2O可以达到水－气界面扩散通量的0.72到16.61倍。该研究为评价中国梯级开发河流－水库体系N_2O释放能力提供参考，下泄水体较高的N_2O释放通量与水库蓄水调节方式有紧密关系，对于类似梯级开发河流来说，需要制定针对性措施以完善未来流域水环境管理和政策制定。

（天津师范大学）

信息科学

【南开大学人工智能学院】 该学院申请国家自然科学基金项目，其中赵新的重大科学仪器研制专项"面向清醒动物脑科学研究的机器人化主动膜片钳系统"获直接经费资助865万元；孙宁的联合基金项目"泛在信息环境下集群化起重机智能感知、协同优化及控制方法研究"获直接经费资助306万元；苑晶、郭宪、孙明玮、刘进超、张娟娟、张春燕、张建磊等获面上项目直接经费资助总额412万元；陶金、刘曜玮、杜月、袁明星、武毅男、孙昊、别东洋、李欢等获青年项目直接经费资助总额192万元。天津市自然科学基金项目直接经费资助总额172万元，其中苑晶获天津市杰出青年项目资助，孙宁、刘忠信和苑晶获面上项目资助，王付永获青年项目资助。方勇纯获国务院政府特殊津贴、孙宁获教育部青年人才称号、梁潇入选天津市青年托举人才计划，引进国内外优秀人才3人。孙青林、段峰的科技成果获2020年度天津市科技进步奖。以第一单位发表论文152篇，SCI期刊收录论文73篇，EI期刊收录论文62篇。申请专利48件，其中授权发明专利13件，实用新型专利2件。举办南开大学人工智能与机器人国际学术论坛；第一届集群智能与空天无人系统研讨会；先进机器人与人工智能系列学术讲座。申报天津市研究生科研创新项目，获批11项，其中人工智能专项（天津市专款资助45项）获资助8项。智能科学与技术专业入选国家一流本科专业；段恒、王禹、范嘉骏的项目获专项赛奖项。

（邓昌莉）

【风电互联网的关键技术与工程应用】 该项目是国家自然科学基金项目，由天津理工大学、天津瑞能电气有限公司周雪松、侯立军、马幼捷、陶珑、赵家欣等完成，获2020年度天津市科技进步一等奖。针对提升高渗透率下大规模风电系统抗扰性能的需求，提出抑制强不确定性的新型自抗扰并网控制理论体系，对风电互联运行过程中出现的各种不确定性扰动产生较强的抑制，将并网变流器直流母线电压波动降低50%以上。项目创新点：①采用扩张状态观测器的理论，对外环控制进行改造升级，使观测信号可以跟踪并补偿干扰信号；②采用时间尺度变换的理论，对内环控制进行改造升级；③采用跟踪微分器的理论，对

图2　风电互联网实际应用场景

测量环节进行改造升级。近三年创造的直接经济效益16.68亿元。该成果通过天津瑞能电气股份有限公司应用推广，研发出配套产品形成产业链，提出2项国家标准。　（梁　婧）

【基于最优深度级联学习的目标智能感知技术】　该项目由天津大学、中国船舶重工集团公司第七〇七研究所、中国科学院西安光学精密机械研究所、北京航空航天大学、北京英泰智科技股份有限公司、中国汽车技术研究中心有限公司、天津职业技术师范大学庞彦伟、李跃芳、李学龙、曹先彬、杨云飞等完成，获2020年度天津市科技进步一等奖。该项目提出基于最优深度级联学习的目标检测方法，建立面向手工特征和深度特征的一体化级联排除、级联加强机制，提出基于迭代二分的最优深度级联学习理论，在智能驾驶等典型情况下目标检测速度提升4.5倍、精度提高4.4%；提出基于特征深度补偿的信息缺失目标检测方法，构建包含特征超分辨率逼近、特征抑制与增强等特征补偿新框架，设计出全新的尺度解混模型和部件共生图模型，在智能监控等典型情况下小尺度和被严重遮挡目标检测精度提高14.6%和15.2%；提出深度级联耦合的全场景图像内容感知方法，提出检测和分割协同的三重解码网络，创建深度级联耦合的一体化全场景感知架构，在无人艇等典型情况下全场景感知精度达95.4%，速度达49帧。获中美授权发明专利21件、软件著作权10件；发表论文36篇，含IEEE汇刊19篇、CVPR等论文12篇。

（天津大学）

【阵列波导光栅解调系统异构集成的关键技术研究】　该项目是国家自然科学基金面上项目，由天津工业大学、天津维晟微科技有限公司李鸿强、张振、刘洋等完成，获2020年度天津市科技进步二等奖。该项目研究阵列波导光栅解调系统片上光源、光波导、耦合器、阵列波导光栅、探测器的异构集成及相关理论，完成2×2多模干涉MMI耦合器的设计；完成多种传统型和马鞍型1×8阵列波导光栅的设计；采用垂直光栅耦合结构作为与垂直腔面发射激光器VCSEL和PD异构集成的光学接口，提供对准容差能力；采用顶层Si厚度为220nm、掩埋层SiO_2厚度为2μm的SOI材料，完成各功能单元器件流片；采用苯并环丁烯作为键合介质进行阵列波导光栅解调光子集成芯片的VCSEL、SOI光子集成芯片和PD阵列三部分的键合；进行传感解调实验。该项目研究的光栅耦合器、阵列波导光栅、光波导耦合器、光子集成芯片等器件应用于天津、北京企业产品中作为关键核心器件配套，取得经济效益。申请发明专利15件，获授权发明专利7件；发表学术论文45篇，指导博士研究生2人、硕士研究生48人。

（郭建辉）

【无人直升机混沌模型构建与镇定】　该项目是天津市自然科学基金重点项目，由天津工业大学天津市电工电能新技术重点实验室齐国元等完成，2020年9月通过北方技术交易市场组织的专家验收。该项目研究无人直升机系统与数值混沌系统之间的内在共性。利用哈密顿力学原理研究数值混沌系统物理意义，阐释系统的惯性力、耗散力和外力驱动的特性和它们之间的作用关系，发现受力和能量交换是一类数值和物理混沌系统产生不同的动力学行为模式的根本原因；发现解析的Casimir功率是供应功率和耗散功率的差，可作为识别混沌和其他动力学行为的指标，由于其解析性，较Lyapunov指数更具有优势，确定无人机和其他系统的上确界的解析解；完成无人直升机系统与数值和物理混沌系统之间的内在共性分析，给出不同系统（包括无人机系统）产生不同动力学行为的受力和能量变化机理，给出分岔过度的参数空间范围；分别构建无人直升机和四旋翼姿态混沌系统模型，确定转动惯量和其他参数产生混沌振荡的范围和镇定的条件；设计摄动控制器，高阶微分反馈控制器等控制无人直升机；通过实验验证混沌产生，平稳地控制四旋翼无人机的飞行；构建的4维刚体转动欧拉方程，在数学和物理中具有意义，提出具有强伪随机性的4维保守混沌系统，是基于混沌保密通讯的模型。

（郭建辉）

【基于红外与可见光图像的双波段双视场立体视觉关键问题研究】 该项目是国家青年科学家基金项目，由天津师范大学佟颖等完成，2020年12月结题。该项目研究红外与可见光双波段双目立体视觉关键问题，分析基于异源图像互补性进行场景三维形貌重建理论，研究利用双波段图像信息冗余性提高三维重建精度的方法。研究高温、烟雾、变光照环境下的双视场立体视觉技术的实现方法。搭建红外与可见光共光路的双视场立体视觉系统硬件模型，优化系统参数。针对红外光与可见光波长差异引起的变温环境下的双波段成像像差，设计像差修正模型，保证同视场内红外与可见光图像精确配准，是三维点云精确重建的基础。针对大光照变化环境下的双波段图像融合问题，提出具有环境变化鲁棒性的自适应融合算法，保证不同光照环境下的图像融合质量。针对被测对象成像景深差异而导致的图像无法全聚焦问题，设计基于相位拉伸变换的多聚焦图像融合算法。利用双波段图像信息的冗余性，建立包含双波段信息的相似性测度函数及根据图像特点自适应变换的动态立体匹配窗口，提高双视场图像立体匹配精度。该项目将声音信号与图像信号相结合，采用红外传感器、可见光传感器、麦克风传感器阵列，分别采集红外视觉信息、可见光视觉信息和声压信息，研究将声场三维点云与场景三维形貌点云的多源信息融合方法，研究成果应用于战地搜救、火灾救援等领域。

（天津师范大学）

材料科学

【南开大学材料科学与工程学院】 该学院获批国家自然科学基金委项目12项。其中，重点项目1项，国家杰青项目1项，面上项目3项，青年项目5项，国际（地区）合作与交流项目1项，重大研究计划培育项目1项。新增天津市杰青项目2项，重点项目1项，面上项目2项，青年项目4项。纵向项目82项，到账经费1367万元。横向项目20项，包括1项专利权转让和10项技术开发，到账经费442万元。军民融合类项目获批3项。李兰冬团队在气体吸附分离领域研究成果发表在《科学》(Science)；卜显和、周震、高学平入选2019年中国高被引学者；黄毅、周震入选科睿唯安(ClarivateAnalytics）2020年全球高被引科学家名单；与Small合作推出专刊；李伟的专著Hybrid Organic- Inorganic Perovskites （Wiley- VCH）出版。智能传感交叉科学中心通过专家论证；完成一流学科动态数据监测和2016年至2020年“双一流”建设周期自评。ESI最新统计数据显示，材料科学学科进入全球前1‰，位列全球87名，篇均被引次数（2020年11月数据30.71），位居全国高校前3名。

（王　菲）

【发动机燃料与新型燃烧模式协同调控机制及方法】 该项目由天津大学尧命发、刘海峰、王浒、郑尊清等完成，获2020年度天津市自然科学一等奖。该项目揭示新型燃烧模式燃烧机理，构建覆盖发动机多燃烧模式和多燃料适用的燃烧反应模型体系，突破分层燃烧动力学模型无法预测缸内扩散火焰的难题，阐明燃料与发动机协同的高效清洁新型燃烧模式调控机理。提出燃料理化特性参数对燃烧与排放影响的分离方法，发现燃料活性（十六烷值）是影响新型燃烧模式碳烟排放的主要参数，发现大比例EGR稀释的新型燃烧模式下，燃料活性对自燃着火影响显著，燃料优化和燃烧过程控制可以拓展高效清洁运行工况范围。阐明混合气活性－浓度分层与新型燃烧模式耦合作用机制，揭示燃料活性与混合气分层对燃烧与排放的影响规律，提出基于混合气活性与分层协同控制的燃烧模式设计新方法，实现发动机全工况范围下高效清洁运行。8篇论文SCI他引631次，单篇最高他引178次，国际会议大会邀请报告4次。培养全国优博论文提名1人，天津优博

论文2人。3人入选全球/中国高被引学者，尧命发入选天津市杰出人才、国际汽车工程师学会和国际燃烧学会会士。（天津大学）

【高迁移率有机半导体材料与器件】 该项目由天津大学、中国科学院化学研究所、北京大学、兰州大学胡文平、董焕丽、裴坚、张浩力、王朝晖、李荣金等完成，获2020年度天津市自然科学一等奖。该项目提出“鱼骨状或平面密堆”分子获得高迁移率有机半导体材料的设计思想，获得多个创纪录的高迁移率有机半导体材料。发明系列有机半导体一维和二维晶体生长新方法，发现共轭高分子在一维晶体中的堆积新模式，在国际上率先开展有机半导体二维晶体的研究，基于有机半导体低维晶体阐明分子化学结构/聚集态结构与电荷输运性质之间的关系。构筑高性能有机场效应晶体管器件，解决“有机场效应晶体管导电沟道究竟是几个分子层”问题，首次实现由同一种有机半导体作为活性层构筑有机场效应晶体管－有机发光二极管器件阵列，推动高迁移率有机半导体材料在光电器件中的应用。8篇代表论文SCI引用933次，他引707次。

（天津大学）

【酶—光偶联人工光合过程研究】 该项目由天津大学姜忠义、石家福、杨冬等完成，获2020年度天津市自然科学一等奖。该项目提出基于表/界面和主体结构协调电子传递与催化反应的方法，从表面、界面和主体层面，揭示原子结构、异质结构和拓扑结构对催化剂能级排布、电子流向和电子密度影响规律，通过提升电子利用度，强化催化反应，实现辅酶高效合成。提出基于限域结构协调分子传递与催化反应的方法。建立微囊膜限域结构设计制备平台，实现仿细胞酶微反应器可控构建，揭示酶－膜互作机制及膜结构对限域传质过程影响规律，通过提升分子扩散速率，强化催化反应，实现CO_2、淀粉等高效转化。与中科院天津工生所等合作，将限域结构生物催化剂应用于生物质等高值转化。提出基于“隔室化－通道化”策略构建酶－光偶联人工光合系统的方法。开发“人工类囊体”酶－光偶联人工光合系统，解析光催化剂与酶/辅酶互作机制，揭示“隔室化”结构提升酶－光兼容性、“通道化”结构强化“三传”机制及质－能耦合关系，实现CO_2高效转化。发表学术论文112篇，8篇代表性论文发表在ACS Nano、Adv. Funct. Mater.、ACS Catal.、Chem. Eng. J.、Green. Chem.、Ind. Eng. Chem. Res.；被德国两院院士Ferdi Schuth等学者和Nat. Chem.等期刊SCI他引1335次；2篇入选ESI高被引；多次被ACS Publications等媒体报道。应邀为Chem. Soc. Rev.撰写专题综述3篇。

（天津大学）

【合成氯乙烯金基无汞催化剂的研发与工业应用】 该项目由南开大学等李伟、薛卫东、刘延财等完成，获2020年度天津市技术发明一等奖。该项目设计研制多个合成装置。提高金活性组分的分散性和抗还原能力，降低催化剂的成本，提高其活性和稳定性。满足工业使用要求。②研究催化剂的失活和再生机制；开发催化剂原位线上再生和线下再生技术，实现催化剂的多次再生和循环使用，降低催化剂的总成本。③与企业合作研究攻克无汞催化剂从实验室、中试、工业化、商业化过程中的各种问题；实现金基无汞催化剂的规模化生产和工业应用。

【复杂网络驱动的群体智能与传播行为决策分析】 该项目由天津理工大学、南开大学夏承遗、陈增强、王震、王娟、王劲松等完成，获2020年度天津市自然科学二等奖。该项日提出基于网络异质性连接特征的演化博弈动力学，以精确刻画群体智能与行为决策的自组织过程，构建多个网络博弈模型，阐明智能决策过程的形成机理。构建网络驱动的群体传播行为决策模式，以定性分析网络环境下的特性和规律。针对公共卫生管理与社会舆情难追踪的问题，以准确预测社交网络信息扩散和群体行为传播的共演化特性。提出考虑群体智能的感染传播及伴随的社交网络信息扩散的耦合动力学模型，揭示耦合网络上行为决策可诱导的传播规模和时空斑图协同演化。

【异种材料连接界面设计与调控】 该项目由天津

大学杨振文、王颖、邸新杰、王东坡完成，获2020年度天津市自然科学二等奖。该项目发现陶瓷－金属钎焊中原位自生微/纳尺度增强相缓解接头残余应力以及竞争调控界面反应模式的新机制，建立陶瓷界面反应层竞争生长的动力学控制方程，实现反应产物种类及其形态的调控，揭示增强相缓解接头残余应力的作用原理，实现多体系陶瓷/金属低应力、高强度钎焊连接。提出复合材料－金属连接界面微观增强结构设计的思想，开发表面预氧化-CNTs生长连接新工艺，实现C/C复合材料表面环形间隙微结构的可控制备，揭示液态钎料在非平直界面的润湿铺展行为与填缝机制，发现物理冶金－机械钉扎复合强化新模式，阐明复合材料－金属异质接头的冶金连接机理。提出超声冲击表面纳米活化低温扩散连接的新方法，揭示超声能场作用下新型轻质高温合金表面纳米晶的形成机制和应力场的分布规律，建立压应力状态下高缺陷密度的多晶界面原子低温互扩散的物理模型，多层面多尺度阐明接头组织在热－力耦合作用下的演变规律及其常温、高温失效机制。项目发表SCI论文82篇，8篇代表性论文SCI他引276次，总他引1100余次。

（天津大学）

【高性能材料的表界面功能构筑及其在环境能源领域的应用基础研究】 该项目由天津工业大学、中国科学院化学研究所、天津理工大学陈莉等完成，获2020年度天津市自然科学二等奖。该项目开展表面工程设计及其特殊性能的构效关系研究，发展和建立基于相转化与自组装构建材料表面微纳结构的新方法，获得超疏水（或亲水）、增透减反射以及高导热效果的高性能材料，阐明通过表界面结构的调控与优化实现材料特异功能的深层次规律。研究成果：①微纳结构表面的构筑及其超浸润性油水分离材料的创制。基于非溶剂诱导相转化和延迟诱导相转化，实现油水混合物的高效精准分离，效率达99%以上。②平整表面的功能构筑及高性能聚偏氟乙烯分离膜的创制。发展两亲性聚偏氟乙烯共聚物的浸没沉淀相转化和氢键自组装途径对分离膜表面进行功能化构建，实现高亲水、抗污染、温度（和光）响应、生物相容等功能的高性能化。③异型表面共形纳米涂层的构筑及热传导材料的创制。首创3-氨丙基三乙氧基硅烷和SiO_2纳米颗粒的逐层自组装策略，实现不规则材料表面构筑共形、厚度均匀的纳米涂层，采用该普适策略构筑的纳米结构减反射薄膜的透过率达94%以上。以柔性密胺网络为三维连续模板，通过自组装固化在密胺表面构建双连续的超弹性石墨烯导热网络，确立连续导热网络的石墨烯密度分布模型，实现石墨烯导热网络取向度和分布密度的精准控制，明确调控复合材料导热性能的影响规律。

（郭建辉）

【高速铁路路基加筋土挡墙力学行为与性能保障技术研究】 该项目是国家自然科学基金面上项目，由中国铁路设计集团有限公司、石家庄铁道大学等吴连海、杨广庆、张青波、王贺、孙宏伟等完成，获2020年度天津市科技进步二等奖。该项目以中国第一座高速铁路加筋土挡墙为研究对象，揭示高速列车循环荷载作用下筋土界面应力传递与摩擦机理，构建土工格栅筋材长期黏弹塑性蠕变计算模型，提出筋材施工损伤、筋材蠕变强度折减系数和列车高频荷载下筋土界面摩擦系数等关键参数，解决高速铁路加筋土挡墙筋土耦合体系技术难题。提出考虑筋材兜提效应的列车荷载在加筋土挡墙中的应力扩散计算模型，揭示挡墙筋材轴向应力分布规律，制定高速铁路加筋土挡墙水平位移和竖向沉降计算方法，开发加筋土挡墙设计计算软件，构建结构装配化施工及质量控制技术。构建高速铁路加筋土挡墙力学行为演化分析多尺度试验体系，提出墙内竖向加速度、水平与竖向动应力分布及衰减模式，制定结构性能保障技术方法。该成果应用于青荣城际铁路、青岛董家口疏港铁路、成昆铁路等。授权国家专利21件（发明专利8件）、软件著作权3项、编制行业标准5部、出版专著1部、发表论文52篇（SCI、EI收录26篇）。经天津市科学技术评价中心组织成果评价，认为成果整体技术达到国际领先水平。

（闻济舟）

【基于超亲水和超疏水的自清洁玻璃关键技术及应用】 该项目由天津城建大学、中国民航大学、石家庄铁道大学、天津市三众工程安装有限公司刘志锋、吴湘锋、李军伟、郭振刚、康建海等完成，获2020年度天津市科技进步二等奖。该项目以玻璃蒙尘纳垢会导致光环境杂乱为研究对象，对自清洁涂层材料设计、构筑、超亲水/超疏水机理及大面积成膜等开展研究。采用离子梯度掺杂，增大可见光响应范围、减少光生电子－空穴对复合，分析其超亲水性机理，构筑具有多重光诱导响应的超亲水 TiO_2 纳米涂层，接触角小于5°，呈现自清洁效果。采用有机模板（PS、PEG、CTAB等）辅助调控种子层外延生长等方法制备具有“类荷叶”结构的ZnO纳米阵列涂层，接触角达160°以上，呈现超疏水自清洁性。研究超亲水和超疏水自清洁膜大面积、简单易操作的涂膜工艺，为自清洁玻璃制备提供“绿色”的新材料和新方法。该项目核心技术在企业得到推广，超亲水和超疏水自清洁材料于2016年实现小规模批量生产，截至2020年3月，三年累计实现利税820.37万元。申请国家发明专利17件，其中授权8件；在国内外期刊上发表研究论文29篇，其中SCI检索27篇；形成研究团队和研究方向，培养8名研究生及多名本科生。

（刘进军）

【钠离子电池关键电极材料与反应机制】 该项目由南开大学陈军、张凯、陶占良等完成，获2020年度高等学校科学研究优秀成果奖（科学技术）自然科学一等奖。项目创新点：①针对钠离子在正极材料体相中运输能力差而导致的动力学缓慢问题，提出功能化碳包覆的纳米核壳结构设计，通过调控材料尺寸和碳包覆层厚度，优化孔隙率和结晶度，构筑离子扩散快、电子传输阻力小的纳米复合电极，实现钠离子电池的快速充放电和稳定循环。②针对金属硫族化合物/碳复合负极在电化学氧化还原过程中的难题，提出电压诱导下的电化学反应精准调控方法。通过微纳结构设计，提升钠离子传输速率；采用醚类电解液，减小钠离子嵌入势垒；探索转化反应与插嵌反应中的电压/能效关联规律，实现晶体结构中钠离子快速扩散，构筑具有高稳定性和超快钠离子输运能力的廉价电极材料。③针对无机电极材料比容量不足和有机电极材料易溶解于电解液的难题，提出“无机/有机杂化”策略构筑对称钠离子电池，通过无机/有机杂化理论，利用离域π键，设计合成具有纳米结构的无机/有机杂化材料，将弱极性分子成盐转变为强极性离子化合物，抑制电极材料在电解液中的溶解，提升电化学反应稳定性。获授权中国发明专利6件。

（李海霞）

【柔性导电支架的通用电极设计助力高耐久性锂硫电池】 河北工业大学张永光、刘桂华、梁春永合作开发一种既可用于硫正极也可用于锂金属负极的通用型柔性电极，该电极是由三维多孔碳纤维导电支架嵌入超细双金属CoNi颗粒和二元金属掺杂Co/Ni-N活性位点组成（CoNi@PNCFs）。实验结果和DFT模拟计算表明，作为硫正极载体时，双金属CoNi纳米颗粒和分散的Co/Ni双活性位点具有强烈的化学吸附作用，促进催化多硫化物的动力学转化过程。作为锂负极载体时，亲锂性的多孔碳纤维和多个活性中心构成三维导电骨架结构，可诱导均匀的Li形核/生长，实现无枝晶的Li金属负极。由S/CoNi@PNCFs正极和Li/CoNi@PNCFs负极组装而成的锂硫全电池可实现在5C倍率下的高初始可逆比容量（785mAh·g^{-1}）和卓越的高倍率长循环性能（循环超过1500次，每循环容量衰减率为0.016%）。在实际应用方面，所制备的柔性锂硫软包电池展现出优异的循环性能，在折叠、卷曲等条件下可为可穿戴的电子手表供电，表明该通用型电极在高能量密度柔性储能设备中具有巨大潜力。成果All-purpose Electrode Design of Flexible Conductive Scaffold towards High-permanence Li-S Batteries作

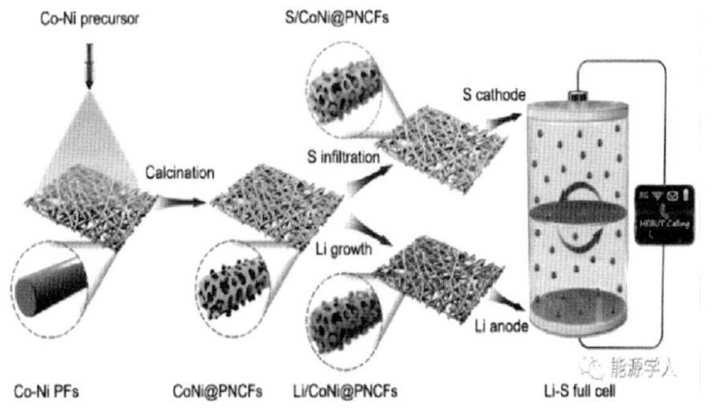

图3 通用型系统电极

为封面发表在《先进功能材料》(Advanced Functional Materials)，该论文的第一作者为河北工业大学贺禹森、李明君。

(王媛媛)

【面向环己烷氧化的纳米氧化物负载钛基电催化膜反应器构建及催化协同机制】 该项目是国家自然科学基金面上项目，由天津工业大学李建新等完成，2020年4月结题。该项目以微孔钛膜为基膜，分别采用溶胶－凝胶法、电沉积以及H_2还原等方法分别成果制备三维纳米V_2O_5/Ti、MnOX/Ti、γ-MnO_2/Ti、r-V_2O_5电催化膜电极。通过构建环己烷－水－溶剂（乙醇/乙腈/乙酸/丙酸/丙酮等）三元相图，探索溶剂体系以及催化剂种类对电催化氧化环己烷的影响规律。设计、构建五十级电催化膜反应器（ECMR)，通过实验和理论计算模拟、反应动力学等探究反应－分离协同作用机制研究。研究成果：①通过溶胶－凝胶法制备MnOX/Ti膜电极，构建ECMR，探索环己烷－水－溶剂三元反应体系的相容性。②采用溶胶凝胶法，通过调控偏钒酸铵和酒石酸的比例，制备出纳米棒、片、球三种形貌膜电极。③通过H_2还原法在350℃下对电沉积法制备的V_2O_5NRs/Ti处理，构筑具有氧空位缺陷的r-V_2O_5NRs/Ti膜电极。构建的ECMR环己烷转化率高达55.5%，KA油选择性高于99%。④以r-V_2O_5NRs/Ti膜电极为工作电极，过硫酸钠为电解质时，单级ECMR环己烷转化率高达62.73%，环己醇/酮总选择性为99%，己二酸的选择性为28.0%，实现从环己烷催化氧化制备己二酸的目标。⑤以r-V_2O_5NRs/Ti膜电极构建五十级ECMR，ECMR环己烷转化率为95%。

(郭建辉)

【疏水电荷诱导亲和膜表面功能层的系统协同构建】 该项目是国家自然科学基金面上项目，由天津工业大学孟建强等完成，2020年4月结题。该项目利用微孔膜的对流传质和大孔结构的优势，开发一类基于混合作用模式的新型亲和膜，发展抗体高效纯化的新方法，拓展膜材料在生物分离上的应用。该项目发展多组分反应和超支化修饰两种膜表面修饰的方法：通过多组分反应，一步法实现离子交换基团和疏水基团在膜表面的固载，制备两种基团均匀分布的混合模式吸附膜；用超支化接枝将兼具离子交换和疏水相互作用的疏水电荷诱导配基（HCIC）接枝到膜表面，使配基在接枝层表面富集。将上述两种方法用于抗污染膜和脱硼吸附膜的制备。借助石英电子天平和表面等离子体共振两种手段表征配体和目标抗体蛋白的相互作用，实现对配体的优选，在优化接枝方法和配体基础上制备高容量的混合模式吸附膜。针对动态吸附载量和抗体回收率，改变洗脱盐种类、浓度、pH值、流速，优化层析效果。

(郭建辉)

【基于膜清洗响应的膜表面智能改性设计】 该项目是国家自然科学基金面上项目，由天津工业大学吕晓龙等完成，2020年4月结题。该项目针对水体中膜污染物通常具有疏水亲油性的特点，构建具有化学响应的亲水性表面，采用两步酰胺化反应引入疏油性的全氟烷基，通过控制全氟烷基的接枝率，使其均匀、不连续地排布在膜表面，在膜表面形成均匀、非连续的疏水“氟岛”结构。通过亲水结构和疏油结构的协同增效作用提高膜表面的抗污染性能，利用pH响应性分子的化学脉冲作用，使响应性分子链发生溶胀伸展变化，破坏污染层的完整性，以便污染物在料液剪切力的作用下从膜表面洗脱，提高膜的清洗效率。比较常规亲水改性膜与“氟岛”改性膜的耐油污染性，结果表明，经双疏“氟岛”改性后的膜稳定通量由相比亲水膜提高约67%。

(郭建辉)

【木质纤维超微结构的生物与化学修复以及其对纤维形变性能的响应机制研究】 该项目是国家自然科学基金项目，由天津科技大学张红杰等完成，2020年12月结题。该项目采用固定化生物酶和化学试剂协调修复木质纤维细胞壁结构，对成分含量与分布进行可控操作，调整基团与电荷特性；运用先进仪器和手段，探明木质纤维超微结构、化学组成与纤维性能，构建适用于高得率浆纤维的形变性能评价体系；通过数学模型分析揭示木质纤维细胞壁超微结构对其形变性能的响应机理，从纤维形变性角度提出纤维网络的松厚度与结合性能调控机制；通过回填经改性的高得率浆细小组分，剖析纤维形变性与其结合性能和松厚度的构效关系。研究成果支撑木质纤维解构工艺理论发展，为生产高性能纤维扩大在更多纸种及其他纤维材料领域中的高值化应用提供理论基础和技术依据。（李丽娜）

【木质纤维原料甲酸水解制备纳米纤维素的反应机制及其对纳米复合膜性能调控研究】 该项目是天津市自然科学基金项目，由天津科技大学司传领等完成，2020年12月结题。该项目研究以木质纤维素为原料，采用温和、绿色、可持续的方法制备疏水性纳米纤维素将其用于增强PLA食品包装膜为指标，构建甲酸水解法制备纳米纤维素体系，开发适合生产纳米纤维素/PLA复合膜的工艺技术路线。该项目采用可回收的有机酸水解纤维素原料高效制备纳米纤维素，反应后的有机酸可高效回收，避免传统无机酸难处理且污染环境的问题。纳米纤维素的粒径和表面性质可调控，无需改性即可稳定分散在有机溶剂中。该项目基于甲酸水解法制备的纳米纤维素，开发适合生产纳米纤维素/PLA复合膜的工艺技术路线，解决当前PLA结晶能力差、机械强度低、玻璃化转化温度低等问题。在国内期刊发表论文2篇，国外期刊发表10篇，三大检索系统收录10篇。获国家发明专利3件，培养博士后1人、硕士研究生1人。

（李丽娜）

【石墨烯分离膜微纳结构精密调控与分离性能】 该项目是天津市科技创新体系及平台建设计划项目，由天津工业大学省部共建分离膜与膜过程国家重点实验室刘少敏等完成，2020年5月通过北方技术交易市场组织的专家验收。该项目利用石墨烯单原子层厚度的特点来制备超薄分离膜，降低膜厚和传质阻力，提高物质分子的渗透通量。通过对石墨烯在溶液中的单层性、孔结构、尺寸大小、电荷性质以及氧化还原性能等进行调控和优化，对石墨烯剥离方法方面进行研究，制备出非对称中空纤维负载氧化石墨烯气体分离膜和用于水处理的氧化石墨烯水凝胶膜（GOHM）、N掺杂石墨烯膜（NGA）以及MnO_2负载的氮掺杂石墨烯膜，通过多种方法对石墨烯膜结构和性能进行调控和优化。项目研究石墨烯膜的分离过程机理，为石墨烯膜分离和膜反应器领域的发展提供理论参考。发表SCI论文8篇，申请发明专利2件，培养硕士研究生10人。引进国家海外高层次人才1人、天津市千人计划1人，入选改革开放四十年纺织行业突出贡献人物1人，晋升正高级职称2人，晋升副高级职称1人。

（郭建辉）

【一种双面防护无机复合保温材料的研发】 该项目由天津市建筑材料科学研究院有限公司、天津天盈新型建材有限公司杨倩、王建恒、滕藤等完成，2020年11月通过市科技局验收。该项目中制备的气凝胶粉体导热系数能达到0.0163W/（m·K），最低密度能降至76kg/m^3，比表面积944.8m^2/g；气凝胶毡导热系数0.0170W/（m·K），燃烧等级A2级，其性能指标与国外同类产品相近，保温隔热性能优于现有建筑保温材料。项目成果申报的发明专利“一种复层气凝胶纤维毡及其湿法复合制备方法”和实用新型专利“一种外墙外保温气凝胶保温装饰一体化板”已获授权。该项目中所制备得到的气凝胶与无机纤维材料复合后作为双面防护板材的芯材，实现保温材料的轻质化、低导热系数等性能，满足四部节能75%节能标准，多层建筑保温层厚度应为36mm，高层建筑保温层厚度应为42mm。该项目自主研发气凝胶复合保温材料可以用于建筑保温、管道及设备保温等。

（杨　倩）

环境科学

【基于3S维度的生物质固废清洁高效燃气能源化关键技术及应用】 该项目由天津大学、北京化工大学等陈冠益、李秀金、侯立安、王黎、郑朝晖等完成，获2020年度国家科技进步二等奖。主要创新点：①首创基于3S维度的气化焦油、气化残渣、发酵沼渣的二次协同气化技术，发现焦油在二次气化中的逾渗效应，制造29套国际领先的专用气化装备。②独创反向设计方法，研发设计算法和软件，实现关键参数在更高自由度下优化。③创立沼液回流水解酸化与固态化学改性新方法，探明化学与生物改性促进生物质大分子解构机制，建立近同步高固梯级厌氧发酵新工艺，实现高效清洁厌氧发酵。获授权发明专利46项，PCT国际专利3项，编制标准3项；第一完成人SCI论文143篇，主编专著8部，登记软件5项；获环境保护科学技术奖和天津市技术发明奖等省部级一等奖5项。（天津大学）

【典型区土壤污染诊断及修复植物的响应机制】 该项目由南开大学等周启星、孙约兵、胡献刚等完成，获2020年度天津市自然科学特等奖。该项目阐明中国北方典型工业化城市土壤重金属污染时空分布特征与发生机制，对无公害蔬菜基地残留的抗生素污染进行系统分析与定量诊断，为土壤污染诊断与溯源提供科学样板。对城市不同功能区土壤重金属污染及其生态风险与健康效应做评价，实现从重金属到新型污染物土壤污染的快速与多维度精准诊断。阐明多种植物对污染胁迫的生理学响应、生长响应与超积累响应规律，揭示污染物在修复植物体内各组织发生不同交互作用的吸收与转运响应机制。

【生物脱氮颗粒污泥快速形成机制与调控策略基础研究】 该项目由天津城建大学郭建博、宋圆圆、李海波等完成，获2020年度天津市自然科学三等奖。该项目通过半饥饿波动及水力扰动，快速形成反硝化颗粒污泥，解析颗粒污泥形成过程中EPS和信号分子特征，基于群体感应理论，揭示半饥饿波动和水力扰动下胞外聚合物动态调控反硝化颗粒污泥形成机制；基于微生物的种间互营及群体感应现象，采用高氯酸盐颗粒污泥作为接种污泥快速启动厌氧氨氧化反应器，通过考察EPS及AHLs的变化特性，阐明种间互营介导群体感应调控厌氧氨氧化污泥快速富集及其增强脱氮性能的机制；利用电子穿梭效应可强化电子供体与受体间电子传递的特性，将醌类物质作为电子穿梭体引入生物脱氮电子传递链，以强化脱氮速率，通过“电子传递位点应答”及循环伏安特性试验，阐明其加速电子传递作用位点及强化生物脱氮机理；通过解析UASB脱氮性能识别关键运行参数，运用动力学模型建立颗粒污泥脱氮过程的物质迁移转化规律，根据颗粒污泥中金属元素、功能菌群、胞外聚合物变化规律，阐明反硝化颗粒污泥形成机制。发表论文21篇（SCI论文15篇），8篇主要论文SCI他引总数50次培养硕士研究生9人。第一完成人获天津市高校“学科领军人才”、天津市高校创新团队负责人、天津市建设领域科技专家库专家。（刘进军）

【异味污染的感官表征方法及暴露效应关系研究】 该项目由天津市生态环境科学研究院李伟芳、李佳音、杨伟华等完成，2020年4月结题。该项目开展异味感官表征方法、异味源干扰潜力评估模型和异味污染暴露风险评价研究。研究成果：①针对单因子异味评估方法存在的问题，将气味品质、愉悦度、干扰潜力等指标引入异味评价，建立愉悦度等级划分方法及测定方法，建立适合中国国情的环境异味描述专用词汇和气味轮图，完善异味感官评价指标及方法体系；②解析18种典型异味物质和9种污染源的气味浓度、强度和愉悦度之间的关系，建立异味干扰潜力计算模型，为异味源的分类及优控源识别提供方法依据；③建立现场嗅辨监测方法获得异味暴露特征，建立社会学调查方法获得周边居民所受异味的影响，以卷烟厂、污水处理厂及垃圾填埋厂等典型异味源为案例，分析不同异味源暴露与人群烦恼度之间的关系，为异味影响标准及控制目标的制定提供科学依据；④建立基于源（S）途径（P）受体（R）完整链的异味风险诊断方法，根据三者之间的不同组合确定对应的风险等级，以卷烟厂、污水处理厂及垃圾填埋为例，根据等级矩阵分析法确定不同环境敏感点风险等级，为异味影响评估及土地规划利用等提供科学指导。研究成果发表论文22篇（其中SCI2篇，EI4篇，中文核心论文16篇），出版专著1部，暴露评估技术在为政府及企业的管理与技术服务中得到应用。（李伟芳）

农业科学

【水稻ABA快速合成调控新机制】 南开大学生命科学学院陈喜文、陈德富课题组在《新植物学家》（New phytologist）发表水稻β-葡糖苷酶Os3BGlu6影响植株内源ABA库，在植物抗旱性和光合作用中发挥重要作用的论文。该课题组研究发现水稻的β-葡糖苷酶Os3BGlu6通过影响植株体内的ABA库，在植物的抗旱性和光合作用中发挥作用。水稻bglu6突变体具有植株矮小的表型，叶片ABA含量低，GA3含量正常，喷洒ABA能部分恢复其矮小表型，其回复株系的表型也得到恢复。Os3BGlu6可特异性水解外源ABA-GE产生ABA。bglu6突变体表现出干旱敏感的表型，回复和过表达植株则表现出与野生型相似或较强的抗旱性，其抗旱性的表型也与生理指标Fv:Fm、RWC、H_2O_2和O_2^-染色相对应。Os3BGlu6对抗旱性的作用主要通过提高β-葡糖苷酶活性、增加体内ABA含量、诱导蛋白形成二聚体来增加酶活性等机制来实现。bglu6缺失突变体叶片的气孔密度增加、气孔开度增大。基因的缺失导致植株即使在正常条件下产生氧化逆境，导致光合能力下降。论文首次证实叶绿体定位的Os3BGlu6蛋白可显著影响细胞内ABA库，影响植株的抗旱性与光合能力。是水稻中第一个被鉴定在ABA循环中起作用的β-葡萄糖苷酶，其独特的叶绿体定位赋予其影响气孔密度和光合作用的功能。为认识水稻ABA动态调节的新机制提供基础，为作物的抗旱和高产育种实践提供新思路。该研究得到国家自然科学基金、天津市水稻产业技术体系创新项目和天津市自然科学基金重点项目等项目的资助。

（吝春红）

【水稻中tRNA衍生的小RNA及其靶基因的系统鉴定和功能研究】 该项目是国家自然科学基金面上项目，由天津师范大学马轩等完成，2020年12月结题。该项目采用生物信息学、高通量测序、分子生物学和水稻转基因等技术方法，揭示组织特异性表达的和受非生物胁迫诱导的tRFs及其靶基因；研究tRFs与其靶基因调控失衡对水稻生长发育的影响。该研究前期对水稻小RNA测序数据的分析揭示出tRFs表达谱具有动态变化的特征，通过对降解组数据的分析鉴定到tRFs的靶基因。绘制精细tRFs时空表达谱，鉴定受胁迫诱导的tRFs及其靶基因，在功能上阐明tRFs与靶基因调控在水稻生长发育和抗逆境胁迫中的作用。

（天津师范大学）

【茉莉酸途径调控植物抵御烟粉虱传播TYLCV机制及应用】 该项目是天津市应用基础与前沿技术研究计划重点项目，由天津市农业科学院植物保护研究所刘佰明等完成，2020年4月结题。该项目明确外源喷施茉莉酸（JA）可显著降低MED烟粉虱在番茄苗（中杂9号）上传播番茄黄化曲叶病毒（TYLCV）的效率，利用EPG技术阐明外源JA抑制烟粉虱传播TYLCV的取食行为机制，明确JA可抑制与烟粉虱传播持久性植物病毒密切先关的韧皮部唾液分泌和吸食行为。通过生物信息学手段在公开的烟粉虱转录组中找到10个取食行为相关的基因，明确4个关键取食行为控制基因，与烟粉虱解毒酶和能量代谢相关，经荧光定量PCR研究发现JA和TYLCV对这些基因的表达量有影响。通过3年田间试验，研发植物免疫激活和新型杀虫剂取食阻断协调应用的“内御外阻”型防控技术。研究结果丰富传毒昆虫－植物－病毒互作理论，为绿色防控番茄上烟粉虱及其传播的TYLCV奠定基础。发表科技论文4篇，其中SCI论文2篇，申请发明专利2件，与天津师范大学联合培养硕士研究生1名。

（刘晓琳）

【牛肌肉发育分化过程中关键lncRNA功能及其调控机制研究】 该项目是国家自然科学基金面上项目，由天津农学院郭宏、刘新峰、李新等完成，2020年4月结项。该项目分析前期获得的3个不同时期的肌肉样品RNA-seq数据和多种非肌肉组织的DEG数据，筛选验证10条与肌肉发生密切相关的lncRNA，对其中的lncKBTBD10、lnc23、lncYYW进行功能验证和调控机制研究。lnc23、lncYYW、lncKBTBD10等3条lncRNAs对牛成肌细胞的增殖和分化具有调控作用。lncKBTBD10可抑制牛骨骼肌卫星细胞的增殖和分化进程，可调控其临近基因KBTBD10的蛋白质表达水平。利用蛋白组学和RNA pulldown/LC-MS技术获得140个lnc23的潜在结合蛋白，利用RIP技术获得lnc23的结合靶标蛋白PFN1，初步证实lnc23能以与PFN1直接结合的方式促进small GTPase Rho

家族成员RhoA和Rac1的表达，正调控成肌分化过程。利用RNA测序技术筛选lnc23抑制表达模型中的差异RNAs，获得115个差异miRNAs和1297个mRNA。经证实miR135a是lnc23的功能靶标，若miR135a表达下调可显著促进其下游靶基因MEOX1的表达，抑制骨骼肌卫星细胞的分化。通过RACE技术获得其732bp的全长序列，构建lncYYW的过表达模型，发现其可负调控牛骨骼肌卫星细胞的分化过程，通过小RNA测序和qRT-PCR技术筛选验证lncYYW潜在互作的靶标因子miR1。通过表达lncYYW后，miR1的靶基因SFRP1和SRSF9有显著上调的趋势。参与细胞骨架通路中miR-1的靶基因FN1和miR-1预测的靶基因ITGB3在mRNA水平显著下调，提示lncYYW可能通过下调miR-1靶基因的表达抑制牛骨骼肌卫星细胞分化。培养研究生5人，申报专利1件，发表SCI论文3篇、中文核心期刊论文3篇。

（张　茜）

【乳脂肪球膜结构及再构建行为与牛乳体系中脂肪稳定性的相关性研究】 该项目是国家自然科学基金项目，由天津科技大学于景华等完成，2020年12月结题。该项目研究原料乳中MFGM蛋白组成和MFGM结构研究，分析不同均质（均质压力和预热温度）和热处理条件下脂肪稳定性的变化机制。确定富含MFGM组分的副产物来源，探究MFGM蛋白的分离纯化工艺，优化工艺参数。将MFGM蛋白和酪蛋白酸钠分别添加到婴儿配方奶粉和高油乳清粉中，研究得出对于原始MFGM共鉴定出794种MFGM蛋白，其中主要蛋白为PAS6/7和BTN。在多种MFGM蛋白中，BTN、PAS6/7、XO和ADPH与膜结合力强，FABP和CD36在膜上呈复合物形式存在。在预热温度60℃、均质压力40MPa时的MFGM表面蛋白含量最高，其中吸附在MFGM表面的酪蛋白胶束含量最少，通过二硫键等作用力与MFGM表面结合的蛋白质含量最高，结合较稳定。在MFGM重建的过程中，MUC1、XO、PASIV、BTN、PAS6/7蛋白与再构建的MFGM结合松散，CD36和FABP的结合稳定。其中FABP、PAS6/7、MUC1有热不稳定性，温度升高后蛋白质之间的结合力减弱；CD36随着预热温度的升高结合作用力更加稳定。黄油乳清是分离完整MFGM蛋白产品的最佳来源，适合作为富含PAS 6/7和PP3的MFGM蛋白产品。利用酸沉（HCl）酪蛋白、热钙处理和超滤（100 kDa）的综合方法可从黄油乳清中获得较高纯度的MFGM蛋白。在婴儿配方奶粉和高油乳清粉中分别添加MFGM蛋白和酪蛋白酸钠，可以通过降低脂肪球粒径的方式，提高脂肪体系稳定性。

（李丽娜）

高新技术及产业化

概　况

【战略性新兴产业】 天津市工业战略性新兴产业增加值占全市规模以上工业增加值比重为26.1%，其中新一代信息技术、高端装备、新材料、生物四大产业占比70%；新能源汽车及新能源产业增加值增速分别为11.2%及35.4%。一是智能制造产业，实施天河三号百亿亿次超级计算机、软件定义互连芯片等重大科技研发转化项目；建设长城整机二期项目、国家先进计算产业创新中心、国家计算机病毒应急处理中心、360总部等项目；制造芯片用8-12英寸半导体硅片。培育天津市工业大数据应用创新中心；建立中新天津生态城北方大数据交易中心；推动腾讯IDC数据中心落地；建立"讯飞人工智能开发者平台"；依托天津（滨海）人工智能军民融合创新中心开展人工智能和无人系统领域研究。发展智能安防、智能医疗、智能政务、智能教育、智能物流等创新应用场景；建设滨海新区工业互联网创新服务中心；天津合尔科技有限公司、腾讯游戏等企业延展新业态和新项目。二是生物医药战略性新兴产业，申报京津冀生命健康先进制造集群，推进生物医药创新中心、国家生物医药国际创新园、华熙生物透明质酸钠、杰科生物医药研发和生产基地等重大项目建设，建设国际疫苗产业园引进疫苗上下游配套产业，国家明确支持国家医疗器械技术审评分中心项目落地，成立智云慢病大数据中心。三是产业跨界融合和前沿技术，支持锂离子电池等动力电池产业，培育氢能等新兴领域；建设新能源（储能电池）国家新型工业化产业示范基地，培育天津市锂离子电池创新中心；建成2座加氢站，推动叉车、物流车、通勤车示范应用；建设氢气管网规划，布局氢能燃料电池研发制造。四是新一代信息技术、生物医药、高端装备等产业，推动天津中环半导体股份有限公司、天津膜天膜科技股份有限公司、天津三环乐喜新材料有限公司等龙头企业发展；提高国家纳米技术与工程研究院、天津石墨烯创新中心等科研机构研发水平；建设中环高端半导体产业园、PPG涂料全球研发中心等重大项目；引导临港渤化产业基地填平补齐，向新材料产业转型。五是中欧航空产业战略合作，建设集飞机生产、维修、改装、交付和服务为一体的空客亚洲中心；实施A320NEO项目，推进A330宽体机项目；推动庞巴迪公务机维修、波音客改货项目等航空维修项目；扩大中国天津国际直升机博览会举办规模；推动新一代运载火箭产业园建设，实现长征五号、长征七号系列化生产；推进天津航天城、大型航天器研制生产测试、鸿雁通信卫星星座等重点项目建设。六是海洋油气钻采平台、高档数控机床、工业机器人等领域，打造以一飞智控、深之蓝、云圣智能等为代表的智能无人装备产业集群；海洋石油工程股份有限公司建设海洋石油工程建造、维修、检测和特种设备装备基地，天津博迈科海洋工程有限公司建设深海油气核心模块制造基地，太重（天津）滨海重型机械有限公司建设自升式、半潜式钻井平台基地，国家海洋局建设海水淡化与综合利用产业化基地；开展干线铁路电力机车、电动车组和城市轨道交通装备及其零部件的研发、制造、检修、销售及售后服务。

（李　晶）

信息技术

【软件和信息服务业】 天津市软件和信息技术服务业实现收入2287亿元，同比增长17%。曙光信息产业股份有限公司、天地伟业技术有限公司入选2019年中国软件业务收入前百家企业；近20家单位入选2020天津市民营企业科技创新百强；曙光信息产业股份有限公司、麒麟软件有限公司、天津南大通用数据技术股份有限公司、天津神舟通用数据技术有限公司入围中国“2020先进计算百强榜”。以基础软件、集成电路、网络安全、应用软件、外设终端等领域为基础，编制信创产业图谱；成立信创工委会、信创产业（人才）联盟和信息安全产业集群促进中心等行业组织，举办10余场信创专题撮合对接活动和30余场系列活动，向20余位信创企业代表发放滨海新区高层次人才服务证。举办中国（天津）工业APP创新应用大赛暨全国第三届工业APP大赛，其中格创东智（天津）科技有限公司获一等奖，获奖比例达到27%。8家企业入选2019年工业互联网APP优秀解决方案。10家企业入选2020年国家级大数据产业发展试点示范项目。“天津海尔洗衣机工厂集成创新”等4个项目入选工信部工业互联网试点示范项目，“高端包装装备个性化定制应用案例”等2个案例入选工信部2019年工业互联网平台创新应用案例名单。市工信局联合税务局、行业协会等相关单位开展一对一服务，为49家软件企业减免所得税4.3亿元。麒麟软件有限公司总部落户天津，发布麒麟软件“遨天”行动计划，创建基础软件创新中心。建设腾讯IDC数据中心、北斗导航北方总部基地、中科曙光天津产业二期等项目，麒麟飞腾创新大厦、电子芯片研发平台、中电创新园等近百亿的项目开建。天津市成为全国首批（全国共9个）DCMM（数据管理能力成熟度评估模型）评估试点地区之一，中汽数据（天津）有限公司和贝壳技术有限公司入选全国首批（全国共6个）贯标示范企业。天地伟业技术有限公司获CMMI-DEV2.0 ML5国际软件证书。成立先进操作系统创新中心（天津）有限公司，构建以操作系统为核心的国产基础软硬件产业生态。

（赵　琦）

【集成电路产业】　天津市从事集成电路产业的企业总量为113家，集成电路行业销售额人均产值近200万元，集成电路行业销售额为197.61亿，较2019年增长32.00%。集成电路三业销售额为180.61亿元，较2019年增长31.48%，其中设计业为57.77亿元，较2019年增长117.26%；芯片制造业为35.25亿元，较2019年增长23.81%；封测业为87.59亿元，较2019年增长6.41%。材料装备等支撑企业为17.00亿元，较2019年增长37.88%。天津市集成电路产业按产业细分销售额分布，其中设计占比29.23%，芯片制造占比17.84%，封测占比44.32%，材料装备占比8.60%。天津市支持集成电路产业重点项目建设，对2019年度获批国家“核高基”和“芯火”双创基地（平台）项目，按实际获得国家支持金额给予等额资金支持，每个项目最高3000万元。对2019年度工信部批复的未要求地方配套的集成电路领域重大项目，按实际获得国家支持金额给予等额资金支持，每个项目最高1000万元。支持集成电路设计企业开展工程产品流片，对上一年度集成电路设计企业按照MPW（多项目晶圆）加工费60%，首次工程批流片加工费（IP授权费、掩膜版费、测试化验加工费）20%给予支持，奖励资金用于企业研发投入。

（王瑞霞）

【南开大学软件学院】　该学院承担科研课题30项，总经费4852.02万元。张玉志主持国家重点研发计划项目智能软件平台研制，总经费4102万元；朱先忠获批国家重点研发计划子课题1项和天津市重点研发计划1项。参与国家重点研发计划课题1项，国家自然科学基金面上项目1项、青年项目4项，横向项目17项；新增课题15项，新增经费395.04万元；到账经费1133.225万元。发表国际会议或期刊论文43篇，其中SCI/EI38篇；许可专利11件。

（李正丹）

【南开大学统计与数据科学学院】　2020年2月，该学院黄森忠团队通过程序EpiSIX，分析新冠病毒肺炎疫情有关数据，向国家和天津市有关部门报送研判报告。5月，该学院胡刚联合中国医学科学院阜外医院、宾夕法尼亚大学生物统计系、北京生命科学研究所、清华大学生物医学交叉研究院等团队合作在《循环》(Circulation)在线发表“Single-Cell RNA Sequencing to Dissect the Immunological Network of Autoimmune Myocarditis”。10月12日，举办“通信的数学基础”研讨班，中国科学院院士、南开大学统计与数据科学学院院长马志明主持，中国科学院、山东大学、太原理工大学、南京航空航天大学等专家及代表参加，研讨会针对华为提出的“在后香农时代，面向数学的十大挑战问题”与通信的数学基础内容开展研讨。10月17日，举办“南开统计学科建设研讨会暨学科育人工作论坛”，探讨南开统计学科的发展建设及统计学相关学科育人工作现状，倡议成立“双一流”高校统计学相关学科“学科育人”工作联席会。

（赵斯达）

【天河E级关键技术验证系统重大应用与创新】 该项目由国家超级计算天津中心等冯景华、孟祥飞、张文喆等完成，获2020年度天津市科技进步特等奖。该项目构建高效高精度超大规模应用支撑环境，保证天河E级验证系统的超级计算应用具有良好的浮点计算可靠性、浮点性能、可扩展性和负载平衡率，研发多项技术，为新一代E级超级计算机的技术选型、基础指标与应用分析提供技术支撑，实现基于云化和业务流化融合技术支撑的超算一体化应用环境。

【软件安全漏洞检测关键技术研究及应用】 该项目由天津大学、天津普泰国信科技有限公司、中国科学院信息工程研究所、国家电网有限公司客户服务中心李晓红、孙贞文、刘旭生、陈恺、谢肖飞等完成，获2020年度天津市科技进步一等奖。建立一套通用的安全漏洞检测平台，提出一套结合静态分析、动态测试以及大数据分析的漏洞检测方法。针对传统程序分析以及应用中循环处理这一难题进行研究，验证程序并检测漏洞；针对浏览器的安全性和JS引擎进行研究，提出自动化的测试技术以发现漏洞；提出基于机器学习方法的移动恶意软件排查，提高小样本识别能力；提出基于敏感数据泄露相关的漏洞基准，利用数据流分析和敏感数据自动化标签技术的漏洞检测技术。发表论文80余篇，其中中国计算机学会（CCF）规定的A类会议论文12篇；有关循环总结的论文获ACMSIGSOFT杰出论文，被评为ISSTA十年最具影响力报告提及并引用。授权国家发明专利21项，软件著作权50项，获批国家标准或行业标准8项，开发软件漏洞检测工具平台1套。

（天津大学）

【食品和饮水中污染物快速检测技术与智能化装备创新及应用】 该项目由军事科学院军事医学研究院环境医学与作业医学研究所等高志贤、关亚风、李攻科等完成，获2020年度天津市科技进步一等奖。该项目创建高富集、低消耗的样品前处理新技术，开发8种新技术，研制12种新材料，实现痕量/超痕量组分分离富集。创制系列检测新技术，建立淘筛新模式，创制8种纳米抗体。创制快速检测智能化便携式装备和饮用水源监测预警体系。实现天津市饮用水源三级监测预警。

【深度感知边缘智能服务关键技术研究与应用】 该项目由天津市中环电子计算机有限公司、天津大学张文博、肖海民、周洪芸、毛雪冬等完成，获2020年度天津市科技进步二等奖。提出深度学习的混合时空显著性特征提取框架，采用多个连续的帧作为输入，利用深度学习模型从原始视频数据中提取高级特征，与其他高级特征进行融合，同时考虑空间特征和时间特征。提出一种基于深度神经网络的融合网络模块，将多种特征表示融合，获得更好的语音情感分类结果。混合网络框架从异构语音特征组中发现更具区分力的特征表示，消除冗余和无关的信息。采用自顶向下和自底向上相结合的处理方法，提出双向刺激模型，在全局敏感性和局部异常的条件下，在兴奋性建模中提取中层特征，弥补特征空间与高级感知空间之间的差距，实现对视频内容情感分析的功能。该项目研发的融合深度感知功能的边缘智能服务器，可支持多种处理器和操作系统，根据客户需求实现柔性配置，用于工业现场高可靠性设计，具备高运算逻辑性能，边缘侧数据处理与分析能力强，在不同应用场景部署中可形成更简单的架构和更灵敏的系统。集成较强的计算能力，可融合更多的AI开发框架。产品和服务广泛应用在金融自助、轨道交通、智慧商超、工业自动化等行业。

（丁亚争）

【伞降系统智能地面站】 该项目由南开大学等孙青林、韩晋阳、贾洪琛等完成，获2020年度天津市科技进步二等奖。该项目提出一种圆形降落伞系统的落点预测方法，通过建立动力学模型，分析降落伞负载摆动对飞行轨迹的影响，实现精确落点预

高新技术及产业化

测。提出一种翼伞系统的智能轨迹规划方法，提高规划轨迹的可靠性与真实性，实现翼伞系统的精确归航。设计一种基于上层实时风场数据预测风场纵向分布的方法，便于对空中伞端系统提供数据支持。

【端管云一体化协同认知的工业物联网态势安全关键技术及应用】 该项目由天津大学、中国科学院信息工程研究所、国家信息中心、西安交通大学等许光全、孙利民、刘蓓、沈超、肖新光等完成，获2020年度高等学校科学研究优秀成果奖科学技术进步二等奖。该项目提出AI能力分层的端管云协同物联网安全可信体系架构，解决工业物联网安全保障体系不够完善、协同认知能力差和智能化程度低的问题。提出内生安全防御的物联网感知终端深度防御技术，解决现有物联网终端安全管控能力薄弱的问题。威胁事件识别率达到85%以上，报告威胁事件1000余次。提出基于深度自学习的物联网“黑盒”态势纵横感知技术，解决传统的基于威胁情报进行威胁识别能力失效的问题。安全态势感知、故障诊断及预测等准确率达95%以上。提出跨链融合的异构IoT云数据汇聚安全保障技术，解决工业物联网大数据的分类分级保护以及审计和流动追溯等问题。提升态势感知数据的可信可管可控可用能力。研制端管云一体化协同认知的工业物联网系统态势安全管控平台。项目成果应用取得经济效益近32亿元。申请发明专利45件，授权28件，获软件著作权36件，制定国标3项、公安行标1项。发表论文116篇，其中SCI80篇、EI54篇。

（天津大学）

【汽车信息安全关键技术研究及应用】 该项目由中国汽车技术研究中心有限公司、中汽数据（天津）有限公司吴志新、郑继虎、张亚楠、陈平、马超等完成，获2020年度中汽中心科技成果奖。该项目构建首个汽车漏洞数据库——中国汽车行业专用漏洞数据库（CAVD），开展汽车漏洞统一收集、通报、处置等工作，与工信部“网络安全威胁信息共享平台”、国家信息安全漏洞库（CNNVD）等国家级漏洞平台进行数据共享。漏洞搜集、防护安全体系在上汽、恒大等车企落地，支撑《汽车信息安全应急响应规范》国家标准制定，在江淮等企业进行应用。以漏洞数据作为驱动研发汽车入侵检测系统、车载软件检测工具、汽车无线检测工具等10余款安全工具，形成完整汽车信息安全检测工具链。成立中国汽车信息安全共享与分析中心（C-Auto-ISAC），覆盖主机厂、零部件、服务商近20家，联系RDW、VDA、ISO等国际组织，参与国际法规论坛、标准制定。该项目完成近37项商业项目，产值超2000万，牵头编制《车载信息交互系统信息安全技术要求及试验方法》《汽车通用信息安全技术》等数个国家标准的制定工作，取得经济效益与社会效益。

（赵　浩）

【内生安全交换芯片ESW5610】 该产品由天津芯海创科技有限公司自主研制，获2020年第十五届“中国芯”新锐产品奖。该设计采用内生安全构造技术，对高安全等级网络基础设施中广泛部署的接入级交换芯片进行内生安全设计，能够设计、流片和封装等环节提供“高可靠、高可信、高可用”的网络服务，安全性提升在1000倍以上。该设计吞吐能力128Gbps，支持48GE、8×10GE、10×10GE等多种接口模式，具有可抵御利用未知漏洞和后门攻击的高安全能力。该技术具有路径创新优势，新技术对现有技术可以进行迭代创新及应用替代，可以支撑系列化内生安全交换芯片研制。该产品应用于园区网络、数据中心、云计算、边缘计算、高性能计算、工业控制等网络交换基础设施。

（王瑞霞）

【安全管理及漏洞免疫平台】 该项目由国网电商科技有限公司天津技术研究院张宾、刘明、彭轼等完成，2020年11月入选工信部2020年网络安全技术应用试点示范项目。该项目基于智能化威胁情报建立，解决检测攻击连行为和画像攻击人员的问题，包括资产画像模块、事件采集模块、情报数据中心、统一安全模型仓、开放式安全感知功能。采用异步运行的搭建模式独立维护运行，其中人工智能技术、机器学习技术、深度学习技术集成进统一安全模型仓进行统一的算法和

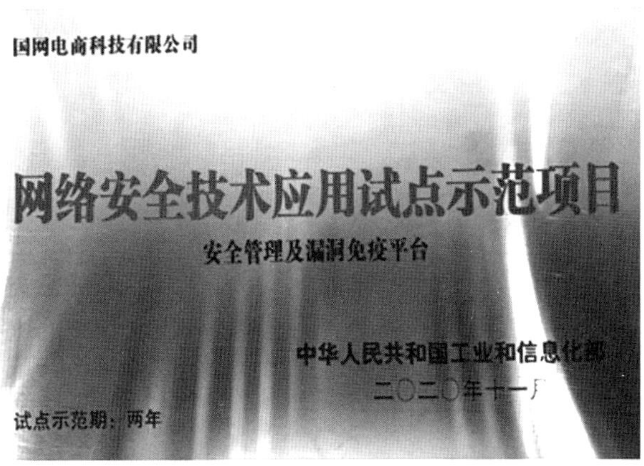

图4　安全管理及漏洞免疫平台铭牌

模型管理；大数据技术应用于数据中心作底层的数据驱动支撑，通过Kafka对多源数据采集器进行吞吐，storm集群配合elasticsearch和HBase实现持久化数据的秒级高效查询；数据结构融合技术应用于事件采集模块支撑流量告警、社会新闻、安全事件、开源情报等不同来源的流量数据和事件数据的异构同化处理，保证源数据的可用性和准确性，结合自身智能算法将数据进行统一整合分析，形成可视化威胁预警视图。成果在国家电网公司、国电物资集团有限公司、欧冶云商股份有限公司、大唐电商技术有限公司、中国电力建设股份有限公司等企业试用。

（张　宾）

【SES特种设备管理系统研发及应用】　该项目由天津渤化安创科技有限公司张楠等完成，2020年4月通过天津市科学技术评价中心鉴定。该项目系统开发十大功能模块，包括人员结构、资质的管理、设备数据、巡检、运行的管理等。各功能模块通过一定逻辑关联，自动完成模块间的数据匹配，完成指定工作。结合特种设备专业化管理和信息化技术需求，开发专业化、全方位、系统性的SES特种设备管理系统；风险评价模块，可高效、准确地帮助企业完成特种设备风险评估工作；移动端安创微信公众号可利用移动终端上的电子地图对设备进行定位，实现自主导航查询设备的功能。该系统在天津长芦海晶集团有限公司、天津长芦汉沽盐场有限责任公司等多家企业应用，降低企业特种设备因管理不到位而导致的安全事故，实现社会和经济效益。

（王志东）

【防疫机器人】　南开大学段峰团队运用基于脑认知的临场感、柔性遥操作双臂协同、复杂环境感知与识别等技术，研发出一款多功能智能遥操作机器人，集智能问诊、消杀、测温、运输为一体，具有可视化远程操控功能，开发设计基于线干涉驱动模块的柔性双臂和遥操作系统。该双臂机器人具有轻量、灵活、高功率、拟人化等特点，符合医务人员进行遥操作时灵巧动作和快速响应的需求。针对医疗卫生环境的不同分区，使用基于分层匹配的增量式SLAM模块和多模式动态避障策略，实现移动平台高鲁棒性和高精度的地图创建功能，将机器人定位与环境地图构建更新融为一体，全局路径规划最优路径，实现机器人自主导航。基于轮毂电机，采用双轮主动轮组，开发ASOC结构全方位移动底盘，实现防疫机器人在病房狭窄空间内的精准移动。该项目研制出的样机“小安”在医院完成实地测试，接受天津日报、科技报等媒体报道，在央视《奋斗的青春最美丽——2020年五四青年节特别节目》播出。

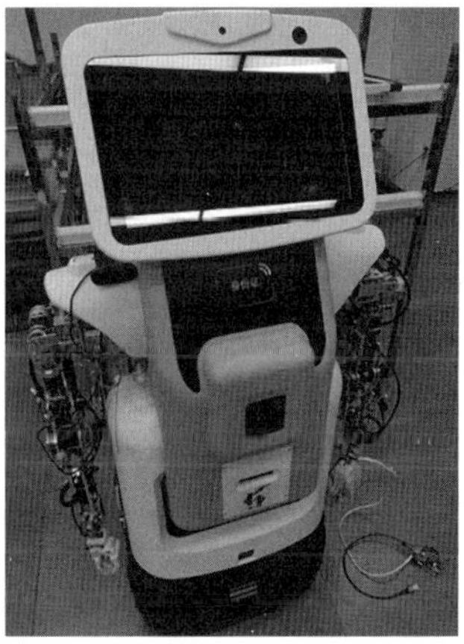

图5　机器人小安

（段　峰）

【基于E3D软件的构件模块化技术与智能接口研发】　该项目由天津博迈科海洋工程有限公司完成，2020年10月结题。该项目通过对E3D软件进行模块化开发，使建模过程中模型可根据实际情况自动调整，达到灵活修改和批量化处理的效果，对三维轴向图进行全面信息化和优化元件参数等，提高建模效率10%。应用NET技术对E3D模型研发一种智能接口，方便快捷的将E3D三维模型转化为CAD二维图形进行，能够做出出图定

高新技术及产业化

制。减少三维模型和二维图纸转换过程中的人工操作。主要创新点：①通过对E3D软件进行模块化开发，达到灵活修改和批量化处理的效果，对三维轴向图进行全面信息化和优化元件参数；②应用.NET技术对E3D模型研发一种智能接口，将E3D三维模型转化为CAD二维图形，达到定制出图。该项目申请专利2项。（赵柳苇）

生物技术

【生物医药领域】 天津市启动绿色通道快速立项机制，1月28日启动实施天津市新型冠状病毒感染应急防治科技重大专项。该专项围绕新冠肺炎药物筛选和临床研究、疫苗研发、诊疗设备和试剂研制、流行病学研究、临床诊疗技术研究等5个研究方向，立项支持11个项目。中国运载火箭技术研究院第十八所、泰达国际心血管病医院联合组建的航天泰心科技有限公司研发出“植入式磁液悬浮心室辅助装置”，该产品具有完全独立的知识产权，是国内唯一全部零部件国产的产品。9月15日，泰达国际心血管病医院为63岁男性扩张性心肌病、终末期心衰患者成功移植该产品，标志着纯国产“人工心脏”正式进入临床试验。11月16日，天津市科技型领军企业赛诺医疗科学技术股份有限公司自主研发的新一代药物洗脱支架系统临床试验一年期随访结果达到临床终点指标，相关安全性指标优于同类产品，该研究经美国食品药品监督管理局和日本医疗器械审评审批机构批准，由赛诺医疗科学技术有限公司发起的国内首个在全球范围内同步进行的前瞻性、随机对照、全球多中心临床研究。

（周明　刘晓　岳鑫　汤桂兰　张钺伟　李宏博）

【南开大学药物化学生物学国家重点实验室】 该实验室承担在研国家级项目148项，天津市项目29项，在研项目科研经费30379.4万元。张立云获国家重点研发计划合成生物学重点专项支持，帅领、陈瑶获国家优秀青年科学基金支持，张振杰获天津市杰出青年科学基金支持。申请专利80件，授权专利25件。SCI收录论文419篇，影响因子大于10的国家重点实验室第一单位文章45篇。主办或承办学术会议7次，组织外邀专家报告16次，邀请新加坡国立大学、清华大学、中科院上海生物化学与细胞生物学研究所、华东理工大学等国内外科学家开展学术讲座。受邀讲学或交流41次，包括清华大学、上海交通大学、中国科学院生物物理研究所、中国人民解放军总医院等国内高校和科研机构40次，赴美国交流访问1次。参加学术会议96次，其中国内会议92次、国外会议4次，作大会特邀报告29次。2020年8月，举办“科技战疫，创新强国”开放周科普活动，开展基于共聚焦显微镜的细胞显微结构和细胞运动演示实验、细胞3D打印演示等。

（吕　蕊）

【腹腔微创手术机器人与器械关键技术及应用】 该项目由天津大学、北京派尔特医疗科技股份有限公司王树新、李建民、李进华、孔康、苏赫等完成，获2020年度国家技术发明二等奖。该项目发明具有末端自转功能的柔性腕部微创手术器械，突破四自由度丝传动关键技术，实现狭小空间下缝合、吻合、打结等操作。发明腹腔微创手术机器人层叠可折展机械臂，突破丝传动二自由度RCM机构关键技术。发明微创手术机器人可调视角内窥镜，实现腹腔内部结构的高清立体显示。发明微创手术机器人主从一体结构，突破主从异构端端映射关键技术，实现腹腔微创手术精准操作。该机器人是首个列入国家创新医疗器械特别审批程序并形成自主知识产权的系列化产品；器械通过中国CFDA、美国FDA、欧洲CE认证；实现产品销售与临床应用。获授权发明专利65件，其中PCT专利国际公开10件、授权美国专利3件；国际会议大会报告2次、特邀报告30余次，发表论文100余篇。（天津大学）

【血细胞系列单抗关键技术及产品产业化】 该项目由中国医学科学院血液病医院（中国医学科学院血液学研究所）等王建祥、熊冬生、廖晓龙等完成，获2020年度天津市科技进步一等奖。该项目研发制备200余种具有自主知识产权HI系列单抗；研发62种流式诊断抗体试剂，其中14个产品获得国家Ⅲ类诊断试剂注册证；实现流式诊断试剂国产化，提升中国血液肿瘤精准分型水平。研制多种抗体，证明其靶向杀伤白血病细胞的活性；首次研制出两个抗体，具有杀伤淋巴瘤和白血病干细胞的作用。研制出具有自主知识产权的细胞技术，实现先进、关键治疗技术国产化，对成人难治、复发白血病和淋巴瘤开展临床研究。

【面向创新药物发现的离子通道构象变化分子机制的研究】 该项目由河北工业大学完成，获2020年度河北省自然科学二等奖。该项目首次引入靶向分子动力学模拟的方法再现Kir2.1通道全原子模型门控构象变化，揭示其PIP2依赖性门控的结构基础与分子机制，解决再现大分子全局构象变化的难题。首次确认TMEM16A通道钙离子依赖性门控的结构基础，再现氯离子跨膜过程，解决该通道孔道定位和钙激活机制等科学难题。搭建离子通道靶标药物筛选平台，可高效确认候选药物。

（王媛媛）

【发酵法高效生产抗糖尿病新药物4-羟基异亮氨酸】 该项目由天津科技大学陈宁等完成，2020年6月结题。该项目开展4-羟基异亮氨酸工程菌株定向改造、发酵过程优化与放大及分离提取研究。根据代谢工程原理构建优良性状的4-羟基异亮氨酸工程菌株。结合代谢流分析，优化4-羟基异亮氨酸发酵条件和过程控制，建立中试发酵工艺。采用膜分离技术结合工业色谱技术进行4-羟基异亮氨酸分离提取，获得高回收率的4-羟基异亮氨酸提取工艺，建立菌体等废弃物综合利用体系。发表国内期刊论文3篇，国外2篇，三大检索机构2篇。获发明专利2件，培养硕士毕业生2人。采用该方法生产4-羟基异亮氨酸成本约18万/吨，比提取法（50万/吨）降低约64%。按1000吨产量计算，采用发酵法生产可节省成本约6.4亿元。

（李丽娜）

【链霉菌Streptomyces sp. MA37中新型氟化天然产物合成通路和生物活性研究】 该项目是国家自然科学基金项目，由天津科技大学马龙等完成，2020年12月结题。该项目开展链霉菌中新型氟化天然产物合成通路和生物活性的解析，包括来源于S.xinghaiensis的自组装的氟化酶（FLA）纳米聚集体表现出较强的酶活性，热稳定性和可重复使用性，验证利用氟化酶，能够潜在的生成[18F]-氟化物，应用于PET的可行性。来源于S. xinghaiensis的甲硫氨酸腺苷转移酶（SxMAT）表现出优良的生物催化活性以及高立体选择性，且双酶级联反应的建立加深对氟化天然产物合成通路的理解；利用建立的可视化检测酶活的方法，可实现来源于S.xinghaiensis和S.coelicolor中的两种新型L-苏氨酸醛缩酶（SCO1844和SFR7A）酶活的快速检测，丰富生物法合成β-羟基-α-氨基酸的酶库。研究卤代腺苷类似物抗肿瘤活性及其作用机制，证明两种腺苷类似物5′-BrDA和5′-FDA（氟酶生物转化而得产物）具有抑制结肠肿瘤的作用，二者均能通过激动细胞自噬达到对抗结肠肿瘤的作用。探讨5′-FDA在体水平的抗肿瘤活性，证明5′-FDA对小鼠结肠癌肝肺转移模型具有抗肿瘤、抑制转移作用。

（李丽娜）

【兽疫链球菌谷氨酰胺代谢对透明质酸合成调控机理的研究】 该项目是国家自然科学基金项目，由天津科技大学曹威等完成，2020年12月结题。该研究通过凝胶迁移、DNase Ⅰ足迹、qPCR、酶活检测等实验，研究全局性氮源调控蛋白GlnR对谷氨酰胺合成酶操纵子glnRA和谷氨酰胺转运蛋白操纵子glnPQ的转录调控作用，以及GlnA协同GlnR执行转录调控作用的机制。构建过表达菌株和通过无痕敲除技术构建相应基因突变菌株，研究GlnR、GlnA和GlnP、GlnQ对胞内谷氨酰胺水平和透明质酸合成及分子量的影响。谷氨酰胺参与其他代谢途径对透明质酸合成的影响。

（李丽娜）

【枯草芽胞杆菌谷氨酰胺转氨酶催化蛋白交联过程调控机制的研究】 该项目是国家自然科学基金项目，由天津科技大学路福平等完成，2020年12月结题。该项目以与MTG相比具有不同底物特异性和良好热稳定性的枯草芽胞杆菌TG（BTG）为研究对象，解析BTG对不同谷氨酰胺多肽底物催化效率并筛选高催化效率谷氨酰胺多肽（Q肽），阐明BTG底物特异性分子机制；以含Q肽序列比例高、中、低的三种蛋白分别为底物，解析不同加工条件参数下BTG交联蛋白微观结构、介观性质和宏观品质的因果量效关系，阐明BTG催化蛋白底物交联过程多尺度作用机制；解析关键加工条件参数协同效应与BTG交联蛋白多尺度的联动规律，阐明BTG催化蛋白底物交联过程调控机制。

（李丽娜）

【酿酒酵母呈香乙基酯合成代谢调控研究】 该项目是国家自然科学基金项目，由天津科技大学陈叶福等完成，2020年12月结题。该研究利用模块化途径优化策略，将中链脂酰辅酶A从头合成途径分为上游乙酰辅酶A合成、中游丙二酸单酰辅酶A合成和下游中链脂酰辅酶A合成三个模块，从转录水平对各模块的表达进行精细调控，得到不同表达水平的上、中、下游模块，将这三类模块组合装配入前期构建的EHT1过表达突变株EY15中，筛选中链乙基酯合成能力提高的酿酒酵母突变株，在酿酒酵母中构建中链乙基酯从头合成途径。上、中游模块优化可为以乙酰辅酶A、丙二酸单酰辅酶A为前体的生物合成过程提供经验。研究中对乙酸抑制高级醇生成机制和脂肪酸合成链长控制机制进行解析。（李丽娜）

【高核酸酿酒酵母RNA合成的分子遗传机制研究】 该项目是国家自然科学基金项目，由天津科技大学郭学武等完成，2020年12月结题。该研究以选育的高核酸酿酒酵母为研究目标，对出发菌株和高核酸菌株进行基因组学和转录组学分析。共得到78655突变位点，其中SNP类型为73202个，InDel类型为5453个；对两个样本的突变类型进行编码信息统计，发现synonymous SNV、nonframeshift deletion和nonframe shift insertion比例均超过58%；通过对突变基因的富集分析得到15个与核酸代谢相关的基因，突变位点在非编码区。转录水平上，得到1989个unigene，有536个差异转录基因，KEGG富集分析表明差异转录基因主要富集到酵母的减数分裂、真核生物中核糖体的生物生成、RNA转运、乙醛酸和二元酸的代谢、色氨酸代谢、酵母的MAPK信号途径和多物种的寿命调解途径等代谢通路。选择15个差异变化较大的基因来评估单一基因缺失或过表达对酿酒酵母RNA合成的影响。首次报道调节HXT1、GSP2和CTT1的转录可以增加酿酒酵母的RNA含量。研究核糖体蛋白（RP）基因转录调控因子FHL1和IFH1、核仁RNA结合蛋白IMP4家族（IMP4、RPF1/2、SSF1/2、BRX1）蛋白基因、RNA聚合酶I起始转录复合物相关基因（RRN3/5/6/7/9/10/11，RPA14/34/49和TBP）和细胞有氧呼吸能力对酿酒酵母核酸合成的影响。

（李丽娜）

【番茄微小核酸miR156与JAZs耦合抗灰霉病机制研究】 该项目是国家自然科学基金项目，由天津科技大学路来风等完成，2020年12月结题。该项目研究番茄果实三个成熟进度（青熟MG、红熟RR、过熟ORR）与果实抗灰霉菌病能力、内源激素含量、miR156表达量等因素之间的关联关系，明确番茄果实抗灰霉病能力随成熟度增高而降低，果实对茉莉酸处理的响应能力不断衰退。利用转录组学和荧光定量PCR等技术发现采后成熟过程中茉莉酸合成通路中AOC、AOS和OPR3等相关编码基因表达量显著降低；年龄分子标记miR156表达量逐渐减少、1个SBP（SPL-CNR）编码基因表达显著增加以及现有已知的JAZ编码基因全部下调表达。生物胁迫条件下发现SPLs、ERF等蛋白显著积累，发现1个JA信号途径下游转录因子SlJAZ3差异变化。利用SRM/MRM多反应监测技术，发现成熟前后茉莉酸含量下降92.83%。该项目首次明确番茄果实茉莉酸合成与信号通路“失活”导致其采后抗病能力衰退，利用高能碰撞诱导裂解QE质谱技术对果蔬免疫诱抗因子进行选择，结合发酵回补法富集制备一种寡糖保鲜剂，提高番茄果实机械损伤的自愈能力，软化抑制率达到65%，靶标基因推测为果胶酶编码基因SlPG2和扩展蛋白编码基因SlEXP1。成果在Food Chem、JAFC、Carbohydr Polym和PBT等国内外刊物发表论文6篇（中科院一区期刊5篇、EI1篇，均为第一标注），获授权国际发明专利1件、申请国内发明专利2件，培养研究生2人。

（李丽娜）

【中空玉米醇溶蛋白/壳聚糖纳米营养递送体系的构建及体外释放机理研究】 该项目是国家自然科学基金项目，由天津科技大学李书红等完成，2020年12月结题。该项目以玉米醇溶蛋白（zein）为主要原料，制备营养递送纳米粒子，评价粒子的稳定性和对于姜黄素（Cur）成分的缓释作用。以zein和不同分子量的壳聚糖（CS）为原料，通过反溶剂法制备Cur/zein-CS纳米粒子。在zein与CS质量比为8∶1，姜黄素添加量为1%时，包封率和负载量分别为82.93%和8.29%。此条件下可得到球形、分布均匀，且具有良好的pH、离子及储藏稳定性的纳米粒子。静电相互作用及氢键是组装该纳米粒子的主要作用力。与游离Cur相比，Cur/zein-CS纳米粒子表现明显的缓释性能。以zein、没食子儿茶素没食子酸酯（EGCG）、绿原酸（CA）和单宁酸（TA）为原料，采用碱处理法制备zein-EGCG、zein-CA和zein-TA共价物，采用反溶剂法构成zein-多酚纳米缓释体系。当zein为1mg/mL、姜黄素为1%时，zein-EGCG的包封率和负载量分别为95.98%和19.20%。zein-多酚纳米粒子较zein纳米粒子更小，形成主要与氢键和共价作用有关。Cur/zein-多酚纳米粒子的稳定性和缓释性能优于zein纳米粒子。将zein-EGCG共价物加入到CS溶液中，采用反溶剂法制备zein-EGCG-CS纳米粒子递送体系。zein-EGCG-CS纳米粒子平均粒径为105.33nm，其包封率和负载量为94.58%和18.92%，粒子的稳定性和缓释性能优于zein-CS、zein-EGCG纳米粒子，可作为疏水性营养成分递送的良好壁材。发表SCI论文10篇；参加国内外学术会议4次；申请国家发明专利3件，其中授权专利1件，培养研究生3人。

（李丽娜）

【传统食醋酿造乳酸合成代谢网络及其发酵机制研究】 该项目是国家自然科学基金项目，由天津科技大学王敏等完成，2020年12月结题。该项目采用群体微生物系统生物学的研究思路，以乳酸菌群体为研究对象，以宏转录组学分析为纽带，分析山西老陈醋乳酸合成代谢途径，分析乳酸菌群体组成及其酶系表达与乳酸合成代谢之间的关系，构建复杂体系下乳酸合成代谢网络；利用代谢工程扰动技术和典范对应分析，解析乳酸菌菌种以及环境因素对乳酸菌群体组成、乳酸合成代谢通量与乳酸合成量的动态变化规律，阐明代谢的关键节点与关键酶系，阐明乳酸发酵机制。研究成果为食醋生产过程中乳酸合成的代谢调控提供理论依据和技术支撑，为食醋重要组分合成机理与调控技术研究提供技术方法和研究思路。

（李丽娜）

【普洱茶“陈香”香韵特征构成的化学物质基础研究】 该项目是国家自然科学基金项目，由天津科技大学杜丽平等完成，2020年12月结题。该项目对复杂体系中微量成分及茶叶风味分析进行研究，建立普洱茶挥发性成分的提取方法及香气成分的定性、定量、关键香气判定方法，确定形成普洱茶“陈香”香韵的化学物质。该项目通过冷凝回收富含普洱茶挥发成分的冷凝水，根据感官分析和GC-MS检测，确定普洱茶中挥发性成分随水蒸气释放的动力学；通过对顶空固相微萃取（HS-SPME）、同时蒸馏萃取（SDE）和超临界二氧化碳萃取（SFE-CO_2）三种挥发性成分提取方法的比较与优化，确定普洱茶挥发性成分最佳提取条件，建立普洱茶电子鼻检测方法以及HS-SPME-GC-MS挥发性成分分析方法，通过主成分分析（PCA）、偏最小二乘判别分析（PLS-DA）和热点聚类分析（HCA）等化学计量学方法构建普洱茶鉴别模型，建立普洱茶中不挥发水溶性基质（滋味成分）茶多糖、茶褐素及茶多酚的分析方法，探究普洱茶主要水溶性基质成分对普洱茶关键香气化合物释放的影响，考察不同的基质成分对关键香气化合物释放的影响；采用HS-SPME结合GC-TOF/MS-O对普洱茶样品中活性香气化合物进行鉴定，确定普洱茶特征香气化合物及关键特征香气化合物，确定形成普洱茶“陈香”特征的化学物质。发表研究论文8篇，其中SCI检索文章5篇，中文核心3篇；申请专利7件；培养博士研究生1人、硕士研究生5人。

（李丽娜）

先进制造技术

【高端装备领域】 2020年，认定高端装备领域科技领军（培育）企业12家，支持科技计划项目22项，累计财政经费支持4380万元，带动项目总投资6.3亿元。12个高端装备产业技术创新战略联盟备案，其中新备案联盟3个。2020年3月，建科机械（天津）股份有限公司正式登陆创业板；2020年6月，国网天津电力配网带电作业机器人顺利通过验收，以国网瑞嘉（天津）智能机器人有限公司为平台，打造配网带电作业机器人研发、生产、销售及运维服务全产业链；大力推动5G技术与人工智能物联网等相结合，支持天津联通&天津福臻成立5G智能制造合作实验室；天锻成功研发国内首台套1200吨蒙皮拉伸机，打破国外垄断，综合指标达到国际先进水平；天津旗领机电科技有限公司研制出拥有自主知识产权的高负载、高速比、高精密减速器，产品达到国际先进技术水平，填补国内空白；2020年7月，水下智能装备企业深之蓝完成1.2亿元的B+轮融资，逐步完成水下机器人核心部件的自主化；清华大学天津高端装备研究院承接国内首套大型锻件智能化生产线项目，开发消毒杀菌新产品二氧化氯消毒凝胶，获国务院感谢信；亿昇科技研发5自由度主动磁悬浮轴承和高速永磁同步电机，突破全球领先的流体机械设计技术；朗誉科技研发的国内首台240吨重载自动导引运输车在天津下线；天津新松“火狐”机器人和晨星自动化“阿童木”获得“2020年度中国工业机器人本体领袖奖”。

（周明　刘晓　岳鑫　汤桂兰　张钺伟　李宏博）

【系列化水下滑翔机工程设计关键技术与应用】　该项目由天津大学、青岛海洋科学与技术国家实验室发展中心、北京蔚海明祥科技有限公司、青岛海山海洋装备有限公司王树新、王延辉、张宏伟、刘玉红、汪东平等完成，获2020年度天津市科技进步一等奖。该项目建立水下滑翔机全局能耗模型，突破大于3000公里的水下滑翔机长航程工程设计关键技术，研制成功最大航程4435公里的长航程水下滑翔机产品，将国产水下滑翔机续航时间提升到10个月。建立水下滑翔机精确浮力计算模型，突破大于8000米的水下滑翔机大深度工程设计关键技术，研制成功下潜深度最深8213米的水下滑翔机，创造水下滑翔机下潜深度的世界纪录。建立多水下滑翔机群组观测轨迹规划方法，突破多台套广域协同工程设计关键技术，研制水下滑翔机准实时岸基操控系统，实现准实时观测信息与岸基操控平台间的信息双向传输，将水下滑翔机广域协同能力提升至百台。获授权发明专利6件，实用新型专利8件，获得软件著作权4件，发表论文48篇。项目直接经济效益1.34亿元。

（天津大学）

【特种水泥基复合材料3D打印成套技术与应用】　该项目由河北工业大学完成，获2020年度河北省技术发明一等奖。该项目发明工业固废基快硬特种水泥，资源化利用固废，降低CO_2排放量，解决水泥基材料超早龄期流变特性与3D打印工艺协调适应性差的技术难题，发明3D打印短纤维定向增韧技术、连续纤维筋同步加筋技术和U形钉同步加筋技术，发明多元化混凝土3D打印设备和智能化控制系统，构建低碳利废特种水泥、高性能3D打印水泥基材料、增强增韧3D打印工艺、多元化3D打印设备等具有自主知识产权的先进建造技术体系，通过集成创新和示范工程开展应用实践。

（王媛媛）

【低品质余热回收与利用装置及其关键技术的研究与应用】　该项目由河北工业大学完成，获2020年度河北省技术发明二等奖。该项目对难以回收的低品质余热的利用技术开展研究，提出一种新型罗茨动力机，研发出一套新型的小型低品质余热回收发电装置。该装置包括低品质余热回收系统、发电系统、供水系统及适配的测控系统；各子系统既可以成完整系统运行，亦可作为某一关键技术的实施体独立运行。该项目对罗茨动力机的开发与优化，为低品质余热回收提出新的装备及技术发明。

（王媛媛）

【基于载荷谱的工程机械动力系统及元件基础试验平台技术研究与应用】　该项目由天津工程机械研究院有限公司、联合三一重机有限公司张卫东、刘艳芳、曹东辉、李莺莺、许佳音等完成，2020年4月通过中国机械工业联合会组织的科技成果鉴定，达到国际先进技术水平，获2020年度中国机械工业科学技术奖二等奖及中国机械工业集团科学技术奖三等奖。该项目形成基于载荷谱的工程机械动力系统及元件的匹配、分析与试验的相关技术，建立工程机械行业载荷谱采集和编制的标准架构，提出动力系统能量利用率概念，首次编制基于工程机械实际工况的试验室等效试验加载谱，制定液压泵、多路阀、回转马达、动力换挡变速器的可靠性试验行业标准，研制动力系统匹配和元件可靠性试验系统。项目申请专利29件，其中发明专利14件、实用新型专利15件，授权专利13件，其中发明专利2件；发表论文6篇；制定9项标准规范，其中5项团体标准。研制建设三个试验台架，其中液压元件可靠性试验台架和动力换挡变速器可靠性试验台架经过国家计量认证机械汽车评审组的核查评审，认为两试验台具备载荷动态加载功能，测量参数、精度和测量稳定性均高于国内外相关标准要求，实验数据准确，具备开展第三方检测的能力。

（王群英）

【五自由度机器人】 该项专利由天津大学黄田、刘海涛、李曚等完成，获2020年度天津市专利金奖。该发明由固定架、定点转动铰链、三条主动支链、动平台和定位头组成，第一条主动支链通过移动副与定点转动铰链相连，动平台固定于支链末端，定位头安装在动平台底部；固定架与定点转动铰链通过其余两条主动支链相连，构成二自由度并联机构。该机器人在结构上具有运动空间放大的特点，可实现空间大范围五自由度运动。

（天津大学）

【乙炔法气相生产醋酸乙烯酯的方法】 该项专利由天津大学张敏华、董秀芹、李永辉等完成，获2020年度天津市专利金奖。该技术实现预溶乙炔的醋酸蒸发、适用于中低放热合成反应的壳方沸腾水移热固定床反应器、湿壁塔与高效填料复合气体分离等关键技术的原始创新和全系统工艺优化及热网络合成的集成创新，应用于多套乙炔法醋酸乙烯生产装置。主要创新点：①通过乙炔/醋酸体系相平衡研究及流程模拟，计算预溶乙炔与醋酸蒸发温度和醋酸蒸发器出口流股温度与乙炔/醋酸摩尔比的对应关系，提出预溶乙炔的醋酸蒸发工艺，减轻醋酸焦化及设备腐蚀；②利用计算流体力学等多尺度模拟方法进行反应器壳方沸腾水移热与管程气体低压降初始分布的开发放大研究，提出适用于中低强度放热反应过程壳方沸腾水移热固定床反应器的设计方法和放大准则；③首次提出将湿壁塔与高效填料技术相结合，开发出高效低压降气体分离塔，实现移热与传质过程的强化和关键装备的原始创新，降低循环流股中醋酸乙烯及乙醛含量；④采用夹点技术对醋酸乙烯合成单元进行全系统换热网络分析与综合，设计出反应气循环二级耦合的换热网络，提高反应系统的安全性，反应器循环流股热交换充分，提高过程安全性和操作稳定性，催化剂使用寿命和产品质量得到提高，实现反应热的全回收利用。

（天津大学）

【用于草酸酯加氢制乙二醇的催化剂及其制备方法】 该项专利由天津大学、天津市众天科技发展有限公司马新宾、赵玉军、王胜平、赵国杰、余铭程等完成，获2020年度天津市专利金奖。该技术聚焦煤制乙二醇的关键环节草酸酯加氢催化剂，针对催化剂寿命与乙二醇产品质量的关键难题，将氧化锆以锆溶胶的形式引入，利用其羟基与铜强相互作用促进铜分散，调节铜物种分布，提升催化剂活性、选择性和稳定性；提升煤制乙二醇技术经济性和市场抗风险能力，推进工业尾气资源化利用与技术革新。

（天津大学）

【基于并行四颜色通道的条纹投影三维形貌测量方法及装置】 该项目由河北工业大学张宗华等完成，获2020年度天津市专利金奖。该项目公开一种基于并行四颜色通道的条纹投影三维形貌测量方法及装置。该装置包括计算机、可见光投影仪、红外投影仪、2CCD相机和半透半反镜；所述计算机与可见光投影仪、红外投影仪、2CCD相机连接；所述可见光投影仪和红外投影仪位于同一水平面；可见光投影仪和半透半反镜之间的距离与红外投影仪和半透半反镜之间的距离相同，所述半透半反镜垂直于水平面与可见光投影仪和红外投影仪的光轴均呈45°夹角。该方法将红、绿、蓝三颜色通道的三幅条纹图像复合为一幅复合彩色图像，投射复合彩色图像和红外图像，2CCD相机采集复合彩色和红外两幅图像，减少投射条纹图像的数量，实现单次测量即可得到物体的三维形貌，提高测量速度。（王媛媛）

【基于可拉伸激光诱导的具有自热能力的石墨烯模式的新型气体传感平台】 河北工业大学机械工程学院健康护理机器人团队杨丽等研制出高灵敏度可穿戴气体传感器，可用于人体健康与环境的监测。使用机械车间常用的二氧化碳激光，将一种三维多孔石墨烯材料图案化，代替原来加工复杂的叉指电极，直接连接纳米材料以接收信号。采用广泛使用的还原石墨烯和二硫化钼复合纳米材料，氧化铜和氧化锌壳核结构的低维复合金属氧化物纳米材料两类材料作为传感平台上不同传感器的气敏材料，以提高传感器的灵敏度。在传感器的非感应区域创建银涂层的蛇形线条，通过向银涂层施加电流，电阻值较高的气体感应区域局部加热，无需单独的加热器，实现自加热功能的集成，让传感器快速恢复和重复使用。蛇形线条能够使传感器像弹簧一样拉伸，以适应身体的不同弯曲变化。2020年，该成果以Novel gas sensing platform based on a stretchable laser-induced graphene pattern with self-heating capabilities作为封面文章发表在《药物化学》(Journal of Materials ChemistryA) 。

（王媛媛）

【移动机器人安全稳定无线供电方法与效率提高关键技术研究】 该项目是国家自然科学基金面上项目，由天津工业大学李阳等完成，2020年4月结题。该项目以移动机器人的无线供电应用为背景，研究中等距离、中小功率、移动物体的高效、稳定、安全供电的理论与方法。项目组阐述近距离（过耦合）无线电能传输效率降低的根本原因（阻抗失配），提出阻抗匹配与频率跟踪等提高方法，提高和扩展无线电能传输技术的使用范围，在近距离（过耦合）情况下系统设计提供参考；阐明非对称结构的耦合系统的频率分裂规律和特性、距离特性和方向特性，提出基于非对称结构的耦合系统设计与优化方法，为具体设计线圈、选取参数提供参考；针对移动物体无线供电稳定性问题，提出无线电能传输负载动态匹配方法，为提高匹配速度和精度，在匹配方法中提出基于改进粒子群、基于BP神经网络、基于模糊神经网络的匹配算法；针对“窃电”问题，提出基于伪随机码跳频通信的身份识别与谐振解耦方法。提出一套电能与信号同步传输的方法，设计制作实验装置。项目研究成果解决中小功率移动设备电源供给的问题，拓宽无线电能传输技术应用范围。

（郭建辉）

【装配式混凝土3D打印赵州桥】 河北工业大学马国伟团队建造的装配式混凝土3D打印赵州桥，2020年7月21日挑战吉尼斯世界纪录，获“最长的3D打印桥”认证。该桥应用BIM虚拟仿真技术、特种水泥基纤维增韧复合材料、体外拉索预应力技术、智能传感技术、物联网云平台健康监测系统等，实现设计新型化、材料功能化、施工虚拟化、装配模块化以及监测智能化的智能建造。该技术对节点装配形式进行优化设计，在现场直接进行装配式建造，为传统桥梁赋予现代气息，实现设计新型化、材料功能化、施工虚拟化、装配模块化和监测智能化。该技术提高建造效率，减少对现场环境的污染，是推动装配式建筑与智能建造发展的革新技术；3D打印桥梁过程中，内嵌传感器，用于24小时对桥梁进行健康监测，可及时发现受力等问题并予以排除。

图6 2020年7月21日，吉尼斯认证官为纪录创造者颁发认证证书

（王媛媛）

【记忆永磁牵引电机智能优化设计及高效能稳定运行控制】 该项目是国家自然科学基金面上项目，由天津工业大学耿强等完成，2020年4月结题。该项目提出一种低铁耗可变磁通记忆永磁电机设计方案，保证在恒转矩区具有与普通永磁电机相同的输出转矩，使其具有宽范围的调速能力。利用Taguchi法对提出的可变磁通记忆永磁电机进行优化设计，在兼顾电机的电磁性能的同时，得到使电机铁耗最小的电机最终设计方案。以去除电压方程中变流器非线性因素导致的误差电压为目的，对电压方程进行变换，构建不受变流器非线性因素影响的参数辨识模型。采用Adaline神经网络算法对电机参数进行辨识，在权值计算中加入动量因子可调的动量项，提高参数的辨识精度，加快收敛速度。从拓展有限控制集和改善最优矢量选择方式的角度出发，提出一种基于矢量作用时间的预测电流控制策略，有效降低电机转矩波动和电流谐波畸变率，提高系统稳态性能。提出一种改进的混合粒子群优化算法，将温度系数线性递减的模拟退火算法与粒子群算法结合，有效弥补传统粒子群算法求解开关角收敛速度慢和精度低的缺点，该算法能够准确计算不同情况下SHEPWM的开关角，消除指定次数的电流谐波，提升系统性能。研制记忆永磁电机样机及相关实验系统一套，验证上述算法可正确性和有效性。（郭建辉）

【基于线接触的谐波齿轮三圆弧空间齿廓设计与负载啮合性能研究】 该项目是国家自然科学基金面上项目，由天津工业大学陈晓霞等完成，2020年4月结题。该项目以增加啮合齿对数和齿面接触面面积以提高谐波齿轮承载能力及耐用性为研究目标，提出基于几何学条件和大变形接触条件的中面曲线表达方法，建立波发生器作用下柔轮中性层伸长模型，实现大包角条件下更准确的轮齿定位。建立基于精确算法的轮齿啮合运动的共轭方程；依据共轭齿廓存在条件构造三圆弧齿廓以改进原始齿廓的啮合特性。提出在整个啮合区间上连续线接触共轭啮合的三圆弧空间齿廓设计方法；相比于双圆弧齿廓，三圆弧齿廓具有更宽的包络存在区间和更均匀的侧隙分布，能有效增加啮合齿数和啮合接触面。建立三圆弧齿廓谐波齿轮侧隙的计算方法以评价空载啮合特性；为定量评价负载啮合特性，提出基于有限元接触模型的啮合刚度算法及啮合力迭代计算方法。建立基于理论公式和有限元变形的谐波齿轮装配模型，仿真空载和负载啮合状态。在对理论模型及其设计方法进行仿真验证的基础上试制实物样机，对传动误差、回程误差、扭转刚度、传动效率和过载跑合的精度下降量等指标进行实验测试。

（郭建辉）

【大运量输送带纵向撕裂故障在线监测关键技术研究】 该项目是天津市自然科学基金重点项目，由天津工业大学天津市光电检测技术与系统重点实验室苗长云等完成，2020年7月通过北方技术交易市场组织的专家验收。该项目提出多视点输送带纵向撕裂故障在线监测方法，实现输送带表面故障全面在线监测，提高监测的全面性、实时性和有效性；研究大运量输送带纵向撕裂故障在线检测理论与方法，提出一种多视点线阵CCD信号快速处理算法，实现实时处理；提出多视点输送带图像校正和拼接算法，实现在线校正和拼接；提出多视点输送带图像压缩编解码算法，实现压缩和解压缩；提出多视点纵向撕裂故障图像的特征提取算法，实现故障自动识别、定位，提高故障监测准确性和实时性；提出输送带纵向撕裂故障图像的识别与诊断算法。搭建多视点输送带纵向撕裂故障在线监测平台，研制线阵CCD图像采集器和多视点输送带纵向撕裂在线监测系统，设计系统硬件和软件，实现对输送带图像的高速采集、远程传输和实时处理，成果取得煤安证、防爆证和检验报告。发表学术论文10篇，其中SCI收录2篇、EI收录2篇；申请发明专利7项，其中授权2件；培养博士2人，硕士9人。

（郭建辉）

【基于电弧热能量输入调节的非对称中厚板打底角根焊熔透控制】 该项目是天津市自然科学基金重点项目，由天津工业大学天津市现代机电装备技术重点实验室岳建锋等完成，2020年5月通过北方技术交易市场组织的专家验收。该项目针对中厚板非对称角根焊，建立中厚板非对称角根焊缝温度场等效热源模型、电弧－熔池耦合模型以及等效温度场解析模型，探索中厚板非对称角根焊缝产热散热及熔透成形机理，建立非对称角根焊熔透形态预测模型，实现对中厚板角根焊的熔透闭环控制。采用新型热源模型和电弧–熔池统一模型两种策略计算求解非对称角根焊缝温度场，获得焊缝结构参数和焊接热输入对焊缝成形的影响规律及能量调控对角根熔透形态的作用机制；根据N.T.NGUYEN提出的等效温度场理论，推导建立基于高斯热源推导出角焊缝等效热源公式，理论计算熔合线结果与试验结果基本一致；利用CCD相机采集到不同焊枪角度的清晰熔池图像，获得焊枪中心相对偏差值与熔透中心偏转角之间的定量关系；建立非对称角根焊熔透形态预测的BP神经网络模型，引入思维进化算法对模型进行优化处理。通过建立熔透形态和熔透深度的双闭环焊接控制系统，解决非对称角根焊易产生未熔合缺陷问题。获授权发明专利3件，授权软件著作权2件；发表论文15篇；培养研究生4人。

（郭建辉）

【LNG储罐内罐9%Ni钢壁板立缝自动化焊接装备技术】 该项目由海洋石油工程股份有限公司完成，2020年9月结题。国内外LNG储罐内罐环缝采用高效埋弧焊（SAW），对于储罐内罐立缝大多采用焊接效率低下的手工电弧焊（SMAW）或氩弧焊（TIG），需要提升立缝的焊接技术。该技术解决焊接质量人为影响，−196℃低温冲击功达到工程设计指标的2倍，保证LNG储罐的安全性和使用寿命，解决“焊接烟尘”“打磨粉尘”的难题，实现“清洁”焊接，消除“尘肺病”的隐患。研究掌握LNG储罐内罐9%Ni钢壁板立缝全自动焊接技术，填补国内空白，处于国际先进水平。申报国家专利8件，其中发明专利4件，中文核心期刊发表科技论文4篇。立缝自动焊接，提高焊接效率，提高海油工程LNG储罐的建造质量和效率，改变行业技术工艺生产现状，增强海油工程在LNG储罐工程建造行业的竞争力。

（岳　巧）

【焊接装备智能化关键技术研发】 该项目是天津市科技重大专项与工程项目，由天津工程机械研究院有限公司王文博等完成，2020年5月通过天津市科学技术评价中心组织的专家验收。该项目开发具有数据采集、远程控制和数据传输的智能联网控制器，进行焊接装备物联网云平台的建设，采用大数据、云储存、数据挖掘等手段进行传统焊接装备的网络化和智能化升级改造，探索互联网+焊接的具体实现模式和方法，发掘并提升传统焊接装备互联互通之后的网络价值，对于提升传统焊接工艺，优化焊接生产过程，实现焊接生产的智能化。申请专利2件，其中发明专利1件，获得软件著作权2件，制定企业标准1项。项目研发成果在国内汽车企业进行推广应用，产生经济效益1000余万元。

（王群英）

新材料技术

【新材料领域】 2020年，天津市落实新材料产业发展三年行动计划，新立科技领军企业项目、科技支撑等项目11项，获批科技助力经济2020重点专项10项。3家领军企业联盟获得备案。首个国家级材料基因工程高通量计算平台正式上线；天津三安光电有限公司的LED芯片用于全球首台micro LED电视；天津大学制备出外量子效率超过15%的红光和绿光印刷OLED器件，电致发光效率达到国际先进水平。天津久日新材料股份有限公司收购徐州大晶新材料科技集团有限公司、投资宁波微芯新材料科技有限公司，实现光刻胶领域的全产业链布局。天津泰达洁净公司获批全国抗击新冠肺炎疫情先进集体。

（周明　刘晓　岳鑫　汤桂兰　张钺伟　李宏博）

【高温多变量复杂生产体系节能减排理论方法与关键技术应用研究】 该项目由南开大学等于宏兵、阚永海、郭秉楠等完成，获2020年度天津市科技进步一等奖。该项目提出烧结全过程节能减排系统控制模式，建立烟气温度与负压关系模型，实现精准预测和控制，为烧结参数的智能控制提供修正依据。研发实施烧结关键成套技术，提出PID控制策略，实现烧结过程引风量的自适应动态调控。解决多项技术难题。

【微尺度光学传感技术】 该项目由南开大学刘伟伟、龚诚、陈平等完成，获2020年度天津市技术发明二等奖。该项目设计光电导天线馈电时序，利用单个光电导天线同时实现发射和探测功能，实现基于单光导天线的光谱探测方法，提出利用全光纤和太赫兹波导方案构建光谱系统，实现可变角度、低损耗测量。提出全光纤微尺度物质浓度监测系统及方法，实现对待测水体干扰小、量程大、精度高、测量速度快的监测方案。

【基于混合增强智能的有源配电网高可靠运行关键技术研究与应用】 该项目由天津大学、南方电网科学研究院有限责任公司、国网天津市电力公司电力科学研究院、国网冀北电力有限公司经济技术研究院、天津永汇仁恒科技股份有限公司孔祥玉、崔凯、董旭柱、陈立明、王晟晨等完成，获2020年度天津市科技进步二等奖。该项目首创面向有源配电网通信的抗跨层干扰方法和双链路冗余互备分层部署的安全接入方法，满足配电专网通信低成本、广覆盖的现实需求。推进集成涵盖多源数据接入和全景建模的信息融合技术，提出考虑抗差权因子函数的递推自适应状态估计方法，增强复杂环境下有源配电网状态可观性和风险辨识能力。提出有源配电网运行安全预控技术、基于电力物联网的故障精准定位和多时段负荷协调恢复方法，研发有源配电网运行控制决策支持系统，实现智能化运行控制和高可靠供电。发表SCI/EI论文24篇，获授权发明专利8件、软件著作权5件，编制国家标准2项、行业和企业标准7项。 （天津大学）

【高性能铝合金复合细化变质关键技术开发与应用】 该项目由河北工业大学完成，获2020年度河北省科技进步二等奖。该项目开发铝合金熔体精炼与质量控制技术、复合细化－变质技术、产品成型和服役性能调控方法及产业化生产过程控制关键技术，突破轻质、高强度、高耐候铝合金轮毂高效生产的技术瓶颈，技术成果在河北、江苏、天津等多家单位进行推广和应用。实现用新材料技术提升汽车用铝合金产品技术水平的目的，提升轻质、高强度、高耐候铝合金轮毂生产稳定性和成品率，推动汽车产业的快速发展。

（王媛媛）

【合成二氧化碳化工品聚/环—碳酸酯的催化剂设计与性能研究】 该项目由河北工业大学完成，获2020年度河北省自然科学三等奖。该项目利用集成协同思想将具有助催化作用的组分作为取代基引入配体，合成多种新型功能Salen金属配合物。合成的低毒金属铝Salen配合物对空气和湿气稳定，无需助催化剂实现CO_2与环氧化合物高效选择性地生成环状碳酸酯，实现多次循环利用；发展一种功能Salen金属钴配合物新的技术路线，简化合成步骤。该项目设计合成非对称的酮亚胺锌金属配合物，丰富和拓展CO_2与环氧化合物反应催化剂的设计思路。项目从反应物分子活化出发，从分子层面探讨催化反应机理，具有基础理论研究价值。 （王媛媛）

【大马士革刀花纹的可控再造】 该项目由河北工业大学材料科学与工程学院能源装备材料技术研究院殷福星等完成。该项目通过冷轧和退火处理在多层复合钢基体内构筑出层/网耦合界面和多级晶粒组织，实现大马士革花纹的可控再造目的，提高多层复合钢的强韧性。研究表明由于极易发生位错增殖、形变诱发马氏体和形变诱发孪生效应，使硬度和屈服强度明显升高，会导致严重的应变软化现象。铁素体不锈钢软相层仍能保持均匀塑性变形能力，内部亚结构细化和位错塞积现象较硬相层轻微，这样导致层/网耦合界面的形成。这种“亏格”框架结构，具有拓扑不变量性质。由于硬相层与软相层在升温过程中回复、再结晶温度不同，两层晶粒表现出异步生长的双尺度晶粒特征，即大晶粒通过网状框架包裹超细晶粒。在承载过程中，首先破坏网状框架结构才能触发后续变形，产生背应力强化效应。应变和应力分别由大晶粒网状框架和内部小晶粒所承担，这种多级多尺度结构实现多层复合钢的强韧化目的。2020年，相关论文以题为Deformation behavior and strengthening mechanisms of multilayer SUS304/Cr17 steels with laminated/network inter-

高新技术及产业化

face发表在《冶金与材料汇刊A辑》(Metallurgical and Materials Transactions A)。

(王媛媛)

【纤维素酶在高得率浆纤维上的分布和扩散机制研究】 该项目是国家自然科学基金项目，由天津科技大学刘洪斌等完成，2020年12月结题。该项目在前期发现纤维素酶提高纤维基吸水材料吸水性能的基础上，研究纤维素酶在高得率浆纤维上的分布、扩散行为机制，采用荧光标记的方法表征纤维素酶在高得率浆纤维上的分布，采用激光共聚焦显微镜和ImageJ软件定量分析纤维素酶在纤维上的扩散，根据菲克第二定律构建纤维素酶在高得率浆纤维上扩散的模型，研究纤维素酶的载体对纤维素酶在高得率浆纤维上的分布和扩散的调控，揭示纤维素酶在高得率浆纤维上的扩散行为和调控机理，为提高高得率浆纤维的吸水性能和反应性能奠定理论和技术基础。

(李丽娜)

【新型高性能PPS/MOFs微纳米纤维水电解槽隔膜材料的制备及应用研究】 该项目是天津市自然科学基金重点项目，由天津工业大学省部共建分离膜与膜过程国家重点实验室程博闻等完成，2020年11月结题。该项目提出基于PPS微纳米纤维的水电解隔膜，提升水电解运行指标；通过原位共聚法在PPS分子链增长过程中引入第三单体间二氯苯制备非线性低熔点L-PPS材料，为PPS微纳米纤维隔膜的研究提供基础原料；自主设计制造PPS熔喷设备，开发出PPS熔喷非织造技术，实现PPS微纳米纤维隔膜的制备，研究PPS微纳米纤维的形貌、孔隙结构及力学性能的调控规律；通过在微纳米纤维表面原位组装ZIF-8功能层，设计制备一种表面负载有ZIF-8的复合纳米纤维，获得表面负载MOFs的微纳米纤维水电解隔膜。该项目开发的基于PPS微纳米纤维的水电解隔膜优于传统隔膜材料，通过重水装机制氢评价表明，该隔膜的使用能够有效降低制氢生产成本。

(郭建辉)

【大容量金属膜基赝电容超级电容器制备与关键技术】 该项目是天津市科技重大专项与工程项目，由天津工业大学、力神动力电池系统有限公司、天津师范大学康建立、邵海军、李喜飞等完成，2020年7月结题。该项目通过脱合金化法制备柔性纳米多孔合金箔，采用自氧化法制备一体化纳米多孔金属膜/氧化物复合电极；解决纳米多孔金属宏观脆性、赝电容电极材料导电性差、结构稳定性低等关键难题；实现纳米多孔金属和纳米多孔合金电极片的工程制造，制备出高性能超级电容器。完成合金铸造、锻造、复合、轧制全工艺开发，确定集流体和活性层厚度比与电极强度、储能效率的关系，开发出全套合金腐蚀与自氧化工艺，利用硫酸锰与硫酸铵反应实现腐蚀液的回收和循环利用；完成超级电容器和锂离子电池组装与性能评价。申请国家发明专利15件，其中获授权3件；发表论文13篇，其中SCI论文10篇；培养硕士博士30人、博士后1人、晋升职称7人。该项目形成金属膜基超电容新产品1项、新材料体系3种。

(郭建辉)

【尖端辅助电极在静电纺多射流形成与调控中的作用机制及其应用研究】 该项目是国家自然科学基金面上项目，由天津工业大学刘雍等完成，2020年4月结题。该项目研究有尖端辅助电极参与的静电纺丝区电场模拟优化的理论和对影响多射流数量和效果的参数，建立工艺参数、溶液性能参数和电极参数与多射流形成的关系模型。总结辅助电极等对静电纺丝过程中射流数量的影响规律，阐明各种位置关系参数下多射流产生的临界条件。为明确多射流形成的影响规律与普适性条件，借助色散关系模型建立多射流喷射模型，给出针式辅助电极静电纺产生多射流的理论临界条件；阐明液滴泰勒锥形变与多射流形成的关系，利用高速摄影机对液滴以及多射流的运动过程进行拍摄，结合图片二值化处理并通过Mathematica数学软件拟合液滴表面曲线，建立带电液滴表面形变与多射流生成临界条件的数学模型。首次发现存在多射流“临界产生电压”和“临界退出电压”，提出尖端辅助电极静电纺丝双“开关”电压的概念，阐明溶液黏度、溶液表面张力、对射流数量极大值和双“开关”电压的影响规律。该项目利用该技术增强纳米纤维产量及纳米纤维膜结构均匀性的特点，获得纳米纤维应用于油水分离膜材料、可穿戴柔性传感器、膜蒸馏材料和锂离子电容器隔膜材料等。

（郭建辉）

【新型功能膜制备技术研究及平台建设】 该项目是中央引导地方科技发展专项项目，由天津工业大学林立刚等完成，2020年5月通过北方技术交易市场组织的专家验收。该项目面向高端分离和精密分离的膜材料，结合超分子作用的特异性和膜的高效性，开展基于环糊精和聚轮烷的新型功能膜研究，包括点击化学的制备、膜结构和吸附性能的关系、膜结构调控、亲和吸附行为等研究，考察膜对蛋白分子的吸附性能，同时构建聚酰亚胺纳滤膜，用于螺旋霉素等体系的分离；获批国家“111”计划，实验室国际合作水平提升；国家实验室引进在Science等期刊发表高水平论文的学者1名，项目团队获批“膜法水处理技术”天津市高层次创新团队。制备出基于环糊精和聚轮烷的新型亲和膜、抗污染膜等，探讨膜的制备条件、结构、性能的关系，形成一套新型功能膜成膜工艺，丰富分离膜结构调控方法；项目通过点击化学膜改性方法构筑具有亲和位点的新型亲和膜，制备得到具有蛋白质吸附功能的膜材料，丰富环糊精基功能膜的应用领域，对膜技术在生物分离中的应用拓展具有参考价值。项目发表论文12篇，申请专利5件，培养研究生20人，其中博士研究生2人，硕士研究生18人。

（郭建辉）

【吸附颗粒动态膜对超滤膜污染减缓机制研究】 该项目是天津市创新平台专项项目，由天津工业大学省部共建分离膜与膜过程国家重点实验室王亮等完成，2020年5月通过北方技术交易市场组织的专家验收。该项目针对吸附颗粒动态膜技术深入开展超滤膜污染控制机理研究，为构建“短流程、高效能”饮用水膜处理集成工艺提供理论基础和安全保障技术，推动“吸附－超滤”耦合工艺在饮用水处理中的广泛应用。该项目针对典型的PVDF超滤膜，辨析能够引起不可逆有机膜污染的重要天然有机物组分特征，进行“吸附颗粒－超滤”的分体式工艺和一体式耦合工艺的对比运行研究，提出一体式“吸附颗粒－超滤”耦合工艺能够有效减缓不可逆膜污染，与单独超滤相比，使超滤膜水力反洗频次下降60%，化学清洗频次下降73%，使超滤膜面不可逆污染累计速率下降48%。通过构建原子力修饰探针和微观界面作用力测定方法，从溶液本体和近膜壁两处作用空间、过滤和反洗两处作用时间系统解析“吸附颗粒－超滤”一体式耦合工艺减缓不可逆有机膜污染的作用机制，对主要运行工艺参数进行优化。项目发表SCI论文10篇，申请国家发明专利6件，培养硕士研究生20人。获批天津市高层次创新团队（膜法水处理技术创新团队），获天津市中青年科技创新领军人才称号。

（郭建辉）

【水污染防治用超疏水中空纤维膜微界面调控方法与制备关键技术研究及平台建设】 该项目是中央引导地方科技发展专项项目，由天津工业大学省部共建分离膜与膜过程国家重点实验室武春瑞等完成，2020年11月通过天津市科技创新发展中心组织的专家验收。该项目针对疏水膜微结构形成原理、超疏水表面构建机制开展研究，建立具有类荷叶表面微结构的聚偏氟乙烯超疏水复合膜制备及微结构调控方法，为疏水膜技术发展提供基础理论与技术支撑，为水污染防治与水资源综合利用提供创新膜材料与制备方法支持。该项目探明超疏水膜表面微结构形成原理，建立膜结构调控方法，研制出超疏水膜，膜表面纯水接触角大于160°，膜蒸馏通量大于20kg/m^2·h，为膜蒸馏过程研究提供技术支撑；探讨膜蒸馏过程传质换热机理，考察疏水膜亲水化进程的关键影响因素，明晰污染控制和过程强化膜蒸馏过程中的传质换热效率提升机制，为膜蒸馏过程研究提供理论参考。发表SCI收录论文10篇，申请发明专利5件；开发超疏水膜制备工艺1项，研发超疏水膜材料1种；培养博士研究生2名、硕士研究生8名。

（郭建辉）

【饮用水净化过程中膜材料与膜工艺的稳定性及安全性机理研究】 该项目是国家自然科学基金面

上项目，由天津工业大学张宏伟等完成，2020年4月结题。该项目围绕膜法水处理工艺中有机膜材料的安全性和稳定性问题，从材料化学组成、物理结构、分离传质机理、协同工艺影响等多个层面入手，探讨长期运行过程中分离膜性能的动态演化规律及其影响因素。针对分离膜材料的稳定性问题，首先从膜中残留致孔剂、亲水改性剂等添加剂的析出行为入手，揭示添加剂化学结构、亲水水合作用对膜孔尺寸及膜分离性能的影响机制；针对实际水处理过程中存在的混凝、化学清洗、膜消毒等协同工艺，着重考察化学药剂投加对聚合物分子结构以及膜孔微观结构的影响机制，在膜法水处理工艺、膜面物化特性、膜孔介观结构、膜分离性能间建立有效联系。针对化学氧化、物理反洗、添加流失等因素所导致的使用过程中膜材料孔径尺寸增大、分离性能降低等现象，从微观和介观角度入手，探讨膜孔平均尺寸、孔径分布、分配系数、水合半径、自由体积等参数在不同污染物分离过程中的作用机理，建立基于膜污染行为控制的膜分离性能调控方法和老化膜快速修复方法。（郭建辉）

新能源与节能技术

【能源交通领域】 通过重点研发计划、技术创新引导专项、科技重大专项等各类科技计划项目支持风能、太阳能、氢能等可再生能源及新能源汽车领域技术创新，突破一批共性关键技术，形成动力电池以正负极材料、隔膜、电解液、电芯、pack封装、回收利用为一体的完整产业链，发展风能、太阳能产业链，建设氢能产业链。一是对接国家资源。支持科技型企业申报国家重点研发计划科技助力经济2020重点专项，助力中小微科技型企业应对疫情不利影响，持续开展技术研发。启动“新能源·育动能”院市合作重点任务专项，吸引中科院动力电池、可再生能源制氢等多项科技成果落地天津。通过各类科技计划项目支持开展研发攻关，培育科技领军企业，取得成果。天津亿昇科技有限公司研发的智能磁悬浮透平真空泵，技术国际领先；科技重大专项支持的智能算法研究取得突破，助力智能网联巴士亮相世界智能大会；推动捷强动力创业板上市。二是创新平台建设。建设西青区国家级车联网先导区，依托人工智能创新发展试验区，打造智能网联汽车仿真测试实验室。建设中汽中心新能源汽车检验中心项目，强化新能源汽车材料、部件、系统及整车检测能力。推动产业技术创新战略联盟备案和建设，支持新能源协会、分布式发电与微电网联盟、智能网联车产业技术创新战略联盟、打造合作交流平台，促进产业上下游协同发展。三是形成产业聚集区。新能源领域聚焦风电、新能源汽车及动力电池、储能形成多个集聚态势明显的产业聚集区，形成氢能产业聚集雏形。高新区“国家风力发电高新技术产业化基地”形成较为完整的风电产业体系。荣盛盟固利新能源科技有限公司投产建设年产10Gwh动力电池生产基地，形成宝坻九园工业园区涵盖正负极材料、隔膜、集成系统为一体的动力电池产业聚集区。华苑产业区获批新能源（储能电池）产业示范基地。新氢动力3.5吨氢燃料电池叉车国内首发，保税区初步形成氢能研发、生产、终端应用的全产业链闭环。

（周明　刘晓　岳鑫　汤桂兰　张钺伟　李宏博）

【海上风电新型筒型基础与高效安装成套技术】 该项目由天津大学、中国长江三峡集团有限公司、中国电建集团华东勘测设计研究院有限公司、新疆金风科技股份有限公司、华电重工股份有限公司练继建、丁红岩、刘润、王武斌、王海军等完成，获2020年度天津市技术发明特等奖。该项目发明巨型多分舱海上风电筒型基础结构体系，首创工厂化批量预制基础结构和“种树式”安装风机的建造方式；提出新型筒型基础顶盖－筒壁－土体联合承载模式，建立基于筒土协同度的地基承载力分析方法，发明风电结构体系减振的偏权重控制方法，实测倾斜度较单桩基础小50%。发明海上风电基础－塔筒－风机整体浮运新技术，建立筒型基础浮稳性与分舱优化分析方法，发明船下气浮顶托风机整体浮运技术，提出船－筒姿态和水封安全控制指标，实现8级风和3.5m浪海况的整体浮运和安装定位，施工窗口期增长20%。发明筒型基础整体沉放和精细调平控制技术，提出风浪流作用下筒型基础－塔筒－风机水中整体沉放姿态与安全性控制方法；揭示筒型基础入土沉放过程筒－土－渗流耦合作用与减阻机理，提出沉放阻力计算方法与减阻措施；发明基于分仓压力差－倾角－渗流－屈曲联合测控的筒型基础沉放精细调平控制技术与装备。创造1天沉放安装1台风机的世界纪录，安装水平度为0.3‰～0.8‰，优于3‰的国际标准。授权发明专利101项，核心技术获美日欧盟发明专利；主编国家、行业标准2部，发表论文152篇。

（天津大学）

【风光发电系统关键技术研究及应用】 该项目由天津科技大学等游国栋、李继生、徐晓宁等完成，获2020年度科学技术进步二等奖。该项目提出一种容错控制方法，诊断系统故障，解决逆变器输入不确定性和执行器故障诊断的难题，提高跟踪性能和容错能力。提出一种光伏并网逆变器的控制方法，解决单相光伏并网逆变器易受外界干扰的难题，提高逆变器输出电压的稳定度。提出一种故障容错控制技术，解决风能转换参数变化、传感器故障和执行器故障等不确定性问题。

【面向能源革命先锋城市的优质电力供应保障关键技术及工程应用】 该项目由天津大学、国网北京市电力公司城区供电公司、中国科学院电工研究所、国网天津市电力公司城东供电分公司、北京潞电电气设备有限公司葛磊蛟、贾东强、朱晋、王中冠、李治等完成，获2020年度天津市科技进步二等奖。该项目提出能源革命先锋城市的配电网多模态数据融合态势感知方法，构建能源革命先锋城市多场景运行状态综合评估模型，揭示能源革命先锋城市供电多场景和故障集关联规律，实现基于数据驱动的电网薄弱点快速定位和状态感知，节约运营成本30%以上。构建面向分布式清洁能源发电并入配电网的群控群调管理体系，提出基于海森矩阵分裂求逆的超线性分布式电压优化控制方法，实现去中心化的电压在线反馈协调控制，压缩协同调度迭代次数与计算时间至15%以下，避免单点故障造成的调度系统可靠性风险，保障清洁能源汇集先锋城市区域电压合格率提升超过30%。研发集成机动型智慧保障平台，实现能源供给模式变化下的配电网供电系统高效运行维护，研制户外智慧紧凑型箱变车、户外智慧SSTS、户外智慧ATS等关键装备。获授权发明专利17件，实用新型专利2件，软件著作权7件，编制国家标准1项；开发硬件装置5套，软件系统2套；发表论文24篇，其中SCI论文12篇。

（天津大学）

【北方新型热泵供热系统关键技术创新与应用】 该项目由中国铁路设计集团有限公司、黑龙江爱科德科技有限公司等单位邹志胜、朱建章、孙兆军、韩兴旺、周翔等完成，获2020年度天津市科技进步二等奖。该项目首创CO_2直接蒸发和CO_2与R134a复叠循环流程。通过采用涡流管、可变回热、复合式蒸发器结构、不间断供热快速融霜等技术和新的协同控制策略，解决环境温度低至−40℃空气源热泵机组供暖的技术难题。创构地源与空气源自平衡耦合热泵供暖系统。基于对多个典型城市空气补热能力规律的分析，提出严寒及寒冷地区地源热泵系统自平衡耦合方法，实现土壤温度的长期稳定。形成超低环温CO_2及自平衡耦合热泵系统设计方法。以全寿命周期费用最低为目标函数，提出典型地区地源侧最优水温设计参数，形成自平衡式地源热泵系统设计方法。研制超低环温CO_2及自平衡耦合热泵成套设备。研发单级热风、复叠热水机组、复叠风水联供机组，完成系列化产品的定型生产；提出补偿式双源热泵冷热、风空调机组控制方法，开发适合严寒及寒冷地区的自平衡式地源热泵成套设备，实现冷热负荷不平衡情况下的系统自平衡。获得发明专利授权6件，实用新型专利授权13件，发表论文3篇。

（闻济舟）

【合成气制乙二醇成套关键技术及工程应用】 该项目由天津大学马新宾、吕静、赵玉军等完成，获2020年度高等学校科学研究优秀成果奖技术发明一等奖。该项目发明草酸酯合成Pd系催化剂及其制备关键技术，发明高效、稳定、鲁棒性强的Pd-M/Al_2O_3颗粒催化剂，开发具有中空异形及薄层涂覆结构的催化剂制备技术，使Pd用量节约80%，催化剂成本降低60%。发明草酸酯加氢Cu基催化剂及其制备关键技术，开发片层状、纳米管等新型Cu基催化剂及其规模化制备与成型新技术，开辟合成气制乙二醇/乙醇选控合成新工艺。开发合成气制乙二醇成套工艺关键技术，发明偶联－再生稳态封闭自循环工艺，实现工业装置全流程零排放稳定长周期运转，以合成气制乙二醇技术为核心，开发乙醇、草酸、碳酸二甲酯等多元化高附加值产品方案，拓展以黄磷厂、钢厂等尾气为碳源的新技术及工业应用，推进工业尾气的高值化、资源化利用。项目获授权国际发明专利6件，授权中国发明专利26件，发表JACS、Nature Commun等论文100余篇，形成具有自主知识产权的合成气制乙二醇成套技术专利群。

（天津大学）

【通过浆液浸渍法制备涂层式V_2O_5-WO_3-TiO_2-SiO_2催化剂的方法】 该项目由河北工业大学沈伯雄等完成，获2020年度天津市专利优秀奖。该项目以堇青石蜂窝陶瓷为基体，以V_2O_5为主催化剂、WO_3为助催化剂、TiO_2和SiO_2为直接载体，采用浆液浸渍、干燥、煅烧的工艺制备，可用于高空速、含硫量较高的柴油机尾气氮氧化物的选择性催化还原。该制备方法工艺简单，通过将活性物质及直接载体直接混合形成浸渍浆液，降低负载次数及生产过程中的能耗；通过将堇青石基体进行酸处理，提高基体的比表面积，提高催化剂活性物质在基体表面的分散性、活性和涂层与基体的结合强度；所制得的催化剂具有很高的催化活性、较强的机械稳定性和抗硫性、水热稳定性。

（王媛媛）

【新型高性能动力锂离子电池层状正极材料的放大化技术研究】 该项目是天津市重点研发计划项目，由天津工业大学化学与化工学院、天津理工大学材料科学与工程学院、天津巴莫科技有限责任公司王晓清等完成，2020年9月通过天津市科技咨询业协会组织的专家验收。该项目拓展核壳结构前驱体为单级、多级和浓度梯度核壳结构材料，完善核壳结构的概念和前期的研究结果；开发多步共沉淀制备目标材料的工艺；达到前驱体的批量制备；开展上述材料在动力锂电池的推广应用。研究开发一整套针对废旧锂离子动力电池的再资源化工艺技术，实现废旧动力电池的无害化处理，包括电解液处理技术、正负极片隔膜分离技术、铜箔、铝箔电极材料溶液分离技术、电池生产过程NMP废液再利用技术等；研究开发一整套回收处理再资源化样机，实现上述工艺技术的示范运营，对生产中产生的正负极边角料的回收处理也同样适用。申请发明专利2件；发表SCI论文5篇；培养博士后1人，硕士研究生4人；开发新产品1个，开发新工艺1个。

（郭建辉）

【ACN环境下含EVs充换电站的交直流混合微电网优化调度与协调控制】 该项目是天津市自然科学基金重点项目，由天津工业大学肖朝霞等完成，2020年8月通过北方技术交易市场组织的专家验收。该项目提出微电网/群为大电网提供辅助服务的协调控制方法，实现微电网与配电网两者协同增效；针对电动汽车大功率随机快充和短时/瞬时放电造成的微电网母线电压波动问题，提出采用混合储能的分层协调控制方法；分析含不同接口类型电源的微电网和含恒功率负载/源的电力电子级联系统稳定性，提出系统模型降维方法；针对含电动汽车充换电站微电网的多利益主体系统能量管理，提出分级分层微电网优化调度方法，实现微电网与电动汽车用户协同增效；完成自主双向换流器设计，开发出模块化可重构微电网实验平台。项目申请发明专利3件，实用新型2件；发表论文15篇，其中SCI/EI检索10篇；培养硕士研究生11人，联合培养博士研究生1人；完成样机1台。

（郭建辉）

【面向2035年的新能源汽车产业发展规划研究及应用】 该项目由中国汽车技术研究中心、中国汽车战略与政策研究中心刘斌、方海峰、姚占辉、祝月艳、周玮、石红完成，2020年11月结题。该研究针对国内新能源汽车产业发展面临的核心技术创新能力不强、与内燃机协同发展不充分、新型产业生态发展不健全、跨产业融合发展效率不高、国际化发展水平不足和中长期产业发展规划缺位的六大关键问题，设立六大专项子课题，面向未来十五年研究关键问题的现状、趋势、制约因素和解决路径，支撑《新能源汽车产业发展规划（2021—2035年）》（国办发〔2020〕39号）的编制发布。

（祝月艳）

生态环境技术

【生态环境领域】 2020年，天津市科技局聚焦全市生态环境保护和污染防治科技需求，围绕大气、水、土壤与固废污染防治等方面，协助实施天津市重点研发科技支撑项目，支持环境污染治理项目11个项目，财政经费560万，带动社会投资2011万元，开展环保适用新型技术研发，为蓝天、碧水、净土、渤海综合治理等污染防治攻坚战提供技术支撑。中央引导地方科技发展专项湿地项目提出《天津“一中心四基地”滨海湿地生态观测系统规划方案》，恢复近天然湿地区保育恢复、远天然湿地区人工强化两种技术模式，在七里海湿地进行示范应用。针对外来物种互花米草入侵这一生态问题，研发天津滨海互花米草防控技术方案，协助北大港湿地管理中心进行2000亩海滩互花米草防治示范应用，助力北大港湿地成为国家重要湿地，列入《国际重要湿地名录》。累计培育建设天津环境监测技术、天津市景观生态修复、天津市水污染控制与生态修复技术等企业重点实验室13个，培育天津市海洋环境保护与修复、天津市农田生态与环境修复、天津市电子废物资源再生等技术工程技术中心33个，培育天津市大气污染防治产业、天津市土壤环境评估与修复产业、天津市水环境产业、天津市海洋环境监测与治理产业等7个技术创新战略联盟。天津海水淡化与综合利用研究所获批建设天津市海水资源利用技术创新中心，推动技术研发、人才培育、成果转化、装备制造和市场应用，为天津“海洋强市”建设提供基础支撑。建立节能低碳与环境污染防治技术成果征集、技术指导目录信息反馈和定期完善修订工作机制，发布《天津市生态环境保护科技发展蓝皮书》，累计入选技术目录100余项，入选技术应用推广率平均超过70%，记录天津市生态环境保护领域的科技发展现状、技术成果和示范案例，为科技企业和科研院所提供供需对接和交流合作渠道，推动环境污染防治先进适用技术的推广应用。

（周明　刘晓　岳鑫　汤桂兰　张钺伟　李宏博）

【大型生活垃圾高效焚烧与敏感性二次污染物控制技术及应用】 该项目由天津大学、光大环境科技（中国）有限公司、中国市政工程华北设计研究总院有限公司、北京航空航天大学、光大环保技术装备（常州）有限公司、中国质量认证中心陈冠益、马文超、胡利华、孙铁斐、高波等完成，获2020年度天津市技术发明一等奖。该项目发明垃圾焚烧床层数值模拟软件BASIC（Bulk Accumulated Solids Incineration Code），突破固相、气相控制方程单独建立的挑战，建立垃圾固气两相焚烧NOx、SOx的化学反应动力学模型及全景式迁移转化路径，实现一次风流场、配风流场、烟气循环系统等优化，设计制造首套国产千吨级垃圾焚烧炉排及系列成套大型装备。发明二噁英炉内阻滞技术，揭示垃圾焚烧UPOPs的de-novo合成机理与二噁英的诱导反应效应，提出二噁英生成的金属及其化合物与碳源的耦合关联效应；识别垃圾典型组分的氯源种类，构建氯平衡分布体系；阐明氯的热行为特性，揭示析出-积灰-腐蚀迁移转化路径；解析氯腐蚀机理，开发防腐材料新配方。发明敏感性二次污染物控制技术包括：基于烟气再循环的低氮燃烧技术、烟气多污染物协同控制技术、飞灰等离子体熔融固化重金属技术，通过源头减排-过程控制-末端脱除等多端联控技术实现敏感性二次污染物控制，构建环境影响评价及人体健康风险评价体系。项目授权发明专利12项；参编标准1项；发表论文百余篇；出版著作3部（外文1部）；通过PCT申请专利3件。

（天津大学）

【工业园区企业废水排放标准及达标工艺技术研发】 该项目由南开大学、天津市生态环境科学研究院卢学强、周明华、李慧、刘红磊、李艳英等完成，获2020年度科学技术进步二等奖。该项目创建工业园区企业废水处理技术评估新方法，建立园区企业废水处理技术优选和验证技术方法，为园区废水处理全流程优化提供技术支撑。提出工业园区企业废水处理排放新标准，首次引入协商排放机制，突破“一刀切”式的排放限值，支撑工业园区废水处理的整体节能降耗。开发园区企业有毒难降解废水处理高级氧化新技术，开发预磁化铁高级氧化新技术。

【恶臭电子鼻在线监测预警溯源技术研究与应用】 该项目由天津市生态环境科学研究院、天津迪兰奥特环保科技开发有限公司、天津环科环安科技有限公司包景岭、王亘、邹克华、荆博宇、袁雪竹等完成，获2020年度天津市科技进步二等奖。该研究通过电子鼻、远程留样器和全地形采样机器人等设备的自主研发，建立电子鼻智能监测集成系统，解决恶臭污染在线监测与无法采集有效样品的难题；通过嗅阈值、恶臭指纹图谱和识别技术的研究，建立恶臭指纹图谱溯源技术，解决恶臭污染溯源难题；通过监测预警溯源体系、物联网、云平台技术和自主研发设备的融合，构建一体化系统平台，为恶臭污染的监测和管理提供一整套解决方案和技术。成果应用于天津、深圳、珠海等地11个工业园区，提升当地管理部门恶臭污染监管水平，降低污染事件的发生，减少恶臭投诉，具有社会效益和环境效益。

（李伟芳　荆博宇）

【大气重污染成因与治理攻关项目】 该项目中《京津冀及周边2+26城市来源解析研究》《“2+26”城市综合解决方案研究》由天津市生态环境监测中心邓小文等完成。该课题针对天津市颗粒物污染现状，以受体模型为研究基础，结合数值模型、高时间分辨率监测数据以及实际工作需求，建立污染来源分析的技术支撑体系，定量解析区域传输影响和本地源类对细颗粒物的贡献，对机动车、工业排放、燃煤源和扬尘等采取有针对性的防治措施。以“提早预警+实时跟踪+精准研判+对策建议”四步法为依托，开展天津市历次重污染过程的预警与成因分析工作。从环境空气质量、污染源、颗粒物化学组成、气象要素等角度全方位解读大气重污染成因，利用高时空分辨率的精细化污染源清单，对重污染过程开展应急措施科学评估，为天津市重污染天气的科学应对提供支撑。研究成果应用于《天津市2019年度打好污染防治攻坚战工作计划》《天津市打好污染防治攻坚战2020年工作计划》和《2019年天津市重污染天气应急预案》制定。

（肖致美）

【非二氧化碳温室气体排放路径研究】 该项目由天津市生态环境科学研究院张宁、陈瑞、陈颖等完成，2020年1月结题验收。该研究成果核算特定年份高碳行业企业非二氧化碳温室气体排放量，在区域层面开展温室气体活动水平量化、主要排放源识别、各领域排放特征分析和未来减缓潜力预测，对碳排放权交易配额分配、深化天津碳市场、应对气候变化政策规划制定、碳强度下降指标分解、统计制度建设、低碳示范园区建设等进行研究。该研究识别高碳企业非二氧化碳温室气体排放的典型行业和重点环节，为天津市形成以低碳排放为特征的产业体系、促进绿色低碳发展和生态城市建设提供决策依据，推动开展生态城市建设和应对气候变化工作，实现社会和环境效益。

（张宁　陈瑞　陈颖　王秋彤　康磊　王喆）

【工业有机喷漆废气预处理技术研发与应用推广】 该项目由天津市生态环境科学研究院、天津环科环境咨询有限公司、双福源（天津）环境科技发展有限公司谢志成、陈瑞、冯鸣凤、赵宁、于文双等完成，获国家实用新型专利和2020年度天津市环境保护科学技术奖二等奖。该课题采用“迷宫挡漆板+多孔纤维滤材+F7级滤棉+F9级滤棉”的方式，使废气多次折流高效去除大颗粒黏性物质，针对不同产品、工艺、原材料产生的废气性质，预处理工艺进行针对性设计。利用迷宫挡漆板将颗粒物及黏性物质进行拦截，使后续高精度滤棉使用寿命延长、更换频次减少，利用多孔纤维滤材结构，单位截面积不变的情况下增大数百倍比表面积，容尘量增大数十倍。该课题设计的废气预处理装置以及废气处理系统是喷漆有机废气预处理基础技术的一项革新。该技术可避免吸附滤材大量更换、更换滤材人工成本居高不下等弊端，提高喷漆废气处理的增益比，应用于天津市、广东省、湖北省、江苏省等地。

（谢志成　陈　瑞　冯鸣凤　于文双）

【基于碳交易体系的高碳企业碳排放强度行业先进值研究】 该项目由天津环科环境咨询有限公司、天津市生态环境科学研究院李卓、张宁、陈瑞等完成，2020年7月通过天津市生态环境局验收。该研究通过开展大量现场调研与数据统计分析，结合碳交易制度设计特点，首次在天津市范围内构建高碳企业碳排放强度行业先进值数据库，突破碳交易制度体系对于新增设施配额分配技术的难题。以天津市全部发电企业为样本，在中国北方地区首次开展电力行业碳基准线研究，创新性的对天津市案例进行3种基准线情景设置，为即将开市的电力行业碳交易全国市场提供宝贵的数据基础。应对气候变化职能转隶后，首次系统归纳和评估天津碳排放权交易试点对天津市生态城市建设的成效，以推动温室气体排放与大气污染防治协同控制的全新角度，提出深化天津碳排放权交易试点配额分配工作的建议。建立和完善的区域高碳企业碳排放强度先进值和基准线数据库，在区域层面科学开展温室气体活动水平量化、主要排放源识别、各领域排放特征分析和未来减缓潜力预测，对碳排放权交易配额分配、深化天津碳市场，乃至应对气候变化政策规划制定、碳强度下降指标分解、统计制度建设、低碳示范园区建设等国家低碳城市试点工作开展和天津市低碳发展具有科学价值。

（李卓　张宁　陈瑞　陈颖　高雅　贯睿）

【港口干散货作业应税污染物排放量核算研究——以煤炭为例】 该项目由天津港（集团）有限公司、生态环境部环境规划院、天津市环境保护科学研究院、辽宁大学王伟、葛察忠、郝春旭等完成，2020年6月通过中国港口协会组织的专家鉴定，综合评价达到国际领先水平，获2020年度中国港口协会科技进步一等奖。该项目针对天津港港区煤炭码头应税污染物核算，综合考虑煤炭堆场静态起尘及装卸作业等动态起尘环节，核算干散货码头煤炭堆存、装卸过程的大气颗粒物实际排放量。以在线监测的浓度数据作为颗粒物无组织排放量核算依据，建立适用于干散货码头颗粒物排放量核算的计算模型。该研究成果形成政策建议，应用于《天津市生态环境局关于发布〈天津市煤炭堆存、装卸过程大气应税污染物排放量抽样测算方法（试行）〉的公告》（津环规范〔2019〕3号）、《国家税务总局天津市税务局关于煤炭堆存、装卸过程大气应税污染物环境保护税核定征收的公告》等政策文件。该研究成果应用于天津市3家港口企业，体现企业各类控尘措施的降尘效果，升级改造企业清洁环保生产工艺。

（李　燃）

【渤海湾入海河流综合治理及生态修复集成技术及示范】 该项目由天津市生态环境科学研究院、天津环科环境咨询有限公司张涛、孙静、周滨、田野、段云霞等完成，2020年7月通过天津市科学技术评价中心鉴定。该项目针对渤海湾水环境特点，进行水污染控制与生态修复的顶层设计，形成水生态综合治理及生态修复的成套技术体系。利用微生物强化作用截留氮磷污染，改善水体环境；利用退养的鱼塘，形成强化人工湿地实现初期雨水及水产养殖退水旁路治理及水资源循环利用。成果推广应用到河道、湖库湿地、黑臭水体等治理与生态修复中。其中，渤海湾入海河流综合治理及生态修复集成技术体系既相互独立又能集成利用，项目成果可以采取单项推广和成套技术集成推广等多种模式。成果应用到城市一级、二级河道、湖库湿地、黑臭水体等坑塘治理与生态修复中。申请专利11件，获授权专利6件；发表论文3篇；出版专著1部。

（段云霞　张　彦）

【六价铬污染场地原位高效化学还原绿色修复技术研究与应用】 该项目由天津渤化资产经营管理有限公司杨成良、张红振等完成，2020年8月通过天津市产权交易有限公司鉴定。该项目提出高压旋喷与空气劈裂组合技术，提高低渗透性六价铬污染场地原位化学还原修复药剂有效半径，达到1.8米；阐明天津地区典型低渗透非均质地层中六价铬污染土壤和地下水迁移规律，优化化学还原修复相关技术参数；提出“分区域－分浓度－分阶段”的六价铬污染水土一体化高效修复技术模式并开展应用实践。该成果应用于天津、青海等地，具有经济、环境和社会效益。

（王志东）

【冻土自动观测仪】 该设备由中环天仪（天津）气象仪器有限公司王龙等独立设计开发，2020年6月获中国气象局颁发的气象专用技术装备使用许可证，通过中国气象局气象探测中心出厂验收。DTD4型冻土自动观测仪利用测温技术，结合水凝结成冰或冰融化成水的温度变化特性，开发出达到国内先进水平的设备。该设备特点：①能对观测数据进行自动采集、运算、质量控制、存储和传输；②能够自主适应采集模式、通信模式和处理模式；③能够自动检测设备状态、质量控制、计量检定、报警等信息，自动诊断出设备工作是否正常以及进行故障定位，便于实时监控和维护保障；④能够根据设备状态信息和自诊断结果，自动恢复到标准状态；⑤通过规定的通信接口，能够实现程序在线升级；⑥根据标准化的数据格式和接口，能够实现即插即用；⑦可以进行野外的长期观测。该产品在甘肃、辽宁、内蒙古等7个省市安装使用。

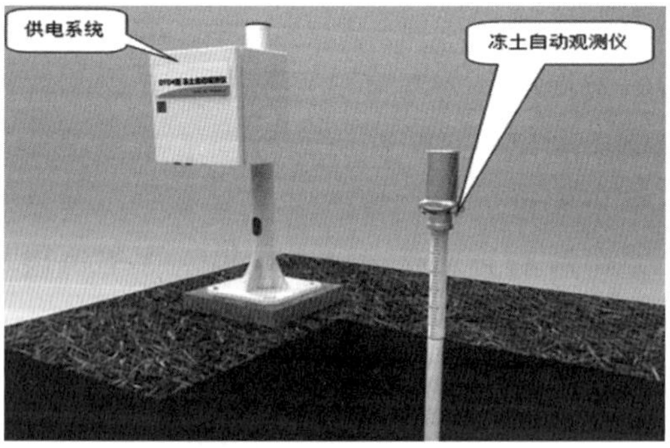

图7　系统实物照片

（吴建宾）

海洋技术

【在役海洋结构系统安全运维技术研究】 该项目由天津大学、瀚辰海洋科技（天津）有限公司余杨、余建星、聂为之、王华昆、李志成等完成，获2020年度天津市科技进步二等奖。该项目首次提出深海极端环境载荷下典型深海浮式平台鲁棒性及运动优化技术，构建TLP平台－筋腱－立管－张紧器耦合模型，提出极端海况诱导平台系泊渐进失效、立管失效模拟及响应特性分析方法，揭示平台局部子结构的失效机理，建立结构鲁棒性定量评估模型，提出浮式平台系统自存性能提升方案。确定典型海洋结构损伤演化机理及规律，首次提出应力－冲蚀模型及对应的多物理场耦合分析方法，修正已有的腐蚀疲劳模型，开发疲劳裂纹扩展数值分析程序；提出一套完整的含冲蚀、裂纹、凹陷损伤管状结构剩余强度评估方法，建立含随机点蚀损伤的立柱、管道极限屈曲承载力计算模型。开发海洋结构系统智能监测预警技术，实现施工作业、结构损伤实时监测及预警。开发多种高效的图像处理和大数据处理、信息管理及检索技术，依托人工智能技术实现图像有效信息自动提取和分析，实现结构安全性实时监测及预警，为海洋结构系统智能安全运维提供技术支撑。获授权专利20件（发明专利18件）；发表学术论文共40篇（国际高水平论文24篇）；出版专著1部。（天津大学）

【长时序多源海岛海岸带遥感数据处理关键技术及在海洋监管中的应用】 该项目由国家海洋信息中心焦红波、张峰、李艳雯等完成，2020年4月通过由中国地理信息产业协会组织的成果鉴定和评比，获2020年度地理信息科技进步一等奖。该项目突破多类型立体像对的无地面控制点、高精度海岸带影像正射校正技术，攻克海上实测困难区影像定位精度低的难题；突破长时序、多源海岛海岸带遥感影像批量、自动化处理技术，解决影像色彩难以统一、处理效率低的问题；突破基于集成学习方法的海岸带影像智能分类技术，破解面向海洋监管的影像自动分类精度低、变化图斑提取效率低的难题。为海洋遥感开展业务化监管应用提供技术保障。首次构建海洋领域国产卫星资料“多星联合调度－实时无缝推送－自动分类管理”的高速网络通道，建立运行15天一周期的全国海岸带遥感影像采集处理、信息提取业务化工作机制和应用服务平台。该项目建立海岛海岸带遥感数据仓库，首次编制基于遥感的系列比例尺海洋基础地理信息更新技术规范行业标准及海洋专项遥感资料整编规范，研发设计海洋监管专题信息解译方法和海洋遥感专题成果符号库。成果应用于海域海岛监管、海洋生态保护、海洋维权执法等。

（焦红波）

【黄海中部春季浮游植物水华进程及其对生物碳汇贡献研究】 该项目是国家自然科学基金项目，由天津科技大学孙军等完成，2020年12月结题。该项目对“黄海不同水华进程中浮游植物、浮游动物粪便颗粒和透明胞外聚合颗粒物（TEP）沉降的速率测定和碳通量估算”“综合评估不同水华进程对海区生物碳汇的贡献”开展研究。依托国家基金委在黄渤海展开的8个科学考察航次，获得研究海域较全面的浮游植物类群信息（生物量、种群、生物多样性等），探讨浮游植物沉降、浮游动物粪便颗粒、TEP这三条生物碳汇途径的碳通量。该项目测定黄海中部水华现场浮游植物物种演替和水华进程，确定不同类型的浮游植物水华子过程，阐明两种不同的水华进程场景并探讨其关键调控因子；阐明调查海域不同季节的浮游植物群落变化和浮游植物固碳的时空格局，解析不同浮游植物类群对环境变化的响应差异；现场测定研究海区浮游植物和TEP的沉降速率，利用现场原位培养测定浮游动物排粪率，对其碳通量进行估算，通过综合比较三条生物碳汇途径的碳通量，研究发现TEP和浮游动物粪便颗粒物的沉降是研究海域碳沉降的重要途径。研究成果为中国区域海洋碳循环的研究提供基本资料和相关科学认识，为国家碳减排政策提供科学的管理依据，服务于国家碳中和战略。发表SCI论文35篇，Top Journal5篇、JCR一区16篇、JCR二区8篇、JCR三区11篇，发表中文期刊文章8篇。该项目执行期间培养国务院政府特殊津贴专家1人、博士后3人，引进外籍副教授2人，培养博士研究生2人，硕士研究生10人。

（李丽娜）

【基于ANN的渤海海雾数值使用预报技术研究】 该项目是天津市应用基础与前沿技术项目，由天津市气象科学研究所、中国民用航空华北地区空中交通管理局天津分局吴彬贵、张建春、曲平等完成，2020年7月通过市科技局验收。该项目利用2006年至2014年的模式产品和实况资料，开展预报因子的选取，将样本做归一化处理，采用梯度提升决策树GBDT、随机森林RF和BP神经网络三种ANN方法。能见度虽为直接训练目标，通过改变学习器为能见度的对数或由经验公式反算的液态水含量等间接目标的方法提高神经网络模型识别能力。用2015年至2016年数据作为检验WRF模式释用结果对比后，优选GBDT方法建模。该项目的性能指标：对0～1km能见度预报，72小时内检验结果TS=0.16，比较WRF原模式预报，对雾过程的TS评分提高11%，但是如果细分0～0.5km，0.5～1km两个区间范围检验，发现0～0.5km的预报改进效果不佳。当WRF预报0.5km以上时，GBDT方法改进较好，当WRF预报能见度小于0.5km，应该直接采信数值模式结果。另外考虑到WRF在大气低层特别是近地面层的预报误差，是影响能见度预报的主要因素，通过加入地面历史真实值的方法，研发0～6小时能见度临近预报模型。1～6小时雾临近预报的TS评分从75%逐渐下降到33%，时间越短，预报准确率越高。该项目将GBDT方法拓展到应用于雾的预报研究，在结合实测数据的0～6小时临近预报中取得较好的效果；用改变学习器直接训练目标的方法提高对低能见度预报的准确率。该产品在试用阶段没有申请业务准入认证，仅适用于能见度天气预报范围，预报系统没有出现安全问题。该产品在天津市气象科研所模式系统网站显示。

（吴彬贵）

【鱼籽盐制备关键技术装备研发】 该项目由自然资源部天津海水淡化与综合利用研究所高春娟、吴丹、王泽江等完成，2020年12月结题。该项目研究高端精制盐产业化技术创新研发、关键装备设计研发，对盐化工副产盐产品的有效利用及产值提高提供支撑。以晶体形态学为基础，开展多晶形食用盐球晶形成机理、生长动力学的探究，明确鱼籽盐生长机理；通过搭建蒸发结晶装备数学模型，开展并完成三维流场模拟研究，形成蒸发结晶装备优化模拟技术；通过结晶过程中结晶方式及关键因素的优化及控制，研发球形盐粒度控制、晶形转化等关键技术；依托室内试验和模拟优化成果，研发球形盐产业化关键技术装备，实现球型精制盐产品粒度可控生产，开发的球形盐产品NaCl含量大于99.5%，符合GB/T 5461-2016《食用盐》优级精制盐要求。

（高春娟）

【新型海水淡化装备创新孵化平台】 该项目是“十三五”天津滨海新区海洋经济创新发展示范项目，由自然资源部天津海水淡化与综合利用研究所谢春刚等完成，2020年7月通过天津市滨海新区海洋局组织的项目验收。该项目以新型海水淡化装备研发和产业化为目标，开展以新能源、新工艺、新材料为特点的新型海水淡化装备孵化与产品定型工作，满足海水淡化市场对新装备的产业化需求。该平台包括2座占地面积为7200平方米的海水淡化中试厂房，完成27台各类海水淡化检测仪器及试验设备的设计研发及现场安装，建成太阳能蒸馏、多能互补、LNG冷能淡化、板式蒸馏、膜蒸馏、预处理、产品检测共7个新型海水淡化装备研发与测试系统。开发出9项海水淡化新产品，实现4项新技术的成果转化，配套设备材料国产化率达90%以上，其中部分产品已实现批量化生产和商业化应用；申报14件专利（7件已授权），编制5项国家及行业标准（4项已发布实施），初步形成具有自主知识产权的新型海水淡化装备技术体系。

（谢春刚）

【深水海洋油气设施调试装备与技术创新】 该项目由海洋石油工程股份有限公司完成，2020年11月结题。深水海管模块化预调试技术（SFHM）是三家国际油服巨头掌握的核心技术。自主研发的SHFM采用当下前沿水下模块化的创新设计，将在甲板操作的器件、系统等集成一套水下设备；通信系统采用声学通信和光学通讯相结合的方式，实现15km水下数据的传输，实现ROV和模块无接触实时信号传输；实现十一级限流单元的设计，海管更安全。通过国产化深水海管清管试压技术，降低人员、设备员费用以及工程设计管理等费用。建立起中国海油深水调试的技术体系，提升海油工程作为国际化EPCI总包工程公司的核心工程技术能力。国内首次系统研究深水海底管道预调试技术及施工工艺；国内首次通过自主研制深水海底管道水下预调试模块，进行工程应用；国内首次自主实施深水海管预调试施工。

（岳　巧）

【高温高压海底管道屈曲触发及非线性整体分析体系的研发与应用】 该项目由海洋石油工程股份有限公司完成，2020年10月结题。海底管道作为海上油气资源开发的大动脉，随着油气开发不断向深水发展，海底管道更多的呈现出温度高、压力大的设计特点，在设计过程中会面临着海管端部热膨胀量大幅增加、海底管道发生整体屈曲损坏失效、海底管道轴力增大导致静态许用悬跨变小等一系列问题，相对于浅水常规项目，会引起跨接管、海底管道终端的设计和安装难度增大、海管长期运营风险增加、海管材料成本上升、海床的处理工作量增大，导致工程成本增加。该项目突破海底管道基于复杂有限元、管－土作用非线性、三维数字海床的数字化技术工具，对于如何在深水高温、高压复杂设计工况下，降低海管终端结构设计难度、减小海底管道长期运营风险，降低工程投资，在深水高温高压海底管道整体屈曲分析及触发设计关键技术与应用方面取得突破性进展，创新技术实现工程化应用。

（岳　巧）

【大型海洋工程项目中多源测绘数据融合技术研发与应用】 该项目由天津博迈科海洋工程有限公司完成，2020年10月结题。该项目利用三维激光扫描技术模块进行精准的空间数据采集，对采集数据进行降噪、采样、提取、分割、封装等后处理采用摄影测量技术对模块顶部数据进行采集，对采集数据导入ContextCapture进行空三解算，输出点云数据，然后将两种点云数据和设计模型件进行融合匹配，最终输出两种点云和实体设计模型一体的三维模型，根据设计模型和点云模型的误差修改设计模型，最终实现对模块的实景复制。主要创新点：①以无人机倾斜摄影测量和三维激光扫描技术替代传统测量技术手段；②通过研发测量装置实现复杂、小空间、遮挡物多等工况下的数据采集；③通过人机交互和高斯滤波算法对原始数据进行去噪和平滑，剔除噪声获取离散曲面更高阶光滑性的同时，防止模型产生收缩和过光顺；④通过多源测绘数据融合技术实现多源数据的统一管理和融合，PC端实景复制项目的实际状态实现项目成果预判。该项目申请专利1件，发表论文5篇。（杨　潇）

【海洋油气装备制造静电喷涂技术研发与应用】 该项目由博迈科海洋工程股份有限公司完成，2020年8月结题。该项目针对海洋结构各类散件的特点，利用Denzvit-Hartenberg方法，建立D-H参数，以其来表达喷涂机器人位置与姿态方程，引入齐次坐标变化，建立设备末端运动学模型，通过模型仿真对喷涂设备末端进行规划，求解各关节运动参数与末端位姿的关系，找到最优喷涂路径；结合影响工件喷涂质量的三要素，得出流水线设置的最佳参数，与原方法用统计学的方法将两组实验参数进行对比，验证改进后流水线喷涂的漆膜厚度更稳定。主要创新：①实现钢管的转动功能，省去挂钩挂件接触盲区补喷前工人卸装钢管的工作量，提高生产效率；②引入齐次坐标变化，建立静电喷涂设备末端运动学模型，通过模型仿真对喷涂设备末端进行规划，优化喷涂路径；③优化喷涂工艺参数，提出海洋油气重防腐环境下各类散件的静电喷涂解决方案，提高油漆施工品质。该项目申请专利1件，发表论文5篇。

（邢海涛）

【基于三维激光扫描技术的大型海洋工程模块测量技术研究】 该项目由天津博迈科海洋工程有限公司完成，2020年10月结题。该项目将全站仪与三维激光扫描技术进行结合，提供一种高效、精确、智能化的大型海洋工程模块测量技术，快速获得大型海洋工程模块建造过程中的变形数据，对于大型海洋工程模块的建造质量是否符合建造标准做出判断。在采用三维激光扫描仪进行测量后，快速获得大型海洋工程模块建造过程中的测量数据，相关人员在虚拟环境下查看大型海洋工程模块任意位置的变形数据，解决传统测量方式带来的缺陷，测量效率较高且测量精度高。主要创新点：①依据大型海洋工程模块点云数据的去噪要求，基于卷积神经网络改进点云数据去噪算法，降低点云数据与设计模型的差异，提高输出报告的精准度；②将点云数据智能拼接技术应用到大型海洋工程模块三维激光扫描技术中，输出全面准确的精度分析报告进行现场纠偏，提高检测效率；③建立扫描仪测量大型海洋工程模块的测量控制模型，分析大型海洋工程模块建造过程中的整体变形和局部变形精度分析。申请专利1件，发表论文6篇。（李树国）

【深层海水综合利用顶层方案研究】 该研究由自然资源部天津海水淡化与综合利用研究所高春娟、张亚南、吴丹等完成，2020年12月结题。该研究提出深层海水资源开发利用政策和建议，为中国深层海水开发战略制定提供参考，为大规模开发利用深层海水提供支撑。通过国内外文献数据库检索、网络资料查询等方式调研国内外深层海水产业与技术发展现状，对美国、日本等国家和中国的深层海水开发规模、应用领域、资源开发等进行系统调研，形成深层海水应用现状调研报告。结合中国深层海水资源特点和国内产业发展现状，分析中国深层海水的应用需求，设计完成深层海水多元化产业发展体系图，提出中国深层海水资源开发利用技术发展方向与研究重点，就产业发展方向与技术研究重点提出需求及建议，形成中国国情的深层海水开发利用规划建议报告，为中国深层海水开发利用战略制定及确定技术研究重点提供技术支持与决策支持。

（高春娟）

【海洋双评价及海洋两空间内部一红线】 该项目由国家海洋信息中心路文海等完成，2020年7月结题。该项目构建海洋生态重要性以及海水养殖、港口建设、海上风电开发等海洋开发利用指向适宜性评价方法以及海洋“两空间内部一红线”划定技术路线，通过自然资办函〔2020〕127号、自然资办函〔2020〕1285号等发布，相关技术标准有效支撑全国沿海十一省市海洋生态保护红线评估调整及沿海省市两空间试点划定工作，应用该专题研究成果，形成天津、广西、浙江、大连、舟山、深汕合作区等省市海洋双评价及海洋空间规划等科技合作项目，提升科技成果转化效能。（路文海　曾　容）

【天津市铸锻行业大气污染物排放标准研究】 该标准由天津市生态环境科学研究院、天津环科环境咨询有限公司张宁、陈瑞、陈颖、张芮、康磊、吴璇完成，2020年11月通过市科技局验收。该标准通过对铸锻工业污染排放进行控制，推动工业企业逐步由分散布局向工业规划区域集中迁移。结合国家行业标准发展趋势及污染治理技术水平制订标准限值，推动重点行业实现产品结构及生产工艺结构升级。根据铸锻工业大气污染物排放特点，综合考虑污染物产生量大，对人体、环境生物毒性强或对生态环境危害大，具备可行的污染控制技术和有效的监测方法等因素的前提下，在颗粒物、二氧化硫、氮氧化物等常规控制指标外，设置一氧化碳、甲醛、酚类、非甲烷总烃、三乙胺等5项特征污染物控制指标。通过采用先进的污染物治理技术，污染物排放限值较《大气污染物综合排放标准》《天津市工业炉窑大气污染物排放标准》《天津市工业企业挥发性有机物排放控制标准》收严。该标准规定的颗粒物允许排放浓度限值较现行地标收严1倍，二氧化硫收严1.5倍，氮氧化物收严2倍。对物料堆存、传输、装卸等各环节提出控制要求，将无组织控制方式分为厂界和车间界两类，分别对厂界和车间界颗粒物和非甲烷总烃进行管控。该标准实施后，削减颗粒物、二氧化硫、氮氧化物的排放，实现颗粒物减排2900吨/年、二氧化硫减排6300吨/年。

（张宁　陈瑞　陈颖　张芮　康磊　吴璇）

制造业科技

概　况

【天津市制造业科技】　天津市工业系统加快推动全国先进制造研发基地建设。一是培育企业创新载体，完善技术创新体系。加快国家级研发平台创建，新认定国家企业技术中心5家，总数68家；新认定国家技术创新示范企业2家，总数22家。优化技术中心布局，在信创、轨道交通、现代中药、动力电池等领域加强培育力度，新认定市级企业技术中心65家，总数646家。围绕全市重点打造的1+3+4产业格局，突破GPP芯片关键工艺、侵入性真菌高灵敏度体外诊断技术、新能源汽车高功率扁线电机、光引发剂中间体反应催化技术等一批行业关键核心技术。二是实施创新中心工程，增强产业创新能力。新培育建设先进操作系统、细胞工程、专用无线通信等3家市级制造业创新中心，总数9家。现代中药创新中心在张伯礼院士带领下积极开展宣肺败毒颗粒医院制剂、四季茶饮等抗疫新药研发，生物基材料创新中心、工业大数据应用创新中心在防疫物资保障、算力支撑服务等发挥作用。三是畅通协同创新机制，促进科技成果转化。开展专题调研会，梳理科技成果转化堵点难题，总结在津科研院所创新成果转化机制等经验。对接知名院校，落实市校合作协议在津落地。利用国家车联网先导区建设、申建国家人工智能创新应用先导区等，在人工智能、车联网、通信基础设施建设等领域为科技园成果的转化提供应用场景。四是壮大人工智能产业，加快新旧动能转换。完成人工智能三年行动计划，人工智能产业规模达到150亿元。形成“脑语者”专用芯片、240吨重载AGV、机器人柔性系统行为控制技术等一批创新成果。发布首批10个人工智能应用场景典型案例，加快全市人工智能与经济社会深度融合。五是推动车联网产业发展，促进产业转型升级。在西青区规模部署车路协同道路，在天津港、中新生态城、海河教育园等地探索车联网应用场景。加强三级测试体系构建，加快关键急需标准制定，占地面积为1475亩的封闭测试场一期竣工，8项标准完成报批，其中3项发布。在智能制造专项中设立车联网相关政策，举办车联网高峰论坛和车联网产业链对接会，促进产业集聚。

（刘　萍）

电子信息

【电子信息领域科技】　天津市电子信息领域全面推进人工智能科技创新和产业发展，加快打造“天津智港”，推动高质量发展。一是推进国家新一代人工智能创新发展试验区建设。集中调研、组织召开专家讨论会，梳理区域相对优势，明晰特色定位，确定重点工作任务，编制完善《天津市建设国家新一代人工智能创新发展试验区行动计划》，2020年8月25日由市政府办公厅印发执行。2020年市区两级联动，重点支持人工智能试验区十大示范场景建设，形成一批可复制推广的高水平人工智能应用解决方案。二是开展人工智能领域关键技术研发攻关。科技支撑计划中重点支持人工智能、大数据等研发方向；开展人工智能关键共性技术研究，打造应用示范；支持企业申报科技助力经济2020重点专项，鼓励人工智能领域企业、高校协同创新。三是搭建人工智能领域创新平台。推进新一代超级计算机项目落地实施，形成承接国家重大任务能力，支撑其他创新平台建设。人工智能“七链”产业集聚效应显著，产业链关键节点高企数从最初的300家增加到近900家。组织自主可控、智能安防、大数据、先进通信等联盟开展对接、交流活动，搭建公共技术和服务平台。推动自主可控产业链的麒麟软件强化适配工作，搭建基础软硬件兼容适配平台，适配软硬件超过1000个。智能安防产业链交流技术和创新成果，多家企业达成合作意向，组建天津市智能安防技术创新中心，在技术创新和科技成果转化上广泛联合、成果显著，实现产业链有效整合，推出系列“津产”全线产品，形成“杀手锏”产品。

（周明　刘晓　岳鑫汤　桂兰　张钺伟　李宏博）

【多轴联动多传感器协同现场坐标测量技术及应用】　该项目由天津大学、海克斯康测量技术（青岛）有限公司、成都飞机工业（集团）有限责任公司李醒飞、裘祖荣、郝健、王鹏、李杏华等完成，获2020年度国家科技进步二等奖。该项目提出多轴联动实现多坐标系协同测量的新模式，解决复杂结构参数难以测量的难题；发明结构参数在线标定和温变环境测量补偿技术，解决现场测量精度低的难题；提出异类传感器联合标定和智能路径规划技术，突破多传感器协同测量的技术瓶颈。研制具有完全自主知识产权的现场快速高精度测量系列装备。获授权发明专利60件，实用新型专利26件；发表SCI论文72篇，EI论文311篇；参与制定国家标准和计量技术规范7项；出版专著4部。2018年至2020年直接经济效益82.9亿元。

（天津大学）

【自动双色双面激光打印技术研究及应用】　该项目由天津光电通信技术有限公司张俊辉、李忆、褚孝鹏等完成，2020年8月通过市科技局组织的专家验收。项目研制并开发出专用双色双面激光打印机产品，实现自动双面打印，红黑双色打印，支持纸仓叠加和手动进纸功能，具备指纹识别、安全审计和数字水印等功能。该产品可适配Windows系列操作系统及多个版本的国产操作系统，能满足机要密码部门和党政军机关打印红头文件及合同文件的安全办公需求。发表论文2篇，获国家专利授权44件，参与制定国家标准3项。

（戈　静）

【宽频电磁波探测识别与分析技术研究与应用】
该项目由天津光电通信技术有限公司褚孝鹏、闫锡桐、范玉进等完成，2020年8月通过市科技局验收。该项目实现宽带信号快速扫描、多通道轮询扫描、窄带定频侦察、信号采集存储、数据调制解调分析、结果统计和自动值守等多项功能的集成和便携一体化，满足军事领域和民用领域的迫切需求，解决在复杂电磁场环境和地理环境下侦测无线信号的难题，使信息能够在自然灾害、战争及任何突发情况下的无障碍传输。发表论文7篇、获授权国家专利12件，2017年至2020年3月新增收入2.89亿元，新增利润5722万元，新增税收1450万元。

（戈　静）

石油化工

【渤海化工集团科技】　天津渤海化工集团有限责任公司突破制约企业发展的重大技术难题，推动集团公司高质量发展。一是推进重大科技项目实施。大沽化PVC非汞触媒项目载体优化和ABS新品产业化开发取得突破，实现产值1.54亿元；永利丁辛醇铑催化剂再生累计创造效益2498万元；汉盐盐田微藻中试项目，累计生产藻粉730千克，开发三种盐藻新产品；长芦盐业氟化工中试项目产出粗品6.5吨，完成72小时中试考核；国轮大巨型全钢子午线轮胎项目完成300吨级矿用自卸汽车轮胎试制；磁卡集成人脸识别和卡码识别技术的智能终端项目完成终端开发并小批量生产，累计订货150台、意向330台。二是推进产学研工作。与中科院大化所合作的催化剂国产化、HPPO项目取得突破性进展；渤化环修和中科院过程所合作的有机污染地下水修复示范项目，氯苯降解率达90%以上；海晶和中科院工生所共建国家合成生物技术创新中心，完成项目可行性研究并获批复；大沽化与青岛科技大学签订ASA树脂制备技术的研究等19项产学研合作协议。三是推动创新创业工作。渤化双创基地获批工信部化工新材料国家专业化众创空间和国家级众创空间，承担国家三部委大中小企业融通特色载体升级项目；海牧康响应援甘任务号召，在甘肃镇原投资130万元建设年产1万吨畜牧盐项目，带动10名建档立卡贫困户脱贫，合创海华、海晶惟鑫一批科创公司做优做实效果显著，27家科创公司收入利润同比增长57.1%和81.7%，成为集团新的经济增长点。四是技术水平不断提升。大沽化和试剂所紧急投产84消毒液支持天津市抗疫工作；大沽化、渤化发展、汉盐、环修4家企业获得智能制造专项金744.83万元；磁卡股份、汉盐海泽、国际轮胎获天津市科技进步奖；渤化集团、大沽化ABS事业部获“全国石油和化学工业先进集体”；橡研所、海光药业两家获批国家级高新技术企业，海晶、大沽化、汉盐等七家完成高企复评；组织首批首席专家、技术带头人和技能大师的考核，发放补贴163万元；2020年完成科技投入8.2亿元，实现新产品产值140.2亿元，申请专利223件，授权专利156件，其中发明专利12件，科技支撑引领作用进一步增强。

（王志东　苑　成）

【模块式大直径岩心旋转井壁取心仪研制及应用】　该项目由中海油田服务股份有限公司卢涛、田志宾、冯永仁等完成，获2020年度天津市技术发明一等奖。该项目攻克井下技术难题，研制出世界领先的可钻取最大体积岩心的旋转井壁取心仪，拥有3项独创技术，解决极端复杂井况下取心作业难题。为海上复杂油气资源的勘探开发做出贡献，保障油气勘探储量的发现，为国家能源安全提供技术支撑。

【海洋复杂油气田高效环保钻井液关键技术及规模应用】　该项目由中海油田服务股份有限公司、中国石油大学（华东）耿铁、邱正松、罗健生、赵欣等完成，获2020年度天津市科技进步一等奖。该项目发明海上可重复使用的环保型强抑制水基钻井液。创新发展多尺度多元协同理论与评价方法，发明新材料，据此发明环保型强抑制水基钻井液及海上作业重复利用技术，解决海洋深层、深水及大位移井复杂泥岩井壁失稳难题。研发自降解暂堵新材料，实现高温高压储层钻井液与完井液一体化技术革新。

【我国东部断陷盆地老区新领域勘探理论技术创新与十亿吨增储】　该项目由中国石油天然气股份有限公司大港油田分公司和华北油田分公司、中国石油集团东方地球物理勘探有限责任公司和中国石油集团测井有限公司赵贤正、周立宏、金凤鸣、蒲秀刚、韩文中、王权等完成，获2020年度天津市科技进步一等奖。该项目针对勘探程度高的断陷等难题，实现多领域突破。揭示湖扩期前三角洲亚相发育微米－毫米级高频纹层页岩、中等热演化形成滞留油富集的机理；创新“长段多簇、中等液量、高起步连续加砂”等高效缝网体积压裂改造技术。揭示斜坡带沟－折－扇接力控砂、优势构造岩性相油气富集的规律；发明三维地震大数据多期多域融合与逐级相控地震砂体识别技术，钻探成功率由30%提高到65.7%。揭示断陷盆地基底古生界煤系地层“接力生烃、早油晚气、晚期为主”成烃机制，早期生烃抑制储层致密，埋深5000米仍可发育孔隙度14%的优质储层，晚期规模生烃充注形成规模油气藏。项目获发明专利授权41件（美国3件），获软件著作权登记16件，SCI/EI收录论文156篇，出版专著10部，制定国标1项，获中石油重大发现一等奖11项，行业年度十大科技进展4项。

（张景成）

【以消除复杂地表影响为导向的高精度地震勘探技术】　该项目由中国石油天然气股份有限公司大港油田分公司、中国石油大学（北京）熊金良、李国发、翟桐立、周淑慧等完成，获2020年度天津市技术发明二等奖。该项目攻克复杂地表区影响地震勘探精度的瓶颈技术：①发明双向非纵观测和矢量面元均化技术，克服城区地震勘探激发点不足、地震波能量弱、资料空缺的难点；②发明气枪震源动态模拟、阵列效应方向性补偿技术，将传统的静态模拟方式发展为动态参数控制的模拟方式，克服阵列子波的方向性降低地震资料分辨率和保幅性的难题；③发明非对称“π”型近地表吸收结构观测和层析反演技术，消除激发点、接收点的耦合误差对测量精度的影响，近地表的速度模型一元结构发展为速度模型和吸收模型的二元结构，在国内外率先实现全探区、全地层吸收结构高精度建模，消除地层吸收衰减对高精度地震成像的影响。项目获发明专利9件；软件著作权登记7件，发表论文41篇，其中SCI 26篇。

（张景成）

【陆相碎屑岩储层层次表征关键技术及工业化应用】 该项目由中国石油天然气股份有限公司大港油田分公司、中国石油大学（华东）芦凤明、张宪国、李健、张阳等完成，获2020年度天津市科技进步二等奖。该项目创新碎屑岩储层层次分级与构型单元叠置模式，系统创立18种砂体叠置样式和界面附近11种岩性物性变化配置模式，建立砂厚定量预测方程，解决储层构型分级不统一和界面认识不清的技术问题。创新储层层次表征的多源信息深度融合方法，通过建立储层物性与测井响应之间岩石物理模型、测井与地震数据之间双相介质波动理论模型，实现多源数据关联和深度融合。创立地震沉积学井震构型精准刻画技术，将反射结构正则化引入到非线性反褶积技术中，大幅度提高地震分辨率；首创k均值聚类和贝叶斯判别多井储层层次智能识别技术；创立零相位地震切片和复合地震属性薄层预测技术。创新多尺度构型控制剩余油立体识别技术，形成数字岩心图像识别技术，建立“等效扩散系数”传质数学模型，研发数模软件，应用含水动态约束法识别大孔道；实现微米级、厘米级、米级储层构型和渗流场共控的时空域剩余油表征。获发明专利9件。软件著作权5件。出版专著2部，发表论文19篇，获特等和一等奖6项。

（张景成）

【工厂化压裂施工工艺技术研究】 该项目由中国石油集团渤海钻探工程有限公司王林、张世林、张曙光等完成，获2020年度天津市科技进步二等奖。该项目发明一种可完全降解金属桥塞等井下分层工具，创新压裂暂堵剂加注工艺和流程，开发智能决策软件，实现自动报警和控制系统，提高压裂作业成功率；创新工厂化布局和拉链式作业方法，集成多个自动控制设备，形成自动连续混配系统，让占地面积大幅缩小，开发控制软件，满足施工压力的要求，大幅提高设备兼容性。

【陶瓷基功能膜材料及过程强化分离装备技术】 该项目由中海油天津化工研究设计院有限公司陈赞、刘宗园、吴巍等完成，获2020年度天津市科技进步二等奖。该项目研发高性能陶瓷基功能膜的可控制备技术，提高膜成品率和合成效率，研发成套技术及装备，实现低成本工业化快速生产。提高膜组件装填密度和分离性能，降低膜过程强化分离设备的体积和成本。

【复杂工况下水泥浆及固井关键技术创新与应用】 该项目由天津大学、中国石油集团工程技术研究院有限公司郭锦棠、靳建洲、于永金、胡苗苗、冯亚凯等完成，获2020年度天津市科技进步二等奖。该项目探明水溶性聚合物与无机材料杂化机理，克服聚合物链段温度敏感性难题，实现降失水剂、缓凝剂耐温220℃，形成高温温差100℃水泥浆体系，较国外适用温差提高50℃以上，创固井一次上返6657米世界纪录；提出纳米尺度抗裂机制，替代传统宏观小范围增韧，攻克水泥石高强度与低弹模技术难点，形成抗压强度＞50MPa的高强度韧性水泥，较国外提高30%以上，可替代进口产品；建立抗温185℃高效冲洗隔离液体系，提出以悬浮稳定剂网络化结构、大摩擦力菱形加重材料为基础的高效冲洗顶替机理，解决深井聚磺钻井液及页岩气高密度油基钻井液驱替难题，较国外产品稳定性提高70%，冲洗效率提高1倍以上；集成抗高温水泥浆、水泥石高强度增韧技术、高效冲洗隔离液进行工程设计，形成成套固井技术；建立水泥环密封理论分析模型及评价方法；攻克页岩气大型体积压裂开发、深层高温高压高产气井环空带压及气窜难题。获授权发明专利24件，实用新型专利6件，制定行业标准1项，发表论文70余篇，其中SCI/EI 51篇。

（天津大学）

冶　金

【深层页岩气开发用高性能套管研究与应用】 该项目由天津钢管制造有限公司、中国石油集团川庆钻探工程有限公司页岩气勘探开发项目经理部丛国元、张哲平、罗鑫、黄永智等完成，获2020年度天津市科技进步二等奖。该项目组结合实际工况和管材受力特点，开展页岩气套损机理分析、套管受非均布载荷及弯曲下外压载荷发生变形的有限元分析和实物评价、页岩气特殊管柱技术及配套套管开发、套管使用环境的优化等研究，开发出具有自主知识产权的TP系列深层页岩气高性能套管，获得一批专有科研成果和生产技术。通过与川庆钻探合作设计出套管的复合管串结构，研制生产7个规格、4个钢级、3种特殊螺纹接头的页岩气套管，套损率从普通套管的50%降低到10%以下，提高页岩气的开采率，套管的开发填补该领域国内空白。

（田 琨 韩永明）

【125ksi抗硫化氢应力腐蚀石油套管产品及关键工艺技术开发】 该项目由天津钢管制造有限公司完成，获2020年度冶金科学技术三等奖、中国腐蚀与防护学会科学技术二等奖。该项目在原有TP110SS的基础上，通过优化成分设计，科学合理控制Cr、Mo成分配比和Nb、V微合金化含量，实现组织细化和碳化物的精细控制，保证强韧性的同时获得优异的抗SSC性能。制定轧制温度和变形量，促使高强管轧制后的组织均匀和晶粒细化。运用超细晶、高精度及低残余应力的热处理工艺，开发适用于所有1区、2区和部分3区H_2S腐蚀条件的125ksi抗SSC开裂油套管产品。该项目生产的TP125S、TP125TS，具有自主知识产权，广泛应用于国家重点油田，各项指标均满足客户要求和油田使用环境要求。

（田 琨 韩永明）

【优质低合金高强度钢板减量化轧制技术开发与实践】 该项目由天津钢铁集团有限公司完成，2020年12月结题。该项目在新标准GB/T 1591-2018下低成本高性能Q355B进行研发，实现减量化生产。通过研究不同元素对钢材性能的影响，结合控轧控冷技术的应用，实现化学成分设计及控轧控冷工艺的匹配优化，生产的钢板力学性能优良；研发出合金优化设计、钢液直上、钢板控轧控冷及轧后轻缓冷等系统的减量化技术；自主开发MES数据集成分析模型，可有效将MES系统中零散的数据进行快速的筛分及整合，提高数据分析速度和准确度。成果应用于天钢3500毫米中厚板产线，2019年3月至2020年6月生产Q355B钢板约47万吨，实现经济效益6151万元，产品市场占有率较高。

（张 慈）

【大型高炉长寿结构及高效生产技术研究与应用】 该项目由天津钢铁集团有限公司完成，2020年12月结题。该研究解决限制3200立方米高炉快速达产、提产的瓶颈问题，实现3200立方米高炉快速开炉达产、持续稳产，提高高炉寿命。①研发一种新型铁口插入式氧枪，解决开炉第一次铁准时排放的问题，同时提高炉缸活跃程度，实现4天开炉达产；开发使用高炉稳定指数指导高炉操作，实现高炉长期稳产。②研发出大型高炉炉腹、炉腰铸铁冷却壁镶嵌铜条的组合式冷却技术，实现冷却壁热负荷的稳定和高炉长寿结构。③提出大型高炉“超微孔碳砖+导热性陶瓷复合材料”的完全导热炉缸结构体系，该新型结构体系综合碳砖的高导热和陶瓷复合材料的抗渣铁侵蚀性能，有效解决碳砖侵蚀问题。成果应用于天钢3200立方米高炉，2020年天钢3200立方米高炉开炉后4天产量突破8000吨，实现开炉达产。5月至11月平均日产量8632吨，总产量达18.47万吨。

（张 慈）

【基于源头—过程—末端全流程的烧结烟气超低排放控制技术研发及应用】 该项目由天津钢铁集团有限公司完成，2020年12月结题。以天钢265平方米和360平方米烧结机为研究对象，从源头控制、过程减量及末端治理相结合的全流程烧结烟气治理技术，实现烧结烟气污染物的超低排放。研发源头－过程－末端全流程的烧结烟气超低排放控制技术，实现远低于国家超低排放标准的烟气排放浓度，排放量同比降低69.41%；创新应用烧结混合料层透气性等系列减量化技术，实现烧结料层厚度达到900毫米以上，烧结固耗降低到42千克/吨；创新集成超净布袋除尘、脱硫塔高效稳定反应系统、双混喷氨脱硝等技术，实现颗粒物近零排放、脱硫脱硝系统稳定同步运行率100%。成果应用于天钢265平方米和360平方米烧结机。

（张 慈）

【天然气水合物（可燃冰）开采用TP-G2FE特殊扣立管的设计开发】 该项目由天津钢管制造有限公司完成，2020年6月结题。国内外探明的可燃冰普遍存在于水深1000米以上的深水水域，且埋藏在距离海底平面100～500米深度的浅软地层，地质条件极不稳定，深海水合物的开采难度大。钻井时套管需要克服在地层深度300米由竖直状态到水平状态的转换造成的套管弯曲狗腿度大。普通特殊扣套管在大弯曲变形的情况下气密封能力不能满足项目需求。为保证地层不被钻井液压裂破碎，立管（套管）在下入过程中管体会直接接触洋流或者海浪，立管（套管）在洋流冲刷过程中会产生弯曲振动，造成立管（套管）的弯曲疲劳断裂或者松动，密封能力降低。

（田　琨　韩永明）

【110钢级抗硫化氢应力腐蚀油井管研制与推广】 该项目由天津钢管制造有限公司完成，获2020年度中国钢铁工业产品开发市场开拓奖。该项目围绕环境特点、腐蚀机理及材料冶金等因素，研制110钢级抗SSC油套管。采用钢合金元素精控技术和精细造渣及喂丝控制技术冶炼纯净低硫钢，制订使轧态组织均匀细化的控轧工艺和特殊的调质热处理工艺，确保均一细小的显微组织，精细的炉温控制技术，完成110钢级高抗SSC油井管的国产化技术开发，突破技术瓶颈，确保产品技术和实物性能达国际先进和国内领先水平，形成具有自主知识产权的110钢级TP系列抗SSC油井管，实现产品的大批量供货及应用。项目推动同类产品的技术进步，降低工程风险，解决高硫极端腐蚀性环境油井管抗SSC能力不足的难题，通过产品设计、工艺流程的创新，有效抑制SSC的产生，保证油气资源安全开采。打破国外产品和技术垄断，满足国内石油行业高含硫化氢油气田对特殊油井管的需求，有力地促进中西部地区石油、天然气增储上产工作的有效开展。

（田　琨　韩永明）

【超深水用无缝海底管线管的研制与开发】 该项目由天津钢管制造有限公司完成，2020年1月结题。深海管线具有高强度、高韧性、可焊性、耐腐蚀性等特性，对尺寸精度、表面质量、测量检查手段和产品的可追溯性有更高的要求。该项目首次生产用于1400米水深的超深水海洋管线，开发出适合深海DNVGL SMLS 450FD/DNVGL SMLS 450D管线管的合金成分设计。采取低C含Mn钢为基础，辅之以微合金元素强化的钢种设计。进一步提高纯净钢冶控制，采用大弧形半径连铸设计，提高铸坯的表面质量和成材率；优化冶炼工艺、喂丝球化处理、喷粉和末端搅拌工艺。应用在钢管轧制、内喷外淋热处理、高温热矫方面的技术诀窍。采用壁厚不均度和外径相结合的控制，实现客户的管体尺寸要求。通过微合金元素的二次强化特性，改变通过降低回火温度实现提高强度的热处理工艺方式，提高产品服役的安全系数，实现深海管线管的高强度、高韧性，产品满足海洋环境对输送的安全要求。

（田　琨）

【TP850RD高强度旋挖钻杆用无缝钢管开发】 该项目由天津钢管制造有限公司完成，2020年12月结题。旋挖机钻杆采用无缝钢管加工制造，由于对钢管质量要求严、技术含量高，过去主要依靠从国外进口。旋挖机钻杆用无缝管作为一种损耗材料，具有较大的市场容量，每年约3万吨。该项目TP850RD高强度旋挖钻杆用无缝钢管采用自主研发钢种26CrMo4替代35CrMo，保证较低的碳当量，改善焊接性能，满足旋挖钻杆组装过程中的大量焊接作业。采用高精度控轧技术保证壁厚公差符合要求。热处理工艺将26CrMo4强度由110Ksi提高到125Ksi，获得强韧性的良好配比，满足低温工作环境。采用内外表面喷丸除氧化铁皮，保证表面质量良好。该产品完善公司旋挖钻杆系列，与TP550RD共同形成系列化生产，可为用户提供全套定制化生产服务。

（田　琨）

【耐高温、高抗CO_2腐蚀、超高强度SUP15Cr油井管关键技术开发】 该项目由天津钢管制造有限公司完成，2020年10月结题。国内普遍使用的抗CO_2腐蚀的油套管为API-13Cr系列马氏体不锈钢管，其具有优良的耐二氧化碳腐蚀性能，但是在苛刻的应用环境中仍存在一系列问题，急需开发耐蚀性能既要优于现有的13Cr系列的新型耐高温、高抗CO_2腐蚀、超高强度油井管的高品质钢SUP15Cr。SUP15Cr可在高温（≤204℃）、高CO_2分压、少量H_2S的超高强度油井环境下使用，具有较好的热加工性，可采用曼内斯曼法轧制，大批量生产，满足市场需求。该项目针对SUP15Cr合金含量、碳含量、氧含量、纯净度等重新进行设计，对高Cr合金钢家族产品大生产中出现的共性问题进行全面分析。采用低C，高Cr及合理配比的Mo成分设计思路，使套管产品优于SUP13Cr的抗CO_2腐蚀性能和更高的钢级，具备更加可靠地抗H_2S腐蚀的能力。在轧制工艺、热处理工艺等方面进行生产质量优化，SUP15Cr类不锈钢油井管可规模化、高效率、低成本生产，保证产品质量达到优良，生产顺行常态化。（田　琨）

汽车船舶

【内燃机复合循环理论与方法】 该项目由天津大学舒歌群、田华、卫海桥等完成，获2020年度国家自然科学二等奖。该项目阐明大温度梯度、瞬变余热的双级叠式循环耦合机理，构建内燃机复合循环新构型，建立复合循环高效转化理论。提出基于t-q图的热力学完善度分析方法，揭示双级循环结构与内燃机余热的耦合机理及对瞬变扰动的衰减规律，发现有机朗肯循环（ORC）对低温热源的最佳适温区。首次构建汽油机复合循环构型（Otto-TEG-ORC）和柴油机复合循环构型（Diesel-RC-ORC），建立循环运行参数－系统结构－工质组合的分析方法。揭示底循环工质物性与循环性能的耦合机理，提出理想工质物性的特征和筛选原则，构建高效安全的CO_2/烃混合新工质。建立全历程内燃机复合循环系统设计理论。提出设计－运行－评价的全历程分析方法，阐明设计层面的循环结构优选，运行层面的设计工况寻优，评价层面的热经济性科学评价等机理。受邀为能源期刊PECS撰写综述。8篇代表性论文被SCI他引545次，单篇最高他引117次，7篇入选ESI全球top1%高被引论文。授权发明专利20件，出版中英文专著3部，受邀做大会主题报告16次。

（天津大学）

【光纤陀螺及惯性系统技术研究与应用】 该项目由中国船舶重工集团公司第七〇七研究所赵小明、郑志胜、于洪宇等完成，获2020年度天津市科技进步一等奖。该项目创建数学模型和有限元物理仿真模型，突破新型光路技术，提出一种解算方法，解决系统高精度与小体积、低重量之间权衡的技术难题，综合性能优于国外同类产品。突破多项关键工艺技术，解决高精度陀螺无法规模化生产的难题，建成批量化产线。

【铝合金汽车覆盖件模具关键技术研发及产业化】 该项目由天津职业技术师范大学等蔡玉俊、常世平、李国和等完成，获2020年度天津市科技进步一等奖。该项目开发模具型面补偿技术；研制紧凑型、低噪音侧翻整机构，解决铝合金轻量化车身覆盖件成形回弹大、易开裂等技术难题。构建高效高精制造技术体系，开发自动编程系统，提出半精加工和精加工方法。实现以超级计算机为载体的人工智能深度模具柔性调试。

【柴油车颗粒物捕集器系统关键技术研究及产业化】 该项目由中国汽车技术研究中心有限公司、贵州煌缔科技股份有限公司、天津大学李孟良、黄黎敏、周华、王计广、闫方超等完成，获2020年度天津市科技进步二等奖。该项目构建壁流式DPF模型，揭示载体主要结构和运行参数对DPF捕集/再生性能的影响规律；发明载体配料、成形、烧结等制备工艺及成套设备，实现全流程产业化。发明DPF低温升温器系统及控制方法，解决低温难再生、再生失控等难题。创建流场均匀性、载体热冲击、快速老化耐久等性能指标及方法，制定行业技术指南。

【动力电池热安全性测评关键技术及应用】 该项目由中国汽车技术研究中心有限公司、天津市捷威动力工业有限公司王芳、王驰伟、刘仕强、马天翼等完成，获2020年度天津市科技进步二等奖。该项目开展电量、工况和寿命等多因素条件下电池热特性仿真分析和试验验证，建立热特性精准标定体系和评价体系。搭建“材料－电池”安全性测评平台，建立电池系统热扩散综合测评体系，有效推动标准引领作用。创建多个仿真模型，支撑产品设计开发和性能验证，搭建高比能高安全性电池产品设计和验证平台，解决高比能动力电池的工程化应用难题。

【汽车空心半轴智能精密锻造关键技术研究与产业化】 该项目由天津天海精密锻造有限公司、天津城建大学赵坚、杜静娟、田文松、田松龄等完成，获2020年度天津市科技进步二等奖。该项目构建智能数据库，建立相互关系，形成规范方法，确定空心轴的结构，形成一系列工艺方法库，实现智能模式切换。搭建基于工业物联网等智能制造系统，实现智能化管控和制造系统的快速重构，打造集工业物联网、智能锻造装备和工业机器人为一体的智能制造系统、离散智能车间与全流程数字化管控，实现产业化高效运行模式和智能快速重构。

【新能源汽车多材料轻量化混合车身关键技术及应用】 该项目由中国汽车技术研究中心有限公司、天津银宝山新科技有限公司、天津大学孟宪明、方锐、李洪亮、李杰、高继东等完成，获2020年度天津市科技进步二等奖。该项目开展基于多材料结构快速设计方法、拓扑优化及耦合设计方法研究，突破多材料结构协同耦合技术，解决多材料耦合设计中异质材料协同匹配设计难问题。发明一系列精密制备装置和制备工艺，解决轻量化材料复杂部件产品在生产过程中的精密制造与环保难题。首次提出基于多轴度多参数动态力学本构模型开发方法，解决新材料在动态变形、损伤及断裂失效仿真中的不准确问题，建立国家与行业测试评价标准；同时发明一系列材料与部件系统性能精准表征装备与分析方法。

【汽车电磁抗扰性能测试与开发关键技术研究及应用】 该项目由中汽研汽车检验中心（天津）有限公司、中汽研汽车检验中心（广州）有限公司、汽车标准化研究所、中汽研（天津）汽车工程研究院有限公司丁一夫、朱彤、王子龙、柳海明、季国田、张广玉完成，获2020年中汽中心科技成果奖。该项目建成国内一流的整车电磁兼容抗扰测试平台；开展电磁抗扰度测试方法研究，建立从部件、系统到整车层面的电磁兼容闭环测试评价体系，形成GB/T33012、GB/T33014、GB/T21437、GB/T19951系列国家标准；制定发布1项国家汽车产品准入公告强检标准，为强标提供支撑的17项推荐性国家标准；开展整车电磁骚扰抑制与抗扰度加固方法研究，形成系统的汽车电磁兼容整改流程及方案；推动整车电磁兼容V流程开发流程技术的发展，从设计开发的源头极大降低整车电磁兼容风险。该项目在国内建立汽车电磁兼容抗扰度强制性标准体系及对应的分析和测试平台，新强标实施10个月新增营业收入超过1.4亿元。

（张　旭）

【智能网联车路云系统一体化关键技术研发与应用】 该项目由中汽研（天津）汽车工程研究院有限公司、中汽数据（天津）有限公司、中汽研汽车检验中心（天津）有限公司吴志新、龚进峰、郭蓬、戎辉、朱向雷等完成，获2020年中汽中心科技成果奖。该项目提出车路协同下的分层感知与融合算法。提出车路协同下的分层感知架构，先进行车载感知数据融合，再将其与路侧感知数据进行二次融合，解决车路多源异构数据在时间和空间上的同步问题，提高感知与融合算法在网络未覆盖区域的适应性；攻克拟人化的智能驾驶决策与控制技术。提出基于深度学习的驾驶风格识别方法，通过自然驾驶实验提取人类驾驶员的驾驶风格特征，构建智能驾驶决策模型的拟人化约束条件，设计合人类驾驶风格的车辆控制模型；开发多模态信息交互的车路云系统架构。开发5G+V2X混合多模态通信组网的车路云系统架构，基于分层计算架构，设计中心云与边缘云的全局性能优化算力架构，提高车路云信息传输的时效性和经济性。获国家授权发明专利18件，软件著作权11件，发表论文28篇。研究成果规模化应用在天津、武汉、柳州等多个智慧园区。该项目累计创造经济收益6582万元，新增利润1316万元，新增税收395万元。

（郭　蓬）

【智能网联汽车标准体系建设总体方案研究及应用实施】 该项目由中国汽车技术研究中心有限公司完成，获2020年中汽中心科技成果奖。该项目提出标准体系构建的3项基本原则，2个阶段任务目标，形成包含基础、通用、产品等多个领域的智能网联汽车标准体系建设方案；细分先进驾驶辅助系统、自动驾驶、信息安全等5个子领域，完成子领域实施路线图研究；在标准制定全生命周期持续开展需求研究。开展各类大规模行业调研10余项，形成并发布需求研究成果23项；制定路线图，启动基础通用、关键零部件、行业急需、安全保障类国家及行业标准67项。30余项标准为全世界范围内首次制定；牵头、参与国际标准法规研究与制定多项；形成世界领先的适用于自动驾驶全新试验方法、覆盖仿真、场地、实际道路的系列国家标准。验证现有各标准体系内容覆盖度，试验验证体系规划的各项标准符合行业发展现状和中国道路交通特点；建立健全智能网联汽车测试评价体系，形成覆盖先进驾驶辅助系统、自动驾驶、信息安全、网联功能等细分领域的全新测试评价能力。2020年2月，研究成果由国家发改委、工信部、科技部等11部委联合发布《智能汽车创新发展战略》。受工信部、国标委委托，完成“智能网联汽车分技术委员会”组建，分标委现有委员单位69个，覆盖汽车、通信、交通、电子等领域；组建“ADAS”“自动驾驶”“信息安全”等标准工作组，现有企业超过500家，专家人数超千人；组建国际协调（HEAG）与咨询专家组（FEAG）的全新对外协调及意见征询机构。加速形成仿真模拟、信息安全、网联应用等多维度测试能力。研究成果获国际认可，建设方案被国际参考和采纳。结合AEB、LKA等标准的实施，东风、解放等商用车企业加速新技术实施，亚太、万安等国内零部件企业依托标准，提升收入数十亿元。

（冯屹　王兆　孙航　解瀚光）

【中国首艘客滚船】　“新香雪兰”号是天津新港船舶重工有限责任公司建造的第一艘高技术等级的新一代绿色环保智能化客滚船。2020年12月9日，交付中远海运公司。“新香雪兰”轮采用信息化技术手段，实现登离船管理、无钥匙舱房管理、旅客定位与旅客信息收集管理、应急安全管理等系统的集中管理，满足CCS航行、机舱、能效管理、集成平台4个智能船级符号，大幅提高对突发事件的报警和反应能力。该轮是中韩航线上最智能、最舒适、最经济的满足舒适度2级船级符号的标杆船，设计阶段增加第三方DNV-GL要求，建造以高标准、严要求保证船舶的舒适度，各项噪声指标均大幅低于规范要求的数值。采用双机双桨双舵推进，设有双艏侧推和减摇鳍装置，提高机动航行时安全性和船舶的操纵性能，缩短船舶的靠岸时间。船建中攻克船舶超长轴系安装、薄板焊接等关键技术难题，创造坞内周期5个月、码头舾装周期不足6个月的纪录。

（姜承伟）

【多功能自动化激光焊接设备的研制】　2020年10月，天津修船技术研究所研制出一种专门用于薄壁金属件焊接的多功能自动化激光焊接设备。该设备由激光器、三维工作台、送丝机等构成，配备双工位焊接系统，循环焊接，提高焊接效率。激光焊接机采用光纤激光器提供热源保证焊接热输入的稳定性；采用控制系统进行控制，通过编写相应的程序实现自动化焊接。该设备整机采用模块化设计，只要更换部分零件，就可适用不同产品，实现个性化定制，同时满足不同用户提供激光焊接工艺和实现设备工艺一体化的一站式服务需求。

（解小丽）

【碟片式分离机中转毂的维修】　2020年10月，天津修船技术研究所采用一种新的转毂维修方法，即表面处理－激光熔覆－机械加工－超音速火焰喷涂，能够恢复转毂水道原有形状和尺寸，提高水道表面耐磨性及产品性能，成功修复多台碟片式分离机中转毂，延长转毂使用寿命。该维修方法可用于其他种类分离机转毂的维修，具有广阔的应用前景。

（解小丽）

现代制药

【天津金耀药业有限公司科技】　天津金耀药业有限公司完成黄体酮注射液、塞来昔布胶囊、溴芬酸钠滴眼液等3个项目的新品注册。2019年12月1日新版《中华人民共和国药品管理法》正式实施，取消GMP证书，采用GMP符合性检查。2020年5月、8月、9月该公司分别迎接天津市药品监督管理局对黄体酮注射液、塞来昔布胶囊、溴芬酸钠滴眼液的新品注册现场核查，均通过GMP符合性检查的工作，取得产品注册证，并成功增加滴眼剂剂型。质量部QA、QC部门发挥骨干力量，与药研院、各车间等部门积极配合，保证物料、产品符合质量标准，同时从质量控制和质量保证、仓储管理、物料管理、生产管理、设备设施管理、文件管理等全方位入手，进行多次公司级专项检查、全面检查，保证生产、检验过程可控，保证产品质量。金耀药业引进新技术、开发新剂型、为产品注入新的活力，以新产品促进质量管理体系和管理能力的提高。

（张　岩）

【甾体药物关键生物技术及其产业化应用】　该项目由天津药业集团有限公司、天津天药药业股份有限公司、天津药业研究院股份有限公司联合江南大学许正宏、卢彦昌、张杰、饶志明、王淑丽等完成，获2020年度天津市科学技术进步特等奖。该项目利用生物降解技术、生物脱氢技术创新甾体药物合成新路线，创建皮质激素关键中间体4AD、9α-OH-AD生物制备过程中菌株选育技术，研发经由生物降解、生物脱氢为核心工艺单元的皮质激素药物合成关键技术，优化创新下游产业链全部产品的合成新工艺路线，实现皮质激素药物的绿色制造，形成年产百吨级甾体激素示范生产线。采用环境友好的生物技术替代或部分替代传统的化学工艺，实现甾体药物关键生物技术的突破及其产业化应用。申请专利20件，授权15件；发表论文25篇，SCI收录20篇；参编外文专著2部；完成验收3项。项目实施后甾体原料药产品国内国际市场占有率稳步提高，2018年至2020年产品累计销售超过600吨，销售额25.96亿元人民币，实现新增销售额2.93亿元人民币，新增利润2233.48万元人民币，新增税收2086.58万元人民币，累计新增创汇2.8亿美元，累计实现技术转化9项，直接技术转让金额3039.82万元人民币，产学研合作5项，新工艺成果在行业内应用和辐射单位3家，累计产值约10亿元人民币，收购产业化基地1处。

（刘　欢　吴　晨）

【以制药认知智能为核心的中药智能制造关键技术及其应用】　该项目由天津中医药大学、浙江大学、浙江中医药大学程翼宇、李正、赵筱萍、龚行楚、王春华等完成，获2020年度科学技术进步特等奖。该项目针对心脑血管疾病及2型糖尿病，以中医气血理论认识其共同特征，根据中医整体观与中药复杂性，解决生产过程各工序药用物料测控目标的精准设定与管控问题；首创中药产品质量多属性同时检测技术，为全方位快速检测中药产品质量开辟技术新路。运用多种方法，创建中药制药过程多维度智能感知技术，实时判断制药过程状态；首创适用中药制药的设计空间法和知识网络分析法，智能辨识关键过程参量，以概率量化评估过程风险，科学设计生产参数操作区间，有效提升制药过程稳健性，使药品生产线高品质精密运行，发展形成中药制药过程智能认知与优化技术。

【创新药物研发中放射性同位素关键技术的研究】　该项目由天津药物研究院有限公司、天津药物研究院新药评价有限公司刘昌孝、曾勇、高晶、李亚卓等完成，获2020年度天津市科技进步二等奖。该项目建立相关模型，阐明药物代谢机制，明确药物－药物相互作用及药物作用靶点。建立灵敏度高、专一性好的放射性免疫分析方法，应用于多肽药物的药代动力学及安全性评价研究。研究小分子化学药物和大分子生物技术药物在动物体内药代动力学过程，解决大分子生物药物的药代动力学研究的常规技术瓶颈。

【清宫寿桃丸的临床再评价研究】　该项目由天津中新药业集团股份有限公司达仁堂制药厂刘淑、陈可冀、田金洲等完成，获2020年度天津市科技进步二等奖。该项目对轻度认知功能障碍的临床研究。采用与国际接轨的“轻度认知损害临床研究指导原则”设计临床方案，评价清宫寿桃丸对遗忘型轻度认知损害（aMCI）（肾虚型）的有效性及安全性，结果证明清宫寿桃丸能有效改善患者肾虚症状，主要疗效指标痴呆转化率，清宫寿桃丸组为1.15%（174例中转化2例），明显低于安慰剂组的10%（70例中转化7例）。运用现代分离及分析技术，确定清宫寿桃丸中化学成分类别，鉴定结构84种，鉴定SD大鼠给药后血浆移行成分20个，尿液移行成分38个，确定药效物质基础及其体内过程。采用多种类型的动物模型，以行为学、中枢神经递质、相关酶、组织细胞形态学等为评价指标，阐明清宫寿桃丸多环节、多靶点对记忆力下降、健忘、认知障碍等的改善和治疗的作用机制。通过工艺改进，将干燥速度提高35.7%，缩短干燥周期，降低高温对中药材中有效成分的影响。该项目首次针对“补肾法对阿尔兹海默症早期阶段的aMCI的治疗作用”这一科学假说进行RCT临床验证，证明补肾法治疗有改善认知的作用。构建高效的产学研合作进行中成药二次开发实施模式；基于品种自身特点分析，明确制约产品发展的关键问题，并针对性的制定研究方案。与陈可冀院士及其专家团队成立达仁堂“院士专家工作站”；培育企业科技创新团队。发表论文3篇，其中1篇为英文论文（CiteScore为6.1）；申请多件发明专利。（孟亚飞）

【胃肠安大品种上市后再评价】 该项目由天津中新药业集团股份有限公司乐仁堂制药厂与天津大学、上海交通大学医学院附属瑞金医院、首都医科大学附属北京儿童医院王琳、王玉晶、孙英杰、黄艳丽、高文远等完成，获2020年度天津市科技进步三等奖。该项目开展胃肠安丸治疗功能性消化不良的疗效和安全性的多中心、随机、双盲双模拟、平行对照临床试验；防治阿奇霉素所致小儿胃肠道症状的随机、双盲、安慰剂平行对照、多中心临床试验；对乙醇致胃黏膜损伤的保护作用及其机制研究。针对胃肠安丸全方、君药木香及其主要活性成分木香烃内酯（Co）和去氢木香内酯（De）预防保护胃黏膜损伤的作用进行研究，探究其对胃黏膜损伤的保护机制，协同抗结肠癌化疗药的药效和作用机制，明确胃肠安丸治疗相关疾病的有效性和安全性，获得有关药物作用机制。研究首次明确胃肠安丸协同化疗药5-Fu治疗结肠癌后起到增效减毒的作用；明确其对乙醇致胃黏膜损伤的保护作用及其机制研究，明确产品适应证、扩大适用人群、指导合理用药。填补胃肠安丸在此该方面循证医学的空白；发表文章3篇，取得技术报告4篇，申请专利5件。（黄艳丽）

【提高加味逍遥丸中丹皮酚含量转移率稳定性】 该项目由天津中新药业集团股份有限公司乐仁堂制药厂王琳、朱晓丹、王玉晶等完成，获天津市2020质量攻关优秀成果二等奖。该项目从药材物质基本属性出发，结合药品生产工艺，提高加味逍遥丸中丹皮酚含量转移率的稳定性，减少干燥成本，降低能耗。加味逍遥丸是在逍遥丸的基础上加牡丹皮和栀子，增加清热、祛火的作用，具有明确的解热、抗炎、抗菌等药理作用，对肝郁解除有更好作用，能用于多种肝郁化火所致的内科和妇科疾病。通过对制丸工艺的系统研究，发现干燥过程中的温度影响是丹皮酚含量不稳定的制约因素，依托中试车间滚筒干燥设备，摸索干燥参数。减少干燥时长，经过多次工艺摸索，物料温度升至70℃左右时，含量呈现开始降低趋势。为降低干燥过程中丹皮酚含量降低的可能性，干燥过程中物料温度着重监控，保证干燥过程中物料温度≤75℃；若需要进行二次干燥，建议物料温度≤60℃；上小粒的二次干燥时，建议物料温度≤65℃，最终确定干燥工艺，编辑干燥参数程序。通过多批次干燥试制，对干燥工艺进行验证，确保丹皮酚含量转移率稳定。（孙英杰）

【复方丹参滴丸连续化过程控制及新工艺研究】 该项目是天津市科技计划项目，由天士力医药集团股份有限公司刘金平、章顺楠、肖传学等完成，2020年5月结项。该项目针对阻碍中药滴丸连续生产过程中化料工艺难点展开攻关，解决均质分散、料液控温、在线清洁方法等技术问题，完成复方丹参滴丸的制剂连续化生产过程控制参数研究，实现产品生产工艺由“批次化”向“连续化”转换，提高一次成品率，达95.52%，单位产值能耗降低22%；通过制剂工艺验证完成质量指标选择与参数控制的确认，依托PAT技术结合数字模型进一步提高复方丹参滴丸生产过程的工艺控制能力与批间一致性；开展基于工艺控制的快速检测方法研究及生产过程快速检测应用研究，设计、搭建专门的线上数字化电子平台，对近2000个工艺参数点自动监控或采集，自动采集率和可视化率达到95%以上，关键工艺参数在线分析率达到93%；率先建成国内中药滴丸连续化制剂生产线，年生产能力提高30%，年产量增加8

万件。申请国际发明专利2件，制定企业标准2项。

（孟　洋）

【中药材质量控制快速检测技术研发】　该项目由天津天士力现代中药资源有限公司、数字本草检测科技有限公司张兰兰、徐波、冯红、李细芬等完成，2020年4月结项。该项目研发3个系列中药材快速检测技术，涵盖中药材鉴别、指标成分含量测定及外源有害物质检测，设计特异性引物4组，完成PCR反应体系优化、有效性考察及方法学验证，建立枸杞快速鉴别技术；合成淫羊藿苷、黄芪甲苷、知母皂苷、黄芩苷和葛根素5个成分免疫原，筛选前四种成分阳性单克隆细胞株，完成抗体制备、纯化及效价评估，完成前三种成分试纸条制作工艺优化；完成黄曲霉毒素B族G族总量多克隆抗体制备、ELISA工艺优化及方法学考察，建立6种中药材黄曲霉总量快检技术；针对陈皮、枸杞、西洋参、延胡索、川楝子、枳壳等44个品种开展二氧化硫快检产品适用性筛选、方法学考察，完成标准比色卡的制作。研制4项快检试剂盒，将单克隆抗体技术应用到中药材检测分析实现产业化，满足中药材品质评价的精准、快速、高效、无毒等需求。核心期刊发表论文4篇；申请国家发明专利4件，获授权1件。培养硕士研究生1名，晋升中级职称3人。

（孟　洋）

【京万红东方花韵润手霜系列产品】　该产品由天津达仁堂京万红药业有限公司王磊、卜睿臻、赵宇等研制，2020年12月上市。针对“新冠疫情”期间人们对手部养护的特殊需求，研制出一款“京万红东方花韵润手霜”套装。该套润手霜质地丝滑、水润清透、自然花香、持久留香，好用易吸收，加倍呵护和滋润双手。京万红樱花亮肤型润手霜主要成分为樱花和金银花提取物，搭配忍冬花精粹，焕亮肌肤；花香层次交叠，双手柔嫩光滑；深层滋养手部肌肤，改善粗糙细纹。京万红茉莉舒缓型润手霜主要成分为茉莉花水、金银花提取物，其清新幽静的茉莉花香持久绵延，多重精华的搭配温和舒缓，轻盈保湿，润泽呵护双手。京万红晚香玉滋养型润手霜主要成分为晚香玉和金银花提取物，加倍柔润，保护双手柔嫩细腻。每款润手霜都添加富含多种活性成分，适用于敏感性皮肤的燕麦仁油；具有一定的抗炎性，富含可舒缓镇静肌肤的紫草根及牛油果树果脂、忍冬花等提取物，能加强皮肤的保湿能力，持久润泽，舒缓干燥，兼顾抗炎、抗氧化，预防皮肤老化的作用。

（杜思邈　李　婷）

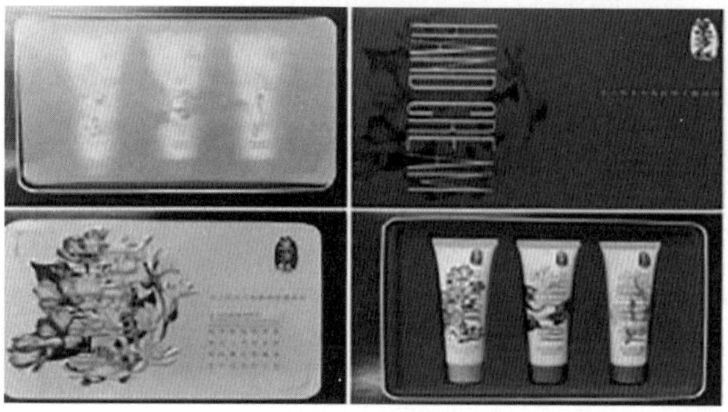

图8　东方花韵润手霜

【一种冷浸、温浸、超声浸提联合多用浸提系统】　该项目由天津达仁堂京万红药业有限公司赵宇、陈圣、曲明完成，2020年10月获实用新型专利授权。中药材的浸提是采用适当的溶剂和方法浸出中药材所含有效成分或有效部位的操作。浸提是大多数中成药制造工艺的关键组成环节，是与工业技术发展及中药现代化联系较为紧密的技术环节。针对不同的中药材浸提温度、方式考究，分为低温（−15℃～10℃）浸提、常温（10℃～30℃）浸提、高温（30℃～100℃）浸提和超声浸提三种方式，或者对于同种中药材浸提过程的前期所得浸提液和后期所得浸提液的不同用途可用于同一产品或不同产品中，根据产品对于浸提液的要求不同，也可采用不同的浸提温度、方式组合进行。现有技术中同一提取罐无法满足制冷、加热、超声不同浸提过程的需求。该专利提供一种冷浸、温浸、超声浸提联合多用浸提系统，将制冷单元、加热单元、超声单元与浸提单元集成在一个浸提系统中，浸提单元包括闭环顺次连通的提取罐、提取液收集罐、计量泵、换热器；提取罐外设有密封夹套；制冷单元为密封夹套提供制冷介质的制冷器；加热单元包括闭环顺次连通的热油储罐、热油泵和热油加热盘管。该产品满足对提取罐制冷、加热和超声三种浸提方法的多种组合方式的需求。

（杜思邈）

【中药产业价值链专利战略推进项目】 该项目由天津中新药业集团股份有限公司、天津市科学技术信息研究所周鸿、张青、杨晓宏等完成，2020年12月结项。该研究结合文献研究、政策解读、产业链分析、调研座谈等多种方法，全面、客观、深入分析中药产业整体环境和专利分布状况。在梳理国家政策与国际环境对中药产业引导方向的基础上，针对中药产业价值链新经济增长点，聚焦于专利布局受到忽视的新兴潜力领域，深入调研分析其重点环节、新技术领域及新产品等产业化专利分布与应用状况。为关键新技术及具有新经济增长点的产品，提出精准挖掘并培养高价值专利形成全面专利布局的方案，提出产业和专利层面具有针对性的系统化建议，为中药领域高质量发展夯实知识产权保障基础，形成三个专项报告和一组高价值专利申请方案，为科研与市场提供数据分析与技术支持。

（张 娜）

【深化测量管理体系建设】 该项目由天津中新药业集团股份有限公司隆顺榕制药厂谷翠丽、郭秀霞、常晨红等完成，2020年11月结题。该企业不断完善质量管理体系，测量管理体系作为质量管理体系的重要组成部分，一直坚持计量管理工作作为改善经营管理，提高产品质量，推动技术进步的基础工作。2020年，以测量管理体系年度审核为契机，对自身测量管理制度、计量设备、检定设施、检定流程、检定能力全面检查，不断深化测量管理体系建设，将准确可靠的计量基因融入企业的质量管理建设中，全面保障研发创新和质量体系目标的实现。2020年度对全厂638件计量器具进行检定溯源，自校压力表63块和小容量玻璃容器110件，同步完善测量管理体系文件，11月通过测量管理体系AAA年度审核。在量值溯源、测量设备计量确认和测量过程控制方面形成与GMP和企业研发创新相匹配的计量保证模式，将计量纳入GMP内审，对生产中的计量风险全面排查，清除计量隐患，保障生产的有序高效运行。

图9 测量管理体系认证书

（陈云霞）

【深入推进紫龙金片专利战略研究】 该项目由天津中新药业集团股份有限公司隆顺榕制药厂刘伟、陈云霞、侯建松等完成。紫龙金片是该企业自主研发品种，具有益气养血、清热解毒、理气化瘀的作用，为肺癌气血两虚兼瘀热症患者化疗的辅助用药。从药材标准、质控方法、特征图谱等方面进行研究，从药源头控制产品质量。2020年，通过调研中成药相同治疗领域专利申请总体情况和发展趋势，分析主要竞品的专利布局和技术创新成果；结合企业专利工作实际需求；与一线科研人员、专利申请工作人员、市场推广人员交流座谈，为紫龙金片在生产工艺、质控方法、质量标准等方面申请多件专利。截至2020年年底，5件专利获受理，其中1件核心专利进入实质审查阶段。

（陈云霞）

【包材防潮性能对比项目】 该项目由天津中新药业集团股份有限公司隆顺榕制药厂刘伟、陈云霞完成，2020年年底结项。为确定对水汽、潮气具有更好阻隔性的包装材料，调研多家软双铝包装线设备性能，结合产品特性，选择出高密度聚乙烯瓶（HDPE）、聚酯瓶（PET）、双铝复合膜等包装材料进行实验。截至2020年年底，累计完成紫龙金片HDPE瓶（带干燥剂）、HDPE瓶（不带干燥剂）、PET瓶（带干燥剂）、PET瓶（不带干燥剂）、双铝①号、双铝②号、PVC-PTP泡罩7种包装规格样品的试制，以及影响因素和加速稳定性实验，通过大量的实验数据分析得出较为准确的实验结论。该项目影响因素实验发现：强光对产品无显著影响，而温度、湿度对产品的片重、水分有显著影响。瓶装样品加速稳定性试验发现，瓶装材料中HDPE瓶防潮性最好、PVC-PTP次之、PET瓶最差，且瓶装样品片体形状均有明显的挤压变形，不能满足相关产品的包装要求。双铝样品加速稳定性实验发现，双铝样品片重、水分的变化率低于PVC-PTP组，可判断双铝材料的防潮性优于PVC-PTP。通过上述研究，确认影响相关产品稳定性的主要外在因素，为包装材料和容器的选择、贮存条件的确定等提供依据。排除掉HDPE、PET两种瓶装材料、缩小后续其他品种进行包材实验的范围，锁定双铝材料为其他品种进行包材防潮性验证的重点考察目标。

（陈云霞）

【胃肠安治疗溃疡性结肠炎药理机制】 该项目由天津中新药业集团股份有限公司乐仁堂制药厂、中国中医科学院望京医院王琳、朱晓丹、王玉晶、孙英杰等完成，2020年12月结项。该项目观察胃肠安丸对UC模型小鼠的治疗作用，实验设计采用2.5%DSS诱导UC小鼠模型；观察正常组、模型组、胃肠安高、中、低剂量组及西药美沙拉嗪组各组小鼠在干预过程中的一般情况、DAI评分，以及干预10天后各组小鼠结肠长度、组织病理学变化；Elisa检测各组小鼠血清中TNF-α、IL-6、IL-8、IL-10和CRP的含量；流式细胞术检测各组小鼠脾脏中Th17、Treg细胞百分比变化。研究发现胃肠安丸（WCAP）干预过程中，各组小鼠体质量均逐日增加，腹泻、便血、体重下降等症状逐日缓解，与模型组相比，美沙拉嗪组和WCAP高剂量组能更快地缓解上述症状，两组DAI评分逐日明显下降（$P<0.05$）；药物干预后发现，与模型组比较，WCAP高剂量组和美沙拉嗪组小鼠结肠明显偏长（$P<0.05$），结肠组织充血、间质水肿及炎性细胞浸润较轻等。试验结果提示胃肠安丸能改善DSS诱导的UC小鼠肠道炎症反应，其作用机制可能与恢复Treg/Th17免疫平衡，调整相关细胞因子及提高小鼠免疫力有关。该项目聚焦于胃肠安丸全方开展其治疗UC的系统研究，指导胃肠安丸二次开发及临床应用。成果论文在《中医杂志》《北京中医药》各发表1篇，在美国消化疾病周（DDW）期间发表，且登载在国际消化领域顶级期刊《世界胃肠病学》（IF 17.373）中。

（黄艳丽）

【中药通脉养心丸活性化合物的鉴定及评估】 该项目由天津中新药业集团股份有限公司乐仁堂制药厂与意大利米兰大学王琳、朱晓丹、王玉晶、孙英杰等合作完成，2020年12月结项。该项目采用国际领先的膜片钳技术，评价通脉养心丸双向调节心律机制，首次检测通脉养心丸对人类白细胞功能的影响。采用现代柱色谱分离技术，提取分离通脉养心丸的有效成分，根据不同极性分为四个有效部位（Fr.1- Fr.4），采用膜片钳技术验证（Fr.1、Fr.3、Fr.4）对家兔离体窦房结细胞起搏活性的影响，其中Fr.1通过降低早期舒张期去极化阶段动作电位，显著降低心脏起搏细胞的自发性节律，可全面反馈通脉养心丸的治疗作用；对通脉养心丸中多糖组分（Fr.1）进一步分离评价其对窦房结细胞自发性活动的影响，结果表明，Fr1.1和Fr1.2组分与伊伐布雷定相似，能够作用于起搏If电流并降低电流对起搏的影响，降低窦房结细胞的节律及固有心率；与对照组相比，注射通脉养心丸可显著改善自主神经阻滞小鼠的心率；通脉养心丸阻碍PMA方法诱导的白细胞活化，显示出抗炎和抗氧化作用。

（孙英杰）

【植物多糖A的应用开发研究】 该项目由天津中新药业集团股份有限公司中新制药厂、天津科技大学庞纪平、王书军、王岩、游强秦等完成，2020年12月结项。A药材含挥发油、内酯类、有机酸、生物碱及多糖等近300种化学成分；多糖具有调节机体免疫、抗氧化、抗肿瘤、抗病毒、降血脂、降血糖、抗抑郁、调节肠道菌群、改善心血管疾病等多种作用，药效显著且不良反应较小。A药材多糖尚未发现产业化应用，经研究表明A药渣中粗多糖有一定的降血糖和降血脂的功效。药渣中提取的植物多糖A具有较为良好的溶解性，其水溶液具有剪切变稀的流变特性，且多糖具有较高的黏度，使植物多糖A作为增稠剂在饮料、乳制品、糖果等食品中开发与利用。截至2020年年底，申请发明专利2件。

（穆远楠）

【推进13-氧化巨大戟醇衍生物国际专利保护】 该项目由天津中新药业集团股份有限公司研究院分公司吴潇、潘勤、李彦赟等完成。2020年6月，该成果专利合作条约（PCT）申请化合物及用途专利，“13-氧化巨大戟二萜醇衍生物及其用途”专利经中国、美国、欧洲、澳大利亚专利局初审验收。截至2020年年底，利用甘遂中提取的13-氧化巨大戟二萜醇母核，开发一系列具有直接细胞毒和免疫刺激双重作用机制的13-氧化巨大戟二萜醇酯衍生物，用于制备预防、治疗与增生或瘤形成相关疾病的药物或美容领域相关症状的药物，具体包括寻常疣、扁平疣、传染性软疣、生殖器疣等各类病毒感染性皮肤病；恶性黑素瘤、基底细胞癌、鳞状细胞癌、阴道癌、外阴癌等皮肤癌，以及日光性角化病、恶性雀斑、宫颈上皮内瘤变、肛门上皮内瘤变、外阴上皮内瘤变等皮肤癌前病变，与上市药物及现有天然产物相比，具有高效低毒的优势。 （刘娅冬　李彦赟）

【天药股份甲泼尼龙片通过药品一致性评价】 该项目由天津天药药业股份有限公司张杰、王淑丽、武胜等完成，2020年，甲泼尼龙片获批通过仿制药质量和疗效一致性评价，成为国内首家通过该评价的企业。甲泼尼龙片是一种激素类药品，临床应用广泛，主要用于风湿性疾病、胶原疾病、皮肤疾病、过敏状态、眼部疾病、呼吸道疾病等治疗。仿制药一致性评价是“三医联动”改革的一个重要组成部分，药品质量疗效标准高且严格，要求其质量和疗效与参比药品一致。

（刘　欢）

【天药股份塞来昔布胶囊获美国ANDA批准文号】 该项目由天津天药药业股份有限公司张杰、王淑丽、武胜等完成。2020年，塞来昔布胶囊获美国食品药品监督管理局新药简略（ANDA）批准文号，具备在美国市场销售该产品的资格。其专利药商品名：西乐葆（CELEBREX），用于缓解成人骨关节炎和类风湿关节炎的症状和体征，与传统非甾体抗炎药相比，其胃肠道副作用较小。新药品种的快速获批，带动企业核心竞争力的提升。

（刘　欢）

【天药股份溴芬酸钠原料药通过CDE技术审评】 该项目由天津天药药业股份有限公司张杰、王淑丽、武胜等完成。溴芬酸钠是一种新型非甾体抗炎药物，主要以滴眼剂应用于眼部炎症性疾病的治疗。2020年8月，溴芬酸钠原料药通过国家药品监督管理局药品审评中心（CDE）技术审评，CDE原料药、药用辅料和药包材登记信息公示“与制剂共同审评审批结果”为：A（即批准在上制剂使用的原料），表明该原料药符合国家相关药品审评技术标准，可销售至国内市场。

（刘　欢）

【黄体酮注射液获生产批件】 该项目由天津金耀药业有限公司黄凤华、赵路、林劼等完成，2020年8月，黄体酮注射液（1ml：50mg）由国家药品监督管理局核准签发药品补充申请批准通知书，批准文号：国药准字H20205021。黄体酮是用于黄体支持的主要孕激素，由于黄体酮的口服生物利用度非常低，国内普遍应用的剂型为肌肉注射型。黄体酮注射液疗效确切，价格低廉，属于先兆流产、功能性子宫出血、人类辅助生殖技术（ART）等黄体支持传统用药。国内上市的黄体酮注射液规格为1ml：5mg、1ml：10mg、1ml：20mg和2ml：50mg，主药浓度较低。50mg/ml的黄体酮注射液在美国、英国、日本等广泛使用，其有效性和安全性在长期的临床应用中得到验证。在超剂量、超疗程使用的情况下，尚需系统研究黄体酮或油溶剂的副作用哪个更明显，统计分析得出对于辅助生殖术者，给予黄体酮支持的给药剂量都比较大，小规格注射液若想达到疗效，只能采用多次肌肉注射，肌注容易在注射部位形成硬结，多次注射造成的创伤更大，患者的依从性比较低。1ml：50mg规格黄体酮注射液的获批，为临床用药提供新的选择，填补国内1ml：50mg的黄体酮注射液的空白。

（姜凤竹）

【塞来昔布胶囊获生产批件】 该项目由天津金耀药业有限公司黄凤华、赵莹、贾志红等完成，2020年12月，塞来昔布胶囊（规格：0.1克，0.2克）取得药品注册证书。该项目经历小试研究、中试放大、注册批生产、BE试验、申报、发补、现场核查等多个阶段、4年的努力，经国家药品监督管理局审核，与原研药品质量和疗效具有一致性，获准投入生产。塞来昔布为新一代非甾体抗炎镇痛药，通过选择性抑制环氧化酶-2抑制前列腺素生产，达到抗炎症、镇痛的效果，用于治疗急性期或慢性期骨关节炎和类风湿关节炎的症状和体征，疗效显著，胃肠道副作用较小。用于治疗成人急性疼痛（AP）和缓解强直性脊柱炎的症状和体征。

（郭　磊）

【甲泼尼龙琥珀酸钠冻干粉针剂及其制备方法】 该项目由天津金耀药业有限公司何光杰、张宝文、袁英等完成，2020年获中国专利优秀奖。该发明主要提供一种甲泼尼龙琥珀酸钠冻干粉针剂，在不加入乳糖时，得到的注射甲泼尼龙冻干剂有关物质含量稳定性明显好于加入乳糖的技术，冻干时间明显低于加入乳糖需要的冻干时间，冻干时间缩短，生产效率提高。

（张　贝）

【两个IND新药获FDA许可】 该项目由天津药物研究院新药评价有限公司曾勇、夏媛媛、耿雅杰等完成。2020年1月17日和2月25日，该公司承担的两个非临床评价创新药物品种：小分子抗肿瘤新药HW130注射液和融合抗体类创新药物JK07，分别获美国FDA签发的临床试验许可。实施过程中严格按照GLP管理规范的要求进行管理，试验资料作为药理毒理研究资料的重要组成部分，及时提交FDA的IND申报。两个项目的获批，标志着该公司创新药物评价与研究能力持续符合国际评价标准，得到欧美新药注册监管体系的认可。

（王　琳）

【泰宁纳德获临床试验默示许可】 该项目由天津药物研究院黄长江等自主研发，2020年2月，一类新药——泰宁纳德获临床试验默示许可，并获国家药品审评中心核准签发的临床试验通知书。泰宁纳德是尿酸转运体1选择性抑制剂，临床前研究数据充分支持该品开展临床研究，拟用于治疗高尿酸血症和痛风伴高尿酸血症。该院先后建立体内外高尿酸筛选体系，从靶点分析、分子设计、合成路线设计、制备工艺研究、原料质量标准研究，到生物学研究、剂型布局、片剂工艺研究、制剂质量研究，以及体内外药效学、药代动力学和安全药理学、一般毒理学和特殊毒理学在内的非临床评价研究，再到临床方案设计和药品注册事务等全链条的创新药物研发体系。申请国家发明专利6件、PCT专利3件，核心专利均获中国、美国等多个国家的专利授权。

（王　琳）

【含二芳基甲烷结构的羧酸类URAT1抑制剂、制备方法及其在高尿酸血症和痛风治疗上的用途】 该项目由天津药物研究院有限公司汤立达、徐为人等完成，获2020年天津市专利优秀奖。该院自主研发的新型抗高尿酸血症类药物申请PCT国际专利，在美国、澳大利亚等国家获授权。该发明专利提供一种含二芳基甲烷结构的羧酸类URAT1抑制剂，具有明确的降尿酸活性。

（王　琳）

【高临床相关性肿瘤精准医疗研究平台技术】 该项目由天津药物研究院有限公司崔涛、杨龙、伊秀林等完成，获批天津市2020年度“项目+团队”创新类C级团队。该项目针对高临床相关性肿瘤精准医疗研究平台技术攻关，服务于国内抗肿瘤创新药物研发及临床肿瘤精准医疗，实现抗肿瘤药物的早期筛选及临床个体化治疗过程中治疗方案敏感性筛选研究，确保肿瘤治疗的合理、有效。

（王　琳）

【苯磺酸氨氯地平片一致性获批】 该项目由天津药物研究院刘帮民药学团队承担，2020年，一致性评价全套技术研究品种——“苯磺酸氨氯地平片”获药品补充申请批件。从药学到临床，从体外到体内，完成药学和BE研究、生物样本检测，各专业团队协同配合，助力委托企业获得批件。基于体内外溶出特点，迅速确认特征曲线，研究处方工艺，15个月完成从小试到中试及后期的产业化研究，精准把控项目关键技术环节和研发质量关。在确保临床试验、生物样本检测等各环节质量的前提下加快试验进度，配合药学一次性通过空腹和餐后生物等效试验的体内评价。

（王　琳）

【利培酮片通过仿制药质量和疗效一致性评价】 该项目由天津药物研究院药业有限责任公司任晓文、刘亚梅等完成，2020年3月24日该公司生产的天津市重点新产品——利培酮片（商品名“卓菲”）通过仿制药质量和疗效一致性评价并获批件。该产品是国内首批上市产品，系抗精神病药物，用于治疗精神分裂症及双相情感障碍的躁狂发作。（李振佶）

【达贝获批新增适应证】 该项目由天津药物研究院药业有限责任公司刘亚梅、刘帮民、张馨文等完成，2020年3月12日阿加曲班注射液（商品名达贝）获新增适应证批件，增加适应证用于对慢性动脉闭塞症（血栓闭塞性脉管炎、闭塞性动脉硬化症）患者的四肢溃疡，静息痛及冷感等的改善。该公司生产的阿加曲班及注射液是天津药物研究院自主研发的拥有自主知识产权的国家二类新药，是一种新型凝血酶抑制剂。2005年5月该品种获国家食品药品监督管理局颁发的生产批件，成为国内首家上市产品，拥有4年过渡期。依托该产品授权的发明专利“阿加曲班及其中间体的合成方法”获中国专利优秀奖和天津市专利金奖。（李振佶）

轻工纺织

【天津纺织集团科技】 2020年，天津纺织集团控股有限公司（以下简称“集团”）在全球新冠疫情爆发不利因素的影响下完成全年预期目标。新产品试制41项；投产43项；产值完成1.3亿元人民币，申请国内专利26件，其中发明专利3件，技术创新项目完成20项。一是技术创新体系建设。天纺投资控股有限公司、天纺标检测认证股份有限公司、天津市北洋分公司等5家企业通过市级企业技术中心考评。2个项目列入天津市科技计划科研院所扶持项目；1个申报市科技局科技支撑项目；“特种纺织品智能快速检测服务平台项目”通过验收；“国家中小企业公共服务示范平台”完成复评复审申报工作；在疫情防控阻击战中，集团整合各企业的资金、技术、设备、人员等，创建防护产品产业链平台。办理各类资质，提升防护产品定位，扩大企业生产、销售经营范围，建成具有核心竞争力的功能防护产业基地。集团关注产业政策支持，跟踪产业支持落实情况，指导企业项目申报。天纺标检测认证股份有限公司科技政策支持资金到账43.3万元人民币。二是协同创新情况。集团积极推动协同创新，充分利用院校研发资源优势，加强企业与各高校密切联系，形成产学研的深度融合。与天津工业大学、天津科技大学合作，搭建集产品检验检测、制定修订标准、科研开发、信息咨询等功能于一体的公共服务平台。与澳大利亚墨尔本大学、天津工业大学、天津协力自动化有限公司合作，研究纺织用动物纤维智能识别关键技术及自动化测试系统研发。与河北工业大学合作完成强酸自动配液系统样机的制造。三是重大科技成果转化。各企业结合园区的转型调整，建立产学研相结合的技术创新体系，研发具有市场竞争力的高附加值的产品，形成产业化。天纺投资结合市场需求研发高支强捻、异经、棉长丝交织，竹节、小提花、绉布、涤粘等产品，其中“涟漪”面料获中国国际面料设计大赛2020/21春夏中国流行面料入围评审优秀奖。天纺标完成纺织面料pH值自动化关键技术研究，研制的测试线设备投入使用，成为复杂技术项目开发的典型样板。实验室小型自动分液机投入使用，完成行架机器人控制自有技术的验证。健龙公司完成抗菌型口罩、砭磁记忆枕、多功能理疗垫等产品投产。孚泽公司完成新品空气纤维坐垫和加重贴身抱枕被的研制。四是商业模式创新。资金扩容项目与4家银行完成对接。完成三重一大项目，与国资平台数据交换测试通过。内外网建设控股公司提升集团办公效率，外网栏目架构制定完成，内网升级实现决策事项流程、人力档案、财务驾驶舱等功能，搭建超融合内网云服务平台，构建IPV6负载均衡，升级VPN和网络安全防火墙。推动“互联网+”，自贸通2020年再次获“天津市外综服企业评级二类企业”。通过举办领军企业高峰论坛，拓展融资渠道，全年进出口额达到3.3亿美元。易跨竞根据疫情突发状况，调整业务规划，全年出口额727万美元。服装公司利用速卖通、环球资源等平台积极寻找海外客商，参加广交会线上平台，以及天津商务组织的"津品出海"防疫物资云对接等活动。孚泽公司开拓市总工会的网上惠享超市，一类、二类医疗器械销售许可资质。通过开发孔洞款坐垫、纤维腰靠和床垫等一系列产品抢占市场。健龙公司利用网络平台销售颐汇美品牌下的产品，打通健龙单一销售渠道，改变疫情导致的销售不利局面。

（孙　晶）

【天津海鸥表业集团有限公司科技】　天津海鸥表业集团有限公司科技工作稳步发展。企业被认定为"高新技术企业"，全国首批"国家技术创新示范企业""中国工业设计十佳创新型企业"；获"天津政府质量奖"，中国政府质量奖提名、历年"钟表行业十强企业""统计先进单位"等称号。被国家和天津市工信部（局）评为首批"全国企业知识产权运用标杆""天津市企业知识产权运用标杆"。2020年，被市科技局认定为"天津市科技领军培育企业"。"ST21系列全自动多功能机械手表的研发"项目获中国轻工业联合会科技进步奖一等奖。研发投入后补助项目获天津市科技局支持资金10.83万元；"天津市高精密机械手表企业重点实验室"通过建设期验收，正式挂牌。被国家知识产权局评为"全国企事业知识产权试点单位""国家级知识产权示范企业"。知识产权拥有量保持增长，截至2020年11月月底，新增申请专利46件，其中发明4件。新增授权专利54件。2019年至2020年，申报国内外发明专利资助共计19.38万元。申报天津市专利发明奖、专利创业奖2项；申报中国专利奖发明类、外观设计类2项。2020年高价值专利培育项目取得实施资格，持续建设完善知识产权管理体系，完成知识产权管理体系内审、外审工作。

（范　琚）

【一种手表的星空显示获中国专利优秀奖】　该项目由天津海鸥表业集团有限公司傅裕等完成，获2020年度中国专利优秀奖。该专利提出以中国古代天文学中的北斗七星和二十四节气作为日历显示方式，星空显示机构是独创的全新的日历显示，打破国内手表行业传统设计理念，体现该公司在精密结构上的优势和设计加工水平。该发明是一种全新的双盘结构，两盘同轴转动，但转速不同，对应不同的功能。处于下方的星辰盘每个恒星日逆时针旋转一圈，其上有标志性的北斗七星及时辰指针；处于上方的星空盘每年逆时针旋转一圈，其上有十二时辰标识及日历指针。星空盘上的指针可指示日历及节气，在星空盘上的位置可指示当时的时间，实现时间和日期的同时显示。该发明首次尝试在手表上显示"北斗日历"，解决的传统年历盘模数较小、齿数较多，对位置和尺寸精度要求极高，加工难度大等多项技术难题。方案结构简单，零部件加工难度小，占用空间小，应用灵活度高，可用于中等规模的生产中。提交PCT国际申请1项，国内发明专利1件，实用新型专利2件，外观设计专利4件。

（李慧娴）

【新型轻纺阻燃材料的开发及其标准化评价技术的构建】　该项目由天津海关工业产品安全技术中心、天津科技大学、天津工业大学周磊、王劭妤、任元林、刘晓辉、俞凌云等完成，获2020年度天津市科技进步二等奖。该项目开发新型阻燃纤维素纤维及其织物的关键制备技术，攻克表面改性法制备阻燃纤维素纤维的关键技术，实现高效制备；发明阻燃改性技术，获得新型制备方法，开发阻燃纤维及其织物；发展微型量热仪高效评估技术，检测所需样品量大幅减少，服务于新型材料阻燃性能评估；基于传感器技术，开发智能化、定量化阻燃性能标准检测技术，解决传统感官检验的主观性及烟箱检测耗时不经济的问题。

【特殊面料解决纬缩织疵的工艺研究】　该项目由天津天纺投资控股有限公司完成，2020年12月完成竹纤维与锦纶弹力交织提花面料的开发生产。解决布面辅喷侧的纬缩问题的工艺方法：① 保证纬纱平稳的飞行状态。调节主喷嘴、散流器，使其加大微风电磁阀管道中的空气流量；串联喷嘴开度角提前5°释放气流，可缓解主喷嘴工作压力；辅喷电磁阀的开度角利用手动调整依次提前。② 确保纬纱通道光洁。检查纬纱通道从夹纱器开始，清理夹纱表面污渍，保证夹纱器表面光洁。③ 使用拉伸喷嘴并延长废边纱长度。出口侧加装拉伸喷嘴，废边纱长度加长，使纬纱在出梭口后依然保持足够大的张力，使出口侧布边成形良好，布边中的松纬缩得到大幅改善。④加大布边紧度并加长边毛长度。调整两侧布边的筘入数，加大布边紧度夹紧纬纱，使用合股纱线两侧绞边使其与纬纱间的摩擦力加大，适当加大经纱张力，加大边撑伸幅力，加长毛边长保证每根纬纱回缩一致，确保布面在印染时不会出现染色不匀现象和纬缩。⑤制定合理的开口时间。适当提前开口时间，使开口早开早闭可起到夹紧纬纱的作用。在纬纱伸长时，使经纱较好的包裹住纬纱，回缩消除。该项目在产品质量和风格上有创新，通过精心设计组织结构，选取竹纤维与锦纶弹力长丝交织，使面料获得良好的悬垂性、舒适的弹性，面料整体风格光泽好，手感细腻柔软，提花精致有品位，抗皱性好，是春秋季时装面料。申请实用新型专利1件。

（柴青轩）

【除尘机构的传动和气电控制改造】 该项目由天津天纺投资控股有限公司完成。2020年12月完成传动电气改造，通过对现有结构的分析，参考其他成熟制造商设备的结构，总结出现有设备不具备简单模仿成熟结构的条件，采用技术革新消除结构存在的问题。二级吸嘴的内部传动机构重新设计为固定吸嘴座、单管双吸口结构。吸口密封皮口与滤料保持固定间距，保证集尘的稳定性。通过中心轴安装气电混合滑环，吸嘴实现气电控制方式，运转准确、稳定。二级吸臂设计成正反向旋转，保护长毛绒滤料，吸臂上安装气缸，阀门改造为气缸驱动，直接开合关闭吸嘴回风口，效果直接、简单、有效，同时起到完全封闭的作用，也可使集尘风机放弃刹车功能，使管路内瞬间失压，更便于集尘袋内尘土杂质的脱落。在集尘袋顶部入口处安装压力变送器，监测集尘袋内尘土杂质的积存量，采用模拟量信号控制集尘和排尘的时机，达到按需运行，使滤料和集尘袋保持清洁状态。控制系统添加多重安全保护监控设计。添加操作显示屏，可随时根据原料变化情况调整运行参数。添加手动和调试功能。手动时加强控制方式，可锁定单独部件的运转，便于同时完成其他操作。调试时可实现二级无主风机风压情况下的运转，便于保全工进入二、三级仓室检查运转情况。通过完成圆笼式除尘机组二级除尘机构革新改造，提高除尘机组的运转效率、运行稳定性，故障率下降，故障停机时间缩短，保障正常生产。申请实用新型专利1件。

（柴青轩）

制造装备

【高效高功率密度电机系统关键技术及其应用】 该项目由天津工业大学、浙江大学、天津大学史婷娜、陈炜、阎彦、王志强、耿强等完成，获2020年度天津市科技进步特等奖。该项目提出脉宽调制电源激励下电机铁耗建模方法，剖析电机参数与设计目标间的关联机制，形成多约束条件下高功率密度电机效率优化设计体系。构建不同载波比下变流器开关行为的统一量化评价标准，提出不连续空间矢量脉宽调制策略。针对非线性时变扰动下高功率密度电机系统转矩波动大、跟踪性能差的难题，建立负载扰动下转子位置与转速动态补偿机制，实现高功率密度电机系统性能品质综合提升。

【高刚度磨切一体加工机器人技术及应用】 该项目由天津大学、天津中屹铭科技有限公司、天津宝信铸造股份有限公司、天津中德应用技术大学孙涛、宋轶民、王攀峰、陈跃程、赵学满等完成，获2020年度天津市技术发明一等奖。该项目发明机器人拓扑结构的解析化运算与代数化综合新技术，综合出数十种结构紧凑、刚度高且重构能力强的新型并混联机构，提出高刚度磨切一体加工机器人方案，解决传统机床灵活性不足与串联机器人刚度不高的难题。发明磨切一体加工机器人的一体化建模与综合性能匹配设计新技术，提出多目标合作均衡的参数优选新方法，实现混联机器人谱系化性能设计，解决机器人质量、刚度和动态特性间的最优匹配设计难题。发明磨切一体加工机器人的多模式控制与智能工艺规划新技术，提出精准示教和主从人机交互控制新方法，开发出机器人智能控制与工艺规划系统软件，解决多类型、多材质、多尺度铸造件高效磨切一体加工的难题。该项目突破制约行业产能、安全生产和环境治理等方面的技术瓶颈，研制出具有完全自主知识产权的3个系列10种规格机器人产品。获授权发明专利24件、实用新型专利22件、软件著作权3件；发表高水平论文24篇，他引206次。（天津大学）

【精密卧式加工中心正向设计方法及工程应用】 该项目由天津大学、北京工研精机股份有限公司、沈机集团昆明机床股份有限公司、四川普什宁江机床有限公司黄田、张大卫、高卫国、聂应新、朱祥等完成，获2020年度天津市科技进步一等奖。该项目揭示几何误差传递规律，攻克面向工件加工精度需求的公差分配、导轨副直线度误差均化、直线轴重复定位误差调控、空间误差补偿等关键技术，大幅提升整机几何精度。攻克T型床身三点支撑技术，提出X-Y轴近等刚度匹配、满足刀具-工件静刚度约束的动态设计准则与方法，形成CAD/CAE交互设计流程和软件工具，显著提高整机静动特性、三点调平效率和精度保持性。揭示主轴、进给、结构和整机热误差映射规律，突破热源布局与主动温控能力匹配关键技术，开发出热变形检测和主动温控软硬件系统，有效提升整机热精度和热稳定性。国产精密卧加直线轴定位/重复定位精度实现由8μm/6μm到3μm/1.5μm的技术跨越，空间对角线精度优于20μm，综合性能跻身于国际同类高端产品行列。获授权发明专利28件、实用新型专利1件，软件著作权12件，发表论文35篇，发布国家标准1项、行业标准3项。（天津大学）

【形变诱导硬化型中锰耐磨钢关键技术及应用】 该项目由天津威尔朗科技有限公司、中国矿业大学王军祥、王庆良、强颖怀、王斌等完成，获2020年度天津市技术发明二等奖。该项目研究发现在煤、岩等物料的摩擦冲击下，发明的形变诱导硬化型中锰钢表层形成毫米级硬化层，具有持续自硬化特性，形成硬质表面与韧性基体“刚柔相济”的协同抗磨机理，克服传统低合金马氏体钢、高锰钢的耐磨寿命不足等缺点；发明中锰钢的连铸连轧关键生产工艺，使中国掌握具有完全自主知识产权的高端耐磨钢板制造技术，具备高性能耐磨钢板的自给能力。发明中锰耐磨钢板与槽帮等异种材料的焊接材料，对其关键技术参数进行优化，解决新型中锰耐磨钢极易产生焊接裂纹的难题。

【300MN超塑性等温锻造智能成型工艺技术与成套装备】 该项目由天津市天锻压力机有限公司、天津职业技术师范大学、机械工业仪器仪表综合技术经济研究所、天津中德应用技术大学王世东、董晓传、赵华、杜丽峰、王鑫等完成，获2020年度天津市科技进步二等奖。该项目分析超塑成型关键工艺要求，开发数字化控制系统，采用带前馈的速度、位置双闭环的控制算法，大幅提高调平和调速能力，保证产品成型质量；开发基于变频技术的主油泵动态供油系统，减小大功率溢流所造成的流量损失；开发故障诊断智能化算法，为准确进行故障诊断提供重要的判断依据；设计多拉杆组合式梁体结构，实现本体结构刚度、强度及整体性的优化匹配关系，提高成型精度。

【多级增效制冷/热泵机组产业化关键技术研究与应用】 该项目由天津商业大学、准得（天津）试验有限公司、河北航研制冷设备有限公司杨永安、孙志利、孙欢、田绅、王忠孝等完成，获2020年度天津市科技进步二等奖。该项目在冷冻冷藏和清洁供暖技术发展的关键期，首创适用于大温差、多工况的多级蒸气压缩制冷/热泵系统。攻克关键技术，在运行模式上突破单级、多级压缩循环运行模式转换瓶颈，提出基于目标寻优控制方法，解决最优能效比运行和温度精准控制难题。

【防砂、防垢潜油电泵成套装备开发及产业化】 该项目由天津荣亨集团股份有限公司庄合义、董树东、庄朝荣等完成，获2020年度天津市科技进步二等奖。该项目采用流体力学原理，对叶导轮的叶片型线、吸入口和排出口结构的优化设计，提高泵效。通过结构改进，取得最佳的使用效果，使高性能潜油电泵机组的使用寿命及效率。自主开发潜油电泵叶轮耐磨结构，减少叶轮的摩擦副，降低叶轮的摩擦损耗，提高泵效延长装备的使用寿命。研制气体处理器，保证液体流动速度的强制形成，实现潜油电泵在高含气井中正常工作。通过对关键部件进行分析，在结构和材料上进行改进设计，形成有效、合理的嫁接，达到在超高含砂量油气井无故障使用目的，具有高泵效、高防砂、高防垢、结构简单、体积小和便于运输和井下安装等特点。

【工坊啤酒机械装备集成技术及应用】 该项目由天津科技大学、宁波沪港食品机械制造有限公司李占勇、戴晓勇、徐庆、傅静宇等完成，获2020年度天津市科技进步二等奖。该项目原料处理发明冷冻驱氧麦芽粉碎机，减少麦芽与水混合时的含氧量，且可高效过滤。糖化集成系统发明两种单元操作一体化的新系统。研制煮沸锅底部直火加热辅以侧部烟气热能回收腔的加热装置和直火外加热麦汁煮沸系统。发酵系统研发一罐法新发酵装备及两罐法新装备，实现发酵过程酵母快速沉降与排出，酒体的快速澄清。发明发酵段香型酒花添带压干投技术和酒花外循环添加系统，香型酒花有效成分的利用率提高一倍，避免染菌。酿造产物高值化和废麦糟资源化，首次阐明典型工坊啤酒蒸馏烈酒后的香气物质变化规律。实现废麦糟的饲料/生物炭转化，解决工坊啤酒废麦糟处理瓶颈。

【自增压式高压泵能量回收一体机产品开发与应用】 该项目获国家重点研发计划、天津市自然科学基金、自然资源部业务化项目等资助，由自然资源部天津海水淡化与综合利用研究所王生辉、邱冠华、宋代旺等完成，2020年12月结题。该项目通过研究新型导向和换向控制阀，利用水力自动进行换向，避免电控阀故障和同步问题。研究自增压高压泵蓄能增压原理及机械实现方式，解决流道切换控制阀结构、自增压高压泵泵体结构优化问题。通过对动密封摩擦机理的研究，得到针对反渗透海水淡化工况的密封圈最佳设计参数，达到密封性能与摩擦磨损之间的平衡。通过对各个结构部件的功能和应力分析，优选材料，比传统一体机质量减轻82%。历经5年，最终研制出一种适于小型海水淡化装置应用的自增压式高压泵与能量回收一体机，在日产5吨海水淡化装置完成示范，能量回收效率92%以上，吨水能耗低于4千瓦时，降低海水淡化能耗80%以上。发表SCI论文3篇、中文核心论文5篇，申请发明专利4件。

（邱冠华　宋代旺　张　寅　赵如娟）

【应急式户外净水瓶产品开发与应用】 该项目获国家发改委中央预算内直接投资和国家重点研发计划的支持，由自然资源部天津海水淡化与综合利用研究所王生辉、宋代旺、周冲等完成，2020年9月结题。该项目针对应急式户外净水装置的可靠性与实用性，研究低压、高效、便于携带的户外应急净水产品。通过优化净水工艺与结构设计，研究户外应急净水装置设计与制造工艺，开展多水质净水工艺组合形式研究，探索出最优化的微缩化净水工艺组合，满足户外应急净水装置的性能要求与尺寸要求；开展户外净水器外观与结构设计研究，借助3D打印技术与人体工程学设计方法，研究外观尺寸、携带形式、端盖、水嘴流道结构等参数，形成样机外观与结构设计图纸；开展不同部件材料材质研究，解决材料融合、密封、耐候性、承压件、净化等问题，提出适合不同部件材料的加工方法与组合形式，最终形成体积小、重量轻、成本低廉、分离效果优良、批量化生产的应急式户外净水产品。研究成果申请专利3件，获授权2件。

（周　冲　赵方晓　王禹斌　张　寅）

农业科技

概　况

【农业与农村科技】　2020年，天津市在农业科技园区建设、农村科技帮扶、农业科技型企业、科技支撑等重点工作领域立项68项，市级财政资金资助2295万元，推动建立农业科技创新创业平台，促进农业产学研用合作和农业科技成果转化。天津宝坻国家农业科技园区获科技部批准建设。全年支持科技特派员项目30个，农业科技帮扶提升项目9个，新增备案团队科技特派员57个，法人科技特派员24个，认定津甘双地科技特派员145人。累计建立138支科技帮扶团队，培育科技特派员超过1000人，推广农业新技术、新成果600余项，形成“科技特派员＋基地＋农户”“科技特派员＋农户”等工作方式。在种业创新、种植养殖新技术、特色农产品及食品的加工和保鲜储运技术、农业生物制品的研发与应用、食品安全检测和安全生产过程控制技术研发、数字乡村及人居环境整治技术研发与应用等领域开展技术创新，组织天津市重点研发计划科技支撑重点项目18项。北方超级粳稻“津原89”选育成功，产量882.9千克，创造中国北方常规粳稻高产纪录。支持天津冠芳可乐饮料有限公司、瑞普（天津）生物药业有限公司等3家科技领军培育企业承担重大项目，推动企业在高含量山楂饮料、兽药化学等细分领域开展科技创新，研发新型“杀手锏”产品，推动企业快速成长。瑞普生物公司成立瑞派宠物医院，获高盛集团、玛氏等投资，成为独角兽企业。农业领域建有20家产业技术创新联盟，其中杂交水稻产业技术创新战略联盟和兽用化学药品产业技术创新战略联盟（SUVP）为科技部认定的示范联盟，国家肉羊种业科技创新联盟为农业农村部批准，联盟成员单位514家，建立科技创新平台102个，开展76场联盟活动，开展培训190期，培训30805人次。推进天津瑞普生物技术股份有限公司承担的天津市兽药技术创新中心建设。

（吴　晓）

【天津市现代农业产业技术体系建设】　天津市农业农村委员会组建海水养殖、淡水养殖、蔬菜、生猪、奶牛（肉羊）等天津市现代农业产业技术体系创新团队，围绕农业农村部部署及天津市农业农村发展重点，各体系创新团队开展科技协同创新、试验示范农业新品种、新技术、新装备、新模式，为农业生产经营主体提供技术指导服务，着重解决产业发展难题，引领相关产业绿色发展。全市产业技术体系创新团队研发新技术63项，培育和引进新品种88个，示范推广新技术156项，解决产业发展重大问题64项，培训技术人员1408人次，培训农民19096人次。

（刘士丛）

【帮扶困难村】　天津市农业农村委员会选派410名农业技术专家组建10个农业技术帮扶组和1个中草药技术支持组，对10个涉农区的困难村实现技术服务全覆盖。帮扶专家开展电话技术指导1626次，微信解答农户问题1749次，技术服务合作社327家、农户986户，协助解决生产问题796个，与困难村建立沟通平台132个，推荐新品种320个，推荐新技术310项。为加大农民对农业科技新成果的了解，促进先进农机农艺技术的普及，提高农民生产技术水平，通过会议培训、现场展示、发放技术资料等形式，开展授课讲座71次，参观考察141次，培训农民20393人次，发放宣传资料9954份。

（刘士丛）

农业规划与战略

【天津市养殖水域滩涂规划（2019—2030年）】　该规划由天津市休闲农业协会、天津市农村经济与区划研究所李瑾、史佳林、刘悦、黄学群等承担，2020年10月通过天津市农业农村委员会验收，经天津市人民政府同意，以津农委

〔2020〕42号文件印发。该规划分析养殖水域滩涂利用的形势，即根据天津市土地利用现状，在不改变原用地性质及相应空间管控要求的基础上，明确天津市水域空间规模，规划水产养殖业生产布局；对天津市养殖水域滩涂利用进行评价，主要进行水域滩涂承载力分析、水产养殖产业发展分析，明确养殖水域滩涂开发总体思路；进行养殖水域滩涂功能区划，明确养殖水域滩涂开发和保护重点、全市水域空间规模，划定禁止养殖区、限制养殖区和允许养殖区，明确管理措施；提出组织领导、监督检查、生态保护、水体治理和科技创新推广等系列保障措施。该规划对天津市保护水域生态环境、推进水产养殖业绿色发展、保障优质水产品供给具有指导作用。

（孙国兴）

【面向2035、2025年的现代农业创新发展规划思路研究】 该项目由天津市农村经济与区划研究所、天津农学院李瑾、尹川、史佳林、孙国兴等完成，2020年12月通过市科技局验收。该项目围绕推动现代农业转型发展、提升农产品市场竞争力、破解农民持续增收瓶颈、推动京津冀协同发展、保障全社会食物安全、激发农业多功能价值等方面，分析现代农业创新发展面临形势与需求；基于部门调研、高校和科研单位调研、企业调研，对天津农业科技创新现状进行分析；提出天津现代农业科技创新发展思路，明确“十四五”发展目标和2035年远景目标；构建天津现代农业科技创新体系方案，从强化创新环境建设、服务产业链关键环节、发挥创新主体作用和优化创新体制机制进行设计；明确建设科技创新重要平台、实施科技创新重大工程、实施科技创新重点项目，提出项目库初步方案；提出强化组织领导、资金保障、政策扶持、人才保障、科技合作和规划实施的保障措施及政策建议。

（孙国兴）

【天津市农业科技园区发展规划及政策研究】 该项目由天津市农村经济与区划研究所孙国兴、于战平、史佳林等完成，2020年12月通过市科技局验收。该项目分析研究天津市农业科技园区建设面临的形势与需求，梳理国家和典型地区农业科技园区发展经验，提出对天津的启示；在对天津及外省市50余家现代农业园区、农业科技园区和天津市有关主管部门进行调研基础上，分析天津市现代农业园区发展历程、主要类型、总体特点与存在问题；提出天津市农业科技园区创新能力评价指标体系，对7家市级农业科技园区进行实证比较分析研究；明确构建以国家农业科技园区为引领，以市级农业科技园区为基础的农业科技园区体系，提出到2025年天津市农业科技园区规划目标及布局建设方案设想；围绕农业科技园区发展，提出探索机制创新、集聚优势科教资源、培育科技创新主体、优化创新创业环境、鼓励特色品牌化发展、建设生态宜居乡村等重点任务；提出组织领导、规划指引、政策支持、协同发展等保障措施。

（孙国兴）

【天津市畜牧业“十四五”发展规划】 该规划由天津市农村经济与区划研究所孙国兴、赵祥增、张健等完成，2020年10月通过天津市农业农村委员会验收。该规划总结“十三五”天津市畜牧业发展取得的成就，分析“十四五”天津市畜牧业发展面临的机遇和挑战，进行天津市发展畜牧业土地承载力测算和“十四五”期间主要畜禽产品需求预测；明确“十四五”天津市畜牧业发展的指导思想，制定“十四五”发展目标，编制主要畜禽生产规模规划指标、主要畜禽产品产量规划指标、主要畜禽产品自给率规划指标等三套指标，给出约束性指标和指导性指标值；提出全市畜牧业总体空间布局和养殖基地布局两套方案，明确提升现代畜禽种业竞争力、构建现代畜禽养殖综合体系、推动产业融合和全产业链发展、推进畜禽养殖废弃物资源化利用和加强动物疫病防控能力建设的任务，围绕组织、政策、科技和法制保障提出保证措施。

（孙国兴）

【天津市蓟州区畜牧业“十四五”发展规划及2035年远景目标】 该规划由天津市农村经济与区划研究所孙国兴、李瑾、黄学群等完成，2020年12月通过天津市蓟州区农业农村委员会验收。该规划总结“十三五”蓟州区现代畜牧业发展取得的成就，分析“十四五”蓟州区现代畜牧业发展的外部环境与面临的问题，进行蓟州区发展畜牧业土地承载力测算和“十四五”期间主要畜禽产品需求预测；明确蓟州区畜牧业发展工作思路，制定“十四五”发展目标和2035年远景目标，编制2025年主要畜禽养殖量规划任务指标、主要畜禽产品产量规划任务指标，给出规划指标和争取指标两套指标值；提出全区畜牧业总体空间布局和养殖基地布局两套方案，提升现代畜禽种业水平、完善畜禽标准化生产体系、推动产业融合和全产业链建设、完善动物疫病防控体系、完善畜产品质量安全监管体系和推进畜禽养殖粪污治理长效化；围绕组织、政策、科技和法制提出保障措施。该规划对蓟州区畜牧业持续健康发展具有指导作用。（孙国兴）

【昌都市阿旺绵羊产业发展规划】 该规划由天津市农业科学院孙国兴、张效生、史佳林等完成，2020年11月通过天津市农业农村委员会验收。该规划通过天津对口支援西藏昌都，为推动昌都阿旺绵羊产业转型升级和核心竞争力提升，带动农牧业增效和农牧民增收提供决策依据。该规划论述阿旺绵羊产业发展基础，剖析面临的困难问题；对阿旺绵羊发展潜力进行预测和前景展望；明确推进阿旺绵羊规模化、标准化、生态化、智能化、产业化、品牌化水平提升，实现转型升级和核心竞争力提升的指导思想；明确构建保种选育－扩繁推广－养殖小区（基地）的空间布局，配套建设原种场、一二级扩繁场、养殖场（小区）、饲草料供应基地、屠宰加工等一批产业化项目；明确建立完善种质资源、良种选育与提纯复壮、良种扩繁与健康养殖、产业融合发展、产品质量安全监管、疫病防控体系、产业化经营组织等体系；围绕组织、资金、政策、科技四方面提出保障措施及政策建议。（孙国兴）

【基于乡村振兴战略视角下天津乡村产业兴旺的科技支撑路径与对策研究】 该项目由天津市农村经济与区划研究所韩金博、史佳林、胡文星等完成，2020年11月通过市科技局验收。该项目总结提炼出乡村产业兴旺的概念、特征、乡村产业兴旺与乡村振兴战略的内在联系，科技支撑乡村产业兴旺的意义。对天津乡村产业发展在结构调整、生产方式转变、三产融合发展、组织化程度提升等方面进行分析，总结出天津特色乡村产业振兴的内在要求，分析日本、韩国、京沪江浙等地乡村产业发展现状及成效。围绕农业科技推广效果、科技创新型人才、科技资金来源渠道等方面，阐述天津农业科技支撑产业兴旺存在的问题，制定到2022年天津乡村产业兴旺规划指标和目标任务。根据天津市10个涉农区产业发展现状，立足滨海新区、环城四区、远郊五区分别探讨科技创新支撑乡村产业兴旺的建设路径。总结未来科技支撑天津乡村产业兴旺的发展重点，提出科技支撑天津乡村产业兴旺的保障措施。（孙国兴）

【新时期天津涉农区农村集体经济组织成员身份认定及相应权益保障机制研究】 该项目由天津市农村经济与区划研究所宋建辉、孙国兴、刘永胜等完成，2020年8月通过天津市农业农村委员会验收。该项目通过对涉农区农村集体经济组织成员身份认定前期探索情况、产权制度改革背景下工作开展情况及基层调研情况的梳理，分析当前涉农区农村集体成员身份认定工作开展情况、取得的成效与不足、面临的困难和问题；通过对国内其他省份出台的相关地方性法规、制度文件综合比较，在分析宁波江北、广东南海、成都都江堰、成都温江区、江苏南通典型模式基础上，得出对天津成员身份认定的启示，提出天津涉农区成员身份认定的一般共性标准和针对特殊人员的具体标准，使认定标准体现原则性与灵活性的统一；提出健全完善农村集体经济组织法律制度、细化完善身份认定政策依据、明确认定主体、制定身份认定标准、规范认定程序、畅通身份认定纠纷解决途径等对策建议，围绕成员权益构建和维护提出推进农村集体经济组织治理结构实体化、明确成员关键权利内容、行使各项救济措施、加强基层政府指导监管、配套推进农村集体经济组织改革、提升农村社会保障能力与水平等配套措施。（孙国兴）

【基于可持续视角的天津休闲农业创新发展研究】 该项目由天津市农村经济与区划研究所张

农业科技

蕾、孙国兴、姚从容等完成，2020年6月通过天津市农业农村委员会验收。该项目提出休闲农业可持续发展内涵；通过国内典型地区休闲农业发展的实践，得到对天津休闲农业可持续发展的启示。通过调研对天津休闲农业发展现状进行总结，提出存在的问题。进行基于可持续发展的天津休闲农业游客满意度研究。通过问卷调查统计分析，得出天津休闲农业亟需提升和完善的空间。明确天津休闲农业可持续创新发展的总体思路。提出推进天津休闲农业可持续创新发展的建议。

（孙国兴）

【天津市武清区重要农业资源评价报告（2010—2019年）】 该报告由天津市农村经济与区划研究所贾凤伶、胡文星、韩金博等完成，2020年12月通过天津市武清区农业农村委员会验收。该报告立足于国家台账资源制度建设的宗旨，按照台账指标的分类及各层次关系，对武清区水资源、土地资源、气候资源、生物资源、农业废弃物资源和社会经济资源等六大类资源现状、变化趋势进行提炼概括、对存在的问题进行分析，提出解决对策。该报告2020年年底上报农业农村部，为武清区建设农业可持续示范区和绿色发展先行先试区提供参考依据，为天津市绿色农业发展提供数据支持。

（孙国兴）

【天津市西青区重要农业资源评价报告（2010—2019年）】 该报告由天津市农村经济与区划研究所史佳林、陈丽娜、陈鹏等承担，2020年12月通过天津市西青区农业农村委员会验收。该报告针对西青区水资源、农用地资源、气候资源、生物资源、农业废弃物资源、社会经济资源的现状特点、变化趋势、利用中存在的问题等方面进行分析，提出解决问题的对策措施。对天津市西青区农业绿色发展和实施乡村振兴战略相关规划起到指导作用，为天津市绿色农业发展提供决策支撑。

（孙国兴）

【面向结对帮扶困难村的科技帮扶需求调查与分析】 该项目由天津农学院姜岩、尹川、窦艳芬等完成，2020年6月通过市科技局验收。该项目梳理天津市科技帮扶工作成效，分析天津市科技帮扶工作的主要特色。通过深入部分困难村，与村干部、驻村帮扶组和村民座谈、入户访谈与发放问卷等多种形式，调研结对帮扶困难村的科技需求总体情况，进行分析。总结梳理北京市科技帮扶典型做法及有益启示，分析天津市科技帮扶工作面临的机遇和困难。课题组提出新时代天津市科技帮扶工作的主要思路、近远期目标、科技帮扶新模式、重点任务和保障措施。

（张　茜）

【人工智能支撑京津冀区域现代农业发展现状与对策研究】 该项目由天津农学院孟玉环、刘同海、张茜等完成，2020年11月通过市科技局验收。该项目通过实地调查、深度座谈、网络调研以及数据量化分析，明晰京津冀农业人工智能发展现状，归纳总结制约京津冀农业人工智能发展的瓶颈问题，提出构建“农业人工智能龙头企业+人工智能农技推广服务中心+现代农业体系岗位专家+各级科技特派员+农业人工智能人才培训机构”的农业人工智能技术服务应用体系。该项目为构建具有中国特色的智能农业技术体系、应用体系、服务体系，变革农业传统生产方式，推进农业现代化提供决策支持。（张　茜）

【基于物联网技术的“1+N”农业金融模式创新研究】 该项目由天津农学院付娜、刘翔、吴芳等完成，2020年5月通过市科技局验收。该项目引入物联网技术搭建智慧农业综合服务平台，对农业数据进行采集、处理和分析，提供给需求方作为评估、监控等依据；挖掘“三农”数据信息，以交易流水、劳动时间等为主要测算依据，构建多维度、广覆盖的农业经营主体信用评价模型，创新出基于交易流、资金流和信息三流合一的农业金融产品和服务；强化支持措施、完善服务体系，打造农业全产业链金融模式，解决“贷给谁、谁来贷、怎么贷、贷多少、如何还”等问题，实现安全、高效、共赢的农业金融模式构建，优化农业金融环境，实现农业资金流动的良性循环，助力现代农业的快速发展。该项目发表学术论文5篇，其中EI1篇，CPCI3篇，国内期刊1篇；培养研究生2人。（张　茜）

种植业

【小站稻优异种质创制及新品种选育】 该项目由天津市农作物研究所、天津市国瑞谷物科技发展有限公司刘学军、孙林静、孙玥、张融雪等完成，获2020年度天津市科技进步一等奖。该项目针对传统小站稻品种退化严重、抗性差、米质难以满足市场发展需求等制约产业发展问题开展研究，创制一批优异种质，选育出一批品种，实现小站稻振兴及粳稻主产区品种的升级换代。该项目首创小站稻高效育种技术体系，育成国审新品种7个，其中津稻9618是首个抗条纹叶枯病和稻瘟病、外观米质达国标优质Ⅰ级的优质食味小站稻标杆品种。通过农业农村部评审，2019年获全国优质稻品种食味品质鉴评（粳稻）金奖，列入首批小站稻主推品种。该品种2017年至2019年在全国粳稻主产区推广1428.3万亩。项目承担单位实现良种销售及品种转让收入3593.4万元；应用单位良种销售收入4.27亿元；新增社会经济效益10.41亿元。该项目获植物新品种权6件；专利4件；软件著作权登记3件；发表论文5篇。

（苏京平）

【果蔬节能精准冷链保鲜技术研创及应用】 该项目由天津科技大学、浙江大学、中华全国供销合作总社济南果品研究院李喜宏、姜云鸿、贾晓昱、班兆军、陈兰等完成，获2020年度天津市科技进步一等奖。该项目发明1座充气冷库和配套装备，研制出3项设备和计算机监控等装备，发明1座超节能特大型相温库，节能30%～40%，保鲜效果提高40%；发明1座微型冷库，占产地同期新增总量70%。研发出新型纳米蓄冷剂冰膜、气膜袋和充气保温被，创建制冷物流技术，运费降低50%～70%；研制出四电制智能气调集装箱，节能40%～60%；创新0℃、4℃、8℃、14℃四温阶迭代气调和菜单、语音、图像识别大数据网管技术，研制出智能销售柜。研制出预冷设备和包装生产线，发明保鲜链配套技术，效能提高50%；以分子保鲜工艺和设施装备为组件，研创保鲜链，实现30余种果蔬智能冷链产业化。

【适宜机械化水稻种质创制及新品种选育】 该项目由天津市农作物研究所、天津市国瑞谷物科技发展有限公司孙海波、冯瑞光、邹美智、杨勇等完成，获2020年度天津市科技进步二等奖。该项目首创适宜机械化水稻高效定向育种技术体系，提出、实施水稻V字株型、穗型育种策略，结合发明的“一种聚合含抗三种病害基因的水稻选育方法”，实现水稻适宜机械化与丰产、抗病、优质的聚合，缩短水稻选育年限3至4年；运用育种技术体系，创制出一批新种质，破解种质资源匮乏、遗传基础狭窄的难题，为选育出适宜机械化水稻品种奠定基础；选育出首个适宜机械化标杆性水稻品种“津育粳18”，结合该品种特征特性集成配套全程机械化作业技术，实现良种良法配套、农机农艺融合，实现品种更新换代，促进水稻机械化生产及行业技术进步。

（苏京平）

【鲜食葡萄双效杀菌保鲜及配套品控关键技术创新与应用】 该项目由国家农产品保鲜工程技术研究中心（天津）、中国农业大学、新疆农业科学院农产品贮藏加工研究所朱志强、张小栓、集贤、王想、张平等完成，获2020年度天津市科技进步二等奖。该项目在20个葡萄品种示范，明确各品种保鲜处理组合，保持果实采后的色、香、味，与对照相比腐烂率降低60%以上，贮藏期延长1个月，贮藏4个月好果率平均95.3%。研发机械式气效保鲜快速处理装置和缓释保鲜剂材料，提高生产效率45%；通过机械式控制对葡萄进行气效保鲜处理，采用空间浓度和时间双参数调节；开发自动缓释新型长效保鲜剂3种。发明适用不同品质和微环境参数的传感器及物流跟踪装置，研发出实时监测物流跟踪装置，实现贮运过程葡萄品质变化实时监控、自动诊断和异常预警。

【烟粉虱及其传播的番茄病毒病内御外阻防控技术研究与应用】 该项目由天津市植物保护研究所、中国农业科学院蔬菜花卉研究所、北京市农林科学院刘佰明、谷希树、王少丽、王甦、徐维红等完成，获2020年度天津市科技进步二等奖。该项目创建“烟粉虱传毒行为”研究技术平台，为研发绿色防控技术提供理论依据；发现天津及周边地区Q型烟粉虱害虫的病毒携带率接近100%；创制烟粉虱生物型和抗药性监测方法，创建烟粉虱抗药性监测技术规程。挖掘4种当地优势天敌资源，发掘2种植物免疫激活剂。

【天津山楂种植及传统加工产业技术升级与应用】 该项目由天津市林业果树研究所、天津科技大学、天津逸爽食品工贸有限公司贾爱军、陈君然、郭兴科、胡云峰、刘文忠等完成，获2020年度天津市科技进步三等奖。该项目研究标准化栽培管理技术、安全生产技术，确定山楂栽培标准化操作规程，进行应用示范，优质果率80%以上，比对照增加15%。针对传统山楂果丹皮生产中山楂熟制、物料冷凝、干燥等制约果丹皮品质和实现自动化高效的因素，采用蒸制代替传统煮制软化工艺，缩短制浆时间、提高浆料品质；通过优化冷凝温度缩短成型时间；引入微波干燥技术，优化山楂果丹皮微波干燥工艺，确定微波干燥参数。以研发的山楂果丹皮新型加工工艺为基础，研制出山楂果丹皮微波干燥设备，建立自动化生产线，山楂制品从熟制打浆工艺到烘干实现机械自动化生产，干燥时间从6小时缩短至30分钟，效率提高12倍，实现山楂制品生产设备升级换代。该技术经过天津逸爽食品工贸有限公司等3家企业产业化应用，累计创造直接经济效益7050万元、推广经济效益1.31亿元，带动周边优质山楂的种植规模，在全市8个乡镇推广优质山楂标准化种植技术16400亩，山楂原果销售总额1.54亿元，受益农户超5000户。

（天津市林业果树研究所）

【辣椒炭疽病分子诊断方法的建立及防治药剂筛选】 该项目由天津市植物保护研究所霍建飞、姚玉荣、郝永娟等完成，2020年12月通过天津市农业科学院验收。该项目应用多基因序列分析的方法将辣椒炭疽病病原鉴定到复合种以下，能够鉴定辣椒炭疽菌病病原，避免因对辣椒炭疽病病原鉴别不准确而盲目用药问题；明确对辣椒炭疽病具有防控效果的化学药剂25%咪鲜胺乳油、50%咯菌腈可湿性粉剂、25%吡唑醚菌酯乳油，明确对辣椒炭疽病具有防控效果的生物药剂0.3%四霉素水剂、10%多杀霉素悬浮剂及80%乙蒜素乳油；完成国内外首张Colletotrichum scovillei的基因组序列图谱，对其功能进行注释，组装基因组大小为52.03Mb，Scaffold N50为4.8M，获编码蛋白基因13419个。

（刘晓琳）

【以白粉病为靶标芽孢杆菌类微生物杀菌剂的研发】 该项目由天津市植物保护研究所田涛、孙冰冰、石皓文等完成，2020年9月通过市科技局验收。该项目针对作物白粉病在设施果蔬中流行，在防治过程中使用化学农药造成食品安全问题，在实验室小试基础上开展中试研究，以提高防效、降低成本，研发出具有市场推广应用价值，在防治效果、成本方面与常用化学农药相比均具有市场竞争力和自主知识产权的成熟微生物农药。菌剂防治黄瓜、西甜瓜白粉病效果达98%以上，防治草莓白粉病效果达95%以上，单独使用能够控制设施果蔬白粉病的发生。

（刘晓琳）

【西瓜安全高效生产综合技术的应用研究】 该项目由天津市植物保护研究所刘春艳、郝永娟、霍建飞等完成，2020年12月通过市科技局验收。该项目开展西瓜病虫害安全防控、栽培技术示范，组织技术培训和现场观摩，建立西瓜技术服务群。借助微信、短信等通信手段为瓜农答疑解惑，提高西瓜种植技术，新技术应用覆盖率90%以上，推动天津市西瓜产业发展，助力乡村振兴。编制完成“甜瓜细菌性果斑病种子带菌检测技术规程”和“西甜瓜种子携带黄瓜绿斑驳病毒检测技术规程”。示范推广“西瓜种子携带真菌病原的检测”“西瓜种子携带检疫性病原西甜瓜果斑病的检测”和“西瓜种子携带检疫性病原黄瓜绿斑驳病毒的检测”。示范推广“棉隆土壤消毒和微生物菌”肥土壤活化技术、种苗药剂处理新技术和西瓜害虫生物防治技术。该项目建立西瓜安全高效生产综合技术集成创新示范基地3个；建立西瓜安全生产技术微信服务平台1个。

（刘晓琳）

【香菇工厂化栽培病虫害绿色防控技术研究】 该项目由天津市植物保护研究所高苇、訾惠君、王勇等完成，2020年12月通过市科技局验收。该项目针对香菇生产中面临的木霉、菇蝇等食用菌病虫害现状，菇农无序用药、消毒意识差、品种老化混杂和菇渣堆置等影响农产品质量和环境安全问题，建立香菇病虫害绿色防控技术体系及应用规范，通过菇棚安全消毒技术、病虫害监测与物理、生态防控技术的集成应用，为防控食用菌病虫害、保障食用菌安全生产，及其产业的可持续发展提供技术支撑和保证。（刘晓琳）

【安全种植多种绿色有机肥料的产业化关键技术研究与应用】 该项目由天津市农业资源与环境研究所、天津施可丰生物有机肥料科技发展有限公司何宗均、路犇、董振清、李峰等完成，2020年11月通过市科技局验收。该项目利用秸秆、蔬菜废弃物、沼液、腐殖酸、菌棒为主要原料生产出蔬菜废弃物肥料、沼液秸秆肥料、腐殖酸生态肥料、农用微生物菌剂等4种绿色肥料。研制改进生产1套集收集、粉碎与运输于一体的蔬菜废弃物收集设备；研制和生产1种沼液秸秆专用腐熟菌剂。建立2个兼具安全种植投入品生产与农业废弃物资源化处理平台，实现科技成果产品化、产业化及经济效益、生态效益和社会效益的最大化。突破蔬菜废弃物有机肥、腐殖酸生态肥、沼液秸秆肥和农用微生物菌剂4种绿色肥料关键生产技术，项目期内生产7100吨，推广面积1.5万亩，应用后无重金属、病虫卵、抗生物与激素危害，作为安全种植投入品，确保生产的农产品在食用后对人体健康无害。（田　阳）

【水稻新品种津育粳25】 该项目由天津市农作物研究所王景余、冯瑞光、邹美智等完成，2020年7月通过天津市农作物品种审定委员会验收。该品种为常规粳稻品种，全生育期172天，株高100.1厘米，穗长15.8厘米，每穗总粒数137.8粒，结实率94.8%，千粒重25.6克，亩有效穗23.0万穗，成穗率63.3%，达到农业行业《食用稻品种品质》标准三级。（苏京平）

【水稻新品种津育粳29】 该项目由天津市农作物研究所邹美智、杨勇、冯瑞光等完成，2020年7月通过天津市农作物品种审定委员会验收。该项目2012年7月以“武1001”为母本，以“津原45”为父本进行有性杂交；2013年2月以F1（武1001/津原45）为母本，以“武3088-15”为父本进行复交；2014年天津正季种植H2代株行，10月对稳定株系单独收获考种分析，确定其中一个株系；2015年进行扩繁、加代、鉴定。该品种为常规粳稻品种，农业行业《食用稻品种品质》标准三级，全生育期170天，适宜天津作一季春稻种植。（苏京平）

【鲜食糯玉米优异种质创制及系列新品种选育】 该项目由天津市农作物研究所、天津市南澳种子有限公司付从贵、彭勃、曾斌、赵晓雷等完成，2020年8月通过天津技术产权交易有限公司成果鉴定。该项目创建食糯玉米分子育种技术体系，提高育种效率；建立鲜食糯玉米种质资源库，拥有资源2000余份；在全国率先开展极早熟鲜食糯玉米育种，育成“澳早60”“津鲜糯386”及“星糯”系列7个品种，极早熟鲜食糯玉米市场占有率55%以上。鲜食玉米系列品种在全国推广117.26万亩，新增社会经济效益1.98亿元，创造直接经济效益1361.46万元。该项目审定品种7个；授权植物新品种权1件；授权实用新型专利1件；发表论文6篇。（苏京平）

【马铃薯优异种质资源的引进创新与利用】 该项目由天津市农作物研究所许庆芬、王春敏、刘燕清等完成，2020年7月通过市科技局验收。该项目收集国内外马铃薯早熟、高产、抗逆、抗病等各类型试管苗和块茎种质资源638份，部分进行组培离体保存，评价组培耐盐耐旱性；通过田间种植观察，记录、评价种质的生育期、植株性状、块茎性状、植株抗病性、耐逆性和产量性状等，建立二季作区早春马铃薯种质资源数据库，筛选出耐盐种质10份；通过常规育种结合诱变育种技术，配制杂交组合60个，诱变材料2000份，创新育种材料12份；筛选出适宜天津种植的品种1个，选育出品系1个。二季作区早春马铃薯种质资源数据库明确该地区各类马铃薯种质资源的农艺性状和抗病、耐盐碱、抗逆等特点，为新品种选育和种质创新奠定基础，提升天津市马铃薯种业研发自主创新能力。（苏京平）

【藜麦产业技术集成及乡村振兴科技示范】 该项目由天津农学院、天津静顺小杂粮种植专业合作社谢晓东、曹高燚、丁博、李明等完成，2020年8月通过市科技局验收。该项目制定困难村藜麦产业和人居环境提升发展规划，协助帮扶困难村进行道路修缮、路面硬化。建设藜麦育苗系统2套，包括多茬藜麦（菜）生产规程1套、藜麦毯壮苗育苗方法1套。对帮扶村人居环境进行绿化，种植绿化苗木5000棵。提升帮扶村人居环境，安装太阳能路灯30盏，安装监控等安防设备10部，修缮帮扶困难村地下排水管网系统1套。引进藜麦优异种质，包括拉美地区耐热、早熟、耐穗发芽优良种质；甘肃地区陇藜系列优良里藜麦品种；津藜1号系列藜麦品种；津印1、2号低海拔地区藜麦适种品种。引进藜麦生产机械，提高藜麦生产效率。培训一批技术农民。联合帮扶工作组，开展藜麦生产技术革新。联合食品深加工企业开展藜麦深加工制品研发。协助提升困难村人居环境。该项目发表论文2篇；授权国际发明专利1件、国内发明专利2件；晋升副高级职称1人。

（张　茜）

【杏鲍菇制种新工艺及高效栽培技术成果转化】 该项目由天津农学院、天津中祥农业科技发展有限公司孙宁、张怡、张和永、石会民等完成，2020年7月通过市科技局验收。该项目转化应用杏鲍菇菌株－“龙海3号”，该菌株菌丝生长速度快，子实体产量高，适于工厂化栽培。转化杏鲍菇枝条三级菌种制作新工艺，一、二级种采用传统工艺，三级菌种改用杨树枝条菌，比传统麦粒菌种成本降低17.14%，菌种培养时间缩短6天。转化应用杏鲍菇栽培技术进行工厂化栽培，一潮菇生物学转化率达92.1%，A级菇达92.8%。该项日在转化基地进行杏鲍菇工厂化生产示范，示范面积3000平方米，3年累计产鲜菇2100吨，产值1260万元，净利润168万元。该项目发表论文2篇，培养硕士研究生1人。

（张　茜）

【天津市设施蔬菜主要病害生防制剂的引进与示范应用】 该项目由天津农学院、中国农业大学王远宏、王琦、阎国荣、王学利等完成，2020年1月通过天津市农业农村委员会验收。该项目针对天津市设施蔬菜病害发生程度加重，化学农药滥用，产生农产品安全、生态环境破坏及环境污染等诸多问题，采用生物防控技术处理土壤、生态控制等技术，对设施蔬菜病害进行治理，解决蔬菜连作障碍问题，减少化学农药的使用量，构建蔬菜无公害生产防控体系，生产设施蔬菜。该项目通过引进“绿康微”和“根根乐”等生防制剂产品，自主研发出LJ02+AJ9、LJ02+AF23等菌剂2个，采用生物防治结合生态防治、物理防治的手段，防治枯萎病、番茄灰霉病、黄瓜白粉病、黄瓜霜霉病、番茄TY病毒病，取得防治效果，化学农药使用量降低；在西青、静海等区建立示范基地6个，示范推广面积2070亩，新增经济效益1522万元。制定设施蔬菜“土壤消毒技术规程”和“番茄TY病毒病防控规程”2个。建立科技示范户250户，累计开展培训10次，培训680人。通过示范试验，建立1套基于生物防治的蔬菜病虫害防治体系，该体系减少蔬菜生长期化学农药使用量，保障蔬菜安全性，减少蔬菜中农药残留和化学农药使用对农业生态破坏，有助于农业生态恢复，为农业生态可持续发展奠定基础。

（张　茜）

【以豆类为基料的特殊膳食用食品加工关键技术及产品研发】 该项目由天津农学院、天津市鸿禄食品有限公司刘金福、肖萍、王步江、张平平等完成，2020年11月通过市科技局验收。该项目研究特殊膳食用食品的配方、营养重组和产品质构建设，开发出系列新产品。项目组进行生产工艺与设备的适应性调整，进行工艺和技术参数的优化，建立生产规范和操作规程。研究取得的理论和技术创新成果在企业进行应用，帮助企业开发生产大豆冲调类产品。企业借助营销网络和电商平台进行营销，形成销路和市场，促进一二三产业融合发展。项目实施期间企业冲调类食品实现营业收入2714.74万元，净利润169万元。项目每年可向社会供应50吨冲调类营养食品；项目实施能直接安置15个劳动岗位，带动和恢复天津市红小豆、绿豆等农产品种植，增加农民收入。

（张　茜）

【甘薯绿色高效种植技术及乡村振兴科技示范】 该项目由天津农学院、天津市普丰谷物种植专业合作社王俊斌、曹高燚、王海凤、宋春喜等完成，2020年9月通过市科技局验收。该项目以甘薯产业为主导，调整优化惠丰前村种植业产业结构，制定困难村甘薯产业和人居环境提升发展规划；筛选引进具有抗病性强、产量高、品相好、耐储存等农艺性状的甘薯新品种2个——烟薯25和普薯32；示范推广膜下滴灌水肥一体化技术1套和病虫害绿色综合防控技术1套；引进甘薯全程机械化种植设备9台（套）。该项目协助帮扶困难村种植树径10厘米以上国槐146棵；道路两侧铺设面包砖1700余平方米；安装太阳能路灯30盏，修缮路灯105盏；铺设排水管网2250米，新建排水站1座；培养硕士研究生1名。

（张　茜）

【藜麦苗新型蔬菜的培育、营养特征及设施栽培技术研究】 该项目由天津农学院付荣霞、周学永、肖建中等完成，2020年12月通过市科技局验收。该项目筛选出适合天津市种植的藜麦品种“青藜2号”，确定收获期为25天至30天，开发出藜麦苗设施生产技术1套，藜麦苗平均亩产1500公斤，每年收获8茬，提出藜麦苗病虫害防治措施。项目期生产藜麦苗150吨，产值150万，利润52.54万元，实现税金17.51万元。该项目申请国家发明专利2件；发表论文7篇，其中中文核心期刊收录5篇，EI收录1篇；培养硕士研究生3人；晋升职称1人；完成地方标准1件。

（张　茜）

【软枣猕猴桃新品种引进及技术示范推广】 该项目由天津市林业果树研究所、中国农科院郑州果树研究所刘建华、刘景超、齐秀娟、高扬等完成，2020年1月通过天津市农业农村委员会验收。该项目引进中国农科院郑州果树研究所“红宝石星”“天源红猕猴桃”等软枣猕猴桃品种10个，引进软枣猕猴桃生产配套技术，示范、转化软枣猕猴桃栽培、育苗技术、整形技术、花果管理技术、病虫害及肥水管理技术。建立优质软枣猕猴桃示范园2处，面积85亩，建立科技示范户16户，培训人员330人次，在天津市蓟州区困难村推广示范软枣猕猴桃500亩。该项目制定天津市地方标准，参与制定农业行业标准及生产操作规程1部，促进天津地区软枣猕猴桃的标准化管理。

（刘建华）

【软枣猕猴桃提质增效栽培技术提升】 该项目由天津市林业果树研究所刘景超、郭兴科、李焕勇等完成，2020年9月通过市科技局验收。该项目通过开展软枣猕猴桃露地栽培技术研究，形成配套栽培技术规范，建立猕猴桃产业化示范基地。通过培训、观摩、示范规范化的栽培管理技术，提高天津软枣猕猴桃产业的“新、特、优”的市场竞争力，促进软枣猕猴桃特色种植业的快速发展。该项目建立示范基地1个；推广优质品种3个，示范软枣猕猴桃提质增效新技术4项；组织培训1次，培训农民100人，组织现场观摩2次，200人次参加；录制技术讲座1部；编著软枣猕猴桃栽培技术手册1套；制定天津市软枣猕猴桃生产技术规程1部。

（刘景超）

【无花果品质提升栽培技术示范】 该项目由天津市果树研究所高扬、李树海、刘景超等完成，2020年9月通过市科技局验收。该项目针对静海区唐官屯镇满意庄村无花果生产存在的优良品种更新慢、数量少的问题开展无花果优良品种硬枝苗木扦插繁育工作，指导满意庄村繁育苗木，通过调控温湿度、光照等环境因子，促进苗木生根生长，繁育优质苗木；对病虫危害导致无花果品质差、优质果率低的问题，开展绿色植保技术指导应用示范，提升优质果率，果品外观和内在品质改善，得到农户好评。该项目开展无花果品种斯特拉、芭劳内硬枝扦插育苗示范工作，繁育苗木1000株，扦插成活率达86%；通过实施铺设防鸟网、糖醋液诱杀果蝇、修剪改善通风透光等病虫害综合防治技术，减少鸟害、果蝇和疫病发生，果品质量提升，优质果率80%，比2019年提高10%；疫情期间通过网络指导与田间培训相结合，指导病虫害综合防治技术，提高农户绿色防控观念，生产优质果品。（高　扬）

【滨海新区特色果品栽培技术集成与示范】 该项目由天津市林业果树研究所贾爱军、张福庆、刘宝生等完成，2020年11月通过市科技局验收。该项目组建果树产业“滨海新区、宁河、津南、东丽”科技帮扶团队。依托天津市滨海新区新海农业种植有限公司和天津市农工商津港公司农业科技创新示范基地，在滨海新区、宁河、东丽、津南四个区开展技术集成与示范，定期组织困难村农户进行技术观摩与培训；组织科技特派员面向困难村，包村入户开展现场指导与服务；组织科技特派员，开展网上咨询，解答农户提出的技术问题。建立一支葡萄、枣产业科技帮扶核心团队。依托产业科技创新基地，辐射带动滨海新区、宁河、东丽、津南等其他果树产区，新品种、新技术服务和推广面积1.7万亩。组织18次观摩培训，观摩人数1.81万人次；开展12次面向基层科技特派员和普通农户的基地实训。建立核心示范户5户。向示范基地、示范户发放优质苗木1万多株、有机肥130多吨、果树水溶肥120多吨、棚膜8000多平方米，对帮扶区域困难村农户进行技术培训和指导。

（葛　瑾）

【精品鲜食桃品种优化及高效栽培技术应用提升】 该项目由天津市果树研究所张晓玉、杨丽芳、李树海等完成，2020年10月通过市科技局验收。该项目引进“瑞蟠21号”“瑞光39号”“秋燕”等桃优新品种，加快天津市桃品种结构升级换代，弥补全市蟠桃、油蟠桃、黄肉桃等新型桃种质类型生产空白。根据不同树形光照分布差异，光照分布规律与枝叶数量、结果数量、果实产量品质的关系，制定、推广“高光效桃园养护及树体结构建造技术”。从建园、Y字形树形数字化培养模型构建、树体早产优质管护技术等方面总结高光效桃园的营造和培养；根据晚熟桃生长发育特点，制定“晚熟桃花果期精细管理技术”，在晚熟桃的硬核期、果实膨大期和采后期3个时期加强肥水科学管理，指导果农增施中微量元素，结合桃树需肥特性，使用生物袋控缓释肥，补充钙和锌元素，提高果皮硬度、改善果品风味，提升精品鲜食晚熟桃生产经营和科学管理水平，提高优质商品果比率。加强潜叶蛾、细菌性穿孔病、褐腐病等发育后期危害果实的病虫害防治，采用绿色低毒生物防治方法，加强夏秋两季的修剪，增加通风透光率，降低病虫发生程度。

（张晓玉）

【番茄根结内生真菌的分离鉴定及其生防效果的研究】 该项目由天津市植物保护研究所姚玉荣、郝永娟、刘春艳等完成，2020年6月通过天津市农业科学院验收。该项目2017年至2018年在天津市各区县进行番茄根结线虫病样采集以及发生情况调查，发现天津市武清区、宝坻区、西青区、蓟州区、北辰区等主要蔬菜产区的根结线虫病发生较为普遍，呈现快速上升的发展态势，对当地设施蔬菜生产造成危害，影响设施蔬菜的产量、效益和可持续发展；通过分离该地区番茄根结中内生真菌，开展分子生物学鉴定，结果显示分离到81种内生真菌，包括镰刀菌、枝顶孢霉、毛壳菌、青霉菌等11种，其中分离频率高的镰刀菌属真菌47株，占总数量的58.02%，该真菌被根结线虫携带进植物根结内，与根结线虫形成病害复合体，造成根结腐烂；筛选到4株杀线虫活性较好的内生真菌，分别为枝顶孢霉Acremonium implicatum、A.sclerotigenum、毛壳菌Chaetomium sp.和淡紫拟青霉Purpureocillium lilacinum，研究枝孢霉A.sclerotigenum对根结线虫的毒性以及A. implicatum对发酵液对根结线虫胁迫下番茄防御酶活性影响，结果显示4种菌处理48小时后杀线虫活性分别为91.5%、95.0%、72.8%和86.4%。菌株枝顶孢霉A.sclerotigenum发酵液对根结线虫J2的致死活性达90%以上，卵孵化抑制率达40%以上，盆栽试验中发酵液处理防效68%以上。

（葛　瑾）

【多倍体葡萄育种及后代倍性鉴定】 该项目由天津市果树研究所张娜、黄建全、商佳胤等完成，2020年9月通过市科技局验收。该项目应用胚挽救育种技术、人工诱导多倍体技术、常规杂交育种技术，获得葡萄新种质材料1023份，其中四倍体种质材料430份；分批次对杂交苗炼苗移栽，移栽成活1707株；筛选出1个欧美杂交种无核四倍体优系“44-9-3”，1个无核香味优株“AJ16”、1个大粒香味优株“JH28”，完成优株的遗传鉴定。研究确定二倍体和四倍体葡萄杂交幼胚的取样时间，优化胚挽救适宜的培养基，胚挽救成功率得到提高，形成三倍体葡萄胚挽救技术体系1套；确定葡萄种子诱变适宜的秋水仙素浓度和处理时间，形成秋水仙素诱导葡萄多倍体的技术体系1套。该项目发表论文7篇，其中核心期刊收录3篇；培养硕士研究生3人。

（张　娜）

【灌溉条件下盐碱土壤水盐变异特征及作物生长响应】 该项目由天津农学院周青云、韩娜娜、叶澜涛等完成，2020年3月通过国家自然科学基金委员会验收。该项目提出滨海盐碱地不同灌水方式和灌溉制度下土壤盐离子分布和累积规律的差异，确定差异较大的土壤盐离子。获得灌溉条件下各土壤盐离子分布特征及在全生育期的变化规律、滨海盐碱地灌水方式和灌水量、不同灌溉条件下土壤主要盐离子在土壤剖面的分布特征。确定不同条件下土壤总盐与主要盐离子的关系。获得不同灌溉条件下盐离子在作物不同组织中的分布特征及差异，灌水量和灌水方式影响离子在作物体内的分布特征。获得灌溉条件下土壤根系系统离子比变异特征。该项目发表论文12篇（项目标注），其中SCI收录2篇，EI收录4篇；获得专利授权3件；软件著作权登记2件。

（张　茜）

【树坚果类过敏原鉴定、序列分析及其抗原表位定位】 该项目由天津农学院张爱琳、何玉香、苗颖等完成，2020年3月通过国家自然科学基金委员会验收。该项目通过坚果过敏原分离、筛选、提取，进行SDS-PAGE电泳和WESTEN BLOTTING免疫印迹鉴定，通过质谱分析和噬菌体展示技术发掘腰果过敏表位；应用双夹心抗体ELISA技术检测坚果类食品的过敏问题，采用兔、羊血清制备抗体进行坚果类过敏原的免疫学特性鉴定，揭示坚果类过敏蛋白的制敏机制，研制出实用性强、灵敏度高、特异性高的坚果类过敏原蛋白ELISA检测试剂及方法，为推动食物过敏原检测方法朝着快速、高效、简便和经济的方向发展，为食物过敏原标签标示制度的实施提供技术支撑。该项目发表论文12篇；申请发明专利3件，授权1件；获批教育部食品质量与安全实验室开放课题1项；培养研究生2人。

（张　茜）

【转录因子CNR调控番茄果实成熟的分子机制研究】 该项目由天津农学院李玲、闫师杰、郭梅等完成，2020年8月通过市科技局验收。该项目以破色期野生型AC和突变体Cnr番茄果实为试材，采用转录组测序（RNA-seq）和同位素标记的相对和绝对定量（iTRAQ）技术在转录水平和蛋白水平上筛选出差异表达的基因和蛋白；通过降解组测序分析microRNAs的靶基因，对番茄果实中microRNAs及其靶基因表达相关性进行分析和实验验证。应用凝胶阻滞实验（EMSA）和染色质免疫共沉淀技术（ChIP）确定转录因子CNR直接结合的靶基因、microRNAs和蛋白。采用病毒诱导基因沉默（VIGS）技术对转录因子CNR的靶基因、microRNAs和互作蛋白进行功能验证。该项目确定CNR直接结合的靶基因5个，分别是PSY、ACS、LOX、PE和PG基因。转录因子CNR调控的microRNAs 6个，分别是miR164、miR399、miR172、miR160、miR166和miR162。CNR的互作蛋白RIN homolog、Pectate lyase、LOX2 homolog、LOX1 homolog、ACO6和NOR。确定转录因子CNR调控番茄果实成熟的路径和分子机制。该项目发表论文4篇，其中SCI收录2篇，CSCD来源期刊论文1篇，中文核心期刊1篇；申请发明专利2件；培养研究生1人。

（张　茜）

【养殖水体春季复苏期水华蓝藻对五倍子胁迫的响应】 该项目由天津农学院聂江力、裴毅、齐红莉等完成，2020年9月通过市科技局验收。该项目利用化感作用原理，采用五倍子水提液和没食子酸对养殖水体春季复苏期水华蓝藻的生长抑制作用进行研究，通过控制温度、控制水体扰动，在实验室模拟初级复苏期水华蓝藻暴露在五倍子或没食子酸环境下，水华蓝藻的生物量、叶绿素浓度、抗氧化酶活性、叶绿素荧光、超微结构等方面的改变，探讨养殖水体春季复苏期水华蓝藻对五倍子胁迫的响应，明确五倍子对水华蓝藻复苏及水华过程的影响。该项目为预防性治理养殖水体蓝藻暴发奠定科学基础，为水环境净化及富营养化水体的生态治理提供新思路。该项目申请发明专利1件；国内发表论文6篇，国外发表论文1篇。

（张　茜）

【黑水虻高效处理餐厨垃圾过程中养分迁移转化积累的研究】 该项目由天津农学院、天津农垦渤海农业集团有限公司王小波、徐晓燕、尚东维、蔡瑞婕等完成，2020年11月通过市科技局验收。该项目通过研究确定黑水虻对餐厨垃圾的转化效果明显，转化条件为温度28℃～32℃，物料湿度70%左右辅料的添加能促进黑水虻的生长，提高黑水虻鲜重，降低虫粪的电导率和钠离子含量。其中麦麸对提高黑水虻鲜重、虫粪磷含量和降低虫粪钠离子含量效果明显。黑水虻对强酸碱整体表现出耐受性，pH值为10时，鲜虫的生物量高，pH值为2时，鲜虫的生物量低。8%盐分对黑水虻生长的抑制作用明显；油脂含量为20%时幼虫虫体的鲜重、干重和麦麸转化率高；黑水虻转化餐厨垃圾后，干物质减少率为74.0%，干物质转化率为33.9%。转化后黑水虻虫体内的粗蛋白和脂肪含量分别为45.1%和48.1%，是原餐厨垃圾中蛋白和脂肪总量的61.3%和64.0%。餐厨垃圾中61.3%的N、71.4%的K转入黑水虻虫体，60.0%的P、50.4%的Na被转入虫粪中。研究成果应用于餐厨垃圾的生物转化处理，开辟餐厨垃圾资源化利用的新途径，具有经济效益和生态效益。

（张　茜）

【苇蘑液体发酵条件优化及多糖活性的研究】 该项目由天津农学院黄亮、杨红澎、王玉等完成，2020年9月通过天津市教育委员会验收。该项目在获得苇蘑快速生长的液体培养基后，研究苇蘑液体培养的适宜生长条件，通过液体培养快速获得苇蘑菌丝球，筛选出发酵培养基，以单细胞的酵母为研究对象，考察苇蘑子实体提取物的抗氧化及抗辐射活性，提取、分离、纯化野生苇蘑胞内多糖，鉴定其结构，对各组分的抗氧化、抗辐射活性进行研究，对苇蘑的生态开发及资源延续有实践意义。该项目获国内发明专利1件；发表论文5篇，其中SCI收录1篇。

（张　茜）

【天津市食用菌种质资源的收集与开发】 该项目由天津市林业果树研究所周永斌、罗莹、訾惠君等完成，2020年1月通过市科技局验收。该项目通过野外采集、全国各地引进的方式，收集整理近100个食药用菌株；建立天津市食用菌种质资源库，品种覆盖天津市全部主要栽培品种；总结出超低温菌种保藏和液体菌种的保存方法，设立液氮保藏库和低温保藏库，长期保持菌种种性，避免因意外因素导致菌种死亡，致菌种缺失问题；形成形态观察、同工酶和分子标记技术手段相结合的食用菌种质资源鉴定方法，将菌种鉴定、评价与综合性状分析方法相结合，能区分菌株间的差异性；制定食用菌菌种的制备、保藏管理和对外服务制度，开发“食用菌菌种冻存管理系统”，建立品种档案，为种质资源信息化管理及信息共享奠定基础；研究黄伞、灵芝、茶树菇等栽培特性，筛选示范推广猴头菇、羊肚菌等6个菌株，总结出设施栽培周年化生产模式2个。该项目搜集整理食用菌品种，建立食用菌种质资源库，挖掘稀、特菌株，开展菌种的保护、鉴定、评价与综合性状分析研究，对于提升天津市食用菌菌种育种、保藏水平和建立食用菌菌种“育繁推一体化平台”具有意义。

（葛　瑾）

【甘南州特色食用菌保鲜技术开发】 该项目由天津市林业果树研究所、国家农产品保鲜工程技术研究中心（天津）、甘南藏族自治州农业科学研究所于晋泽、阎瑞香、张娜、张志军、王三喜等完成，2020年1月通过市科技局验收。该项目以甘南州食用菌产业存在的问题为导向，针对当地特色食用菌采后贮藏特性，研究羊肚菌的气调保鲜包装、臭氧等绿色保鲜技术结合气调包装的保鲜效果；研究食用菌产地预冷参数，开发兼具预冷、杀菌功能为一体的冷藏运输装置；集成“产地预冷+核心绿色保鲜技术+低温精准控温”，建立以控制贮运温度、防腐为手段，以低温预冷和贮运保鲜设施、设备为依托的甘南州野生食用菌的物流保鲜模式；建立羊肚菌气调包装保鲜和绿色保鲜工艺2个，研发冷藏运输装置1个，新建预冷库1座，建立食用菌商品化处理规程4项，减少损失10%以上，在甘南开展产地预冷、物流保鲜技术培训，建立示范点3个，培训食用菌保鲜技术骨干50人；实施期间新增销售收入1672.79万元，新增利润130.15万元，带动周边农牧民100户，其中贫困户52户，促进甘南州特色食用菌（羊肚菌、虎掌、松茸、草原菇）产业升级增效，助推甘南州精准扶贫、精准脱贫工作，带动当地农牧民脱贫致富。（葛　瑾）

【番茄抗斑萎病毒资源的创制与应用】　该项目由天津市农业生物技术研究中心金凤媚、薛俊、宋建等完成，2020年5月通过市科技局验收。该项目针对番茄市场上抗TSWV品种空白现状，利用分子标记辅助育种技术和侵染性克隆鉴定技术，创制出抗TSWV、抗TY、抗枯萎、抗叶霉且综合农艺性状优良的种质材料，其中对TSWV高抗材料1份、中抗材料3份；培育出抗TSWV、抗TY兼抗其他多种病害的番茄组合3个，分别为“津杂603”“津杂604”“津杂红301”；“津杂603”对TSWV的抗性为高抗，“津杂604”为中抗，“津杂红301”为抗，3个组合产量分别为9912千克/亩、9828千克/亩和9726千克/亩；利用等位基因特异性PCR技术建立检测TSWV抗病基因的方法，结合摩擦接种法建立TSWV抗性鉴定体系，抗性鉴定时间减少到20天，准确率提高到95.4%。该项目申请专利5件；发表论文6篇，其中SCI收录1篇，核心期刊发表4篇；晋升职称4人，其中正高级2人，副高级2人。（葛　瑾）

【优质多抗番茄种质资源创制及新品种选育的研究】　该项目由天津市农业生物技术研究中心、南开大学生命科学学院吉立柱、陈成彬、郑艳红、王立宾等完成，2020年12月通过市科技局验收。该项目建立Ty1、Tm-22、I2等抗性基因的多重PCR技术体系，使育种周期缩短2/3，育种效率提高81.25%。创制抗TY、TMV、枯萎病等多种病害的多抗优良自交系10份。育成多抗粉果番茄品种3个，其中早熟品种“津粉408”，表现果实近圆形，单果重约230克，口感酸甜，可溶性固形物含量（brix%）平均5.93，较普通番茄A8高17.8%以上，抗Ty和TMV病毒病、枯萎病、灰叶斑病和脐腐病等病害；中熟品种“津粉608”，节间较短，果实近圆形，无绿肩，转色好，单果重约230克，硬度高，耐裂性好，抗Ty和TMV病毒病、枯萎病、高抗灰叶斑病和脐腐病；中熟品种“津粉809”，果实近圆形，单果重约250克，精品果率高，抗Ty、TMV、灰叶斑病和脐腐病等病害。该项目在国内核心期刊发表论文2篇；申请植物新品种权3项；培养硕士研究生2人。

（葛　瑾）

【多肉植物引种繁殖技术及规模化生产示范研究】　该项目由天津市园林花卉管理中心谭国栋、朱海剑、曹韫等承完成， 2020年5月通过天津市城市管理委员会验收。该项目引进景天科、番杏科、百合科等多肉植物新品种641个，筛选出563个，建立多肉植物品种资源库，总结出1套规模化生产技术资料及栽培工艺流程。该项目建成15000平方米多肉植物生产基地1座，年产多肉植物100万盆。（邹　萌）

林　业

【维生素B12生产菌种关键技术研发及应用】　该项目由中国科学院天津工业生物技术研究所、河北玉星生物工程股份有限公司张大伟、董会娜、房欢、王玉锋等完成，获2020年度天津市科技进步一等奖。该项目通过转录组学技术筛选获得不同强度梯度的启动子和诱导启动子，为菌株的遗传改造提供可用元件库，解决遗传改造的瓶颈问题，建立维生素B12高通量筛选方法。阐明维生素B12的好氧合成途径中反应机理，打通维生素B12好氧合成途径，代谢组学分析代谢瓶颈，增强前体合成途径与弱化支路合成途径，提升菌株维生素B12产量。获得维生素B12高产菌株，产量提升。获得2个制备方法，提高回收率，降低生产成本。

【灵芝活性多糖三萜的高效制备及相关产品研发】 该项目由天津市林业果树研究所张志军、李淑芳、陈晓明等完成，获2020年度天津市科学技术进步二等奖。该项目研发灵芝多糖、三萜的制备工艺，提高制备效率和产物的纯度、活性。创制灵芝活化孢子粉、灵芝蜜饮料、灵芝液体发酵饮料等，工艺简化、设备成本低，丰富灵芝产品种类。建立灵芝综合利用技术体系，核心技术成果应用助力扶贫。

【天津市绿化土壤降碱技术研究】 该项目由天津市城市园林绿化服务中心孙夔、李津立等完成，2020年12月通过天津市城市管理委员会验收。该项目开展绿地土壤理化性质调查，摸清绿地土壤理化性质及盐碱分布情况，提出降碱技术体系，建立数据信息模型。制定《天津市绿化土壤降碱技术指导书》。在程林苗圃、天津市园林绿化研究所试验圃地等三块绿地进行降碱应用示范，改良土壤碱性指标，示范区内绿地土壤pH值下降0.2。项目成果推广应用到园林绿化实践中，提高城市园林绿化建设管理水平。

（赵万苓）

【天津市立体绿化技术应用示范研究】 该项目由天津市园林花卉管理中心谭国栋、张勇等完成，2020年9月通过天津市城市管理委员会验收。该项目根据天津地区环境和应用区域特点，筛选出12种适合天津地区垂直绿化的耐寒藤本植物，总结7种垂直绿化形式及应用特点；结合立体花坛景观类型及工艺模式，创新设计立体花坛50个以上，筛选适宜天津地区立体花坛景观植物15种，总结立体花坛养护技术要点；3种立墙绿化工艺模式，筛选适宜天津地区立墙绿化植物40余种，推广立体绿化面积2000平方米以上。该项目研究成果为天津市立体绿化产业发展提供理论和实践依据。

（邹　萌）

【园林树木专用棒肥成果转化】 该项目由天津市城市园林绿化服务中心谢宏山、王立君等完成，2020年12月通过天津市城市管理委员会验收。该项目研发出促长型和促花型等2种新型树木专用棒肥。推广应用树木棒肥7万余棵，用于行道树、观赏植物等取得效果。建立树木专用棒肥应用示范展示区2个。园林树木系列专用棒肥在园林绿化领域应用，促进树木长势，提高观赏价值。

（赵万苓）

【天津市园林有害生物信息库的建设】 该项目由天津市城市园林绿化服务中心陈晓霞、常钰、张淑萍等完成，2020年12月通过天津市城市管理委员会验收。该项目在天津市园林有害生物普查的基础上，确定天津市域园林有害生物主要种类、发生危害规律及防治技术，建立天津市园林有害生物信息库，为天津市园林生产、养护管理等单位的有害生物科学防控工作提供技术支持。建立天津市园林有害生物自动虫情测报系统，对主要园林有害生物进行监测，通过数据准确掌握园林害虫的消长规律，为丰富有害生物信息库，开展园林有害生物防控工作提供技术支持。建立天津市园林有害生物标本室，用于园林技术人员进行观察、比较、识别，实现标本资源共享，使标本室的科研、展示等综合功能得到发挥。

（赵万苓）

【基于细根形态结构和生理功能探讨栓皮栎萌蘖力衰退机理】 该项目由天津农学院马闯、龙鸿、高英等完成，2020年3月通过国家自然科学基金委员会验收。该项目采用控制实验和野外调查相结合的方法，阐明细根与萌蘖更新的关系，探究细根形态和生理对地上光合水平的响应。提出开沟埋青、疏松土壤、增施氮磷肥、覆草保墒等以提高根系质量为目标的次生林经营技术。探明地上部分干扰对栓皮栎细根生长、内含物及相关生理的影响，分析不同萌蘖恢复期的根系碳氮和激素代谢特点，丰富细根理论研究，对揭示根系在林地恢复和经营中的作用具有意义，为次生林健康评价和更新恢复提供参考依据。该项目发表论文3篇，其中核心期刊收录2篇；申请专利2件；编纂科普读物1部；培养研究生2人。

（张　茜）

畜牧业

【家禽疫苗大规模全悬浮连续流细胞培养关键技术及应用】 该项目由天津瑞普生物技术股份有限

公司、华东理工大学、瑞普（保定）生物药业有限公司李守军、易小萍、付旭彬、朱秀同、庄英萍等完成，获2020年度天津市科技进步一等奖。该项目解决4种家禽疫苗的卡脖子技术，实现4种家禽重点病毒疫苗大规模全悬浮培养工艺产业化，建立具有自主知识产权的国家禽苗质量标准体系。开发4种适合不同动物细胞生长的个性化、高效培养基配方，解决免疫应激大等问题，实现培养基的国产化替代。自主开发出大规模全悬浮培养装备系统，建成4条通过国家GMP验收的疫苗悬浮培养生产线，实现智能化生产。

【优质种猪选育及配套高效生产技术体系示范】 该项目由天津市畜牧兽医研究所、中国农业科学院北京畜牧兽医研究所、天津市宁河原种猪场崔茂盛、李千军、陈亮、李维琦、李继良等完成，获2020年度天津市科技进步二等奖。该项目构建多基因聚合育种模型，选育生长速度快、肉质佳的长白种猪新品系；在育种数据检测、分析基础上，组建长白种猪核心群，实行群体闭锁繁育；培育生长速度快、肉质佳的长白种猪新品系。建立相对权重优化育种模型，开展优质黑猪配套系选育；立足优质种猪，通过多基因重组技术，培育优质黑猪配套系；配套系具有毛黑、繁殖力高、产肉性能好、肉质佳和抗病力强等优点。建立种猪生产技术体系，涵盖品种培育、选种选配、繁殖和生产管理等生猪生产环节，保障优质种猪的高质量生产。

【天然安全高效新型饲料添加剂的关键技术与产业化】 该项目由天津纳尔生物科技有限公司孙静、张荣飞、李汝娟等完成，获2020年度天津市科技进步三等奖。该项目对植物提取纯化技术进行优化改进，可脱除有机溶剂残留，保证产品达标，提高原料利用率，实现高效提取和产品高产率，提取纯化技术覆盖面广。产品具有促生长（产）、提高动物抗应激及免疫力、改善动物肠道健康、抑菌驱球虫等功效。带动全国农副产品米糠和中草药植物的综合利用，加速转化增值，实现资源再利用。该项目成果以广东圣达农生物科技有限公司、四川君正生物饲料有限公司、西藏鑫旺生物科技有限公司为代表企业，2017年至2020年使用产品2825吨。2015年至2019年，实现销售收入5223.07万元，利税1350.28万元。该项目获发明专利3件、实用新型专利25件；发表论文4篇；获全国农产品加工业博览会优质产品奖。

【肥羔工厂化高效生产与健康养殖技术集成示范与推广】 该项目由天津市畜牧兽医研究所张效生主持，2020年5月进行成果登记。该项目示范推广肉羊健康养殖技术，母羊一次腹腔内窥镜盲输受孕率82.6%；缩短繁殖母羊非生产时间23天。示范推广早期妊娠诊断技术，对配种后40天的母羊进行早期妊娠诊断，检测准确率98.4%。示范推广早期断奶技术，羔羊出生后60天断奶；育肥后羔羊胴体重提高21.6%。该项目建立肥羔示范基地2个；建立肉羊养殖示范户37户，其中困难帮扶村内13户，培训602人次；示范改良基础肉羊17538只次，实现新增效益672.4万元。该项目制作肥羔工厂化高效生产视频科普片1部，整理录制项目实施影像资料光盘1部；发表论文2篇；授权专利2件；制定技术操作规程6项。

（杨春蕾）

【基于生物钟调控的生长肥育猪动态饲料配制技术研究与应用】 该项目由天津市畜牧兽医研究所完成，2020年6月通过市科技局验收。该项目根据昼夜节律变化影响猪对饲粮养分的需求原理，改变生长和育肥阶段猪相对固定的饲粮营养浓度，在1天内给生长猪早上饲喂高能－高有效赖氨酸饲粮、下午饲喂低能－低有效赖氨酸饲粮，以接近猪实际营养需求，突破传统的、根据静态营养需要量配制饲粮结构的局限性，形成动态的、精准的生长育肥猪的营养供给模型。试验分别以30～60kg、60～100kg两个体重阶段的猪为目标对象，调整每日早晨和下午不同饲粮营养浓度（能量、有效赖氨酸），研究对猪生长性能的影响，平均日增重提高7.58%（$P<0.05$）。调整每日早晨和下午不同饲粮营养浓度，研究猪对饲粮主要养分消化率（干物质、总能、粗蛋白质、粗脂肪、粗纤维、钙、总磷、氨基酸）的影响。粗

蛋白质消化率提高5.66%（P<0.05），粗脂肪消化率提高3.67%（P<0.05），粗灰分消化率提高6.97%（P<0.05）。实现技术性收入1550万元，项目应用前景良好。该项目发表论文3篇；申请发明专利1件；培养硕士研究生1人；晋升副高级职称1人。（杨春蕾）

【顶级奶牛种质资源的引进与应用】 该项目由天津市畜牧兽医研究所完成，2020年6月通过市科技局验收。该项目引进荷斯坦牛种用胚胎42枚，供体牛GTPI≥2300，供体母牛包括5个家系，丰富种牛家系；移植后获后备种牛16头，GTPI≥2500，提升种牛遗传性能；集成抗苗勒管激素检测、超数排卵和体外受精等技术，建立种母牛快速扩繁技术体系，囊胚率超过30%，形成5000枚以上的种用胚胎生产能力；利用GWAS技术对300头荷斯坦牛开展产奶和体型性状关联分析，首次发现5个SNPs与乳脂率、乳蛋白率和奶酪指数相关，单倍型分析揭示其关联区域，鉴定乳腺癌相关候选基因ZMYND8、PTK2及调节多种代谢通路相关基因LEP、OSTF1等，完善奶牛分子育种理论；利用全基因选择技术建立296头的种子母牛群，引进顶级公牛冷冻精液开展选配，与配公牛GTPI≥2800，形成“引进与自主培育相结合”的技术路线，提升种牛自主培育水平。该项目发表论文2篇，其中SCI收录1篇、国内期刊1篇；建立技术规范2个；申请发明专利1件；培养硕士研究生2人；晋升职称3人。（杨春蕾）

【抗病、高产专门化肉羊新品种创制】 该项目由天津市畜牧兽医研究所完成，2020年6月通过市科技局验收。该项目通过基因编辑、分子标记、原核胚显微注射和胚胎移植等技术，创制出3个不同谱系，同时具备TRL4过表达和FecB基因标记的专门化肉羊新种质12只，经检测原核胚胎移植后代FecB基因频率53.33%，后代TLR4基因过表达检出率16.36%，原核胚生产平均获可用胚数12.05枚/只，移植受孕率48.26%，母羊发情排卵率233.33%，平均产羔数200%，完成新种质的相关性能测定工作。项目成果丰富肉羊育种材料，提升肉羊育种技术。该项目发表论文5篇，其中SCI收录3篇、国内核心期刊1篇、会议论文1篇；申请国家专利2件，其中发明专利1件，实用新型专利1件（已授权）；培养硕士研究生1人。（杨春蕾）

【饲料质量安全新技术集成示范与推广】 该项目由天津市畜牧兽医研究所完成，2020年8月通过天津市农业农村委员会验收。该项目通过转化自主创新技术，形成5种类型的新型绿色配合饲料，在生猪、蛋鸡、肉鸡、肉牛和奶牛畜禽饲粮中推广应用“肌神”（胍基乙酸预混剂）、N-氨甲酰谷氨酸、虾青素、乳酸菌、甘露聚糖酶等多种绿色饲料添加剂，建立1套饲料质量安全控制技术规程。猪和牛推广规模累计200万头，肉鸡和蛋鸡推广规模累计1000万羽，畜禽成活率提高3.1%，饲料转化率提高5.1%，新增综合经济效益6326万元。该项目建立饲料生产示范基地5个，规模养殖示范场20个，科技示范户（含帮扶困难村的养殖农户）207户，培训人员600人次，项目在提高畜产品质量、减少药物残留和环境污染方面起到促进作用。（杨春蕾）

【猪伪狂犬病毒病快速诊断与防控技术推广】 该项目由天津市畜牧兽医研究所完成，2020年12月通过市科技局验收。该项目通过帮扶使重点示范户掌握猪伪狂犬病毒病的防控技术和猪伪狂犬病疫苗的选择方法，能够根据猪伪狂犬病毒病检测结果制定免疫程序。通过技术推广示范，使猪群的PR野毒感染现象下降，杜绝猪伪狂犬病毒病的临床发病病例，将猪群因猪伪狂犬病毒病引发的死淘率降至5.0%以下，减少因猪伪狂犬病毒病引起的种猪流产、产死胎，增加仔猪利润，减少生长猪死淘，节省药物和饲料费用294.3万元。通过重点示范户的示范效应，带动周边养猪户提高整体防控猪伪狂犬病毒病的技术水平，降低该区域死淘率。（杨春蕾）

【猪病毒性腹泻快速诊断及综合防控技术示范推广】 该项目由天津市畜牧兽医研究所完成，2020年12月通过市科技局验收。该项目建立科技示范户21户，在天津市宝坻区推广猪德尔塔冠状病毒RT-PCR检测方法及猪流行性腹泻病毒、传

农业科技

染性胃肠炎病毒、轮状病毒三重RT-PCR检测方法，示范生猪养殖规模24120头，根据病原检测结果，结合猪群临床症状和猪场实际情况，制定仔猪腹泻病综合防控技术方案，平均腹泻发病率分别下降12.66%（PEDV）、11.57%（PDCoV）、3.64%（RAV）、2.82%（TGEV）。减少腹泻病造成的经济损失，增加农户收入，促进生猪养殖产业技术水平的提高。（杨春蕾）

【黄羽肉鸡林地散养模式开发应用】 该项目由天津市畜牧兽医研究所完成，2020年12月通过市科技局验收。该项目引进北京油鸡、仙居鸡、文昌鸡3个黄羽肉鸡品种12000只，在示范户中进行示范养殖。通过对黄羽肉鸡品种适应性、抗病力、生产性能的测定以及肉、蛋品质综合评价，筛选出北京油鸡适宜天津地区林地养殖，通过现场观摩、技术培训、示范推广、技术帮扶等带动黄羽肉鸡在该地区养殖，优化天津市肉鸡品种资源，提高散养蛋鸡的生产性能，促进农民增收。

（杨春蕾）

【木醋液在蛋鸡养殖上的研究与应用】 该项目由天津市畜牧兽医研究所完成，2020年12月通过市科技局验收。该项目通过利用木醋液低毒、无残留、成本低、生产原料来源广、提取简单等优点，推广其作为蛋鸡舍内除臭消毒和改善蛋鸡养殖等方面的产品。木醋液可吸附氨气和硫化氢，消除舍内臭味，改善家禽生长环境，提高蛋鸡生产性能和机体免疫，改善肠道菌群数量，降低肠道疾病，可代替部分肠道疾病抗生素、疫苗的使用，避免畜产品抗生素含量超标和药残情况发生。木醋液从环境外部和机体内部解决蛋鸡饲养遇到的问题，提高农民收入。

（杨春蕾）

【基于TLRs/NLRs信号通路研究丁酸梭菌调控大肠杆菌感染仔猪肠道损伤的分子机制】 该项目由天津市畜牧兽医研究所完成，2020年12月通过天津市农业科学院验收。该项目通过对血清中D-乳酸浓度和二胺氧化酶活性的检测及采用qPCR和Western blot检测肠黏膜中紧密蛋白ZO-1、claudin-3和occludin的表达水平等，发现丁酸梭菌能够促进断奶仔猪发育、改善致病性大肠杆菌感染猪的肠道通透性，提高肠道屏障功能；采用qPCR检测空肠黏膜中TLR2、TLR4和TLR5、接头蛋白MyD88、反馈子Tollip和Bcl3的mRNA表达水平，采用Western blot检测肠黏膜磷酸化蛋白MAPK p38和NF-κB p65的水平等，结果表明丁酸梭菌能够调节免疫信号通路上关键分子和负反馈子的表达，减轻致病性大肠杆菌引起的仔猪肠道损伤；采用qPCR检测肠黏膜中NLRP3、NLRP6和NLRP12的表达水平，采用Western blot检测肠黏膜接头蛋白ASC和效应蛋白caspase-1的水平，采用qPCR检测肠黏膜中IL-1β和IL-18的表达水平，ELISA检测血清中效应分子IL-1β和IL-18的浓度，结果表明丁酸梭菌能够调节免疫信号通路上关键分子的表达，调节细胞因子的生成，减轻致病性大肠杆菌引起的仔猪肠道损伤。该项目发表论文4篇，其中SCI收录1篇，核心期刊发表3篇。（杨春蕾）

【猪重要病毒性传染病流行病学分析与免疫防控技术及应用】 该项目由天津农学院、中国农业科学院北京畜牧兽医研究所、天津瑞普生物技术股份有限公司、天津艳晨畜禽养殖有限公司孙英峰、崔尚金、李留安、马吉飞、梁琳、刘海霞等完成，2020年8月通过市科技局验收。该项目针对猪重要病毒性传染病的鉴别和快速诊断，建立多种病原的one step RT-PCR、Real-time PCR、nano-dPCR及LAMP鉴别诊断方法，丰富生猪疫病诊断手段，其中猪蓝耳病鉴别诊断方法被列为2018年度天津市农业主推技术。明确猪蓝耳病、圆环病毒病和病毒性腹泻是猪场除非洲猪瘟外的三大重要病毒性传染病。结合猪场主要传染病的流行规律和优势基因型数据，选育生物种质资源PRRSV TJnh1501株，开展PRRSV类NADC30疫苗研究与开发，对仔猪免疫保护率100%。技术指导猪场开展疫病诊断及免疫方案优化与应用，制定猪场个性化免疫防控方案，疫病发病率平均下降11.7%，病死率下降3.2%，提高猪场经济效益。项目开展期间实现销售收入2.22亿，新增利润4966.37万元，新增税收1704.65万元。通过示范辐射带动，推广猪群规模203.41万头，间接经济效益9861.65万元。

（张　茜）

【猪粪中抗生素耐药性在好氧堆肥过程中的消长机制】　该项目由天津农学院、天津科技大学吴楠、曾明、杨静慧、杨帆等完成，2020年3月通过国家自然科学基金委员会验收。该项目通过在不同堆体温度的影响下，对猪粪好氧堆肥过程中基本理化性质（pH、电导率、发芽指数、有机碳、总氮、总磷）及重金属Cu、Zn含量的变化进行分析，了解主要堆肥工艺参数对猪粪腐熟效率的影响。探究堆肥不同阶段（升温期、高温期、降温期和腐熟期）微生物群落结构的演替，结果表明堆体温度对微生物群落变化产生影响。利用高通量定量PCR技术，研究猪粪中213种ARGs、44种MGEs和9种MRGs的消长情况。研究施用有机肥的农田土壤中ARGs和MGEs的污染特征，对一类整合子intI1和大环内酯类基因ermF的宿主细菌多样性进行探究。结果表明长期施用粪肥会加速农田土壤中抗生素耐药性的传播。该项目研究成果为畜禽粪便堆肥过程中抗生素耐药性的传播与扩散的风险评价提供参考依据，为规模化养殖业畜禽粪便的无害化、减量化处理提供科学依据。

（张　茜）

渔　业

【药源海马繁育与养殖关键技术研究与应用】　该项目由天津农学院孙金辉、夏苏东、邵蓬等完成，获2020年度天津市科技进步二等奖。该项目针对药源海马自然资源量下降，市场需求量大，人工规模化繁育与养殖技术不成熟的现状，首次在天津沿海地区开展海马的引进与繁育，研究海马营养及药用价值；通过对海马繁殖生物学特性的研究，解决海马繁殖率低的技术问题；通过对开口饵料的选择与优化培育、摄食行为特征研究，解决幼海马开口饵料问题，提高幼海马的成活率；通过调控各种环境因子，建立仿生态的海马健康养殖技术体系，掌握养殖过程中关键技术参数；分离鉴定海马常见疾病的病原微生物，筛选特效药物，降低发病率，提高养殖成活率，建立海马引进、驯化、繁育与养殖关键技术，实现海马健康生态养殖，为天津地区海马的规模化养殖奠定基础，为海水养殖提供优质新品种，促进海水养殖业健康发展。该项目发表论文14篇，其中SCI收录9篇；获国家实用新型专利8件；成果在天津、广东、山东等地养殖企业进行示范推广应用，实现产值1.34亿元、新增利润2740万元。

（张　茜）

【池塘高效生态养殖模式构建及水质调控技术研究与应用】　该项目由天津市水产研究所缴建华、张韦、吴会民等完成，获2020年度天津市科技进步二等奖。该项目构建滨海型盐碱地池塘主养长丰鲫，混养鲢、鳙的模式；优化主养凡纳滨对虾，混养草鱼、鲤鱼、鲢、鳙的模式；确定放养密度和比例及水质调控措施。构建草鱼和鲫鱼滨海型盐碱地池塘工程化循环水高效生态养殖模式，为水质调控提供依据，使水质符合渔业水质标准，实现零换水养殖。优化无纺布生态基水质调控技术，水质净化效果明显，得到应用。

【海水工厂化养殖鱼类重要病害控制关键技术研究与示范】　该项目由天津师范大学、天津市动物疫病预防控制中心薛淑霞、张亦陈、王雪惠、李硕等完成，获2020年度天津市科技进步二等奖。该项目完成天津地区海水工厂化养殖鱼类疾病调查和重要病害流行病学调查，阐明常见疾病和重要病害的流行规律及危害，明确病原和病因，建立病原库；阐释养殖水体以及鱼类表皮黏膜中菌群结构变化与表皮溃烂病发生之间的关系。开发和推广5个疾病早期诊断技术和产品，构建海水工厂化养殖鱼类重要病害预警预报技术体系。开发6种亚单位疫苗，开发2种新型口服自家疫苗，优化和推广制备技术工艺和益生菌产品。该项目在天津海水工厂化养殖企业设立示范点，建立海水养殖鱼类免疫制剂制备平台，制定操作技术规程。

【肉质改良剂对大鳞鲃生长、肌肉结构及生理生化指标的影响】　该项目由天津农学院、天津现代晨辉科技集团有限公司白东清、李涛、杨广、朱国霞等完成，2020年10月通过市科技局验收。该项目明确大鳞鲃肉质改良剂的长短期配方。确定肉质改良剂的长短期投喂的适宜添加水平和使用时间。阐明长短期使用肉质改良剂对大鳞鲃肌肉质构及肌肉感官指标的影响程度，探明肉质改良剂对鱼体生长指标和体内生理生化指标及肠道菌群的影响。筛选出大鳞鲃长短期肉质改良剂配方2个（Y3，长期和Y4，短期）。探明长短期使用肉质改良剂对大鳞鲃肉质改善的程度。该项目在中文核心期刊发表论文2篇；申请发明专利2件；培养研究生2人。（张　茜）

【小檗碱作用下养殖池塘中微囊藻毒素时空分布特征及其与重要环境因子间相关性研究】 该项目由天津农学院毕相东、张树林、戴伟等完成，2020年6月通过天津市教育委员会验收。该项目明确华北地区淡水养殖池塘中微囊藻毒素（MCs）的时空分布特征。发明"缓释型MCs降解催化剂"及"MCs降解催化剂缓释仪"，在生产中持久降解养殖池塘中溶解性MCs，为降低MCs对淡水养殖业的危害提供方法。摸索出利用小檗碱应急抑杀养殖池塘有害蓝藻的使用流程。

（张　茜）

【水质检测荧光探针的构筑及在水产养殖中的应用】 该项目由天津农学院刘大颖、石军、张树林等完成，2020年6月通过天津市教育委员会验收。该项目通过设计、研发新型金属离子荧光传感器，建立一套快速检测、实时监测、浓度测量水环境中重要金属离子的方法，研究其在水产养殖领域水质检测与监测应用，将血液快速检测技术应用于水产养殖领域水质检测与监测应用，研发和生产应用于在水产养殖领域水环境中重要金属离子检测与监测的荧光传感技术，推进荧光传感基础研究进展。该项目申请专利1件；SCI期刊发表论文4篇。（张　茜）

设施农业

【高值果蔬贮运微环境保鲜关键技术与产品研发及应用】 该项目由国家农产品保鲜工程技术研究中心（天津）、苏州市农业科学院、辽宁省果树科学研究所、西安永泰生物科技有限公司张鹏、李江阔、王毓宁、郝义、李家政、贾晓昱等完成，获2020年度天津市科技进步二等奖。该项目围绕果蔬采后品质劣变快、商品性差、保鲜物流难等问题，以高值果蔬（枇杷、柿、桃、苹果、蒜薹等）为研究对象，研究生物膜流动性、膜脂代谢相关基因、蛋白氧化损伤对贮运微环境关键因子的响应效应，分析其与果实成熟衰老的关系及主次效应，明确果蔬贮运相温、生物流相防腐、1-MCP等微环境因素对高值果蔬细胞膜脂相变特性的调控机制，提出果蔬相温保鲜新理论；开展高值果蔬采后无损检测、无损分级及贮藏/货架寿命无损预测等技术及产品研发，完成高值果蔬保鲜包装关键技术及配套产品的研发，为果蔬实现高值品质提供技术保障；创建高值果蔬贮运微环境调控保鲜新技术体系，实现高值果蔬产地包装与运销包装一体化，解决在采贮运销环节果实反复倒箱导致的表观破损及内在品质劣变问题，创建高值果蔬采前营养与生物防腐等保鲜技术，集成创新出高值果蔬采前与采后协同作用的保鲜新模式，延缓高值果蔬采后衰老与品质劣变进程，保鲜期延长50%以上。该项目获授权专利12件；获软件著作权登记1件；发表论文36篇；制定、发布标准2项；在陕西、山东、江苏、辽宁等14个省市地区推广应用，取得经济和社会效益。

（葛　瑾）

【黄瓜新流行病害—棒孢叶斑病抗病分子育种体系创建与应用】 该项目由天津科润农业科技股份有限公司邓强、王惠哲、杨瑞环等完成，获2020年度天津市科技进步三等奖。该项目创建黄瓜多主棒孢菌生理分化鉴别系统，首次明确该病原菌存在生理分化（7个生理小种），筛选出致病优势菌株，为抗病育种奠定基础；首次将抗性基因定位于Chr6上0.85Mb区域内，获得1个候选基因Csa6M138620.1，开发出2个与抗病基因紧密连锁的分子标记SNP165和SSR02385，创建抗棒孢叶斑病分子标记辅助选择技术体系，抗病性鉴定准确率93.75%，抗病性鉴定周期由30天缩短到2天；创制出高抗棒孢叶斑病育种材料9份，其中4份材料抗2个以上生理小种；育成抗棒孢叶斑病黄瓜新品种“津优301号”“津优307号”。新品种的应用打破抗棒孢叶斑病品种缺乏的局面，实现天津、山东、河北等病害高发地区品种的更新换代。

（邓　强）

【辣椒种质资源创新及系列新品种选育】 该项目由天津科润农业科技股份有限公司高素燕、焦荻、黄亚杰等完成，获2020年度天津市科技进步三等奖。该项目建立辣椒单倍体培养技术体系，使辣椒育种周期缩短1/3。利用该体系创制优质辣椒资源L-56，该资源为中熟羊角椒，青果绿色，熟果红色，果长12～14厘米，果粗1.5～2.0厘米，单株结果约45个，辣味浓，抗病毒病，轻抗疫病。选育出广适性抗病加工辣椒新品种“科红15”，克服固定品种抗病性差、晚熟、不易干燥的缺陷，该品种红素色价值20，内外鲜红，易脱水，可自然干燥，果皮光亮，商品性好，轻抗炭疽病，抗日灼病；“津椒30”耐低温性强，可作越冬栽培，解决越冬茬辣椒坐果差、僵果多、果形小等问题，填补天津无自主选育的越冬羊角椒品种空白。

（肖　瑜）

【草莓安全生产关键技术集成与应用】 该项目由天津市植物保护研究所郝永娟、王万立、吴东风等完成，2020年5月通过市科技局验收。该项目针对休闲采摘农业草莓安全生产中存在的共性和关键性问题，开展成果集成和应用推广。组建市-县（区）-乡（镇）三级，集科研、推广和生产为一体的联合科技特派员团队，集成国内外种苗繁育、品种引进、前期土壤熏蒸消毒、生长期病虫害绿色防控、投入品安全使用、草莓标准化生产等技术，通过技术示范、观摩学习、现场对接、入户指导和技术培训等方式，解决草莓产业基础薄弱、技术人才缺乏、生产效率低等问题，促进天津地区草莓产业技术水平提升，帮助农民致富。

（刘晓琳）

【互联网植物医生服务平台及其远程诊断技术创新与示范】 该项目由天津市植物保护研究所王勇、王建春、张祝华等完成，2020年5月通过市科技局验收。该项目基于互联网的植物医生服务平台及其客户端1个，推广植物病虫害的远程诊断及相关技术服务，远程诊断识别准确率95.68%；建立园艺作物病虫害及防治方案知识数据库1个，开发建设数据库的信息管理系统1套；建立标准化园艺病虫害分级检索体系1套，开发建设基于标准化分级检索的园艺作物病虫害远程诊断自助推理系统1套，实现手机用户通过Android客户端在线进行病虫害的远程自助诊断，获相关病虫害防治方案的推荐；植物医生服务平台进行植保专家实名认证，专家远程在线坐席93位，提供平台诊断服务；在天津园艺作物种植区示范推广“植物医生服务平台”客户端，实现植物病虫害的诊断服务、植物病虫害相关信息的快速上传和诊断结果回馈、相关病虫害防治方案推荐等功能。截至2020年10月22日，客户端试点用户2409个，项目成果取得应用前景。该项目发表论文6篇，其中SCI收录1篇、国内核心期刊4篇，会议论文2篇；申请国家发明专利5件；获软件著作权登记3件；培养博士研究生1人、硕士研究生2人。

（刘晓琳）

【基于物联网的设施蔬菜智能节水灌溉技术研究】 该项目由天津市农业资源与环境研究所、天津市农业科学院信息研究所王艳、王建春、梁新书、张雪飞等完成，2020年8月通过天津技术产权交易有限公司成果鉴定。该项目通过引进以色列灌溉施肥设备和技术，建立设施蔬菜定时定量灌溉策略下的自动灌溉施肥技术模式；自主研发基于zigbee无线传输的环境采集系统，基于ARM智能决策节水灌溉控制系统和基于比例施肥机的灌溉控制器的国产化物联网智能节水灌溉设备，建立设施蔬菜栽培管理智能化平台；确立物联网智能节水设备配套的灌水施肥参数，建立设施蔬菜变量控制灌溉策略下的物联网智能节水技术模式；在天津滨海新区、西青区、宁河区、北辰区等设施园区进行物联网节水技术的示范及推广应用。该项目成果鉴定为国际先进。

（田　阳）

【基于互联网的设施蔬菜智能节水灌溉技术研究与示范】 该项目由天津市农业资源与环境研究所、天津市农业科学院信息研究所、天津市国业嘉程农业科技有限公司王艳、王建春、梁新书、张金良、张雪飞等完成，2020年9月通过市科技局验收。该项目通过开展日光温室秋冬茬黄瓜、冬春茬黄瓜和番茄小定额灌溉下不同土壤含水量灌溉下限的比较试验，确立灌水施肥参数，建立黄瓜和番茄的物联网智能灌溉技术模式，建立设施膜面集雨+蔬菜基质栽培技术模式。研发基于互联网的智能节水灌溉控制系统，通过蔬菜管理智能化平台完成棚内环境和水肥控制过程的实时监测、校正及控制。在天津市滨海新区、西青区、北辰区等地的设施蔬菜种植园区建立示范基地，进行互联网智能节水技术示范。

（田　阳）

【优质西瓜新品种及配套栽培技术示范与推广】 该项目由天津科润农业科技股份有限公司焦定量、商纪鹏、高素燕等完成，2020年5月通过天津市农业农村委员会验收。该项目三年生产优质西瓜良种6500千克；销售收入710万元，西瓜新品种应用面积22.2万亩，其中天津市推广面积1万亩，新增社会效益1.9亿元，建立良种繁育基地2个，制种单产提高33%，为25.6千克/亩，生产成本下降24%，为170元/千克，增加就业700人。在天津、山东、陕西、河南、河北、辽宁、云南、宁夏等地以及老挝、缅甸等国家建立新品种示范基地23个，示范面积1万余亩。天津市建立新品种示范基地（示范点）10个，建立科技示范户105户，其中困难村示范户47户。制定《西瓜健康种子规范化杂交制种技术规程》《天望一号西瓜保护地设施栽培技术规范》；组织培训会17次，培训技术人员1050人次；在武清区天津农科院创新基地，蓟州区桑梓镇，宁河区七里海镇，山东青州、昌乐，河南扶沟、洛阳，陕西渭南等地举办优质西瓜新品种现场观摩会13次，发放样品和技术资料2000余份。制作《大棚西瓜整枝理蔓技术》视频科普片1部；制作项目实施过程影像资料光盘1套。

（肖　瑜）

【优质耐抽薹小型结球白菜种质创制及新品种选育】 该项目由天津科润农业科技股份有限公司蔬菜研究所王超楠、张斌、罗智敏等完成，2020年6月通过天津技术产权交易有限公司成果鉴定。该项目首次建立适合大白菜基因组DNA的快速提取方法——“改良碱裂解法”，将大白菜基因组DNA提取的工作效率提高3倍以上；开发用于“津秀2号”种子纯度鉴定的SSR分子标记2个，建立分子标记种子纯度鉴定技术体系，将鉴定周期从60天缩短至5天。利用分子标记辅助选择结合小孢子培养技术创制出耐抽薹抗根肿病小型结球白菜核心种质3份；创建“优质耐抽薹小型结球白菜资源评价标准”，获得优异亲本材料21份，创制7个雄性不育系。选育出优质耐抽薹小型结球白菜杂交新品种“津秀2号”“津秀1号”和“津娃娃1号”，其中“津秀2号”早熟、口感品质好、外观品质佳，填补小型结球白菜市场空白。建立“终端倒推、以点带面、线上线下相结合”的销售新模式，助力全新品种类型的示范转化。新品种推广到天津、河北、山东等10多个省市区，取得经济和社会效益。

（肖　瑜）

【主要西瓜品种分子标记纯度检测技术体系的建立】 该项目由天津市蔬菜研究中心焦荻、高素燕、商纪鹏等完成，2020年8月通过天津市农业科学院验收。该项目从23对西瓜SSR核心引物中筛选出6对引物，用于10个主要西瓜品种的纯度检测，建立一套适合西瓜杂交种的分子标记纯度检测体系。利用该分子标记检测体系，对10个主要西瓜品种实现大批量分子标记纯度检测，结合田间形态学鉴定，准确率96.7%。该项目在核心期刊发表论文2篇；制定天津市地方标准1项。

（肖　瑜）

【青花菜叶绿素降解代谢相关基因BoNYE1的克隆及功能研究】 该项目由天津市蔬菜研究中心、天津科润农业科技股份有限公司蔬菜研究所江汉民、刘莉莉、文正华、张小丽等完成，2020年9月通过天津市农业科学院验收。该项目获得BoNYE1基因的全长序列和在青花菜中的表达模式。通过对青花菜BoNYE1基因表达模式的研究以及过表达和基因敲除后的表型分析的基础上证实青花菜BoNYE1基因正向调控青花菜采后黄化。

建立利用CRISPR/Cas9技术（基因靶向修饰技术）定点敲除青花菜基因的体系，该体系的建立在耐贮藏青花菜品种培育、种质创制中发挥作用，在青花菜及其近缘蔬菜作物农艺性状定向改良及分子育种方面具有应用价值。利用CRISPR/Cas9基因编辑技术对BoNYE1进行定向敲除，获得遗传稳定、不含外源基因成分、耐贮藏的青花菜育种材料4份。该项目在核心期刊发表论文6篇。

（肖　瑜）

【松花菜苗期根肿病抗性鉴定方法的建立及抗源筛选】 该项目由天津市蔬菜研究中心、天津科润农业科技股份有限公司蔬菜研究所张小丽、文正华、刘莉莉、牛国保等完成，2020年9月通过天津市农业科学院验收。该项目通过探究不同接种方法和发病条件对根肿病发生的影响，建立一套适合松花菜的苗期根肿病接种技术体系；建立松花菜花球性状评价技术体系。对云南通海、重庆武隆、山东德州和湖北火烧坪等花椰菜根肿病发生严重地区的根肿菌生理小种进行鉴定，发现为4号小种；利用建立的松花菜苗期根肿病接种技术体系对项目组收集的104份松花菜资源进行抗病鉴定，筛选出2份高抗、9份抗病材料；比较甘蓝类6大变种的根肿病抗性，发现松花菜和结球甘蓝对根肿病的抗性强于其他4个变种，结球甘蓝抗性强，芥蓝和苤蓝抗性差。该项目在核心期刊发表论文5篇。

（肖　瑜）

【大白菜根肿病抗性基因定位及种质创新】 该项目由天津市蔬菜研究中心、天津科润农业科技股份有限公司蔬菜研究所王超楠、张红、黄志银、李梅等完成，2020年9月通过天津市农业科学院验收。该项目开发与大白菜根肿病抗性基因紧密连锁的分子标记6个，对抗性基因进行初定位，将CR基因初定位在A08染色体上物理距离为0.43～6.48MB的区域内。该项目应用开发的抗根肿病连锁标记进行辅助选择，结合小孢子培养技术创制抗根肿病的青麻叶大白菜种质资源4份，抗病水平达抗，经济性状优良。该项目在核心期刊发表论文4篇。

（肖　瑜）

【豆类蔬菜新品种及其配套蔬菜在设施蔬菜生产中的应用】 该项目由天津市蔬菜研究中心、天津市谷丰果树种植专业合作社、天津市静海区种植业发展服务中心、天津市静海区良王庄乡政府古瑜、韩启厚、于海龙、陈则明、孟庆良、韩玉敏等完成，2020年12月通过市科技局验收。该项目推广应用菜豆和豇豆品种各1个。使用菜豆和豇豆新品种，每亩分别增产19.36%和24.35%；调整高温棚茬口安排，增加种植一茬冬季油麦菜；通过更新品种和增加种植，每亩增收21414元。砖墙温室使用菜豆和豇豆新品种，每亩分别增收2190元和2586元。通过现场观摩会等形式，发放新品种100包，帮扶困难户70户。

（肖　瑜）

【甜瓜高效栽培技术的应用研究】 该项目由天津科润农业科技股份有限公司、天津市中天高科农业发展专业合作社彭冬秀、张若纬、武云鹏、张明等完成，2020年12月通过市科技局验收。该项目组建科技特派员团队1支，建立示范基地1个，解决天津市甜瓜生产中的技术问题；示范推广甜瓜生产中土壤消毒、嫁接育苗、全膜覆盖、色板诱杀、防虫网隔离、蜜蜂授粉等技术6项，“早春甜瓜+秋冬青萝卜”“早春甜瓜+秋冬番茄”“早春叶菜+夏茬甜瓜+秋冬芹菜”“早春茬+夏茬+秋茬”等生产模式4种；甜瓜科技示范户实现温室亩平均产值15500元，亩增效益1500元。该项目建立科技示范户30户，其中核心示范户17户；举办甜瓜栽培技术培训9次，参加人员394人；召开甜瓜新品种、新技术现场观摩会20次，参加人员805人；科技下乡46次，田间实训32次；录制技术讲座9部；录制技术专题片10部；发表论文6篇；微信上传栽培技术文章300余篇；申请植物新品种权4项。

（肖　瑜）

【设施果蔬立体节水协同调控技术示范】 该项目由天津农学院、中国农业大学周青云、金建华，杨培岭、孙书洪等完成，2020年12月通过天津市农业农村委员会验收。该项目引进果蔬立体化控节水技术，在设施番茄、辣椒、甜瓜上进行应用，节水增产效果明显。在膜下滴灌条件下，采用保水剂、抗蒸剂协同调控技术，设施果蔬全生育期可减少灌水1至2次，节水10%～20%，水分利用效率提高25%～40%。制定设施果蔬立体化控节水灌溉制度，形成天津地区立体化控节水技术应用模式。该项目建立科技示范户21户，面积150亩；培训农民100人次；编制技术培训手册1套。

（张　茜）

【限量供水条件下精准灌溉施肥技术集成与示范】 该项目由天津农学院王仰仁、郑志伟、汪绍盛等完成，2020年9月通过天津市农业农村委员会验收。该项目建成一套农田土壤墒情监测系统，能够实时准确监测、传输、处理、发布农田土壤墒情数据，指导灌溉；开展长畦分段地面灌水技术的应用与示范，确定适宜的分段长度（50～70米）与分段数（2～3个）。建立冬小麦和夏玉米限量供水精准灌溉施肥技术集成模式。提出分析和评价长畦短灌、灌溉预报增产效益以及技术集成增产效益的方法。该项目建立大田作物精准化灌溉施肥管理平台；建成大田农作物限量供水条件下精准灌溉施肥技术集成示范区3个，面积6900亩；制定技术规程2个；申请专利2件；发表论文5篇；培养研究生4人；培训农民30人次。

（张　茜）

【鲜食葡萄气效保鲜快速处理成套装置开发】 该项目为国家农产品保鲜工程技术研究中心（天津）朱志强、于晋泽、张平等完成，2020年9月通过天津市农业科学院验收。该项目以双效处理保鲜技术工艺为基础，开发1套搅拌发生气体保鲜装置及使用方法，研制样机1台，箱体体积33立方米，日处理量30吨，可自动控制，通过示范运行，对处理量、使用工艺、使用效果、功效利用等方面进行综合评价，在提升生产效率方面优势明显；开发气效保鲜装置控制程序软件，实现精准控制气效保鲜处理运行过程，单批次循环流程约55分钟，日处理果实30吨以上，结合托盘化作业，叉车搬运，具有明显技术优势，综合评估提高生产效率45%以上；结合双效处理保鲜技术工艺基础，制订“气效处理设备操作规程”，申报农业行业标准“葡萄采收贮运技术规范”；项目技术在新疆、甘肃、河北、天津葡萄贮藏区域进行示范推广应用。

（葛　瑾）

【京津冀金银花质量控制关键技术及其深加工利用研究】 该项目由天津市农业质量标准与检测技术研究所、河北省农林科学院经济作物研究所、北京中医药大学刘征辉、李卫东、温春秀、程奕、谢晓亮等完成，2020年12月通过市科技局验收。该项目通过对金银花优良品种在津京地区引种情况的考察，发现北花1号为金银花较优品种，具有推广引种价值；完成金银花专用肥配方研究，制定金银花规范化生产技术SOP规程；对金银花进行质量评价及安全性综合评价，开展指纹图谱研究，通过聚类分析证明金银花有效成分和品种关系较大，与种植区域关系较小；利用SSR标记、焦磷酸测序、高分辨率熔解度曲线等技术建立金银花基源鉴定方法，为金银花道地药材鉴定标准化与品种选育提供理论依据及数据支持；开发金银花饮品和固体饮品等2种类型保健食品，建立相应的产品质量标准。该项目发表论文9篇，其中核心期刊5篇；申请发明专利2件；获软件著作权登记3件；颁布实施天津市地方标准1部；培养硕士研究生2人；晋升副高级职称1人；为京津冀金银花生产基地提供技术咨询和培训服务10余次，带动当地农户就业。

（葛　瑾）

【基于图像处理的番茄外观商品性育种评价系统的开发与研究】 该项目由天津市农业科学院信息研究所徐义鑫、张雪飞、王建春等完成，2020年1月通过天津市农业科学院验收。该项目将Android智能手机应用到番茄分级中，开发基于图像处理的番茄外观商品性育种评价系统，包括用于采集数据及进行图像处理的Android APP与对番茄分级数据进行存储、分析的服务器后台管理系统。采用Android手机对番茄拍照，利用图像处理技术，测量番茄外观参数，检测缺陷，进行分级，将数据上传到服务器。用户登录基于Web的后台管理系统，可查看、分析番茄数据。

（宋　斌）

【设施甜瓜智能管理调控技术示范与推广】 该项目由天津市农业科学院信息研究所钱春阳、王建春、张若纬等完成，2020年12月通过天津市农业农村委员会验收。该项目面向设施甜瓜产业链关键环节，开展设施甜瓜生育期实时数据采集、处理技术，嵌入人工智能控制算法，结合天津市名特新优甜瓜品种全生育期栽培管理特点，形成“1个品种+1套智能栽培管理策略+1套智能灌溉控制设备”的精品设施甜瓜栽培推广模式，提高设施甜瓜种植环境调控能力和水资源利用率，提高甜瓜附加值，推动天津设施甜瓜智能管控能力和甜瓜产业的科技进步。该项目实现春季产量4047千克/亩，平均增产11.7%，生产效率提高16%。

（宋　斌）

【设施黄瓜智能灌溉系统及其特征参数研究】 该项目由天津市农业科学院信息研究所钱春阳、梁新书、王建春等完成，2020年12月通过天津市农业科学院验收。该项目从揭示土壤水分入渗规律及环境多因子之间相互作用关系角度出发，验证采用土壤水势指标作为表征土壤水分变化规律的优势，针对硬件开发过程中功耗、精度、数据存储等亟待解决的问题，自主研发数据采集设备，通过理论计算和实验验证设备使用及运行状况良好；采用模糊数学理论设计灌溉控制系统的目标值及控制模型，对9个土壤水势梯度的13个灌溉相关指标，采用AHP模糊综合评判算法计算黄瓜结果期合适土壤水势目标区间，作为智能灌溉控制系统输出量的物理论域；采用LabVIEW和PLC作为控制前端搭建设施蔬菜智能灌溉控制系统总体结构，建立双输入单输出的Mamdani型模糊控制器作为推理机，采用实时土壤水势差值及其差值变化率作为系统输入量，灌溉时长作为输出量，实现以土壤水势下限为启动判断基准，采用变灌溉时长的C-Fuzzy模式进行智能灌溉，在普通智能滴灌C-IDM模式基础上节水11.4%。

（宋　斌）

【农业高效节水灌溉技术集成示范】 该项目由天津市农业科学院信息研究所李凤菊、钱春阳、孙海波等完成，2020年1月通过天津市农业农村委员会验收。该项目对黄瓜、番茄等大宗蔬菜，以及草莓进行生长过程的水肥监测和分析，采用农业物联网技术，分阶段对水肥灌溉进行指导，设置预警信息，对作物长势进行监控监测。该项目提供软硬件成品、传感器设备、手机监测调控，实现自动控光、控温、自动灌溉等技术，提高劳动效率，节约劳动力成本。（宋　斌）

【黄瓜外观表型数据采集系统的研发】 该项目由天津市农业科学院信息研究所李凤菊、钱春阳、刘楠等完成，2020年1月通过天津市农业科学院验收。该项目通过增强滤波、图像分割、边缘检测等图像预处理技术，研究黄瓜瓜条图像的背景处理算法、轮廓识别算法、尺寸标定算法、颜色识别算法、弯曲度算法等，识别出瓜长、瓜横径、瓜把长、瓜把粗、瓜皮色、瓜弯度（弓形高度）等商品性指标。运用HMI（人机界面）技术按照试验编号与黄瓜产量相匹配快速采集的方法，研制人机交互显示屏模块与电子秤联调联试，通过移动通信技术实时上传黄瓜材料（品系）产量数据。研究Android系统和OpenCV图像识别算法的综合集成，实现手机拍照取像、图像识别、数值文本语音数据存储等功能，研究黄瓜商品性数据的互联网传输、保存、查询、统计等系统化方法；采用java语言在Java JDK + OpenCV-Android-SDK + Android SDK + ADT + Eclipse的环境下进行开发，实现用户管理模块、图像存储模块、图像处理模块（批量图像处理）、图像显示模块、统计分析模块、语音存储模块等功能。系统通过精准度测试和耗时测试达到可运行，在天津农业科技创新基地黄瓜研究所按照每年材料（品系）的试验设计进行系统应用，与传统采集方式进行分析比较。

（宋　斌）

【农产品轻量级微商城系统研发与应用】 该项目由天津市农业科学院信息研究所李凤菊、李扬、宋斌等完成，2020年9月通过市科技局验收。该系统分为温室监控系统与商品购销系统，由设施管理、生产管理、服务管理、网络运营、系统维护与内容管理等组成。农产品生产采用物联网技术，实时监控蔬菜生产过程，形成质量追溯体系。线上销售平台涵盖宣传、咨询洽谈、网上订购、网上支付、交易管理等。该项目符合建设现代农产品产销经营体系的发展需求，符合农产品生产、营销和消费方式变革的发展趋势。项目的实施为天津市优势特色农产品电商经营提供大数据技术支撑和精准服务，有利于提高农产品电子商务虚拟交易规模，促进农产品产业链的优化，有利于打通农产品全产业链的信息流、资金流和物流，提高主体经营效率，降低经营成本，提高农产品生产效益。（宋　斌）

【越冬茬设施蔬菜环境与综合调控管理系统的开发与示范应用】 该项目由天津农业科学院信息研究所张雪飞、李凤菊、辛永波等完成，2020年12月通过天津市农业农村委员会验收。该项目对智能手机的设施环境监测系统进行完善，针对越冬茬设施环境特点，增加设施补光和加温控制。对天津越冬茬设施主栽品种环境调控规则库进行完善。利用加热系统，保证作物生长发育所需要的温度，提高温室的保温性能；利用补光灯补光改善温室内的光照条件，表现出植株长势好、抗病性强，增产15%以上，果实周正，商品性状好。该项目建设示范基地5个，其中1个扶贫村、1个创新示范基地。（宋　斌）

【基于智能手机的温室环境监测与补光控制系统的研究及开发】 该项目由天津市农业科学院信息研究所杜彦芳、王建春、崔少杰等完成，2020年1月通过天津市农业科学院验收。该项目在设施蔬菜物联网测控系统的基础上，开发基于智能手机的温室环境监测与补光控制系统。该系统由移动终端及嵌入式终端设备组成，通过网站和远程终端信息交互，实现对温室提供环境实时监控功能，能够观测到远程嵌入式终端设备采集到的当前环境各类环境因子数据，以图表方式展示。出现异常数据，手机自动告警，实现对温室环境的实时生产监控管理。增加对补光灯的控制，根据光照传感器数据结合补光策略进行自动控制，自动控制不能满足要求时可手动控制。通过调研、查阅资料，结合试验检验确定草莓在不同生育阶段对光照强度、温度、湿度、CO_2浓度等环境因子的要求，确定用于该系统的草莓补光策略。（宋　斌）

【设施蔬菜栽培管理物联网关键技术研究及应用】 该项目由天津市农业科学院信息研究所吕雄杰、张保岩、徐义鑫等完成，2020年8月通过市科技局验收。该项目依托天津市农业物联网平台，对设施蔬菜栽培相关农业物联网环境监控数据与产地环境基础信息、农业投入品信息、生产履历信息等数据元进行规范，制订农业物联网数据上传标准，建立设施蔬菜栽培信息的数据融合方法；利用农业物联网平台积累的设施蔬菜实时监控数据、栽培信息等进行数据训练，建立基于支持向量回归的设施蔬菜病害预警模型，研发设施蔬菜病害预警系统，结合实时环境信息进行预警预报，降低病害发生的风险；提出基于支持向量机的黄瓜病害图像识别方法，对处理过的黄瓜主要病害历史图像进行数据训练，将其典型特征进行数字化表达，将用户上传的疑似病害图像与病害典型特征进行比对识别，为推广人员提供黄瓜病害辅助诊断方式。该项目编写《农业物联网技术与应用》教材1套；组织农业物联网技术和设施蔬菜病害预警系统应用专题培训班55期，培训人员3000余人次；将设施蔬菜病害预警信息在农业物联网平台、“12316”农业综合服务平台发布。（宋　斌）

【计及规模化农场交直流混合微电网的双向功率变换器控制系统研究】 该项目由天津农学院、国网天津市电力公司宝坻供电分公司孙强、杜艳红、吕海英、吴亚辉等完成，2020年9月通过市科技局验收。该项目以规模化农场交直流混合微电网中交直流母线间高效双向功率变换器为主要研究对象，研究三相VSC系统谐振抑制策略，构建双向功率变换器在不同坐标系下的数学模型与调制策略，提出控制器最优参数的选取方法。探讨控制系统各环节与稳定性裕度的内在机理，构建双向功率变换器样机进行实验分析，验证控制系统设计与稳定性分析的准确性。构建的面向规模化农场交直流混合微电网的双向功率变换系统，解决复杂时变弱电网系统稳定性分析时存在的模型高维、参数随机变化和变量区间强耦合分布问题。该项目发表论文3篇，其中SCI收录1篇、中文核心期刊1篇、EI收录1篇；申请专利5

件，其中发明专利2件，实用新型专利3件；构建适用于规模化农场双向功率变换器控制系统机理研究的实验样机1套；培养研究生1人。

（张　茜）

【食用菌菌糠有机肥生产关键技术的应用】 该项目由天津市林业果树研究所陈晓明、丁舒、钱磊等完成，2020年10月通过市科技局验收。该项目依据蚯蚓养殖技术、有机肥生产技术原理、挤压膨化原理等，采取理论与试验研究相结合的方法，形成食用菌菌糠有机肥生产关键技术。在天津不同食用菌种植区域收集无霉烂、无腐败废弃菌棒，进行脱袋、干燥、粉碎处理；根据试验设计，调配不同菌糠水分含量，通过小型双螺杆挤压膨化机研究菌糠的挤压膨化工艺参数，进行菌糠挤压膨化工艺的前期预备实验，研究出菌糠含水量、温度、螺杆转速等条件变化对其纤维素含量等指标的影响，得到挤压膨化工艺；优化未挤压、挤压膨化菌糠等培养料成分的配比，养殖“大平二号”赤子爱胜蚓，每5立方米培养料可得1立方米蚯蚓粪，提升有机肥品质；优化未挤压、挤压膨化菌糠等的二次添加量，使有机肥生产周期缩短7天；形成和完善食用菌菌糠有机肥生产技术1项；建立食用菌菌糠有机肥加工技术集成工艺体系1套。

（葛　瑾）

卫生健康科技

概　况

【天津市卫生健康委员会科技】 天津市卫生健康委员会（以下简称“市卫健委”）结合天津市新冠病毒防控具体情况，组织新型冠状病毒实验室生物安全专项培训和全员培训，累计组织生物安全线上线下培训6次，累计培训1200人次。指导实验室生物安全防控及各级检查督导，备案二级实验室201个。加强天津市干细胞临床研究机构和项目备案审核与管理，会同天津市药品监督管理局对中国医学科学院血液病医院、天津医科大学总医院、天津市海河医院申报的干细胞临床研究项目开展专家论证会，完成伦理审核和学术审查。组织开展市卫生健康科技项目申报评审工作，1900余项进行评审；完成494个科技项目立项。开展新冠肺炎防治科技项目专项申报，完成22个项目立项。获批市科技重大专项与工程项目2项、重点研发计划4项、自然科学基金项目16项、科普项目4项。天津市第一中心医院的“定量磁共振成像新技术在脑疾病诊断与预后评估中的创新应用”、天津市人民医院的“基于60000余例肛周疾病建立的规范化诊疗体系”等6项成果获天津市科技进步二等奖；天津市疾病预防控制中心的“重点传染病病原体快速检测与分子特征研究体系建立及其应用”、天津市胸科医院的“婴幼儿体外循环心脏手术节约用血综合策略”等7项成果获天津市科技进步三等奖。

（赵　杨）

【天津医科大学科技】 天津医科大学全年申报各类纵向科研项目1725项，其中国家自然科学基金申报1147项，较2019年增长40.04%。获国家自然科学基金项目169项，直接经费9043.6万元，其中国家自然科学基金重点项目4项，重点国合项目1项，优秀青年科学基金项目2项；国家重点研发计划项目1项，资助经费709万元。该校在中国内地高校综合排名中位列第59位，国际排名869位，比上一期前进58名，现有7个学科，其中2020年5月新增免疫学学科（immunology）进入科睿唯安（Clarivate Analytics）公布的基本科学指标数据库（ESI）全球排名前1%。4月30日公布的2020自然指数年度综合实力榜单显示，该校在生命科学领域（life science）位于全国学术机构第30位。获天津市杰出青年科学基金资助4人，入选天津市创新人才推进计划12人次，其中中青年科技领军人才4人，青年科技优秀人才5人，重点领域创新团队3个。入选第三批天津市青年人才托举工程2人，新增天津市特派员16人。申报天津市“一带一路”联合实验室（研究中心），其中肿瘤医院的“中俄恶性肿瘤骨转移癌联合研究中心”和医大二院的“天津市泌尿外科研究所中韩生殖与性医学联合研究中心”获批。2020年获批7个天津市临床医学研究中心。天津医科大学总医院健康教育科普基地获批2020年天津市科普基地。该校成立天津医科大学突发公共卫生事件应急研究中心；成立天津医科大学未来医学技术研究中心；完成年度各级各类科学技术奖的组织申报和推荐，科技成果登记134项；获天津市科技奖13项，其中科技进步一等奖2项、二等奖8项、三等奖2项；自然科学三等奖1项。入选“新时代青年学者论坛”青年学者5名。全年申请发明专利48件，获授权国家发明专利24件。对科技成果转化政策进行宣讲，全年4项科技成果实施转化，实现转化收益204万元，其中基础医学院周东明的“基于黑猩猩腺病毒载体新型冠状病毒肺炎疫苗”以排他许可使用方式与云南沃森生物签约，合同经费达2800万元；药学院王润玲的发明专利“一种精氨酸布洛芬盐的制备方法”以专利权转让方式实施转化，获60万元收益。肿瘤医院召开第九届天津胃癌高峰论坛、第九届棒棰岛国际肿瘤前沿论坛；总医院召开2020

全国胃病学术研讨会、第十一届中国天津消化内镜和消化疾病大会、2020年中国优生科学协会生殖道疾病诊治分会学术年会；第二医院召开第四届海河国际泌尿外科论坛、第22届国际高血压及相关疾病学术研讨会（天津分会场）；朱宪彝医院召开天津市国际糖尿病论坛；眼科医院召开2020天津国际视网膜论坛暨临床病例讨论会；公共卫生学院召开2020年第六届环境、营养与健康-海河论坛、京津冀青年科学家论坛-疫情常态下的公共卫生与公众安全等会议。邀请中国科学院动物研究所研究员刘峰、郑州大学第一附属医院丁忠仁等一批具有国际知名度与影响力的专家为师生做学术报告，营造良好的国际化科研环境与学术氛围。（赵学铭）

【天津中医药大学科技】 科技部和天津市人民政府联合批准天津中医药大学建设省部共建组分中药国家重点实验室，该实验室是中国中医药领域首个省部共建国家重点实验室。开展2020年度中医药传统知识收集整理工作，成立项目管理组，召开项目启动培训会，组织全市16个区深入各级医疗卫生机构、基层单位和民间收集中医药传统知识，经过审核，向国家中医药管理局提交60项天津市中医药传统知识。重点支持新冠肺炎中医药基础和临床研究，经过专家评审确定12项立项课题，其中新冠肺炎相关中医药研究11项。

（天津市卫生健康委员会中医处）

【天津市心血管疾病临床研究中心科技】 2020年10月泰达国际心血管病医院被天津市科学技术局、天津市教育委员会、天津市卫生健康委员会和天津市药品监督管理局认定为天津市心血管疾病临床研究中心。该中心围绕心血管疾病的临床需求，提升诊疗服务能力；协同国家中心开展临床研究、学术交流、成果转化和成果应用。

（许一凡）

【天津市器官移植临床医学研究中心科技】 该中心是综合性器官移植基地，常规开展肝脏移植、肾脏移植、胰腺移植、胰岛移植、心脏移植、小肠移植及肺脏移植等临床、科研工作，2020年10月通过天津市科学技术局（以下简称“市科技局”）验收。该中心开展DCD供体活力评估及保存、肝移植术后肝癌及肝炎复发防治、围手术期并发症处理、活体腔镜供肝获取、儿童肝移植免疫耐受、乙肝核心抗体阳性供体的利用、胰肾移植技术的改进、胰岛等器官移植临床技术的研究；搭建OPO器官获取临床研究网络，建立“中国医学科学院移植医学重点实验室”“移植生物样本资源共享中心”“人胰岛资源共享中心”“天津市第一中心医院器官移植多学科会诊平台”；开展影像组学、液态活检、实体肿瘤细胞分选培养等相关研究。牵头制定12项器官移植相关疾病防治指导原则，开展临床试验13项。获国家级及省部级科研课题36项；发表SCI等论文102篇；获授权专利5件，申请专利1件；出版论著18部；获天津市科技进步奖6项。（叶　梅）

基础医学

【基于分子分型指导的前列腺癌精准治疗】 该项目由天津医科大学第二医院王海涛、霍彬、王磊等完成，获2020年度天津市科技进步二等奖。项目组结合1000多例晚期难治性肿瘤患者的二代测序结果解读及500余例晚期难治性肿瘤临床精准治疗实践，在国内首次提出基于证据级别的难治性肿瘤精准治疗决策的“中国标准”，以“分子肿瘤专家委员会（Molecular Tumor board，MTB）”的诊疗模式，推动肿瘤精准诊疗的规范化进程，为制定难治性肿瘤精准诊疗规范奠定基础。分析总结CRPC病理及分子分型，常见的突变位点包括：AR基因突变、PI3K-AKT-mTOR信号通路异常、DNA错配修复基因异常及TP53突变等。基于上述研究发现，匹配到潜在有效靶向药物的概率高达60%，取得良好临床获益。构建CRPC精准治疗的功能预测模型——人源肿瘤异种移植模型（miniPDX模型），利用其在个性化癌症治疗中的价值，高效建模并快速测试药物功效，提高CRPC患者精准靶向治疗效果。项目组相关研究成果被写入指南，参与制定中国肿瘤精准检测指南。成果被北京、上海、广州等多家医院应用，使项目的实际应用效果得到推广提升，推动精准医学的科技进步发展。

（李劭鹏）

【脑电信号多尺度定量分析在中枢神经系统疾病诊疗中的应用】 该项目由天津大学、天津市人民医院、天津医科大学总医院姜楠、张美云、张本恕、王凤楼、陈英完成，获2020年度天津市科技进步三等奖。该项目将现代应用数学中的复杂信号分析理论与方法和人工智能应用于脑电精细化定量分析，提出时频多尺度联合分析、时空多尺度功率谱、不同导联脑电多尺度相位平均波形及其相位差、多尺度熵、不同导联脑电多尺度相干度等参数和相应的脑电精细化定量分析方法；研制数字脑电信号多尺度特征定量分析系统（EEG-MQAS，v1.0），在国内率先实现数字脑电多尺度精细化定量分析用于中枢神经系统疾病的临床辅助诊疗，在全国20余家医疗单位得到推广使用；分析和提取正常儿童、多种癫痫发作期和发作间期脑电多尺度精细化定量特征，应用于多种癫痫的临床辅助诊疗和预后评估。分析和提取不同年龄组正常成人、轻－中－重度认知功能障碍患者的脑电多尺度精细化定量特征，应用于认知功能障碍的临床辅助诊疗。发表学术论文32篇，总他引57次，其中SCI收录12篇、SCI他引33次。研究成果被神经病学、神经电生理学、脑科学等领域引用。

（天津大学）

【发现免疫细胞加速正常人脑衰老】 该项目由天津医科大学总医院刘强课题组完成，2020年11月成果在《自然神经科学》发表，研究利用经典手段即正常人脑组织结合新型高通量手段，揭示免疫与脑衰老的关系。通过比较年轻和年老人脑组织的免疫印记，发现以自然杀伤（Natural Killer，NK）细胞为代表的免疫细胞随着年龄增长在人脑内逐渐增加。这些细胞大多位于脑内齿状回区域，并与神经前体细胞临近。该研究结合单细胞测序和蛋白质组技术，发现部分衰老的神经前体细胞高表达包括白介素27（IL-27）在内的多种衰老相关表型。通过基因编码和谱系示踪方法证实，这些免疫因子可激活并扩增脑内聚集的免疫细胞。RNA测序和免疫筛选等证据表明，衰老导致神经前体细胞表面的主要组织相容性复合体Ⅰ类分子（MHC-Ⅰ）下调，造成免疫耐受缺失，从而在正常脑衰老过程中激活免疫监视，损伤神经前体细胞。通过免疫干预清除衰老大脑内的免疫细胞，能够促进神经前体细胞的存活并改善认知功能。

（赵学铭）

【脑内PCSK9与ApoER2对LVA脑梗死靶点研究】 该项目由天津市医药科学研究所、南开大学生命科学学院、天津市南开医院王蕾、王梓、吕楠等完成，2020年7月通过市卫健委鉴定。基于PCSK9与ApoER2结合为靶点，研究脑内生型PCSK9对LVA脑梗死后星形胶质细胞、小胶质细胞的激活机制。PCSK9在肝脏的作用机制直接定位于脑内生型PCSK9，明确PCSK9在LVA型脑梗死的作用机制和物质基础提供药理数据支持。结果表明脑组织PCSK9基因沉默能有效改善缺血组织细胞凋亡情况，在高脂血症和缺血时，脑内PCSK9含量升高。注射shRNA-PCSK9，ApoER2蛋白表达随之变化，提示PCSK9是通过改变ApoER2功能而介导的。该研究为开发针对脑内生型PCSK9基于ApoER2代谢途径的治疗药物研制提供数据参考。

（王　蕾）

【肺巨噬细胞NLRP3炎性小体活化与PM2.5肺损伤】 该项目由天津市医药科学研究所顾娜、张桂贤、刘伟伟等完成，2020年1月通过市卫健委鉴定。该项目结合损伤相关分子模式（DAMP）与炎症关系学说，提出大气细胞颗粒物（PM2.5）通过溶酶体模式激活NLRP3炎性小体信号通路，造成肺组织长期“非可控性炎性”反应的假说，通过一系列实验加以证实；提出PM2.5引起的NLRP3炎性小体信号通路活化与细胞焦亡发生相关。科研人员收集PM2.5颗粒物，制成混悬液备用。体内实验经气管滴注PM2.5制作大鼠肺损伤模型，收集大鼠肺泡灌洗液、肺组织，检测肺巨噬细胞吞噬功能、肺组织病理损伤情况，考察与肺巨噬细胞内NLRP3炎性小体表达及下游信号通路活化的相关性；体外实验不同浓度PM2.5刺激大鼠肺巨噬细胞NR8383，分别采用MTT、ELI-

SA及分子生物学技术检测细胞焦亡情况，以及NLRP3炎性小体复合物信号通路活化情况。上述实验证实肺巨噬细胞吞噬大气细颗粒物PM2.5后，可引起溶酶体破裂，释放炎性细胞成分，激活NLRP3炎性体炎症信号通路，引起细胞焦亡，造成肺组织“非可控性炎性”反应。

（顾　娜）

【细胞自噬基因ATG5在博来霉素诱导的肺损伤中的作用机制】　该项目由天津市海河医院陈怀永、吴琦、孙昕等完成，2020年4月通过市科技局验收。该项目基于特发性肺纤维化发病率约为3～5/10万，占所有间质性肺病的65%左右，临床尚缺乏有效的治疗手段和治疗药物。通过建立博来霉素诱导的肺纤维化小鼠模型，发现肺纤维化中肺泡干细胞内自噬水平上升。缺失Atg5导致肺脏胶原沉积增加，小鼠体重下降更多，死亡率增加，表明肺纤维化过程中细胞自噬对肺泡上皮损伤后的再生起到保护作用。通过对博来霉素诱导的肺损伤中肺泡干细胞的代谢分析，发现细胞自噬可能通过代谢重编程保护博来霉素诱导的肺损伤及纤维化改变。AT2作为肺泡干细胞的角度研究其功能的改变与肺纤维化的关系。考查自噬对肺泡上皮干细胞增殖分化的调控，利用小鼠纤维化模型研究肺泡干细胞自噬与肺纤维化进程的关系，发现自噬通过升高AT2细胞糖代谢，降低脂代谢水平以对抗博来霉素诱导的肺损伤，为探索通过恢复肺泡上皮细胞正常结构与功能开发治疗肺纤维的新药提供理论依据。

（叶　梅）

【肺泡干细胞自噬在博莱霉素诱导的肺纤维化中的作用机制】　该项目由天津市海河医院陈怀永、吴琦、孙昕等完成，2020年3月通过市卫健委验收。该项目基于“细胞自噬是肺泡上皮干细胞完成其增殖、分化和修复等重要功能的关键一环”的假说，从AT2作为肺泡干细胞的角度研究其功能的改变与肺纤维化的关系。考查自噬对肺泡上皮干细胞增殖分化的调控，利用小鼠纤维化模型研究肺泡干细胞自噬与肺纤维化进程的关系，研究细胞自噬对肺泡上皮黏膜损伤修复与肺纤维化进展的影响。结果发现稳态情况下，肺泡干细胞不受自身自噬水平的调控，而在博莱霉素诱导的肺损伤中，肺泡干细胞自噬水平上升，可能通过上调糖代谢下调脂代谢水平促进肺泡干细胞增殖功能，从而抵抗博莱霉素诱导的肺损伤，为探索通过恢复肺泡上皮细胞正常结构与功能开发治疗肺纤维的新药提供理论依据。

（叶　梅）

【Tsp1在叶内型肺隔离症肺泡上皮修复中的作用机制】　该项目由天津市海河医院孙昕、吴琦、陈怀永等完成，2020年3月通过市卫健委验收。该项目探讨异常肺叶易感是否与此肺叶紧密相连的体循环血管内TSP1低表达相关，从肺干细胞的角度研究叶内型肺隔离症肺泡上皮Ⅰ型、Ⅱ型肺泡细胞丰度与肺上皮修复的关系。从叶内型肺隔离症病生理学出发，根据临床标本研究发现，基此设计小鼠模型研究病变肺叶异常供血系统－降主动脉血管对肺泡干细胞分化功能的调控，为建立以增强肺泡上皮修复为靶标的无创治疗新方法提供理论依据。

（叶　梅）

【清肺承气汤改善ARDS患者肺巨噬细胞功能的研究】　该项目由天津市第四中心医院傅强、杜超、邵伟等完成，2020年12月通过市科技局科技成果鉴定。该项目采用清肺承气汤治疗腹腔感染致ARDS患者，通过随机对照试验观察此类患者支气管肺泡灌洗液中巨噬细胞功能差异，证实清肺承气汤治疗腹腔感染所致中重度ARDS的机制，以及肺肠同治改善肺功能的非通里攻下机制。在临床中证实腹腔感染所致ARDS患者肺泡巨噬细胞的吞噬功能与患者预后存在相关性，发现清肺承气汤可以改善患者的巨噬细胞功能；清肺承气汤可通过降低巨噬细胞凋亡比例，调节细胞因子（IL－6、BNGF、GM－CSF等）的释放，改善患者肺巨噬细胞的功能；实验首次发现清肺承气汤通过调控肺组织内以rno－miR－20a－5p为主的多种miRNA而影响下游30种靶基因的表达，调控肺部炎症和肺巨噬细胞吞噬作用，为研究mTOR/Cdc42、FcγRs/PI3K/Cdc42等信号通路奠定基础。研究成果应用在天津中医药大学第一附属医院、天津市南开医院等5家医院。发表中华核心论文3篇，培养博士、硕士4名。

（叶 梅）

【Linc00426靶向调控肺癌细胞增殖分子机制研究】 该项目由天津市人民医院、天津医科大学总医院杜文君、赵辉、王涛、李雪冰等完成，2020年1月通过市卫健委验收。长链非编码RNA（lncRNA）在剂量补偿效应、表观遗传调控、细胞周期调控、细胞分化、细胞凋亡衰老及肿瘤发生、发展调控方面发挥重要作用。有必要从众多lncRNA中筛选出有功能的lncRNA，研究其调控细胞生物学行为的分子机制。该研究前期通过生物信息学方法筛选出人正常肺组织与肺癌组织差异表达lncRNA，采用实时荧光定量聚合酶链反应（real-time PCR）技术检测该院收治并手术治疗的72例非小细胞肺癌（NSCLC）患者手术切除标本的癌组织、远癌的正常肺组织、肺腺癌细胞株（A549）和正常支气管上皮细胞（BEAS-2B）中linc00426的相对表达水平。小干扰RNA敲低A549细胞中linc00426表达后观察A549细胞增殖能力、细胞周期和穿膜能力改变情况。72例NSCLC患者配对标本中肿瘤组织Linc00426表达下调者46例，占63.9%。平板克隆形成试验，siRNA下调Linc00426后细胞增殖能力明显增强，细胞生长曲线，下调Linc00426后细胞生长速度提高，增殖能力增强；流式细胞术，siRNA下调Linc00426表达后，细胞G1/G0期比例上升，细胞增殖分裂能力上升。小干扰RNA敲低A549细胞中linc00426表达后，细胞的穿膜能力明显增强。通过qPCR方法检测NSCLC患者癌组织和癌旁组织中长链非编码RNA Linc00426的差异表达情况，证实NSCLC患者癌组织中及肺腺癌细胞A549中Linc00426表达水平降低，提示Linc00426在NSCLC发生中可能发挥重要作用。结果还显示，下调A549细胞中Linc00426表达后，细胞的增殖、侵袭生物学表型发生明显增强，提示Linc00426可能通过相关信号通路抑制NSCLC转移。 （叶 梅）

【HBx调控miR-155对肝癌干细胞恶性转化的作用】 该项目由天津市第一中心医院李阳、张雅敏、崔子林等完成，2020年1月通过市卫健委验收。该项目通过将HBx基因转染提取的肝癌干细胞，检测肿瘤干细胞miR-155及其靶蛋白、AFP、VEGF、Ki-67的变化，miR-155及其靶蛋白如何影响HBx驱动AFP、VEGF、Ki-67诱导肝癌干细胞恶性转化的过程，以及其转录与翻译。探讨miR-155及其靶蛋白影响HBx驱动AFP、VEGF、Ki-67诱导肝细胞恶性转化的分子机制，试图找出相关的信号转导途径。揭示HBx调控miR-155在肝癌干细胞恶性转化中的作用揭示肝癌干细胞恶性转化的机制。系统的阐述HBx与miR-155、AFP、VEGF、Ki-67在肝癌组织中的表达与细胞增殖、分化、浸润和转移关系，初步揭示HBx与AFP、VEGF、Ki-67在肝癌中的作用，为防治肝切除后肿瘤复发提供理论及实验基础。

（叶 梅）

【肝癌热消融后复发预测及联合DC增强疗效体内实验研究】 该项目由天津市第三中心医院经翔、王凤梅、丁建民等完成，2020年1月通过市卫健委验收。该项目基于肝细胞肝癌（HCC）患者局部治疗后复发率高的临床问题和局部热消融治疗是肿瘤组织发生凝固性坏死的治疗原理，从细胞和细胞因子层面探究微波消融（MWA）治疗对机体的免疫刺激作用，寻找用于MWA治疗后患者预后相关的免疫预测因子。将肿瘤抗原刺激后的DC疫苗用于MWA治疗后小鼠HCC的预防，明确WMA联合DC治疗对HCC的抑瘤作用。动物实验结果显示，Treg细胞及Th17细胞表达在荷瘤小鼠中显著升高，提示Treg细胞及Th17细胞与HCC发生发展相关。MWA能有效解除肿瘤机体免疫抑制状态，肿瘤复发后机体再次处于免疫抑制状态，促进肿瘤进展。MWA联合DC治疗后，Treg细胞及Th17细胞表达水平降低，对二次种瘤后肿瘤生长具有更好的抑制作用。研究结果显示，MWA治疗对患者外周血中的特定的免疫细胞及细胞因子具有调节作用，MWA治疗后IFN-γ、IL-6、IL-10细胞因子的改变与患者的复发相关，可作为患者预后的预测指标。

（叶 梅）

【RANKL通路调节Th17在肝移植排斥反应中的作用】 该项目由天津市第一中心医院崔子林、张雅敏、邹循锋等完成，2020年1月通过市卫健委验收。该项目设计在体外培养小鼠脾脏源自CD4T细胞并刺激分化为Th17细胞，在Th17细胞分化过程中计入RankL和/或Rank-Fc，通过观察Th1和Th17特征分子表达，计数Th17比例，检测RankL-Rank通路下游分子及对小鼠肝移植慢性排斥模型行Rank-Fc治疗；观测小鼠的生存周期和IL-17与IL-22血清浓度，确定Rank-RankL通路在Th17分化中的意义，以及RANK-RANKL阻断对肝移植后排异反应的作用。研究发现Rank-RankL通过调节Fas表达以促进Th17细胞分化；利用RANK-Fc治疗肝移植排斥小鼠，发现可以明显降低IL-17、IL-22水平，提高生存期，为临床Rank-RankL阻断改善移植后排异反应提供新的干预策略。 （叶　梅）

【揭示HIV潜伏感染和复制的表观遗传与转录调控机制】 该项目由天津医科大学基础医学院胡德庆课题组完成，2020年5月成果在线发表于《科学进展》，报道表观遗传调控蛋白LEDGF/p75在HIV潜伏感染与复制时对病毒基因转录调控的双重调控功能，阐明其依赖于PAF1和MLL1/COMPASS复合体在染色质修饰与转录延伸层面发挥功能的作用机制。该研究发现LEDGF/p75除参与HIV在宿主DNA的整合过程外，可通过调控前病毒基因转录，在HIV潜伏感染和复制中发挥功能。HIV处于潜伏状态，LEDGF/p75通过结合和募集PAF1复合体以建立和维持启动子近端RNA聚合酶Ⅱ（Pol Ⅱ）暂停抑制前病毒基因转录。当前病毒在潜伏感染的细胞受到外界信号（如TNFα等）刺激而发生复制时，CKII转录水平升高并催化MLL1的S136与S142位点发生磷酸化修饰。磷酸化修饰的MLL1与LEDGF/p75亲和力增强并被其招募至HIV LTR区域。MLL1/COMPASS一方面催化LTR区域的H3K4me3修饰，使染色质松散易于其它转录延伸调控因子/复合体的招募（SEC复合体等），竞争性地将PAF1从该LTR上解离，使转录延伸重启，共同导致前病毒基因的转录激活。研究揭示表观遗传调控因子LEDGF/p75在HIV病毒感染与复制中的新功能及其作用机制，提示CKII与MLL1/COMPASS复合体的抑制剂在清除HIV潜伏感染中具有潜在的临床应用价值。

（赵学铭）

【固本解毒汤对HPV感染低级别CIN患者宫颈细胞转归的影响】 该项目由天津市中医药研究院附属医院杜菲菲完成，2020年6月通过市卫健委验收。该项目研究固本解毒汤对HPV感染低级别CIN患者宫颈细胞转归的影响，对照组采用辛复宁泡腾胶囊，空白组观察HPV感染低级别CIN患者宫颈细胞的自然转归情况。通过对治疗前后患者HPV DNA水平的变化及宫颈细胞HE染色查看细胞转归情况并对比分析，确定中医特色治疗对HPV感染低级别CIN患者的疗效。以HPV感染低级别CIN患者宫颈细胞为研究对象，经病理涂片证实培养细胞为实验所需细胞，分为空白组、中药组（固本解毒汤组）、西药组（辛复宁组），用免疫荧光PCR法分别检测12h、24h、36h的细胞悬浮液HPV DNA水平改变情况，为CT值进行相对定量的比较，与空白组相比较，结果显示中药组宫颈细胞形态均转归为正常。证实固本解毒汤可降低HPV感染低级别CIN宫颈细胞的HPV DNA水平，低级别CIN宫颈细胞形态转归正常。发表论文专业期刊2篇、核心期刊1篇，培养研究生1名。

（叶　梅）

【ETT-BF对MDRAB之VAP发病影响及干预研究】 该项目由天津市第一中心医院高红梅、窦琳、路玲等完成，2020年1月通过市卫健委验收。该项目通过观察气管套管内鲍曼不动杆菌生物被膜的形成，以及何种药物可以破坏生物被膜，达到控制泛耐药鲍曼不动感染所致的VAP和多重耐药鲍曼不动杆菌（MDR-Ab）的分布、耐药情况、合并MDR-Ab感染的VAP患者抗菌药物使用时间、住院时间和生存率等指标。收集感染多重耐药鲍曼不动杆菌的呼吸机相关性肺炎（VAP）患者的气管导管，观察气管导管内MDR-Ab生物被膜（BF）的形成情况；在体外研究中观察亚胺培南，替加环素，多粘菌素单药使用，以及联合阿奇霉素对气管导管内MDR-Ab生物被膜形成的抑制作用。该研究观察中药喜炎平可影响

MDR-Ab生物被膜形成，呈浓度依赖性。研究结果对控制多重耐药菌鲍曼不动杆菌VAP的发生提供新的策略，对干预多重耐药菌感染的VAP有临床实践意义。（叶　梅）

【凉膈散拆方对脓毒症大鼠有效性的研究】 该项目由天津市第一中心医院张平平、王东强、才真等完成，2020年3月通过市卫健委验收。该项目通过凉膈散拆方不同组方对脓毒症大鼠的干预，观察凉膈散不同组方对脓毒症大鼠死亡率的影响，采用酶联免疫吸附法检测血清炎性介质（IL-1β、IL-6、TNF-α）和LPS表达的影响，结果显示凉膈散能降低脓毒症大鼠1周的死亡率和脓毒症大鼠CLP术后24h、48h、72h炎性介质及LPS的表达；且凉膈散治疗脓毒症单味中药以连翘、朴硝作用明显，依次为黄芩、山栀子、薄荷、川大黄、竹叶、甘草。研究表明凉膈散通过使炎性介质和LPS的释放减少，减轻炎症反应，降低其脓毒症大鼠的死亡率。（叶　梅）

【应激剂量HC治疗重度烧伤CIRCI的基础与临床研究】 该项目由天津市第一中心医院王爽、张静琦、李小兵等完成，2020年10月通过市卫健委验收。应激后血清GC浓度是用来衡量HPA轴活化状态主要指标。糖皮质激素（GCs）通过与受体的相互结合，直接或间接调节应激反应，治疗中糖皮质激素具有双重性表现。该项目通过建立30%体表面积背腹部皮肤全层烫伤模型作为严重创伤模型，探讨严重烧伤后大鼠外周血中皮质酮表达的变化，通过注射不同浓度GCs，观察GCs对HPA轴的调控作用，为应激反应中枢启动机制的研究打基础；为重度烧伤及其继发性损伤的预防和治疗提供思路。（叶　梅）

【干扰素通过Trim21介导的氧化应激促进肿瘤细胞损伤】 该项目由天津市第三中心医院纵微星、杜智、杨斌等完成，2020年4月通过国家自然科学基金委员会验收。该项目在发现E3泛素连接酶Trim21可调控细胞内氧化应激的过程与机制的基础上，进一步研究该机制在癌症发生中的作用与应用前景。通过分析TRIM21与肝癌的临床联系：利用TCGA公共数据，分析中该基因在肝癌中的表达情况及其与肝癌预后相关性；利用免疫组化方法，观察蛋白水平的TRIM21在肝癌和癌旁组织的表达情况。利用动物模型证实TRIM21参与肝癌发生的过程：利用TRIM21全身敲除小鼠，建立DEN/PB诱导的肝癌模型，研究TRIM21在化学诱变剂导致癌症发生过程的作用与机制。探索IFN-γ是否参与IFN-γ抑制肝癌细胞增殖的效应：以SMMC-7721肝癌细胞系为模型，观察IFN-γ对肝癌细胞的抑制作用及ROS产生情况；用基因敲减的shTRIM21慢病毒转染细胞，分析TRIM21是否参与干扰素IFN-γ肝癌细胞的增殖抑制。研究确立TRIM21与肝癌临床的相关性：表明TRIM21在肝癌组织中表达增高，与较短总体生存期相关，具有较高的诊断特异性和灵敏度。通过动物模型直接证实TRIM21参与肝癌的发生：RIM21敲除小鼠在DEN/PB诱导的肝细胞肝癌模型中，形成的肿瘤数目、肝脏体积、肝脏体重比等指标均显著性低于对照组。发现TRIM21作为干扰素IFN-调控的下游基因参与其增殖抑制作用：IFN-促进TRIM21基因的表达，敲减TRIM21减弱IFN-对肝肿瘤细胞的增殖抑制作用，与这一效应相伴是细胞抗氧化能力的降低，为开展基于TRIM21的治疗靶点或临床标志物开发奠定基础。

（叶　梅）

【磷脂酶对白念珠菌两性霉素B耐药性的影响】 该项目由天津市第三中心医院王宇凡、刘树业、陈欣等完成，2020年1月通过市卫健委验收。该项目通过对白假丝酵母不同菌株在两性霉素B作用下，分析磷脂类物质在细胞内含量的变化，研究磷脂类物质及磷脂酶与两性霉素B耐药性的关系。使用磷脂类物质吸附材料与两性霉素B协同用药，在体外及动物模型体内研究磷脂类物质吸附材料系统用药后降低两性霉素B使用剂量，增强抗菌药物疗效的能力。发现在不同浓度AMB作用下，白假丝酵母细胞内磷脂类物质，如磷脂酰乙醇胺〔16:1（9Z）/0:0〕、磷脂酰胆碱（16:0/0:0）、磷脂酰胆碱〔16:1（9Z）/0:0〕、溶血磷脂酸（16:0/0:0）、溶血磷脂酰胆碱〔18:2（9Z，12Z）〕、磷脂酰胆碱（18:0/0:0）含量发生变化。在高浓度

AmB作用下，药物敏感型不同的白念珠菌细胞内磷脂类物质含量有所不同，在MIC＞2ug/mL的菌株中，乙醇胺的含量明显高于MIC≤1ug/mL的菌株；而磷脂酰肌醇（18:0/0:0）含量则有所下降。后续通过使用磷脂吸附类纳米材料D28@GO在体内与体外实验，均表明其对白念珠菌具有杀伤作用，与AmB可通过吸附磷脂类物质产生协同杀菌的作用，能够有效降低AmB使用剂量，减少AmB对细胞毒副作用而产生的不良影响。

（叶　梅）

【黄连素对代谢综合征大鼠骨骼肌胰岛素抵抗作用研究】 该项目由天津市第四中心医院何峰、杜桂琴、方涛等完成，2020年12月通过市卫健委验收。该研究通过高脂饮食处理OLETF大鼠构建代谢综合征模型，利用高剂量和低剂量黄连素处理代谢综合征大鼠，观察黄连素对代谢综合征大鼠体质量、糖脂代谢、胰岛素抵抗、骨骼肌内质网应激的影响。研究发现，高脂饮食24周后OLETF大鼠发生肥胖及胰岛素抵抗，其血清中FBG、FINS、TC、TG和LDL-C的水平均显著高于对照组，HDL-C水平显著低于对照组，提示其发生糖脂代谢紊乱。黄连素处理可改善高脂诱导的肥胖和胰岛素抵抗状态，显著降低FBG、FINS、TC、TG和LDL-C的水平，提高HDL-C的水平。高脂饮食可诱导大鼠骨骼肌内质网应激，表现为于内质网应激相关分子PERK、IRE1α、ATF6、GRP78、ORP150、Capase-12和CHOP的蛋白和mRNA水平显著增高，黄连素处理后可显著降低大鼠骨骼肌内与网应激相关分子PERK、IRE1α、ATF6、GRP78、ORP150、Capase-12和CHOP的蛋白和mRNA水平，提示黄连素发挥作用的机制与其改善骨骼肌内质网应激状态有关。

（叶　梅）

【GLP-1对代谢综合征大鼠急性心肌梗死保护机制研究】 该项目由天津市第四中心医院刘勇、田凤石、方涛等完成，2020年12月通过市卫健委验收。该项目利用OLETF大鼠构建代谢综合征动物模型，以及结扎冠状动脉左前降支的方法制作代谢综合征合并心肌缺血/再灌注模型，探索GLP-1类似物利拉鲁肽对代谢综合征大鼠心肌缺血/再灌注的保护作用。在动物水平上，利拉鲁肽处理可改善大鼠糖脂代谢紊乱、胰岛素抵抗，发挥降低心肌梗死范围、改善心功能等保护作用，提高梗死心肌边缘组织JAK2/STAT3信号通路的活化程度，提示利拉鲁肽对代谢综合征大鼠合并心肌缺血/再灌注损伤的保护作用，与其改善大鼠代谢水平及活化有保护作用的JAK2/STAT3信号通路相关，为利拉鲁肽用于临床治疗代谢综合征合并心肌梗死的治疗、改善预后提供实验依据。利用细胞实验，验证利拉鲁肽可通过激活HUVEC细胞JAK2/STAT3信号通路及其下游与血管生成相关的基因表达，发挥促进HUVEC细胞血管生成的作用，对于防治缺血性心脏病提供理论基础。利拉鲁肽可作为一种治疗2型糖尿病的药物，在心血管疾病的治疗方向有应用前景。

（叶　梅）

【SIRT1-mTOR通路与辐射诱导小肠干细胞损伤】 该项目由天津市人民医院王辉、张恒、阎皓等完成，2020年4月通过国家自然科学基金委员会验收。放射性肠炎是临床腹腔和盆腔肿瘤放疗患者治疗失败和意外辐射暴露受害者死亡的首要原因。该项目在多个层面建立小肠辐射损伤模型，从动物水平、组织水平、细胞水平、干细胞水平深入探讨小肠辐射损伤中SIRT1-mTOR通路的作用及其机制。为确保临床应用的安全性，研究调节SIRT1-mTOR通路对肿瘤细胞辐射损伤的影响。阐明在小肠辐射损伤中，SIRT1功能下调起到重要作用，上调SIRT1功能可改善小肠辐射损伤；小肠辐射损伤中，mTOR的异常活化起到重要作用，通过活化SIRT1抑制mTOR的异常活化对小肠辐射损伤具有防护作用；调节SIRT1-mTOR可以改善辐射诱导的小肠干细胞（ISCs）衰老，改变小肠黏膜细胞自噬水平，改善受照小肠黏膜细胞的凋亡并提高其增殖能力，以及小肠辐射损伤；调节SIRT1-mTOR通路未导致结直肠癌细胞辐射耐受。该研究为开发小肠辐射损伤防护药物寻找新的靶点；为改善心脏、骨髓等正常器官的辐射损伤提供参考，对提高腹盆腔恶性肿瘤放射治疗水平有临床意义。

（叶　梅）

【连接蛋白43影响紫杉醇诱发上皮间充质转化】 该项目由天津市人民医院、南开大学王弋嘉、薛雪、吴晓静、王思琪等完成，2020年10月通过药物化学生物学国家重点实验室验收。该项目研究发现全反式维甲酸能够反转紫杉醇耐药细胞的间充质特性，使其变回上皮细胞特性。通过对结直肠癌细胞系HCT116、LoVo和CT26的分析，发现全反式维甲酸能够增加连接蛋白43表达和细胞间隙连接的功能。研究分析全反式维甲酸对涉及上皮间充质转化过程的一系列蛋白表达的影响，通过形态学及细胞迁移侵袭的实验，确定全反式维甲酸能够使紫杉醇耐药的间充质细胞转化为上皮类型的细胞。项目假设全反式维甲酸对于NFκB的抑制作用和上调细胞间隙连接功能的作用，是导致反转上皮－间充质转化的原因，通过随后的转染连接蛋白43的实验证实这一假设。通过小鼠肺转移模型，确定全反式维甲酸降低紫杉醇抗性细胞的肺转移能力。该项目选取在GJ中起最重要作用的连接蛋白43进行研究，分析紫杉醇耐药性产生前后，连接蛋白43表达情况和GJ功能的变化。通过转染siRNA和连接蛋白43重组表达质粒，抑制或增强连接蛋白43表达。在细胞水平和小鼠的肺转移模型中，研究连接蛋白43影响EMT过程及细胞转移能力的机制，从而评价连接蛋白43是否可以作为抑制EMT及防止肿瘤转移的药物设计靶点。研究表明作为单独药物，全反式维甲酸可反转紫杉醇耐药结直肠癌细胞的上皮间充质转化，研究数据可用于化疗耐药肿瘤的新型治疗方法的开发。 （叶　梅）

【腰椎管狭窄症多节段黄韧带肥厚病理机制研究】 该项目由天津市人民医院朱如森、胡炜、张学利等完成，2020年1月通过市卫健委验收。该研究采用细胞染色及免疫组化定性分析S100与P16表达差异，分析其与黄韧带肥厚发生有相关性。利用western-blot及QPCR技术对S100与P16蛋白进行定量检测，探索其在腰椎管狭窄患者肥厚黄韧带中的表达差异。通过研究分析腰椎管狭窄症患者黄韧带肥厚增生的特点与过程，以及与P16和S100两种蛋白在检验结果中表达上的差异，考虑腰椎管狭窄患者的黄韧带肥厚以硬膜背侧纤维组织增生为著，黄韧带的组织学染色与相对厚度相关性有统计学意义，且P16的表达增加与黄韧带肥厚增生有关。分析表明腰椎管狭窄黄韧带肥厚病理结构的改变，钙化、组织成纤维细胞化是黄韧带肥厚的病理学机制，P16参与黄韧带肥厚的细胞异常增殖、分化。与单节段腰椎管狭窄和单纯腰椎间盘突出患者相比，多节段腰椎管狭窄患者的弹性蛋白降解和黄韧带纤维化更为严重。P16的表达可能与腰椎管狭窄患者的黄韧带肥厚有关，S100的表达可能与腰椎管狭窄患者的黄韧带肥厚相关无特异性。该研究进一步明确单节段黄韧带肥厚与多节段黄韧带广泛肥厚病理学、分子生物学差异，证实多节段黄韧带肥厚与机械应力和炎性反应相关，还可能与P16异常表达相关。 （叶　梅）

【直肠癌术后应用低分子肝素及丹参的疗效分析】 该项目由天津市人民医院纪烈辰、顾立强、王娟等完成，2020年7月通过市卫健委验收。该研究开展低分子肝素与丹参注射液预防直肠癌术后DVT的前瞻性临床随机对照研究，评价术后早期预防性应用低分子肝素及丹参注射液的临床价值。探讨中西医结合方法对预防深静脉血栓形成的可靠性，明确直肠癌手术患者易患深静脉血栓形成的风险因素。研究表明，低分子肝素联合丹参注射液可显著预防直肠癌术后DVT的发生，DVT相关的症状和体征消退快，不良反应少，疗效优于单用低分子肝素。实验结果表明中西医结合治疗对于直肠癌术后DVT的发生有预防效果，改善凝血功能监测指标，无增加术后的出血风险。 （叶　梅）

【氧化应激通过TGF-β和HIF-1α途径介导铁过载对MDS红系造血损伤的机制研究】 该项目由天津市第一中心医院赵明峰、李德冠、曹小立等完成，2020年6月通过市科技局验收。铁过载对骨髓的造血功能有明显的影响，MDS的铁过载对骨髓造血功能的损伤作用及其机制尚不明确。该项目利用动物实验研究铁过载损伤骨髓增生异常综合征红系造血机制，侧重于TGF-β家族，HIF-1α及相关信号通路，为治疗临床MDS铁过载患者造血功能低下提供新的治疗靶点。通过建立MDS铁过载模型，研究铁过载对MDS红系造血的损伤作用及其机制，侧重于TGF-β家族，HIF-1α及相关信号通路的检测。建立MDS小鼠铁过载模型并发现铁过载可增加BMMNCs细胞内TGF-β，HIF-1α的生成，损伤骨髓红系造血能力。应用mTOR抑制剂雷帕霉素后，抑制细胞内HIF-1α的表达，可部分恢复铁过载对骨髓红系造血功能的损伤作用。（叶　梅）

【黄连素减轻移植肾缺血再灌注损伤】 该项目由天津市第一中心医院喻文立、杜洪印、盛明薇等完成，2020年5月通过市卫健委验收。在大鼠肾移植实验中，观察移植后24小时肾功能及组织氧化应激水平的变化。结果显示，I/R后的肾脏组织病理学损伤加重，Suzuki评分显著升高，丙二醛（MDA）浓度增加，超氧化物歧化酶（SOD）水平降低，证实肾移植相关IRI可引起受鼠肾脏功能严重受损。在大鼠肾小管上皮细胞培养的基础模拟缺血再灌注时低糖低氧环境，建立体外I/R型。在体外实验中，给予缺氧刺激后，细胞出现折光性减弱、细胞皱缩、脱落等肾脏细胞受损的特征性表现，细胞活力出现不同程度的减低，培养基中MDA浓度明显高于对照组，SOD活性也有所减低，且在缺氧8小时达到最低。在缺氧后给予复氧，细胞损伤情况没有缓解，反而继续加重，表明缺氧后复氧是造成细胞损伤的重要因素。实验给予80毫克/千克/天黄连素连续1周，结果显示，黄连素预处理可降低I/R诱导的肾脏组织MDA水平、升高SOD活性，改善肾功能；在细胞水平通过Hoechest33258染色和Annexin V-FITC/PI流式细胞术，证实黄连素预处理组细胞凋亡率明显下降和其抗肾脏细胞凋亡效应。证明AMPK/Sirt1通路介导的细胞自噬参与黄连素的肾脏保护作用。该项目建立肾移植在体及细胞水平的缺血再灌注模型，通过在体及细胞水平证明肾移植缺血再灌注过程会造成肾脏损伤，为研究肾移植并发症提供理论依据。（叶　梅）

【Hcy对人血管内皮的损伤及AVE3085的保护机制】 该项目由泰达国际心血管病医院张建亮完成，2020年12月通过天津市滨海新区科学技术局验收。该项目首次在人动脉血管（乳内动脉）中研究同型半胱氨酸对内皮功能的损伤作用及其作用机制。为冠脉搭桥术中冠脉和移植动脉内皮功能的保护，缓解移植血管术中和术后痉挛，研究一种新的小分子物质一氧化氮增强剂AVE3085对内皮功能的保护作用，提高中远期通畅率。研究表明：乙酰胆碱引起血管的舒张为内皮依赖性的，硝普钠为内皮非依赖性的；同型半胱氨酸显著降低乙酰胆碱诱导的血管的最大舒张，使用AVE3085较大程度地恢复血管的舒张功能；起到和活性氧抑制剂N-乙酰-L-半胱氨酸相同的保护血管的作用；使用同型半胱氨酸孵育血管24小时后，降低一氧化氮合酶蛋白的表达，结合AVE3085孵育能提高一氧化氮合酶蛋白的表达，提高一氧化氮的释放，起到抑制同型半胱氨酸损伤内皮细胞的作用。项目发表SCI论文4篇，培养博士、硕士各2人。（许一凡）

【终末期肾病血透患者认知障碍机制的MRI研究】 该项目由天津市第一中心医院夏爽、柴超、刘赛峰等完成，2020年7月通过市科技局验收。该项目明确定量磁敏感图能够无创、准确的评估血透患者脑铁过载的情况，对于临床常规评估、监测血透患者静脉补铁引起铁过载提供技术支持，弥补通过血常规化验评估技术的有创、易受其他因素影响而不准确的不足，关注认知功能障碍这一血透患者常见的神经系统并发症，通过采用多种磁共振成像技术，从脑铁含量代谢、脑体积及脑血流的角度观察认知功能障碍血透患者所发生的脑代谢、体积及血流的改变，明确血液透析病人认知功能障碍的影像学监测指标，降低血透患者认知功能障碍的患病率。发表SCI论文8篇，中华系列或核心期刊论文5篇，培养7名硕士研究生，4篇摘要被国际学术会议（国际磁共振年会ISMRM、北美放射学年会RSNA）接收。

（叶　梅）

【生物组织、细胞的光声成像应用研究】 该项目由天津市人民医院、深圳大学、中国科学院王弋嘉、赵振营、吴晓静、吕永铭、钱晶瑶等完成，2020年11月通过中国生物技术发展中心验收。该项目建立基于matrigel的黑色素瘤细胞系

CM8186、M619、B16/F10和乳腺癌细胞系MCF-7的3D培养模型，使用TNF-α、紫杉醇、顺铂、奥沙利铂、康莱特注射液等细胞因子和药物进行调节，研究对其生长的抑制情况、细胞毒性、上皮-间充质转化、侵袭和迁移能力的改变等。使用基于光学表面波的光声成像系统对Matrigel中生长的人黑色素瘤细胞系M619进行测量，分析光声信号与细胞三维生长状态之间的关系。Matrigel源自EHS小鼠肉瘤，可在细胞的三维生长模型中提供结构支持和诱导细胞分化增殖，在Matrigel中生长的细胞群体适于用作光声成像系统进行研究的标本。使用促进细胞侵袭迁移能力的细胞因子VEGF、bFGF和TNF-α处理M619细胞系以得到侵袭状态下的三维细胞团，使用光声成像系统检测上述细胞因子处理前后的细胞团体，以分辨正常和侵袭状态下的M619三维生长模型。建立基于石墨烯偏振敏感特性的表面波折射率传感器用于细胞显微成像的方法，使用表面波对贴附于石墨烯传感芯片生长的细胞进行折射率测量，获益于该传感器的高灵敏度（9.3×10^{-4}RIU）和高空间分辨率（2.34μm）的特性，能够区分折射率较低的正常细胞和折射率较高的癌细胞。使用基于石墨烯偏振敏感特性的表面波折射率传感器研究结肠癌细胞系对抗癌药物紫杉醇的实时应答情况，分析紫杉醇细胞毒性导致的微管聚合、细胞凋亡和细胞形态变化与传感器所测得的折射率实时变化曲线之间的关系。发表SCI论文7篇。

（叶　梅）

【以Aiolos为靶点的新型抗肿瘤转移药物开发】 该项目由天津市人民医院、南开大学张春泽、高卫峰、孙涛、吴晓静等完成，2020年8月通过药物化学生物学国家重点实验室验收。基于前期研究发现淋巴细胞特异性转录因子Aiolos在实体肿瘤中的异位表达可让肿瘤细胞逃逸失巢凋亡，促进肿瘤远端转移的发生。该项目设定开发一类药物可选择性抑制失巢凋亡抵抗相关蛋白Aiolos的活性抑制肿瘤转移，以实现药物抵抗肿瘤恶性转移的精准治疗。使用多种体内外实验手段结合临床，从基因、细胞和动物水平深入研究天然小分子化合物含笑内酯通过Aiolos-p66Shc信号通路抑制抗结直肠瘤转移的作用机制。含笑内酯对Aiolos-p66Shc信号通路上下游基因表达水平的影响；对肿瘤细胞失巢凋亡敏感性、细胞黏附能力等生物学行为的影响；作为化疗增敏剂联合奥沙利铂给药在抗肿瘤治疗中的效果等。该研究通过对报道的Aiolos抑制剂的结构叠合、药效团分析及对接结果进行总结，确定能产生作用的关键药效团。对筛选得到化合物进行结构改造，优选出高效、低毒的靶向Aiolos的针对肿瘤逃逸失巢凋亡的肿瘤治疗药物的先导化合物。以计算机辅助药物设计为有效工具，按设计、筛选、合成、活性验证、再改造、再验证的思路，发现2个具有结构新颖、高活性、低毒性的先导化合物，完成活性测定。发表SCI论文3篇，申请发明专利4件，其中授权1件。

（叶　梅）

临床医学

【肺癌精准诊治体系建立和临床应用】 该项目由天津医科大学总医院陈军等完成，获2020年度天津市科技进步一等奖。该项目针对肺癌精准诊治体系建立的重点和难点，通过临床－基础－转化应用研究，报道肺癌患者EGFR、KRAS和ALK基因的改变存在排斥性，建立KRAS-EGFR-ALK的基因检测模式；提出旁路激活是靶向药物耐药的主要机制，建立细胞周期抑制剂PD0332991协同吉非替尼克服EGFR-TKIs获得性耐药的治疗策略并初步应用于临床；建立基于二代测序（NGS）和液体活检的肺癌精准检测平台，提出针对肺部少见肿瘤的基于NGS的精准治疗策略；建立以外科为主的全程管理，综合治疗的特色肺癌诊疗模式，提高肺癌患者生存率。发表论文107篇，总被引用1126次，单篇最高被引85次；出版专著教材9部，参与指南编写11部；获得发明专利2项。成果被全国32家三甲医院推广应用，应用范围覆盖广，使2500余例患者受益。

（刘　平）

【胰岛素合成和分泌异常所致糖尿病的机制及个体化临床应对】 该项目由天津医科大学总医院刘铭等完成，获2020年度天津市科技进步一等奖。该项目研究胰岛素生物合成和分泌过程及其调节机制，揭示胰岛素生物合成异常导致胰岛功能衰竭和糖尿病的发病机制，提出验证胰岛素原二聚体结合界面是防止/延缓由胰岛素合成异常所致胰岛功能衰竭的干预靶点。发现2型糖尿病胰岛中胰岛素抵抗的存在，提出“中心性胰岛素”抵抗的概念，拓宽2型糖尿病临床管理的模式和思路。提出证实糖耐量试验联合胰岛素原释放试验能够更早期发现胰岛功能障碍，使糖尿病的一级预防有针对性。建立单基因糖尿病(MDM)的筛查和个体化诊疗路径，开展涉及23个省市自治区的单基因糖尿病的筛查项目，以及基于分子诊断的个体化管理，丰富中国单基因糖尿病基因谱，提高单基因糖尿病的个体化精准诊治水平。

（刘　平）

【新型冠状病毒（2019-nCoV）抗体检测试剂盒】 该项目由博奥赛斯（天津）生物科技有限公司、天津市疾病预防控制中心、天津市海河医院、天津医科大学肿瘤医院、天津市医疗器械审评查验中心刘萍、黄爱龙、汪德强、陈娟、苏旭、孙海柏、李晓燕等完成，获2020年天津市科学技术进步奖抗击新冠肺炎疫情特别奖一等奖。新型冠状病毒（COVID-19）肺炎爆发初期，急需快速简便的检测方法及高通量的检测能力作为辅助，血清学抗体检测可有效弥补核酸检测漏检的风险，便于快速确定人群感染情况。针对重点地区的高通量大范围检测；2019-nCoV病毒IgM/IgG检测试剂配合核酸检测，提升病毒检测的准确率，作为核酸检测的有效补充；其检测可作为临床病人治疗效果的指针；其试剂可以用于流行病学调查；可提高血液制品的安全。该项目开发免疫检测系列产品，面向大型医院的高通量、自动化、快速检测的全自化学发光法；以及面向小型医院的快速、低成本的检测方法。该试剂盒获国家药监局颁发的全国唯一磁微粒化学发光法新型冠状病毒IgM抗体、IgG抗体医疗器械产品注册证。新冠病毒抗体胶体金、化学发光检测试剂盒获欧盟CE认证。

（叶　梅）

【用于新冠肺炎疫情的高流量湿化氧疗系统研发】 该项目由天津怡和嘉业医疗科技有限公司、天津市海河医院、天津市医疗器械审评查验中心许坚、李莉、唐楠、垢德双、丁军完成，获2020年天津市科学技术进步奖抗击新冠肺炎疫情特别奖二等奖。该项目实现高流量湿化氧疗功能，提高用户体验，加快产品抗疫治疗应用；采集患者和设备的关键信息，针对疫情病区患者的使用情况，为新的救治方案研究提供技术参考；通过专业技术认可及技术审评，更具专业性、合规性。对比医用有创呼吸设备，高流量无创呼吸机集成度高、操作简单、稳定性好，可实时监测多项指标，适于疫情严重，医务人员紧缺的情况。经鼻高流量湿化氧疗得到一线医护专家的认可，产品批量生产，投入一线医院。

（叶　梅）

【多发性骨髓瘤骨病发病机制及早期综合诊疗的临床应用研究】 该项目由天津医科大学总医院付蓉等完成，获2020年度天津市科技进步二等奖。该研究探讨骨髓微环境中细胞因子（如CCL3、CCN1）、免疫系统中补体C3a及NKT细胞对MBD患者骨病形成的作用及其机制；开展流式细胞术检测成骨细胞前体、破骨细胞前体检测，联合抗酒石酸盐酸性磷酸酶-5b（TRACP-5b）、血清Ⅰ型胶原蛋白交联羧基末端肽（CTX）、骨钙素（OCN）和总Ⅰ型前胶原氨基端前肽（PINP）水平等血清骨代谢指标，提高骨髓瘤骨病早期诊断及综合治疗水平；临床上开展球蛋白预警结合M蛋白筛查项目，可早期诊断MM，大大减少MM误诊或漏诊率；治疗上建立MBD小鼠模型，验证二磷酸盐、CCN1在MBD骨重建中的作用，开展以口服伊沙佐米为主的多药联合方案治疗不适合移植的初诊老年MM患者。该项成果在国内外学术期刊发表论文30篇，在天津市及多个外省市进行30余次多学科协作学术交流，在21所大型三级甲等医院得到推广。

（刘　平）

【体外开窗系列技术治疗主动脉关键区域病变的技术创新及临床应用】 该项目由天津医科大学总医院戴向晨等完成，获2020年度天津市科技进步二等奖。该项目针对体外开窗主动脉腔内修复术治疗主动脉弓部及内脏分支关键区域病变存在的支架体内定位困难、分支动脉易被封堵导致脏器缺血梗塞等问题，项目组自主研发出主动脉多角度切线位定位技术、续贯分支导管化释放技术、牵引导丝解缠绕技术、支架束径半释放技术等系列术中创新技术，完善三维CT测量、3D打印体外开窗定位技术，构建开窗标记及加固缝合技术，强化解剖及全身条件评估的标准化流程，制定2项标准化释放流程，实现支架体内释放的良好可控性和准确性，使该技术成为治疗主动脉关键区域病变的安全、有效方法。相关研发产品获实用新型专利3件，完成天津市科技支撑重点项目1项，获国自然面上项目资助1项、天津自然青年项目资助2项。（刘 平）

【经导管主动脉瓣植入术治疗主动脉瓣狭窄临床研究】 该项目由天津市胸科医院姜楠、陈庆良、付博等完成，获2020年度天津市科技进步二等奖。该研究通过多学科合作的方式，组建TAVI团队，完成天津地区首例TAVI术，创立符合中国人群流行病学特征的新技术体系。钙化性主动脉瓣狭窄的低级别促炎状态是由促炎和抗炎脂肪因子失衡引起的，可能在慢性疾病的发展中起作用，实验中对照组和冠心病组相比，钙化性主动脉瓣狭窄组的IL-12p40、MIG、MIP-1delta有显著性差异；研究表明对于TAVI术后抗凝治疗并无统一的标准及指南推荐意见，对于合并冠心病、PCI及冠状动脉旁路移植术后的患者，建议双联抗血小板治疗，对于合并新房颤动的患者，建议口服抗凝药治疗，华法林并未增加出血并发症的发生率，远期生存率优于双抗患者，可能华法林对于瓣叶微血栓的治疗效果更佳有关。该项目发表论文6篇，其中SCI收录论文2篇、国内期刊4篇；会议论文2篇；申请国家专利1件；完成行业标准送审稿1件；培养副主任医师2人、硕士2人。（叶 梅）

【铁过载对血液病患者造血和脏器功能的影响及祛铁治疗在临床的应用】 该项目由天津市第一中心医院赵明峰、倪红艳、卢文艺等完成，获2020年度天津市科技进步二等奖。该项目率先开展铁过载对多脏器功能损伤及骨髓造血功能的影响和机制研究：通过基础研究和临床检测，发现铁过载不仅损害多脏器功能，还抑制骨髓造血功能，主要是通过活性氧途径介导从而直接作用于造血细胞及间接作用于造血微环境导致损伤。祛铁/抗氧化相应阳性信号传导因子抑制剂可部分或显著逆转损伤，改善骨髓造血功能。带动并推广核磁共振技术（MRI）检测铁过载在多脏器沉积中的量化分析：利用MRI检测不同铁过载患者多器官铁沉积的T2*Map值，量化分析多脏器的铁沉积程度。带动并推广临床祛铁联合抗氧化治疗提高祛铁疗效，延长铁过载患者生存：单用铁螯合剂祛铁治疗或者联合抗氧化治疗可有效降低体内铁贮存量，降低脏器铁负荷，改善患者的脏器损伤及骨髓造血功能，减少并发症，延长患者生存。发表核心期刊论文29篇，其中SCI收录7篇，培养博士3人、硕士6人，培训医护人员熟悉掌握祛铁治疗。（叶 梅）

【定量磁共振成像新技术在脑疾病诊断与预后评估中的创新应用】 该项目由天津市第一中心医院夏爽、沈文、柴超等完成，获2020年度天津市科技进步二等奖。该项目率先采用定量磁敏感图（QSM）技术与基于体素的形态学分析方法探索肾性脑病患者脑（铁、氧）代谢、脑结构的变化，以及脑代谢异常对脑结构的影响；探讨脑（铁、氧）代谢、结构的变化与认知功能损害的关系。率先采用QSM联合灌注成像技术探索缺血性卒中患者不对称皮层静脉（APCV）临床诊断的磁敏感阈值，明确APCV氧饱和度变化的评估方法，探讨APCV氧饱和度变化在临床症状严重程度与早期预后评估中的价值；首次采用QSM实现血栓特征（磁敏感值、长度）的定量分析，以及探讨其与患者入院的临床状态及早期预后的关系。基于半定量方法探索鉴别脑创伤（TBI）患者脑微出血灶（CMBs）与正常静脉的磁敏感阈值范围，评估其对两者鉴别的敏感度与特异度，首次联合SWI应用深度学习技术尝试建立CMBs的检测模型，提高其诊断率与准确性；率先采用QSM评估轻度TBI（mTBI）患者区域静脉血氧饱和度的变化，探讨其在监测疾病进展中的价值。发表论文22篇，其中SCI 17篇，中华3篇；国际会议奖2项；培养硕士13人。（叶 梅）

【儿童肝移植围术期心脑肾功能保护策略的建立与应用】 该项目由天津市第一中心医院喻文立、杜洪印、盛明薇完成，获2020年度天津市科技进步三等奖。该项目从儿童肝移植围术期血清炎症因子介导脑损伤为切入点，以神经元特异性NMDA受体亚型变化为重点，通过动物及临床研究，证实肝脏缺血再灌注所引发的全身炎性反应可引起神经细胞NMDA受体亚型NR2A及NR2B激活，造成神经元线粒体功能障碍，最终导致神经元损伤及认知功能障碍；基于三个单中心大样本临床观察研究，证实儿童肝移植围术期存在心肌损伤标记物明显升高现象，与术后心血管不良事件发生密切相关；进一步结合基础实验研究，表明肝缺血再灌注可造成心肌中性粒细胞浸润、细胞凋亡率升高及心肌收缩功能不良，是导致儿童肝移植相关心肌损伤的重要环节。建立临床单中心前瞻性试验，检测儿童肝移植围术期肾损伤指标，在经典肾损伤指标（肌酐、尿素氮）基础上，引入反映肾损伤的敏感新型标志物（中性粒细胞明胶酶载脂蛋白、胱抑素），明确儿童肝移植围术期存在肾损伤；进一步建立动物模型，证实SIRT3/FOXO3α信号级联是维持线粒体稳态、发挥肾脏保护作用的关键环节。总结儿童肝移植围术期不同特点，将针对不同分子机制的药物进行合理应用，总结出儿童肝移植围术期心脑肾重要脏器保护的综合方案，证实围术期应用乌司他丁、右美托咪定、异丙酚可不同程度降低肝移植患儿术后心脑肾不良事件发生率，缩短患儿住院时间。发表相关论文56篇，其中SCI 20篇，中华类期刊36篇，培养硕士22人，出版著作2部。

（叶　梅）

【抑郁症的新型标记物ELISA检测及临床应用】 该项目由天津医科大学第二医院、天津大学杨春蕊、张晓阳、宁莉等完成，获2020年度天津市科技进步三等奖。该项目探求抑郁症的发生与脑源性神经营养因子（BDNF）及其前体proBDNF之间的关系，发现BDNF/TrkB信号通路和proBDNF/P75NTR/sortilin信号通路失平衡，且proBDNF水平越高，早期负面生活事件评分越高，患者的抑郁症状越严重。临床研究首次发现proBDNF是早期抑郁症筛查的标记物并建立ELISA检测方法，以纯化的重组proBDNF蛋白作为包被抗原，对各种检测条件进行优化，建立proBDNF抗体的间接ELISA方法，该检测方法灵敏度高，批间和批内变异系数较小。揭示proBDNF信号通路是抑郁症治疗新靶点，基于临床转化，从神经可塑性角度，揭示其参与神经元生长、分化和突触形成。应用该方法对大鼠血清进行检测，模型组proBDNF抗原检出率高于正常组；对159份临床样本进行平行检测，发现二者符合率可达77.4%，比PCR敏感。研究成果在多家三甲医院进行早期筛查应用推广。

（李劭鹏）

【婴幼儿体外循环心脏手术节约用血综合策略】 该项目由天津市胸科医院武婷、王强、刘建实等完成，获2020年度天津市科技进步三等奖。该研究针对15千克以下行CPB心脏直视手术的非紫绀型婴幼儿，通过使用索林S5型体外循环机悬挂泵头、VAVD、全程cellsaver、小型膜式氧合器、个性化小儿节血管路、人工胶体预充、常规与改良超滤、多种监测手段等方式达到节血效果的作为实验组，与传统婴幼儿体外循环设备方法与全血预充的对照组进行比较，通过最大限度的使用改良体外循环设备与小型化订制高效耗材的基础上配合人工胶体节血的理念，在婴幼儿心脏手术中通过一系列安全性监测判断红细胞输注量，合理使用人工胶体溶液代替传统血浆与蛋白，以临床预后为标准，得到最优节血策略。结果表明，库血清洗后血钾、血糖、乳酸和$PaCO_2$水平明显下降，PaO_2水平上升。试验组总预充量和库血红细胞用量明显低于对照组（280±10.9vs450±16.4ml，$P<0.05$）。体外循环开始后乳酸水平明显升高，IL-6和TNF-α水平对照组数值在各监测点明显高于试验组。试验组术后24h正性肌力药物评分、机械通气时间、ICU时间和住院时间明显低于对照组，左室射血分数明显高于对照组。术后24h胸腔引流量两组间无明显差异。提高硬件设备与耗材的小型化是减少预充量的第一步，加之安全合理的无血浆预充方法和术中超滤、血液回输、自体血回收装置等节约用血。

（叶　梅）

【脓毒症中西医结合治疗的基础和临床研究】 该项目由天津市第一中心医院、天津市急救医学研究所高红梅、王勇强、常文秀、李寅等完成，获2020年度天津市科技进步三等奖。该项目基于细菌感染－肺损伤－机械通气－胃肠道功能障碍这一系列连续病理进展过程，完成中西医结合治疗在脓毒症相关肺、肠并发症中的应用研究。开展对天津市第一中心医院近十年病原菌构成和耐药性变迁的对比分析，总结病原菌分布特点、耐药性变迁规律及感染脓毒症患者的特点；首次揭示革兰氏阳性菌感染脓毒症中sTLR2/ TLR2平衡在TOLL样受体负性调节中的作用机制，IL－18及miRNA在脓毒症中的作用及miRNA介导AKT等信号通路在脓毒症炎症反应和急性肺损伤中的作用机制；耐药菌生物被膜在呼吸机相关肺炎发病中的影响及中药黄芪在脓毒症炎症反应中的作用；首次将凉膈散等中药与西医治疗相结合制定中西医结合治疗方案系统开展对上述功能障碍的整体防治研究，降低脓毒症炎症反应，有效缓解急性肺损伤患者机械通气并发肠功能障碍，明确中西医结合治疗在脓毒症肺、肠损伤中的整体治疗思路，推动中西医结合在危重症患者中的应用发展。该项目在天津医科大学第二医院、天津中医药大学第二附属医院、天津市人民医院等9家医院推广应用。 （叶　梅）

【人脐带间充质干细胞防治糖尿病视网膜病变的应用基础研究】 该项目由天津市眼科医院、中国医学科学院血液学研究所泰达生命科学技术研究中心陈松、韩忠朝、张惟、韩梅等完成，获2020年度天津市科技进步三等奖。糖尿病性视网膜病变（DR）成为工作年龄人群致盲的首要原因，该研究针对DR早期视网膜血管和神经损伤的特点分析，首次利用间充质干细胞（MSC）进行干预治疗，延缓DR进展。首次观察玻璃体腔注射人脐带间充质干细胞（hUCMSC）诱导分化的神经干细胞（NSC）对糖尿病大鼠视网膜促进脑源性神经营养因子（BDNF）表达，以及提高视网膜神经节细胞计数（RGC）的计数，能够改善BRB功能，对糖尿病大鼠视网膜功能及结构均有改善作用。证实NSC的移植可作为一种新的治疗大鼠糖尿病视网膜病变神经损伤的策略。发表论文26篇，其中核心期刊21篇，SCI收录5篇，其中Pathogenic roles of microvesicles in diabetic retinopathy在APS（IF=4.0）杂志作为封面；参加国内外学术会议10人次，研究成果被国内外同行引证136次并在国内多家眼科机构推广应用；举办全国继续教育学习班及各类学术讲座近百场，培训眼科医师近千人。举办全国性专题培训班6期，数千名眼科医师参加该方法的培训。

（叶　梅）

【磁共振功能成像技术在重大脑疾病研究中的应用】 该项目由天津医科大学总医院于春水等完成，获2020年度中华医学科技奖二等奖。该项目综合运用磁共振功能成像新技术，在诊疗机制研究的基础上发现多个与疾病诊疗相关的影像学标志。皮层下中风：发现早期扩散指标变化是预测患者运动功能康复潜能的影像学标记；发现辅助运动区和认知区是潜在的康复治疗靶点；发现病灶同侧初级运动区结构损害区域仍然存在功能重组能力。精神分裂症：发现精神分裂症患者扣带皮层的亚区选择性损害模式；提出神经血管失耦合可能是精神分裂症的致病机制；发现MIR137、COMT和DRD2等风险基因对脑结构和功能的特异性调控作用。阿尔茨海默病：发现长程功能连接损害是患者最具特征性的脑损害；提出突显网络灰质体积是评估阿尔茨海默病脑损害的早期影像学标记；提出检测海马功能的失代偿是评估阿尔茨海默病脑损害的超早期影像学标记。成果充实皮层下中风后运动功能康复理论，促进对SCZ和AD脑损伤机制的认识，为重大脑疾病的早期诊疗提供新的影像学标志。20篇代表性论文发表在《大脑》《精神分裂症通报》《放射医学》等相关领域的权威刊物上。相关成果被《自然综述》《神经病理学》《神经学》等国际权威期刊和学者正面引用和高度评价，累计他引次数1094次。项目第一完成人于春水获“国家杰出青年科学基金”，入选“国家百千万工程”。项目成果编入《颅脑影像诊断学》第3版、《医学影像诊断学》第4版等教材。举办全国脑影像后处理培训班12次，为全国医疗机构培养195名脑影像分析专业学员。

（刘　平）

【线粒体氧化应激及功能异常在糖尿病心房重构中的作用】 该项目由天津医科大学第二医院完成，2020年2月通过市科技局验收。该项目通过建立四氧嘧啶诱导的兔糖尿病模型，复制临床上糖尿病患者的代谢紊乱状态。应用超声心动图和有创血流动力学检测评估心脏结构和功能的改变，应用病理染色对心房肌纤维化做出定量判断，对心房的结构重构做出准确评价。通过测定血清氧化应激和炎症标志物，阐明氧化应激和慢性炎症在心房重构中的作用。利用Langendorff灌流系统对离体心脏的心房电生理参数进行测定，对房颤诱发率进行整体评估，较为合理地反应心房电重构的程度。通过透射电镜对线粒体形态学的观察，以及对心房线粒体功能和氧化应激的测定，对心房线粒体重构做出进一步的评价。利用RT-PCR、Western blotting技术从分子生物学水平对线粒体重构及心房结构重构的相关基因和蛋白表达进行测定，对代谢紊乱状态下的心房重构进行进一步的评估。通过体外培养小鼠心房肌细胞系HL-1细胞，并施加过氧化氢干预形成氧化应激刺激，在细胞水平评价氧化应激刺激对线粒体功能的影响，同时应用小干扰RNA（siRNA）靶向干扰线粒体调控关键蛋白PGC-1α表达，进一步阐明线粒体稳态重构在房颤中的作用及可能机制，探讨阿格列汀和吡格列酮在预防代谢应激相关房颤发生中的地位和作用。

（李劭鹏）

【改进的CD19-CART治疗B细胞淋巴瘤】 该项目由天津市第一中心医院赵明峰、邓琦、隋松男等完成，2020年1月通过市卫健委验收。该研究通过体外和BALB／c裸鼠体内CD19-CAR-T细胞杀伤B细胞非霍奇金淋巴瘤（B-NHL）肿瘤细胞实验，评估CD19-CAR-T细胞的有效性及安全性，以及CD19-CAR-T细胞联合不同剂量nivolumab评估可行性和有效性。采用CD19-CAR-T细胞联合PD1抑制剂（nivolumab）治疗微小残留病持续阳性且PD1高表达的B细胞非霍奇金淋巴瘤患者，评估该联合治疗在临床应用中的有效性及安全性。建立制备足量、质控稳定的CD19-CAR-T细胞的体系，证明CD19-CAR-T细胞在体外能靶向杀伤B-NHL细胞株及CD19-CAR-T细胞并在裸鼠体内有效、安全地杀伤B-NHL细胞株。通过PD-1抑制剂联合CD19-CAR-T细胞能明显提高杀伤能力，即使在不同剂量的PD-1抑制剂应用下，也提高小鼠的生存时间。该研究对于微小残留病阳性而尚未复发的患者早期应用CD19-CAR-T，可提高疗效。部分患者PD1高表达，采用CAR-T联合PD1抑制剂治疗策略延长患者无进展生存期。

（叶　梅）

【肝癌诊断试剂研发及个体化生物免疫治疗研究】 该项目由天津市第一中心医院王玉亮、才真、靳燕宇等完成，2020年10月通过市卫健委验收。该研究基于肝癌的早期诊断率较低，对放疗和化疗均不敏感等诊断和治疗方面的难题，涉及诊断及肿瘤生物免疫治疗。以磷脂酰肌醇蛋白聚糖-3（GPC3）作为免疫原，采用脾内包埋免疫法免疫Balb/c小鼠，制备用于肝癌诊断抗GPC3单克隆抗体，研发的GPC3检测试剂应用于肝癌患者的临床诊断，特别是对于高危人群的筛选、早期诊断、随访提供辅助监测手段，对AFP阴性的肝癌患者有诊断价值，提高肝癌患者生存期。进一步采用基因工程技术，构建真核表达载体，构建DC-GPC3瘤苗，所建以肝癌细胞表面高表达GPC3抗原为靶向的DCIK-GPC3效应细胞，对高表达GPC3癌胚抗原的肝癌细胞具有强大的特异性杀伤效能，建立个体化的精准肝癌生物免疫治疗模式，提高肝癌整体诊治水平。

（叶　梅）

【miR-21通过HGF/c-MET调控胰腺癌血管生成机制的研究】 该项目由天津医科大学第二医院孙晋津、蒋智佳、孔德刚等完成，2020年3月通过市卫健委验收。该项目应用实时荧光定量PCR技术检测miR-21在胰腺癌细胞系中的表达水平，通过调节miR-21的不同表达水平，验证miR-21能够促进胰腺癌细胞的生长、增殖、迁移、侵袭能力；利用荧光素酶报告实验结合Western印迹技术验证VHL为miR-21调控的直接作用靶基因，miR-21的表达能够调节HGF、c-Met、CD31、HIF-1α等血管生成相关蛋白的表达。通过血管生成拟态实验及动物实验，验证miR-21通过调节HGF表达水平促进胰腺癌的血管生成。

（李劭鹏）

【CT联合模板引导放射性粒子植入治疗肺癌的关键技术及临床应用】 该项目由天津医科大学第二医院霍彬、霍小东、王海涛等完成，2020年8月通过市卫健委验收。该项目针对肺癌放射性粒子植入过程中呼吸动度、解剖结构复杂、肋骨遮挡、术前TPS计划术中无法匹配等诸多关键技术问题，在国际上率先提出CT联合共面模板引导放射性粒子植入治疗肺癌技术，开创性利用固定针技术，术中实时TPS剂量优化技术，模板联合肋骨钻孔技术等技术革新，解决穿刺及植入粒子的精准度问题及术前计划设计在术中精确实施的技术难题，建立CT联合模板引导放射性粒子植入治疗肺癌技术流程，制定“3D打印共面模板辅助CT引导放射性125I粒子植入治疗肿瘤国内专家共识”。

（李劭鹏）

【慢性稳定性冠心病早期预警及危险因素和基因多态性研究】 该项目由天津市第三中心医院刘迎午、李彤、宁萌等完成，2020年10月通过市成果转化中心验收。该项目针对早期冠心病造影中冠脉狭窄≤50%的风险和经皮冠状动脉介入（PCI）术后支架内再狭窄的发生，选取天津市第三中心医院心脏中心造影确认早期冠心病患者，分为支架植入组和无支架植入组；选取支架内再狭窄患者和无支架内再狭窄患者，分别采集各组患者外围信息、临床信息、用药信息，定期对患者进行随访和抽取血清，进行血清代谢组学分析，统计汇总比较，参考分类表法和SCORE风险图表法，形成规范的风险预警打分表，能够在确诊早期冠心病的同时给予病情进展风险评估，依据风险评估结果给予生活方式、治疗模式、用药模式的规范化指导，减少早期冠心病患者未来死亡率；减少植入支架患者支架内再狭窄情况的发生，降低医疗费用；慢性病治疗下沉，基层医院可根据风险评估预测规范化给药。（叶　梅）

【冠心病合并COVID-19抗血小板治疗】 该项目由天津医科大学总医院杨清团队完成，2020年3月关于COVID-19合并冠心病抗血小板治疗注意事项和有关临床问题〔时机、药物选择以及弥漫性血管内凝血倾向（DIC）的早期干预〕的观点文章（Perspective）在心血管领域期刊《血液循环》发表。4月9日北京协和医院张舒扬团队在《新英格兰医学》发表的通讯报道，3月25日国际血栓与止血学会（ISTH）的中期建议，指出需要密切关注COVID-19合并的凝血异常、血栓病以及DIC的预防问题。该项目针对冠心病合并新型冠状病毒肺炎（COVID-19）抗血小板治疗的观点文章在线发表于心血管领域刊物《血液循环》，题目为“Antiplatelet Therapy Following Percutaneous Coronary Intervention in Patients Complicated by COVID-19: Implications from Clinical Features to Pathological Findings”。

（赵学铭）

【心电标准病历库在心血管病防治中的应用研究】 该项目由天津医科大学第二医院陈康寅、陶华岳等完成，2020年6月通过市科技局验收。该项目利用十二导联数字化心电工作站，采集典型病例心电图，进行心电图数据的远程传输，建立心电标准病历库，并实现数据的集中存储管理，为基层医院提供快速的远程诊断服务。基于心电标准病历库建设心电图报告系统，建立实时心电图采集平台，实现心电数据实时上传；建立心电标准病历库管理终端，根据患者信息建立主索引，同一患者所有历史心电数据可随时查看；建立心电图远程报告系统，为基层医院提供专业的诊断报告。该研究开发出远程心电一体化平台，实现患者、基层医院及三甲医院间互动，给互联网+医疗及远程医疗的发展提供实例。

（李劭鹏）

【血管紧张素-（1-7）调控房颤p38MAPK炎症信号通路的研究】 该项目由天津医科大学第二医院王学文、李广平、张凤环完成，2020年7月通过市科技局验收。该项目通过快速心房起搏建立心房重构模型，给予血管紧张素-（1-7）进行干预。研究结果显示，假手术组比较，心房起搏组左室射血分数降低，心房有效不应期缩短，房颤诱发率及持续时间升高，心肌细胞排列紊乱，细胞间纤维组织增多，磷酸化p38MAPK水平明显升高（$P<0.05$），Ang-（1-7）组较心房起搏组左室射血分数、心房有效不应期、房颤诱发率及持续时间均明显改善，磷酸化p38MAPK蛋白降低（$P<0.05$），p38MAPK在三组间的差异未达到统计学意义。提示快速心房起搏导致的心房重构与p38MAPK磷酸化激活有关，Ang-（1-7）可通过降低p38MAPK激活而保护心房重构。该研究的实施阐明Ang-（1-7）对房颤炎症的具体调控机制。

（李劭鹏）

【冠状动脉搭桥术围手术期临床康复诊疗体系的建立】 该项目由泰达国际心血管病医院郭琪、韩佩佩、孙雁翔等完成，2020年9月通过天津市滨海新区科学技术局验收。该项目确定适用于接受冠脉搭桥术（CABG）的人群身体活动能力、心理和精神状态等全面身心健康评测检查指标，建立相关的术前及术后康复干预体系。对参与人群的结果数据电子化录入，进行统计学描述及分析特征。运用条件logistic回归模型分析（ROC曲线分析），把肺部并发症出现与否、术后运动耐力等作为结果变量，探索各项体检值与结果变量之间的关联性。为弥补、优化现有冠心病人术前体检指标中，对于体能、心理状态、生活方式等方面评估指标和具体操作方法的不足，选用易于操作、代表性强的指标。高效简单、标准化的评估体系，安全、实用、易行、冠心病的术前康复评估预测体系，相对更加精准的手术风险预测公式，并进行标准化处理与推广。在国内首次应用到CABG患者术前的康复评估与治疗。项目成果为该人群提供全面准确的体能评估与康复指导，高效地预测并及时发现术后不良预后指标，指导改善患者的生活方式，进而提高生活质量。研究提出系统化呼吸训练和肌力训练的建议，从术前到术后全面预防和干预患者的康复进展。

（许一凡）

【替格瑞洛在接受直接PCI的心梗患者有效性和安全性的研究】 该项目由泰达国际心血管病医院王伟、王晓冬、黄平等完成，2020年9月通过天津市滨海新区科学技术局验收。该研究首次对替格瑞洛用于直接PCI治疗的国人急性ST段抬高型心肌梗死患者的有效性和预后进行探讨和评价，弥补该药在中国STEMI患者研究数据的空白，为部分患者抗血小板治疗的临床用药提供参考。研究采用LTA方法，简便、费用较低，可用于临床监测血小板功能。研究结果显示，与氯吡格雷相比，替格瑞洛能有效抑制接受直接PCI的急性ST段抬高型心肌梗死患者血小板的激活，显著降低发病后6个月MACE事件的发生率，可降低患者再发心绞痛发生率，应用安全且有效；出血多为轻微出血或小出血，其发生率与氯吡格雷相比没有显著差异，无严重出血；呼吸困难均为轻中度，可自行缓解或应用茶碱类药物缓解，在临床可接受范围生化结果显示肌酐、尿酸升高，但均为短暂性升高，研究发现6月时两组比较无统计学差异；应用替格瑞洛的患者心脏彩超提示射血分数轻微升高，与氯吡格雷相比有统计学意义，替格瑞洛可能对改善心梗患者心功能有一定作用。发表核心期刊论文2篇；培养硕士2人。

（许一凡）

【新型正电子心肌灌注显像剂的研制与实验研究】 该项目由泰达国际心血管病医院李剑明、李帅、张杰民等完成，2020年3月通过市卫健委验收。该项目是研制新型正电子心肌灌注显像剂（18F- Flurpiridaz），即2-（1，1-二甲基乙基）-4-氯-5[[4-[[2-氟（18F）乙氧基]甲基]苯基]甲氧基]-3 哌啶酮和动物实验研究。通过医用回旋加速器及多功能自动化学合成器，优化显像剂合成的反应条件，建立分析、纯化方法，质谱确定产品结构；通过正电子分子成像设备（PET/CT）连续动态成像观察18F-Flurpiridaz在正常小型猪体内分布，获得其在正常小型猪体内的生物分布情况；通过正常、制备假手术组及心肌梗死小型猪模型进行该显像剂心肌分布特点的对照研究，全部以传统正电子心肌显像剂 $13N-NH_3 \cdot H_2O$（13N-氨水）为对照，确定18F-Flurpiridaz PET/CT成像最佳成像时间、图像质量评分和心肌梗死面积测定准确性等情况。根据制备条件建立18 F-Flurpiridaz的自动合成程序，在制备过程中无需手工进行放射性操作，能更准确地控制温度、压力、时间等反应条件，避免人为原因导致的合成失败，有利于该显像剂的临床应用推广。实验表明，18F-Flurpridaz具有优良的显像性能，心肌与非靶组织放射性摄取比值高且稳定，受肝放射性影响小，注射后早期即可获得高质量的心肌灌注图像，获得的静息心肌血流量与常规功能参数，与经典正电子显像剂相比准确可靠。

（许一凡）

【小儿肝移植脑保护研究、临床研究】 该项目由天津市第一中心医院喻文立、杜洪印、翁亦齐等完成，2020年1月通过市卫健委验收。该基础研究采用2周龄C57BL/6幼鼠建立70%HIR模型。再灌注前30分钟经腹腔注射1%异丙酚20毫克/千克，Ifen组于建模前5天连续腹腔注射50%Ifenprodil溶液0.1毫升；KN-93组注射20%KN-93溶液0.1毫升；Ifen+KN-93组注射50%Ifenprodil溶液0.1毫升/+ 20%KN-93溶液0.1毫升。HIR3天后，取血清和海马组织，检测脑损伤标志物S100β和NSE的水平，观察小鼠海马CA1区病理损伤情况，Morris水迷宫观察小鼠远期学习记忆功能，检测小鼠海马Bax、Bcl-2、Caspase-3、NR2B、p-NR2B、CaMKⅡα和p-CaMKⅡα蛋白的表达水平。异丙酚减轻幼鼠肝缺血再灌注诱发海马损伤的机制可能与抑制脑组织NR2B/CaMKIIα信号通路活性，抑制细胞凋亡有关。临床研究观察异丙酚/右美托咪定在小儿器官移植围术期脑损伤的保护作用。采用PAED评分量表和贝利婴幼儿发展量表（BSID）对所有调查患儿进行心理运动行为发展状况评估得出智力发展指数（MDI）和运动发展指数（PDI）。应用丙泊酚与右美托咪定都有减轻脑损伤标记物，减轻炎性因子释放，降低术后谵妄发生率，减轻术后认知功能障碍的作用，证明右美托咪定应用于小儿亲体肝移植，具有减轻脑损伤的作用，可安全应用于小儿肝移植。临床试验证明肝移植围术期为缺血再灌注损伤诱导产生炎症因子及氧自由基释放的级联放大释放，以及患儿本身发育不完善的神经系统，更易导致脑损伤。肝移植后损伤最严重，给予丙泊酚和右美托咪定可抑制炎性介质过度产生，减轻肝移植患儿脑损伤。

（叶　梅）

【HBcAb阳性供肝应用于儿童肝移植受者可行性研究】 该项目由天津市第一中心医院高伟、董冲、马楠等完成，2020年10月通过市卫健委验收。该研究对天津市第一中心医院2016年9月至2019年12月的236例接受强化乙肝疫苗免疫方案预防乙肝病毒核心抗体（HBcAb）阳性供肝术后新发乙肝病毒（HBV）感染的儿童肝移植受者进行研究，探讨应用乙肝疫苗主动免疫预防术后HBV的疗效及影响因素。受者术前使用乙肝疫苗支数分为强反应组（≤3支），中反应组（4～6支），弱反应组（>6支），肝移植术后是否有新发HBV分为新发HBV组及非新发HBV组，比较两组间供者和受者的特征、手术信息及移植物和受者的情况。结果显示，236例受者中位随访时间24.8（17.8～34.4）月，有10例（4.23%）肝移植术后出现新发HBV感染，平均时间为13.1±6.3个月，NK细胞的比例是儿童肝移植受者对乙肝疫苗反应强度的关键因素，多因素逻辑回归分析受者术前抗体滴度＜1000IU/L，移植肝组织HBV-DNA＞1000copies、术后3个月HBsAb下降速度和术中血浆用量大于400ml是影响乙肝疫苗主动免疫方案效果的主要因素。证实乙肝疫苗主动免疫治疗方案能有效地预防HBcAb阳性供肝儿童肝移植术后新发HBV感染，术前快速使HBsAb滴度达到1000IU/L以上是降低术后新发HBV的关键因素，影响儿童受者乙肝疫苗反应强度的因素与受者NK细胞的比例密切相关。

（叶　梅）

【Treg/Th17平衡在儿童亲体肝移植受者免疫调节中的作用机制】 该项目由天津市第一中心医院王凯、淮明生、周春雷等完成，2020年4月通过市科技局验收。该项目以接受亲体肝移植的儿童受者为研究群体，通过检测排斥反应、移植物功能正常、免疫抑制剂撤除过程中及完全撤除免疫抑制剂治疗等不同免疫状态下儿童亲体肝移植术后外周血中Treg细胞、Th17细胞及相关细胞因子的表达，探讨Treg/Th17平衡在儿童肝移植术后免疫调控中的作用，初步阐述其诱导免疫耐受的作用机制。儿童肝移植患者免疫系统发育尚不健全、肝移植术后生存期长，相比于成人患者更易出现免疫耐受，在其免疫重建过程中，掌握Treg/

Th17细胞在免疫调节中的作用，有助于诱导肝移植术后免疫耐受，提高儿童患者的生活质量，减少、甚至撤除服用的免疫抑制剂。开展间充质干细胞在Treg/Th17平衡中的调节作用与机制的相关研究，可协助评价患者免疫状态，提示急性排斥反应的发生，以消除儿童肝移植术后免疫抑制剂带来的毒副作用。（叶 梅）

【多模态MR评价DCD供肝热缺血损伤调控肝再生的研究】 该项目由天津市第一中心医院季倩、沈文、褚志强等完成，2020年1月通过市卫健委验收。肝移植供体短缺，心脏死亡捐献（DCD）与活体供肝及脑死亡捐献供肝相比，供肝热缺血时间明显延长（大于20分钟），导致术后胆道并发症、移植物功能障碍和原发无功的发病率较高，影响肝再生。该项目通过构建不同热缺血时间动物模型和临床病例随访，将多模态MRI、临床指标化验及病理学方法相结合，明确IVIM、DTI及BOLD-MRI等多模态MR技术对热缺血损伤肝脏再生能力的评估价值；明确热缺血损伤时肝微循环灌注、微观弥散及氧合状态改变，多层面探讨肝脏热缺血损伤调控肝再生的微观结构基础及潜在机制。研究成果应用于肝移植或肝切除术后肝再生的评估，借助医学影像学方法无创、定量评价肝再生，有助于临床决策及治疗方案的制定和改善预后。（叶 梅）

【区域性肝储备功能评估技术在精准肝切除中的应用】 该项目由天津市第一中心医院张雅敏、杨龙、崔子林等完成，2020年10月通过市卫健委验收。该项目基于亟需对肝脏不同区域内功能性肝细胞群进行定量检测的评估方法，利用99mTc-GSA标记技术通过SPECT显像模拟规则肝段切除并定量计算残肝的储备功能，以此作为手术与否及切除范围的制定依据；术中使用吲哚菁绿荧光导航技术精确定位肝脏肿瘤位置及界限，为患者实施精准肝段切除术；术中及术后使用PICCO2-Limon监护仪床旁实时检测血清ICG清除率评估切除后剩余肝储备功能，预测术后肝衰竭的发生风险，以此分析区域性肝储备功能评估体系较传统评估方法的优势。该研究通过术前锝标记SPECT显像定量计算残肝功能、ICG荧光导航肝切除、PICCO2-Limon术后实时检测ICG清除率等国际领先技术，准确评估区域性肝储备功能，制定出肝癌肝切除患者个体化精准肝切除手术治疗策略。发表SCI论文3篇，中文核心期刊4篇，培养硕士2人。（叶 梅）

【器官捐献供肝利用最大化的临床策略研究】 该项目是天津市科技计划项目，由天津市第一中心医院邓永林、张雅敏、张玮晔等完成，2020年9月通过市科技局验收。该项目采用DCD、DBD肝移植模型，国际上率先建立ICG荧光成像为核心的临床DCD供肝活力在体评估体系，确定最佳的ICG应用参数，荧光成像时间点及强度；采用DCD肝移植模型，确定最佳ECMO运行环境，以肝移植术后生存率来验证修复效果；针对不同类型的临床DCD供肝，分别制定在体分离及ECMO修复标准；对上述两种关键技术进行临床研究，建立临床DCD供体利用最大化策略及应用指南。缓解中国供肝短缺的严峻形势，提高DCD器官利用率，降低术后移植原发性无功或功能不良的风险，改善患者预后。（叶 梅）

【发挥人工智能技术提高大肠癌诊断率】 该项目由天津医科大学肿瘤医院李祥春、周德俊课题组完成，相关研究成果于2020年5月发表在《自然通讯》（2018年影响因子11.878，5年影响因子13.811），题目为“Diagnostic evaluation of a deep learning model for optical diagnosis of colorectal cancer”。该项目联合开发结直肠病变人工智能光学诊断模型，通过人工智能手段促进基础科研和临床转化相结合，辅助肠镜下结直肠癌的精准诊断。通过12179名患者的464105张图像开发一个叫做CRCNet的结直肠癌光学诊断模型，在三个独立验证集进行系统性验证。研究结果表明CRCNet能够准确区分病变的良恶性，在三个验证集中其精确度－召回率曲线下面积分别为0.882（95% CI：0.828－0.931）、0.874（0.820－0.926）和0.867（0.795－0.923）。CRCNet良恶性诊断水平可以媲美于有经验的内窥镜医师。该模型增强内镜医师结直肠癌光学诊断水平，为基层医疗机构提供准确快速的结直肠癌镜下诊断，提高大肠癌的检出率。

（赵学铭）

【结直肠癌患者术后转移预测的早期诊断和防治】 该项目由天津市人民医院张诗武、张锡朋、张明庆等完成，2020年10月通过天津技术产权交易有限公司验收。该项目通过大样本收集结直肠癌患者的肿瘤部位、大小、分化程度、TNM分期、淋巴结和远处转移情况等临床病理资料，观察肿瘤组织形态，统计分析肿瘤间质中单个出芽的PGCCs数目与肿瘤淋巴结和/或远处转移之间的关系。收集接受术前新辅助（nCRT）放化疗患者和未接受术前新辅助放化疗的中晚期直肠癌患者的临床病理资料并进行分析。结果显示接受nCRT中晚期直肠癌患者术后肿瘤组织中出现较多的PGCCs，肿瘤细胞呈高侵袭转移特征。以放化疗结束至手术之间的间隔时间作为研究对象，间隔时间超过60天nCRT患者比间隔时间小于60天的患者预后差。体外实验证实放化疗可诱导结直肠癌细胞系PGCCs的形成，其子代细胞表现出较强的迁移、侵袭和增殖能力。外周血mSETP9水平与结直肠癌临床分期、病理分型、结直肠癌相关的分子表达有密切关系。通过病理形态学观察，将高转移潜能的结直肠癌筛选出，通过检测高转移潜能患者血清中SEPT9基因甲基化水平，探索早期检测结直肠癌隐形转移的方法。

（叶　梅）

【基于代谢组学技术平台的大肠癌早期标志物】 该项目由天津市人民医院、天津医科大学张伟华、赵丽中、张春泽、赵振营等完成，2020年1月通过市卫健委验收。该项目采用定量代谢组学技术筛选大肠癌相关生物标志物，以早筛查早干预为目标。基于代谢组学技术平台，前期建立各种生物样本的标准采集方法、样品的预处理方法及人体代谢物的分离分析检测方法。对于代谢组学的研究强调各个标志物的定量变化及标志物组合对于预测的价值，有利于大肠癌分型、分期的鉴别；构建人体体液生物样本库、病人信息数据库及代谢物质谱信息数据库。项目完善现有的各种检测方法及数据库，对组织中检测到的重大差异化合物依次在血液和粪便中再次检测，考察相应体液中是否有癌组织分泌的或相关的代谢物出现。通过研究部分环境污染物对生物转化酶的影响，分析产生作用的机制。对各类结直肠癌患者血液中重要代谢物波动情况进行检测，针对监测到的代谢紊乱，从特殊饮食或药物方面制定个性化干预措施。

（叶　梅）

【直肠吻合口良性狭窄诊疗评判体系的研究】 该项目由天津市人民医院徐靖、王娟、赵嘉等完成，2020年1月通过市卫健委验收。该项目通过回顾性分析天津市人民医院近5年收治的75例直肠癌术后吻合口良性狭窄患者的临床资料，归纳总结出吻合口良性狭窄的发生原因及规范化治疗方案：吻合口狭窄为齿线上5厘米内采用手法扩张；狭窄环位于齿线上5厘米～15厘米行内镜下球囊扩张，扩张2次后仍狭窄，或扩张后狭窄反复发者，联合肠镜下支架置入术；手法或内镜扩张失败，吻合口距齿线＜10厘米且狭窄环长度＜1厘米患者接受狭窄环切开+预防性末端回肠造口术；内镜扩张失败，吻合口距齿线＞10厘米且狭窄环长度＞1厘米行狭窄肠管切除术+预防性末端回肠造口术；低位重度狭窄患者行降结肠造口+远端肠管封闭术。

（叶　梅）

【大肠癌干样细胞分布特征及自噬性与其生物学行为的关系】 该项目由天津医科大学第二医院王兴芬、郑海燕、张晓阳等完成，2020年1月通过市卫健委验收。该项目应用免疫组化及免疫双染技术，对结直肠癌组织芯片中CD44+/ki67-肿瘤干样细胞的分布特征进行观察，证实其作为肿瘤干细胞的标记物有一定代表性，在结直肠癌恶性生物学行为中起着重要的作用。对干细胞标记物CD44和Lgr5及自噬相关蛋白LC3Ⅱ在结直肠癌发生发展及转移过程中的作用及相互关系进行探讨，提示肿瘤组织自噬水平的提高，可能会保护肿瘤组织并维持肿瘤干细胞的干性，导致肿瘤的发生发展及转移，通过调节自噬可能会更有效地调控肿瘤的进展，为临床在抗干细胞靶向治疗的同时联合抗自噬疗法来延长患者生存期提供理论依据。

（李劭鹏）

【嗅觉障碍性疾病的创新诊疗技术的建立及推广和应用】 该项目由首都医科大学附属北京安贞医院、中国医学科学院北京协和医院、复旦大学附属眼耳鼻喉科医院、天津市环湖医院等魏永祥、倪道凤、余逸群、余洪猛、刘钢、刘剑锋等完成，2020年1月通过中华医学会验收。该项目首创符合国人特征的主观嗅觉功能检测嗅棒；在国内最早研制嗅觉诱发电位仪，获得国人嗅觉功能的正常值并建立数据库；综合评估嗅觉功能。实现各类嗅觉障碍性疾病早期筛查和诊断的技术。运用MRI、功能性磁共振fMRI和PETCT影像学手段到嗅觉通路病变的定性与定位诊断，获得国人健康人及各类嗅觉障碍性疾病患者的嗅球体积和嗅沟深度、特发性及先天性嗅觉障中枢皮层容积数值，以及嗅觉fMRI设计、采样分析技术参数，明确正常人嗅觉脑功能区及嗅觉障碍性疾病的脑活化区变化特点。创建鼻腔糖皮质激素雾化治疗的给药新途径，将治疗的有效率由30%提高到75%。建立针对不同病因导致的嗅觉障碍的嗅觉训练联合药物综合治疗的新方法。率先提出轻度认知功能障碍患者嗅球体积减小，嗅沟深度不变，嗅觉功能减退程度与疾病严重程度一致。帕金森病患者嗅觉识别阈提高，诱发电位潜伏期延长。应用嗅觉功能检测技术获得神经退行性疾病筛查和诊断的指标。率先建立不同类型嗅觉障碍动物模型，阐明嗅觉损伤与再生的机制；发现获得性和先天性嗅觉障碍的发病机制；阐明糖皮质激素药物的作用机理。国际上率先建立仙台病毒感染后嗅觉障碍的C57BL/6小鼠模型，首次发现仙台病毒通过引起细胞凋亡、再生及气味反应的途径导致小鼠永久性失嗅。国际率先报道阿尔茨海默病动物模型嗅球的基因表达谱，其中811个基因存在差异表达，基因功能涉及细胞转化、连接和酶活性。在嗅神经离断的动物模型中，嗅鞘细胞移植后通过增加嗅上皮厚度和嗅感觉神经元的数量，促进嗅神经的修复与再生。糖皮质激素影响嗅黏膜ADCY4等236个基因的表达，提高大鼠嗅感觉神经元内环磷酸腺苷的水平，强化嗅觉信号的传导，改善功能。获国家发明专利7件，发表论文160篇，其中SCI论文40篇，核心期刊120篇，总他引243次。该成果在中国人民解放军总医院、北京同仁医院等40余家三甲医院和多家基层医院应用，惠及患者8万余人。举办嗅觉培训班18次，培训600余人次。部分成果编入普通高等教育“十五”国家级规划教材等多部教材，发表专著1部，参编专著13部。培养硕士70余人。

（叶　梅）

【PAK2蛋白调节Wnt信号通路抵抗前列腺癌去势治疗的机制研究】 该项目由天津医科大学第二医院蒋宁、马富玲、董茜等完成，2020年5月通过国家自然科学基金委验收。该项目利用前列腺上皮特异性敲除PAK2蛋白转基因小鼠模型，研究PAK2结合β-catenin蛋白调节干/祖细胞生长在前列腺癌去势治疗后的作用。研究结果初步建立前列腺上皮特异性敲除PAK2蛋白转基因小鼠模型，在模型基础上通过分子生物学实验，证实AR复合体引起PAK2启动子区的甲基化而抑制PAK2表达；PAK2结合β-catenin调节Wnt信号系统进而调节前列腺上皮干/祖细胞的生长。

（李劭鹏）

【肿瘤微环境神经降压素促进去势抵抗性前列腺癌神经内分泌转化的分子机制】 该项日由天津医科大学第二医院尚芝群、田晶、陈薇等完成，2020年6月通过市科技局验收。该项日通过前列腺癌小鼠原位模型和转基因前列腺癌小鼠模型，阐明肿瘤微环境中肿瘤成纤维细胞分泌的神经降压素是导致去势抵抗性前列腺癌神经内分泌转化的主要因素。通过构建双荧光启动子质粒，明确前列腺癌神经内分泌化的细胞来源。体内外实验证实靶向肿瘤微环境中神经降压素及其受体可阻断去势抵抗性前列腺癌神经内分泌转化，为晚期前列腺癌的精确诊断和治疗提供预测指标和靶点。

（李劭鹏）

【阿利吉仑在心房颤动重构中对AngII/JAK/STAT3信号通路及离子通道的影响】 该项目由天津医科大学第二医院赵志强、程立君、徐晓娜等完成，2020年6月通过市科技局验收。该项目建立间歇AF动物模型，利用分子生物学、膜片钳、电生理、病理学等实验技术，从心房肌分子水平、心房肌细胞离子通道水平和通道编码基因的变化研究Ang II/JAK/STAT3信号通路在AF结构重构中的可能作用机制，以及阿利吉仑对心房结构重构信号转导通路及离子通道重构的影响。在快速心房起搏（RAP）AF模型中，探讨阿利吉仑（ALS）对心脏的保护作用及其对心房重构的潜在分子机制。结果表明直接肾素抑制剂阿利吉仑能够减轻慢性间歇缺氧造成的心房纤维化，减轻心房结构重构；能够逆转慢性间歇缺氧造成的离子通道重构。阿利吉仑可能通过对RAS的影响，尤其是对AngⅡ的抑制作用进而改变JAK/STAT3信号传导通路的基因表达，减轻心房结构重构和电重构；可能是通过对Na、Ca通道的基因表达的影响，逆转慢性间歇缺氧引起的心房离子通道重构的变化，表明阿利吉仑抑制心房结构重构的心肌保护作用能够被PI3K抑制剂所抑制。阿利吉仑可能在心房颤动（RAP）诱导的心房重构中起心脏保护作用，可部分归因于其抗炎和抗氧化应激作用及对PI3K/Akt信号通路的调节。

（李劭鹏）

【精浆miR-210在精索静脉曲张生精功能障碍中的作用及机制】 该项目由天津医科大学第二医院陈业刚、刘莉、庞海燕等完成，2020年9月通过市卫健委验收。该项目通过收集天津市精索静脉曲张和健康男性患者的精液样本进行精液分析；定量实时聚合酶链反应检测评估精浆miR-210-3p水平与生精功能受损之间的关系。结果表明，精索静脉曲张患者精浆miR-210-3p的水平是健康男性的2.18倍，其表达随精索静脉曲张的严重程度而显著增加。与术前相比，精索静脉曲张患者术后3个月精浆miR-210-3p的表达明显下降。统计学分析显示精浆异常miR-210-3p，双侧精索静脉曲张和精索静脉曲张3级与精索静脉曲张引起的异常精子症显著且独立相关。通过转染技术改变GC-2细胞miR-210-3p表达后进行凋亡和增殖试验，并通过实时定量聚合酶链反应检测相关指标，结果发现miR-210-3p促进GC-2细胞凋亡而该机制可能与miR-210-3p促进caspase-3活化有关。研究结果表明，精浆miR-210-3p是筛查精索静脉曲张引起的性功能障碍潜在的临床生物标志物。

（李劭鹏）

【去势抵抗性前列腺癌新型标志物与循环肿瘤细胞检测】 该项目由天津医科大学第二医院李刚、辛曙辉、蔡启亮等完成，2020年10月通过市卫健委验收。该项目利用CanpatrolTM二代CTC富集检测技术，对去势抵抗性前列腺癌（CRPC）患者上皮及间质型CTC进行研究，通过EMT标志物对不同癌种中的CTCs进行EMT亚型分析。该技术使用孔径为8微米的纳米滤过膜过滤的方法分离CTCs，然后基于分支DNA信号扩增技术进行RNA原位杂交（RNA-ISH），根据EMT标志物区分不同类型的CTCs。首次实现对前列腺癌外周血循环肿瘤细胞的精准分型，即将CTCs分为上皮型、上皮/间质混合型及间质型三类。同时，因CanpatrolTM采用物理方法分离CTCs，可最大程度保留肿瘤细胞形态学、分子生物学等原始信息，有利于对CTCs进行下游的应用分析。可对所有类型CTC的分离、分型和分析，实现肿瘤治疗的实时全面监测。筛选后发现，FKBP-5、AKT-1、NT和PIM-1在CRPC肿瘤组织中的mRNA及蛋白表达量显著高于ADPC。在人CRPC、ADPC和前列腺增生症组织中，验证四种候选标志物的蛋白和mRNA表达量，初步确定有助于CRPC早期诊断和指导个体化治疗的标志物，通过CTC这种无创检测方法探索建立多指标联合检测，早期筛查CRPC并进行个体化诊治和判断预后模型。

（李劭鹏）

【银杏叶提取物对阿尔茨海默病大鼠海马bFGF/Notch通路的影响】 该项目由天津医科大学第二医院赵萍、崔静、李新等完成，2020年7月通过市卫健委验收。该项目通过对大鼠双侧海马一次性注射Aβ25-35的方法建立阿尔茨海默病（Alzheimer´s disease，AD）模型，采用Morris水迷宫对大鼠行定位航行试验和空间探索试验，检测大鼠记忆能力（逃避潜伏期）及学习能力（跨越平台次数），初步阐明银杏叶对Aβ25-35诱导的AD大鼠学习记忆功能的改善作用。利用免疫组化方法检测海马结构Aβ沉积、改善情况，TUNEL法检测细胞凋亡情况，经Western blotting法检测海马组织bFGF、Notch1、Hes1、RBP-JK蛋白表达定量，探讨银杏叶提取物通过bFGF/Notch1通路抑制海马神经细胞Aβ沉积进而改善AD模型大鼠的学习记忆能力的机制。结果显示，银杏叶提取物能够抑制Aβ对海马神经细胞的损害，能够明显提高AD大鼠的学习记忆和空间探索能力；其机制可能为活化Notch信号通路，提高bFGF、Notch1、Hes1蛋白表达，拓展对AD患者治疗方式的思路。（李劭鹏）

【丹红注射液对膜性肾病大鼠足细胞跨膜蛋白表达的影响】 该项目由天津医科大学第二医院郭小云、王光普、李洪钧等完成，2020年5月通过市卫健委验收。该项目将健康雄性SD大鼠建立膜性肾病大鼠模型，观察丹红注射液对膜性肾病模型大鼠肾组织足细胞跨膜蛋白肾病蛋白（nephrin）与足突蛋白质（podocin）表达的影响。研究结果显示通过加用丹红注射液并与氯沙坦做对比，发现丹红注射液可使膜性肾病大鼠24小时尿蛋白定量降低，血脂降低，血清白蛋白升高，并通过实时定量荧光PCR及Western blot等方法检测肾组织中足细胞nephrin和podocin基因和蛋白的表达，发现丹红注射液可明显上调膜性肾病大鼠足细胞nephrin和podocin的蛋白及基因的表达，推测丹红注射液可能通过保护足细胞，起到减少尿蛋白，治疗膜性肾病的作用。

（李劭鹏）

【新型正电子心肌灌注显像剂的研制与实验研究】 该项目由泰达国际心血管病医院李剑明、李帅、张杰民等完成，2020年3月通过市卫健委验收。该项目是研制新型正电子心肌灌注显像剂（18F-Flurpiridaz），即2-（1，1-二甲基乙基）-4-氯-5[[4-[[2-氟（18F）乙氧基]甲基]苯基]甲氧基]-3-哌啶酮和动物实验研究。通过医用回旋加速器及多功能自动化学合成器，优化显像剂合成的反应条件，建立分析、纯化方法，质谱确定产品结构；通过正电子分子成像设备（PET/CT）连续动态成像观察18F-Flurpiridaz在正常小型猪体内分布，获得其在正常小型猪体内的生物分布情况；通过正常、制备假手术组及心肌梗死小型猪模型进行该显像剂心肌分布特点的对照研究，全部以传统正电子心肌显像剂13N-NH_3·H_2O（13N-氨水）为对照，确定18F-Flurpiridaz PET/CT成像最佳成像时间、图像质量评分和心肌梗死面积测定准确性等情况。根据制备条件建立18 F-Flurpiridaz的自动合成程序，在制备过程中无需手工进行放射性操作，能更准确地控制温度、压力、时间等反应条件，避免人为原因导致的合成失败，有利于该显像剂的临床应用推广。实验表明，18F-Flurpridaz具有优良的显像性能，心肌与非靶组织放射性摄取比值高且稳定，受肝放射性影响小，注射后早期即可获得高质量的心肌灌注图像，获得的静息心肌血流量与常规功能参数，与经典正电子显像剂相比准确可靠。

（许一凡）

【孕早期筛查结合高通量测序技术诊断出生缺陷的研究】 该项目由天津市中心妇产科医院陈叙、常颖、刘颖等完成，2020年8月通过市科技局验收。该项目利用NT结合孕早期母血清筛查及高通量测序（NGS）技术，对孕早期大样本人群进行染色体微缺失微重复检测。对不同筛查方法的阳性率进行统计并比较分析，建立天津市单胎、双胎、IVF后大样本人群的遗传变异数据库，统计染色体拷贝数异常的分布情况和分布频率，开发基于人工智能的数据库分析系统，以实现基于大样本人群数据的个体化精准预测。以染色体核型分析为主导的现行方法检测时间长，存在不能全面覆盖其他出生缺陷的问题，在孕早期大样本特定人群中进行高通量测序检测，结合其他诊断技术，为制定新的产前诊断方法提供依据。

（叶 梅）

【肺结核合并肺曲霉病危险因素及临床特征的研究】 该项目由天津市海河医院梅早仙、孙昕、吴琦等完成，2020年3月通过市卫健委验收。肺结核及慢性肺曲霉病（CPA）在临床表现及影像有许多相似之处容易误诊，当肺结核合并CPA时易漏诊，其临床类型以慢性空洞型肺曲霉病（CC-PA）多见。咯血是CPA常见症状，诊断明确后可提供精准的抗曲霉菌治疗。该项目探讨肺结核

(PTB)合并的慢性肺曲霉病患者临床特点及血清曲霉IgG抗体、IgM抗体在PTB合并CPA患者中诊断价值。选取符合入排标准患者140例，所有患者行血清曲霉菌IgG、IgM检测。对两组患者血清曲霉IgG抗体、IgM抗体进行统计学分析处理。活动性肺结核/陈旧性肺结核合并CPA患者66例；非CPA患者74例。通过统计学分析处理CPA组曲霉抗体IgG平均值为211.04AU/mL高于非CPA组77.88AU/mL，差异有统计学意义（Z值-6.397，P=0.000)；CPA组曲霉抗体IgM平均值为40.77AU/mL，非CPA组50.24AU/mL，差异无统计学意义（Z值-0.209，P=0.835)。曲霉抗体IgG曲线下面积为0.813，标准误0.037，P0.05，曲霉IgM抗体对CPA无诊断价值有限。

（叶　梅）

【基于云计算技术的互联网+COPD分级诊疗管理平台研究与应用】 该项目由天津市海河医院孙昕、万振、武俊平等完成，2020年7月通过市科技局验收。该研究利用信息化手段将慢性阻塞性肺疾病（COPD）患者诊疗过程纳入智能化管理，基于较为完整的电子病案信息，准确提取患者检验、检查、用药、治疗、随访等重要信息，综合分析评判各项指标对患者疗效的影响程度，发现疾病规律，辅助精准治疗。基于实时病案信息，准确掌握患者治疗周期节点，提示患者按期用药、做检查治疗等，医患高效互动，提高疾病诊治的计划性、规范性。该项目主要开发基于HL7标准的数据交换平台和基于EMPI的主索引管理平台，支持数据存储及综合分析，内嵌多项数据分析功能，为分级诊疗管理模式的推行提供技术支持；通过医疗机构联网及移动医疗设备远程采集，建立COPD云数据中心，达到精准医疗；建立COPD慢病健康服务云体系，具备指标实时监测、异常报警、智能分析功能，通过移动APP实现预约、支付、报告查询、用药及检查提醒、个人健康档案管理等功能；建立分级诊疗服务云体系，支持双向转诊、预约转诊、联合诊疗、跨院协同等。成立天津市基层呼吸联盟并吴琦担任主委，协调建立医联体，实施基层医疗机构呼吸疾病规范化防诊治体系与能力建设项目；实现可穿戴设备的家庭使用、数据上传云中心、分析、报告；采用线上APP的方式，实现患者问诊、预约、挂号、转诊、结果查询等功能；开发新型便携式远程会诊设备样机5套，完成远程会诊10例；开发深度学习远程阅片系统，完成试用测试，阅片准确性达到95%以上；优化COPD患者在院诊疗配套环境设施体系建设。

（叶　梅）

【真菌生物被膜与抗真菌药耐药性研究】 该项目由天津市第一中心医院杨文杰、张坚磊、刘军等完成，2020年10月通过市卫健委验收。该研究建立真菌的体外生物膜，倒置显微镜下观察到念珠菌细胞沿着菌丝形成团块样聚集，生物膜生长成多层的膜状结构；利用XTT减低法测定白色假丝酵母菌生物膜的代谢动力学，研究证实真菌生物膜对传统抗真菌药物如氟康唑、伏立康唑、伊曲康唑、两性霉素B等具有强大的耐药性，棘白菌素类药物卡泊芬净、米卡芬净对生物膜有抑制作用，但对部分真菌生物膜表现为耐药；悬浮菌与生物膜形成后质谱分析显示，生物膜形成后成峰数量明显减少，造成真菌特征性组分减少。通过峰值所在范围提示四株真菌具有类似位置高峰，提示他们的组成具有一定的相似性。

（叶　梅）

【肺纤维化临床疗效评价的初步研究】 该项目由天津市第一中心医院张万祥、王东强、何文菊等完成，2020年10月通过市卫健委验收。该项目基于肺纤维化（IPF）缺乏疗效突出的治疗方案，通过对治疗IPF不同方案的疗效进行评价，得到优选方案。采用大样本随机双盲对照临床试验（RCT)，研究建立IPF的临床疗效评价体系，评价其临床疗效。将天津市第一中心医院的IPF患者中央分层随机分成常规治疗对照组、血必净组、川威组、血必净加川威组，治疗3个月后，通过症状、活动能力，X线胸片或HRCT影像，功能表现TLC、VC、DLCO、PaO2等稳定性判断治疗疗效。项目完成100例患者的入组分析和上述四种治疗方法临床疗效的比较，首次分析大量的实验数据，血必净、川威及两者结合比常规治疗的有优势，对临床合理用药起着较强的实际指导作

用。该项目评价不同方案治疗IPF的临床疗效，建立肺纤维化的临床治疗规范，提高患者生活质量和降低死亡率。（叶　梅）

【预置髂内动脉球囊治疗凶险性前置胎盘对母婴预后的研究】　该项目由天津市第一中心医院刘艳、王得玲、王浩等完成，2020年10月通过市卫健委验收。该项目基于前置胎盘是产后出血的独立高危因素，完善髂内动脉预置球囊用于凶险性前置胎盘的治疗及其并发症的处理规范，探讨母婴预后情况。收集完整母婴临床及随访数据，分析髂内动脉预置球囊术对母婴影响，研究发现预防性髂内动脉预置球囊术可有效降低凶险性前置胎盘患者剖宫产术中的出血，胎盘附着于子宫前壁和前后壁达宫颈内口的孕妇尤为突出；还可有效降低术中红细胞输入量，不会增加产妇和新生儿并发症的发生。在改良球囊导管置入流程后，44例孕妇的放射暴露时间和剂量显著降低，减少放射线可能导致的母儿损害及并发症，避免子宫切除。该项目最大限度减少产后出血量及输血量，降低孕产妇死亡率，规范手术方法和操作流程及术后并发症治疗。（叶　梅）

【前列腺癌中血小板反应蛋4异常表达的相关机制研究】　该项目由天津市第一中心医院、天津医科大学吴建辉、王海峰、宋文辉、马洪顺等完成，2020年4月通过市卫健委验收。该项目采用免疫组化和免疫荧光技术，观察THBS4在前列腺癌细胞系中的表达情况，运用DNA甲基化特异性PCR检测THBS4基因启动子及外显子区域DNA的甲基化水平，探讨血小板反应蛋白4在前列腺癌发生中的作用机制。qPCR实验结果表明，THBS4的高表达是转录水平调控的，免疫组化未能发现癌组织中THBS4蛋白的表达。分析THBS4的甲基化水平，比较正常样品和癌症样品中THBS4的甲基化程度，THBS4的甲基化水平与肿瘤相关；与TCGA数据库生物信息学分析结果对比，结果是一致的。研究证明THBS4异常表达对前列腺癌细胞有一定的生物学效应。发表SCI论文3篇。

（叶　梅）

【肝切除术中ICG清除率评估剩余肝脏功能的临床研究】　该项目由天津市第一中心医院张雅敏、史源、侯建存等完成，2020年1月通过市卫健委验收。临床大多数患者存在肝实质功能不均匀的损害，肝切除手术前整肝储备功能评估不代表切除后剩余肝脏肝功能，术前ICG清除率的精确性非常重要。该项目率先利用PiCCO2-Limon模块进行临床前瞻性随机对照研究术前、术中、术后连续监测ICG-R15与术后肝功能不全的发生关系；提出术中和术后连续监测ICG-R15能够有效预估患者术后出现肝功能不全的可能性，研究证实术后ICG-R15联合SRLV可增加准确度；国内率先建立术中ICG清除率评估剩余肝脏肝储备功能的技术；联合标准残肝体积（SRLV）与术后ICG-R15用于肝切除术后肝功能不全的评估。发表SCI论文1篇，中华文章2篇，核心期刊1篇，培养硕士研究生2名。（叶　梅）

【丹酚乙酸镁对大鼠肢体缺血再灌注损伤保护机制的探讨】　该项目由天津市第一中心医院谷岩、何菊、刘辉等完成，2020年10月通过市卫健委验收。该研究基于肢体缺血再灌注损伤期血清中促炎细胞因子IL-6、TNF-α、IL-1β、IL-10水平的变化规律，丹酚乙酸镁对细胞因子生成和释放的影响及其与组织保护作用的内在联系和机制，构建大鼠肢体缺血再灌注损伤模型。将大鼠分为4组进行比较，实验结果表明，丹酚乙酸镁处理组中标本内TNF-α、IL-6及IL-1β水平较对照组明显降低，IL-10水平明显升高。丹酚乙酸镁通过上调抗炎性细胞因子水平，降低血浆中炎性细胞因子的浓度，使得缺血再灌注过程中组织的损伤程度得以减轻，起到保护作用。

（叶　梅）

【JNK通路调控近视恢复期脉络膜厚度变化的机制研究】　该项目由天津市眼科医院陈伟、张悦、楚艳华等完成，2020年9月通过市科技局验收。该项目基于动物模型中去除遮盖后发现近视可以逐渐恢复，探索其恢复机制为实验目标。实验应用激活剂和抑制剂玻璃体腔注射作为对称观察手段，近视恢复期模型中将脉络膜厚度变化与水通道蛋白和脉络膜血管内皮细胞紧密连接蛋白的变化相联系，研究相应的信号通路，结果阐明脉络膜厚度调控机制，为有效防治近视提供新思路和新靶点。（叶　梅）

【内源性透明质酸生物合成对角膜基质损伤愈合的调节机制】 该项目由天津市眼科医院李轩、郝朋、韩瑞芳等完成，2020年8月通过市科技局验收。该项目以阐明透明质酸合成酶及裂解酶在角膜损伤愈合中对透明质酸合成代谢的调控机制，以及透明质酸生物合成对角膜基质炎症反应与纤维化反应影响的分子机制为目标，分别从体外细胞及动物模型两个层面探讨透明质酸（HA）在角膜基质损伤愈合中的表达及其功能。以角膜基细胞为主要研究对象，探讨HA合成、分泌及降解机制、内源性HA合成对角膜基质细胞增殖、迁移等功能的影响、内源性HA合成对角膜基质细胞外基质（ECM）合成的影响，以及HA合成对角膜基质损伤愈合反应的调节功能及其在维持角膜基质透明性中的作用。SCI收录和国内核心期刊发表论文11篇。（叶　梅）

【可吸收锁钉鞘预防带锁髓内钉应力遮挡的研究】 该项目由天津市第四中心医院王永清、Kifayatullah、李毅等完成，2020年1月通过市卫健委验收。该项目通过有限元分析、动物实验等方法验证新型带可吸收鞘锁钉（AS锁钉）减少带锁髓内钉应力遮挡的可行性。将AS套在带锁髓内钉的金属锁钉上，利用AS的降解减少带锁髓内钉应力遮挡。有限元分析显示AS锁钉组内固定对骨折断端产生的应力遮挡率小；AS锁钉组骨痂应力和纵向位移与患肢股骨的承力能力成正相关且均大于CM锁钉组。山羊右股骨骨折术后3月时AS组与CM组骨折均愈合。AS组术后3月、6月、9月AS周围组织均有炎症表现，但对骨折愈合没有影响。AS在术后3月开始有降解表现，9月时大部分吸收。AS组术后3月、6月锁钉活动度明显，AS组1.34～2.22毫米，CM组0.20～0.55毫米。骨痂组织HE染色可见增生的骨性及软骨性骨痂，期间散在增生的纤维母细胞及新生毛细血管和少量破骨细胞。免疫组化显示AS组与CM组术后1月、3月骨痂组织中BMP、TGF-β、VEGF的表达无差异。BMD检测显示1月AS组与CM组手术侧（右侧）股骨BMD值均较未手术侧（左侧）股骨BMD值增加，AS组BMD值增加较对照组明显。AS组术后3月手术侧BMD值低于未手术侧，到术后9月手术侧BMD值增加，高于未手术侧。术后6月开始AS组BMD高于CM组。力学测试显示无论AS锁钉组还是CM锁钉组，患肢股骨所能承受的最大载荷随着愈合时间的延长均呈现出上升趋势。结果证实AS锁钉固定早期力学稳定，后期随AS的降解，由静力性固定逐渐转变为动力性固定，这种“自适应”动力化过程有“量”的控制。（叶　梅）

【高血压心肾早期损害的危险分层及治疗策略】 该项目由天津市人民医院、南开大学医学院、天津市滨海新区大港医院齐新、李宗金、刘克强、魏丽萍、周湘忠等完成，2021年1月通过天津技术产权交易有限公司验收。该项目建立并应用高血压患者临床信息数据库，分层分析患者LVMI和左室构型改变与心功能HFpEF经HFmEF向HFrEF发展的关系，发现LVH患者左室从向心性向离心性肥厚发展同时体内血AngⅡ、ADM/ADT，PⅠCP、PⅢNP水平变化规律；尿UACR联合胱抑素C早期评估肾损害程度的关系，建立新的危险因素指标用于心肾早期改变的精准评估体系。高血压患者血管重塑以PP/PPI和SVR/SVRi增加为特征，联合baPWV指标反映动脉硬化和血管重塑程度。依据临床研究结果，提出临床预警指标及精准治疗策略。应用SHR动物模型验证心肾组织AngII促进TGF-β/Smads介导心肾靶器官重构的机制，揭示RAS抑制剂早期干预有效延缓高血压脏器损伤。项目建立基于HIS系统数据信息平台；建立高血压合并心肾靶器官损害临床路径管理模式，可用于指导多学科医生对高血压患者进行预警和治疗策略选择。基础研究建立SHR不同时期高血压动物模型，可用于研究高血压不同阶段所致的脏器损伤机制和靶点，验证新药干预脏器保护效果。（叶　梅）

【颈椎间盘切除联合半椎板切除治疗颈椎病】 该项目由天津市天津医院、天津市蓟州区人民医院卜国云、郭林、王涛、廖春雨等完成，2020年1月通过市卫健委验收。该项目研究Ⅰ期选择性颈椎间盘切除术植骨融合联合扩大半椎板减压治疗脊髓型颈椎病。选择至少3节段脊髓压迫的脊髓型颈椎病患者作为治疗对象。根据患者影像学结果，首先对患者症状侧或严重症状侧进行后路扩大半椎板减压，减压范围为4～5个颈3-颈7的半椎板及黄韧带，尽可能去除对侧黄韧带。咬除宽度为侧块内侧缘至棘突基底部，不进行颈椎的固定融合；选择前方1～2个颈椎间盘突出严重的节段，使用自稳型零切迹椎间融合器进行椎间融合手术。该研究进行后路半椎板减压，单侧剥离肌肉，出血少，保留棘上韧带、棘间韧带、小关节及其附属结构，后柱稳定结构遭受破坏少，避免后路内固定置入时的风险；后半路椎板减压保留肌肉正常止点，消除颈椎后路手术轴性疼痛的部分病理基础；半椎板切除减压可限制脊髓的后移，从而减轻颈5神经向后牵拉的程度；避免多个间盘切除所造成融合率下降的风险；零切迹自稳型椎间融合器避免前路钢板的使用，使椎前软组织间隙恢复正常，避免由于螺钉的使用造成的医源性椎间孔狭窄。

（叶　梅）

【氟化镁涂层镁合金的可降解性和生物特性研究】 该项目由天津市天津医院姜洪丰、卜国云、郭林等完成，2020年1月通过市卫健委验收。该项目针对镁合金植入后的炎性反应大和酸性环境降解快、易腐蚀的问题，将Mg-3wt%Zn-0.5wt%Zr优越的生物相容性、力学性能及MgF2涂层较高的耐腐蚀性相结合，得到兼具生物活性和耐蚀性能的新型功能涂层合金材料；该功能涂层合金材料可减缓植入初期降解速率，获得早期力学支撑；促进钙盐沉积、界面矿化及后期骨发生过程，促进骨组织整合替代。实现功能涂层的非晶化，提出生物涂层对成骨细胞黏附、增殖和分化的分子机制及涂层降解机理。

（叶　梅）

【基于多尺度动态功能连接的轻微肝性脑病早期诊断】 该项目由天津市第一中心医院、天津大学程悦、沈文、黄黎香、张高燕等完成，2020年1月通过为健委验收。该项目采用最新的动态功能连接方法全面研究轻微肝性脑病功能连接变化的异常模式，对其进行早期诊断。第一部分通过计算肝性脑病（OHE）组、无肝性脑病的肝硬化（no-OHE）组及健康对照（HC）组基于体素水平的功能连接密度（FCD）指标改变，比较各组之间的差异；结果表明，肝硬化患者的脑网络关键节点（hub）脑区的拓扑重要性降低，而非关键节点的脑区其拓扑重要性升高，随着肝硬化严重程度的发展，这种趋势更加明显，进一步的模式识别分析证实全脑FCD差异可将肝硬化患者与HC相区分，以高准确性预测肝性脑病严重程度。第二部分进一步分析轻微肝性脑病（MHE）组、单纯肝硬化组（no-HE）组及HC组动态功能连接指标改变情况，进行组间比较。动态功能连接指标的研究表明，该指标可较好的区分MHE组及no-HE组，具有较高的分类精度。研究证实脑功能连接（FCD）分析对于HE的诊断和预测可能有重要的临床意义，动态功能连接可对MHE进行早期诊断。

（叶　梅）

【ICU躁动患者实施浅镇静对脱机影响及呼吸机参数对预后的评估作用】 该项目由天津市第三中心医院鹿兴、王志勇、徐磊等完成，2020年12月通过市卫健委验收。该项目通过选择机械通气治疗躁动患者80例，随机分为两组。浅镇静组脱机前24小时，改右美托咪定泵入，若24小时未脱机成功，泵至脱机前停用。丙泊酚或咪达唑仑持续泵入组：持续泵入丙泊酚或咪达唑仑，若24小时未脱机成功，泵至脱机前停用。所有病人检测至脱机后60分钟，每4小时进行一次镇静评分，调整剂量使患者RASS评分控制在-2-1分。分别记录脱机前24小时（T1），脱机前12小时（T2），脱机拔管时（T3），脱机后30分钟（T4），脱机后60分钟（T5），药物对HR、MAP、拔管时间，不良反应发生情况、ICU留置时间及住院时间的影响。利用Frankenfield DC等研究的计算公式：死腔比，记作VD/VT =0.320 + 0.0106（动脉血二氧化碳分压（PaCO2）- 呼气末二氧化碳分压（ETCO2））+ 0.003（呼吸频率，RR）+0.0015（年龄，age）连续计算由感染所致重症肺炎并确诊为ARDS的成年患者6天内的VD/VT。研究表明对ICU机械通气患者实施浅镇静，镇静效果满意，血流动力学稳定，无明显呼吸抑制，不良反应低。研究发现死腔分数（VD/VT）可预测患者的预后情况。（叶 梅）

【微小RNA对自身免疫性葡萄膜炎Th17细胞的调控及其机制研究】 该项目由天津医科大学眼科医院粘红等完成，2020年12月结题。该项目研究Th17细胞在自身免疫性葡萄膜炎发病中的作用，首次揭示iR-223-3p在自身免疫性葡萄膜炎中对免疫细胞群尤其是Th17细胞的影响及可能的机制。发现miR-223-3p在致病性Th17细胞中显著上调，且受IL-23-STAT3通路正向调控。采用功能获得和功能缺失实验，证明miR-223-3p可正向调控Th17细胞比例、IL-17的产生及致病性Th17细胞相关基因（IL-17，RORγt，IL-22，IL-1R1，IL-23R和GM-CSF）的表达。利用重组慢病毒技术构建过表达miR-223-3p的小鼠，发现miR-223-3p过表达组小鼠EAU发病明显加重，且炎症浸润及视网膜皱褶等明显增多。利用T细胞介导的过继转移EAU模型，证明敲低T细胞中miR-223-3p能够降低抗原特异性Th17细胞的致病能力，减缓EAU的发生发展。发现miR-223-3p可通过促进树突细胞中Th17细胞极化因子的表达，间接促进致病性Th17细胞反应。机制研究表明，miR-223-3p可直接靶向转录因子FOXO3，抑制其表达，进而增加IL-23R的表达，增强致病性Th17细胞反应。在EAU模型中，IL-23、miR-223-3p、FOXO3和IL-23R形成一个正反馈环，能够稳定致病性Th17细胞表型，促进IL-17的持续产生。探索TLR7活化对致病性Th17细胞反应的影响及机制，结果显示CL097处理能够通过活化树突细胞中的ERK通路，促进IL-1β、IL-6及IL-23的产生，从而增强致病性Th17细胞的反应，促进EAU的发生发展。发表论文13篇。

（杜 静）

【PSF蛋白募集泛素连接酶Hakai抑制HIF-1α/VEGF通路活性的机制研究】 该项目由天津医科大学眼科医院东莉洁等完成，2020年12月结题。新生血管性AMD起源于脉络膜的脉络膜新生血管（CNV）及视网膜的视网膜血管瘤样增生（RAP），多聚嘧啶束结合蛋白相关剪接因子（PSF）是存在于细胞核内且参与多种细胞反应的多功能蛋白质。该研究前期发现：玻腔注射rAAV-PSF可抑制小鼠模型的CNV和RNV，证实IGF-I刺激后，PSF抑制视网膜色素上皮细胞（RPE）和视网膜血管内皮细胞（RVECs）增殖及血管生长因子（VEGF）表达升高，与乏氧诱导因子α（HIF-1α）和Hakai形成转录调节复合物。据此提出假设：PSF通过拮抗胰岛素样生长因子（IGF-I）诱发的VEGF表达升高，负性调控CNV和RAP。通过体内和体外实验，报告基因实验、免疫共沉淀，ChIP明确：IGF-I刺激后PSF作为桥连蛋白，介导HIF-1与Hakai的特异性结合，协同Hakai完成对于HIF-1的靶向降解，从而抑制下游VEGF表达。为阐明PSF抑制CNV和RAP的分子机制奠定基础，为新生血管性AMD的基因治疗提供潜在靶点。发表论文15篇，其中SCI论文5篇，培养硕士4人、博士3人。

（杜 静）

【MSCs来源以及IL-10转基因后的exosomes对葡萄膜炎治疗作用的研究】 该项目由天津医科大学眼科医院任新军等完成，2020年12月结题。该项目采用小鼠葡萄膜炎模型，观察MSCs来源及IL-10转基因后的MSCs来源的exosomes在不同给药模式下对葡萄膜炎的治疗作用，进行临床、病理和功能学评价；研究两种exosomes对葡萄膜炎病理过程中T细胞增殖及各种T细胞亚群分化影响，结果表明，IL-10转基因后的MSCs源自的exosomes（Exo-10）较正常MSCs来源的exosomes（Exo-N）有更加强大的免疫抑制作用。体内实验显示：小鼠尾静脉注射50μg Exo-10可有效缓解EAU小鼠疾病的发生发展，其作用与Exo-10抑制TH1/TH17细胞，上调Treg细胞有关；PKH-26膜染料标记的exosomes示踪实验结果显示，EAU小鼠尾静脉注射的exosomes，可到达眼部病变部位，且在脾脏/淋巴结免疫相关器官高聚集，非免疫相关器官如心脏、肾脏、脑部低聚集。体外结果显示：Exo-N可有效抑制T细胞增殖，Exo-10的抑制效果更加明显；Exo-N

可以抑制NavieT细胞在体外向Th1/TH17细胞分化，TH1细胞分化Exo-10的抑制能力更强；Exo-N对Treg细胞体外分化没有影响，而Exo-10可促进Navie T细胞在体外向Treg细胞分化。发表论文3篇，其中SCI论文2篇，中华眼科杂志1篇。培养博士1人、硕士3人。

（杜 静）

【EGF/EGFR系统在α-MSH干眼保护作用中的机制研究】 该项目由天津医科大学眼科医院黄悦等完成，2020年12月结题。该项目根据干眼的发病机制，找到能对抗炎症、增加角膜修复能力且副反应较少的α-MSH。经过体内外实验研究发现，α-MSH能够缓解干眼的体征，增加泪液分泌，减少角膜染色，联合人工泪液羧甲基纤维素钠后，能够发挥更好地治疗效果，其发挥作用的机制主要是对抗炎症，抑制凋亡反应及增加角膜上皮的愈合，初步证实α-MSH在干眼治疗中的应用价值，为干眼的治疗提供新思路。发表论文6篇。

（杜 静）

【核酸酶靶向修饰技术编辑AMD高危基因ARMS2、HTRA1表达及其致病机制的初步研究】 该项目由天津医科大学眼科医院李志清团队完成，2020年12月结题。年龄相关性黄斑变性（AMD）是严重致盲眼病，治疗方法有限，ARMS2/HTRA1被证实是高危致病基因。该项目利用CRISPR/Cas9技术将野生型ARMS2/HTRA1基因iPS细胞系进行靶基因修饰，编辑得到背景基因一致，蛋白及功能差异表达均源自被编辑基因的ARMS2高危型及HTRA1高危型iPS细胞系，用于分别研究ARMS2基因和HTRA1基因的分子生物学功能。利用蛋白组学寻找并鉴定不同基因型RPE细胞差异蛋白，对比ARMS2/HTRA1高危基因型与野生型RPE细胞表型。主要研究应激刺激下的不同基因型细胞差异蛋白变化及作用机制，结果证实吸烟血清作用下，不同于野生型12个差异蛋白，高危基因型组的差异蛋白有400个，筛选剔除非吸烟血清个体差异蛋白，得到Caveolin-1等7个具有明显差异的可信蛋白。高危基因型RPE细胞在吸烟血清作用下，吞噬功能，细胞凋亡等与野生型RPE细胞相比均有差异，与吸烟血清共培养的高危基因型RPE细胞的HTRA1、Caveolin-1蛋白表达均增加。根据差异蛋白谱，主要对细胞连接骨架蛋白及细胞外基质相关差异蛋白变化进行验证及功能分析。细胞紧密连接及骨架蛋白CTNND1、Beta-catenin等蛋白在高危组中应激刺激下表达下降；研究中发现CTNND1具有维持上皮细胞形态的作用，其过表达可以使在神经胶质细胞从间质细胞状态化生为上皮细胞状态，这对AMD晚期RPE细胞上皮状态恢复的治疗起到重要启发作用。该项目首次利用CRISPR技术靶向基因修饰iPS细胞实现AMD疾病GWAS相关发病机制的基础研究，真正意义上实现个体化发病机制研究，可直接明确高危基因在AMD发生发展中的作用。发表论文5篇。

（杜 静）

【α-MSH经长链非编码RNAL-18调控miR-194/ZIC1通路拮抗视网膜兴奋性毒性的研究】 该项目由天津医科大学眼科医院张琰等完成，2020年12月结题。该项目探索在改良的鸡胚视网膜体外组织块培养体系中，α-MSH对谷氨酸诱导的视网膜兴奋性毒性的保护作用和分子机制。确定在视锥感光细胞为主体的鸡胚视网膜组织块培养体系中，α-MSH对谷氨酸诱导的视网膜兴奋性毒性的保护剂量及频次，并初步确定α-MSH保护作用通路中的各个节点。利用大鼠、小鼠视网膜作为视杆感光细胞为主体的兴奋性毒性模型，确定NMDA造成视网膜损伤的剂量依赖关系，确定α-MSH在鼠类视网膜兴奋性毒性模型中的作用剂量、给药频次及给药途径，为视网膜兴奋性毒性的发病机制研究和神经保护药物筛选提供准确而稳定的哺乳动物模型和可靠平台。该研究利用高通量测序的方法，从mRNA的表达谱以m5C RNA修饰的角度，为α-MSH在鼠类视网膜兴奋性毒性模型中的作用机制提供新的线索和可能的干预靶点。国外发表论文6篇，SCI收录6篇，国内发表5篇。国外发表科技著作1部。培养硕士3人、博士2人。

（杜 静）

【青少年眼健康远程监测与大数据平台在近视防控中的应用研究】 该项目由天津医科大学眼科医

院魏瑞华等完成，2020年12月结题。该项目通过建立青少年远程眼健康状况和用眼行为的实时监测体系，形成全面、客观、多维度的数据评价平台，出具儿童眼健康风险报告，对青少年眼健康状况与风险因素进行及时预警。医生可通过平台及App远程指导家长对孩子的用眼行为进行正确纠正。对所筛查出的不良用眼行为的儿童，转诊到医院进行视力检查，建立屈光发育档案，定期随访追踪其近视进展情况。在完成大数据采集后，利用人工智能机器学习的方法，建立近视预测模型，成功判断睫状肌麻痹前后发生具有临床显著意义的等效球镜度改变（0.50 D及以上）的准确率达到80%以上，为临床眼科医生评估患儿是否有必要使用睫状肌麻痹剂提供新的临床指导。

（杜 静）

【衰老标记蛋白30低表达在皮质性年龄相关性白内障发病机制中的作用】 该项目由天津医科大学眼科医院滕贺等完成，2020年12月结题。该项目以皮质性年龄相关性白内障为研究对象，检测并比较皮质性年龄相关性白内障晶状体上皮细胞与正常的透明晶状体上皮细胞内SMP30的表达差异；通过构建SMP30不同表达的质粒并转染细胞，探究衰老标记蛋白SMP30对人晶体上皮细胞凋亡的影响并初步探讨其潜在机制。研究结果表明SMP30可通过抑制氧化应激反应造成的活性氧堆积和氧化应激反应诱导的细胞凋亡等多方面的作用维持晶体上皮细胞的稳态平衡。SMP30可能通过维持晶状体上皮细胞细胞膜钙泵的活性，抑制HLECs凋亡，在年龄相关性白内障的发生中发挥一定的保护作用。SCI收录论文2篇，中华系列刊物上发表论文1篇，培养硕士1人。

（杜 静）

【IL-10-MSCs通过上调lncRNA003946的表达抑制角膜抑制排斥反应】 该项目由天津医科大学眼科医院赵少贞、张琰团队完成，在生物医学1区杂志《治疗诊断学》上发表论文，报道过表达白细胞介素10（IL-10）的骨髓源性间充质干细胞（BM-MSCs）经结膜下注射到角膜移植排斥的大鼠模型中，可显著减轻同种异体角膜移植物的水肿、混浊，并加倍延长移植物的存活时间；深入探讨这一新型干预措施的分子、细胞机制。通过RNA测序、实时定量PCR，以及RNAscope原位杂交发现IL-10-BM-MSCs显著上调浸润角膜移植物的CD68+巨噬细胞中lncRNA 003946的表达。在角膜移植排斥大鼠骨髓来源的巨噬细胞中沉默或过表达lncRNA 003946可分别抵消或模拟IL-10-BM-MSCs对巨噬细胞抗原呈递的抑制作用。在体内敲减或过表达lncRNA 003946可分别抵消或模拟IL-10-BM-MSCs对角膜移植物的保护作用。研究结果：将IL-10-BM-MSCs转化成为一种针对角膜移植排斥的有效干预手段奠定科学和实验基础。在机制层面，IL-10-BM-MSCs主要通过上调局部浸润的CD68+巨噬细胞中lncRNA的表达促进角膜移植物存活。LncRNA首次被整合到由IL-10-BM-MSC驱动的免疫调节轴中，为免疫排斥的发生机理提供新思路。

（杜 静）

【一种睫状肌麻痹前后等效球镜度改变度的预估方法】 该项目由天津医科大学眼科医院魏瑞华等完成，2020年12月专利获授权。该发明专利公开一种睫状肌麻痹前后等效球镜度改变度的预估方法，模型一是通过测量调节准确度数值预估人眼睫状肌麻痹前后等效球镜度改变度，为k1-1×AOA+b1，其中，k1-1为-0.88～-0.56，AOA为屈光全矫状态下工作距离为33厘米的调节刺激减去调节反应的数值，通过开放视野验光仪测定，b1为1.22～1.60；模型二增加眼轴长度参考因素，为k2-1×AOA+k2-2×AL+b2，其中，k2-1为-0.81～-0.50，AOA为K2-2为-0.21～-0.08，AL为眼轴长度，b2为3.17～6.35；模型三增加年龄参考因素，为k3-1×AOA+k3-2×AL+k3-3×Age+b3，其中，k3-1为-0.78～-0.48，AOA为k3-2为-0.18～-0.03，AL为k3-3为-0.07～-0.01，Age为受试者年龄，b3为2.47～5.76。模型计算结果大于或等于预设阈值（0.50D）时建议进行睫状肌麻痹验光。通过对145例4～15岁中国儿童青少年应用盐酸环喷托酯滴眼液进行睫状肌麻痹前后验光，对比模型预测值和实际屈光度变化值发现，三个模型成功判断睫状肌麻痹前后发生具有临床显著意义的等效球镜度改变(0.50 D及以上)的准确率分别达到82%、85%和86%。该发明能对睫状肌麻痹前后等效球镜度改变度进行预估，预测性较高。

（杜　静）

【一种白内障手术专用劈核器】 该项目由天津医科大学眼科医院杨军研制，2020年12月专利获授权。该实用新型专利公开一种白内障手术专用劈核器，包括劈核器手柄、劈核器连杆和劈核刀，劈核器手柄与劈核器连杆连接，劈核器连杆靠近劈核刀的一端设置有“U”型连接口，劈核刀靠近劈核器连杆的一端插置于“U”型连接口，并通过枢轴与劈核器连杆转动连接。该实用新型将劈核器连杆与劈核刀转动连接，手术时，能够根据眼核大小，调整劈核器连杆与劈核刀之间的夹角以完成对眼核的夹持，实用性更高。

（杜　静）

【一种视力检查装配墙】 该项目由天津医科大学眼科医院韩丁研制，2020年12月专利获授权。该实用新型专利公开一种视力检查装配墙，包括背板，背板前端设置有前框板，框体中设置有视力表，背板背部设置有与建筑物固定的固定结构，前框板上部形成安装槽，其中设置有横向的装配杆，其上套有调节套，调节套外壁处设置有线激光器。所述装配杆中形成对调节套一侧进行轴向限位的轴环，装配杆一端形成外螺纹，调节套套入装配杆后，限位螺母拧到外螺纹上对调节套另一侧进行限位。该实用新型通过能够在装配杆上转动的调节套实现线激光器发射角度的调整，调节套完成发射角度的调整后，通过背板中的顶紧螺栓、顶紧套能够实现调节套的锁紧。便于户外开阔地带的视力检查，可附于建筑物墙体。

（杜　静）

【镜片、眼镜及获取离焦量参数、配镜和评估效果的方法】 该项目由天津医科大学眼科医院魏瑞华等完成，2020年12月专利获授权。该发明涉及一种镜片、眼镜，以及获取离焦量参数、配镜和评估近视控制效果等方法。专利提供的周边离焦镜片包括中央光学区，该区外设置有环形的离焦区，离焦区的离焦量在环向上存在变化。角膜塑形镜镜片的基弧区和反转弧区中至少之一在周向上存在结构变化。专利获取离焦量参数的方法包括：采集用户角膜上或近视患者角膜和镜片组成的屈光系统上多个样点的离焦量，样点分布在以角膜中心为原点的坐标系中的多个方向角上；根据角膜上多个样点的离焦量得到离焦量参数。该专利提供一种根据离焦量参数确定所述角膜塑形镜对所述近视患者的近视控制效果的方法。

（杜　静）

【一种用眼监护眼动仪】 该项目由天津医科大学眼科医院杨瑞波与天津牧瞳星科技有限公司共同研制，2020年12月专利获授权。该实用新型专利涉及眼病防控技术领域，公开一种用眼监护眼动仪，包括眼动仪外壳，其一侧外壁开设有圆槽，且圆槽的内壁通过螺栓固定有摄像头，眼动仪外壳的一侧外壁开设有声音播放孔、第一安装孔，且第一安装孔的内壁设置有追踪键，其外壁设置有追踪键指示灯，眼动仪外壳的一侧外壁开设有第二安装孔，且第二安装孔的内壁设置有康复键。实用新型的摄像头在有效视角范围内采集人眼动态影像，在进行瞬目、眨眼训练过程中实时追踪眨眼。该专利实现产品量产，并获批国家二类医疗器械注册证，作为国内首款瞬目监测分析仪，利用空间识别技术处理采集的影像信息，识别眨眼，通过核心算法计算得到用户在监控时间段内瞬目频率，基于互联网及物联网技术远程数据传输和分析，医生可通过电脑工作站接收并对患者用眼状态进行诊断。该产品为轻量化可移动便携式诊断仪器，全面面向家庭、社区、医疗机构，可全天候携带，降低就医成本，便于市场推广，提供智能便携式创新型医疗健康管理的服务模式。

（杜　静）

中医中药

【五味子对肾脏疾病的保护作用及机制研究】 该项目是由天津市中医药研究院张勉之、张大宁、谭小月等承担的国家自然基金面上项目，2019年

6月结题，获得2020年度天津市科技进步二等奖。该项目在国医大师张大宁教授提出的补肾活血理论是治疗肾脏疾病的基本大法，五味子是补肾活血组方中的主要药物之一的理论指导下，选择临床常见的糖尿病肾病、阿霉素肾病、药物肾损伤、缺血再灌注肾损伤等肾脏疾病，通过系列实验研究探索五味子对肾脏疾病的保护作用及其可能作用机制。糖尿病肾病是糖尿病严重微血管并发症之一，研究团队利用链脲佐菌素诱导小鼠模型和自发型二型糖尿病肾病小鼠进行实验，验证了五味子醇提液对糖尿病肾病有保护作用，其机制可能与上调E-cadherin、Nrf2、HO-1，下调α-SMA和PAI-1的表达，抑制肾小管上皮-间充质转分化和氧化应激有关。阿霉素所致的阿霉素肾病模型具有慢性进展性肾损害的特点，研究团队通过阿霉素诱导体外足细胞损伤建立实验模型，验证了五味子醇提液能拮抗阿霉素对足细胞的损伤，其机制可能与上调nephrin和下调desmin的表达有关。顺铂是临床中较为常见的引起肾脏损伤的药物，研究团队通过小鼠腹腔注射顺铂及体外顺铂导致肾小管上皮细胞损伤建立体内外实验模型，验证五味子乙素对顺铂肾损伤有防治作用，其机制可能与其上调P21和下调Caspase-3、p53的蛋白表达水平，抑制肾小管上皮细胞凋亡有关。肾脏对机体处于缺氧与缺血的状态极为敏感，研究团队通过夹闭小鼠双侧肾蒂及氯化钴诱导肾小管上皮细胞缺氧建立体内外实验模型，验证五味子乙素对缺血再灌注肾损伤有防治作用，其机制可能与下调肾组织Caspase-3和上调Bcl-2/Bax值，抑制肾小管上皮细胞凋亡有关。该项目通过系列实验研究发现五味子对多种因素造成的肾脏损伤具有保护作用，作用机制与其抗凋亡、抗氧化应激等相关。项目研究成果发表于国内外专业核心期刊，为进一步探索中医药防治肾脏疾病提供经验。

（叶　梅）

【中药材低氧气调养护技术研究及应用】 该项目由天津森罗科技股份有限公司周华华、晋朝、孙双双等完成，获2020年度天津市科技进步二等奖。该项目开发不同形式、不同规格高气密刚性库、柔性库、储藏柜，攻克影响密封性的关键技术及工艺；结合中药材气调养护需求，满足中药材低氧气调养护、杀虫防霉及气调保鲜等需求。针对20余种易虫蛀、霉变、变色、泛糖等中药材及饮片开展低氧气调养护研究，确定最佳气调参数与养护工艺。符合现行中药材仓储技术、管理、气调养护等规范及《中国药典》要求，满足中药材自动化、智能化、规模化仓储养护需求，适用于中药材产集地、仓储物流、加工包装等环节气调养护处理。

【基于蛋白质组学的针刺人迎穴干预高血压的量效关系研究】 该项目由天津中医药大学第一附属医院王舒、沈燕、樊小农等完成，获2020年度中国针灸学会科学技术奖二等奖。该临床研究显示采用以人迎穴为主穴的针刺降压方法在降低血压变异性、维持血压稳定、整体调节血压节律、减少高血压对靶器官的损害方面有优势。探寻针刺手法对降压效应的影响及内在机制，采用三种不同针刺刺激量作用于人迎、太冲或非穴，观察针刺对收缩压、舒张压、平均压的影响；采用ELISA法测定肾素，血管紧张素Ⅱ，醛固酮的含量，iTRAQ技术检测延髓蛋白质组，IPA背景数据库对蛋白的生物学功能，经典通路和互作网络等进行分析，揭示针刺人迎穴干预高血压量效关系的机制。研究结果发现：不同针刺刺激量作用于同一穴位的效应存在差异，针刺刺激量是血压调节效应的关键影响因素。人迎中频组相较于低，高频组的优势主要降压幅度大，疗效平稳，持续时间长等，研究确证人迎穴不同针刺刺激量干预高血压的量效关系。揭示人迎穴不同针刺刺激量干预高血压的降压效应与对肾素，血管紧张素，醛固酮的调节强度不同有关；建立自发性高血压大鼠延髓蛋白质组数据库，构建不同穴位不同针刺刺激量干预高血压效应的蛋白差异表达谱，探讨高血压的潜在发病机理及不同刺激量对效应的影响，为针刺的标准化推广、针刺降压的诊疗方案和临床路径的制定提供支撑。

（卢　珑）

【重症急性胰腺炎关键节点的中医药干预的效应机制】 该项目由天津中医药大学第二附属医院王

卫生健康科技

红、韩俊泉、曲鹏飞等完成，获2020年度中国中西医结合学会科学技术奖三等奖。该项目研究急性胰腺炎发病机理，提出并论证经典方剂大陷胸汤抑制、大承气汤、清营汤、宣白承气汤、葛根芩连汤、金黄膏对重症急性胰腺炎发生、发展、转归、预后的影响，以及对“肠屏障功能障碍”调控作用以保护肺及其多器官的效应机制的新观点；基于“六腑以通为用”“肺与大肠相表里”“透热转气”“逆流挽舟”等中医经典理论，首次结合经典理论提出“肺－肠－胰腺”轴并指出其在治疗急性胰腺炎的意义；创立“内外同治”法治疗急性胰腺炎的新方法，以期不失时机地治疗重症急性胰腺炎，减少并发症、死亡率及向慢性的转化。（卢　珑）

【复方黄柏液对大鼠皮肤电灼术后创面愈合影响】　该项目由天津市中医药研究院附属医院白朝、刘峰、徐艳艳等完成，2020年6月通过市卫健委验收。该研究通过观察复方黄柏液对大鼠皮肤电灼术后创面的愈合及对肉芽组织中VEGF、FGF-7表达的影响，证实复方黄柏液可促进大鼠电灼术后创面愈合及揭示可能的原因。药理研究证明具有抗革兰氏阳性菌、阴性菌，消炎和促进伤口愈合的药理作用，以及提高非特异性免疫力、增强单核巨噬细胞吞噬功能。统计分析大鼠电灼术后创面外用复方黄柏液后肉芽覆盖率及免疫组化方法检测肉芽组织中VEGF、FGF-7表达的影响，可促进创伤局部血管增生，使创面局部的微循环得以重建，增加局部血流量，促进肉芽组织增生；通过FGF-7的作用，促进创面组织再上皮化，促进伤口愈合。复发黄柏液为天然植物，安全用药，证实对电灼术后创面愈合有效，是中医外用治疗皮肤及软组织感染的特效药物。（叶　梅）

【葛根芩连汤调节肠功能改善慢性胰腺炎内外分泌功能的效应机制】　“‘腺泡－肠－胰岛轴’探讨葛根芩连汤调节肠功能改善慢性胰腺炎内外分泌功能的效应机制”项目由天津中医药大学第二附属医院贺燕丽、王红、韩俊泉等完成，2020年8月完成市科技局成果登记。该项目借鉴现代医学的研究成果，研究慢性胰腺炎内外分泌功能失调，提出并论证慢性胰腺炎发生后肠道的变化在大鼠胰腺细胞内外分泌功能受损过程中起着关键作用，以及经典方剂葛根芩连汤通过“腺泡－肠－胰岛轴”在慢性胰腺炎内外分泌功能紊乱中起着关键作用的新观点，为慢性胰腺炎的治疗提供新思路，降低死亡率及癌变发生率。（卢　珑）

【通里攻下法对急性胰腺炎胰岛β细胞功能临床干预及机制研究】　该项目由天津中医药大学第二附属医院曲鹏飞、王风、王红等完成，2020年8月完成市科技局成果登记。该项目以肠－胰岛轴为切入点，就通里攻下法对急性胰腺炎GLP-1影响，研究其对胰岛β细胞功能的影响。验证通里攻下法治疗急性胰腺炎除影响胰腺外分泌，对胰腺内分泌有影响。急性胰腺炎重症以实热或湿热蕴结、腑气不通为主要证侯。中医通里攻下法治疗急性胰腺炎临床效果显著，针对胰腺炎的痞、满、燥、实、坚的阳明腑实证的特点，中医常将通里攻下法作为其早期的主要治则。该研究为改善胰岛功能，阻断AP后糖尿病提供理论依据。（卢　珑）

【基于生活质量改善效应的稳定性冠心病以证驭病辨治方案】　该项目由天津中医药大学第一附属医院毛静远、张伯礼、王贤良等完成，2020年4月完成市科技局成果登记。该项目为建立基于生活质量改善效应的稳定性冠心病的中医辨证用药方案，纳入全国17个省、自治区、直辖市29家三甲中医医院的2046例稳定性冠心病患者，建立全国不同专家辨治稳定性冠心病中医诊疗信息数据库，把握改善稳定性冠心病患者生活质量的病－药、证－药、症－药的共性规律，明确能改善稳定性冠心病患者生活质量的常用中药，形成基于生活质量改善效应的稳定性冠心病中医辨证用药方案，提高中医临床辨治稳定性冠心病的有效性和规范性。研究成果在全国29家单位推广应用。（卢　珑）

【干燥综合征中医证候规律及疗效评价体系研究】　该项目由天津中医药大学第一附属医院刘

维、薛斌、吴沅皞等完成，2020年8月完成市科技局成果登记。该项目在虚毒瘀理论的基础上对干燥综合征进行辨证分型，采用多中心、临床、阳性药对照设计；运用口干VAS评分、眼干VAS评分、中医证候评分及实验室指标等主观和客观评分联合评价疗效的研究。从多层次全面对从虚毒瘀论治干燥综合征的理论依据、物质基础、临床应用等进行系统性研究，研究形成燥综合征中医诊疗方案。成果被国家中医药管理局重点专科采用，形成干燥综合征中医临床路径。

（卢　珑）

【“从毒论治”痛风及高尿酸血症的疗效机制及临床实证】 该项目由天津中医药大学第一附属医院刘维、张磊、吴沅皞等完成，2020年8月完成市科技局成果登记。该项目经流行病学调查表明，中国痛风患者的男女比例为14.7∶1，发病年龄（48.8±15.1），平均血尿酸水平（526.7±132.3）μmol/L。痛风患者的合并症累及系统较多，多是合并高血压患者，并有半数患者的体重指数（BMI）超标。饮酒和高嘌呤饮食仍是男性痛风发作的主要诱因。患者首次就诊的确诊率较高，平均达到80%以上，首要临床症状中以单关节疼痛为主，且关节炎发作次数与病程长短成正相关。治疗痛风患者的药物多为非布司他，整体看其血尿酸水平达标率很低。中医药在治疗痛风及高尿酸血症上有优势，具有副作用小，疗效确切及价格低廉的优势。探索基于清热解毒、利湿化浊法的痛风及高尿酸血症中医诊疗方案的疗效与安全性，为中医药治疗痛风及高尿酸血症提供理论依据；通过科学严谨的随机对照试验进行临床验证，确立一套理、法、方、药齐备的痛风及高尿酸血症诊疗评价体系并推广应用于临床。

（卢　珑）

【以金黄膏药对配伍规律探究外用中药透皮给药系统的物质基础】 该项目由天津中医药大学第二附属医院王红、刘俊红、韩俊泉等完成，2020年8月完成市科技局成果登记。该项目以金黄膏药对配伍规律探究外用中药透皮给药系统的物质基础。在辨证论治理论指导下，首次提出外用中药透皮的“腠理开阖学说（透皮通道的实质）”，借鉴现代医学研究方法，通过离体与在体实验，揭示金黄膏透皮给药的药对配伍规律，探讨外用中药透皮的物质基础和规律，暨药物理化性质，透皮促进剂对透皮吸收的药剂学规律，初步建立起能预测药物透皮吸收的数学模型。

（卢　珑）

【针刺人迎穴对SHR大鼠钙激活钾通道调控机制的研究】 该项目由天津中医药大学第一附属医院张丽丽、赵红、韩林等完成，2020年10月完成市科技局成果登记。该项目研究不同频率捻转针刺手法作用于人迎穴对血压的影响，从离子通道角度探讨针刺治疗高血压的机理。针刺效应评价的研究结果发现120次/分（2次/秒）的捻转手法作用于人迎穴有降低自发性高血压大鼠收缩压和舒张压的作用；胸主动脉形态学研究表明，针刺人迎穴血管壁细胞层结构完整，细胞排列尚整齐，提示针刺对SHR大鼠血管有保护作用；基于大电导钙激活钾通道（BKCa）机制的研究，发现针刺人迎穴的降压机制可能与提高BKCa通道的开放概率有关；基于大电导钙激活钾通道（BKCa）关键调节亚基表达的研究结果尚未发现针刺对BKCaβ1亚基表达的影响。综上研究发现120次/分钟的捻转手法作用于人迎穴可降低自发性高血压大鼠收缩压和舒张压，其降压机制可能与提高BKCa通道的开放概率有关。

（卢　珑）

【探讨针刺人迎穴降压的免疫机制】 “基于miRNA let-7i调控IL-6/STAT3信号通路探讨针刺人迎穴降压的免疫机制”项目由天津中医药大学第一附属医院赵晓峰、张春红、姜伟等完成，2020年12月完成市科技局成果登记。该项目系统评价发现针刺具有协同降压作用。基于团队前期发现针刺治疗可以调节miRNAlet-7i的表达，实验假说为人迎穴具有针刺降压作用，其机制可能通过miRNAlet-7i调控IL-6/STAT3通路，改善Th17/Treg平衡，增强免疫抑制功能，抑制EH中的心血管炎症，达到治疗原发性高血压的作用。该研究首次从miRNA和免疫综合途径探讨针刺降压的机制，学术上促进中医与现代研究成果的深入结合，为加深针灸治疗机制的理解和拓宽针刺治疗的范围提供基础，解除患者的病痛。在临床上"活血散风"针刺法具有手法量化及降压效果可靠的特点，对于原发性高血压安全、效果良好，成熟应用于临床诊治。（卢　珑）

【小檗碱对脂肪供肝缺血再灌注损伤的保护机制】 该项目由天津市第一中心医院喻文立、盛明薇、翁亦齐等完成，2020年9月通过市科技局验收。脂肪肝对缺血再灌注损伤敏感，肝移植术后发生原发性肝无功能的风险成倍增加。该项目应用传统中药单体小檗碱（黄连素），研究发现小檗碱对缺血再灌注损伤脏器有好的保护作用。首先结合临床脂肪肝供体肝移植病例回顾性试验，综合分析脂肪供肝缺血再灌注损伤的风险因素及围术期并发症；建立大鼠脂肪肝缺血再灌注模型，探讨传统中药提取物小檗碱对脂肪肝缺血再灌注损伤的保护作用及相关分子机制，明确小檗碱主要通过抑制肝组织内质网自噬所致内质网应激发挥对缺血再灌注后脂肪肝的保护作用。发表SCI论文2篇，中文核心期刊4篇；培养博士1人、硕士4人。（叶　梅）

【软坚散结方以IAPs为靶点诱导乳腺癌细胞凋亡的机制研究】 该项目由天津市医药科学研究所赵秀梅、胡蕴慧、刘洪斌等完成，2020年5月通过市卫健委鉴定。该项目通过MTT法和倒置显微镜，观察软坚散结（RJSJ）方对不同乳腺癌细胞生长和形态的影响，结果显示样品对各细胞的增殖具有明确的抑制作用。在体内抗肿瘤试验中发现，RJSJ方与5-Fu单用或合用均能延长EAC荷瘤小鼠的平均生存天数和MST；RJSJ方与卡铂单用或合用亦能抑制MDA-MB-231移植裸鼠肿瘤生长。通过流式细胞术发现RJSJ方对各乳腺癌细胞具有明确的诱导凋亡作用。进一步采用Western blot试验考察RJSJ方对乳腺癌细胞中IAPs及凋亡相关蛋白水平表达的影响。结果表明：RJSJ方能显著抑制cIAP1、cIAP2、XIAP的表达，下调Caspase-3/7/9表达水平。为揭示软坚散结法治疗乳腺癌的分子机制提供充实的研究数据，对该复方开发成为抗肿瘤辅助药奠定实验基础。（赵秀梅）

【基于PRR调控细胞自噬对心肾阳虚治则作用研究】 该项目由天津市医药科学研究所李旭、郝迪、江茜等完成，2020年5月通过市卫健委鉴定。该项目确定心肾细胞中PRR非AngII功能调控细胞自噬的作用，发现该机制在心肾细胞中有所不同，为心肾细胞分子机制、心肾疾病的新靶点研究提供基础依据和方法。采用实验性心肾综合征大鼠模型，对PRR调控自噬相关通路因子进行验证，说明PRR作为心肾联动因子在心肾疾病中具有调控细胞自噬的生物学意义。以参附强心丸为受试药，诠释参附强心丸在治疗心肾疾病通过下调PRR的表达，对心肾组织中细胞自噬具有调控作用。揭示"益气温阳、活血利水"的方药能通过调控细胞自噬以达到抑制心肾衰竭的作用。（李　旭）

【复方红景天调控GSK3β/Nrf2通路改善缺血性中风机制】 该项目由天津市医药科学研究所刘庆焕、王莲、王宏等完成，2020年5月通过市卫健委鉴定。该项目依据中医学"气血血瘀"相关理论，以益气活血、化瘀通络中药复方红景天为研究对象，GSK-3β/Nrf2信号调控为切入点，探讨复方红景天提取物改善缺血性中风的机制；对复方红景天滴丸的提取工艺和制剂工艺进行优化，作为缺血性中风的潜在药物应用于临床实践。建立MCAO大鼠模型，观察神经行为学，TTC染色测定梗死灶范围，HE染色和Tunel染色观察组织形态与神经细胞凋亡情况；Western blot与PCR测定GSK3β/Nrf2通路相关蛋白与mRNA的表达；多指标结合层次分析综合评分法优化复方红景天滴丸的提取工艺和制剂工艺。该项目从整体、组织和分子水平逐层阐释复方红景天对缺血性中风的保护作用，揭示复方红景天通过调控GSK3β/Nrf2信号通路而抑制氧化应激与细胞凋亡是其可能的作用机制。（刘庆焕）

【基于p38信号通路的井穴放血法对急性一氧化碳中毒的脑保护作用机制研究】 该项目由天津中医药大学岳颖、王卫、李忠正等完成，2020年12月完成市科技局成果登记。该项目挖掘有效的针灸干预措施，阐释相关机理。前期临床配合应用井穴放血干预急性一氧化碳中毒（ACOP）有效的基础上，建立井穴放血治疗ACOP大鼠实验研究平台，从信号转导通路方向研究说明井穴放血法对ACOP大鼠脑组织炎症反应的信号调控通路p38MAPK的调节作用，初步阐释井穴放血法对ACOP大鼠的脑保护作用的部分机理，为中医针灸疗法应用于ACOP的救治提供可靠实验依据。发表论文5篇，其中SCI论文1篇。培养博士、硕士各1人。 （卢 珑）

【基于HIF/EPO通路的复方景川片对缺血性脑损伤的神经保护作用研究】 该项目由天津市医药科学研究所王文彤、张岩、王宏等完成，2020年7月通过市科技局验收。复方景川片以“益气活血，化瘀通络”为原则，与脑缺血神经损伤“气虚血滞、脉络瘀阻”病机相吻合。该项目首次使用该药物干预缺血性脑损伤，从神经功能评分、脑组织病理学和神经细胞凋亡等方面，揭示复方景川片对缺血性脑损伤的保护作用；采用现代分子生物学的方法，论证复方景川片通过HIF/EPO信号通路发挥神经保护假说，首次揭示复方景川片对脑缺血后神经保护作用的信号途径与分子靶点；采用成分药动与效应药动两种方式对其进行初步药代动力学研究，得到大鼠口服复方景川片后的药时曲线及组织分布情况，应用该方为预防和治疗脑缺血性疾病提供依据。

（王文彤）

【针刺治疗阿尔茨海默病的机制】 “基于miR-144对Nrf2介导抗氧化应激的负调控作用探讨针刺治疗阿尔茨海默病的机制”由天津中医药大学第一附属医院赵岚、阚伯红、史慧妍等完成，2020年9月完成市科技局成果登记。该项目通过观察miR-144、Nrf2及其相关抗氧化酶在SAMP8神经元氧化应激损伤中的作用，揭示miR-144参与AD病理损伤的作用机理。应用Morris水迷宫观察三焦针法对SAMP8小鼠行为学的影响；应用ELISA方法观察针刺对海马组织Aβ、氧化应激产物4-HNE、MDA、8-OHdG和ROS表达的影响；应用荧光定量PCR、免疫印迹和ELISA技术观察针刺对miR-144、Nrf2基因及Nrf2蛋白表达，以及抗氧化酶SOD、CAT、GPX1、GCL、GR和GST等基因和蛋白表达的影响。观察针法的腧穴特异性，研究针刺腧穴和非穴在通过调控miR-144抗氧化应激方面的作用差异。分析miR-144、Nrf2及相关抗氧化酶诱导氧化应激损伤与AD的关系，以及三焦针法调节miR-144异常在抗氧化应激治疗AD中的作用。研究结果表明miR-144对Nrf2介导的抗氧化反应的负调控作用，可能是早发性AD的病因，从氧化应激角度研究“miR-144/Nrf2/抗过氧化酶系”途径对AD发病的影响。该项目首次从针刺调节“miR-144/Nrf2/抗过氧化酶系”角度，研究调理三焦与抗氧化应激治疗AD的内在联系，探讨针刺的作用机制。基于“三焦气化失司导致痴呆”的病机，三焦针法治疗AD临床疗效良好。 （卢 珑）

【调律汤对阵发性房颤脉搏波传导速度、左房内径、BNP研究】 该项目由天津市中医药研究院附属医院樊瑞红、延秀敏、黄传惠等完成，2020年6月通过市卫健委验收。该项目通过调律汤对阵发性房颤脉搏波传导速度、左房内径、BNP研究调律汤治疗阵发性房颤的疗效，治疗阵发性房颤效果较好，患者发作次数逐渐减少，每次持续时间缩短；调律汤改善患者不适症状效果尤为明显，中药毒副作用较小，减轻西药副作用；调律汤对房颤患者PWV、左房内径、BNP、血脂指标及中医症状、舌脉的有明显改善作用；调律汤治疗阵发性房颤临床疗效可靠、安全。该研究应用在天津市中医药研究院附属医院心内科指导临床医师对阵发性房颤患者进行中药干预治疗，改善房颤患者临床症状和体征，减少患者的西药用量等，为进一步探讨中药有效治疗阵发性房颤提供可靠的依据。 （叶 梅）

【中药联合化疗/免疫治疗对乳腺癌细胞体内外杀伤的研究】 该项目由天津市中医药研究院附属医

院李宏峰、韩凤娴、郝莎等完成，2020年12月通过市卫健委验收。该项目研究山药协同DC-CIK细胞和槐耳颗粒联合化疗药盐酸吡柔比星对荷MDA-MB-231乳腺癌干细胞瘤裸鼠的治疗效果，分析研究山药协同DC-CIK细胞和槐耳颗粒联合化疗药盐酸吡柔比星对荷瘤鼠生存状态、肿瘤组织的抑瘤率、血管内皮细胞生长因子（VEGF）的表达变化和C-Myc基因表达的变化。研究表明，乳腺癌的发生、发展与Akt信号通路的激活有一定的相关性，其中关键的原癌基因c-Myc参与肿瘤细胞的增殖、分化和凋亡等过程。分析其抗肿瘤的效果及机制，探讨用中西医结合的方法治疗乳腺癌，以延长乳腺癌患者的生命，提高生存质量。（叶　梅）

【穴位贴敷联合化痰活血方治疗COPD缓解期疗效观察】 该项目由天津市中医药研究院附属医院刘永平、刘茜、崔蕊等完成，2020年7月通过市卫健委验收。该项目临床观察的形式为对照组1：万托林1～2喷TID+穴位贴敷安慰剂+口服安慰剂；对照组2：生理盐水+穴位贴敷治疗剂+口服安慰剂；对照组3：生理盐水+穴位贴敷安慰剂+化痰活血方；治疗组：生理盐水+穴位贴敷治疗剂+化痰活血方。对照组患者血气分析、血流变中全血黏度、红细胞压积水平，观察患者治疗前后的中医证侯疗效情况。结果表明，穴位贴敷法是治疗COPD缓解期的有效方法，化瘀祛痰和恢复肺、肾脏腑功能是治疗的关键；采用穴位贴敷法联合化痰活血方辨证施治治疗COPD缓解期疗效肯定；二氧化碳分压、全血黏度、红细胞聚集指数均降低。（叶　梅）

【循环miRNA与寻常型银屑病中医证候的相关性研究】 该项目由天津市中医药研究院附属医院李珺莹、李红、姚卫锋等完成，2020年6月通过市卫健委验收。该项目采用实时荧光定量PCR法，检测不同中医证型寻常型银屑病患者血浆中miRNA进行对比分析，探讨血浆miRNA-146a、miRNA-155、miRNA-326在寻常型银屑病及其不同中医证型中的表达水平，以及与中医辨证分型的关系。结果发现血浆miR-146a、miR-155在寻常型银屑病患者中的表达水平升高，与疾病的严重程度呈正相关；与血瘀证和血燥证患者相比，血热证患者血浆miR-146a、miR-155相对表达量显著升高，有统计学意义。血燥证银屑病患者血浆miR-326的相对表达量较血热证和血瘀证明显减少，不同证型间比较有统计学意义。提示循环血浆miRNA在不同证型寻常型银屑病患者中存在表达差异，可作为寻常型银屑病中医辨证分型及病情预测的参考依据。以往的研究是检测银屑病患者皮损或外周血单个核细胞中的miRNA判断其和疾病的关系；该研究主要检测银屑病患者血浆中的循环miRNA，说明血浆循环miRNA可作为一种银屑病协同诊断、中医辨证施治及判断预后的生物学指标。（叶　梅）

【黄连膏封包联合淀粉浴佐治肥厚型银屑病的临床护理研究】 该项目由天津市中医药研究院附属医院孙娟、赵振宇、李青等完成，2020年6月通过市卫健委验收。该项目用黄连粉、麻油、蜂蜡经文火熬制成的黄连膏，对早中期的肥厚型银屑病，在缩短病程、促进皮疹消退、缓解皮肤瘙痒及情志等方面疗效好；具有清热凉血解毒、润肤祛风止痒、润燥通络的作用。按随机数字表法将120病例均分4组，1组用皮肤科淀粉药浴；2组用黄连膏封包法；3组用淀粉药浴联合黄连膏封包法；对照组用皮肤科常规护理，比较4组患者的银屑病皮损面积及严重程度评分（PASI）、临床疗效指数、患者瘙痒程度视觉模拟评分（VAS）、皮肤病患者生活质量评分（DLQI）。将黄连膏涂抹于肥厚型银屑病患者皮损处，辅以封包治疗，发挥中药成分作用，结合辩证施护方法及音乐疗法，研究结果显示：黄连膏封包联合淀粉浴可降低PASI，改善患者皮肤瘙痒症状，促进皮损的恢复，提升患者的舒适度。（叶　梅）

【探讨凉血消风法治疗血热型银屑病的机制】 “基于组蛋白乙酰化修饰对NK-κB通路的调控探讨凉血消风法治疗血热型银屑病的机制”项目由天津市中医药研究院、天津市儿童医院王红梅、王维、许伾、马百成等完成，2020年3月通过国家自然基金委验收。该项目通过银屑病PBMC蛋白组学研究证实，差异蛋白主要参与氧化应激，细胞代谢和信号转导过程，参与氧化磷酸化通路、NF-kB通路、TCA通路。研究发现银屑病患者PBMC，IKKβ激酶被激活，IκB发生磷酸化，释放p50-p65二聚体入核，NF-κB信号通路得以激活。入核的NF-κB信号通路效应分子以磷酸化形式存在，即P-p50和P-p65，与DNA结合，转录活化，加剧炎症因子的表达；表观遗传学在NF-κB发挥重要作用，HAT1表达降低，p65赖氨酸310位点乙酰化水平升高、H3K9乙酰化与H4乙酰化降低；同时，SIRT3的表达水平降低，SIRT5的表达水平增加，线粒体呼吸链复合物ND6、SDHB、COX4表达降低，线粒体能量代谢增加，ROS升高，导致细胞凋亡增多。凉血消风汤能够通过抑制效应因子p65，增加组蛋白H3和H4的乙酰化水平，抑制NF-κB通路表达；调节线粒体呼吸链复合物的活性，抑制PBMC的能量代谢和凋亡。（叶　梅）

【微血管生成防治银屑病的边天羽养血祛风机制】 该项目由天津市中医药研究院附属医院王秀娟、吴玲玲、郭涛等完成，2020年6月通过市卫健委验收。该项目针对皮肤真皮组织微血管固有形态结构特点，引入体视学、计算机3D图像重构与细胞三维体外培养体系构建等方法与思路；以“等高线法”予以药效评价、筛选优势药物组合，探索中医药抑制真皮微血管生成的药效评价与靶点的新途径。通过咪喹莫特诱导PS小鼠建立“银屑病”早期皮肤损伤模型，观察养血祛风法载体复方牛3号对病变真皮组织的作用机制；通过观察动物实验模型的皮损评分及病理改变情况，阐释基于边天羽养血祛风法的复方牛3号的作用机制。对各检测指标行单因素方差分析，分析和判断VEGF/VEGFR-2、Ang-1/ Ang-2/Tie-2表达与微血管形态结构指标改变的相关性。初步证实养血祛风法可对PS早期真皮微血管生成予以有效抑制，延缓PS整体病变进程。该项目脱离既往跟踪西医机制阐释的PS中医药防治研究模式，遵中医“同病异治，异病同治”“既病防变”的治则治法理论，把握“真皮微血管生成”这一皮肤疾病共性病理改变，研究着眼于养血祛风法调控血管生成信号网络关键节点，干预真皮微血管生成进程。（叶　梅）

【从蛋白表达探讨定志益聪颗粒对VD的作用机制】 该项目由天津市中医药研究院附属医院杨秀娟、杨元庆、李思等完成，2020年6月通过市卫健委验收。该项目通过双侧颈总动脉闭塞法制作血管性痴呆模型，将62只SPF级雄性SD大鼠随机为正常组、假手术组、模型组、多奈哌齐组、定志益聪颗粒组，每组10只。多奈哌齐组、定志益聪颗粒组予相应药液，正常组、假手术组、模型组予等量生理盐水。造模后56天开始灌胃给药，连续30天。Morris水迷宫行为学测试后取材。实验显示与正常组、假手术组比较，模型组大鼠的空间学习、记忆能力下降（$P<0.05$）；海马组织存在明显的病理学表现；$A\beta_{1-42}$、P-tau (Ser396)、P-tau（Thr231）、Gsk-3β在海马组织的相对表达量上升（$P<0.05$）；海马CA1区$A\beta_{1-42}$、Gsk-3β的阳性表达增多（$P<0.05$）。与模型组比较，定志益聪颗粒组大鼠的空间学习、记忆能力提高（$P<0.05$）；海马组织的病理学表现有所改善；$A\beta_{1-42}$、P-tau（Thr231）、Gsk-3β在海马组织的相对表达量下降（$P<0.05$）；海马CA1区$A\beta_{1-42}$、Gsk-3β的阳性表达减少（$P<0.05$）。定志益聪颗粒可提高血管性痴呆大鼠的学习、记忆能力；对血管性痴呆大鼠海马CA1区的神经元锥体细胞具有保护作用，可缓解其退行性改变；通过下调海马组织Gsk-3β的表达，减少$A\beta_{1-42}$和P-tau（Thr231）在海马组织的沉积，对血管性痴呆起到治疗作用。（叶　梅）

【由p38MAPK通路初探大黄—丹参对CRF的“活血排毒”机制】 该项目由天津市医药科学研究所陈冠、贾淑杰、王梓等完成，2020年5月通过市卫健委鉴定。该项目结合肾衰Ⅰ号具有抑制p38MAPK信号通路中的KIM-1和NGAL的表达的前期结果，以“活血排毒”配伍为切入点，研究大黄、丹参配伍对p38MAPK通路的调节作用。首先测定大黄、丹参中芦荟大黄素等4种指标性成分的含量；采用单侧输尿管结扎（UUO）法造模，测定各组大鼠血清尿素氮（BUN）、血清肌酐

(SCr)、IL-18和IL-6的水平；取梗阻侧肾脏组织，HE染色和Masson染色观察肾损伤和纤维化损伤程度，免疫组化法比较各组肾脏组织中TGFβ1的表达，免疫印迹法测定肾脏组织中p-p38的表达。HPLC结果显示四个主要成分芦荟大黄素等四种成分含量符合药典规定。以UUO大鼠为模型，各给药组的BUN和SCr较模型组均有不同程度的下调；给药组与模型组相比，IL-6和IL-18值均显著下调（$P<0.01$）；HE和Masson染色显示，各组较模型组均表现出不同程度减轻，其中阳、全方和西阳在肾损伤和间质纤维化程度方面改善相对明显，高剂量组次之。实验结果表明，大黄、丹参对慢性肾衰的“活血排毒”机制体现在抑制p38磷酸化和TGF β1的表达，改善CRF的肾功能，减轻肾损伤和肾纤维化。

（陈　冠）

【基于冠脉通片内源调控VDR对补肾活血法抑制血管钙化研究】　该项目由天津市医药科学研究所王蕾、张岩、袁玲等完成，2020年5月通过市卫健委鉴定。该项目通过维生素D缺乏饲料建立维生素D缺乏小鼠模型，观察冠脉通片对维生素D缺乏状态下的血清中活性维生素D水平的调节，以及维生素D受体的调控作用。通过腺嘌呤+高磷饮水建立CKD-VC大鼠模型，观察冠脉通片对肾功能、血清钙、血清磷水平、血管钙含量、血管钙化形态学指标的改善作用，并通过观察肾组织、心肌组织、主动脉组织中骨转化相关蛋白表达，分析冠脉通片对CKD-VC防治作用机制。针对临床维生素D制剂大剂量冲击的临床策略，将冠脉通片提高剂量至人用剂量24倍，对比内源性调控VD系统对CKD-VC血管钙化的效益/风险评估。结果表明，采用血管钙化大鼠模型和维生素D缺乏小鼠模型，证实冠脉通片可纠正低维生素D水平，可抑制CKD-VC大鼠血管钙化，可调控肾组织、心肌、主动脉中的VDR和CYP27B1，从维生素D调控机制揭示补肾活血法内涵物质及分子机制。

（王　蕾）

【补肾活血法干预糖尿病肾病肾小管损伤的临床研究】　该项目由天津市中医药研究院附属医院樊威伟、张新辉、焦剑等完成，2020年9月通过市卫健委验收。该项目通过观察补肾活血法干预糖尿病肾病肾小管损伤的临床研究，从HbA1c、LDL-C、TG、Cr、Ccr、尿微量白蛋白、24小时尿蛋白定量、NAG、尿β2-MG及中医症状积分为切入点，制定纳入排除标准，符合入选标准的糖尿病肾病患者，随机分为补肾活血联合常规治疗组（补肾活血组）及常规治疗组。常规组采取西药降压、降脂、降糖治疗；补肾活血组采取补肾活血中药制剂与西药常规治疗相结合的方法。分析两组各效应指标，探讨相关标志物的变化规律，探索尿蛋白水平及肾功能情况与肾小管损伤程度的关系。研究使用的新肾康宁胶囊在治疗糖尿病肾病方面临床有效，但缺乏系统的观察与研究，该研究在细胞因子领域探讨糖肾康胶囊治疗早期DN的药理机制。研究表明，补肾活血中药制剂新肾康宁胶囊联合西医治疗，明显改善早期及临床期糖尿病肾病患者的临床症状及中医证候；明显改善肾功能、减轻肾小管损伤，且优于单纯西药对照组。

（叶　梅）

【补肾活血祛浊中药内外合治慢性肾功能衰竭并发急性痛风】　该项目由天津市中医药研究院附属医院焦剑、车树强、李立等完成，2020年6月通过市卫健委组织的结题验收。该项目将60例慢性肾衰竭并发急性痛风性关节的患者采用随机数字表法随机分为对照组和治疗组，两组均采用禁食高嘌呤饮食、降血压、降血糖等基础治疗。治疗组内服加味清血汤。对照组口服美洛昔康片7.5mgQD。均观察15天，随访3个月。观察患者治疗前后的肾功能指标（Scr、BUN、GFR）、炎症指标（CRP、ESR）、血尿酸水平（SUA）、中医证候积分、痛风证候积分及痛风症状缓解时间等。实验表明，补肾活血祛浊中药可改善肾功能、降低血尿酸水平，改善炎症指标、减少中医证候积分和痛风证候积分，较美洛昔康片疗效好。通过内服加味清血汤，健脾补肾、活血化瘀、祛湿降浊，纠正患者的整体病变，改善肾功能、降低血尿酸；通过外用止痛贴，补肾活血、消肿止痛，治疗急性痛风的局部病变。运用补肾活血祛浊中药，内外同治达到治疗急性痛风及保护肾功能的作用，治疗方法安全有效。

（叶　梅）

【补肾活血降浊排毒、敷脐、血透患者功能性便秘的临床疗效观察】 该项目由天津市中医药研究院附属医院王华、崔宇晨、田津生等完成，2020年6月通过市卫健委验收。该项目用中药复方源自“肾衰方”，方中所用黄芪补益脾肾，扶助正气。该研究以补益脾肾、活血化瘀、降浊排毒为法，采用中药复方敷脐给药，促进大便排出，带走体内毒素、水分、减轻体重，减少每次透析量，减少相关并发症的发生。以补肾活血类中药为主，调节患者整体状态、局部症状为切入点，探讨补肾活血降浊药物对血透患者便秘的药理机制。适用范围广、用药方便、不良反应少等，能避免血液透析患者经口服药摄入过多水分等情况及服用药物可能造成血钾增高的危险。

（叶　梅）

【补肾活血法对肾性骨病干预的用药规律分析】 该项目由天津市中医药研究院附属医院张文柱、樊威伟、王子威等完成，2020年6月通过市卫健委验收。该研究基于中国中医科学院中药研究所开发的中医传承辅助系统软件，揭示应用补肾活血法治疗肾性骨病的临床思维模式、诊疗规律及中药应用组方规律、方剂配伍特点、发掘新方等，经过关联算法分析，发现补肾活血法对肾性骨病干预所用的药物比较集中，常用的药物有黄芪、大黄炭、川芎、大黄、丹参、土茯苓、茵陈、蒲黄炭等，诸药配伍具有补肾活血、利湿降浊排毒的功效，与肾性骨病肾虚血瘀、湿毒阻滞的病机一致。经过聚类算法分析，多角度对名老中医思想和经验进行分析和总结，认识补肾活血法干预肾性骨病治疗的学术思想和用药经验。

（叶　梅）

【三焦针法改善慢性肾脏病抑郁睡眠障碍的研究】 该项目由天津市第一中心医院常文秀、韩鹦赢、宋欣芫等完成，2020年5月通过市卫健委验收。该项目调查天津市第一中心医院慢性肾脏病管理中心非透析1～5期CKD患者的睡眠质量、抑郁症状发生率及相关生活质量情况；随访研究观察三焦针刺法对CKD3～4期未透析患者睡眠障碍及抑郁状态的干预疗效。透析前CKD患者合并睡眠障碍的发生率60.44%，高于自诉睡眠质量差者发生率17.33%，前三位影响睡眠质量的因素为夜间去厕所（84%）、夜间易醒或早醒（59%）、入睡困难（43%）。根据CKD分期及疾病严重程度将患者分为CKD1～2期者为早期组，CKD3期者为中期组，CKD4～5期者为晚期组。患者普遍存在睡眠质量差和抑郁情绪，各组间发生率虽无明显统计学差异，随CKD病程进展，睡眠质量差者及其合并抑郁者的发生率越来越高，中晚期患者睡眠质量差与抑郁情绪正相关。从236例患者中筛选出合并睡眠障碍并完成6个月随访的患者89例作为研究对象，随机选取30例患者实施“三焦针法”针灸治疗，其余59例患者作为对照组给予综合治疗。全部患者中男性占60.7%，平均年龄52.5岁，平均eGFR48.9mL/min/1.73m^2。针灸治疗总疗程为3个月，继续随访至6个月。三焦针刺法可显著改善CKD3～4期未透析患者睡眠障碍及抑郁状态，缓解“不寐”患者各项中医证候。研究以患者一般资料、PSQI评分、BDI评分、实验室指标及估算的肾小球滤过率（eGFR）作为协变量，按1：1比例进行倾向评分匹配，重新筛选出各协变量均匹配的对照组及针灸治疗组各28例患者，每间隔3个月进行评估，单纯通过综合护理随访不能有效改善未透析的CKD患者睡眠障碍及抑郁状态，但结合针灸治疗可达到持续改善的效果。

（叶　梅）

【治疗CKD2-4期用药规律分析及临床研究】 该项目由天津市中医药研究院徐英、韩阳、董少宁等完成，2020年6月通过市卫健委验收。该项目利用中医传承辅助系统软件，分析国医大师张大宁治疗CKD2-4期的用药经验，建立中医临床经验的新模式和切实可行的新方法，总结其治疗慢性肾脏病的临床思维模式、诊疗规律、经验及组方特点、核心处方，研究传承辅助平台所得新方，对CKD3期肾虚血瘀型的干预作用，为临床治疗慢性肾脏病提供新的治疗靶点及治疗方法。

（叶　梅）

【化浊解毒法改善糖尿病脂毒性机制研究】 该项目由天津中医药大学第一附属医院吴深涛、章清华、刘弘毅等完成，2020年1月完成市科技局成果登记。该项目从肝脏胰岛素抵抗（以PGC-1α，DGAT2，PPARγ三者相关性为切入点），IKK/NF-κB信号通路介导的骨骼肌炎症反应，IRE1α通路介导的内质网应激三方面对糖尿病脂毒性机制进行研究，根据自身提出的糖尿病由浊致毒的中医病机理论及化浊解毒理法方药，以化浊解毒法及方药（糖毒清颗粒）为手段进行干预，初步阐明化浊解毒法改善糖尿病脂毒性的机制及疗效。化浊解毒中药能够改善2型糖尿病IR动物模型糖脂代谢，改善胰岛素抵抗，提高实验组脂联素水平，降低瘦素水平，减少肝脏组织甘油三酯含量；可升高大鼠肝脏组织PPARγmRNA及蛋白表达水平，降低DGAT2mRNA及蛋白表达水平，可抑制IKK蛋白的磷酸化，提高IRS-1的mRNA和蛋白，磷酸化IRS-1蛋白水平；提升GLUT4的mRNA及蛋白水平，改善糖脂代谢及胰岛素抵抗。在临床研究中，化浊解毒方可改善糖尿病脂代谢紊乱患者的糖脂代谢紊乱。

（卢　珑）

【调理脾胃针法对糖尿病前期大鼠降糖作用的研究】 该项目由天津市中医药研究院附属医院周星娅、杨元庆、邢晓彤等完成，2020年6月通过市卫健委验收。该研究以高糖高脂饲料诱导2型糖尿病前期肥胖大鼠模型，以调理脾胃针法为干预措施，通过监测血糖（FPG）、血浆胰岛素（FINS）、胰岛素敏感指数（ISI）等理化指标，从细胞分子水平进一步揭示，该法对糖代谢影响的作用效应，为降低或逆转糖尿病前期提供实验证据；分析对骨骼肌组织IRS-1、IRS-2、GLU-4蛋白和mRNA的基因表达，揭示该法降低或逆转糖尿病前期的作用机制，为脾胃升降运化与现代医学胰岛素抵抗相关性的假说提供实验证据。

（叶　梅）

【黑升麻提取物对围绝经期大鼠代谢稳态及胰岛素受体基因mRNA的影响】 该项目由天津市第一中心医院刘英、江霞、赵立峰等完成，2020年5月通过市卫健委验收。基于围绝经期女性雌激素治疗尚存争议，黑升麻提取物具有天然雌激素效果，调节内分泌平衡，能降低糖尿病模型小鼠的胰岛素高峰后延，有效改善胰岛素抵抗指数（HOMA-IR）。该研究利用11月～15月龄雌鼠作为研究对象，最大程度的模拟围绝经期女性的代谢内环境，随机分组观察组间用药后大鼠的体重、血糖、胰岛素、血脂、皮质醇及hsCRP水平变化，在稳态模式下计算HOMA-IR和胰岛素敏感指数（ISI），采集处死后大鼠的骨骼肌和脂肪组织，利用半定量逆转录聚合酶链反应（RT-PCR）测定GLUT-4mRNA和InsR mRNA的表达，结果显示，黑升麻提取物具有维持围绝经期雌鼠体质量及糖脂代谢稳态的作用，特别是能有效改善机体HOMA-IR，为临床特定高危人群在预防代谢系统疾患方面提供支持。发表核心、专业论文各1篇。

（叶　梅）

【槐耳颗粒联合DC-CIK对荷结肠癌HT29干细胞裸鼠杀伤应用】 该项目由天津市第四中心医院窦金霞、陈强、崔晓旭完成，2020年12月通过市卫健委验收。槐耳可抑制肿瘤血管的生成，诱导细胞凋亡。体外实验表明槐耳通过引发细胞凋亡抑制黑色素瘤细胞（A875）、肺腺癌细胞（A549）、乳腺癌细胞（MCF-7和MDA-MB-231）/肝癌细胞（Hep G2）和卵巢癌细胞（SKOV3，SKOV3.ip1和HEY）的增殖。该项目建立结肠癌干细胞裸鼠模型，通过治疗DC-CIK细胞，裸鼠的生存状态、瘤体生长速率、肿瘤组织病理学变化、肿瘤组织凋亡情况、c-Myc基因表达、Bax蛋白和Bcl-2蛋白表达均好于对照组（生理盐水组）。通过槐耳颗粒联合DC-CIK对荷结肠癌HT29干细胞裸鼠体内杀伤实验，分析联合治疗后肿瘤组织PI3K/Akt、Wnt/β-catenin和Notch信号通路关键基因表达水平变化；动物实验的瘤体Bcl-2与Bax蛋白表达及肿瘤细胞凋亡情况，为建立有效的中西医结合治疗结肠癌提供临床依据。

（叶　梅）

【治疗大鼠溃疡性结肠炎的研究】 “肠道菌群介导的化瘀通阳方影响IL-23/JAK-STAT信号通路治疗大鼠溃疡性结肠炎的研究”由天津中医药大

学第一附属医院施丽婕、王静、柴士伟等完成，2020年10月完成市科技局成果登记。该项目分析化瘀通阳方对溃疡性结肠炎大鼠肠道菌群多样性、菌群构成和功能及肠道菌群代谢产物－短链脂肪酸的影响，从微生物学和代谢组学角度揭示化瘀通阳方缓解UC的机制。通过研究证实该项目研究假说，研究化瘀通阳方对IL-23/JAK-STAT信号通路的影响，筛出相关蛋白，全面掌握溃疡性结肠炎的发病机制。成果为UC提供一种较好的疾病诊治方法，为寻找靶向药物提供新思路。

（卢　珑）

【基于HIF-1和TAK-1信号通路研究升阳益胃汤对溃疡性结肠炎的干预机制】 该项目由天津市中医药研究院附属医院杨阔、刘华一、王秀娟等完成，2020年11月通过市卫健委验收。该研究采用5%葡聚糖硫酸钠盐溶液口饲法建立大鼠模型，将其分为正常组、模型对照组、阳性药SASP组和升阳益胃汤高、中、低剂量组并给予相应治疗措施。观察其一般状况及便隐血情况，28天后采集结肠标本，运用免疫组化法、ELISA检测其HIF-1与TAK-1水平，电镜下观察其结肠组织情况。结果表明：升阳益胃汤可有效改善溃疡性结肠炎症状及病理情况，降低炎症通路HIF-1和TAK-1表达水平，抑制炎症的反应，促进病变组织修复，对溃疡性结肠炎起到治疗作用，有一定的量效关系。为中药治疗该病从分子细胞学水平提供一定的客观依据、可靠有效的理论和新靶点。

（叶　梅）

【直肠测压评定穴位刺激治疗神经源性肠道疗效】 该项目由天津市人民医院和天津市环湖医院张颖、金书晓、侯东哲、杜文君等完成，2020年6月通过市卫健委函审。该研究针对40例脊髓损伤且伴有神经源性肠道功能障碍患者，对照组予以常规康复治疗，配合针刺治疗，共治疗8周。观察针刺联合常规康复治疗对脊髓损伤后神经源性肠道功能障碍的临床疗效，探讨运用3D高分辨肛门直肠测压客观定量评估脊髓损伤后神经源性肠道功能障碍。对照组评价方法选用分别在治疗前与治疗后应用3D高分辨肛门直肠测压、美国脊柱损伤协会评分、神经源性肠道功能障碍评分、日常生活能力改良巴氏指数。结果显示，穴位刺激联合常规康复治疗对脊髓损伤后神经源性肠道的疗效较常规康复治疗更显著，3D高分辨肛门直肠测压与量表评分结果具有较好的一致性，可以量化脊髓损伤患者直肠与肛门各项功能指标，为脊髓损伤后神经源性肠道的量化评估提供方法。

（叶　梅）

【中药资源保护及利用的立法建议】 该项目由天津市中医药研究院附属医院顾学宁、杨培树、张茜等完成，2020年1月通过市卫健委验收。该项目研究国内中医药立法情况和天津市中药资源及中药市场的实际情况。提出适合天津的关于中药资源保护及利用的立法建议。研究发现全国总体情况是野生中药资源日渐枯竭，天津总量不丰但种类多、少数品种蕴含丰富但未被开发利用。天津市中医药医疗资源丰富，中医药研发力量较强，生产设备和技术工艺国内领先，各类中医机构辐射范围广泛，实践中逐步形成中医医疗体系。中药产业的上游是采集与种植产业；中游是收购、加工、流通产业；下游是最终产品的零售环节。天津市具有上游产业薄弱；中、下游产业发达等特点，为天津市《中医条例》中的相关内容提供法条依据。

（叶　梅）

【天津市中医药科技创新体系整合优化研究】 该项目由天津市中医药研究院李树茂、马杰、陈玲等完成，2020年4月通过市科技局验收。该研究采用政策研究、调研座谈、专家咨询等多种方法，了解天津市中医药科技创新政策的现状。调研天津市中医药科技创新相关人员对政策的认知度和满意度，分析天津市中医药科技创新政策的执行情况。提出推进中医药科技发展的政策建议，为天津市完善中医药科技创新体系提供整合优化的方案。天津市出台《关于进一步加快我市中医药事业发展的决定》，提出阶段性细化方案《天津市加快中医药事业发展规划（2007－2015年）》《天津市大型科学仪器开放共享实施细则（试行）》《天津市支持科研院所创新发展实施意见》《关于支持国家级科研院所来津发展政策的实施细则（试行）》《天津市创新人才推进计划实施方案》《天津市促进科技成果转化条例》等。研究表明2006年至2018年第一作者中医药科技创新政策相关文献20篇，居全国第九位。该研究影响天津市中医药科技创新相关人员对政策满意度的相关因子有8个：对中医药科技政策的了解程度、中医药科技创新的规范管理、所在单位对中医药科研的重视情况、中医药科技创新的资金投入、条件的改善情况等。

（叶　梅）

【唐方教授治疗小儿肺系疾病学术思想研究】　该项目由天津医科大学第二医院张桐茂等完成，2020年5月通过市卫健委验收。该研究采用《唐方教授治疗小儿肺系疾病学术思想的收集病例手册》，通过望闻问切的检查方法及西医检查方法评价治疗效果，概括总结其用药的规律。影视录像采访唐方教授。通过万方医学数据库，收集发表关于治疗小儿呼吸系统的论文。通过多年临床实践归纳和总结出小儿咳嗽从"肺胃肝三脏"治疗理论。该理论以脏腑辨证为基础，具有紧抓主症、用药考究、灵活加减的特点。临床用药加减则依据肺主宣发肃降，故多予炙麻黄、桔梗开宣肺气，予桑白皮、葶苈子降气止咳，且小儿生理特点为"脾常不足"，故而过量进食之后，损伤脾胃，造成肺胃热盛同病。胃为多气多血之腑，故予红景天、地龙、牡丹皮活血凉血清热。通过对临床医案的分析，进一步阐释从"肺胃肝三脏"治疗理论，为小儿咳嗽的临床诊治工作提供有益借鉴。

（李劭鹏）

【"一带一路"背景下中药产品海外注册研究】　该项目由天津中医药大学王硕、何俗非、卢珑等完成，2020年12月完成市科技局成果登记。该项目围绕中医药"一带一路"全方位合作新格局，开展中药产品海外注册研究、海外标准、海外注册政策法规研究，整理分析中医药产品走向国际市场所需的政策法规、标准和市场等信息，完善中药产品海外注册库、中药海外标准库、中药外海注册政策法规库等数据库建设，优化中药海外注册数据库相关网站信息，探索中药产品国际化路径与模式，以期解决中国中药产品国际化开发过程中国际战略盲目化、路径错误化、产品无序化、思路和方法欠科学等问题，为国内企业开展更多中药品种国际化开发提供系统参考。

（卢　珑）

【基于互联通网的慢病智能管理云平台建设与示范推广】　该项目由天津中医药大学第一附属医院、天津市电子计算机研究所、天津中医药大学第二附属医院毛静远、孟昭鹏、苏杰、胡艳亚、徐强等完成，2020年12月完成市科技局成果登记。该项目建立集移动互联网、可穿戴设备、大数据分析、云计算、智能化系统于一体的综合技术服务平台；构建中西医结合高血压病、心力衰竭慢病智能管理云平台；完成涵盖300名高血压患者，75名心力衰竭患者的个人健康大数据档案的建设；平台的建立实现对慢病患者实时高效的随访跟踪与健康指导，使受试者享受方便、快捷的医疗服务，受试者较满意，该平台在天津中医药大学第二附属医院示范推广。

（卢　珑）

疾病预防

【天津市精神卫生流行病学调查】　该项目由天津市安定医院徐广明、尹慧芳、谷岩等完成，获2020年度天津市科技进步二等奖。该项目采用筛查+诊断的2阶段调查法、国际先进的SCID等调查工具对受访者进行面对面访谈。天津市抽调70余名精神科医护人员历时9个月完成现场调查。抽样总体为18岁及以上在天津市居住≥3个月的社区居民，通过多阶段概率与规模成比例随机抽样方法抽取具有全市代表性的15538名受访者样本，分布于天津市42个街道100个村居。通过调查精神障碍的患病率及其分布；评估精神障碍患者的功能水平和残疾程度；社区居民对精神卫生服务利用情况；评估社区居民睡眠质量；评估社区居民对精神疾病的态度和精神卫生知识的知晓率。结果显示天津市成年居民中各种精神障碍总的终生患病率为23.6%，30天患病率为12.8%。符合精神障碍诊断的社区居民中仅有4.5%接受过精神心理专科诊疗服务。全市居民精神卫生知识知晓率偏低，对精神疾病患者具有较高的歧视态度。项目创新在于首次获得具有天津市代表性的精神障碍流行强度及其卫生服务利用情况数据；国内首创以SCID作为主要调查工具的流行病学调查方法；首次对天津市60岁及以上老人的精神障碍及睡眠问题进行分析和探讨，以及修订贬低－歧视感知量表。项目调查结果“天津市居民精神障碍患病率、发病年龄及其相关因素”论文发表于《心理医学》。发表论文15篇，其中SCI论文6篇。研究成果指导天津市“十三五”期间全部重要的精神卫生规划和具体措施的制订，培养科研骨干百余人。（叶　梅）

【防治骨骼肌萎缩的关键技术和康复应用研究】 该项目由天津体育学院黄力平、曹龙军、刘畅格等完成，获2020年度天津市科技进步二等奖。该项目为其在脑卒中和骨科创伤等运动康复中应用提供关键理论和技术支撑，为针灸治疗增长肌力提供科学数据的循证依据，国内率先建立一套功能性评估关键技术，原创性地开发一套在职业场所和居家运动的精准训练关键技术及运动方案，职工、社区医生和医院等广泛应用；以评估为依据，针对办公室白领职业性颈肩痛和驾车司机职业性腰背痛等“健康时弊”的精准运动康复治疗关键技术，改进和提升防治慢性骨骼肌肉疼痛康复效果。

【全自动血型分析仪及系列检测卡的开发】 该项目由天津德祥生物技术有限公司黄志刚、王秀柱、王伟权等完成，获2020年度天津市科技进步二等奖。该项目取得三类医疗器械注册7项，产品与进口产品等效；全自动分析仪自动化程度高于进口仪器，每小时血型测试可达60个；建立多条全自动化生产线。

【亚单位流感疫苗的工艺研究及产业化生产】 该项目由中逸安科生物技术股份有限公司张艳、高辉、魏文进等完成，获2020年度天津市科技进步二等奖。该项目工艺的优化提高整个生产过程的效率和产品质量，制备出亚单位流感疫苗，实现流感疫苗产业化，通过Ⅳ期临床研究证明疫苗的安全性，产品具有安全性的比较优势，对大规模推广该产品的使用提供有效依据。

【应用大数据分析天津市吸烟疾病负担和控烟健康效果的研究】 该项目由天津市疾病预防控制中心江国虹、李威、王德征等完成，获2020年度天津市科技进步三等奖。天津每年吸烟相关疾病死亡占总死亡构成80%以上。该研究通过建立吸烟危害及控烟健康效果多维度指标评价体系，汇集大数据系统分析全市的相关结果，将数据转化应用推动健康政策。首先利用信息技术自主研发数据转换程序，创新性嵌入死因监测网路直报，在全国率先建立覆盖天津市的吸烟归因死亡的低成本回顾性队列，开展吸烟归因死亡研究，发现主要天津市劳动力人口35～79岁死亡的男性居民中，15.4%的死亡归因于吸烟，吸烟者平均减少5年寿命，肺癌死亡风险是不吸烟者的3.07倍，女性则为4.07倍；转化数据应用于推动全市的控烟、立法与实施，起草的《天津市控制吸烟条例（草案）》被天津市政府和人大采纳；采用中断时间序列模型，在国内首次对地方控烟法规实施的健康效益进行系统评估，发现35～64岁的年龄组急性心肌梗死死亡率在立法后立即下降4%，立法后净下降25%，在天津市实施控烟条例的3.5年间，通过模型预估有10000人避免死于急性心梗；将吸烟信息纳入心脏病急性事件报告系统，研究结果表明，条例实施后控烟场所职业人群心梗入院出现下降性，心脏病急性事件患者吸烟率整体呈现下降趋势，为建立烟草危害前瞻性队列研究奠定基础。（孙　颖）

【重点传染病病原体快速检测与分子特征研究体系建立及其应用】 该项目由天津市疾病预防控制中心李晓燕、苏旭、孔梅等完成，获2020年度天津市科技进步三等奖。该研究建立基于悬浮芯片技术、多重PCR、巢式RT-PCR和实时荧光PCR技术的快速检测体系；基于基因序列测定和生物信息学分析技术的病原微生物分子特征分析平台建设；成果应用于呼吸道病毒、手足口病相关病毒等常规监测和突发快速检测及分子特征研究。结果显示，可同时检测5种型别/亚型流感病毒的悬浮芯片检测法，实现不同型别/亚型流感病毒的快速鉴定；建立基于一代测序技术的甲型H1N1流感病毒全基因组测序方法，对仪器设备和技术要求较低；建立HMPV巢式RTPCR方法，首次对天津地区HMPV感染情况及其分子流行病学特征进行研究，确定天津地区HMPV优势流行型；成为天津市唯一一家（全国第二家）建立HMPV细胞分离方法的实验室，分离到3株HMPV毒株；运用生物信息学软件预测表位，构建HMPV多表位抗原，开发HMPV抗体ELISA检测方法；首次利用SYBR Green Ⅰ技术建立针对柯萨奇病毒A组2、4、5、6和10型的实时荧光RT-PCR检测方法，该方法灵敏、特异，成本低，便于在基层单位推广；首次对天津市造成手足口病暴发流行的人肠道病毒进行全面系统的分型鉴定，分析分子特征，结果表明各型天津分离株呈现一定的区域聚集性；成果应用到天津市各区疾控中心、儿童医院、天津海关等常规监测和突发检测，为天津市传染病病原体快速检测网络实验室及分子特征分析平台建设和新冠疫情检测提供技术支撑，多起传染病突发事件应对中发挥作用。发表SCI和核心期刊论文18篇，其中SCI论文6篇，1篇获中华医学会百篇中华优秀论文；获发明专利1件；引进新技术1项；获市科技成果4项，推广应用于9余家单位。

（孙　颖）

【单胺类神经递质在碘营养异常致儿童智力损伤中作用研究】　该项目由天津市疾病预防控中心刘洪亮、侯常春、赵亮等完成，2020年8月完成市科技局成果登记。该研究分析单胺类神经递质和相关基因多态性在碘营养异常致智力损伤中的作用。通过体内实验发现高碘长期暴露可损伤大鼠学习记忆能力，随碘浓度升高可引起血清中单胺类神经递质5-羟色胺（5-HT）、多巴胺（DA）、肾上腺素（E）和去甲肾上腺素（NE）的减少。人群流行病学调查显示，高碘病区儿童智力低于两个地区，其体内血浆DA和5-HT代谢发生紊乱；DA与智商的关系最明显，存在阈值效应。单胺类神经递质基因多态性检测结果发现，携带儿茶酚-O-甲基转移酶（COMT）AA和GA基因型的儿童智力存在差异，年龄和COMT基因型对智力影响存在交互作用，携带GA基因型的10岁～12岁儿童智商最低。多巴胺D3受体和5-羟色胺2A受体对智力影响时存在交互作用。5-羟色胺受体6 CT基因型和多巴胺β羟化酶AG基因型在高碘暴露儿童智力上存在负性影响。蛋白组学分析中筛选出19种血浆差异蛋白，可作为高碘/高氟神经毒性的特异性标志物，为阐明智力损伤机理提供参考。

（孙　颖）

【天津市空气质量健康指数的构建及公众健康风险预报】　该项目由天津市疾病预防控制中心曾强、王德征和北京大学李国星等完成，2020年5月完成市科技局成果登记。空气质量健康指数（AQHI）作为一种新型的评估和衡量空气质量与健康风险之间联系的指数，其将空气污染与急性健康风险之间明显的无阈值浓度响应关系进行综合，对各种大气污染物的超额死亡风险的暴露反应关系进行评估，比空气质量指数更能综合评估和预测空气污染对健康的影响。该研究以寿命损失年（YLL）和人群死亡作为健康结局指标，采用时间序列研究方法，建立天津主要大气污染物与人群每日死亡及YLL的暴露－反应关系；依据该暴露－反应关系采用主成分分析的方法建立天津市的AQHI，对AQHI的合理性和适用性进行验证；建立天津市AQHI的预测程序，实现天津市AQHI的计算和初步预测，为综合评估和预测空气污染的健康影响、准确地预报空气质量健康指数提供科学依据。

（孙　颖）

【疾病预防控制档案系统创建与标准制定研究】

该项目由天津市疾病预防控中心张美佳、孟郊、丁连明等完成，2020年11月完成市科技局成果登记。该研究针对天津市疾病预防控制档案管理和利用现状进行调查和分析，从受众角度分析、探索天津市疾病预防控制档案管理建设的标准，制定《天津市疾病预防控制档案管理办法》，推动疾控机构档案的安全管理和科学利用，建立疾控档案管理标准，以信息化建设为背景，综合运用现代信息技术，及时将相关资料完整的进行保存，以便在科研工作中能够充分利用资源，拓宽档案利用范围和层次，发挥档案的利用效益，提高服务水平，形成档案动态化使用的新思路，促进天津市疾病预防控制机构档案管理社会服务功能的多元化。

（孙　颖）

【一种疫苗接种门诊标准化智能管控系统】 该项目由天津市疾病预防控制中心陈伟、张颖、高志刚等完成，2020年5月完成市科技局成果登记，获国家发明专利证书。该发明利用最新互联网和物联网技术，结合预防接种工作规范管理要求，将技术与管理有机整合，开发适用于预防接种门诊的智能化工作流程管理系统，解决困扰接种门诊的秩序混乱、流程管理压力大、接种核对难以完全到位等问题，应用于预防接种实际管理当中，快速提升门诊服务水平和安全性。

（孙　颖）

【口腔综合治疗台用水微生物标准】 该项目由天津市疾病预防控中心纪学悦、费春楠、张颖等完成，2020年7月完成市科技局成果登记。口腔综合治疗台水路是一套复杂的相互连接的细孔管道，它向所有与之相连的DCU器械、口杯注水口和碗型冲洗出口供水。中国尚未发布相关消毒的方法和需要达到的微生物要求。该研究自2012年起连续多年对全市口腔诊疗机构开展监测，结果显示手机喷水细菌菌落总数可达105～106 CFU/mL，在多所医院检出铜绿假单胞菌等医院感染常见菌。该研究依据调查结果，对口腔综合治疗台用水相关的术语与定义、通用要求、水质监测、检查方法进行规定，尤其对供水水源细菌菌落总数应≤100CFU/mL，三用枪出水、牙科手机出水细菌菌落总数应≤500CFU/mL的两个限值指标进行规定。该标准作为口腔诊疗机构用水消毒卫生管理、卫生行政部门日常考核、疾病预防控制机构开展医院感染监测的依据。

（孙　颖）

【胃肠道软式内镜再处理效果评估及危险因素分析】 该项目由天津市疾病预防控制中心纪学悦、宁培勇、刘军等完成，2020年5月完成市科技局成果登记。该研究对天津市59家内镜中心的内镜再处理状况进行评估，证实泵辅助法与冲刷采样法对再处理后内镜活检管腔内微生物的回收率优于普通冲洗采样法，终末漂洗水采用胰蛋白葡萄糖酵母提取琼脂培养基进行微生物培养比采用普通营养琼脂培养基可获得更多的微生物，提示采样技术和终末漂洗水是内镜再处理评估的关键因素。

（孙　颖）

【男男性服务者手机软件交友和迁移模式研究】 该项目由天津市疾病预防控制中心于茂河、中国疾病预防控制中心性病艾滋病预防控制中心徐杰、天津医科大学崔壮等完成，2020年8月完成市科技局成果登记。该项目基于手机交友软件在网络途径寻找性伴的男性性工作者（MB）特征。根据LCA模型，MB人群可分为相对安全行为组、较高性行为风险组、多性伴组、无保护性行为及药物滥用组4个亚群。研究发现MB的迁移特征，即天津市MB的原户籍地主要来自中国北方地区，77.9%的人过去6个月去过2个以上的城市，非本市户籍的全职MB迁移更频繁，从事性交易的时间更长，感染艾滋病的可能性更高。该研究针对手机交友软件寻找性伴特征、不同亚群MB特点及有迁移史的MB提出艾滋病防治建议，填补国内MB人群迁移模式的空白。（孙　颖）

【工作场所苯职业暴露健康风险评价技术研究】 该项目由天津渤海化工集团有限责任公司劳动卫生研究所、天津德安圣宝安全卫生评价监测有限公司、天津渤化讯创科技有限公司和天津大沽化工股份有限公司承担，2020年12月通过天津技术产权交易有限公司鉴定。该项目研究基于生物监测指标的低剂量苯职业暴露评价技术、低剂量苯职业暴露致癌剂量－反应评价技术、苯职业暴露致癌风险评价技术、苯职业暴露非致癌慢性健康效应风险评价技术、苯职业暴露急性中毒事故风险评价及应急区域划分模拟技术、基于风险评价的苯职业病危害风险管理技术等一系列风险评价与管理技术，实现苯职业病危害预防控制技术的开发与集成创新。

（王志东）

【噪声职业病危害风险管理及监控预警技术的应用研究】 该项目由天津渤海化工集团有限责任公司劳动卫生研究所、天津德安圣宝安全卫生评价监测有限公司、天津渤化讯创科技有限公司和天津大沽化工股份有限公司承担，2020年12月通过天津技术产权交易有限公司鉴定。该项目研究噪声职业病危害风险管理及监控预警技术，噪声职业病危害风险评价技术、噪声职业病危害风险管理指南、噪声职业病危害风险管理系统，实现噪声所致职业病预防控制技术开发与集成创新。建立国家关于噪声职业病管理的行业标准，即噪声职业病危害风险管理指南，提出噪声职业病危害风险管理程序与内容、噪声职业暴露的定量风险评价程序及方法等技术内容和程序，对建设项目噪声职业病危害风险评价及用人单位风险管理给出可操作的技术规范；开发建立噪声职业病危害风险管理系统，建立噪声职业病危害监测预警平台，实现职业暴露调查数据、噪声检测结果、职业健康检查结果登记、查询、统计、管理等功能，实现职业病防治信息化建设；通过噪声暴露所致听力损失的风险评价，给出风险管理值、预警值和警告值，进行听力损失、职业性噪声聋风险预测预警；利用计算机网络技术进行职业病危害风险管理，实现企业、职业卫生技术服务机构和监管部门对噪声职业病危害风险的动态监测预警。研究成果在企业和行业中得到应用，社会及经济效益显著，整体技术达到国际先进水平。

（王志东）

城建与交通科技

概　况

【天津市住房和城乡建设委员会科技】　天津市住房和城乡建设委员会组织和推动科技工作：一是城建科技。确定金属骨架清水砖砌幕墙施工技术和钢框木塑定型模板体系及施工技术等9项成为2020年天津市建设领域推广技术（产品）项目。组织完成“国家海洋博物馆”“中国汽车技术研究中心主院区－风动实验室工程”等6个项目新技术应用示范工程验收。完成委科技计划项目验收12项，鉴定3项；组织开展天津市2020年住房和城乡建设部科技计划项目申报工作，推荐申报24项，完成住房和城乡建设部委托验收科技计划项目14项。二是装配式建筑。天津市核发施工许可证的新开工装配式建筑面积357.1万平方米，其中住宅258.18万平方米，公共建筑98.92万平方米，完成全年任务目标。天津现代建筑产业园和中国建筑第六工程局有限公司获批住建部装配式建筑产业基地。总结和提炼天津市装配式建筑示范项目的先进技术经验，汇编成《天津市装配式建筑施工技术交流成果》。市住房城乡建设委与青海省住建厅、甘肃省住建厅、西藏昌都市住建局、新疆和田市住建局联合组织东西部扶贫协作2020年住房和城乡建设交流培训班，开展装配式建筑讲座和观摩活动。三是绿色建筑。推进天津市绿色建筑发展“十四五”规划编制工作。全年通过施工图审查的新建项目累计368项，建筑面积2661万平方米，上述项目100%执行《天津市绿色建筑设计标准》。完成天津地区全国绿色建筑创新奖的组织工作，天津有8个项目推荐评选全国绿色建筑创新奖。其中，获一等奖、三等奖各1项。有102个项目获绿色建筑设计评价标识，建筑面积970.18万平方米，其中，11个项目获一星级设计标识；91个项目获二星级设计标识。3个项目获得绿色建筑运行评价标识，建筑面积15.45万平方米，2个项目获二星级运行标识；1个项目获三星级运行标识。推进住建部科技示范工程项目，建设天津南站科技商务区核心区。四是建筑节能。新建民用建筑100%执行节能强制性标准，建筑面积2661万平方米通过施工图审查。面向节能改造服务机构、公建业主单位加大宣传力度；深入节能改造项目现场，实地调研项目情况；与国家电网天津公司等多家企业开展座谈交流，引导社会各界参与能效提升工作。推动天津市公共建筑用能统计监测信息平台建设，开展全市范围内公共建筑基本信息及用能信息统计工作，全年推动实施公共建筑节能改造155余万平方米。

（王世来）

【中国建筑第六工程局科技】　中国建筑第六工程局承建的文莱淡布隆跨海大桥启用，首次采用“钓鱼法”施工，是世界规模最大的全预制装配式桥梁；福建龙岩大桥实施“二次转体”施工技术，开创世界钢箱梁斜拉桥二次转体施工；中国建筑第一座深海跨海大桥——舟岱跨海大桥的南通航孔桥毫米级精准合拢，创造多项国际领先施工技术；徐州地铁3号线项目攻克长距离复杂地质条件下上软下硬地层侧穿无基础老旧居民房屋的难题，实现全线贯通。科研平台建立以工程局技术中心为主导，子分公司技术中心为辅助支撑、高等院校科研院所相结合的科技创新研发体系。中建六局水利水电公司和中建六局安装公司被认定为天津市企业技术中心，全局有5家省部级企业技术中心；安装公司重新被认定国家高新技术企业，全局有6家国家高新技术企业。“长距离输水建筑物灾后水下应急检测和处置技术装备研发”“自然灾害损伤水工建筑物水下检测与处置装备应用示范”等2项国家课题立项；通过省部级示范工程验收2项，获省部级工法21项、获省部级奖9项。8项科技成果通过年度评价，其中“文莱近海湿地全预制特大桥绿色建造综合技术研究与应用”“基坑地下连续梁及止水帷幕渗漏检测技术”达到国际领先水平；“复杂海洋环境海上大型互通钢箱梁吊装及顶推施工技术”“深基坑变形主动控制关键技术”达到国际先进水平。

（李　娟）

【中交第一航务工程勘察设计院有限公司科技】 中交第一航务工程勘察设计院有限公司（以下简称“一航院”）全年科研立项130项，其中重大重点科研项目41件，支撑科研项目89件。年度申请专利41件，获授权18件。该公司拥有有效专利114件，其中发明专利31件，实用新型专利83件；软件著作权13件；施工工法1项。科技和工程成果获奖38项，其中科技成果奖7项，工程成果奖31项。科技成果奖包括中国水运建设行业协会科学技术奖4项、中国港口协会科学技术奖1项、中国交建科学技术进步奖2项。入围中国《建筑时报》和美国《工程新闻纪录》（ENR）合作举办的2020“中国承包商80强和工程设计企业60强”，排名第57位；主编交通运输部行业标准4项。

（韩瑞洁）

市政工程

【高寒高烈度特长深埋山岭隧道建设关键技术及应用】 该项目由中铁（天津）隧道工程勘察设计有限公司、中铁隧道局集团有限公司、中铁第六勘察设计院集团有限公司毕经东、贺维国、费曼利、郑余朝、王华等完成，获2020年度天津市科技进步二等奖。该项目构建高地应力硬岩隧道成套岩爆预测及防护技术体系，有效提高岩爆预测精度；提出三种应力释放的方法，降低岩爆强度；研发一种岩爆防护车，实现岩爆地段安全快速施工问题。提出减震措施，揭示变化规律，提出合理的减震缝设置间距，提出隧道支护体系。创新高寒地区隧道防冻保温技术。提出隧道防冻保温设防长度确定方法，研发一种保温水沟检查井结构。

【中新天津生态城水资源优化配置关键技术研究与应用】 该项目由中国市政工程华北设计研究总院有限公司、天津生态城水务投资建设有限公司黄鹏、王金丽、王力、葛铜岗等完成，获2020年度天津市科技进步三等奖。该项目创新提出城市用水领域时空要素全统筹的动态需求精准测算方法，构建差异化用水指标、动态需水预测技术方法，解决需水预测不精细的技术难题；形成水资源精细化配置集成技术，提出保障非传统水源利用落实的政策与设施建议，解决水资源供需平衡缺乏保障、非传统水源开发利用缺少有效支撑、水体水质难以保持等难题；构建生态+智慧“六水联动”水安全保障决策模型，嵌入到智慧水务平台，解决不同类别用水需求博弈决策困境，支撑生态城水资源管理决策。

【基于大数据的综合交通枢纽客运集疏系统优化】 该项目由天津市市政工程设计研究院、交通运输部规划研究院、逸兴泰辰技术有限公司、天津中汇建筑规划设计有限公司白子建、杨胜伟、柯水平、顾明臣、吴庆东、蹇峰等完成，获2020年度中国交通运输协会科技进步二等奖。该项目融合系统工程、交通工程、大数据、计算机信息工程等多学科的理论，基于客运枢纽系统内行人、机动车相关特性分析，采用现代智能算法、三维虚拟现实、多智能体仿真等技术，提出系统仿真优化方法和工程设计相协同的新型研究方法，对客运枢纽系统宏观布局、行人集散系统和道路交通集疏运系统等开展关键技术研究。①提出一套多源异构大数据的数据融合、数据处理与质量管控方法，实现枢纽内部行人系统和外部集疏系统交通大数据一体化分析与管控；②提出基于一种多用户配流模型的枢纽集疏运交通量确定方法，实现枢纽服务水平和枢纽集疏运交通系统综合评价；③构建综合交通枢纽行人微观仿真模型，对枢纽内部乘客运动行为、视觉感知、寻路行为等交通特性进行分析，增强枢纽人流的实时控制与管理效率；④提出一种基于元胞自动机的航空集散枢纽构建方法，采用多智能体仿真实现枢纽地下道路线形及横向净距、分合流区、停车蓄车系统进行优化设计。申请国家专利22件，形成行业标准2部，发表高水平论文12篇，研究成果在天津、北京等9个省市17个项目中示范应

用，提高综合交通枢纽类项目数据采集速度和精度，提升交通需求预测精度，合理优化交通枢纽的平面布局和规模。（白子建）

【京津冀地区海绵型道路设计、建造与管理一体化研究及应用】 该项目由天津市市政工程设计研究院、北京博研智通科技有限公司、江苏河马井股份有限公司、廊坊市城乡规划设计研究院柯水平、马红伟、白子建、吴庆东、刘成刚、尹胜超等完成，获2020年度中国公路学会科学技术奖二等奖。该项目解决京津冀地区海绵城市道路处理径流污染、雨水利用和防内涝的问题。提出道路红线与绿线统筹设计策略，渗透种植模块及埋地式雨水收集系统、可反冲洗雨水蓄水池智能排泥装置，解决城市道路处理雨水径流污染，提高雨水利用率；设计前置雨水处理装置、雨水隔油沉沙装置、雨水弃流过滤装置、排水沟渠，解决城市道路及其相关设施雨水排污、净化处理问题；道路湿滑和积水情况管理，提出判断、记录和处理道路湿滑或积水的方法，解决京津冀地区的道路通行条件受降水影响的监测和及时报警的技术问题，为海绵道路的设计、建造与管理提出方法。获国家发明专利8件、实用新型专利3件，自主创新技术在总体技术中占比100%。成果应用于海绵城市建设试点工程，经济效益超亿元。（白子建）

【正交异性钢桥面板加固对策与焊缝疲劳寿命研究】 该项目由天津市交通科学研究院、天津滨海新区基础设施养管有限公司、天津大学闫燕红、何立忠、邵兵、石广玉、马爱静等完成，2020年8月通过天津市交通运输委员会鉴定。该研究分析确定海河大桥老桥的车辆总重及荷载效应概率分布模型，提出实桥现状通行活载的静力计算荷载为现行公路-Ⅰ级车道荷载的1.8倍。对斜拉桥钢箱梁正交异性板的病害机理、强度及疲劳性能进行专项研究，提出斜拉桥正交异性板采用密集配筋的超高性能混凝土刚性加固方法，改善其局部受力性能，降低局部开裂和桥面铺装破损的风险。基于Schwartz-Neuman交替法建立高效和准确的正交异性钢桥面板肋-面板的局部三维断裂力学分析模型。计算结果表明，所建局部三维断裂力学模型可给出比所用二维断裂力学模型准确的肋－面板焊缝表面裂纹的应力强度因子。探讨基于肋－面板焊缝疲劳裂纹的三维扩展进行钢桥面板的疲劳寿命评估方法。首次用疲劳试验测试不同负应力比的拉－压循环应力作用下桥梁钢焊缝的疲劳裂纹扩展特性，数据表明焊缝的疲劳强度高于母材的疲劳强度；在循环应力中的最大拉应力相同的情况下，当应力比$R<-0.5$时，疲劳裂纹扩展率明显变大。有必要考虑拉－压循环应力中压应力对疲劳裂纹的驱动作用。

（闫燕红）

【外高环保要求地区全装配式长线桥梁高效建造综合技术】 该项目由中国建筑第六工程局有限公司完成，2020年7月通过天津市科学技术评价中心鉴定。该项目研发全程不落地施工钢平台设计技术，解决沼泽森林地区的"零着陆"桥梁架设问题，同时满足现场环境保护的高要求；研发狭窄工作面条件下全装配式长线桥梁高效建造技术，通过对多用途挖入式出运码头、不落地施工钢平台和打桩导向、接桩、截桩一体化操作平台的创新应用，实现近千跨桥梁跨越森林沼泽区的全装配式施工。项目创新应用可复原便道技术、环保型挡土墙－围堰技术，最大限度保证环境影响最小化，提高施工后的环境可修复能力，实现桥梁绿色施工。该技术直接实现桥梁结构施工过程中机械设备的"零着陆"，形成高环保地区全预制装配式长线桥梁高效建造综合技术，应用于文莱淡布隆大桥CC4项目，实现桥梁的全预制装配式施工。（李　娟）

【复杂海洋环境海上大型互通钢箱梁吊装及顶推施工技术】 该项目由中国建筑第六工程局完成，2020年7月通过天津市科学技术评价中心鉴定。该项目形成复杂海洋环境下钢箱梁吊装施工等一系列工艺流程，形成海上钢箱梁顶推施工新工艺。设计的装配式墩顶工作平台，无需墩身预埋钢筋，杜绝传统施工平台预埋钢筋所造成的墩身结构破坏及腐蚀污染；开展多规格、异形钢箱梁吊装（安装）技术研究，设计开发可调节装配式吊具。通过钢箱梁安装精确定位技术、海域钢箱梁安装防风技术和涌浪控制的研究，实现吊具在平面位置上的双向调整，保证曲线梁段吊装的平衡。项目研发海域钢箱梁顶推施工技术，设计可调节装配式工作平台，开展推线形控制、海域钢箱梁顶推导梁过墩及钢箱梁抗风等技术研究，形成一套适合复杂海域环境钢箱梁顶推施工的完整工艺，保证下穿节段钢箱梁架设。研究成果应用在舟岱大桥DSSG02标段长白互通建设，其施工工艺和技术方案为海域钢箱梁施工提供经验和借鉴。

（李　娟）

【桥梁事故应急快速检测和评估技术研究】 该项目由天津市交通科学研究院郑连生、张永宾、王甫友等完成，2020年4月通过天津市交通运输委员会鉴定。该项目开展桥梁应急检测评估技术研究，提出科学合理的工作流程，形成事故桥梁应急检测和评估工作技术体系，保障事故桥梁快速抢险、交通快速通畅。桥梁事故应急快速检测和评估技术研究：①开发基于B/S架构的桥梁运营期事故信息管理系统，实现桥梁事故数据采集、查询和统计；②研究受火混凝土内部温度场测定方法；桥梁结构现存预应力检测方法，建立事故桥梁非接触、无损应急检测技术集成方法库，系统解决各类桥梁事故后的应急快速检测难题；③提出事故桥梁四阶段应急处置和三级评估模式，建立事故桥梁应急检测和评估技术体系；提出典型桥梁事故细化分类标准、应急检测内容和流程；④为指导应急快速检测评估工作，编制《事故桥梁应急快速检测评估工作指南》《基于开槽应力释放法的在役混凝土桥梁现存预应力检测技术指南》，成果被《缆索支承桥梁换索技术标准》（T/CCES 5-2019）、《桥梁混凝土结构无损检测技术规程》（T/CECSG:J50-01-2019）采纳；获软件著作权1件、授权专利2件。该项目成果应用于天津市、河北省、河南省等地区桥梁定期检测、应急检测工程。解决检测难度较大的高空构件、水下构件及结构微小变位监测等技术难题，降低成本，提高检测过程人员、设备安全性，提高事故桥梁应急检测评估工作的时效性。

（郑连生）

【145m固定轮盘式摩天轮—桥综合体成套技术研发及应用】 该项目由天津市市政工程设计研究院、中国建筑第六工程局有限公司、中国建筑科学研究院有限公司等单位的周莉、刘旭锴、高璞、马明、师燕超等完成，2020年8月通过天津市评价中心鉴定。该项目以潍坊白浪河摩天轮－桥的建设为载体，提出世界首例编织网格、直径125米、高度145米的世界最大固定轮盘式“无轴”摩天轮，在主桥190米钢桁架双层桥上层中央开口中穿过，形成世界上最大的“轮桥合一”结构体系，总投资5.4亿元。无轴摩天轮－桥综合体设计方法与配套游艺设施研发，首创空间编织网格无轴摩天轮，对轮－桥综合体开展系统力学性能分析和安全性评价；研发全景球形轿厢、轨道系统、独立驱动滑行架等配套设施，建立无轴摩天轮游艺功能成套技术方案。研发超高编织网格无轴摩天轮大型支撑体系和精准安装控制技术，提出轮桥共用异形柱支撑安装工艺，发明轿厢底部安装法，建立基于BIM的仿真分析及施工监控系统。研发主控、监控等无轴摩天轮－桥综合体运维管理与应急救援体系，提出分散驱动方式，发明底部救援维修法。实现摩天轮“有轴”到“无轴”的建造技术跨越，为超高异形钢结构和综合体的设计与建造提供技术参考。项目工程节支2666.62万元。获国家专利授权32件；省部级工法2项；发表论文17篇，指导硕士及博士论文6篇；工程实践获奖十余项，吉尼斯世界纪录1项。

（张　昊）

【BIM在天津公路养护管理中的应用研究】 该项目由天津市公路事业发展服务中心（原天津市公路处）、天津市公路工程设计研究院董宝彦、陈正攸、刘国慧、张民等完成，2020年8月结题。该项目搭建仓桑建设与BIM+GIS公路养护系统，将BIM技术应用到公路的建设管理、公路改扩建项目和外环路养护建设管理中，实现公路工程三维可视化、信息化管理，提高信息的传输共享的效率与精度，降低工程成本。研究基于BIM技术的数据原则、BIM技术在建设管理过程、工程电子档案系统建设及公路管养等应用。在工程建设全生命周期的管理形成创新点：①通过开发新的数据交互系统，将BIM模型加载于GIS系统之上，对BIM软件数据进行格式的转换，使数据能够在GIS系统中进行识别；②运用以大数据技术为前提和基础的智能化技术，不断提高公路管养的信息化、智能化水平；③通过业务数据申请方式将业务数据与BIM进行共享访问，实现BIM数据共享外延扩展；④利用无人机技术、倾斜摄影技术采集地形信息，实现对地形的精确测绘，结合GIS技术，通过数据的转化建立真实的三维场景；⑤运用供给侧结构性改革的思维创新技术工艺，提高供给质量，推动劳动力、原材料、资本等要素结构性调整。（陈正攸）

【天津市普通公路桥梁上部混凝土梁结构维修方法后评价研究】 该课题由天津市公路事业发展服务中心、天津市公路工程设计研究院董宝彦、刘国慧、付治强、李斌等完成，2020年7月通过天津市交通运输委员会鉴定。该项目基于天津150座普通公路桥梁上部混凝土梁结构的病害类型、成因和维修调查，确定主要七类维修方法。明确混凝土梁病害类型出现频率和维修方法使用频率均与梁形式密切相关。基于室内试验和数值分析结果，表明粘贴钢板法能更好地提升梁体极限荷载。明确天津市普通公路上部混凝土梁的裂缝宽度与出现部位是选择维修加固的主要考虑因素，实际加固效果表明5年内，采用环氧树脂处理的裂缝延伸长度范围约0.5～4米，裂缝延伸率达到62.5%，采用粘贴碳纤维加固处理时，裂缝基本无扩展，为普通公路桥梁维修加固技术的改进提供支撑。（刘国慧）

建筑工程

【水泥窑废气典型污染物全过程控制及深度治理关键技术与装备】 该项目由天津水泥工业设计研究院有限公司、天津大学、河北工业大学、天津中材工程研究中心有限公司胡芝娟、何小龙、刘庆岭、沈伯雄、陈昌华等完成，获2020年度天津市科技进步一等奖。该项目针对关键难题，建立三要素耦合模型，开发自脱硝技术，长期稳定运行；针对瓶颈问题，提出多步协同系统工程方法，研制出低温高效抗硫抗水SCR催化新材料及系统技术，实现60万立方米/小时及以上大风量、100℃低温废气脱硝系统长期稳定运行；针对技术产业化应用中，在受限空间内大型装备气流不均布，反应物与气流难以均匀混合问题，建立流固耦合仿真模型，开发格子化预混、结构导流及多区域智能喷射技术，研制典型污染物梯级减排、智能化管控、终端保障一体化综合治理成套装备，实现大型装置的高效运行，达到NO_x≤50mg/m^3、SO_2≤20mg/m^3、粉尘≤5mg/m^{3}超低排放指标、废气脱硫产物资源化全利用，投资及运行成本降低50%以上。

【大型复杂钢结构断裂与疲劳性能及安全评估技术】 该项目由天津大学、蓬莱巨涛海洋工程重工有限公司、北京市建筑工程研究院有限责任公司、广州地铁集团有限公司韩庆华、邓彩艳、芦燕、龚宝明、王东坡等完成，获2020年度天津市科技进步一等奖。该项目发现组织变形不协调会导致裂纹尖端附近微观塑性应变集中的现象，揭示焊缝金属裂纹启裂及扩展机理；在合理控制预制疲劳裂纹峰值载荷的条件下，提出焊接接头最薄弱区域断裂韧性的测试技术（厚度≤200mm，强度≤690MPa），断裂韧性测试能力提高3倍。提出疲劳裂纹萌生评估方法，预测精度提高150%；基于裂纹尖端应力应变特征，提出双参数裂纹扩展驱动力模型，实现裂纹尖端附近大变形的疲劳裂纹扩展寿命评估。基于兰姆波频散特性，使用单传感器提取高频子波的声发射信号进行缺陷源定位，准确率达90%以上；考虑裂纹尺寸和材料性能，提出用于计算裂纹驱动力的简化参考应力法，建立大型复杂钢结构断裂与疲劳损伤评估体系。成果写入《金属材料焊接接头准静态断裂韧度测定的试验方法》（GB/T 28896-2012）、《水运工程钢结构设计规范》（JTS152-2012）等4部标准。发表学术论文60余篇（SCI检索20篇，EI检索27篇）；授权发明专利10件。

（天津大学）

【滨海工程混凝土劣化机理与耐久性提升关键技术】 该项目由天津大学、中国建筑第八工程局有限公司、天津城建大学侯东帅、张津瑞、荣辉、李志鹏、王登科等完成，获2020年度天津市科技进步二等奖。该项目提出滨海混凝土腐蚀劣化的精细测试新方法。针对复杂海洋环境混凝土劣化定量表征的难题，提出X-CT断层扫描原位追踪水分离子迁移与钢筋锈蚀，核磁共振定量表征胶凝材料侵蚀的测试方法，构建混凝土微观分子模型并开发多元矿料体系的最紧密堆积与优化设计软件系统。离子分布与腐蚀裂缝精确定位到10微米，比传统测试技术提升1至2个数量级。建立滨海长寿命混凝土制备与应用关键技术，自主研发提高海工混凝土抗渗与抗裂性能的外加剂；利用固体废弃物等多元复合技术，开发超低水泥用量的耐蚀抗裂混凝土制备与施工技术；建立高耐久预制管片与地下管廊生产线，胶凝材料断裂韧性提升200%以上，绝热温升降低8度，攻克滨海混凝土收缩大、早腐蚀与易开裂的难题。形成滨海混凝土结构耐久性监测与长效防护体系，发明钢筋锈蚀场变监测装置，搭建混凝土性能智慧感知与劣化预警系统，实现大范围、多目标、远距离钢筋混凝土耐久性参数监测；自主研发高效可控的硅烷类防护涂料，开裂混凝土抗渗性提升90%以上，并开发磷酸镁基高性能快速修复材料，1小时抗压强度突破60MPa，解决低温滨海加固工程裂缝修复关键瓶颈。发表SCI/EI检索论文51篇，授权发明专利37件，主编/参编行业标准3部。

（天津大学）

【复杂场地隧道抗震关键技术研究及在重要基础设施建设中的应用】 该项目由天津城建大学、中国地震灾害防御中心、中国市政工程华北设计研究总院有限公司、中国电建市政建设集团有限公司张海、刘中宪、杜建梅、李芳芳、王岱、尤红兵等完成，获2020年度天津市科技进步二等奖。该项目研究复杂场地设计地震动生成方法，分析地下夹杂、山体地形、深厚软土地层等常见工程场地的地震动特征，合成地震动时程，通过拟合目标谱实现设计地震动的生成。针对凸起地形中隧道，采用新型波函数法和间接边界元法（IBEM）分别研究山体单线、双线衬砌隧道的地震动力相互作用规律；针对沿海区域软土场地隧道，采用IBEM分析地震波在饱和半空间隧道衬砌周围的散射规律；基于三维黏弹性边界和层状场地刚度矩阵法，对水下沉管隧道发展层状场地沉管隧道三维非线性地震反应的精细化有限元模拟方法。复杂场地隧道抗震技术拓展应用于复杂场地重要基础设施的抗震设计。采用基于层状场地黏弹性边界的有限元法，重点分析层状场地中综合管廊、地铁车站结构的抗震薄弱环节及关键影响因素，为交通运输、复杂场地管廊、电力建筑等重要基础设施建设的抗震设计提供定量依据和抗震减灾关键技术支撑。2018年至2020年，创造经济效益3000余万元；国内外发表期刊论文23篇，其中SCI/EI论文7篇，他引45次；授权国家发明专利3件、实用新型专利2件、软件著作权3件；出版国家建筑标准设计图集2部，出版专著1部；培养优秀青年骨干教师2人、博士2人、硕士20余人。

（刘进军）

【绿色村镇住宅新型结构体系关键技术与应用】 该项目由天津城建大学、中国建筑技术集团有限公司、天津住宅科学研究院有限公司张建新、李东彬、杨新磊、王建军、江春等完成，获2020年度天津市科技进步二等奖。该项目开展新型轻钢轻混凝土结构开发，提出绿色村镇住宅新型轻钢轻混凝土结构体系，研发轻钢构架快装技术和墙体免拆模板技术，研制轻混凝土浇筑专用设备；开展新型内置构造砌体结构开发，提出适于绿色村镇住宅的新型内置式空心砌块墙体结构体系，研发设置抗剪块提升砌体结构抗剪性能和抗震性能技术，以及高抗剪性混凝土砌块及其成型施工方法；开展新型夯土结构开发，研究生土基材料改性，研发墙体中设置构造柱和拉结筋的新型抗震构造体系及其抗震性能提升技术，以及夯土基复合墙体施工模板装置及其施工方法；研究基于自主建房和小型设备施工适应性集成绿色村镇住宅新型结构及建造技术，编制建造技术指南和行业规范。项目研发的轻钢构架快装技术和免拆模板技术，安装效率提高15%以上；发明的高抗剪性混凝土砌块，抗剪强度提升达230%；研发的新型夯土抗震结构体系，承载能力、变形能力提高100%以上；研发的绿色城镇住宅新型结构体系、建造技术和专用设备等系列配套技术，形成相关图集和行业规范。技术成果在山西、江苏、天津等地村镇建设中推广应用，体现经济适用、生态环保和地方特色。获专利授权15件，其中发明专利4件；研发新技术6项、新设备1套；主编行业标准1项；出版专著1部，发表论文15篇。

（刘进军）

【软土地层非线性冻结理论和冻胀融沉低影响控制技术】 该项目由天津城建大学、大连民族大学、安徽水岸建设集团股份有限公司等单位的李顺群、周亚东、李岩、王彦洋、高凌霞、汪东林、谢荣等完成，获2020年度天津市科技进步二等奖。该项目建立热、力、流多场耦合作用下软土非线性大变形理论模型，提出冻结过程水分迁移函数，揭示水分场与温度场的交互关系，应用于冻结施工场地预处理；建立基于混合量热法与混合流法，显热/潜热双重效应的冻土比热递推算法和导热系数聚合模型及冻结势函数和冻胀模型，搭建满足四类边界条件的热、流、力三场耦合冻土模型试验系统；揭示温度、含水量和应变速率对强度影响的交互作用规律，建立基于原土强度和虚拟冰强度的复合强度模型；制定冻结管、冷量和冻结时间等智能化措施抑制冻胀影响的方案，制定调控冻结温度、冻结范围和弱化水分迁移消除解冻对环境影响的智能方案。通过冷冻过程智能设计与调控和低影响变形控制技术，消减冻结管断裂、管片受力变形过大等冻结法施工面临的工程隐患，消减冻胀融沉对周边环境的损害；根据同心扩展聚合导热系数混合流算法和比热递推算法，准确计算管道周边温度场演变过程和冻胀及融沉；冻胀和融沉低影响控制技术有效消除由气候引起的管道变形和内应力；比热和导热系数的特点准确预测冻结发展过程，得到周边土体的冻胀量和冻胀力及融陷幅度。采用保温隔热等热量控制和温度控制措施，提高结构的安全和稳定性。成果应用于隧道和地下工程、冻土区管道工程、冻土区交通工程等领域。授权发明专利9件，实用新型专利23件，发表论文38篇，编写工法1项，培养硕士26人，职称晋升5人。

（刘进军）

【新型生态混凝土技术在环境修复和城市绿化提升改造中的研究与应用】 该项目由天津市建筑科学研究院有限公司纪慧宇、王建伟、栗涛等完成，获2020年度天津市科技进步三等奖。该项目将废弃的泥浆分离为砂、土和水，解决建设工程现场的废弃泥浆的问题。通过采用水泥作为胶凝材料，配合独特的降碱技术，研制出生态景观基材，基材与植物具有很多的相容性。分离的泥浆、水泥与植物生长营养成分添加剂、吸饱水材料构成的绿色基质。生态景观基材与绿色基质形成高陡山体生态护坡技术，生态景观基材技术和透水路面技术相辅相成组成的生态混凝土技术，应用在多个地区老旧社区的绿化提升改造，解决老旧小区下雨积水的现象。天津市多项景观绿化提升改造项目中大量使用生态景观基材，其构建的景观墙和石笼实现多维绿化兼具吸水、保墒，调节环境温湿度的作用，缓解城市热岛效应。

【国家海洋博物馆项目】 该项目由天津市建筑设计研究院有限公司刘景樑、陈天泽、张馥等完成，获2020年天津市“海河杯”优秀勘察设计建筑工程类一等奖及多项国内外BIM设计大奖；获中国及天津市钢结构设计的金奖。该项目设计全过程采用BIM技术参数化计算机设计，建筑结构体系复杂、难点多，解决展厅大跨、悬挑、错层、跨层等诸多难点，对大跨度的无柱空间、跨层跃层的超高空间、超大尺度的悬挑等空间实现科学有机整合，显出场域尺度感和连续性的空间魅力，满足多元化艺术空间布展和提升观展需求。绿建设计与建筑设计高品质的结合，获国家住建部颁发的“三星级绿色建筑设计标识证书”。博物馆包含陈列展览、公众服务、藏品库房等功能；建筑主体三层，局部四层，展厅面积2.3万平方米，设中华海洋人文、自然、生态和专题等六大展区，15个展厅及文创、纪念品专卖店等公共服务设施。

（陈天泽）

【中国文字博物馆续建工程项目】 该项目是由天津市建筑设计研究院有限公司黄谦、孙晓翔、童茜等完成，获2020年“海河杯”天津市优秀勘察设计BIM应用设计一等奖。该项目采用BIM技术正向设计，参数化手段实现复杂空间的智能生成和深化设计。利用模型对日照模拟、场地太阳辐射分析，指导种植植物的选择；场地风环境模拟，规划场地人行通道；模拟建筑表面风压，控制风压差。采用参数化手段，将结构外柱贴合建筑墙体，通过结构计算软件加以比对，保证设计模型的精准度。深化节点，将外饰面层与模型结合，指导施工图设计。BIM技术解决二维设计时的盲点问题，将不同跌级的楼板运用到设计中，对管线优化处理，避免碰撞。建立多种外架搭设方案预演，经过比选重新制定相对较优的搭设方案。基础土方开挖阶段，利用BIM模型进行技术交底、放线作业控制、检查等工作。主楼基础复杂，通过模型提取相关量，通过扣减计算汇总出土方开挖量。（纪晓磊）

【津湾广场9号楼工程】 该项目由天津市建筑设计研究院有限公司卓强、苏见、刘景樑等完成，获2020年“海河杯”天津市优秀勘察设计建筑工程公建类一等奖。该工程为300米超高层建筑，裙房及塔楼的体量和细节、裙房的比例和色彩原创设计源于解放北路历史街区。9号楼紧邻国家级保护文物建筑中国工商银行，考虑其安全性及新生与利用。塔楼与裙房、核心筒与办公区进行有效的防火分隔，设置4个避难层及完备的消防设施和机电系统。70层塔楼设置两处空中转换大堂和6部穿梭电梯，采用国际先进的双子电梯，有效控制电梯竖井数量和核心筒面积，提高标准层使用面积系数。屋顶设置消防救援停机坪，可供中大型直升机停靠救援。通过风洞试验，优化建筑体量，控制顶部最大风力下的层间位移角。使用多软件对结构体系进行全方位的分析、比较和优化；办公大堂采用巨柱与空间桁架，实现高度18米，局部跨度22.5米无柱高大空间；塔楼主体为框筒结构，顶部采用斜柱转换，完成塔楼复杂体量收进。（高　铭）

【中新天津生态城33#地块南开小学项目】 该项目由天津市建筑设计院冉阳、杨珣、夏栋文等完成，2020年获第十一届“创新杯”建筑信息模型应用大赛科研办公类BIM应用一等奖。该项目采用全新的协同工作体系，通过组织浏览器实现设计各阶段，多参与人的协同合作。利用参数化高效设计简化工作。建筑内部装修复杂，利用revit在模型中进行真实还原，且对场地夏季及过渡季风环境进行模拟，论证建筑物周围人行区风速是否有利于室外行走和活动舒适，完成辅助绿建设计。该项目应用BIM思维对多专业进行高度的整合，利用三维辅助空间设计，达到完善的空间优化效果。（纪晓磊）

【应急发热门诊设计】 该项目由天津市建筑设计院、中国建筑标准设计研究院宋铁麟、幕慧、傅琳等完成，获2020年“海河杯”天津市优秀勘察设计建筑工程设计标准一等奖。该设计为应对新冠肺炎疫情的应急诊断和疑似病例留观的发热门诊临时建筑设计示例，整理并细化应急发热门诊的医疗工艺流程，以及设备设施设置要求。建筑内可完成诊断、医技检查、隔离留观的发热门诊闭环诊疗过程，污染区、半污染区、洁净区分区明确，洁净物资、生活物资、污染物流线清晰独立，医护进出污染区设置缓冲间更衣区，医患分流，建筑内由洁到污形成压力梯度，有效保护医护且避免交叉感染。（莫　慧）

【天津市第一中心医院新址扩建工程综合楼基坑支护】 该项目由天津市建筑设计研究院有限公司宋昭煌、郑虹、李秀峰等完成，获2020年“海河杯”天津市优秀勘察设计工程勘察岩土设计一等奖。该项目基坑采用放坡卸土+灌注桩+TRD止水帷幕的支护方案，相对于地下连续墙方案施工更便捷、工期更快、不受主体结构影响、经济效益更明显。设计突破常规的三道支撑的形式，采用整体两道混凝土支撑，在地势紧张的两个角部设置三道支撑，利用场地宽敞的有利条件，避免整体三道支撑的繁杂工况。基坑支撑形式采用桁架式环梁+桁架式对撑+角撑、辐射撑的形式，能提供较大的开敞空间，留出两个主楼位置，使得主楼在不拆撑的情况下继续向上施工，满足重点部位尽快到±0.000的要求。

（曲辰飞　李秀峰）

【天津阳光海岸三期项目消能减震设计可行性论证报告】 该报告由天津市建筑设计研究院有限公司胡雪瀛、刘涛、刘振文等完成，2020年获天津市优秀工程咨询成果奖一等奖。该项目创新性采用“黏滞阻尼墙”减震技术。经大量计算分析，消能减震方案具有可行性和技术先进性，降低结构地震响应，增加使用面积，提高结构的抗震安全性，减少钢筋混凝土用量。首次大规模应用黏滞阻尼墙减震技术；研究高层住宅抗震方案及消能减震技术的可行性；研究发展“剪力墙－黏滞阻尼墙”体系关键技术分析应用方法；研究对比剪力墙－黏滞阻尼墙结构体系的社会经济效益，对天津滨海新区等场地条件较差地区的高层住宅抗震设计具有借鉴价值。（刘　涛）

【平泰大厦绿色建筑咨询报告】 该报告由天津市建筑设计研究院有限公司陈彦熹、李旭东、刘小芳等完成，获2020年度天津市优秀工程咨询成果奖二等奖。该项目创新地形成一套与LEED相辅相成的绿色建筑措施体系；分析绿色建筑技术在超高层建筑上的适宜性及可操作性，得出操作性强、经济性高的超高层绿色建筑综合体技术方案。通过冰蓄冷技术结合高能效设备的主动优化策略降低建筑运行过程中的能源消耗。通过二氧化碳浓度检测与新风联动技术及设置与排风设备联动的一氧化碳浓度监测装置提升建筑室内空气质量。该项目建设绿色生态、资源集约、健康舒适的二星级绿色综合体建筑，能源节约模式为全国办公、公寓等绿色建筑的设计和改造提供样本和示范。（陈彦熹）

【环境修复生态混凝土固废综合应用技术研究】 该项目由天津市建筑科学研究院有限公司王毅、纪慧宇、王建伟等完成，2020年3月结题。该项目修编《天津市人工砂应用技术规程》，形成山体新型生态修复和新型生态混凝土技术，制备微生物－浮岛－沉床三位一体净水装置，形成一套应用于海绵城市和山体修复的技术。以建筑废物和工业废渣等工业固体废物为主要原料，采用普通低碱硅酸盐水泥、低碱硫铝酸盐水泥、发泡剂和少量添加剂等原材料，配合降碱技术，制成具有多孔、轻质等特性的发泡水泥砌块，作为植物的生长基材，具有保水、透气等优点。将发泡技术、混凝土降碱技术扩展用于基质配制，增加基质强度及与坡面黏接力，保证植物可生长性。以绿色基材作为独立飘台，研究其生态植被修复效果并进行效果评价。通过改善孔隙结构，增大生物膜附着面积，改善净水菌群生存环境，提高其分解能力，通过微生物分解有机物，提高其纳污和防堵塞能力；通过植生，利用植物根系拦截水中悬浮物，改善周围水环境酸碱度，延长其使用寿命，研究其水体净化功能并进行效果评价，综合其吸水、蓄水、渗水及植物适生特性，形成吸水蓄水净水综合技术体系。申请发明专利6件、实用新型专利1件；发表论文2篇。

（纪慧宇　陈洋洋）

【钢筋套筒灌浆料】 该项目由天津市建筑科学研究院有限公司、天津市建筑工程质量检测中心有限公司高辉、沈平邦、林瑞、田文丽等完成，2020年6月结题。该项目自主研发的钢筋套筒灌浆料综合性能优于行标JG/T408-2019《钢筋连接用套筒灌浆料》的要求，优良的超塑化剂使其在低水料比时即可获得高的流动性和流动性保持，保证产品的填充性能；不易发生沉降和泌水，保证材料匀质性和施工性；加水搅拌后即开始膨胀，可补偿水分蒸发等带来的塑性收缩；在密封条件下的后期膨胀（硬化后膨胀），保证钢筋与套筒连接牢固；1d强度可以达到40MPa，28d强度可以达到100MPa以上。该材料无毒、无味、无污染、不燃，对环境及操作人员无伤害。申请发明专利1件。（纪慧宇　陈洋洋）

公用事业

【依托天津健康码“两津联动”首次全域场景应用】 该项目由天津市委网信办、天津市大数据管理中心共同开发建设，获“2020中欧数字化抗疫城市治理类优秀案例”“2020政府信息化卓越成就奖”。该项目依托天津健康码，通过全市一体化社会治理信息化平台“津治通”和天津政务服务移动端“津心办”后台贯通数据，全面提升社区抗疫管控的自动化精准化，助力疫情防控和复工复产。天津健康码作为“两津联动”首个全域场景应用，截至2020年底自主申领1831万人，累计亮码次数10.6亿次。该项目实现对“红码”“橙码”不同人群精准管理，形成“大数据+网格化”工作闭环，支撑医院分诊和防控研判。

（天津市大数据管理中心）

【“津心办”项目】 该项目由天津市委网信办、天津市大数据管理中心共同开发建设，获“2019－2020年度政府大数据优秀应用奖”“2020中欧数字化抗疫城市治理类优秀案例”。2020年12月28日上线“津心办”2.0版，实现全市43家医院的上线预约挂号功能，率先实现市级三级以上医院全覆盖。预约挂号板块访问量达37万次，挂号数量达上2万余次。“防控疫情专区”实时准确播报疫情和防控进展权威信息等。“企业复工复产轻松办”专区发布市惠企政策信息及复工复产资讯。上线“小微企业金融帮扶”版块，一站式集纳各大银行服务小微企业信贷功能。全年额度测算近2000次，为超过100户客户提供超过4千万元的贷款。便民服务群众事项达288项，与国家对接300项。上线西青区等3个区县旗舰店和市公安局等9个委办局旗舰店。实现政务线上线下结合，将“津心办”的相关功能嵌入至建设银行智慧柜员机，市民可通过建行600多台智慧柜员机来享受48项便民服务事项，“津心办”支持电费、水费等11个缴费；支持云闪付、支付宝等7家支付渠道。服务企业，上线千余项市级法人办事事项；实现企业开办全程网上办理，累计办理企业各类事项超过73万件，日均完成业务量超过1600条；开设“瞰天津 阅津彩”新闻资讯专区，实现个性化的“政务+资讯”融合。截至2020年年底，“津心办”累计注册用户超过800万人，访问量超过1.1亿次，市级服务“指尖办”1900余项，区、街服务事项“指尖办”11万项。

（天津市大数据管理中心）

【“津治通”一网统管助力基层治理】 该项目由天津市委网信办、天津市大数据管理中心完成，获“2019－2020年度政府大数据优秀应用奖”“2020中欧数字化抗疫城市治理类优秀案例”“2020政府信息化卓越成就奖”。2020年，“津治通”建立市、区、街道（乡镇）、社区（村）四级联动体系，实现分析研判、全程监督、评价反馈等功能。上报社会治理事件580.21万起，办结560.56万起；开通“重大疫情隐患”“企业复工复产”事件上报渠道，开发上线“津治通”疫情快报系统，向各区推送“红橙码”重点人员信息50.33万条，疫情防控人员利用手机APP开展有效排查54.2万次；陆续上线“民情日志”“重点人管理”等功能，截至2020年年底，各区通过平台更新房屋信息182.36余万套，更新人口信息143.59余万人；监测独居老人水、电、气使用数据和红外、烟雾等智能感知数据，利用APP可查看社区公告、参与社区活动、上报社会治理事件等；打通警务通、警辅通、津治通程序端，建设矛盾纠纷调处信息化系统，实现矛盾调处闭环管理。

（天津市大数据管理中心）

【天津市公交行业能耗监测及评估技术研究】 该项目由天津市交通科学研究院完成，2020年8月通过天津市交通运输委员会验收。该项目设计行业能耗测算模型，通过科学分层，降低数据采集需求和采集难度，合理测算出天津市公交能源消耗总量与单耗。建立天津市公交行业车辆信息库，对比选定适合天津市现状车辆库数据采集方式；确定公交能耗监测关键影响因素及其分层标准，筛选出能够用于分层的主要影响因素，设计分层指标层界；计算模型各层能耗因子，前期采集到的10万余个公交能耗样本数据，按照一定的原则将数据进行清理后剩余8.8万余个，用这些样本数据测算出模型各层的平均百公里能耗因子；能耗总量测算与模型评估，建立能耗测算模型，测算出2019年全年的公交行业能耗，与调研获取的实际统计数据进行对比，结果显示各月推算结果与实际燃料消耗量的差异在−3.5%～6.7%，总体差异率为2.7%；预测2021年天津市公交行业能耗总量，2020年年底前天津市公交车辆全部更换为新能源，带入新能源公交车能耗因子，预测2021年天津市公交行业总能耗。

（王博洋）

【大交通管理体制下的信息化管理体系组织架构和协同机制研究】 该项目由天津市交通科学研究院刘淑艳、宋晓燕、周卫峰等完成，2020年7月通过天津市交通运输委员会验收。该项目通过调研天津市和典型省市交通运输信息化建设管理情况，分析天津市交通运输行业信息化管理问题。结合交通运输行业信息化发展要求，明确天津市交通运输信息化体系的总体目标、功能需求和建设任务，提出天津市交通运输信息化管理体系组织架构和协同管理机制方案。该研究形成《天津市交通运输信息化管理体系建设指导意见》《天津市交通运输委信息化项目管理办法》等一系列研究成果，应用于天津市交委信息化管理机制调整与管理工作，有效发挥各级信息中心和信息平台的协同效应，提高信息化建设对运行监控、协调调度、应急指挥、辅助决策、服务大众等支撑作用。

（刘淑艳）

水　务

【天津水务集团有限公司科技】 天津水务集团有限公司将科技研发中心、博士后科研工作站、天津市公共设计研究所等整合，形成内部科技合力，并借助高校及科研院所的科技力量攻关重点、难点问题。与天津大学、天津城建大学及天津市市政工程设计研究总院联合开展科研项目合作，开发泵站调节池清淤及污泥资源化利用项目，立项2项课题，总投资145万元。投资322万元建成天津水务集团中试基地，可模拟各水厂工艺，用于科研、解决水厂问题及新技术的试验验证。天津市管道工程集团有限公司与天津职业大学联合研发“管中管”式保温管发泡车间智能物流系统。天津市华博水务有限公司与南开大学、天津大学和天津城建大学签署合作协议，合作研究污水脱氮技术、市政污水处理厂碳排放核算和评价方法及污水中试电解法应用等。天津市华淼给排水研究设计院有限公司与苏伊士水务工程有限责任公司签订技术研发合作协议，合作研发天津不同水源选择最佳处理工艺。天津市公用设计研究所同天津大学环境科学与工程学院、天津市水利科学研究院分别签署战略合作框架协议，建立创新战略合作关系。与河北工业大学的持续合作研究饮用水嗅味控制技术。与天津水务集团引江市区分公司、天津市自来水集团有限公司凌庄水厂、天津中法芥园水务有限公司开展技术合作，应用在水源水质规律分析、污泥处理系统优化、水厂自控系统优化等。天津市自来水集团有限公司建设基于SOA架构的通用供水管网智能化管理平台，示范应用于天津、深圳等。天津市华博水务有限公司的适合农村污水处理的一体化设备应用于宁河区芦台、大北等6镇33个农村生活污水处理工程，合同额1521.82万元；应用于北辰农村污水PPP项目8个污水处理站，合同额1100万元。天津水务集团尔王庄分公司研制的原水移动式预处理药剂投加设备，2020年12月16日起在各区取水口投炭应用处理引滦水嗅味污染问题，与固定式设备相比，节约建设成本2000余万元。天津市华淼给排水研究设计院有限公司的一批专利成果应用于滨海水厂改扩建工程、凌庄水厂送水泵房异地重建工程、河西区富裕广场二期、南开区桦林园小区等。天津水务集团博士后工作站联合天津市公用事业设计研究所编制完成《2020－2021年度冬季引滦供水运行方案》，保障滨海、宝坻、宁河、武清等区使用引滦水源区域的城市安全供水，吨水成本降低0.43元。研究提出3项余氯衰减控制措施，从水厂消毒工艺调整和中途补氯应用低氯问题成套解决措施，确保饮用供水安全。水务集团制定出台《天津水务集团有限公司科技人才奖励办法》，每两年进行一次科技人才奖励。对2019年和2020年的2个项目、1篇科技论文、3件专利、1件软件著作权奖励相关科技人才，奖励金额共计22.1万元。

（李　荣）

【城市污水处理系统运行特性与工艺设计技术研究】 该项目由中国市政工程华北设计研究总院有限公司、中国科学院生态环境研究中心郑兴灿、尚巍、张昱、陈轶等完成，获2020年度天津市科技进步二等奖。该项目研究动态复杂条件下污水生物处理系统功能微生物响应特征，创立设计计算新方法和整体效能提升的工艺流程。阐明中国特有动态复杂水质环境条件下功能微生物的菌群结构及在不同工艺单元的分布特征、优势菌群的季节变化规律及过程响应机制，创新提出除磷脱氮功能强化技术途径及改进提升工艺流程，提出核心参数修正公式，创立新工艺设计方法。精准提出提升出水水质的参数值及技术方法。阐明城市污水处理工艺全过程新型微量污染物迁移转化规律，提出切实有效的控制途径与工艺技术方法。建立130种微量污染物高灵敏检测方法，大范围检测发现城市污水处理全过程普遍存在微量污染物并阐明其迁移转化规律，提出以臭氧、反渗透和高温厌氧为核心的控制途径与工艺技术。

【港湾突发性溢油应急及生态修复技术合作研发】　该项目由交通运输部天津水运工程科学研究所、天津理工大学张华勤、彭士涛、陈汉宝、王晓丽等完成，获2020年度天津市科技进步二等奖。该项目引进围油栏设计优化及其性能测试技术，利用物理实验模拟系统，模拟不同港湾溢油条件下围油栏的拦油能力实验，总结不同结构参数的围油栏在波浪和水流作用下的失效规律，优化港湾溢油的围油栏各部件的几何尺寸及其布设方式；形成系统的围油栏综合性能测试技术。研发一种环保高效的吸油材料，建立环保型吸油材料的适用范围、性能指标及其评价方法。

【面向风险控制的区域水环境综合管理技术集成与应用研究】　该项目由天津市生态环境科学研究院、天津环科环境咨询有限公司张彦、刘琼琼、邢美楠、康鑫等完成，获2020年度天津市环境保护科学技术奖一等奖。该项目开展独流减河流域污染源调查和评估，研究以排污许可证为核心的排污口门管控技术，形成污染源在线监控与地表水动态监测相结合的综合水环境风险监控体系，构建由达标管理向风险管理转变的水环境综合管理新模式。建立“容量核算，反向分配”的污染物二级口门管理技术集成，实现“断面达标、容量核算、口门分配、企业管控”的一体化管理目标；建立“多级管控，生态缓解”的风险防控预警技术集成，实现“企业监控、口门闸控-生态保障”的多级监控和风险防范模式。针对独流减河水环境管控措施单一、应对风险能力不足等问题，构建面向风险管理的水环境综合管理技术集成与模式和排污口门管控技术体系。该项目编制的《独流减河污染控制和水环境改善总体方案》被天津市生态环境局采纳；《独流减河水质动态监控与风险防控体系构建方案》被天津市生态环境监测中心采纳，2017年建设5座水质在线自动监测站，均稳定运行。获授权专利3件，申请专利2件；申请软件著作权2件；实现技术转让200万元。

（张　彦　段云霞）

【漳卫南运河水资源承载能力和生态修复研究】　该项目由水利部海河水利委员会漳卫南运河管理局、北京师范大学、生态环境部海河流域北海海域生态环境监督管理局生态环境监测与科学研究中心、天津市中水科技咨询有限责任公司协作完成，获2020年海委水利科技进步奖一等奖。该项目建立漳卫南运河水资源承载力评价体系，提出流域水资源承载能力综合评价结论和生态修复措施；根据漳卫南运河的河流、水文、生物等基本特征，建立侧重水环境管理的河湖健康评估体系；采用景观生态学方法识别河口景观分布格局及演变特征，分析河口景观格局整体演变态势和土地利用格局。成果应用在海河流域河湖健康评估、水生态监测指标体系建设等领域。出版《漳卫南运河水资源承载能力和生态修复研究》《漳卫南河系健康评估研究》等专著。

（杨淦全）

【引滦水资源优化配置与科学调度环境分析及战略发展框架研究】　该项目由水利部海河水利委员会引滦工程管理局承担，获2020年海委水利科技进步奖一等奖。该项目建立水量对冲优化配置模式，探索水权市场交易；在水资源供需平衡分析的基础上，研究引滦六水库联合调度方法，提出包含兴利、防洪、洪水资源利用的引滦六水库联合调度模式；运用汛限水位动态控制方法，研究潘家口水库预报调度方案，提出潘家口水库预报调度模式；通过大黑汀水库低水位运行，充分晾晒底泥，科学调度充分置换水体，明显改善水库水质；计算分析津唐生态需水组成，通过更大范围的水资源优化配置与科学调度满足两地需求；引入SWOT分析法和AHP层次分析法构建集成模型，用于引滦水资源优化配置与科学调度环境分析。成果应用于引滦入津、引滦入唐、滦下农业供水及历年防洪供水调度中。

（杨淦全）

【海河流域地下水超采治理决策支持平台关键技术研究】 该项目由水利部海河水利委员会水文局、天津市龙网科技发展有限公司协作完成，获2020年海委水利科技进步奖二等奖。该项目利用数据挖掘、关联分析、模块化、地图可视化等技术，构建海河流域地下水监测预警及分析评价系统；利用数值模拟、地质统计学、随机统计等技术方法，研究建设超采区水文地质模型、地下水数值和统计模型；利用三维仿真和渲染及二三维一体化技术，构建典型超采区地下水预测决策平台，实现实时条件下地下水情势模拟和未来态势的动态预判。成果应用在地下水监测信息统计分析、地下水超采治理效果评估、地下水资源规划评价、地下水模拟预测等。平台建设为水利部、自然资源部、海河水利委员会、北京市、天津市、河北省等相关部门提供实时监测预警、分析评价、模拟预测等服务，满足地下水管理的实际需求，为华北149个县8.7万平方千米超采治理区、22条河湖生态补水效果评估等提供决策支持。发表论文8篇，获软件著作权2件，实用新型专利1件，培养模型和信息化工程师10名。

（杨淦全）

【智慧永定河与北方地区智慧流域典型设计成果与应用】 该项目由水利部海河水利委员会水利信息网络中心、天津市龙网科技发展有限公司协作完成，获2020年海委水利科技进步奖二等奖。该项目应用云计算、物联网、大数据、智慧感知、移动互联网等信息技术，从空间结构、时间过程、特征属性和客观规律对永定河流域的全息化描述，采用业务系统、专业模型和对象参数相分离的构件化方式，实现永定河流域水事活动描述的全息化、水利控制工程监控的自动化和辅助决策科学化；梳理北方流域典型特征，从一体化感知网、流域信息网络、智慧流域大脑、智能业务应用、安全体系、协同管理机制等总体设计，针对北方地区智慧小流域、北方地区地下水生态治理综合管理系统解决方案、适应北方地区的感知技术方案、遥感技术典型应用方案等进行典型专项设计。成果推广和应用在海委网信办和政法处、永定河水资源项目办开展智慧海河方案编制、信息化项目前期工作、信息化项目建设等。

（杨淦全）

【变化条件下流域径流响应机理与定量归因研究及应用】 该项目由水利部海河水利委员会科技咨询中心完成，获2020年海委水利科技进步奖二等奖。该项目基于数理统计和SWAT模型对径流变化进行归因解析，确定永定河流域不同驱动因子对径流影响的贡献率，为流域水资源调查评价提供量化指标；提出基于多维影响因子的径流一致性组合修正方法；建立永定河生态水量满足度判别与多源共济模式。成果应用在水利部水利水电规划设计总院的水资源调查评价和资源评估、中国水利水电科学研究院的多水源格局下永定河泛区收水量保障关键技术研究、北京市水利规划设计研究院的北京市水资源形势研究、水利部海河水利委员会的永定河综合治理与生态修复总体方案、生态环境部海河流域北海海域生态环境监督管理局的河流生态修复等。

（杨淦全）

【于桥水库多系列水生植物修复技术集成与应用示范】 该项目由天津市水利科学研究院、中国科学院南京地理与湖泊研究所杨洁、张振、李广智、王建波等完成，2020年8月通过市科技局验收。该项目评估桥水库的生态现状，核算在保持Ⅲ类水质标准下水库总氮、总磷和有机物的环境容量分别为467t/a、5.0t/a和72.1t/a，提出水库生态恢复的对象为大型挺水、浮叶植物为核心的多系列植物群落。研发针对于桥水库硬质底质改良的翻耕、划耕和覆土3项工程技术措施，建成3500平方米的综合示范区，建成的多系列挺水、浮叶、沉水、漂浮植物群落，植被盖度大于67%；提出利用湖滨带湿地对藻类进行捕获和富集，通过投加改性淀粉和基质稳定剂实现对藻类的原位消除和无害化处置技术，示范区内表层藻类去除率可达71%，湿地藻华现象、由藻类爆发引起的土溴素等嗅味基本消除，保证城市正常供水。申请国家专利2件，其中授权发明专利1件，实用新型专利1件。发表论文2篇。编制的《于桥水库水污染控制与生态修复方案》《于桥水库水位调控方案（试行）》在水库运行管理中得到应用。

（杨　洁）

【引滦水源保护工程于桥水库入库河口湿地试验研究】 该项目由天津市水利科学研究院李金中、李学菊等完成，2020年6月通过天津市水务局验收。该项目通过水生植物对污染物去除效果及对水深适应范围的现场对比实验，筛选出适合于桥水库河口湿地工程土壤条件、水质净化能力强、生长期长的水生植物品种，对河口湿地植物配置提出优化建议；通过不同运行水深、停留时间、植物收割频次、强度等工况下水质净化效果试验，优化河口湿地处理单元的运行管理技术，提出发挥系统长效性机制的河口湿地运行控制优化建议；通过对河口湿地一年的水质及泥沙跟踪监测，评估于桥水库河口湿地氮磷营养盐去除能力，提出河口湿地系统泥沙沉降量和淤积的重点区域；跟踪监测对黎河两岸地下水位，分析得出河口湿地运行对两岸农田的影响范围和程度，提出缓解不利影响的对策措施；现场调查掌握河口湿地水生植物的群落组成及大型水生植物的现状分布范围，分析大型水生植物生物量、丰富度、均匀度和生物多样性等指数的空间变化规律及现状平均水平，为于桥水库入库河口湿地工程运行管理提供依据。

（李金中）

【水生态修复工程与防洪除涝双向反馈效应研究】 该项目由天津市水利科学研究院周志华、李振、杨丽萍等完成，2020年9月通过天津市水务局验收。该项目综合运用生态学、植物学、水力学等技术，研究常见水生态工程与行洪排涝河道水流的相互影响，揭示水生态修复工程的阻水特征，研究水生态修复工程影响下河道的水动力特征并量化影响程度，选择1至2种植物进行常用水生态修复措施筛选研究；采用水槽试验，研究生态工程对防洪排涝的影响；研究泄洪排涝对生态工程的影响；研究大流量下植物被毁坏的可能，研究浮床失稳的可能性；建立数学模型，进行生态工程建设前后水面线计算。数学模型和水槽实验相互印证，分析生态工程建设对防洪排涝的影响，提出水生态修复工程实施的相关建议。

（周志华）

【环保清淤设备试制及应用研究】 该项目由天津市水利科学研究院袁春波、李振、张振等完成，2020年9月通过天津市水务局验收。该项目研制环保绞刀；在挖泥船上配置先进仪表设备，精确定位系统；泥浆脱水固化系统，选出推广成本低、效果更优化的余水处理技术；协调设备间的无缝连接，编制好操作工艺规程，使生产效率达到更佳。该成果适用于工作面狭窄，有环保要求的中小河道、公园水域、水库等清淤。具有河道无需导流或断流，不受季节影响；环保清淤使清淤工作对周围水域环境的干扰影响减小，在清除表层污染底泥的同时保护下层无污染底泥不被破坏，有利于水生生物种群的恢复和建立；通过清淤质量监测系统，可直观地观察清淤设备的挖掘轨迹；污泥抽送、砂水分离、垃圾分离、机械脱水等全部工艺实现流水作业，自动化效率高；泥浆脱水系统脱水效率高，全程自动化，脱水后的泥饼含水率低；污泥浆脱水后成块状，体积大幅缩小，无液体渗漏，可避免二次污染。

（袁春波）

【于桥水库附着藻类、漂浮型植物防控蓝藻水华适应性及污染物去除效果研究】 该项目由天津市水利科学研究院吴涛、郝志香、王建波等完成，2020年9月通过天津市水务局验收。该项目调查2017年至2019年对于桥水库库区及入库沟渠水生植物及附着藻类分布特征，针对于桥水库水体富营养化及蓝藻水华问题，完成于桥水库水生植物的生长和分布情况调查；开展大型附着藻类和浮叶植物围格实验，对实验结果进行分析。通过室内试验对实验涉及的大型附着藻类和浮叶植物对水华藻类的竞争效果、抑制过程和作用机理进行探索分析；完成大型附着藻类和浮叶植物生长和死亡衰败过程中对水中主要营养盐的影响过程和规律研究，提出植物种植方案及监测打捞意见。

（吴　涛）

【于桥水库束丝藻水华危害及防控鱼腥藻水华方法研究】 该项目由天津市水利科学研究院王建波、郝志香、李广智等完成，2020年9月通过天津市水务局验收。该项目针对当时于桥水库蓝藻水华及藻种变化问题，开展于桥水库的束丝藻的种类鉴定及在水库中的分布及动态监测；于桥水库的束丝藻毒素生产能力及有害性评价研究；鱼腥藻和假鱼腥藻生产异味物质特征规律及异味物质的去除研究；于桥浮游动物分离、鉴定和摄食及蓝藻相互生态作用的研究。2018年到2019年开展藻类调查，鉴定分离出水华、柔细、依沙束丝藻。束丝藻藻株对低磷、缺氮和高氮耐受性较差，削减富营养化水体中氮素含量可能解除高氮条件对束丝藻的生长限制，一定条件下有利于束丝藻形成优势。2018年、2019年于桥水库中主要的产2-MIB蓝藻为假鱼腥藻和拟浮丝藻。2-MIB和geosmin的总产量与藻细胞的生物量呈负相关关系。臭氧氧化法和活性炭吸附法对异味物质在低温条件下也能维持较高的去除率，可作为低温条件下去除异味物质的主要技术手段进行优化选择，理想条件下高级氧化法对异味物质也能有较高的去除率，可作为主要的备选技术方案。食藻类浮游动物密度和生物量随束丝藻变化而变化，二者丰度存在着较为明显的相互关系。束丝藻的丰度变化受到食藻类浮游动物的影响，有望通过食藻浮游动物的群落变化控制束丝藻水华。

（张　振）

【海河北系（天津段）河流水质改善集成技术与综合示范】　该项目由天津市水利科学研究院李保国、董立新、李金中等完成，2020年7月通过市科技局鉴定。该项目全面分析海河北系（天津段）水污染特征，提出各水系不同特点下的水污染防治思路和技术方向。建立海河北系（天津段）负荷分配模型，利用负荷分配模型对海河北系（天津段）进行污染负荷的分配，得到针对各河道水质考核目标下的污染物负荷削减分配情况。形成以营养盐平衡为核心的农业非点源污染控制成套技术；基于河流、湿地统筹的河流水质改善成套技术；滨海平原河流分类分段陆源污染负荷削减分配与管理集成技术，编制《北四河平原区河流污染负荷削减分配方案》。建立海河北系饮用水功能区和水生态功能区特征污染物筛查评估体系。建成海河北系（天津段）风险评估指标体系。该项目通过12项示范工程技术示范，形成以营养盐平衡为核心的农业非点源污染控制成套技术、基于河流湿地统筹的河流水质改善成套技术、滨海平原河流分类分段陆源污染负荷削减分配与管理集成技术等3项关键技术。成果在天津水环境治理工程、于桥水库保护工程、天津两轮水污染治理三年行动计划中应用，河道水质功能区达标率2011年2.6%，2017年提升到6.3%。发表论文56篇，其中SCI论文20篇，EI论文3篇，出版专著1部；授权发明专利9件；实用新型8件；培养博士19人，硕士12人，博士后2人出站。

（李保国）

【海绵城市建设中砂基透水材料与砂基透气防渗材料的关键技术研究】　该项目由天津市水利科学研究院齐伟、姜衍祥、张振等完成，2020年9月通过天津市水务局验收。该项目通过开展透气防渗材料的实验及研究；砂基透水面层材料的研究；砂基透水面层与大粒径骨料透水材料的分层布料与制备；海绵城市建设中的应用研究。研制有一定透水能力的砂基透水砖，应用在人行道、停车场、广场、步行街等较轻载荷的路面表面，具有较好的渗透和净水作用，应用在海绵城市建设中，起防洪排涝兼有一定的环保能力；透气防渗材料在现代农业、建筑、交通、生态保护和环境治理等领域，可有效解决当前面临的水资源短缺、土壤环境恶化、工程渗漏及地基湿陷等难题，其应用海绵城市中蓄水池底部，起到保水固土的作用，通过气、土体的交换改善水体。相比于混凝土材质护砌，在水体溶解氧、透明度、氧化还原电位、化学需氧量、总氮、氨氮、总磷、控藻等方面，更适合生态环保的要求，提高水中溶解氧含量，改善水质。与砂基透水砖共同作用，形成一套完整的雨洪收集净化储存与再利用系统。

（齐　伟）

【非开挖管道修复技术在城市排水管道的推广示范】　该项目由天津市水利科学研究院张振、袁春波、李广智等完成，2020年7月通过水利部验收。该项目研究管道修复器橡胶套配方，优化制作配方，添加耐腐蚀材料，延长管道使用寿命。检测管道缺陷，调查管道及周围进出水口使用状态，根据录像回放、现场记录及规范要求编写管道检测报告；制定相应的管道缺陷维修实施方案，实现点位修复技术与局部整管修复技术相结合。完成培训人员60人次；根据试验成果及维修记录，总结设备制作及管道修复经验，编写操作、使用手册等。该技术实现无需人工进入管道，不必开挖管道，无需占用道路、阻塞交通、破坏绿地，使施工便利，提高劳动效率，保证维修人员的生命安全。在河南路及四纬路管道检测及修复中应用。经过检测确定内衬不锈钢发泡筒结合玻璃纤维布叠修的修复方案，内衬修复对管道断面影响较小，从修复至今未发生异常。

（袁春波）

【水利水电工程设计施工一体化精益建造关键技术及应用】 该项目由中水北方勘测设计研究有限责任公司、天津大学、中交第一航务工程局有限公司余伦创、王超、吴正桥、张社荣、杜雷功等完成，2020年8月通过市科技局专家验收。该项目构建设计施工一体化数据标准和统一信息模型；首创多维信息耦联的水利水电工程建造实时精益分析方法；提出正反演评价一致性准则下水利水电工程建造全过程精益预警体系。项目历经十年科技攻关，以“产学研用”深度融合创新模式，跨领域、跨学科科学研究与开发应用，研发形成水利水电工程设计施工一体化精益建造关键技术体系，解决设计施工高效益和数据高精度问题。

（戈　静）

电　力

【中国水电基础局有限公司科技】 中国水电基础局有限公司通过2020年国家级高新技术企业重新认定，获天津市科技领军企业认定。天津市地基与基础工程企业重点实验室通过天津市科学技术局认定，进入筹建阶段。肖恩尚获中国电力科学技术杰出贡献奖。该公司获专利授权42件，其中发明专利10件，实用新型专利31件。该公司参与国家重点研发计划科研课题2项，获天津市科技领军（培育）企业支持项目1项；获天津市武清区科技型企业创新资金项目1项。获中国电建科学技术一等奖1项；二等奖、三等奖各2项。获中国电力企业联合会2020年度电力科技创新奖二等奖1项；获中国施工企业管理协会2020年工程建设优秀专利奖1件。“水泥灌浆自动化成套装备研发与应用”获中国施工企业管理协会2020年工程建设科学技术进步奖二等奖和中国电力企业联合会2020年度电力科技创新奖二等奖；“超深混凝土防渗墙（地下连续墙）建造技术”获第三届工程建设行业科技创新大会向全国推广的十项新技术；“水泥灌浆自动化装备”获百项成果发布。《预应力锚索长效防腐技术施工工法》《自凝灰浆防渗墙施工工法》等7项获中国电建施工工法。主编《水工建筑物水泥灌浆施工技术规范》水利规范1部；《水利水电工程液压深搅铣防渗墙施工技术规范》《水工建筑物水泥灌浆施工技术规范》《抗滑桩施工技术规范》电力规范3部，参编水利规范1部和团体标准3部。

（王　辉）

【城市电网精益感知与防控关键技术及应用】 该项目由南瑞科技股份有限公司、中国电力科学研究院有限公司、国网天津市电力公司城南供电分公司贾宏杰、霍现旭、穆云飞、杜红卫、蒲天骄等完成，获2020年度天津市科技进步一等奖。该项目发明兼顾可观性、可靠性、经济性的城市电网测控设备精益化配置方法，电网可观范围深入至低压层面，保证识别精度，计算速度提升一个数量级。构建城市电网时滞安全域理论，揭示信息及物理环节时滞对调控效果的影响机理，研发成套虚拟同步机，重要负荷电压实现零闪动。

【电力变压器负载能力提升关键技术及智能装备】 该项目由国网天津市电力公司、天津市特变电工变压器有限公司、华北电力大学魏菊芳、周利军、王伟、王楠、刘宏亮等完成，获2020年度天津市科技进步二等奖。该项目建立热点温度计算模型，解决动态负荷条件下常规计算方法误差大的问题；建立冷却效率测评模型，确立变压器冷却效果量化指标体系。发明智能控制的系列关键技术，突破现有技术对变压器负载能力的限制；发明能力评估技术，实现运行状态下动态评估，有效挖掘变压器负载潜能；发明智能冷却控制技术，大幅提高冷却效率，确保变压器安全经济运行。开发智能化装备与软件系统，解决变压器运行经济性差的问题，实现变压器负载能力的智能管理与调控。

【电力设备巡检诊断与操控机器人关键技术研究及示范应用】 该项目由天津理工大学、天津市三源电力设备制造有限公司、天津中德应用技术大学高强、徐建斌、张志利、李大华、张志刚等完成，获2020年度天津市科技进步二等奖。该项目研发一种电力设备巡检诊断与操控机器人，具备多种巡检和检测功能；能替代人工对电力设备进行巡检和操作，通过巡检模组，对以往不易直接检测的故障进行检测与识别，提高巡检效率与密度，实现对电力设备的远程巡检。该机器人识别率高，实现自主避障，实现对触摸屏是否存在死机、卡屏等问题的检测，实现实时故障诊断。

【复杂电网调度人工智能自主决策关键技术及应用】 该项目由国网天津市电力公司电力科学研究院、北京科东电力控制系统有限责任公司、中国科学院自动化研究所王伟臣、王梓、崇志强、武毅、尚学军等完成，获2020年度天津市科技进步二等奖。该项目提出电网时空量测大数据特征化方法，攻克面向海量广域调度数据的快速安全检索技术，发明多维逻辑并行执行的广域调度数据处理方法，解决海量调度数据处理效率低下的问题。发明自然语言智能解析方法，构建基于知识自动抽取的电网调度领域知识图谱，解决调度领域知识机器难以学习的难点。发明基于深度强化学习的电网正常态和故障态下全局优化调度策略生成方法，实现数据高效处理、知识自动学习、决策全局优化、人机交互高效的智能功能。

【高比例受电的城市电网安全清洁构建及运行技术与应用】 该项目由国网天津市电力公司、国网经济技术研究院有限公司、天津大学曾沅、李慧、王智冬、黄怡、王伟臣等完成，获2020年度天津市科技进步二等奖。该项目揭示外来电力与系统安全的相互作用机理，提出系统接纳外来电能力主要影响因素，建立大比例外来电力接纳计算方法，实现系统网架建设规模及方案的规划。提出风险测算优化技术，建立随机潮流计算与风险评估体系，提出考虑可再生能源运行风险的优化配置方案。在用户侧考虑配网配合来消纳外来风电，深挖负荷特性，提出考虑用户响应的温控负荷聚合方法及其优化控制策略。

【火电机组灵活性改造及热电协同调度技术与应用】 该项目由国网天津市电力公司电力科学研究院、天津大学、天津国电津能热电有限公司鄂志君、张利、张宇、孔祥玉、杨晓静等完成，获2020年度天津市科技进步二等奖。该项目发明火电机组深度调峰能力精准量化评估方法，提出燃煤机组深度调峰与超净排放协同优化技术，研制适用于低温热源介质的高效吸收式热泵装置，提出考虑安全性、经济性和热电解耦的火电机组多维运行优化技术，提出考虑新能源不确定性、热电约束的智能求解方法，首创电力系统安全稳定控制技术，开发网源协调智能管理平台，攻克多重限制下热电协同调度难题。

【基于NB-IoT的多业务广覆盖电力物联网关键技术研究与应用】 该项目由国网天津市电力公司、天津大学、南京南瑞信息通信科技有限公司岳顺民、尹喜阳、杨挺、盆海波、李霜冰等完成，获2020年度天津市科技进步二等奖。该项目提出一种可重构技术，克服现有电力物联网射频芯片设计复杂、成本高且研发周期长的固有缺陷，实现一套物联网终端全面接入数十类电力物联服务，显著降低设备研发及网络建设成本，实现电力物联终端强穿透、广覆盖、低功耗接入。可实现建筑楼宇内地下密闭环境全覆盖，支撑智能电网全面量测和物联通信，发明具有完全自主知识产权，跨网互联安全防御方案，实现电力物联网异构终端设备可信互认和数据跨网安全可靠传输。

【基于电力客服的异地双活系统关键技术及应用】 该项目由国家电网有限公司客户服务中心、北京中电普华信息技术有限公司、北京科东电力控制系统有限责任公司刘旭生、杨维、黄秀彬、于策、马永波等完成，获2020年度天津市科技进步二等奖。该项目基于国网公司信息通信专网，提出全双活体系架构；通过双活数据中心的全业务监测，对全国27个省电力用户来电进行分配并匹配最佳座席人员，实现跨班组、跨部门以及跨中心的业务智能调控；实现基于服务编排、服务治理的应用层双活；研发适配全网的大规模跨库数据集成系统，保障全网客服数据的一致性、安全性、准确性；实现跨数据中心、跨呼叫平台的系统自动切换及资源集中式调控。

【能源物联海量终端接入与安全管控关键技术及应用】　该项目由国网天津市电力公司、天津大学、全球能源互联网研究院有限公司金志刚、岳顺民、王剑锋、甄岩、袁晓洁等完成，获2020年度天津市科技进步二等奖。该项目提出基于机器学习的终端业务感知处理方法；创制具有信道自感知与业务自匹配能力的智能可信能源物联终端。提出基于深度识别的业务高效编排算法，构建轻量级边缘智能处理机制，开发端边协同处理的海量终端管控平台。研制安全终端，设计终端双向认证机制。构建以自主安全终端为安全硬件基础、区块链为交易基础的电动汽车充电安全交易系统，实现电动汽车安全高效充电。

【适应多元需求的用户侧综合能源接入设计、优化控制技术及工程应用】　该项目由国网天津市电力公司、天津大学、国电南瑞科技股份有限公司迟福建、葛磊蛟、林强、李盛伟、何平等完成，获2020年度天津市科技进步二等奖。该项目构建用户侧综合能源的不确定性区间模型，提出综合能源系统接入方案优化方法，设计综合能源多元用户典型用能方案库，解决用户侧综合能源建设及接入电网的方案优选难题，为综合能源优化控制奠定基础。研制国内首套综合能源网关等系列装置，攻克多类型综合能源用户运行方式差异大的控制难题，实现用户"零"干预。提出适应不同能源品质、不同用户参与互动概率、不同经济性和安全性需求的区域双层控制方法，解决"非契约"用户大规模参与互动的优化运行难题。

【面向能源互联网转型的智能电网多维动态评价关键技术及应用】　该项目由国网天津市电力公司、天津大学、天津天大求实电力新技术股份有限公司王旭东、徐弢、王天昊、王魁、韩柳等完成，获2020年度天津市科技进步三等奖。该项目创建权重传导机制，提出适应不同发展基础、不同发展阶段的多维协同优化动态评价技术；建立分布式资源广泛接入下智能配用电系统承载力衍化模型，提出三维解析方法及脆弱环节挖掘方法；构建能源供给、消费、技术与市场四位一体的示范工程创新效果评价体系，提出考虑多方利益、价值追踪映射的协同运营效益评估方法。在面向转型的智能电网时空差异化、发展持续性、运营协同性评价方面取得创新。

【高海拔寒冷地区沥青混凝土心墙坝施工关键技术】　该项目中国水电基础局有限公司、长江水利委员会长江科学院刘典忠、陈龙、娄旭峰、王海艳等完成，获中国电力企业联合会2020年度电力科技创新二等奖。该项目基于大坝现场温度数据分析，提出"提高摊铺温度、适时碾压、营造适宜温度场"的冬季心墙沥青混凝土碾压技术；研究采用坝壳料先行填筑和心墙范围形成凹槽的措施，营造低风速聚温施工环境；根据坝体沥青混凝土心墙不同部位气温、风速曲线，构建沥青心墙混凝土拌合、运输、摊铺、碾压全过程温控体系。研制新型智能心墙沥青混凝土、过渡料一体化摊铺机、红外加热、影像监控，具有摊铺宽度、厚度调节功能，实现多料同步快速铺筑；改进沥青拌合站，可实时调节矿料和沥青温度、粉尘分离收集、余热利用。通过现场试验研究，采用坝壳料层"干填碾压法"填筑施工工艺，利用高温时段日间快速连续填筑，有效缓解坝壳料的冻结影响；研究采用"品"字形多台高激振力振动碾同步碾压联合作业工艺，加大心墙铺筑层厚，提高冬季施工效率。通过对比试验，优化沥青混凝土材料和配比，提高沥青混合料性能，就近选用砂砾石骨料，解决当地灰岩骨料短缺的难题。获发明专利7件、实用新型专利6件。

（叶玉麟）

【水泥灌浆自动化成套装备研发与应用】　该项目由中国水电基础局有限公司孙仲彬、肖恩尚、赵明华等完成，获中国电力企业联合会2020年度电力科技创新二等奖。该项目研发模块化卧式双体水泥仓，结构紧凑、装运便捷、容积率高、精确称量，可自动供料，解决狭小受限空间水泥存储难题，提高料仓布置的场地适应性。研发全过程一体化集装箱式智能化集中制浆系统，集约化制浆、配浆和送浆，可整体吊运、灵活布置，通过智能化控制，实现全过程自动化精准生产，提高制浆效率，控制制浆环境污染。研制全液压灌浆泵，泵送压力高，稳压性能好，输送能力强，可精确控制泵送压力和流量，节能降耗，适于复杂地质条件下的精确控制灌浆。研制灌浆压力智能控制装置，采用可编程逻辑控制系统，通过压力传感器参数反馈，实现灌浆压力智能化高精度控制，可同时控制多孔灌浆。成果在阳江核电站平堤水库、隆盛水库大坝、青田水利枢纽、红石岩电站滑坡体加固处理、新加坡地铁等高难度灌浆工程中应用，获发明专利3件，实用新型专利4件。

（叶玉麟）

港　口

【海底裸置管道屈曲机理及控制技术研究】 该项目由中交天津港湾工程研究院有限公司、中交第一航务工程局有限公司、海洋石油工程股份有限公司刘文彬、雷震名、刘爱民、李京爽、徐宾宾等完成，获2020年度天津市科技进步三等奖。该项目发明新型海洋浅层低强度土体的高精度探测系统，创新海洋浅层土强度测试及评估技术，研发土体特性复原重构技术。构建不同地域代表性土体特性标准模型及土性指标置信区间；揭示海底管道与地基土体的相互作用机理，开发相互作用数值模型。构建多参量关联作用下动态土体阻力物理模型，建立精炼、实用的标准阻力模型；揭示海底裸置管道水平向整体屈曲变形的发生、发展机制，提出管道水平向整体屈曲变形和应力的定量评估方法，改进整体屈曲防控措施，形成可靠、经济且无附加安全风险的整体屈曲防控技术。

【港口安全生产风险管控与隐患排查治理系统研发与应用】 该项目由交通运输部天津水运工程科学研究所、宁波市港航管理中心、辽宁省交通运输事务服务中心许家帅、张武军、赵鑫、毕金强等完成，获2020年度中国港口协会科学技术一等奖。该项目提出一种港口安全风险管控信息化管理方法，利用风险矩阵、LEC风险辨识法等构建风险分析信息化模型，基于空间地理信息可视化进行研发，实现安全生产动态数据采集、评估与分析。针对设备、设施、环境等多源数据的实时监测与分析难题，研发港口安全生产隐患实时监测预警技术，实现港口企业生产控制系统信息的集成和安全隐患的预警。创建面向港口安全生产管理和作业的隐患排查治理清单模式，搭建云平台与移动互联网终端一体化的安全监督检查系统，实现隐患排查治理的信息化闭环管理。成果应用于辽宁省、浙江省港口行政管理部门及港口企业，完成专著1部、获专利2件、软件著作权4件。

（毕金强）

【防浪建筑物浪致破坏机理和结构优化研究】 该项目由交通运输部天津水运工程科学研究所陈汉宝、姜云鹏、戈龙仔等完成，获2020年度中国水运建设行业协会科学技术一等奖。该项目总结波浪三维稳定模拟试验技术与方法。针对三维稳定试验特点，形成不同比尺下的模拟技术和高精度、自动化、低成本的模具制作方法，开创3D打印块体加工模具的新方法，提高制作精度和效率。收集海上丝绸之路沿线国家波浪资料，分析中长周期涌浪特点，形成不同国家和地区的波高和周期数据集，结合工程设计参数，确定波浪周期范围8～18秒。通过系列物模试验，测定不同周期下挡浪墙荷载，提出考虑中长周期波的荷载计算方法。规范修订工作由交通运输部水运局列入标准修订项目。通过试验研究衔接段波高、底流速、波压强的变化规律，发现结构失稳的破坏机理，提出优化措施。在大连虎滩湾工程中，提出衔接段块体重量应加大至原块体重量2倍。在烟台港西港区矿石码头护岸工程中，提出应加大至原块体重量3倍，并放缓坡度。在某防波堤改造工程中，提出应局部加宽斜坡堤，成果均被工程采纳。针对岩质海岸陡变地形、斜向浪作用条件下护岸接岸段失稳的破坏现象，发现岸线与等深线之间、岸线与波向之间存在双夹角情况下底部支撑不够、导致上部结构下滑失稳的破坏机理，提出取消护底块石、延伸护底块体的防护范围等护岸的设计应对措施，被采纳并实践。

（孙百顺　陈汉宝　姜云鹏）

【波浪传播及波浪—结构相互作用基础研究与软件开发】　该项目由交通运输部天津水运工程科学研究所、大连理工大学、大连海事大学、家超级计算天津中心耿宝磊、姜胜超、刘忠波、金瑞佳、赵鹏、孙华文等完成，获2020年度中国水运建设行业协会科技一等奖。该项目研发具有自主知识产权的计算软件，实现超级计算资源在水运行业的应用。以大尺度的波浪传播问题和小尺度的波浪结构相互作用问题为出发点，采用理论分析、物理模型试验、数值计算模拟相结合的研究手段，对波浪传播及波浪结构相互作用的核心技术开展持续攻关研究，推导适合渗透海床波浪传播的Boussinesq水波方程，其色散性、非线性、变浅性能更优。针对国外主流Boussinesq水波方程在变浅性能上不足的问题，开发的软件可以适用于更大水深。在势流理论下建立波浪与多层透空结构、淹没物体等作用的解析计算方法，大幅节省计算时间，避免传统数值计算结果发散、数值计算中奇异性的问题。在高阶边界元数值方法中首次实现预修正快速傅里叶变换算法，解决高阶元的单元和节点在网格中的归属问题，使高阶边界元的计算量和存储量达到线性量级。利用天河超级计算与云计算、大数据存储相融合的特点，开发基于超级计算环境的波浪水动力计算软件，解决数值波浪水池超大计算量问题，提升数值计算效率。

（孙百顺　耿宝磊）

【港口危险货物集中区域安全风险管控关键技术研究及应用】　该项目由交通运输部天津水运工程科学研究所、天津东方泰瑞科技有限公司、天津港（集团）有限公司、天津市港航管理局王绪亭、冯悦、詹水芬、刘艳、姚玉良、王帅等完成，获2020年度中国航海科技一等奖。该项目研究安全风险评估技术、安全监管职责、安全风险防控措施及安全风险分级技术等，建立集中区域安全风险评估方法体系和安全风险分级评价指标体系，系统地提出集中区域安全风险管控措施。首次构建涵盖周边环境影响、集疏运条件、公共基础设施、区域安全管理及应急救援能力等评估内容的集中区域安全风险评估方法体系，解决港口行业区域性安全风险评估技术难题。创新性提出集中区域安全容量的理念，建立集中区域个人风险值与社会风险值计算和评判的新方法。首次提出港口危险货物目录，增强《港口危险货物安全管理规定》的针对性和可操作性。项目形成行业政策文件1份、地方标准1项、著作1部，软件著作权3件。成果在天津港、上海港、宁波港等港口应用。

（孙百顺　王绪亭　蒋治强）

【珠海港高栏港区神华煤炭储运中心一期工程】　该项目由中交第一航务工程勘察设计院有限公司季则舟、梅凯、常雪峰等完成，获2020年度水运交通优秀设计一等奖。该项目采用1800吨/小时的链斗连续式卸船机，首次应用在国内卸船码头项目；国内外各港专业化散货堆场首创，在堆场同一条轨道梁上布置有2条堆取料作业线，均配置2台堆取料机、1台取料机；采用最大能力为6000吨/小时的在线筛分系统；当时国内码头项目皮带机系统设计国内首次应用曲线溜槽技术，堆场取料线带式输送机系统多点转接处均采用皮带伸缩头七工位供料系统。为增大陆域使用面积，在原有围堰结构前采用二次抛填方法形成接岸。采用浅表层及深层相结合的地基处理。国内首创堆场四周防风网上设置固定式水喷雾系统。

（韩瑞洁）

【BIM技术在煤码头工程中的应用】　该项目由中交第一航务工程勘察设计院有限公司周烨、曹煜、许佳等完成，获2020年度“金标杯”BIM/CIM应用成熟度创新大赛一等奖。该项目为印度尼西亚建设的2x660MW的燃煤电站工程，采用三维BIM正向设计，Bim模型提供水平360°、垂直360°全方位自由漫游体验，通过人机交互操作对模型进行实时浏览。工程框架主体由PKPM有限元软件进行建模计算，将工况荷载布置后得到梁柱截面及配筋数据，导入BIM平台实现与结构计算软件的互通。基于C#语言对Revit进行二次开发。将BIM模型信息参数轻量化存储，可通过PC终端、网页端或移动端，随时随地扫描二维码，快速获悉项目设计方案，传递设计意图；BIM辅助建筑节能分析，利用绿色建筑BIM软件，执行国家绿建标准。进行全方位绿色建筑分析，尽可能地减少工程能源消耗量，实现绿建和BIM的有机结合；通过模型切片软件实时掌握打印进度，利用3D打印快速搭建码头、综合办公楼和工程细部构件实体模型，更利于设计方案的比选和施工细节的直观展示；结合AR增强现实技术，将模型转化为信息化图像，实现交互式方案展示与体验；通过BIM轻量化云平台，解决BIM模型硬件要求高、专业协同不畅，多人同时分专业分区域建模的问题。协同云平台支持BIM云端浏览、三维测量、模型剖切、云端渲染等功能，辅助正向设计的校核校审流程，推进项目文件留痕存档，保留模型关键信息，提高模型载入流畅度，推进各专业间的协同交流；BIM+GIS地理信息平台。该项目通过BIM技术实现基础应用9项、创新应用8项、平台应用4项。发表国家级期刊论文4篇。

（周　烨）

【港珠澳大桥主体工程东西人工岛勘察】 该项目由中交第一航务工程勘察设计院有限公司、中交公路规划设计院有限公司、中交第四航务工程勘察设计院有限公司、中交第二航务工程勘察设计院有限公司季则舟、孟凡超、麦若绵、杨鸿钧、王建军等完成，获2020年度水运交通优秀勘察一等奖。该项目采用先进技术对高灵敏度、大触变性的深厚软土层进行科学准确评价；项目功能特殊，技术要求高，采用多种方法综合勘察，提供可靠资料；作业条件差，勘察工期紧，采用科学勘察方案，获勘察铁军荣誉称号。第一阶段勘察累计完成钻孔151个，总进尺10068.59米，提交4份、16册中、英文地质勘察报告。在2010年10月至2011年4月进行补充勘察工作，完成钻孔59个，总进尺2761.4米。

（韩瑞洁）

【黄骅港散货港区矿石码头一期工程地质勘察】 该项目由中交第一航务工程勘察设计院有限公司肖雄丙、刘辉、任耿祥等完成，获2020年度水运交通优秀勘察二等奖。该项目对于软土层采用新型十字板剪切试验装置，其控制器、轴杆和平台相分离的特点，水域勘察的十字板剪切效果，该装置获国家实用新型专利。勘察运用相关软件进行有限元分析计算，对地基处理的沉降量等进行模拟预估。对各构筑物的初设及施工图各阶段勘察，累计钻孔802个，进尺26470.56米，采取原状土样8470件，进行原位测试15835次。野外勘察使用卫星定位、全断面取芯回转钻探、薄壁取土、标准贯入、波速测试及公司自主专利的十字板剪切等各种技术手段，室内试验采用全自动三轴压缩、电气伺服控制振动三轴压缩、全自动高压固结、数据自动采集应变控制式直剪及渗透、水质分析等，勘察数据采用专业化软件自动采集与处理，成果数据准确。提供勘察区各岩土层的特征指标，勘察进行孔内波速试验与室内动力试验，为工程的地震安全评估提供资料。通过对单桩极限承载力、真空预压排水板间距、不同时间段达到的固结度估算等场地地层条件分析研究，参照相邻建筑的结构形式，推荐码头基础选用Φ1200毫米钢管桩或650×650毫米预应力混凝土空心方桩；引桥采用650×650毫米预应力混凝土空心方桩，在打桩船不能进入的地方采用Φ800毫米混凝土灌注桩；一般场地地基处理采用真空预压法，堆场区采用真空+堆载联合预压法，轨道梁采用真空预压+水泥搅拌桩复合地基法，多被设计施工方所采纳或借鉴。

（韩瑞洁）

【多功能海上施工自升平台及海上风电施工关键技术研发应用】 该项目由天津港航工程有限公司、武汉船用机械有限责任公司、天海融合防务装备技术股份有限公司张佩良、丁文智、高永生等完成，获2020年度中国港口协会科技进步二等奖。该项目以1200吨全回转浮式起重机和3400吨液压插销升降系统作为核心设备，自主开发风电安装定位系统及风机塔筒翻转装置、超长叶片组拼吊梁、大直径单桩可变径可旋转式吊梁等专用工装，形成一整套风电安装工艺；开发沉桩全自动控制技术，解决海上风电工程中精度控制等难题，提高施工安全性和效率。开发主吊机船艏偏心布置、艏部桩腿可拆卸的海上施工平台集成设计方案，突破3400T液压升降系统、1200T起重系统的核心技术。开发智慧平台控制系统，可进行船舶及施工设备操控、气象海况监测、船岸视频通信等全方位、全过程的信息化监控。成果应用于“振江号”“海洋风电069”等4个平台设计建造及中国华能江苏大丰海上风电项目等海上风电工程建设项目。

〔天津港（集团）有限公司〕

【日照港岚山港区30万吨级矿石码头工程】 该项目由中交第一航务工程勘察设计院有限公司邢军、罗刚、梁婷等完成，获2020年度水运交通优秀设计二等奖。该项目堆场布置在水深较浅的区域，通过2.57千米现有长防波堤与堆场连接，将码头布置于-10.0米深水区域，减少开挖量和吹填量。卸船机与带式输送机连接部分取消常规的卸船机的悬挂托辊组，增加缓冲容积，保障接卸时生产的安全与清洁。采用强夯对沉箱后抛石棱体进行大范围处理，减少码头前、后轨之间的不均匀沉降对卸船机的影响；对防波堤进行强夯处理，提高防波堤承载能力。后轨道梁将预埋螺栓改为预埋套管，通过调节螺栓进入套管的长度可适应80毫米的残余沉降。使用高性能排水板进行排水、排水有效期约3年～5年，使得工程投产后2年～3年内在矿石堆载的情况下排水板持续起到排水固结作用。堆取料机轨道基础下采用格栅型水泥搅拌桩复合地基法处理。轨道基础采用轨枕式，每个轨枕承担一根钢轨的荷载。在国内同类30万吨级矿石码头中首次使用控制系统容错服务器、大机设备与地面数据及视频传输系统、中央控制室LED光源DLP大屏幕设计。

（韩瑞洁）

【天津港南疆27#通用码头工程】 该项目由中交第一航务工程勘察设计院有限公司刘晔、张弛、杨玉森等完成，获2020年度水运交通优秀设计二等奖。该工程码头为天津港地区等级最大的通用泊位，与现有泊位统筹作业，形成优势互补，发挥泊位接卸能力；码头、堆场预留改造条件，为远期扩建、升级提供便利。充分论证船舶航行条件，优化水域布置，节省投资。码头、引桥精心布置，满足使用需求。结合工程特点和现状条件，码头结构选型经济合理。多重措施并举，预防污染，达到高标准环保要求。

（韩瑞洁）

【干散货港口粉尘污染控制成套技术研究】 该项目由交通运输部天津水运工程科学研究所和烟台港集团有限公司白景峰、张春意、薛永华等完成，获2020年度中国港口协会科技三等奖。该项目通过对全国主要干散货港口粉尘污染防治技术研究，创立不同应用条件下干散货港口典型污染防治措施抑尘技术大数据系统，精准识别环保措施抑尘效果关键影响因子；以提升综合抑尘效果为目标，构建干散货港口全作业环节粉尘污染配套控制技术评价体系，为干散货港口粉尘全流程管理及工艺优化，实施“一港一策”管理提供理论基础与技术保障。成果在烟台港、营口港和连云港港等大型干散货港口应用，港口全流程粉尘排放及物料损失得到控制，提高港区环境质量。

（薛永华）

【港口大跨屋盖结构智能化抗风设计理论与工程实践】 该项目由交通运输部天津水运工程科学研究所、中交第一航务工程勘察设计院有限公司彭士涛、苏宁、洪宁宁等完成，获2020年度中国港口协会科学技术三等奖。该项目基于大量风洞测压数据，对不同大跨屋盖结构的脉动风压场频谱特性进行定量化研究，揭示不同特征湍流作用下的风压场自功率谱特征频率及互功率谱相干指数的变化规律，首次建立系统实用的风压谱工程模型。结合自然激励的滤波表示法，推导形成基于风压谱工程模型参数的结构风振响应解析表达式，提出一种高效、精确的大跨屋盖结构风振响应算法，有效提高风振响应分析效率和精度，大幅缩短港口复杂大跨屋盖结构抗风设计周期。提出以背景、共振效应系数表示等效静风荷载的“阵风响应包络法”，形成背景、共振效应系数及等效风振系数的经验计算公式。对大跨屋盖结构风荷载进行大数据分析，实现风荷载统计及频谱等关键参数的智能预测，开发集成独有的智能化抗风设计软件，提高大跨屋盖结构项目的前期决策效率。成果在华能曹妃甸港口有限公司、唐山港曹妃甸港区煤码头三期工程等多个大跨屋盖结构设计项目中应用。（苏　宁）

【印尼芝拉扎电厂水工工程】 该项目由中交第一航务工程勘察设计院有限公司陈宝泉、常雪峰、张建红等完成，获2020年度中国交建优秀设计奖。该项目攻克强动力海岸建设防波堤和码头长周期波绕射与透射影响泊稳的关键技术，首次将该公司专利双联型块体应用于实际工程，合理的总平面布置，有效的掩护中长周期波浪。严格规定堤心石级配，减少长周期透射波浪对港内泊稳的影响。采用基于性能的设计方法，确定抗震设防标准，节约工程造价。设计时综合考虑国内和国际规范的先进设计理念，因地制宜，方便施工，节约投资。（韩瑞洁）

【唐山港曹妃甸港区煤码头二期工程】 该项目由中交第一航务工程勘察设计院有限公司王连成、许健刚、魏美芳等完成，获2020年度中国交建优秀设计奖。该项目技术创新点：①堆场取料作业线采用“双线双机”布置型式；皮带系统首创采用“五工位伸缩卸料装置”，大幅提高卸车、取料流程的灵活性；4台装船机作业5个泊位，翻车机房采用三线三翻布置方案；从商业化运作角度考虑，在流程中设置除铁装置、计量装置、卸车及装船采制样等设施。②综合比选后采用该公司自主开发的深水遮帘式地连墙板桩码头结构。③地基处理采用多点共振无填料振冲。④堆场采用条形煤棚加防风网的环保模式，组成煤码头二期工程整个堆场防风抑尘体系。⑤取装线皮带机采用变频驱动，减少能耗和运营成本。⑥采用干、湿除尘系统和污水回收系统。截至2019年年底，累计接卸船舶近2917艘次，作业量超10269.81万吨，装船最高月作业量约432.11万吨，最高年泊位利用率达55%，最高单船装船作业效率4737吨/小时。通过定期监测，码头结构、翻车机房、堆场及轨道梁等沉降量均在有效控制范围内，工程运转正常。（韩瑞洁）

【厦门港后石港区3号通用泊位工程】 该项目由中交第一航务工程勘察设计院有限公司刘晔、杨长义、杨玉森等完成，获2020年度中国交建优秀设计奖。该项目是国内首个采用风洞模拟的方法研究矿石起尘规律和港区防风措施整体抑尘效果。采用资料分析、风洞试验和数值模拟的方法研究后石港区散货泊位对周边大气环境的影响，对两种散货泊位规划布局方案、两种散货货种（煤炭、矿石）、多种粉尘治理措施（防风抑尘网、防护林、洒水抑尘及其组合）等多种组合形式进行模拟分析，预测抑尘效果及其对区域环境的影响。通过模型试验分析，在3#-7#泊位建设大型干散货泊位，并在堆场区采取防风林+防风网+喷洒水及其他区域采用相应的封闭+干式+湿式的工程除尘措施，对双鱼岛及其周边其他环境敏感点的环境影响比较小，3#泊位作为后石港区的起步工程是合适的。该成果被《煤炭矿石码头粉尘控制设计规范》（JTS155-2015）所引用。（韩瑞洁）

【海关双优化及监管平台】 该项目由天津港信息技术发展有限公司杨志新、褚英双、姜嘉旗等完成，获2020年天津港集团科技进步一等奖。该项目接口平台基于体系统一的接口标准，采用成熟的Restful API接口设计规范，建立结构稳定、信息丰富、更新及时的通用接口服务，提供基于数据权限的安全可靠的数据对接服务，支持HTTP、WebService、Socket多种对接方式，实现自动化智能化处理海关查验信息和监管场所的共享和流通，整个系统采用负载均衡和集群方式部署，灵活实现系统横向和纵向扩展，满足不断增长的业务需求。通过海关放行、查验指令内嵌入一体化系统各监管环节，闸口系统通过新模式实时与海关进行数据传输及放行检验，根据指令完成进出口箱场内分流到不同作业区域，提高码头作业效率。建立关港嵌入式可视化监管平台。该平台与核心TOS系统及外围系统互相对接，实时监控船舶AIS轨迹，监管场所作业状态，闸口实时进出闸数据，具备船舶预警和闸口报警及处置，提升对异常物流的发现能力、实际物流的控制能力、物流变化的跟进能力、天津口岸关港联动能力。天津港集团四家集装箱码头开展双优化、船边直提、进口顺势机检等新的业务，加快通关时效，提升天津口岸通关便利化水平。

〔天津港（集团）有限公司〕

【开放式大场景智能视觉技术在港口安全管控中研究与应用】 该项目由天津港远航矿石码头有限公司卞富国、付强、王浩然等完成，获2020年天津港集团科技进步一等奖。该项目采用枪球摄像头组合的方式监控大场景区域，综合使用深度学习等多种智能算法，通过枪球联动的自动控制及算法调度，运用目标匹配及跟踪技术，将AI视觉技术应用于港口码头作业区域人员、车辆行为安全的全天候实时自动精细化管控，实现大场景生产作业面内的特种车辆内驾驶员行为智能分析，实时监测。该项目首先在天津港远航矿石码头有限公司进行实验和应用，在天津港集团远航公司S11#、S12#泊位生产作业面区域系统部署，实现全覆盖视频监控及智能分析监管。在作业车辆上安装驾驶监控摄像头，监管驾驶员疲劳驾驶。向天津港远航国际矿石码头有限公司、天津港远航散货码头有限公司和天津港南疆矿石物流有限公司推广应用。〔天津港（集团）有限公司〕

【重载交通环境下桥梁安全动态监测评定方法研究】 该项目由天津港港务设施管理中心、天津市交通科学研究院马珂、张天华、陆晓东等完成，获2020年天津港集团科技进步一等奖。该项目建立一套适用于重载交通环境下桥梁的动态监测系统，监测桥梁运营状态下的结构应力、梁体裂缝、温度变化和桥梁线形、位移的变化情况，分析桥梁结构响应、变形随外部荷载、温度、季节等因素的变化规律，掌握桥梁的实际受力状态和使用工作状况，结合桥梁的经常和定期检查工作，综合对桥梁结构的安全状态进行评估，对严重影响桥梁结构安全的病害做到早期预警。该研究提出车辆荷载、车辆轴载概率模型；开发典型桥梁动态在线监测系统平台，分析典型点位的挠度、应变长期监测数据，实现监测系统的网络化、信息化、可视化；提出港区重载交通桥梁安全预警值设定的方法和流程，以设计状态为基准，对计算模型进行修正，预警基准值参考荷载试验、实测数据及理论数据，建立监测参数量值与预警阈值之间的对应关系，对桥梁安全评估。

〔天津港（集团）有限公司〕

【劲性搅拌桩技术及应用研究】 该项目由天津港航工程有限公司丁文智、陈强、董明达等完成，获2020年天津港集团科技进步二等奖。该项目通过室内试验及现场试桩试验对劲性搅拌桩成桩工艺及其承载力计算方法，相关研究成果为重新修订天津市地方标准《劲性搅拌桩技术规程》DB29-102-2004提供试验数据，其技术创新点：①通过水泥土配比研究，使水泥土具有适当的稠度以大幅度减少沉桩锤击数，改善劲性搅拌桩成桩工艺；②通过水泥土与混凝土界面侧摩阻力特性的系统研究与现场试桩试验，修正完善劲性搅拌桩竖向承载力计算公式；③通过理论研究和对现场实验数据的分析，提出劲性搅拌桩单桩水平承载力估算方法。试验结果表明，劲性搅拌桩抗压、抗拔承载力较同参数灌注桩显著提高，劲性搅拌桩单桩极限承载力可达到10000kN，是同参数灌注桩的1.6倍。该桩型采用预制桩为主现浇为辅的工艺，通过水泥土配比的优化，可大幅减少芯桩锤击数，提高施工效率，减少泥浆、噪音等污染，适合应用在城市工程建设中，施工质量可靠。〔天津港（集团）有限公司〕

【堆场轨道桥大车运行智能控制研究】 该项目由天津港集装箱码头有限公司刘杰强、闫武、李太林等完成，获2020年天津港集团科技进步二等奖。该项目利用对大车两侧支腿进行毫米级定位，结合PLC实时调整位置，实现大车在运行过程中自动纠偏，两侧支腿始终保持在同步状态，不会发生啃轨现象；实现一键智能操作，轨道桥会精准自动行驶到预定位置，自动落下锚定插板；实现远程操控司机可在远程操控台操作任一台轨道桥实现自动锚定，能多台轨道桥同时锚定操作，避免突发大风天气时人力不足、操作时间过长导致机损事故；实现锚定装置状态能够在远程操控台屏幕上有明显显示，使司机能够在远程操控台上查看到每一台轨道桥的锚定状态，确保所有轨道桥锚定装置处于正常状态。堆场轨道桥大车智能控制系统在实际应用过程中，系统各个环节均有监控和检测装置，简化锚定装置操作过程，提高效率且降低操作人员的危险性，使用效果良好。〔天津港（集团）有限公司〕

【集装箱主数据及数据仓库建设】 该项目由天津港信息技术发展有限公司李岩、邹彤、叶艳霞等完成，获2020年天津港集团科技进步二等奖。该项目设计符合港口管理及多种应用场景的主数据管理方案，提供可行的数据管理路径；设计并践行多样的数据运营方式，建构多种业务需求集中的数据模型和数据服务；实现数据的高度集成，完善港口运作的数据与信息的采集、分析、统计的能力和挖掘增值服务潜力；强化数据资源统一管理，分析多应用系统数据血缘关系，建立完整的集装箱数据资源目录，利用主数据管理平台进行主数据的维护、订阅和分发，规范港口集装箱板块的数据标准；实现数据资源集中应用，基于汇集数据向多应用系统提供集装箱模型数据，实现“一站式”信息服务。该项目统一规范集装箱数据标准和主数据，经天津港业务实践，在针对性、技术性和前瞻性上符合港口应用的特点。

〔天津港（集团）有限公司〕

【门座式起重机姿态控制系统研究】 该项目由天津港焦炭码头有限公司朱连义、李洪建、史立洲等完成，获2020年天津港集团科技进步二等奖。该项目开发姿态控制信息采集系统，完成对门座式起重机旋转机构、起升机构、变幅机构运动坐标的实时捕捉，实现门机作业姿态的动态捕捉；开发人机交互界面及视觉监控系统，提供动态数据实时显示和生产现场的实时监护；实现门机姿态控制系统同专业化矿石作业漏斗卸船工艺的自动化对接，提升有色矿作业效率。该系统在天津港焦炭码头有限公司门机设备上安装运行稳定，故障率较低，操作便捷。在公司有色矿接卸、煤炭装卸等作业场合应用，系统提示门机抓斗和漏斗的相对位置，有效避免装卸设备、漏斗、运输车辆交叉环节的安全隐患。该项目通过对门座式起重机各个执行机构实时动态分析，结合信息化数据回传手段，设计与实现门座式起重机姿态控制系统技术。〔天津港（集团）有限公司〕

【护岸工程现浇混凝土墙身组合式移动钢模板设计与施工技术研究】 该项目由天津港航工程有限公司张佩良、丁文智、阎玉涛等完成，获2020年天津港集团科技进步二等奖。该项目将组合式移动钢模板施工技术引入并应用至航道整治工程的护岸工程现浇混凝土墙身施工作业中，具有结构整体性强、变形小，灌注混凝土时无施工缝、漏浆情况少、成品表面平整度高的优点。作业时无需频繁的进行模板安拆、对作业人员造成物体打击的可能频率远低于普通模板作业。模板安拆、移位时无需起重机械配合，避免人机联合作业，减少出现机械损伤的情况。施工全过程工作平台均不需要进行拆装，安全风险小。成果应用于京杭运河浙江段三级航道整治工程嘉兴段土建施工第TJ02标段的护岸工程施工中，提高护岸工程施工安全性，降低约40%～50%的人力成本及15%的材料投入成本，缩短近一倍的施工工期。该研究设计一套适合的组合式钢模板，完成型号、重量、配套的支撑及拉杆的设计选用；对其作相应的水平牵引计算设计及设备的选型选用；作相应的施工环境模拟试验，试验其自身稳定性能及移动时的稳定性；优化模板组合时的安装、脱模、水平牵引和再固定的成套施工工艺。

〔天津港（集团）有限公司〕

【港口云数据中心网络安全风险防控技术研究】 该项目由天津港信息技术发展有限公司王志刚、李岩、孔席超等完成。获2020年天津港集团科技进步三等奖。该项目探讨基于港口云数据中心的企业级数据中心网络安全风险防控，实现对物流网数据库敏感数据的加密及天津港门户网站页面保护网页源文件不受恶意篡改等功能。①预防存储层明文泄密；②防止数据库运维人员越权操作敏感数据，通过独立的、增强的权限控制、三权分立机制，确保任何用户在没有获得密文访问权限时无法访问敏感数据，不影响DBA的日常运维操作；③预防开发人员绕过合法应用直接访问敏感数据；④应用具有专利认证的透明加密技术，保证实施数据加密后应用系统无需改造；⑤符合信息网络安全法，等级保护，实现系统管理数据、鉴别信息和重要业务数据存储保密性。

〔天津港（集团）有限公司〕

【粉沙质海岸泥沙运动理论与港口航道工程设计】 该项目由中交第一航务工程勘察设计院有限公司联合交通运输部天津水运工程科学研究所、南京水利科学研究院、天津大学共同编写，是“新时代海上工程创新技术与实践丛书”之一，系统总结中国粉沙质海岸理论研究及工程实践成果，对粉沙质海岸港口航道及海岸工程设计、建设及港口的扩建、维护等提供指导。

（魏　芸）

航道水运

【中交天津航道局有限公司科技】 中交天津航道局有限公司（以下简称“天航局”）拥有国家级企业技术中心1个，省部级企业技术中心4个，高新技术企业6家，博士后工作分站1个。全年实施疏浚装备与施工、生态环保及流域治理、水利施工、市政施工、海洋工程、勘察测量及信息技术等公司级及以上科研项目126项，完成科研项目31项；公司8项成果通过省部级鉴定，其中国际领先1项，国际先进水平6项，国内领先1项；获集团级以上技术进步奖13次；“疏浚技术创新团队”获中国水运协会首届创新团队奖；全年授权知识产权152件，其中发明专利23件；参编的《反铲挖泥船疏浚监控系统》等6项国家标准和《绞吸挖泥船能耗检测及计算方法》等1项行业标准发布实施。参加天津市第34届科技周启动仪式并对中国疏浚装备自主研发与产业化历程进行科普解读。

（张亚楠）

【中交第一航务工程局有限公司科技】 中交第一航务工程局有限公司（以下简称“公司”）独立或参与完成的多项科技成果获得省部级科技奖励，其中获中国航海学会一等奖2项、二等奖2项；获中国水运建设行业协会科技奖特等奖2项、一、二、三等奖各1项；港口协会三等奖1项；获中国公路建设行业协会科技奖三等奖1项。23项科研成果完成科技成果鉴定，其中“港珠澳大桥沉管隧道施工监测技术研究与应用”等3项成果达到国际领先水平；“中交汇通横琴广场超高层建筑施工关键技术”等7项成果达到国际先进水平。核心技术在海外专利布局实现关键性突破，历史上首次获国际专利2件；获发明专利27件、实用新型专利授权211件，其中获中国专利优秀奖1件，获天津市专利金奖2件。技术中心通过天津市级企业技术中心年审，水下隧道建设与运维技术重点实验室被天津市科技局认定为市级重点实验室。

（毛轶伦）

【大型煤炭港区粉尘控制成套技术研究与应用】 该项目由中交第一航务工程勘察设计院有限公司、神华黄骅港务有限责任公司、中交一航局安装工程有限公司刘林、季则舟、汪悦平、宋桂江、邢军等完成，获2020年中国水运建设行业协会科学技术奖特等奖。该项目研究煤炭起尘机理，提出煤炭最佳控制含水率及洒水量，研发翻车机底部洒水装置，从源头有效控制港区煤炭扬尘。研发煤炭港区输送工艺系统全流程粉尘控制提升技术，研制转接点料流柔性约束、回程皮带清扫、移动式粉尘收集箱等装置；提出堆料机大臂洒水与堆场喷枪洒水联合抑尘系统；提出粉尘收集、加工、回垛工艺系统，避免收集粉尘二次污染及物料损失。首次在煤炭港区应用大型筒仓群系统。提出筒仓规模确定方法及适合港口多煤种的筒仓输运工艺系统，建立筒仓粉尘、温度、防爆防燃监测系统。创建煤炭港区智能洒水抑尘控制系统。首次在港区设置人工湖与湿水系统，将港区储蓄水、净化水功能与生态景观相结合。成果应用于黄骅港煤炭港区，粉尘排放浓度低于国家和地方标准。部分成果应用于秦皇岛港煤码头四期、神华天津煤炭码头。获授权专利8件、企业标准3项。

（韩瑞洁）

【中长周期波海况下浮式防波堤关键技术研发及应用】 该项目由交通运输部天津水运工程科学研究所、浙江大学、大连理工大学等张华庆、阳志文、何方、许条建、丛培文等完成，获2020年度中国航海科技一等奖。该项目针对不同的海域环境特征，发明水压载型、波能利用型、柔性阻尼型等多种适应于中长周期波海况下的新型浮式防波堤。揭示新型浮式防波堤在复杂海洋动力环境下的消浪机理，提高消浪效率，得到消浪性能计算公式。研发波浪传播数模与物模耦合模拟技术，构建新型浮式防波堤及其锚泊系统全时域数值模型，实现海洋动力环境与结构物强非线性相互作用的高精度模拟；研发高速摄像和连续激光的高频PIV测量技术，实现物模试验中结构物周围复杂流场的高精度测量。创新性提出浮式防波堤系统设计方法，形成浮式防波堤结构选型、参数优化、平面布局等设计技术。创建浮式防波堤总体设计方法，形成中长周期波海况下高效浮式防波堤的理论与成套关键技术。发表学术论文50篇，其中国际一区SCI论文23篇。授权发明专利12件，软件著作权4件。（阳志文）

【山区河流高等级航道通航扩能关键技术研究】 该项目由交通运输部天津水运工程科学研究所、中交水运规划设计院有限公司、长江重庆航运工程勘察设计院等张华庆、马殿光、吴澎等完成，获2020年度中国水运建设行业协会科学技术一等奖。该项目研发三维非静水压力数值模拟技术，建立高效高精度的三维非静水压力数学模型，提出非恒定流物理模型试验方法、两坝间山区航道非恒定流数学模型与船舶模拟仿真技术相结合的非恒定流数学模拟方法，形成通航河流系统的非恒定流模拟方法。提出限制性长距离小断面系数中间渠道内安全航行的控制技术。模拟分析中间渠道尺度与航行水力要素间的关系，建立基于自由界面格子玻尔兹曼方法与浸润边界法的小断面渠道通航水动力学数值模拟技术，形成航速断面系数航行水力要素相关理论公式，提出限制性航道小断面系数和断面确定方法。采用非恒定流数学模拟方法，全域实时模拟两坝间枢纽调节非恒定流影响下急流、急弯滩段通航水流和航宽、漂角、舵角等船舶航行参数指标的演化过程。揭示山区河流非恒定流影响下滩性变化及整治建筑物破坏机理，提出石质滩不同高程复式断面和砂卵石滩引导冲刷的航道治理技术。通过确定受整治工程影响严重或急需保护的鱼类目标种类或类群，综合采用原位监测和室内模拟实验，确定目标鱼类早期生活史不同阶段生境利用的关键水文参数和利用育幼生境的时间动态，提出基于鱼类早期生活史不同阶段生境利用的关键水文参数和时间动态关键过程，形成一种基于鱼类育幼生境营造的生态丁坝设计方法。

（孙百顺　马殿光）

【《防波堤与护岸设计规范》（JTS 154—2018）】 该项目由中交第一航务工程勘察设计院有限公司、中交水运规划设计院有限公司、中设设计集团股份有限公司、中交第三航务工程勘察设计院有限公司王美茹、谢善文、刘进生、刘连生、王玉红、吴进等完成，获2020年度中国水运建设行业协会科学技术奖二等奖。该规范整合《防波堤设计与施工规范》和《港口及航道护岸工程设计与施工规范》，通过多项专题研究，吸纳近期重要技术创新成果，将防波堤与护岸新结构的设计计算方法等创新成果、防波堤与护岸越浪量控制标准等量化指标纳入，自主创新结构型式、设计理论和方法。将设计标准与施工标准分离，整合内容交叉和性质类同的标准，简化设计规范内容。该规范的颁布实施，对指导防波堤与护岸的建设、加快水运工程建设发展发挥作用。

（韩瑞洁）

【超大型船舶通航与安全靠离泊关键技术研究及应用】 该项目由交通运输部天津水运工程科学研究所、中华人民共和国河北海事局、大连海事大学等单位的孔宪卫、李延伟、王晨阳、牛国旗、康苏海等完成，获2020年度中国水运建设行业协会科学技术二等奖。该项目揭示超长航路潮流传播随船舶行进的发展规律，首次提出渤海超长航路乘潮水位计算方法。以渤海湾为例，首次提出40万吨超大型船舶超长航路乘潮水位计算方法，解决超大型船舶长距离适航水深不足的问题。构建船舶操纵风浪流耦合的六自由度船舶运动数学模型，首次提出在仿真模拟平台中搭建海域环境数据库，研发适合通航条件研究的大型船舶操纵模拟器。建立风场、潮流场、波浪场等多维要素耦合的数学模型，搭建操纵－风浪流耦合的船舶运动数学模型；在仿真模拟平台中搭建海域环境数据库，研发适合通航条件研究的大型船舶操纵模拟器，实现超大型船舶在多条件下的实时追踪运动模拟。建立多层次船舶通航风险体系架构，创建一种超大型船舶通航及靠离泊全过程动态综合评价模型。构建超大型船舶进出港与靠离泊风险综合评价指标体系，建立全过程动态综合安全评价模型。基于调和分析方法，构建一种乘潮水位算法和数值模拟方法相耦合的超大型船舶适航时段预报模型，建立超大型船舶通航安全预报模型，研发超大型船舶通航安全综合评价与预报平台。成果被河北海事局、天津海事局等应用，指导唐山港曹妃甸港区、天津港等渤海湾港口的进港船舶。

（孙百顺　孔宪卫）

【退港还海人工沙滩施工关键技术研究】　该项目由中交天津航道局有限公司、天津市疏浚工程技术企业重点实验室、中交烟台环保疏浚有限公司高伟、李章超、高子双、刘林、梁丙臣等完成，获2020年度中国水运建设行业协会科学技术二等奖。该成果以海州湾日照港北区港口岸线退港还海修复整治工程为工程实例，对退港还海岸滩整治人工沙滩吹填技术开展研究，形成成套的岸滩整治人工沙滩吹填核心技术。以理论分析、数值模拟等多种技术手段，综合验证人工沙滩的物质组成、稳定坡比及沙滩剖面的演变等影响因素，确定上层沙滩砂质的粒径范围和级配。将航道疏浚土作为人工沙滩建设砂源，采用分层取砂、分层抛填、分区吹填工艺，实现疏浚土的高效资源化综合利用；首次通过泥泵流量、溢流筒高度、装舱时间联动控制，研发耙吸挖泥船装舱溢流洗砂施工工艺；提出人工沙滩水下剖面分条填筑、潮间带补砂水动力自然成坡的人工沙滩吹填工艺。采用数值模拟方法研究海水中污染物扩散路径、浓度分布规律，确定防污屏布设位置和深度，有效控制施工过程中的水体污染。采用数值模拟方法，研究常海况、两年一遇和十年一遇海况人工沙滩冲淤演变过程，提出沙滩的养护周期及养护工程量。

（张亚楠）

【复杂固体废物清理与处置成套施工工艺研究】该项目由中交天航港湾建设工程有限公司、中交公路规划设计院有限公司、中交（天津）生态环保设计研究院有限公司程磊、王建军、张伟、田会静、王子相等完成，获2020年度中国水运建设行业协会科学技术三等奖。该项目针对唐河污水库疑似爆炸物探测与挖掘102万平方米、一般固废处理与处置125550吨、含砷固废处理与处置7857吨、含铅固废处理与处置1056吨难题开展研究。通过探测设备探测效果比选，提出探测设备+BIM+GIS的探测定位技术，实现对爆炸物的精准探测和全过程信息化控制，保证安全的同时减少资源重复投入，实现探测一次性全覆盖、一次性全部挖除。针对固体废物成分复杂、形状各异，直接入窑处置效果差的情况，提出一种多级筛分+多口投料的工艺，提高处置效率。提出受砷污染建筑垃圾的成套处理技术，利用砷物质的吸附和溶解特性，将砷物质与建筑垃圾分离；分离产生的污水收集后添加药剂进行处理，达标排放；产生的底泥进行水泥窑协同处置；建筑垃圾直接回收重复利用；固体废物在信息化手段支持下，实现减量化、资源化处置，降低施工成本。采用BIM+大数据智慧管理平台，实现车辆跟踪、视频监控、环境监测等信息化技术相结合，对工程进行动态管理，固废清运处置全过程监控，保证工程安全高效开展，提升环境整治工程透明度。

（张亚楠）

【远距离输送砂浆充填砂袋施工工艺研究及应用】　该项目由中交天航滨海环保浚航工程有限公司杨兵、周光涛、冯国林等完成，获2020年度中国水运建设行业协会科学技术三等奖。该项目研发一套远距离输送砂浆充填砂袋施工工艺，解决传统泥浆泵因排距受限、地形复杂而无法实现充袋的难题。对泥浆泵性能与管路特性进行流体动力学分析、管路输送仿真，确定流速、浓度、压力、接力泵匹配及位置等关键参数。创造性地设计支管－合流器－主管－分流器－支管的管路系统，可灵活调节管路流量与压力，设置补水泵及外排管，确保系统的正常工作。该项目针对河流、海堤防、护岸工程、围堰工程中，冲砂袋填充输送距离长、地形复杂吹砂管布置困难、施工区气象条件变化大充填砂袋困难等问题进行研究，形成一套在复杂管线条件下就地取砂长距离输送砂浆施工充砂袋的工艺方法。

（张亚楠）

轨道交通

【超长深埋海底隧道建设关键技术及应用】 该项目由中铁（天津）隧道工程勘察设计有限公司、中铁第六勘察设计院集团有限公司、同济大学贺维国、宋超业、于勇、陈馈、袁勇等完成，获2020年度天津市科学技术进步一等奖。该项目创建复杂环境条件超长深埋海底隧道设计理论与方法，创建基于环境条件的暗挖海底隧道合理埋深确定方法；提出一种计算理论，揭示水下盾构隧道外荷载分布规律和高水压下结构受力特性。建立简化抗震设计理论和抗震减震方法。提出抗震简化设计理论，研发最大比尺振动台模型试验系统，提高高烈度区复杂地质条件下隧道整体抗震性能。提出隧道火灾工况人员可用安全疏散时间算法，提高人员疏散的可靠性。

【城市地铁运营快速动态精密检测技术及应用研究】 该项目由中铁第六勘察设计院集团有限公司、武汉大学王昌洪、梅文胜、王洪战、王磊等完成，获2020年度天津市科技进步二等奖。该项目自主研制移动扫描检测轨道小车，实现地铁隧道移动快速扫描；实现点云及点位精度的评定，提出一种智能化环缝识别方法，实现盾构隧道环缝的可靠与精确提取，开发地铁点云管理平台及扫描数据快速检测软件，实现自动化快速检测。采用理论分析和现场试验相结合的综合研究方法，开发云管理平台及扫描数据快速检测软件，解决城市地铁运营快速动态精密检测及应用的关键技术问题。实现运营监测由人工采集向移动动态方式转变，显著提高测量效率和测量精度，满足地铁隧道断面快速动态监测的需要，为地铁运维管理提供数据支撑。

【高速铁路无砟轨道板尺寸快速智能检测系统】 中国铁路设计集团有限公司联合武汉大学、武汉中观自动化科技有限公司等许磊、刘成、郑顺义、王长进等完成，获2020年度天津市科技进步二等奖。该项目研发高速铁路无砟轨道板尺寸快速智能检测系统CRDC_BTSIMS。通过集成工业机器人、激光扫描仪、光学跟踪仪等硬件设备，自主开发基于点云处理算法的智能检测软件，实现对无砟轨道板、隧道管片等大型基础构件的自动化、信息化和智能化检测，与传统检测方式相比，效率提升5倍以上，精度提高一个数量级。根据轨道板设计参数、线路平面、纵断面设计文件，进行轨道板BIM建模。驱动检测系统自动获取轨道板外观精细三维点云数据，通过坐标系转换矩阵，将扫描仪坐标系的三维点云转换至轨道板局部坐标系下。基于超精细三维点云，应用圆形和平面随机采样一致性、最小二乘拟合等智能算法，自动进行承轨槽、钳口面等轨道板主要部件的BIM实物建模。通过将两张影像进行三维重建，实现点云实时拼接、点云构网和优化及纹理映射等功能。基于体素（Voxel）和哈希表（Hash Map）的三维点云数据实时管理方法，解决海量点云数据内存占用率高的难题。获发明专利6件、实用新型专利2件，软件著作权2件，发表论文8篇。研制的无砟轨道板智能检测系统应用于京雄高铁、郑阜高铁等8个轨道板场，实现新技术销售合同额848万元。研制的光学跟踪式智能工业检测系统推广超过150套，销售额超3000万元。

（闻济舟）

【高速铁路建设智能仿真技术研究】 该项目由中国铁路设计集团有限公司韩祖杰、赵文、王华等完成，获2020年度天津市科技进步二等奖。该项目提出一种基于语义约束的BIM与GIS融合技术，实现BIM工程数据结构与高速铁路建设管理智能仿真平台的自动转换；提出一种参数控制的高速铁路设计深化方法，实现地形自适应的全线工点智能设计仿真及多方参与、实时协同的三维设计；提出事件驱动的施工过程全要素仿真方法，实现施工方案的快速仿真和共享，基于信息模型的动态更新，实现全线工点实时进度仿真和施工建设管理的智能分析及预警。成果服务于雅万高铁、匈塞铁路、巴拿马铁路等“一带一路”项目，应用于京沪、京雄等国内13条高速铁路的建设管理。为建设、设计、施工单位节省开支总额超2.1亿元，签订合同额超5400万元，净利润达1250万元。申请发明专利17件，获发明专利5件、实用新型专利2件，撰写标准3项，软件著作权10件，发表SCI论文3篇、EI论文7篇、核心论文6篇。（闻济舟）

【以行车指挥为核心的轨道交通综合自动化系统】 该项目由天津凯发电气股份有限公司王传启、卢凌云、张浩等完成，获2020年度天津市科技进步二等奖。该项目实现基于城市轨道交通骨干网络，通过高速以太网把子系统深度集成于一体，对行车、供电、机电能统一监视控制，实现信息共享、跨专业数据融合和智能联动，快速应对更为复杂的运行场景。系统采用开放式体系架构，以分布式网络平台为基础，融合多项技术，构建城市轨道交通自动化一体化应用平台。平台对自动化应用提供支持和服务，具备标准开放、可裁剪、易移植、互操作性强的特点。实现各专业自动化子系统的无缝连接，降低系统集成和运行维护成本。

【水激活因子主动长效防水关键技术及其地铁工程应用】 该项目由天津城建大学、北京东方雨虹防水技术股份有限公司、天津市禹神建筑防水材料有限公司等刘洪丽、李洪彦、李婧、郑先军、刘涛等完成，获2020年度天津市科技进步二等奖。该项目提出水激活因子遇水即活、循环修复的主动式长效防水机制与系统构建。突破传统的短期有效被动式地铁防水技术的瓶颈，实现高效、长寿命主动防水，提升水激活因子复合卷片材的自修复和抗渗能力；开发复杂明水环境主动长效防水施工工艺及地铁工程应用技术。研发纳米球状黏土微胶囊改性聚氨酯堵漏材料及工艺，实现长效持久的堵漏效果。开展复杂明水环境主动长效防水卷片材施工工艺及其地铁应用技术，解决地铁防水工程复杂工序和反复修复等瓶颈问题，简化施工工艺，大幅节省维修成本；相关成果编入国家标准1项、企业标准2项和技术规范1项。该项目开发的新型防水材料及关键技术克服传统防水技术性能差、施工复杂、短期有效、维修频繁等不足，有效地提高地铁防水技术的安全性及长效性，可满足各种高等级防水工程的要求，辐射能力强。其研发的水激活因子多级体系主动长效防水关键技术在天津滨海新区轨道交通B1线、天津市地铁4号线、10号线等重点工程应用，实现新增收入2.59亿元。授权专利16件，发表论文24篇。（刘进军）

【重载铁路公铁两用三主桁钢桁梁长联顶推技术】 该项目由中国铁建大桥工程局集团有限公司、天津大学、中铁建大桥工程局集团第四工程有限公司王宏毅、林再志、龚国锋、武永新、胡辉跃等完成，获2020年度天津市科技进步二等奖。该项目结合跨黄河公铁两用大桥工程，研发快速拼装新技术，提出同步控制新方法，开发一种新型支撑体系。创新构建多点同步施工技术，解决顶推过程中的难题，实现施工控制目标。施工采取声控、光控、色控的绿色环保施工技术，达到总体分布基本无变化的环保目标。

【轨道板重力式车辆减速器】 该项目由天津铁路信号有限责任公司张军、史国珍、寇建设等完成，获2020年度天津市科技进步三等奖。该项目研制轨道板重力式车辆减速器，研制带有高可靠、高强度钢混结构减速器基础，提高设备的可维护性、可用性、可靠性、安全性和绝缘性能，减少用户维护的工作量。

【高速铁路大跨度极不对称转体钢管混凝土拱桥关键技术研究】 该项目由中铁十八局集团有限公司、中铁十八局集团第二工程有限公司王新泽、韦有波、于长彬、尹黔等完成，2020年4月通过中国铁建股份有限公司组织的成果评价，获中国建设工程科学技术一等奖和中国铁建股份有限公司科学技术一等奖。该项目优化桁架钢管拱节段划分，确定合理的焊接工艺，确保现场拱肋空间线形和施工质量；利用拱座基础和交界墩作为拱肋转体平衡重，研究转体结构脱架过程中的各部受力、扣背索和上盘预应力张拉过程中拱肋与交界墩上盘受力变化，提出极不对称拱肋转体施工方案，确保结构安全及转体精确合龙；通过理论研究和现场试验，解决上承式钢管拱桥柔性墩上钢－混结合梁连续顶推施工中拱上立柱刚度差、拱圈受力不对称等难题，安全完成顶推施工。获授权专利20件，其中发明专利3件，实用新型17件；发表核心期刊论文14篇。

（刘玉飞）

【主城山区高速铁路大型枢纽改造工程设备配套与施工综合技术研究】 该项目由中铁十八局集团有限公司、西南交通大学吴忠良、李远福、郭斌、李财等完成，2020年4月通过中国铁建股份有限公司组织的成果评价，获中国铁建股份有限公司科学技术二等奖。该项目采用基于系统动力学模型的山区高速铁路大型枢纽关停优化技术；采用枢纽改造关停工程的系统动力学模型过渡改造方案技术。采用基于灰色系统理论的综合评价技术，解决山区高速铁路大型枢纽铺架基地的选址规划与布局的合理性；采用系统布置技术，确保铺架基地平面布置方案的合理性。采用基于组合赋权－改进灰色关联法的架桥机配置评价技术，解决桥梁密布、调头转线频繁的实际工程需要；采用基于离散粒子群算法的铁路枢纽铺架方案优化技术，确保铁路枢纽的较好铺架顺序和转场路径；采用基于Dijkstra算法的运输路径规划技术。采用基于熵权理想点法的多目标决策评价模型技术，解决山区高速铁路路基工程的施工方案决策问题；采用基于OWA算子与可拓理论的土质高陡边坡施工风险评价模型技术，可提前预判边坡工程的施工风险；采用基于离差最大化法的模糊综合评价模型技术，减少对营业线的运营干扰；采用基于云模型理论的桥梁施工资源紧缺度模型技术与基于Vague集的复杂桥梁施工风险评价模型技术，确保工期目标的实现。获授权实用新型专利5件；发表核心期刊论文12篇。

（刘玉飞）

【盾构切群桩下穿施工扰动机理、风险防控关键技术研究与工程应用】 该项目由中铁十八局集团有限公司、中铁十八局集团第一工程有限公司、郑州大学陈文、史鹏飞、傅魁、赵涛、李明宇等完成，2020年4月通过中国铁建股份有限公司组织的成果评价，获中国建设工程科学技术二等奖。该项目通过盾构机切桩下穿单桩复合地基现场试验，揭示桩与土应力、桩土应力比和桩土荷载分担比和承压板沉降的演化规律；通过盾构切桩下穿单桩和四桩复合地基数值模拟，解释残桩复合地基承载性状演化规律、残桩复合地基承载性能的退化机制，以及关键施工参数变化和复合地基设计参数变化对残桩复合地基承载性状的影响规律；通过理论计算和三维数值模拟分析，给出盾构切削下穿复合地基时盾构隧道拱顶垂直土压力计算方法；通过现场实测数据和三维数值模拟分析，揭示盾构切群桩下穿过程中既有砌体房屋沉降演化规律及分布特征，给出砌体房屋损伤评价方法和工程监测建议及一整套施工关键技术措施；首次通过室内模型试验，系统研究盾构隧道三维空间结构力学性能，揭示集中荷载作用下盾构隧道横纵向变形的相关性。获授权专利8件，其中发明专利4件，实用新型专利4件；发表核心期刊论文12篇。

（刘玉飞）

【CRTSⅢ型板流水机组法施工技术研究】 该技术由中铁十八局集团有限公司、中铁十八局集团第四工程有限公司、天津银龙预应力材料股份有限公司刘伟、许桃元、周方南、刘洪伟、闫波等完成，2020年5月通过天津市建筑业协会组织的成果评价，获中国建设工程科学技术二等奖。该研究成果用于板式无砟轨道预应力混凝土轨道板生产及制造，提出的流水机组法首次应用到CRTSⅢ型板大批量生产，取得国家首张流水机组法生产许可证。轨道板钢模采用反向预应力结构，克服自身承受预应力钢筋张拉力。首次创新光电传感器辊道输送钢模模式；提出单根单端同步张拉，保证张拉力值的准确性和均匀性；首次对轨道板进行封闭式蒸汽养护；研制机械自动钢模四面同步旋退张拉工具，实现机械旋拧式双向、同步缓慢放张，提高轨道板质量。获授权专利5件，其中发明专利2件，实用新型专利3件；发表论文3篇。

（刘玉飞）

【隧道巨型岩堆处理及生态环保建设铁路关键技术研究】 该技术由中铁十八局集团有限公司张馨、宋宏坤、曹文权等完成，2020年5月通过天津市建筑业协会组织的成果评价，获辽宁省科学技术二等奖。该项目利用跟管钻孔袖阀分层注浆加固施工技术、U型止浆帷幕技术，控制注浆范围，减低施工成本；利用自进式锚管进行超前支护技术加快隧道超前支护施工，节省施工成本；利用巨型松散块石岩堆堆积体抗滑桩护壁混凝土快速浇注的施工技术，快速有效的施工抗滑桩，减小抗滑桩施工对巨型岩堆体的扰动时间，减低安全隐患；采用数字模拟技术及建立质点峰值振速衰减修正模型、设置隧道爆破震动监测装置，有效的控制开挖进尺、开挖速度及预留沉降量等，加强质量控制。获授权专利18件，其中发明专利5件，实用新型专利13件；发表核心期刊论文3篇。成果在田桓铁路TH-2标大前石岭隧道进口巨型岩堆中应用。

（刘玉飞）

现代服务业科技

概　况

【科技服务业】 2020年，科技服务业支持天津艺点意创科技有限公司、中海油田服务股份有限公司、天津市天友建筑设计股份有限公司3家领军（培育）企业，通过技术创新和服务平台建设带动上下游企业发展。组织开展面向2035、2025年的科技服务业创新发展规划思路研究，明确“十四五”时期目标、重点方向和主要任务。组织开展科技服务业需求对接，开展“接链、促需”专项活动。引导市场主体牵头组建产业技术创新战略联盟，推动京津冀协同发展、设计孵化、文化创意、医学检验检测等产业技术创新战略联盟的备案（评估）工作。印发《天津市关于促进文化和科技深度融合的实施意见》，强化部门协同促进文化和科技深度融合发展。围绕基于5G数字创意远程协同设计、文化大数据等方向，启动实施文化科技重点研发计划。推进联合国教科文组织“全球创意城市网络——设计之都”申报工作，组织召开专家座谈会，完善申都主题和理念；开拓合作渠道，成为“联合国教科文组织总部生态花园建设项目”合作方；以“设计赋能、津智生活”为主题，举办第四届世界智能大会“设计之都”云展览；以“流动与驻足——人与人相遇的文化”为主题，举办第七届天津国际设计周。

（杨卫红）

信息服务

【车站智能监测识别系统的构建与应用】 该项目由天津商业大学、天津光电高斯通信工程技术股份有限公司韩建枫、李杰、张勇、尉斌完成，获2020年度天津市科技进步二等奖。该系统硬件设备安装在轨道两侧和轨道之间，采集列车图像、声音、轮温、速度、车号等；软件对采集数据进行智能识别、报警。该系统在列车上检测出19种安全问题，检测效果优于人工作业，实现“接发车作业”智能化。

【大数据融合管理及隐私保护关键技术与应用】 该项目由南开大学、天津南大通用数据技术股份有限公司、中汽数据（天津）有限公司刘哲理、张亚楠、赵伟、汪定、陈文亭等完成，获2020年度天津市科技进步二等奖。该项目采用分布式架构，提供数据存储和计算统一接口，实现结构化、半结构化、非结构化的全类型数据处理能力；支持通过统一元数据管理，构建统一数据生产流程。全类型数据统一管理，跨数据中心访问技术，实现多个异构引擎间数据的跨数据中心的透明访问。

【基于电力物联网的智慧城市多能源信息采集关键技术研究与应用】 该项目由天津科技大学、深圳市国电科技通信有限公司、国网信息通信产业集团有限公司张翼英、何业慎、梁琨、刘柱、欧清海等完成，获2020年度天津市科技进步二等奖。该项目提出网络架构及通信网络拓扑扫描方法，无需支持网络层和传输层协议，摆脱IP的限制，突破原有多能源终端接入问题，实现可靠接入，解决信号覆盖不全等问题。提出数据传输方式选择方法，实现宽带电力载波与无线通信自动切换；研制基于电力物联网的系统传输，解决互联互通问题。构建策略模型，实现对用户用能情况综合分析及预测；保障信道恶劣时采集成功率，解决并发接入问题。研发能源计量管理平台，形成技术体系。

【面向城市公共交通的云网端智能车载支付系统关键技术及应用】 该项目由天津环球磁卡股份有限公司、天津理工大学、天津大学朱万山、刘振忠、纪鸿舜、王春兴、刘琨等完成，获2020年度天津市科技进步二等奖。该项目围绕城市公共交通领域支付的市场需求，以云、网、端架构为基础，研究支付技术，突破智慧城市建设中通用、共享、快捷、方便、安全的“一卡通用”的小额支付技术难题，开发城市公共交通云服务平台，构建跨平台数据中间件，研制支持多种支付模式的智能车载终端，形成移动支付闭环系统，开展产品应用。

【奶牛养殖精准管理信息化系统关键技术研究及推广应用】 该项目由天津农学院、天津嘉立荷牧业集团有限公司、天津神驰农牧发展有限公司赵辉、张学炜、单慧勇、邹旸、袁文焕等完成，获2020年度天津市科技进步二等奖。该项目根据天津设施化奶牛养殖场的需求，借助计算机、人工智能、大数据分析等技术，研制1套奶牛养殖精准管理信息化系统，研究1套适合国内饲喂特点的奶牛饲料营养评价标准，研究奶牛牧场管理信息系统，建立信息库及奶牛群列表；研发奶牛牧场生产信息管理系统，实现实时监测和精准管理，实现奶牛生产环节大数据分析。

【基于分布式计算的视频会议技术及应用】 该项目由天津卓朗科技发展有限公司、天津大学陈岩光、李昌禄、张晓磊、孙立红等完成，获2020年度天津市科技进步三等奖。该项目实现1套智能视频分析模块，支持多人脸识别，保证视频帧输出实时性；提出在服务器中会议室个数和参会者人数受计算数量限制无法弹性扩容的解决方法；提高系统资源使用率，降低系统能耗，实现1套分布式的文档转码与共享方案，支持在线横向扩容、海量文件和大文件的转码，在线实时文档和白板共享，节省服务端带宽。

【面向电梯行业产业链协同的云服务平台】 该项目由天津理工大学、天津市腾达楼宇自控有限公司袁甜甜、赵伟、杨学、高勇等完成，获2020年度天津市科技进步三等奖。该平台推进现有流通方式，对电梯状态进行监控及分析预测。使企业间在短时间内获取信息，对信息进行跟踪，实时关注生产进度、更新需求等，加快企业信息的处理速度和反馈速度。加强企业管理与信息经济之间的关联度，实现社会资源的合理配置，降低社会总成本，使企业和供应链的效益得到提高。

【渠道激励中心系统】 中国联合网络通信有限公司天津市分公司对激励中心系统进行升级改造，对行销直接发展的订单完成快返激励的全业务流程贯通，实现线上订单多点采集、一点计算、统一发放。配置5G相关快返规则，激励非签约渠道发展5G业务积极性。对异业联盟发展的互联网订单在订单竣工的T+1日计算并发放奖励。为每一户异业联盟建立线上店铺，异业联盟推广线上店铺，发展下线获利；线上店铺签约，建立本主体公司支付奖励的账户与异业联盟接收奖励的账户的绑定关系。以上两个步骤实施完成之后，每日获取前一日竣工的异业联盟发展的订单，计算出奖励项目和金额，将奖励发放到异业联盟的账户上。2020年，激励中心系统发放非签约渠道快返奖励3.1万笔，实现T+1日对非签约渠道发展的业务进行激励，提高非签约渠道的黏性和发展业务的积极性。（黄小惠）

【搭建用户权益集约一体化平台的技术实践】 2020年，天津联通对用户权益集约一体化平台进行升级改造，该平台采用微服务的架构，将各种接口服务解耦，分解成不同的微服务，保证平台的可用性和健壮性，采用“Vue+SpringMVC + mysql+redis”技术，实现权益配置及管理功能。在抗击新冠肺炎疫情期间，打造抗疫专区，支持抗疫相关业务的发展；为支持终端销售业务，建立领券中心；会员中心借助大数据平台支撑沃家组网、5G升级包、联通Plus会员等业务发展。2020年，会员中心新增注册用户35万，新增权益订购43万余条，其中影音权益订购量14万余条，收入172万元。（苏蓓蓓）

【不良信息监控处置系统】 天津联通依靠自主研发力量构建不良信息监控处置系统，研发垃圾短信监测处置模型、诈骗电话监测处置模型、骚扰电话监测处置模型，搭建监测处置系统进行集约化管控，实现治理效果。垃圾短信监测处置模型从短信关键字拦截、短信发送量阈值拦截出发，结合号码通话频率、短信发送量、流量使用等情况进行综合研判，辅以人工审核实现对垃圾短信的打击。诈骗电话、骚扰电话监测处置模型从举报通报号码关联号、漫游高危地区高危基站、高风险区域身份证、一证多卡、异常终端等多个维度检出异常开卡和异常使用行为，通过数据接口实现自动触发通知短信和自动关停。通过对持续迭代模型提高检出精准度，天津联通不良信息综合治理效果逐渐显现，在2020年年底工信部“基础电信企业电信网络诈骗治理评价指数”评比通报中，位居第一。（曹　亮）

【MPLS VPN网络优化】 天津联通采取将各局点CE通过非骨干区域进行OSPF隔离、修改OSPF进程中引入直连路由的默认类型等措施，对IT承载网老旧设备进行改造。核心汇聚层网络设备上BGP路由数量减少四分之三，核心汇聚CPU使用率从35%下降到11%，减轻核心汇聚层负载压力。办公营业访问业务系统的网络跳数由最多8跳减少到4跳，提升网络质量，阻止路由泛洪，消除次优路径隐患，访问系统速率提升3倍以上。通过该次优化工程，解决IT承载网网络拥塞时延问题，缩短业务办理时间，提升客户感知和公司服务水平。（王　东）

【宽带障碍智能诊断服务】 天津联通开发宽带障碍智能诊断系统，解决新冠肺炎疫情期间因住宅小区封闭、部分外地智家工程师无法复工且客户没有自主排障能力，导致宽带障碍处理缓慢问题。该系统提供用户扫码自助诊断能力，通过远程连接用户宽带设备诊断和修复大部分障碍，降低人员接触带来的疫情防控风险，提高修障工作效率，提升客户服务感知。（冯伟立）

【小区资源与客户GIS化可视系统】 该系统由天津联通研发完成，依托小区地址信息聚合用户业务、收入、网络资源等数据，利用小区边框与客户位置信息比对的方式将客户落入小区，通过工具提供客户采集入位、打点的能力，实现商务楼宇、工业园区、专业市场、沿街商铺、独立办公楼等各类市场的资料清、客户清、业务清、效能清。依托小区与客户的业务、收入情况进行评级，生成小区走访任务，聚焦重点客户进行走访维系。通过大数据手段进行数据标签的采集加工，形成客户画像，根据业务场景提供客户的营销机会与营销任务，推送一线经理，助力一线精准化营销。（孔润泽）

【医院检查全程陪检系统V1.0】 该项目由天津市第四中心医院寇斌、朱建丽等完成，2020年8月进行天津市科技成果登记。该项目自主研发全程陪检信息系统软件，对住院患者在开具检查申请单、预约检查、信息告知、陪送检查等环节提供服务，形成陪检流程和闭环管控。该系统在预约后的任务生成、派工单等环节进行提示，避免因人工繁忙出现遗漏延误患者检查情况。该系统结合临床，依托HIS平台协同工作，优化陪检流程，减少排队等候时间，实现患者提前了解检查前准备工作，检查全程有人陪伴；实现对陪检员统筹协调，减少人力成本，提高工作效率。该项目获国家计算机软件著作权登记。

（叶　梅）

【医院合同管理系统1.0】 该项目由天津市第四中心医院付超、寇斌等完成，2020年9月进行天津市科技成果登记。该系统在医院内网环境下，由医院科室内部人员通过HIS账号授权进行访问。账户实现分级管理，不同权限设置不同的软件操作菜单，全部数据存储在医院内网服务器，做相应安全设置。该系统对科室的合同台账信息，合同执行情况等数据，进行录入、查询、分类管理、统计。增加项目管理，同步进行合同分类查询统计、跟踪管理，管理过程留痕。管理科室新增催交功能，业务科室新增消息提醒功能，对催交和消息过程进行记录。该系统提高合同管理工作效率、合同信息安全性、合同档案存放稳定性、合同查阅智能性，实现合同信息对相关决策的支持；降低人力成本，提高员工积极性。该项目获国家计算机软件著作权登记。

（叶　梅）

质量监督

【京津冀大宗果品质量安全风险评估体系创建及应用】 该项目由天津市农业质量标准与检测技术研究所、中国农业科学院果树研究所、北京农业质量标准与检测技术研究中心陈秋生、聂继云、郭永泽、张强、李安等完成，获2020年度天津市科技进步二等奖。该项目建立果品中210种农药多残留检测技术，其中13种农药填补国家检测标准空白；建立6种新型/常用农药检测技术；研发农药中7种鉴别方法。建立风险评估技术和农药残留风险排序技术；明确京津冀大宗果品危害因子及风险水平。研究建立产地溯源技术，为保护地理标志产品、追溯原产地来源提供技术支撑。

【电线电缆检测工作数字化管理系统】 该项目由天津市产品质量监督检测技术研究院栾立群、张惟、程文东等完成，2020年10月通过天津市市场监督管理委员会验收。该项目针对电线电缆行业和检测检验机构的信息化管理解决方案，项目上线后基于数据支撑，使其具备智能计算条件，实现质检机构整体检测效率提升，通过质检数据积累，减少电线电缆检测行业对经验型技术人员的依赖，提高检测结果准确率，降低成本。

（栾立群）

【健身器材耐久性便携式测试系统】 该项目由天津市产品质量监督检测技术研究院孙云东、吴轶欧、张立华等完成，2020年10月通过天津市市场监督管理委员会验收。该项目研制的便携式测试系统利用传感器、数字采集、计算机测控技术等对器械的耐久性进行测试，提高检测效率，提供测试结果，提升产品质量。（孙云东）

【天津市产（商）品质量安全风险监测体系研究】 该项目由天津市产品质量监督检测技术研究院杜丽萍、李文娜、吴利蕊等完成，2020年10月通过天津市市场监督管理委员会验收。该项目搭建天津产（商）品质量安全风险监测系统平台，提出重点消费品风险监控工作规范与标准要求，提出适合天津市地方特点的产（商）品质量安全风险监控体系运行机制与模式，为全市产（商）品质量安全风险监测体系的运行和改进提供思路和途径。（杜丽萍）

【高精度检测计量装备平台建设】 该项目由天津市产品质量监督检测技术研究院检测技术研究中心杜新华、刘锰，亢丽娟等完成，2020年9月通过天津市市场监督管理委员会验收。该项目对被检测产品在生产、制造、贮存和运输中进行环境监测和监控，确保产品质量全程受控，提供第三方检验检测数据；结合服务领域和企业需求，自主设计全自动检测软件，确定检测流程。该项目实现试验、科研及生产现场温湿度场的综合测试，对产品研发、生产全程环境监测和控制，满足先进装备制造业、食品药品行业、冷链物流业等生产试验要求，实现数据自动采集及检测数据自动分析功能，取得CNAS检测和校准实验室能力认可。

（杜新华）

【“互联网+”电梯动态风险监测预警关键技术研究】 该项目由天津市特种设备监督检验技术研究院赵秋洪、牛卫飞、戴光宇等完成，2020年12月通过天津市市场监督管理委员会验收。该项目研究“互联网+”电梯动态风险关键技术，形成电梯失效模式识别、导轨成套自动检测方法、曳引力及制动力实时监测、安全评价及预警、故障报警以及管理方法，建立电梯动态风险监测预警体系，开发基于智能化、网络化、信息化的监测预警平台。该项目研制电梯导轨检测机器人1套、电梯监测试验台1套、曳引机双对拖试验台1套、智慧试验电梯1台；申请发明专利22件、获软件著作权登记1件；发表学术论文28篇。

（赵秋洪）

【电梯监测预警平台的开发与应用】 该项目由天津市特种设备监督检验技术研究院赵秋洪、牛卫飞、吕英辉等完成，2020年9月通过天津市市场监督管理委员会验收。该项目开发电梯在线监测前端机，借助电梯内部协议采集电梯运行实时信息，在关键部位外置传感器采集电梯运行信息，收集故障发生后的故障信息；开发“智慧电梯监测预警平台”以及对应的手机移动客户端，方便用户查看电梯运行状态信息及接受故障报警信息；对全市339台电梯进行“智慧电梯监测预警平台”应用示范，实现数据、故障信息的采集以及预警数据的获取。（赵秋洪）

【基于数值模拟的储罐底板漏磁检测影响因素及缺陷反演技术研究】 该项目由天津市特种设备监

督检验技术研究院段瑞、周世杰、苏哲等完成，2020年12月通过天津市市场监督管理委员会验收。该项目针对储罐底板漏磁检测技术特点，分析检测过程中对检测结果产生影响的因素，建立1套漏磁检测技术有限元仿真模型，与试板试验结果进行对比验证。结合有限元数值模拟的方法，探讨材质、缺陷深度、缺陷宽度、缺陷形状及位置、提离值等因素对漏磁检测的影响，掌握各因素对检测结果信号的影响，探究缺陷反演理论，为现场检测服务，为常压储罐安全运行提供技术保证。（段　瑞）

【自动扶梯制停距离在线检测系统研究与开发】 该项目由天津市特种设备监督检验技术研究院张雪辉、穆彤、胡智勇等完成，2020年12月通过天津市市场监督管理委员会验收。该项目研究自动扶梯制停距离在线检测装置及方法，研制出自动扶梯制停距离在线检测装置样机，实现对自动扶梯制停距离实时在线测量，制停距离超出允许范围即报警提示。该项目发表论文1篇；申请专利1件。（张雪辉）

【包覆层管道脉冲涡流检测技术研究】 该项目由天津市特种设备监督检验技术研究院高鹏、杨阳、王璇等完成，2020年12月通过天津市市场监督管理委员会验收。该项目分析带包覆层铁磁性管道脉冲涡流检测模型机理，探究提离变化、保护材料变化、管道腐蚀对脉冲涡流信号的影响规律，提取描述脉冲涡流特征的特征量，研制包覆层管道脉冲涡流检测系统，检测效率高，适用范围广，对环境无污染。该项目申请专利2件；获软件著作权登记1件；发表论文4篇。

（高　鹏）

【"互联网+"模式下的天津市计量检测公共服务平台】 该项目由天津市计量监督检测科学研究院陈兴、冉勇、周海亮等完成，2020年1月通过天津市市场监督管理委员会验收。该项目打造天津量值溯源一体化服务体系，为全市企业、政府、技术机构、社会公众提供计量检测服务，强化政府监管效能，提升企业量值溯源服务及检测机构增值服务，实现以服务为中心，对质量体系、标准规范、检测数据、技术依据、器具证书、人员资质、收费标准等方面管理。多个系统使用该平台，取得应用效果，平台集成化功能设计实现量值溯源服务精准化。通过强检平台、委托报检平台、企业自管理平台、计量业务平台、微信服务平台等，为政府监管部门提供决策分析和风险预警服务，为企事业单位提供强检预约和定制查询服务，向社会公众提供计量信息和资源共享服务，为检测技术机构提供检定校准、质量控制等量值溯源服务。该项目发表论文3篇；获软件著作权登记3件。（冉　勇）

【混凝土抗渗仪现场校准装置的研究与应用】 该项目由天津市计量监督检测科学研究院崔尧尧、田昀、蒋静等完成，2020年10月通过天津市市场监督管理委员会验收。该项目研发的混凝土抗渗仪校准装置解决量值溯源问题。该装置满足JJF1812-2020《混凝土抗渗仪校准规范》要求，技术指标满足混凝土抗渗仪校准需要。该装置的研发填补中国抗渗仪计量检测领域空白，提高检测服务效率，具有社会效益和经济效益。

（崔尧尧）

【混凝土氯离子含量快速测定仪校准方法的研究及校准装置研制】 该项目由天津市计量监督检测科学研究院李红亮、常子栋等完成，2020年6月通过天津市市场监督管理委员会验收。该项目依据JGJ/T322-2013《混凝土中氯离子含量检测技术规范》、JTJ270-1998《水运工程混凝土试验规程》、JTS/T236-2019《水运工程混凝土试验检测技术规范》等建筑领域技术规范，结合仪器厂家技术指标对仪器电计分辨力、电计电位示值误差、电计电位示值重复性、电计输入阻抗、仪器整机响应时间、仪器示值误差及仪器重复性进行量值溯源体系研究，给出技术指标，解决校准装置校准覆盖率问题。项目成果为天津津贝尔建筑工程试验检测技术有限公司等多家建筑单位和项目工程提供混凝土氯离子含量快速测定仪的计量校准工作，有利于该类仪器量值溯源和量值传递，对建筑行业质量安全有意义，满足仪器生产厂家和仪器使用客户对仪器量值溯源的需求。该项目研制校准装置1套；发表论文4篇。

（李红亮）

【气体检测仪在线计量装置研究】 该项目由天津市计量监督检测科学研究院王志鹏、田郁郁、范颖等完成，2020年6月通过天津市市场监督管理委员会验收。该装置能够提高气体检测仪的计量效率与计量覆盖率，确保气体检测仪的量值准确可靠，获知空气中易燃易爆、有毒有害等目标气体的含量，保障生产安全。（王志鹏）

【热量表检定自动采集管理系统】 该项目由天津市计量监督检测科学研究院李坡、路遥、李毅堂等完成，2020年8月通过天津市市场监督管理委员会验收。该项目通过开发自动采集管理系统及配套软件，实现热量表检定过程的数据自动化读取，将检定结果进行存储，提高热量表检定效率和检定结果的可靠性。该项目研制样机2套；开发软件1套；发表论文2篇；授权实用新型专利1件，获软件著作权登记1件。（李　坡）

【新型高精度红外额温计的研制】 该项目由天津市计量监督检测科学研究院、天津市九安医疗电子股份有限公司李时鑫、田昀、魏树龙、丛明等完成，2020年4月通过天津市市场监督管理委员会验收。该项目采用非线性分析和修正技术，研制0℃～40℃环境下工作的红外额温计。该额温计采用蓝牙通信技术，结合实时气象数据对测量结果进行补偿，提高人体体温测量准确性，服务新型冠状肺炎以及其他带有发热症状传染病的筛查和防控。（李时鑫）

【用于动态功耗检测的功耗分析仪研制】 该项目由天津市计量监督检测科学研究院施鑫、李毅堂、路遥等完成，2020年10月通过天津市市场监督管理委员会验收。该项目实现检测热量表功耗，通过波形曲线分析流量和温度的采集周期，评价热量表在工况实流条件下热计量的准确度。实现1kHz的采样频率，采集时间不受限，能还原被测表电流的动态变化情况；上位机软件实时显示热量表功耗，支持用户在不同区间绘制功耗曲线、评价热量表的功耗情况。热量表功耗测试列入热量表国标GB/T 32224的测试项目中，可对外提供检测服务，项目成果应用于低功耗仪表的动态功耗检测。该项目发表论文2篇；授权实用新型专利1件；获软件著作权登记1件；产生经济效益70万元。（施　鑫）

【在线电导/电阻率仪校准装置】 该项目由天津市计量监督检测科学研究院郭知明、孙银合、李微微等完成，2020年8月通过天津市市场监督管理委员会验收。该项目解决在线校准温度补偿、仪器接口不统一、装置场地适应性、电阻率仪测量单位不一致问题。该项目研制1套在线电导/电阻率仪校准装置；建立1套校准方法；发表论文2篇；授权专利1件。（郭知明）

【在线检测长轴向温度场热源的设计与研制】 该项目由天津市计量监督检测科学研究院王喆、余松林、李强光等完成，2020年7月通过天津市市场监督管理委员会验收。该项目提高温度计量高温热源的测量能力，解决多种温度传感器的检定、校准、检测问题。该项目发表论文4篇；授权专利2件。（王　喆）

【天津地区市场销售豆制品中转基因成分的风险分析】 该项目由天津市食品安全检测技术研究院岳明祥、耿文皓、俞佳等完成，2020年11月通过天津市市场监督管理委员会验收。该项目对天津地区市场销售的黄豆芽、豆粉和豆浆等豆制品中转基因成分进行研究，抽样301份大豆及豆制品，其中阳性样本51份，总体阳性率16.9%，21份检出CaMV35S启动子，24份检出NOS终止子，51份检出EPSPS基因，未检出PAT基因；不同类别、采样环节、采样地区及加工程度的转基因大豆及豆制品阳性率无统计学差异。摸清天津不同地区、不同销售环节销售的黄豆芽、豆粉和豆浆等豆制品转基因底数，评估天津地区销售转基因大豆及豆制品的市场占比，为政府开展大豆及豆制品中转基因成分风险监测提供数据支持，为开展食用农产品风险监测，净化市场，保护群体利益提供技术支持。（岳明祥）

【基于丝网印刷电极电化学生物传感器在食品检测方面的应用研究】 该项目由天津市食品安全检测技术研究院、天津理工大学廖振宇、曹东丽、徐慧静、刘祥等完成，2020年10月通过天津市市场监督管理委员会验收。该项目实现丝网印刷制备电化学传感器电极用于检测胭脂红；开发针对电阻型电化学传感器工作电压选取的算法。该项目制作小型便携式生物传感器原型机1台；SCI收录论文2篇。（廖振宇）

【金属—聚苯胺复合纳米线及其在电化学传感器研究中的应用】 该项目由天津市食品安全检测技术研究院、天津大学杨金爽、王宏智、张洁、廖振宇等完成，2020年12月通过天津市市场监督管理委员会验收。该项目采用二次阳极氧化的方法制备AAO模板，以AAO为模板，采用恒电位的方法制备出PANI纳米管阵列。以PANI/AAO为模板，在PANI纳米管内恒电位沉积Cu、Ni纳米线，获取Cu/PANI、Ni/PANI同轴纳米线阵列。该项目发表论文2篇；申请发明专利1件。

（杨金爽）

【免疫磁珠捕获分离技术检测克罗诺杆菌属（阪崎肠杆菌）的应用研究】 该项目由天津市食品安全检测技术研究院张洁、王磊、张树良等完成，2020年12月通过天津市市场监督管理委员会验收。该项目以灭活阪崎肠杆菌菌体免疫兔后获取抗血清，经初纯化、再纯化，制备兔抗阪崎肠杆菌多克隆抗体；选用1种磁珠，经活化与抗体偶联结合，确定偶联条件，建立阪崎肠杆菌免疫磁珠；对免疫磁珠的捕获分离进行研究，确定捕获目标菌的条件；合成快速特异性捕获阪崎肠杆菌的免疫磁珠，性能评价结果显示，该免疫磁珠具有有效性、敏感性和特异性；建立免疫磁珠－件显色平板（IMS- DFI）检测方案，显现特异性分离效果。（张　洁）

【食品快速检测设备的评价技术和质量保证研究】 该项目由天津市食品安全检测技术研究院申雷、洪育春、刘祥等完成，2020年12月通过天津市市场监督管理委员会验收。该项目按照国家食药总局《食品快速检测方法评价技术规范》要求，以灵敏度、特异性、假阳性率和假阴性率为研究参数，与国标方法一致性为评价指标，对全市监管系统快检设备进行评价，为监管部门执法现场的初筛提供技术支撑。该项目制定评价技术规范细则1项；制定质量保证方案1项；发表论文1篇。

（申　雷）

【新型食品微生物检测比例稀释仪研制】 该项目由天津市食品安全检测技术研究院、天津恒奥科技发展有限公司刘祥、岳明祥、庞兴荣、姚雪力等完成，2020年11月通过天津市市场监督管理委员会验收。该项目采用新型蠕动泵和天平传感、计算机程序的延时缓冲控制技术、高速双泵或高速多泵等技术设计的比例稀释仪包含传统比例稀释仪的全部优点，以自动化和高效率为目的，通过配套标准化耗材和机械化提升，实现半自动或全自动化处理，对食品微生物检测。比例稀释仪总体性能指标达到微生物检测国家标准。

（刘　祥）

【在线二维液相色谱仪测定食品中维生素A、D、E分析方法的研究】 该项目由天津市食品安全检测技术研究院刘莹、王艳超、徐慧静等完成，2020年10月通过天津市市场监督管理委员会验收。该项目改进国标前处理中试样经皂化后萃取和净化的方法；构建全自动化的在线二维系统；一维和二维采用反相分离体系，方法易行。该检测方法的建立减少正相色谱的净化过程，一次进样同时测定脂溶性维生素A、E和D的含量，提高样品分析效率，使用固相萃取的方法代替国家标准中使用的传统液液萃取的方法，对皂化液中待测组分进行提取，避免在液液萃取中两相界面出现乳化的现象，缩短试验时间；在提取液的浓缩过程使用氮吹的浓缩方法代替国家标准中规定的旋转蒸发浓缩的方法，提高检测效率；该检测方法简化操作步骤，实现多批次样品同时进行前处理操作，提升食品检验机构日常检验效力、检测精确度。（刘　莹）

【致酱油产气代表性微生物的筛选和检测方法的建立】 该项目由天津市食品安全检测技术研究院张洁、王磊、张文馨等完成，2020年10月通过天津市市场监督管理委员会验收。该项目筛选出致酱油产气微生物，8株好氧细菌和1株厌氧细菌，为研究提供依据；经产气验证试验，确定1株厌氧细菌为致酱油产气菌，经鉴定该菌为丁酸梭菌；完成丁酸梭菌检测前期增菌步骤设计；建立RCM-Real Time PCR检测方法，检出目标菌，为厌氧梭状菌属的检测提供研究思路。该项目发表论文1篇。（张　洁）

【食品安全抽检结果的深度挖掘研究分析】 该项目由天津市食品安全检测技术研究院谭亚军、曹东丽、孙国志等完成，2020年10月通过天津市市场监督管理委员会验收。该项目利用Apriori、Fp-grow等大数据技术，挖掘实验室食品安全抽检结果信息，建立可视化模型，实现在线靶向预警分析，提高政府监督监管能力，为搭建食品安全分析平台云服务系统打下基础。该项目发表论文1篇。（谭亚军）

检验检疫

【电磁铁样杯定位装置的研制】 该项目由天纺标检测认证股份有限公司完成，2020年12月通过天津纺织集团控股有限公司验收。该项目开发一种基于电磁铁的样杯定位装置，采用移动小车将批量样杯送至指定位置，方便分液机向多个样杯中注液；该装置配置多个移动小车，通过更换不同的移动小车实现样杯的快速更换。将电磁铁、轨道和移动小车结合，采用电磁铁与移动小车进行定位，通过轨道实现移动小车运动时的导向作用以及移动小车静止时的限位作用，不需人工定位就可完成定位操作，提高定位精度。该项目申请实用新型专利1件。（柴青轩）

【液体试剂自动分液设备的研制】 该项目由天纺标检测认证股份有限公司完成，2020年12月通过天津纺织集团控股有限公司验收。该项目开发一种液体试剂自动分液设备，由X向直线导轨组件、Y向直线导轨组件和Z向直线导轨组件构成三轴定位系统，通过三轴定位系统使注液头自动移动到样杯架的样杯中进行注液，实现自动分液操作，注液头移动准确，定位精度高，避免液体试剂飞溅。该项目申请实用新型专利1件。（柴青轩）

【用于纺织品水萃取液pH值测定的自动配液加液装置的研制】 该项目由天纺标检测认证股份有限公司完成，2020年12月通过天津纺织集团控股有限公司验收。该项目开发一种用于纺织品水萃取液pH值测定的自动配液加液装置，通过定量蠕动泵向配液桶定量添加三级水，利用搅拌电机促进氯化钾粉末溶解，完成氯化钾溶液的自动配制，溶液浓度误差小；通过送液泵将氯化钾溶液输入pH值测定设备的氯化钾溶液盛放桶中备用，利用清洗水泵将用于清洗设备的三级水送入pH值测定设备的清洗液盛放桶中备用，实现自动加液操作。该装置位于pH值测定设备外侧，能够移动；配液桶容量大，一次配制的氯化钾溶液能够满足企业单日使用量。配液桶底部呈圆锥漏斗形状，便于残余液体排出，提高装置使用便捷性。该项目申请实用新型专利1件。（柴青轩）

【消费品儿童适宜性CF（安全、功能、适宜）效应、体系及服务技术平台的研发】 该项目由天津海关工业产品安全技术中心李学洋、李晶、于智睿等完成，2020年10月通过市科技局验收。该项目基于中国儿童行为学分析数据研究基础，引进欧盟儿童适宜性评定框架，为消费品儿童适宜性评定及其产品设计提供理论和技术支持，引导企业提升产品质量；建立基础质量技术标准，缩小与国外儿童安全、卫生、健康、环保等差距。开展基础质量标准关键技术研究，规避国内儿童消费品被召回风险。建立1个儿童安全体系。构建“消费品儿童适宜性CF（安全/功能/适宜）评定三级体系”检测技术服务平台。该项目为天津地区婴童用品质量检验机构、地方政府部门提供检测技术支持和服务，为生产企业的设计、生产、包装、使用提供技术支撑。（连春雨）

【奶牛布鲁氏杆菌病的监测及快速检测新技术的研究与产品开发】 该项目由天津海关动植物与食品检测技术中心肖妍、霍蕾、董志珍等完成，2020年8月通过市科技局验收。该项目利用免疫胶体金技术进行牛奶中布鲁氏杆菌抗体筛选检测研究，以重组BP26蛋白表达纯化制备特异性抗原蛋白，以此抗原做检测抗原，可提高检测方法的特异性和敏感性；以金标免疫层析技术做检测，方法简便、直接；前处理技术简单快速；实现10

分钟快速检测。研制出检测牛奶中布鲁氏杆菌抗体的快检产品，适用于奶牛场布病监测、泌乳母牛布病检测、生鲜乳销售监管等，对动物疫病安全体系的建立具有意义。（连春雨）

气　象

【天津市气象科技】 天津市气象局修订《天津市气象局气象科技成果奖励办法》《天津市气象局创新团队建设与管理办法》《天津市气象局科技成果业务准入办法》，制定《关于进一步激励气象科技人才创新发展的若干措施》。中国气象局－南开大学大气环境与健康研究联合实验室获批成立；联合天津大学第二医院等5家单位筹建的“天津市健康气象交叉创新中心”纳入《天津市科技创新三年行动计划（2020—2022年）》，10月通过专家论证，报天津市科技局批准；与成都信息工程大学签订战略合作协议。组建“气候变化与弹性城市”和“大数据应用”2个创新团队，完成在建4个创新团队年度考核。1人入选国际标准化组织建筑和土木工程技术委员会弹性工作组（ISO/TC59/WG4）专家。组织召开天津市海洋气象重点实验室第一次学术委员会会议，审议委员会章程，设立开放基金，立项5项；围绕野外科学观测研究及战略咨询与天津大学表层地球系统科学研究院合作，建设环渤海滨海地球关键带野外科学观测研究站，申报中国工程院院地合作项目“天津滨海地区生态环境与可持续发展战略”获批。“渤海西岸地区重污染天气预报预警评估关键技术研究及应用”“华北夏季降水气候监测预测技术与应用研究”获2020年度天津市科技进步二等奖，“雾对天津港口作业的影响及风险预警技术研究”获2020年度天津市科技进步三等奖。全年获省部级及以上项目立项12项，其中国家级5项，省部级7项。（李　磊）

【华北夏季降水气候监测预测技术与应用研究】 该项目由天津市气候中心、南京信息工程大学郝立生、朱志伟、何丽烨、马宁等完成，获2020年度天津市科技进步二等奖。该项目根据华北雨季和暴雨形成的机理和条件以及多种资料，提出华北雨季新的综合监测指标，解决华北雨季起止时间难以界定和监测结果稳定性差的难点；改善对云的模拟，提高模拟能力；研发强降水预测方法，建立海河流域气候监测预测业务系统；提高华北夏季降水预测技术水平。

【渤海西岸地区重污染天气预报预警评估关键技术研究及应用】 该项目由天津市气象科学研究所、南开大学、天津市生态环境监测中心韩素芹、冯银厂、蔡子颖、邓小文、张裕芬等完成，获2020年度天津市科技进步二等奖。该项目研究海陆大气边界层及其与污染相互作用，构建触发重污染过程的边界层结构模型及预报方法；研发边界层垂直探测技术，建立立体监测体系；新建海风锋型概念模型及系列预报指标；建立适合天津地区的空气质量数值预报与评估模式系统；构建短期、中长期空气质量数值预报模式体系，服务重污染天气预报预警；建立气象影响评估模式，定量解析污染过程及年际空气质量变化的气象影响贡献。

【雾对天津港口作业的影响及风险预警技术研究】 该项目由天津市滨海新区气象预警中心徐灵芝、卜清军、许长义等完成，获2020年度天津市科技进步三等奖。该项目聚焦大雾对港口作业的不利影响，在对大雾特征分析、风险评估的基础上，建立港口气象风险预警服务标准。研究天津港海域大雾天气气候特征；开展雾对天津港的影响评估；建立天津港通航作业能见度风险预警等级划分标准。

【天津地区对流性暴雨β（γ）尺度MCS演变特征及成因的研究】 该项目由天津市气象台卢焕珍、孙建元、韩婷婷等完成，2020年5月通过市科技局验收。该项目分析2013年至2016年10次典型个例，包括高低层天气系统配置、不稳定、触发维持、水汽条件及输送等，归纳总结三种环流类型的系统配置特征；分析10次暴雨过程中β（γ）尺度MCS TBB梯度与强降雨落区、强度，TBB变率与强降雨发生时间、强度的对应关系；分析β（γ）尺度MCS有效厚度、高回波比、核下降速度、液态水含量等量化参数演变特征与强降雨发生时间、强度的对应关系；利用高分辨率资料研究β（γ）尺度MCS触发、移动、加强的机制；建立β、γ尺度MCS发生、发展的组织、热力、动力、水汽方面的空间配置物理模型，给出对流性暴雨的预报预警指标。该项目在国内核心期刊发表论文2篇，参加全国重大天气过程预报技术经验交流1篇。（卢焕珍）

【静海地区暴雨灾害风险评估】 该项目由天津市静海区气象局闫俊、李兴阳、黄冬梅等完成，2020年4月通过天津市气象局验收。该项目在对静海各乡镇10年暴雨频率、强度等特征分析的基础上，建立5年保险公司赔付清单、气象局历史灾情和气象证明综合统计获得的历史灾情数据，建立静海区暴雨历史灾害EXCEL数据库。根据天津市静海区各乡镇2009年至2018年逐时的降水量数据、社会经济、地理地形、水利设施等数据，用GIS技术分别对暴雨灾害的风险因子指标进行定量分析，对暴雨灾害的致灾因子危险性、孕灾环境敏感性、承灾体脆弱性及防灾减灾能力等指标进行定量分析，建立静海区暴雨灾害风险评估模型，绘制乡镇风险区划图。结果显示，静海区暴雨灾害风险高低分布不均，静海北部大部分区域和南部小部分区域的暴雨灾害风险高，静海东部的风险性低。（闫　俊）

【层状暖云微物理特征及人工增雨适播性研究】 该项目由天津市人工影响天气办公室孟辉、宋薇、刘晴等完成，2020年4月通过天津市气象局验收。该项目利用卫星、多普勒雷达、飞机云物理观测、L波段探空、地面降水等实时观测资料，与模式预报产品相结合，开展降水云系垂直结构特征研究，建立积层混合云人工增雨作业条件综合监测识别方法，给出基于地面湿度参量的天津地区人工增雨潜力分布特征；利用L波段探空资料，采用相对湿度阈值法分析天津地区降水云垂直结构；利用DMT机载粒子探测系统，对天津地区大气气溶胶的统计特征、数浓度、平均粒径的垂直分布特征以及谱分布特征进行分析研究。结果表明，天津地区夏秋季大气可降水量和降水效率均大于年平均值，影响天津主要降水云系为冷暖混合云。通过研究，找出层状云系统影响下的云系合适的作业时机、适宜的作业部位，给出层状云降水主要识别指标，初步建立冷暖混合云人工增雨作业概念模型，形成1套适合天津市的层状云系统下人工增雨实用技术，提高人工增雨作业条件和效果的监测识别分析能力。

（孟　辉）

【基于预报—观测频率匹配法的海河流域精细化降水落区订正研究】 该项目由天津市气象台从靖、王颖、徐姝等完成，2020年4月通过天津市气象局验收。该项目筛选海河流域蒙古冷涡、东北冷涡降水样本，开展两类冷涡的短期降水订正预报研究。基于两类冷涡降水的历史样本，采用滑动时间相关分析法，重组预报样本序列；基于实况及重组预报序列，采用伽马（Gamma）累积概率分析法及频率匹配法建立订正模型，得到两类冷涡降水短期1至3日的EC 0.05°×0.05°订正产品，对暴雨预报准确率提升，在海河流域冷涡类降水预报具有应用价值。（从　靖）

【基于集合预报的黄渤海区域大雾概率预报研究】 该项目由天津市气象科学研究所王雪莲完成，2020年10月通过市科技局验收。该项目通过分析发生在黄渤海区域的典型大雾天气过程的天气形势和要素演变，总结黄渤海区域大雾生消的主要环流形势和边界层要素特征，开展多参数化方案组合数值试验，分析中尺度模式中边界层过程和微物理过程以及陆面过程对大雾天气预报的敏感性，确定边界层参数化方案和微物理参数化方案，由此构建黄渤海区域大雾数值集合预报试验系统，开发集合概率产品和确定性产品，通过检验分析集合产品的性能，展现区域大雾数值集合预报的优势。该项目的研究为黄渤海区域大雾集合数值预报试验系统的建立提供思路，给出模式对大雾天气预报不确定影响的分析；提供黄渤海区域大雾的集合概率预报产品，通过分析集合预报各成员特点，综合集成出大雾确定性预报产品。

（王雪莲）

【海岸带大雾水汽输送特征及影响的数值模拟研究】 该项目由天津市气象科学研究所李央华、刘敬乐、王雪莲等完成，2020年10月通过市科技局验收。该项目针对天津海岸带大雾过程水汽输送特征认识不足问题，基于渤海沿岸塘沽站和近海A平台站1988年至2017年观测的雾日数、能见度等气象资料，统计分析天津海岸带雾日基本特征、雾日异常情况；基于ERA-Interim再分析资料，统计分析雾日异常年份大气环流场、海气界面等气象水文特征，对雾日异常年份进行显著性检验，找出影响天津海岸带大雾多寡的水汽显著变化区；开展A平台比湿与中低纬范围的比湿平流超前及同期相关分析，利用HYSPLIT-4轨迹模式对A平台雾日的比湿进行时间维上的后向追踪，得到春夏季、冬季两个大雾多发时段天津海岸带的水汽输送路径。开展典型雾日数值模拟、初始场和边界场水汽敏感性数值试验，得到初始水汽积累和后续水汽输送对海岸带大雾生消发展的影响。该项目提高北方海洋中心的大雾天气预报准确率；借助中尺度WRF模式定量评估水汽输送量与海岸带雾生消的关系，加深对海岸带大雾成因机理的认识和WRF模式对海岸带大雾预报的关键影响因子。（李英华）

【强冷空气对渤海海冰的影响及预报技术研究】 该项目由天津市气象科学研究所、中国海洋大学、国家卫星气象中心、中国气象局沈阳大气环境研究所、天津市气候中心、河北省气象科学研究所、天津海事局刘爱霞、林毅、苏洁、武胜利、崔锦、左涛、王铁、谢均、赵春雷等完成，2020年12月通过天津市气象局验收。该项目采用多源遥感数据融合技术，实现对海冰面积、厚度和密集度等要素的综合监测反演，提升海冰监测的精准度；引入“垂向映射”优化方法，构建海洋温盐初值场，完善渤海冰海耦合数值预报模式，实现7天海冰预报；采用天气学和气候统计方法，使海冰趋势预测从定性到定量，实现渤海海冰7天订正预报和海冰等级趋势预测；研究建立中国北方海域冰区航行船舶风险评估方法，填补冰区航行船舶气象水文安全保障服务的空白。该项目成果在国家卫星气象中心、天津市气候中心、天津海洋中心气象台等单位投入业务应用，为天津港及海上石油钻井平台等行业用户提供预测服务。（林　毅）

【黄渤海海冰数值预报释用方法及航行风险评估应用研究】 该项目由天津海洋中心气象台左涛、孙治贵、郭玉娣等完成，2020年4月通过天津市气象局验收。该项目基于海冰遥感监测原理及反演技术方法，以SMART平台为支撑，利用MODIS卫星遥感数据反演得到2001年至2016年冬季渤海海冰面积和厚度数据集。通过回归分析建立渤海海冰发展期和融冰期海冰面积预测模型，实现对未来7天逐日海冰面积预报。利用FVCOM模式CICE海冰模块搭建北方海域海冰预报模式，将天津WRF模式数据作为海冰模式的初始场，利用griddata基于三角形的线性插补法，得到未来3天逐小时分辨率为1千米×1千米的海冰密集度和厚度产品，实现海冰模式本地化释用。建立1个黄渤海海区海冰风险等级以及冰区航行船舶风险评估模型，该模型具有可视化动态显示功能，针对某吨位船舶可显示某时各海区风险分布情况；确定航线后，得到该航线各时刻的船舶在冰区中航行的风险等级。该项目的2001年至2016年海冰数据集应用于渤海长时间序列的海冰面积及厚度的特征分析，以及海冰和气象要素等相关性分析研究，弥补气象部门实测海冰资料匮乏情况。海冰模式成果本地化释用应用到黄渤海海冰预报和风险评估业务中，为冬季黄渤海海上作业提供参考；为海冰研究工作进行海冰敏感性实验提供模式基础。建立的黄渤海海区海冰风险等级及冰区船舶航评估模型可开发建成黄渤海海区海冰风险等级及冰区船舶航评估系统，为黄渤海冬季海冰期间海上航行作业提供服务。（左　涛）

【天津北部山区雷电灾害防御技术研究】 该项目由天津市气象灾害防御技术中心刘邕、周燕川、姚慧茹等完成，2020年4月通过天津市气象局验收。该项目基于大气电场探测数据和闪电定位数据，利用小波分析、傅里叶变换、功率谱密度估计等技术，建立雷电临近期判别方法，为雷电预报预警提供辅助手段；根据天津北部山区的防雷需求，编制《蓟州北部山区雷电灾害应急预案》。发现雷电过程中大气电场能量集中在低于0.005Hz的低频信号中。选取sym5小波函数与rigrsure阈值法、设定7-8层的分解层数，对大气电场进行小波变换能够达到降噪效果。经过小波分解提取的低频信号能够反映出雷电过程中大气电场的主要变化趋势和陡变特征。揭示首次闪电发生前1小时内，大气电场频域谱线有起伏变化，幅值高于非雷电天气，基于大气电场的频域特性判别是否接近雷电临近期。通过定量化比较大气电场频谱特征曲线与雷电天气、非雷电天气谱线的接近程度，进行雷电预报预警。

（刘 邕）

【天津城市热岛对海风（锋）触发局地雷暴强度和结构的影响】 该项目由天津市人工影响天气办公室王彦、阿不都外力·阿不力克木、张楠等完成，2020年12月通过国家自然科学基金委员会验收。该项目以局地强对流天气的形成为研究对象，通过多源新型观测分析和数值模拟，提出海风（锋）触发强对流天气预警关键技术新特征。对天津夏季局地强对流形成的机制提出识别海风锋的技术方法，指出海风锋在向内陆推进过程中形成增厚的热内边界层，有明显的垂直运动；广义理查逊数的分布特征显著。提出海风锋与多种中尺度天气系统相互碰撞（阵风锋、海风锋、城市热岛和弱冷锋）触发形成的强对流天气，采用高分辨率数值试验开展海风锋与阵风锋、海风锋与城市热岛相互作用激发雷暴的形成机制。提出阵风锋与中层垂直风切变相互作用触发局地对流的新机制。指出离地面3～5千米高度处阵风锋上方的环境垂直风切变造成的水平涡度形成垂直向上的气压梯度力，与阵风锋前沿向前倾斜的上升气流辐合形成上升气流触发对流。该项目发表论文10篇，其中SCI收录3篇；出版专著1部；制定天津市地方标准1项；获软件著作权登记1件；培养博士研究生1人。

（王 彦）

【北辰温室无花果气象服务技术研究——以后丁庄为例】 该项目由天津市北辰区气象局马庚雪、齐浩、刘春艳等完成，2020年4月通过天津市气象局验收。该项目研究发现北辰气候特征基本符合无花果生长需求。确定北辰温室无花果生育期。运用SPSS软件统计学方法对2019年北辰无花果温室大棚内外气象要素数据进行统计分析，得出温室内空气温度、空气湿度、二氧化碳浓度和光照条件在无花果生长的不同生育期特征。发现坐果期和部分成熟期的棚内气温偏高，二氧化碳浓度为适宜浓度的1/3到1/4等不利气象条件，提出农事操作建议。利用回归分析方法，找到用区域站温度预报结果预测温室内最高最低气温的预报方程，通过99%的显著性检验。总结各生育期影响无花果产量、品质的不利气象条件及生育期其他常见气象灾害，提出生产建议，形成无花果周年服务方案。该项目研究成果提高温室无花果农业气象服务产品准确率，为无花果各个生育阶段所遇到的灾害天气、转折天气提供跟踪气象服务，提出防御及管理措施。

（马庚雪）

【温室黄瓜发育期多模型集成预报与应用系统研发】 该项目由天津市气候中心董朝阳、宫志宏、刘淑梅等完成，2020年4月通过天津市气象局验收。该项目针对天津市设施农业气象业务服务需求，通过开展作物和环境观测试验，开发基于BP神经网络日光温室温度预报方法及四种黄瓜发育进程模拟算法，形成集成预报处理方法；基于CS架构，对接CIMISS接口、专网SQL数据库和SWA接口，开发1套温室黄瓜发育期集成预报及应用系统软件，可将温室环境和作物发育精细预报时长提升至15日，对发育进程进行趋势预报，延伸预报时长，采用多种方法的集成预报，解决单一方法适用性差的问题，提升预报精度。项目开发的算法和软件以中间数据产品的形式部署于业务服务平台后端，对有基础环境观测的地区实现快速建模开展环境预报，发育进程模拟采用“触发”式逐日模拟；成果应用于典型砖后墙二代日光温室的气温模拟、低温预警和黄瓜发育进程预报业务服务中，提升温室环境和作物气象预报的时效性、准确度和定量化水平。

（董朝阳）

【黄瓜霜霉病气象致病机理及光谱预警模型研究】 该项目由天津市气候中心李根、王铁、陈思宁等完成，2020年4月通过天津市气象局验收。该项目明确日光温室黄瓜霜霉病发病的临界气象条件范围，量化不同湿度及叶片湿润时间对黄瓜霜霉病发生发展的影响，探明霜霉病发生的气象条件指标；利用非成像地物光谱仪ASD和便携式荧光成像仪Imaging-PAM获得长时间序列病害光谱数据集，明晰黄瓜霜霉病早期胁迫显症前的光谱突变特征；利用地面成像高光谱仪Agri-Hawk-Hyper的高光谱图像，总结1套黄瓜霜霉病病害程度表型识别算法，通过噪声分离变化和支持向量机反演冠层尺度的霜霉病发病情况，确定霜霉病的发病等级和病害程度。

（李　根）

【变分同化中背景误差协方差的改进及对模式预报效果的影响】　该项目由天津市气象科学研究所董琪如、邱晓滨、李英华等完成，2020年4月通过天津市气象局验收。该项目对天津市业务数值模式预报系统采用的方法不能反映当地特征，在雷达资料同化中，x方向风（U）和y方向风（V）作为控制变量的方案（CV7-B）得到验证，分析验证常规观测资料同化使用（U，V）作为动力控制变量的可行性；构建两种季节（冷、暖）两组不同动力控制变量（psi，chi和U，V）的背景误差协方差（B），分别应用于夏季华北暴雨及冬季海上大风个例。研究结果表明，针对夏季强降水、海上大风个例中高低空风场等要素预报有所改进；利用NMC方法搭建背景误差协方差系统，实时更新背景误差协方差矩阵，保证当地的气候平均特征。为提高同化效果提供技术支撑，可应用于业务数值模式中，提高对高影响天气的预报效果。

（董琪如）

【天津城市自动化积水监测预警技术及系统的研究】　该项目由天津市突发公共事件预警信息发布中心段丽瑶、周锦程、梁好等完成，2020年11月通过市科技局验收。该项目应用物联网技术研发新型积水监测设备，借助城市公共设施资源共享，以低成本实现天津城区内涝积水数据自动化监测采集及实时回传，定时采集积水深度数据；建成基于WebGIS技术的具有动态显示、数据共享、综合分析能力的智能化城市内涝监测预警服务平台；基于神经网络算法，初步建立机器学习的积水深度预测模型，实现滚动更新的城市积水预测；利用信息推送技术实现移动端基于位置的城市内涝预警信息推送及查询显示。项目成果为天津市应急防汛决策部门开展城市内涝灾害防御和应急处置工作提供决策依据，为应急人员现场防汛抢险工作和社会公众开展防灾避险自救提供帮助。该项目发表论文2篇；申请国家实用新型专利2件，授权1件；获软件著作权登记1件；晋升中级职称4人。

（段丽瑶）

【霍尔沃兹墙气象综合观测预报服务教育系统】该项目由天津市气象服务中心潘淑杰、麻雪艳、于佳卉等完成，2020年7月通过市科技局验收。该展品包括多功能自动气象观测站模型，含风向风速、温度、湿度、雨量等天气要素，自动气象观测站展示通过移动通信将全天候自动记录存储在计算机的过程；气象预报系统展示从卫星及观测数据获取的云图、气象要素通过预报员制作出每日预报的过程；气象服务部分展示气象部门将气象数据转化给行业需求的服务手段。该项目采用计算机视觉技术和投影显示技术营造交互体验。该项目获软件著作权登记2件、实用新型专利2件。

（潘淑杰）

【遥感生态指数在天津地区生态质量气象评估中的应用研究】　该项目由天津海洋中心气象台、天津市气象局梁冬坡、孙治贵、郭玉娣、宋鑫博等完成，2020年4月通过天津市气象局验收。该项目通过中国科学院遥感与数字地球研究所数据共享服务网站获取覆盖天津市范围的LandSat TM8陆地资源卫星数据，以季相相同、质量优（晴朗无云）为基本参考准则，选取2010、2014、2017、2019年4月的卫星数据作为研究样本，对选择的遥感数据进行几何校正、辐射定标、大气校正等预处理，对遥感图像做拼接和天津市范围的边界裁剪，做初始数据的准备工作。依托RS与GIS技术支持，构建以自然因子为主的遥感生态指数（RSEI）评价模型，模型选择植被指数、湿度分量、地表温度和建筑指数等4个生态要素分别表示绿度、湿度、热度和干度等4个评价指标，利用RS主成分分析技术集成四个分量得到天津市生态遥感综合指数，按等分法划分为5个等级，与原有的天津市生态质量气象评价业务结果进行对比，应用于天津地区的生态质量气象评价业务。研究积累1套生态遥感指数计算评估方法，计算得到天津地区的绿度、湿度、热度和干度等遥感生态指数评价指标图集，用于天津市生态质量气象评价业务。

（梁冬坡）

【西青区生态质量气象评价及其动态变化分析】项目由天津市西青区气象局王静完成，2020年4月通过天津市气象局验收。该项目以气象、遥感数据为主，辅助以统计、实地考察等资料，开展西青区生态质量气象评价方法的研究。通过选取湿润指数、植被覆盖指数、水体密度指数、土地退化指数、灾害指数等5个指标构建生态质量气象评价指数模型，对西青区生态环境现状和变化进行气象评价与分析。该项目从气象对生态的影响角度选择指标体系，用运算方法评价生态质量，了解区域生态质量变化，为区域生态建设工程的规划与决策提供依据。建立、完善西青区生态质量气象动态评价体系，通过定期制作生态环境气象评价报告产品，动态监测西青区街镇生态气象状况，为整治小区域生态环境提出方案。

（王　静）

【WRF模式城市冠层参数在天津城市地区的优化研究】　该项目由天津市气象科学研究所杨健博、姚青、蔡子颖等完成，2020年4月通过天津市气象局验收。该项目基于塔基常规气象要素、辐射、湍流及系留汽艇探空等多种观测资料的综合分析以及参数敏感试验，针对WRF模式的多种城市冠层参数和边界层参数探讨其对城市边界层气象及空气质量模拟结果影响的敏感性特征，给出1套适用于天津地区化边界层数值模拟的参数组合。基于卫星遥感资料，结合地表能量平衡关系及相关气象要素观测数据，建立人为热通量计算模型，计算天津地区人为热通量空间分布特征，构建网格化的区域人为热源排放清单，评估优化后的模式系统对城市陆面过程及边界层垂直结构模拟结果的影响。基于气象铁塔常规和湍流通量观测资料，离线驱动检验WRF模式城市冠层方案对天津地区地表能量平衡过程的模拟性能；基于气象铁塔和系留气艇探空观测结果，结合参数敏感性特征曲线，推导出1套适用于天津地区边界层数值模拟的参数组合；基于高分辨率卫星遥感资料，反演提取相关地表特征信息，构建人为热排放通量计算模型，制作网格化的人为热排放源清单；基于优化后的模式系统，评估参数的优化对城市陆面过程及边界层垂直结构模拟结果的影响。该项目研究成果应用于天津环境气象中心数值预报业务模式，产品通过一体化平台环境气象功能为市、区两级环境气象业务提供支撑，提高天津地区近地层气象要素和空气质量的数值模拟能力。

（杨健博）

【北上台风减弱低压入渤海后强度变化特征分析】　该项目由天津海洋中心气象台苏杭、胡田田、孙晓磊等完成，2020年4月通过天津市气象局验收。该项目通过对入海加强和入海不加强台风垂直风切变、高层散度、低层水汽输送、海表面温度等环境场因子和下垫面条件的对比分析，得到有利台风入海加强的环境场因子和下垫面的物理量指标。当高层散度较大，台风环流北部伴随强而稳定高空急流时，台风进入渤海后易再次增强；垂直风切变开始减小的12小时后入海台风发生加强；较大的低层水汽通量散度，与台风低层水汽通量散度变化的时间相比，台风入海强度的变化有6小时左右的滞后；当渤海海温不足26℃时，对台风强度的发展形成抑制，当台风入海当天渤海海表面温度存在较大的正距平时，台风入海会发生强度增强，台风入海增强所需满足的海表面温度正距平应高于0.6℃。该项目对北上台风进入渤海后强度变化特征进行研究，发现实际预报中较直观的物理量（高层散度、低层水汽输送、海表面温度等）与台风入海后强度变化的关系，得出影响台风入海后强度变化的物理量指标，为业务人员在实际预报时提供理论依据和参考。

（苏　杭）

【雷达三维变分风场反演在中小尺度天气系统中的应用研究】　该项目由天津市气象台王艳春、尉英华、孙密娜等完成，2020年7月通过天津市气象局验收。该项目通过雷达三维变分风场反演方法得到时间分辨率为6分钟，水平和垂直分辨率分别为1千米和0.5千米的三维风场、涡度场和散度场产品；通过与Vdras风场进行对比分析和定量效果检验，给出误差、相关性等检验分析结果，对三维变分反演风场的能力做初步探讨；完成三维风场、涡度场、散度场等各类产品的数字化和图形化。研究成果弥补中高层探测资料分辨率低在中小尺度天气分析中的不足，研究强对流天气系统内部三维风场结构和物理机制，辅助预报员监测中小尺度天气系统的移动和发展，提高强对流预报的时效性和准确率，为灾害性和对流性天气过程的预报提供依据。

（王艳春）

【宝坻区农田渍涝风险信息采集及其精细化服务方法研究】　该项目由天津市宝坻区气象局张辉、

王宝山、白艳娇等完成，2020年4月通过天津市气象局验收。该项目依托智慧宝坻气象服务保障平台，建立宝坻区主要作物种植地段农田渍涝风险隐患点信息数据库75个，完成宝坻区农田渍涝风险区划。建立宝坻区农田渍涝风险服务用户群组，与宝坻区农村除涝办建立信息传送机制，确立宝坻区农田渍涝风险服务业务流程，开展农田渍涝风险服务。（张　辉）

【天津气象数据服务智能技术的研究】 该项目由天津市气象信息中心雷鸣、李祥海、武国良等完成，2020年7月通过天津市气象局验收。该项目通过对自动站、雷达基数据、微波辐射计等天津历史气象资料进行梳理和规整，整理规范11个数据服务大类、119种气象数据，利用分布式技术，构建基于“分布式关系型数据库+事务性数据库+表格系统+分布式文件系统”的混合型模式大数据服务中心，进行数据的存储、管理和服务。针对结构化气象数据，采用Gbase分布式数据库存储；针对半/非结构化气象数据，采用Hbase分布式数据库存储和气象数据分块压缩技术，进行气象数据存储和处理。全部数据服务透过MUSIC接口与省级CIMISS系统衔接，向天津市气象局用户提供多种数据下载服务方式。基于分布式技术，项目解决长序列数据获取时间缓慢问题。相同条件下，基于大数据环境下的存储查询性能比传统查询具有优势，10年自动站历史数据查询的性能提升至21.5倍，格点数据服务性能提升5倍多。项目研发统一数据访问接口，为天津一体化平台和其他数据服务需求提供支撑。该项目发表论文9篇，其中核心期刊8篇；获软件著作权登记2件；完成天津市科技成果登记；通过天津市气象局科技成果业务准入，在天津市气象局业务系统《天津气象大数据共享网（TIMISS）》增加子项“数据服务”模块。（雷　鸣）

【基于DERF2.0供热关键期强降温过程预测技术研究】 该项目由天津市气候中心何丽烨、马宁、程善俊等完成，2020年4月通过天津市气象局验收。该项目在分析京津冀冬季冷空气过程变化特征的基础上，选择冷空气总过程、中等强度冷空气过程、强冷空气过程和寒潮4个等级，评估DERF2.0模式针对冷空气过程发生日期、强度以及不同时间尺度的预测能力，采用ANO技术建立京津冀冷空气延伸期预测方法。该项目研究成果作为天津开展延伸期降温过程预测的参考指标，可制作形成逐日滚动的模式延伸期图形预测产品，为天津冬季供暖启停、燃气能源调度等决策服务提供依据。（何丽烨）

【增暖1.5℃背景下建筑节能气象参数和设计负荷的变化及其应对】 该项目由天津市气候中心程善俊、陈跃浩、曹经福等完成，2020年7月通过中国气象局验收。该项目研究建筑能耗和设计负荷对全球增暖1.5℃目标的响应，利用观测资料订正CMIP5气温预估数据，评估1.5℃温升下亚洲地区极端温度事件发生风险和单次事件强度的变化；基于干湿球温度，结合TRNSYS模拟，建立能够反映各气候区办公建筑制冷能耗的冷度日；以典型城市为代表，建立未来能耗预估模型，评估1.5℃温升对不同建筑气候区办公建筑能耗的影响，为1.5℃全球增温目标的必要性提供论证，为中国减排方案的实施提供依据。

（程善俊）

防灾减灾

【地震灾害风险防治】 天津市地震局等19个行业主管部门和16个区政府，对全市建设工程抗震设防要求执行情况进行检查；成立天津市地震局建设工程地震安全监管检查工作领导小组，印发检查工作通知和实施方案，派出专家组到河北区、西青区、蓟州区、市住房和城乡建设委员会开展指导，完成市管和区管建设工程的自查工作，市住房和城乡建设委员会对2016年以来取得施工许可的481项市管房屋建筑和市政基础设施工程开展施工图设计检查复核；组织全市14家施工图审查机构，对其中107个项目进行专项复核；对全市16个区和7个行业所属建设工程现场抽查建设项目113个，占自查项目总数3.3%；市地震局、市住房和城乡建设委员会向2个问题工程所在区下发整改通知。印发《天津市地震灾害风险普查实施方案》，部署全市风险普查工作；启动建筑工程抗震隐患识别与地震灾害风险评估、河西务断层探测、建筑结构健康诊断等工程；推进滨海新区地震灾害风险普查全国试点工作，落实试点经费91.3万元；完成宝坻区建（构）筑物抗震性能调查评估服务项目验收。依托现代化试点项目投资120万元，完成全市地震工程地质条件调查；完成23个补充地震钻孔勘探、55个点地脉动测试野外工作和260个点地震反应分析计算；编制天津市场地类别分区图和天津市唐山地震震害分区图。制定《天津市地震局关于开展基于遥感影像和经验估计的区域房屋震害风险初判试点工作的工作方案》，组建基于遥感影像和经验估计的建筑物抗震性能评估试点项目管理组和实施组；完成基于遥感影像和经验估计的区域房屋抗震能力初判项目，通过验收，累计完成天津市146万栋、建筑面积9.7亿平方米的房屋抗震性能判别工作。印发《天津市地震易发区房屋设施加固工程实施方案》，截至2020年年底，全市16个区、7个行业部门制订抗震加固方案。市地震局与应急管理、文化和旅游管理等部门，在天津自然博物馆防震减灾科普教育基地举办防灾减灾线上“云直播”活动，累计观看直播16.3万人；在市地震局门户网站设置“防震减灾科普教育基地数字展馆”，引导观众通过线上进行虚拟体验，学习防震减灾知识；在“津震说”微信公众号开展防震减灾知识有奖答题，参与答题5千余人；依托“津云”等线上平台，推出《家庭防震与应急》等电子图书和“难忘的记忆”系列电子图板；拍摄天津市有人值守地震台站和无人值守台站系列短视频，介绍地震台站一线地震监测预报工作动态；选派地震专家走进机关和企事业单位进行防震减灾科普讲座；在地铁、公交和社区大屏等户外公共媒介进行循环展播防灾减灾科普宣传短片；通过“农村大喇叭”向村民普及防震减灾知识，覆盖天津市2783个行政村；通过天津市突发公共事件预警信息发布平台，向全市手机用户推送防震减灾公益短信，覆盖受众400余万人次；利用《今晚报》《天津工人报》等媒体，开辟防震减灾科普专栏传播防震减灾科普知识。

（郭　靖）

【裂隙岩体高边坡灾害防控关键理论、方法及技术与应用】　该项目由河北工业大学完成，获2020年度河北省科技进步一等奖。该项目针对裂隙岩体高边坡灾害防控问题，在卸荷诱发岩体破裂实验技术及评价理论、边坡岩体结构面及块体信息全自动提取方法、边坡破裂面监测识别及稳定性计算方法、光纤位移传感及监测预警技术、黏度时变注浆加固技术、排水抗滑一体化加固技术方面取得理论、方法及技术突破，解决重大水电工程裂隙岩体高边坡稳定性评价及灾害防治难题，产生经济和社会效益。（王媛媛）

【青藏高原现今地壳运动结果与地学应用】　该项目由中国地震局第一监测中心完成，获2020年度天津市科技进步二等奖。该项目基于GNSS和重力野外观测资料，应用高精度数据处理软件和数据处理方案获取青藏高原三维地壳运动结果及相关数据产品，定量识别青藏高原东西向拉张和挤压变形的分界线、旋转交替变形等特征，通过动力学模拟研究大陆碰撞造山带内双向变形驱动下裂谷形成过程，定量给出区域内冰川陆地水质量变化的空间特征及与地壳形变的内在联系。基于青藏高原GNSS和重力观测结果，识别5次7级以上地震的孕震形变场特征和应变积累过程，获取2015年尼泊尔8.1级地震的同震变形场和断层错动分布，给出青藏高原7级以上强震地点预测的可能技术途径。该项目计算得到的中国大陆260个GNSS连续站位置和站间基线时间序列、中国大陆GNSS水平速度场等数据产品被相关科研院所和中国地震局所属单位采用，应用于日常资料分析和科学研究，为中国大陆地震趋势判定提供形变分析资料，为研究青藏高原地壳运动的变形特征等提供输入数据，对于地球动力学有研究意义。

（孙启凯）

【全国跨断层场地优化改造—一测中心跨断层场地升级改造】　该项目由中国地震局第一监测中心完成，获2020年度天津市测绘学会优秀测绘工程三等奖。该项目完成4处存疑跨断层场地的论证、11处跨断层场地的升级改造、华北地区的跨断层场地布局优化论证和西北地区的跨断层场地布局优化论证。该项目的实施使观测点位受到保护，提高跨断层水准测量观测精度，观测资料的连续性和可靠性得到保障，增强地震活动的“短临异常”监测能力及“短临预报”能力。优化改造成果为地震趋势判定提供基础数据，为强震中、短期危险区域判定研究提供依据。

（孙启凯）

【2016年河北开平地震序列发震过程与机理研究】 该项目由天津市地震局谭毅培完成，2020年10月通过中国地震局验收。该项目以2016年河北开平地震序列为研究对象，使用模板识别和互相关震相检测技术进行遗漏地震检测，给出地震目录和震相报告；通过波形互相关和地震精定位结果分析开平序列震中迁移和重复地震活动性，给出序列的时空演化特征；使用静态应力触发计算开平地震序列的地震间相互作用。综合以上结果探讨开平地震序列的发震过程和机理。基于地震精定位，观测到4.2级地震前序列存在震中线性迁移现象。基于破裂面大部分重合标准，检测到10组重复地震活动。通过计算地震间的静态应力触发作用，发现4.2级地震及3级以上地震发生在静态应力加载区或加载与卸载的交界区域。基于地震序列发震机理模型和计算结果，级联触发模型能够解释观测到的现象，推测开平地震序列发震机理是地震间应力触发作用，在发震过程中伴随断层滑动。（谭毅培）

【天津近代老旧建筑动态抗震能力与地震灾害快速判定技术研究】 该项目由天津市地震局姚新强完成，2020年3月通过市科技局验收。该项目对和平区近代老旧建筑进行抗震性能调查与鉴定，掌握近代老旧建筑的抗震性能。对1976年唐山地震时，天津市区近代老旧建筑震害资料进行梳理和分析，通过历史震害掌握近代老旧建筑震害矩阵，研究近代老旧建筑可靠性鉴定方法，从震害预测角度提出动态震害矩阵研究方法。对小洋楼抗震能力通过有限元法进行分析，基于性态的易损性分析方法，研究建筑结构基于性态的易损性矩阵，基于性态易损性分析的基本假定，烈度的划分及相应震害矩阵及损失的分析步骤和方法。重点分析地震灾害判定中谱烈度的研究方法，分析仪器烈度的微观和宏观区别，对国内外仪器烈度算法进行对比分析，确认谱烈度是解决地震动参数与宏观烈度衔接的办法。（姚新强）

【地震应急数据可视化服务平台研究与实现】 该项目由天津市地震局赵士达完成，2020年10月通过中国地震局验收。该项目对数据进行分类处理提取属性特征，制定可视化展示方案；制作背景地图模板和地图样式渲染方案，实现多类型数据展示的个性化适配；研究数据展示样式、颜色、符号大小、聚合、抽吸、渐变等在不同比例尺下展示效果。研究可视化视图封装技术，实现可视化视图在其他系统应用的部署。该项目完成天津市地震局应急基础数据的可视化处理，实现应急基础数据的可视化展示和交互，提升应急基础数据的利用率和支撑作用。该项目发表论文1篇；申请实用新型专利2件；获软件著作权登记2件。（赵士达）

【VR虚拟现实气象灾害暴雨泥石流安全教育系统】 该项目由天津市气象服务中心潘淑杰、郭佳、郭玲等完成，2020年4月通过市科技局验收。该项目完成VR暴雨安全科普体验150秒、VR泥石流安全科普体验150秒，通过三维建模和天气特效方式模拟展现暴雨和泥石流对环境的破坏和人员的危害，体验者以当事人视角感受和体验气象灾害的冲击，对自然灾害有直观认识，体验过程中有帮助性文字提示，体验后掌握正确处理紧急情况方法。该项目可应用于气象防灾减灾。（潘淑杰）

【《学校防震与应急》画册】 该项目由天津市地震局完成，2020年6月通过市科技局验收，公众受益人数15万余人。印制画册1万册，免费向全市100多所中小学校发放；举办“首发式和赠书”“学知识赢画册”“科普讲座发放画册”等活动，受益5万余人。通过“津震说”微信公众号、“天津地震资讯”微博和天津地震局官网发布“线上书屋之《学校防震与应急》”，短期阅读量超过10余万人次。（岳秀侠）

【地震监测预报】 中国地震局第一监测中心完成震情监视跟踪观测任务9项，作业区域涉及东北、华北、西北、华南以及新疆、青海等地区，监测手段有水准测量、GNSS测量、重力和地磁测量等，其中区域精密水准测量（含天津市地面沉降）2335公里，GNSS流动测量115个测点，流动重力测量254个测段，流动地磁测量292个测点，完成首都圈地区跨断层场地监测的日常监测跟踪、北京灵山国家重力基线场地维护等。形变资料及相关数据产品通过数据共享平台实现共享，为地震预测预报等研究工作提供数据。修订震情会商改革实施方案，全年完成地震应急会商等。

（孙启凯）

【国家地震计量站建设】 2020年，中国地震局第一监测中心推进国家地震计量站建设，国家地震计量站基建项目通过验收，应变仪检测实验室、分量式钻孔应变仪和体积式钻孔应变仪检测装置投入运行，建设低频振动计量标准实验室；召开全国地震专用计量测试技术委员会成立大会暨第一次工作会议，建立地震计量工作质量控制体系，编制完成《全国地震专用计量测试技术委员会工作章程》《全国地震专用计量测试技术委员会秘书处工作细则》《地震监测专业设备定型技术要求》《地震监测专业设备定型检测工作规定（试行）》《地震计量工作质量管理手册》等制度，制定《全国地震计量发展规划（2020－2025）》《2020年地震计量检测标准装置量值溯源实施计划》《2020年定型技术要求和测试大纲制修订计划》，完成低频振动台和应变仪检测实验室、测震仪器数据采集器、水位仪和水温仪计量标准建标等技术方案编制，举办“中国地震局第三期计量知识培训班”；建立地震专业仪器设备计量检测工作技术标准，组织编制测震类和地球物理类40余部技术要求和定型测试大纲，完成测震、地球物理两大类仪器256种型号定型测试工作，完成国家地震烈度速报与预警工程73个型号的标前测试和“一带一路”项目14个型号的测试评估。

（孙启凯）

【地震监测专业设备管理】 中国地震局第一监测中心组建国家地震监测技术装备中心。开展全国地震监测专业设备升级改造项目，编制《地震监测专业设备运维保障业务行动方案（2020－2022）》《地震监测专业设备入网列装管理细则》及“国家级备机备件库调度运行及备机购置项目”“北京周边老旧地震监测专业设备更新升级”“全国地震危险区部分老旧设备更新升级”，完成“全国地震监测专业设备全生命周期运维管理系统（一期）”开发与部署，完善地震监测专业设备运维保障业务体系建设。完成国家级备机备件库临时库房建设，满足500余套大震应急救灾物资仓储需求。

（孙启凯）

广播电视

【地面电视数字化进程】 天津市文旅局成立地面数字电视700兆赫频率迁移工作小组，制定的地面数字电视频率规划获国家广电总局批准，建设地面数字电视覆盖网。2020年8月，完成中央和市级无线模拟电视信号的关停工作。

（孙　倩）

【广播电视监测技术】 2020年11月，“天津市广播影视监测系统”项目获国家广播电视总局“智慧广电案例运行监管类”入围案例。该系统在建设中运用云计算、分布式存储技术、语音转文字技术、万兆核心网络技术，实现对广播电视信号的安播技术监测和移动覆盖监测、对广电节目和广告内容监测及对互联网视听节目监测。通过MSTP专线链路方式实现对全市广播电视安全播出高清可视电话指挥调度和“以太网+GSM”双发送方式的预警信息发布，为天津广播影视监测中心开展监测任务提供技术支撑。

（孙　倩）

【天津自然博物馆】 天津自然博物馆发挥博物馆文化传播和社会教育功能，挖掘自然博物馆科普资源，开发旅游线路，科普惠民，把科学知识传播与旅游融为一体，基于互联网技术，推出线上线下相结合的“云科普”课程。该单位申报的“文脉融享”“典藏万物 探索自然科普微课堂”2个项目入选天津市科技计划项目。

（孙　倩）

科技人才与机构

概　况

【科技人才发展】　2020年，天津市引进外国人才5862人，其中外国高端人才609人，在全国各省市列第八位；全市国家杰出青年科学基金获得者累计138人，入选国家创新人才推进计划总数136人（个）；天津市1位外国专家获中国政府“友谊奖”，20位专家获天津市“海河友谊奖”。出台《市科技局关于抢抓机遇，加强引进外国高端人才的工作措施》《关于支持自贸区外籍人才创新创业的若干工作措施》《关于疫情期间外国人来华工作许可办理有关问题的通知》《天津市〈外国高端人才确认函〉经办流程》《关于支持推荐疫情防控一线医务人员申报“创新人才推进计划”项目的通知》，印发《关于规范我市外国人来华工作许可经办窗口管理的若干工作措施》。实施科技人才培养专项，新推荐66人（个）申报科技部创新人才培养计划，遴选145人入选第七批天津市创新人才培养计划、累计910人。组织《中小企业三大攻坚战》等15期网上公益直播企业家大讲堂，超3万人次企业家参加；组织企业家队伍建设“111”工程人选参加清华大学高级研修班，60余位企业家参加；举办天津市“助企腾飞·职等你来”科技型企业专场招聘会，150余家企业参加，提供近3000个招聘岗位，应聘人员1400余人，达成意向350多人次。聚集外国高端人才，开展外国高端人才引进需求调查，累计征集58家单位、136个职位，需求人数738人，多渠道向全球发布，为吸引高端人才来津创造条件；全年申报国家和天津市引进国（境）外专家项目228项。全年累计征集项目需求信息30余项、外籍人才岗位需求700余个，对接各类专家组织和海外机构等160余家、外籍人才1000余人次，达成初步合作意向170余人次。开展“海河英才”服务月、“百日千企”行动计划、互联网领军企业引智育才需求调查等活动，了解天津大学、南开大学等150多家用人单位的需求，帮助解决资源对接、项目申报等方面的难题100余个；服务360公司、拾起卖、狮桥集团、中交智运等互联网领军企业，宣讲科技政策，帮助对接上下游企业，推动企业创新发展；开展外籍人才新春联欢会、在外籍人才中开展党的十九届五中全会精神宣传等活动，全年服务外籍人才400余人次。

（郝晓彤）

科技人才建设

【人才培育项目】　印发《市人社局关于实施天津市“项目+团队”重点培养专项的通知》（津人社办发〔2020〕47号），培训市、区相关部门及人才服务专员500余人次，选拔重点培养专项创新创业“项目+团队”160个。围绕新动能领域，设置人工智能与新一代信息技术、生物医药等7个网上展厅，启动“高层次人才新动能创新项目云超市”，上线项目1400余个，打造产学研协同创新的“项目+团队”模式。举办“海河英才”新动能创新项目服务企业撮合对接会，开展“海河英才”服务月活动，组织200余名专家、企业家参加，累计撮合对接项目30个，云账户、深之蓝等12个项目签订合作协议，打通创新链、产业链、项目链。组织开展2019年度“131”人才专家评审工作，选拔第一层次人选100名。组织开展自主创新与新动能人才培养培训。安排公共培训、高端培训、实践培训等3个类型14项活动，累计培养培训全市自主创新与新动能人才2000余人次。开办“天津新动能人才云学堂”，邀请120名专家进入师资库，依托院士专家大讲堂安排30期直播，3000余人收看。

（张洪胜）

【博士后工作】　资助7家民营企业设立博士后科研工作站，资助资金用于博士后工作站科技研发活动，奖励企业加快建立产学研相结合的技术创新体系，加快新技术新产品新工艺的研发和应用，创建各类技术创新平台，提升科技创新能力。开展博士后国际交流计划引进项目申报工作，23名博士后入选，分布在3家博士后科研工作站和15个流动站。全市新设立博士后科研工作站（含分站）43家，博士后创新实践基地11家，全市工作站累计275家，创新实践基地82家，覆盖人工智能、航空航天、高端装备、生物医药、新能源新材料等全市支柱产业和战略性新兴产业。组织参加“京津冀博士后人才招收洽谈会”线上线下招聘会等活动，指导各流动站、工作站招收天津市学科建设和产业发展急需紧缺的博士后人才，全年招收博士后研究人员417名。组织举办“2020全国博士后人工智能发展与应用论坛”，中科院、清华大学、北京大学、宾夕法尼亚大学，以及飞腾、麒麟等国内外人工智能领域专家、博士后等200余人参加。

（张洪胜）

【专家管理与服务】 选拔推荐2020年国家百千万人才工程人选，全市8人入选。组织2020年政府特殊津贴人选选拔推荐工作，全市87人入选。组织51名专家赴新疆和田、甘肃庆阳等5个贫困地区开展4项专家智力帮扶活动，组织近50场培训、示教、义诊等活动，直接服务群众2300余人次，解决难题70多个，达成4项合作，取得社会效益、经济效益和人才效益。

（张洪胜）

【专业技术人员和管理人员继续教育】 在新一代信息化技术、公共卫生、民生建设等领域承办5期国家级高级研修项目，16期市级高级研修项目。制定涵盖爱国奋斗、政治理论、科学技术、现代管理、职业素养、生活知识等6大类、40门课程的公需科目指导目录，累计培训超23万人次。其中，将党的十九届四中全会精神解读等四门课设定为公需科目“必修课”，增设“抗疫知识专栏”。依托44家市级继续教育基地，涵盖12个重点领域以及9个现代服务业领域，累计培养培训专业技术人才1.2万人次。在全市举办的国家级高级研修项目中，为河北承德、新疆和田、西藏昌都、青海黄南、甘肃甘南等对口支援地区预留培训名额50个，增进人才与项目的交流合作。

（张洪胜）

【职称工作】 2020年，全市4.4万余人取得职称，其中近1.1万人取得高级职称，1.4万余人取得中级职称，1.9万余人取得初级职称。出台电子职称证书、职称评审费、民营企业职称政策，制定经济、农业技术等12个系列职称改革实施意见。增设网信、技术经纪职称专业，完成首次评审，通过76名高级工程师、146名工程师。在全国率先组建民营企业职称评审委员会，为45家企业评审通过140人，为企业人才队伍建设、项目招标等提供智力保障。完善民营企业职称相关政策，打破户籍、身份、档案、所有制等制约，建立职称兜底申报机制，拓宽民营企业专业技术人才职称申报渠道。加强评审专家随机抽取和替换轮换、在线评审、巡查抽查，实现职称评审全过程监管。实现职称信息系统全覆盖，试点无纸化申报，全面实行职称电子证书。

（张洪胜）

优秀科技人才

【在天津的中国科学院院士】 截至2020年年底，在天津的中国科学院院士共有16人。名单及简介如下：

余国琮 男，1922年出生，化学工程专家，天津大学教授，1991年当选中国科学院化学部院士。曾获原国家教委科技进步一等奖、天津市科技进步一等奖和天津市科技重大成就奖。

刘广均 男，1929年出生，同位素分离专家，核工业理化工程研究院高级工程师，1991年当选中国科学院技术科学部院士。

周　恒 男，1929年出生，流体力学家，天津大学教授，1993年当选中国科学院数学物理部院士。1987年获国家自然科学二等奖。

彭一刚 男，1932年出生，建筑专家，天津大学教授，1995年当选中国科学院技术科学部院士。

张春霆 男，1936年出生，生物信息学家，天津大学教授，1995年当选中国科学院生命科学和医学学部院士。曾获国家自然科学二等奖。

宋礼成 男，1937年出生，有机化学家，南开大学教授，2007年当选中国科学院化学部院士。获2005年度天津市自然科学一等奖、3项教育部科技进步二等奖及2004年第一届黄耀曾金属有机化学奖等多项奖励。

葛墨林 男，1938年出生，理论物理学家，南开大学教授，2003年当选中国科学院数学物理部院士。1990年、1996年先后获原国家教委科技进步一等奖。

姚建铨 男，1939年出生，激光与光电子科学家，天津大学教授，1997年当选中国科学院信息技术科学部院士。

程津培 男，1948年出生，有机化学家，历任南开大学教授、副校长，2001年当选中国科学院化学部院士。

龙以明 男，1948年出生，数学家，南开大学教授，2007年当选中国科学院数学物理部院士。获2004年第三世界科学院数学奖和国家自然科学二等奖等奖项。

饶子和 男，1950年出生，分子生物物理与结构生物学家，清华大学教授，曾任南开大学校长、天津国际生物医药联合研究院院长，2003年当选中国科学院生命科学和医学学部院士。曾获陈嘉庚科学奖、第里雅斯特科学奖等。

刘丛强 男，1955年出生，地球化学家，天津大学地球系统科学院院长，2011年当选中国科学院地学部院士。

周其林 男，1957年出生，有机化学家，南开大学教授，2009年当选中国科学院化学部院士。

陈永川 男，1964年出生，数学家，南开大学教授，2011年当选中国科学院数学物理部院士。曾获联合国教科文组织侯赛因青年科学家奖等。

张伟平 男，1964年出生，数学家，南开大学陈省身数学研究所研究员、所长，2007年当选中国科学院数学物理部院士。获2000年第三世界科学院数学奖、教育部科技进步一等奖等。

陈　军 男，1967年出生，无机化学家，南开大学教授，2017年当选中国科学院化学部院士。曾获国家自然科学二等奖等。

【在天津的中国工程院院士】 截至2020年年底，在天津的中国工程院院士共有20人。名单及简介如下：

吴咸中 男，1925年出生，中西医结合专家，天津医科大学教授，1996年当选中国工程院医药卫生学部院士。曾获国家科技进步二等奖和天津市科技重大成就奖。2009年被授予全国首批国医大师称号。

钱皋韵 男，1927年出生，核燃料工程、同位素分离专家，中国核工业集团公司研究员，1994年当选中国工程院能源与矿业工程学部院士。

陈予恕 男，1931年出生，工程非线性振动专家，天津大学教授，2005年当选中国工程院机械与运载工程学部院士。曾获国家自然科学二等奖和国家科技进步二等奖各1项，省部级科技奖励一等奖3项、二等奖6项，中国专利优秀奖1项和天津市专利金奖1项。

李正名 男，1931年出生，有机化学与农药化学家，南开大学教授，1995年当选中国工程院化工、冶金与材料工程学部院士。曾获全国科技大会奖（1978）、国家自然科学二等奖（1987）、国家科技进步一等奖（1993）、国家技术发明二等奖（2007）、化工部科技进步一等奖（1991）和天津市科技重大成就奖（2013）等20余项。

李猷嘉 男，1932年出生，燃气供应专家，中国市政工程华北设计研究院顾问、总工，2001年当选中国工程院土木、水利与建筑工程学部院士。

叶声华 男，1934年出生，测试计量技术及仪器专家，天津大学教授，2003年当选中国工程院信息与电子工程学部院士。

汪顺亭 男，1935年出生，惯性技术与导航设备专家，中国船舶工业总公司第七研究院第七〇七研究所研究员，1995年当选中国工程院机械与运载工程学部院士。1994年获国家级科技进步一等奖。

邹 竞 女，1936年出生，感光材料专家，天津大学化工学院教授，1994年当选中国工程院化工、冶金与材料工程学部院士。曾获国家科技进步一等奖、二等奖各1项，化工部科技进步二等奖2项，1996年度何梁何利基金科学与技术进步奖等。

余贻鑫 男，1936年出生，电力系统分析、规划与仿真专家，天津大学教授，2005年当选中国工程院能源与矿业工程学部院士。曾获国家科技进步二等奖和国家发明二等奖各1项、高校十大科技成果奖1项、省部级一等奖5项。

石学敏 男，1938年出生，中医、针灸学专家，天津中医药大学第一附属医院教授，1999年当选中国工程院医药卫生学部院士。曾获国家科技进步奖1项，省部级科技进步奖33项（次），原国家教委及天津市教学成果奖3项，何梁何利基金科学与技术进步奖。

王静康 女，1938年出生，工业结晶科学与技术专家，天津大学化工学院教授，1999年当选中国工程院化工、冶金与材料工程学部院士。曾获国家技术发明二等奖及三等奖各1项，国家科技进步二等奖3项，何梁何利基金科学与技术进步奖和天津市科技重大成就奖。

陈念念 男，1941年出生，核材料与核燃料专家，核工业理化工程研究院研究员，2005年当选中国工程院能源与矿业工程学部院士。曾先后获得国家科技进步二等奖3项和国防科技一等奖3项。

苏万华 男，1941年出生，内燃机动力工程专家，天津大学教授，2011年当选中国工程院能源与矿业工程学部院士。曾获国家技术发明二等奖1项，省部级奖励5项。

刘昌孝 男，1942年出生，药理学家、药代动力学家，2003年当选中国工程院医药卫生学部院士。曾获国家和省部级成果奖34项次、国际奖5项。

郝希山 男，1945年出生，肿瘤学家，天津市肿瘤研究所所长，2003年当选中国工程院医药卫生学部院士。曾获国家教学成果一等奖1项、省部级科技进步一等奖3项和天津市重大成就奖。

吴以成 男，1946年出生，功能材料专家，天津理工大学教授，2005年当选中国工程院化工、冶金与材料工程学部院士。曾获国家技术发明一等奖。

张伯礼 男，1948年出生，中医内科专家，天津中医药大学校长，2005年当选中国工程院医药卫生学部院士。曾获国家科技进步一等奖等国家级奖7项，省部级科技进步一等奖10项。

金冬寒 男，1961年出生，动力机械工程专家，天津大学校长，2009年当选中国工程院机械与运载工程学部院士。

曹雪涛 男，1964年出生，免疫学专家，南开大学校长，2005年当选中国工程院医药卫生学部院士。曾获国家自然科学二等奖1项，中华医学科技奖一等奖2项，军队和上海市科技进步一等奖2项，上海市自然科学一等奖4项。

夏长亮 男，1968年出生，电机设计与控制专家，天津工业大学教授，2017年当选中国工程院机械与运载工程学部院士。曾获国家技术发明二等奖1项，国家科技进步二等奖1项，省部级科技一等奖6项。

【人类学终身成就奖】 2020年11月29日，上海人类学学会学术年会在上海自然博物馆举行，天津师范大学生命科学学院郑连斌获2020年“人类学终身成就奖”。该奖项又称“金琮奖”，2010年首次颁发，每年颁发一次，获得者为国内和国际人类学界有学术造诣、知识渊博、德高望重，在专业领域做出重大贡献，具有持久影响力，研究成果具有创新性、时代性标志和历史性建树，对人类学的发展起到引领作用，年龄在65岁及以上的人类学工作者。 （天津师范大学）

【职业院校创新创业人才】 天津电子信息职业技术学院查博钒《博纳家居有限责任公司》获2016年“挑战杯－彩虹人生”天津市职业学校创新创效创业大赛二等奖，《智能处理垃圾回收系统》获2017年“圆梦津城”第五届青年创业大赛总决赛三等奖，2017年获天津市大学生创新创业奖学金。2018年成立博钒科技有限公司，以拍照摄影类、移动金融类、智慧旅游类、移动医疗类、生活服务类、电子商务类等板块为核心开发体系。2019年成立天津市恭学教育科技有限公司（第二股东），采用“名校名师合作＋专职名师团队”“线上名师在线教学+助教老师在线辅导”的双师课堂的形式办教育。 （杜 灵）

【河北工业大学2人入选天津市青年人才托举工程】 2020年，河北工业大学王坤、吕宏虹入选第三批“天津市青年人才托举工程”。王坤为河北工业大学能源与环境工程学院博士生导师，从事新能源利用中的工程热物理问题研究，主持国家自然科学基金青年项目等多项科研课题，以第一作者/通讯作者发表学术论文16篇；申请发明专利6件，获授权4件；2020年入选河北省“三三三人才工程”。吕宏虹为河北工业大学能源与环境工程学院博士生导师，曾主持国家自然科学基金青年项目、河北省优秀青年项目等9项科研项目；发表论文30余篇；申请发明专利7件，获授权3件；合作出版英文专著1部。 （王媛媛）

科学研究与技术开发机构

【简况】 2020年，天津市科学研究与技术开发机构共有173家纳入科技统计调查范围，其中，科学研究和技术服务业事业单位116家，其中中央部门属25家，地方部门属91家，转制为企业的研究机构57家，其中中央部门属12家，地方部门属32家，其他13家，科学研究和技术服务业民办非企业单位5家。从业人员24697人，R&D人员折合全时工作量7928人年，R&D经费内部支出37.02亿元。 （孟 媛）

【科学研究和技术服务业事业单位】 2020年，天津市有116家科学研究和技术服务业事业单位，其中中央部门属25家，地方部门属91家纳入统计范围。

表3 2020年天津市科学研究和技术服务业事业单位概况一览表

项 目	机构数（个）	从业人员（人）	#从事科技活动人员	经费收入总额（万元）	#科技活动收入	经费支出总额（万元）	#科技经费内部支出
合 计	116	14667	12523	792944	592324	794399	593959
一、按隶属关系分							
中央部门属	25	7554	6222	511394	341301	489431	326359
地方部门属	91	7113	6301	281550	251023	304968	267600

续表3

项　目	机构数（个）	从业人员（人）	#从事科技活动人员	经费收入总额（万元）	#科技活动收入	经费支出总额（万元）	#科技经费内部支出
二、按机构服务国民经济行业分							
农、林、牧、渔业	16	692	637	32167	30963	37630	32853
采矿业、制造业	11	1605	1459	106792	101479	78735	71253
电力、热力、燃气及水生产和供应业、建筑业	4	356	293	13479	11201	14559	13050
信息传输、软件和信息技术服务业及金融业、租赁和商务服务业	5	180	171	14214	13805	16797	16478
科学研究和技术服务业	62	8945	8409	384493	353732	401956	370704
水利、环境和公共设施管理业	7	541	511	36011	35148	38368	36017
卫生和社会工作及文化、体育和娱乐业	7	1972	674	191223	32033	193890	41653
公共管理、社会保障和社会组织	4	376	369	14565	13964	12464	11951

注：表中部分数据的合计数和相对数由于四舍五入取舍不同而产生的计算误差，均未做机械调整

表4　　2020年天津市科学研究和技术服务业事业单位课题概况一览表

项　目	课题数合计（个）	#R&D课题	课题经费内部支出（万元）	#政府资金	#R&D课题经费	课题人员折合全时工作量（人年）	#R&D课题人员折合全时工作量
合　计	3124	2316	213166	150436	157046	5522	4157
一、按隶属关系分							
中央部门属	1756	1277	125590	97045	91387	3090	2418
地方部门属	1368	1039	87576	53391	65660	2432	1739
二、按课题活动类型分							
基础研究	406	406	13139	12440	13139	567	567
应用研究	717	717	54441	43469	54441	1380	1380
试验发展	1193	1193	89467	57792	89467	2210	2210
研究与试验发展成果应用	198	0	23250	18002	0	428	0.0
技术推广与科技服务	610	0	32869	18733	0	937	0.0
三、按课题所属学科分							
自然科学领域	597	499	64268	61794	44453	1832	1464
农业科学领域	260	165	16371	13026	9860	353	231
医学科学领域	287	268	17649	16439	16557	526	467
工程科学与技术领域	1792	1264	105011	49326	77335	2479	1723
社会、人文科学领域	188	120	9868	9851	8841	331	273

（孟　媛）

【转制为企业的研究机构】 2020年，天津市有 家，地方部门属32家，其他13家纳入统计范围。
57家转制为企业的研究机构，其中中央部门属12

表5　　2020年天津市转制为企业的研究机构概况一览表

项　目	机构数（个）	从业人员（人）	# 专业技术人员	技术性收入（万元）	#技术开发收入	科技活动经费支出（万元）
合　计	57	9982	6936	548657	44334	126013
一、按隶属关系分						
中央部门属	12	6462	4855	489499	37195	70220
地方部门属	32	3198	1915	57550	6720	54018
其他	13	322	166	1609	420	1776
二、按机构服务国民经济行业分						
农、林、牧、渔业、采矿业、建筑业及批发和零售业	5	357	225	5443	1302	1803
制造业及电力、热力、燃气及水生产和供应业	33	2289	1190	135595	35845	28420
信息传输、软件和信息技术服务业	4	126	86	351	304	635
科学研究和技术服务业	15	7210	5435	407268	6884	95156

表6　　2020年天津市转制为企业的研究机构科技项目概况一览表

项　目	项目数（个）	项目经费内部支出（万元）	#政府资金	项目人员折合全时工作量（人年）	#研究人员
合　计	692	88884	13371	2838	1750
一、按项目所属隶属关系分					
中央属	446	52631	3677	1668	989
地方属	211	35089	9570	1035	691
其他	35	1163	125	136	69
二、按项目的活动类型分					
基础研究	16	9407	2536	245	195
应用研究	94	11650	3421	353	247
试验发展	538	60841	4661	1955	1125
试制与工程化	30	6084	2714	244	165
技术咨询与技术服务	14	901	40	42	18
三、按项目所属学科分					
自然科学领域和农业科学领域	21	1253	296	88	64
医学科学领域和社会、人文科学领域	49	9870	2913	95	83
工程科学与技术领域	622	77761	10162	2655	1602

（孟　媛）

【科学研究和技术服务业民办非企业单位】 2020年，天津市有5家科学研究和技术服务业民办非企业单位纳入统计范围。

表7　　2020年天津市科学研究和技术服务业民办非企业单位概况一览表

项　目	机构数（个）	从业人员（人）	#从事科技活动人员	经费收入总额（万元）	#科技活动收入	经费支出总额（万元）	#科技经费内部支出
合　计	5	48	47	741	713	1004	983
一、按隶属关系分							
中央部门属	0	0	0	0	0	0	0
地方部门属	5	48	47	741	713	1004	983
按机构服务国民经济行分							
信息传输、软件和信息技术服务业、科学研究和技术服务业及水利、环境和公共设施管理业	5	48	47	741	713	1003	983

表8　　2019年天津市科学研究和技术服务业民办非企业单位课题概况一览表

项　目	课题数合计（个）	#R&D课题	课题经费内部支出（万元）	#政府资金	#R&D课题经费	课题人员折合全时工作量（人年）	#R&D课题人员折合全时工作量
合　计	4	2	141	141	52	9	5
一、按隶属关系分							
中央部门属	0	0	0	0	0	0	0
地方部门属	4	2	141	141	52	9	5
二、按课题活动类型分							
试验发展	2	2	52	52	52	5	5
研究与试验发展成果应用	2	0	89	89	0	4	0
三、按课题所属学科分							
工程科学与技术领域	4	2	141	141	52	9	5

（孟　媛）

【科学研究与技术开发机构承担课题情况】 2020年，天津市科学研究与技术开发机构共承担各类课题3820项，课题经费内部支出30.22亿元，其中R&D课题为23.90亿元，占全部课题的79.1%；课题投入人员折合全时工作量为8369人年，其中R&D课题人员为6715人年，占全部人员的80.2%。人均课题经费36.11万元/人年，比上年略有下降。

从课题来源看，有近五成的课题经费来自中央和地方政府部门，其中来自中央政府部门的课题经费为10.7亿元，占35.4%；来自地方政府部门的课题经费为6.31亿元，占20.9%；企业委托课题经费为6.11亿元，占20.2%，自选课题经费为5.56亿元，占18.4%；其他课题（含国际合作课题）1.54亿元，占5.1%。

表9　　2020年天津市科学研究与技术开发机构承担课题情况一览表

	课题数		课题经费内部支出	
	项	%	亿元	%
合　计	3820	100.0	30.22	100.0
国家科技项目	1149	30.1	10.7	35.4
地方科技项目	853	22.3	6.31	20.9
企业委托项目	1014	26.5	6.11	20.2
自选科技项目	587	15.4	5.56	18.4
国际合作项目	2	0.1	0.04	0.1
其他科技项目	215	5.6	1.50	5.0

（孟　媛）

【科学研究与技术开发机构专利情况】　2020年天津市科学研究与技术开发机构专利申请1688件，其中发明专利891件，占专利申请量的52.8%；获专利授权1246件，其中发明专利379件，占专利授权量的30.4%。

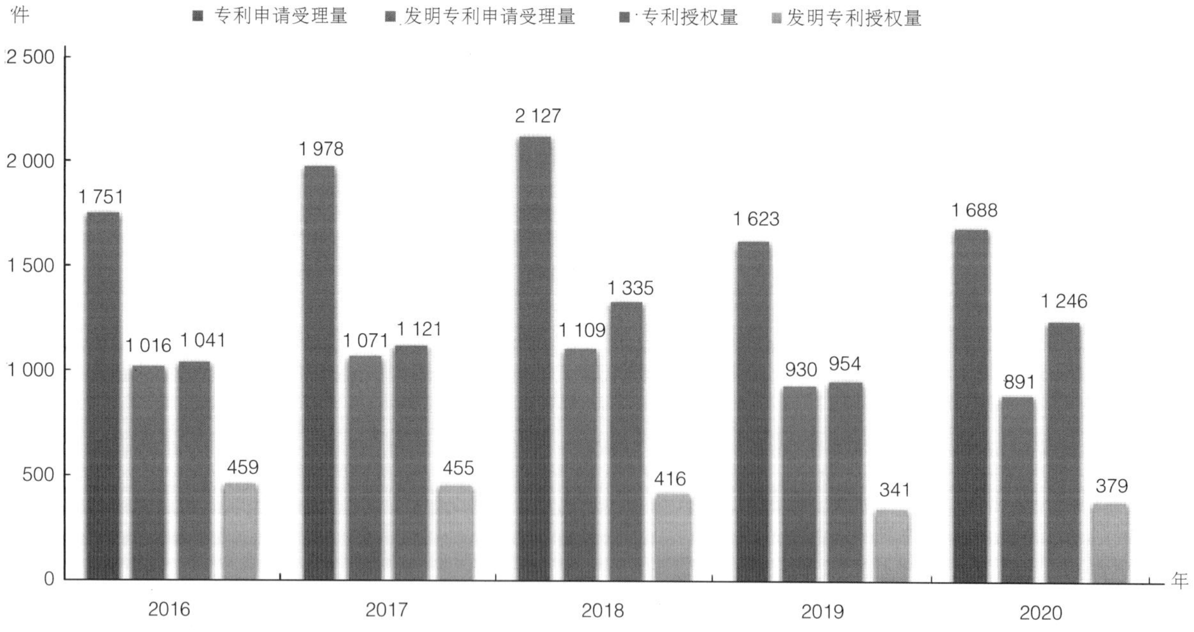

图10　2016年至2020年天津市科学研究与技术开发机构专利情况图

（孟　媛）

【科学研究与技术开发机构R&D活动情况】2020年，天津市科学研究与技术开发机构R&D人员折合全时工作量7928人年，比上年减少13.5%。R&D经费内部支出为37.02亿元，比上年减少9.4%。

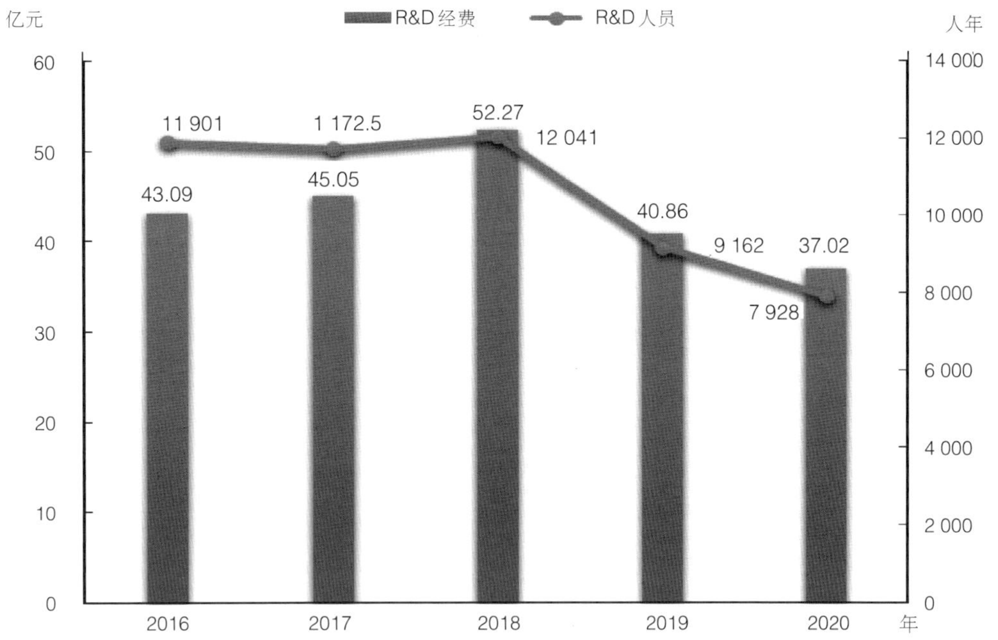

图11　2016年至2020年天津市科学研究与技术开发机构R&D活动人员和经费情况图

2020年，天津市科学研究与技术开发机构R&D经费中政府资金为21.32亿元，占57.6%；企业资金为11.53亿元，占31.1%；其他资金4.17亿元，占11.3%。R&D活动由基础研究、应用研究和试验发展三部分构成。2020年天津市科学研究与技术开发机构中基础研究经费支出3.75亿元，占10.1%；应用研究经费为10.29亿元，占27.8%；试验发展经费为22.98亿元，占62.1%。

从R&D活动的学科分布看，2020年科学研究与技术开发机构R&D活动人员和经费大部分集中在工程与技术科学，其次为自然科学、医学科学和农业科学领域，人文与社会科学领域投入最少。

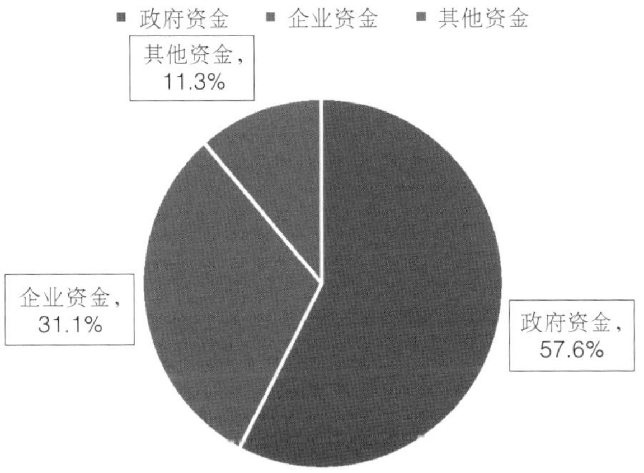

图12　2020年天津市科学研究与技术开发机构R&D经费来源分布图

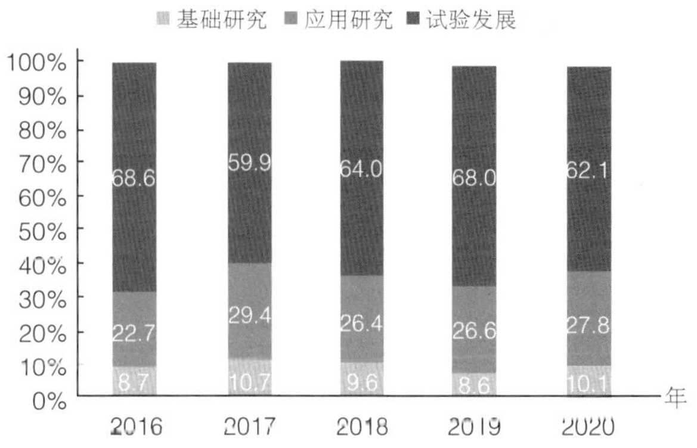

图13　2016年至2020年天津市科学研究与技术开发机构R&D经费活动类型分布图

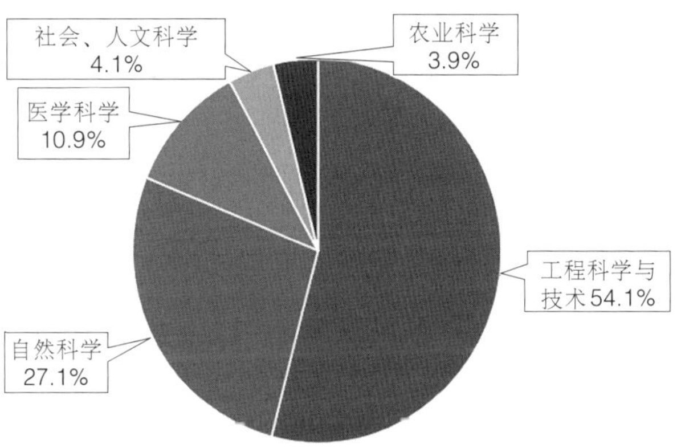

图14　2020年天津市科学研究与技术开发机构R&D经费学科分布图

（孟　媛）

科技支撑与服务

科技创新工作

【简况】 2020年，天津市全社会研发投入强度达3.28%，居全国第三；综合科技创新水平指数居全国前列；技术合同年成交额达1113亿元，实现翻一番，占GDP比重居全国前列。“十三五”期间，获国家科学技术奖78项；每万人发明专利拥有量达24.03件，增长近1倍；国家高企数量增长2.2倍，占企业法人比重居全国前列。全市高企总数达7422家；国家科技型中小企业、“雏鹰”企业、“瞪羚”企业分别达8179家、3557家、385家，累计认定科技领军（培育）企业216家。建设“中国信创谷”，形成“PKGS（飞腾－麒麟－长城－曙光）”信创品牌，全市信创产业规模突破1000亿元，软件和信息技术服务业整体收入同比增长超过20%，增速全国第一。启动绿色通道开展科技抗疫，在全国率先实施“新型冠状病毒感染应急防治”科技重大专项、开展外国人来华“不见面审批”、设立科学技术奖抗击新冠肺炎疫情特别奖。腺病毒新冠疫苗获批上市；自主研发的中成药、诊疗试剂等入选国家诊疗方案，“宣肺败毒方”“血必净注射液”被列入“三方三药”。助力规上高企率先实现100%复工复产。编制天津市科技创新“十四五”规划，制定出台科技创新三年行动计划，编制大学科技园建设指导意见和三年行动计划。获批首批国家应用数学中心，获批建设全国中医药领域唯一的组分中药国家重点实验室，首家环渤海滨海地球关键带国家野外科学观测研究站落地，推进新一代超级计算机关键技术攻关、基础设施建设，优化大型地震工程模拟研究设施完成造波系统正样机试验设计方案，国家合成生物技术创新中心创新成果在津衍生孵化科技型企业25家，发布国家新一代人工智能创新发展试验区行动计划。共建京津冀国家技术创新中心，中科院创新成果、高水平机构落地，与工程院建设人工智能战略院、工程科技战略院，与北京大学、清华大学开展合作，完善京津冀成果转移转化服务体系等，举办“京津冀青年科学家论坛”。

“十三五”期间科技创新工作进展，一是重大创新载体平台建设，获批建设10个重大科技基础设施和创新平台，获批首批国家新一代人工智能创新发展试验区，新建市级重点实验室143家、总数达350家，每年承担省部级以上项目超3000项。新认定市级临床医学研究中心25家，批复市级技术创新中心8家，联合开展科研项目超过150项，面向行业开展技术服务和成果输出合同额超4亿元。

二是科技协同创新，召开京津冀协同创新座谈会，完成与科技部第二轮会商目标任务，获国家科技计划项目经费支持超百亿。引聚中科院自动化所、光电院等国家级院所及分支机构46家。与中国工程院合作打造创新基因库，取得人工智能“蓝皮书”等成果。共建北大新一代信息技术研究院、清华天津高端装备研究院等机构。三地753家实验室、1293台大型仪器跨区域开放共享。出台“一带一路”科技创新合作行动计划，成立“一带一路”科技合作创新联盟，组织中俄科技创新合作洽谈会，建成中国－以色列人群医学国家“一带一路”联合实验室、科技外交官技术转移服务网络等合作平台，培育认定近240个市级国际合作基地、海外研发推广中心和联合研究中心。支持疆藏青和甘肃、承德建设，推广200多项新技术等，建帮扶平台、开发“津科帮扶”APP、培育400多位“空中专家”，企业与受援地14个贫困村签订框架协议超亿元。

三是培育经济发展动能，完成10万家科技型中小企业、3000家“雏鹰”、300家“瞪羚”、200家领军企业等重点阶段任务，打造科技型企业发展的2.0和3.0版。市级以上科技企业孵化器达80家，其中国家级36家，在孵企业3900家；市级以上众创空间208家，其中国家级备案众创空间88家，专业化众创空间6家、名列全国第3，在孵企业和团队5800个；产业技术研究院达20家，衍生和孵化企业达420家。累计举办五届创新创业大赛，为6000多家企业搭建平台。成立天使、创投等引导基金及政策性担保资金，建立31家科技金融对接服务平台。引导基金累计参股设立天使、创投基金27支，基金规模超50亿元，开展投资超26亿元，带动投融资近140亿元；“一企一策”帮扶14家科技型企业上市，占全市上市企业总数51%，累计达40家。

四是原始创新、自主创新能力，国家高新技术企业超900家，取得多项国内领先技术成果。银河麒麟操作系统V10上榜2020年国内十大科技新闻、央企十大国之重器；225MN重型卧式铝挤压成套装备获世界之最；海洋地震拖缆采集装备达国际先进水平；1200吨蒙皮拉伸机、超大型热轧H型钢等打破国外垄断；配网带电作业机器人等填补世界多项行业空白；嵌合CD19受体T细胞免疫治疗、天然活性物质生物合成、慢性硬膜下血肿药物治疗等关键技术取得重要突破；埃博拉病毒疫苗、人工心脏、创新脑胶质瘤治疗药物等多项成果实现全国第一；光伏用12英寸硅片全球首发；智能磁悬浮透平真空泵技术国际首创；27.5kV高压有源电力滤波器等技术达到国际领先水平。出台加强基础科学研究意见，在南开大学、天津大学开展市级自然科学基金自主立项试点。超深与复杂地质条件混凝土防渗墙、座舱环境控制系统、超大曲线管幕施工、低重力试验场建设、探测器着陆器机构分系统、大型超平支撑平台技术、深水推进器、“海燕”水下滑翔机等为国家重大水利枢纽工程、C919首飞成功、港珠澳大桥开通、“天问一号”火星探测、“嫦娥四号”登陆月球背面、“嫦娥五号”实现地外天体采样、“奋斗者”号万米载人深潜等国家重大创新工程做出贡献。

五是科技体制改革，修订《天津市促进科技成果转化条例》等法规，出台实行以增加知识价值为导向分配政策、优化科研管理提升科研绩效、深化科技“三评”改革等政策。建立局区共建机制。创新“揭榜制+里程碑”“包干制”等组织方式。技术转移机构170多家、技术经理人700多名；设立技术经纪职称专业，获批国家技术转移人才培养基地；开展“科技成果俏津门”品牌活动。累计选派5390名特派员服务4560家企业，转化高校成果超1900项。累计引进外国高端人才1万多人次，60位外国专家获“海河友谊奖”，9位专家获“中国政府友谊奖”，多次入选科技部评选的“魅力中国－外籍人才眼中最具吸引力的中国城市”Top10。全市新增国家杰出青年获得者63人、累计138人，新支持市级杰出青年120人。新遴选市级“创新人才推进计划”人才669人、累计910人，入选国家“创新人才推进计划”人才总数达136人。培育新型企业家531人、累计965人。

六是科技服务民生，累计建立81支科技帮扶团队，开发、推广农业新品种、新技术、新成果近1400项，科技特派员、帮扶困难村总数突破“双千”。认定国家级农业科技园区3家和市级园区6家。发布年度环境污染防治技术目录，累计入选技术113项。加快中新生态城国家绿色发展示范区、子牙经开区国家生态工业示范园区、天津经开区绿色产业示范基地建设。市级和国家级科普基地分别达172家和31家，科普专职人员队伍达3300人，科技志愿者超9.5万人、科普信息员超16万人。举办科技周等科普品牌活动，全市公民具备基本科学素质比例为16.58%，居全国第三。

（赵晓鹏）

科技成果管理与奖励

【科技奖励】 2020年4月，在国内率先开展天津市科学技术奖抗击新冠肺炎疫情特别奖评审工作，对获奖项目予以表彰。新冠肺炎中西医结合救治与创新中药宣肺败毒颗粒研制、血必净注射液治疗新型冠状病毒感染的肺炎疗效的临床和机制研究等9个项目获奖，其中天津中医药大学张伯礼院士团队研制的宣肺败毒方、天津红日药业股份有限公司牵头生产的血必净注射液纳入国家诊疗方案，被列入“三药三方”。获奖结果主要呈现四方面特点，一是企业技术创新主体地位增强。182项获奖项目中，125项获奖项目有企业参与，其中74项由企业牵头，企业参与项目占比连续四年增长；294家获奖单位中有187家企业，占获奖单位总数的63.6 %。二是产业技术创新突破。按照天津市三大重点领域分类，获奖项目134项，占比73.6%（2019年度占比41%）。信创产业、高技术新兴产业实现关键共性技术突破，传统产业进行技术创新，促进转型升级。三是科技成果转移转化成效提高。据统计，年度获奖项目近三年（2017年至2019年）新增销售收入1853亿元，新增利润479亿元，新增税收96亿元，与2019年度获奖项目相比分别增长164%、82.8%、23.1%。其中，基于安全大脑的国家关键信息基础设施网络实战攻防演习平台、高效高功率密度电机系统关键技术、以制药认知智能为核心的中药智能制造关键技术等一批科技成果落地转化。四是激发人才创新活力。参评项目502项，较2019年增长34项，其中一等奖参评项目100项。获奖人员持续年轻化，45岁（含）以下获奖者占比66%以上；作为第一完成人的成果有79项，占比43.4%，其中35岁（含）以下有10人；自然科学奖、技术发明奖、科技进步奖获奖成果完成人平均年龄分别为42.4岁、43.6岁、42.3岁。（注：国家奖结果尚未公布）

（郄　燕）

表10　　天津市科学技术进步奖抗击新冠肺炎疫情特别奖获奖情况一览表

奖励编号	项目名称	获奖单位	获奖人	奖励等级
2020 JB-1-001	新冠肺炎中西医结合救治与创新中药宣肺败毒颗粒研制	天津中医药大学、湖北省中西医结合医院、武汉市中医医院、首都医科大学附属北京中医医院、中国中医科学院中药研究所、华中科技大学同济医学院附属协和医院、浙江大学	张伯礼　刘清泉　张俊华　宋新波　夏文广　李旭成　胡　豫　张　磊　王　涛　崔晓兰　王　毅　杨丰文	一等奖
2020 JB-1-002	血必净注射液治疗新型冠状病毒感染的肺炎疗效的临床和机制研究	天津红日药业股份有限公司、广州医科大学附属第一医院、广州呼吸健康研究院	姚小青　钟南山　黎毅敏　杨子峰　张　坤　冯志乔　王起运　董天皞　刘　斯　谷金颖	一等奖
2020 JB-1-003	新型冠状病毒（2019-nCoV）抗体检测试剂盒	博奥赛斯（天津）生物科技有限公司、博奥赛斯（重庆）生物科技有限公司、天津市疾病预防控制中心、天津市海河医院、天津医科大学肿瘤医院、天津市医疗器械审评查验中心	刘　萍　苏　旭　孙海柏　李晓燕　任　丽　唐　楠　丁　军　杨　葳　张振斌　田云霞　刘朝阳　刘佳庆	一等奖
2020 JB-1-004	高性能呼吸过滤纤维材料	天津泰达洁净材料有限公司	宋　逍　谢敬伟　杨文娟　王　波　王建成　杨东升　和妍春　赵国闽　吴　涛　姚增玉	一等奖
2020 JB-2-005	用于新冠肺炎疫情的高流量湿化氧疗系统的研发	天津怡和嘉业医疗科技有限公司、天津市海河医院、天津市医疗器械审评查验中心	许　坚　李　莉　唐　楠　岳德双　丁　军　仝旭峰　郑　芳　李红蔚	二等奖
2020 JB-2-006	非接触式高精准红外体温检测技术应用研究	天津九安医疗电子股份有限公司、柯顿（天津）电子医疗器械有限公司	刘　毅　丛　明　侯广伟　刘　静　王　迪　马志国　徐春旭　万　龙	二等奖
2020 JB-2-007	新型冠状病毒病及合并侵袭性真菌感染联合诊断产品的开发及临床应用	丹娜（天津）生物科技有限公司	粟　艳　盛长忠　刘春龙　范晓红　王　贺　王保学　彭　洁　王志贤	二等奖
2020 JB-3-008	天河新冠肺炎CT影像综合分析AI辅助系统	国家超级计算天津中心、天津医科大学肿瘤医院、天津市第五中心医院	刘光明　孟祥飞　徐　波　康　波　肖明明	三等奖
2020 JB-3-009	现金票证智能安全处理系统关键技术研究及应用	恒银金融科技股份有限公司	江浩然　张云峰　王淑萍　刘贯伟　张　泉	三等奖

表 11　　2020 年度天津市科学技术奖自然科学特等奖获奖情况一览表

奖励编号	项目名称	获奖单位	获奖人
2020 ZR-1-001	典型区土壤污染诊断及修复植物的响应机制	南开大学、中国科学院沈阳应用生态研究所、农业农村部环境保护科研监测所、东北大学	周启星　孙约兵　胡献刚　刘家女　王　林　欧阳少虎　徐应明　刘维涛　孙　挺　穆　莉　安　婧

表 12　　2020 年度天津市科学技术奖自然科学一等奖获奖情况一览表

奖励编号	项目名称	获奖单位	获奖人
2020 ZR-1-002	发动机燃料与新型燃烧模式协同调控机制及方法	天津大学	尧命发　刘海峰　王　浒　郑尊清
2020 ZR-1-003	高迁移率有机半导体材料与器件	天津大学、中国科学院化学研究所、北京大学、兰州大学	胡文平　董焕丽　裴　坚　张浩力　王朝晖　李荣金　张小涛　闫寿科　李志波　王婕妤　易院平　江　浪
2020 ZR-1-004	酶－光偶联人工光合过程研究	天津大学	姜忠义　石家福　杨　冬　吴　洪　姜艳军　佟振伟　陈代梅　王晓莉　张　蕾　张少华　伍一洲

表 13　　2020 年度天津市科学技术奖自然科学二等奖获奖情况一览表

奖励编号	项目名称	获奖单位	获奖人
2020 ZR-2-005	复杂网络驱动的群体智能与传播行为决策分析	天津理工大学、南开大学	夏承遗　陈增强　王　震　王　娟　王劲松　王　莉　孙世温　史永堂
2020 ZR-2-006	高性能材料的表界面功能构筑及其在环境能源领域的应用基础研究	天津工业大学、中国科学院化学研究所、天津理工大学	陈　莉　徐　坚　何　洋　赵义平　赵　宁　冯　霞　秦盟盟　侯　仪
2020 ZR-2-007	异种材料连接界面设计与调控	天津大学	杨振文　王　颖　邸新杰　王东坡

表 14　　2020 年度天津市科学技术奖自然科学三等奖获奖情况一览表

奖励编号	项目名称	获奖单位	获奖人
2020 ZR-3-008	慢性炎症性疾病进展关键环节标志物及治疗靶标的筛选	天津医科大学、天津市第三中心医院	洪　伟　韩　涛　章　坤　郑丽娜　时哲敏
2020 ZR-3-009	生物脱氮颗粒污泥快速形成机制与调控策略基础研究	天津城建大学	郭建博　宋圆圆　李海波　逯彩彩　韩　懿

表 15　　2020 年度天津市科学技术奖技术发明特等奖获奖情况一览表

奖励编号	项目名称	获奖单位	获奖人
2020 FM-1-001	海上风电新型筒型基础与高效安装成套技术	天津大学、中国长江三峡集团有限公司、中国电建集团华东勘测设计研究院有限公司、新疆金风科技股份有限公司、华电重工股份有限公司	练继建　丁红岩　刘　润　王武斌　王海军　张浦阳　毕亚雄　蔡　鸥　吴敬凯　赵生校　李爱东　吕鹏远

表 16　　2020 年度天津市科学技术奖技术发明一等奖获奖情况一览表

奖励编号	项目名称	获奖单位	获奖人
2020 FM-1-002	大型生活垃圾高效焚烧与敏感性二次污染物控制技术及应用	天津大学、光大环境科技(中国)有限公司、中国市政工程华北设计研究总院有限公司、北京航空航天大学、光大环保技术装备(常州)有限公司、中国质量认证中心	陈冠益　马文超　胡利华　孙轶斐　高　波　王　刚　刘　彬　郑　苇　刘永付　钟　磊　林法伟　马文臣
2020 FM-1-003	高刚度磨切一体加工机器人技术及应用	天津大学、天津中屹铭科技有限公司、天津宝信铸造股份有限公司、天津中德应用技术大学	孙　涛　宋轶民　王攀峰　陈跃程　赵学满　连宾宾　胡泽光　武　晋　霍欣明　郭忠吉　侯保敏　李振虎
2020 FM-1-004	合成氯乙烯金基无汞催化剂的研发与工业应用	南开大学、内蒙古海驰精细化工有限公司、陕西北元化工集团股份有限公司、陕西金泰氯碱化工有限公司	李　伟　薛卫东　刘延财　韩　冲　关庆鑫　张军锋　宁小钢　傅　斌　王　寰　董轶望　晁松林　李荣观
2020 FM-1-005	模块式大直径岩心旋转井壁取心仪研制及应用	中海油田服务股份有限公司	卢　涛　田志宾　冯永仁　魏赞庆　刘铁民　郭书生　褚晓冬　刘力平　郝桂青　吴兴方　姜　勇　牛德成

表 17　　2020 年度天津市科学技术奖技术发明二等奖获奖情况一览表

奖励编号	项目名称	获奖单位	获奖人
2020 FM-2-006	微尺度光学传感技术	南开大学	刘伟伟　龚　诚　陈　平　林　列　郭兰军　孙　陆
2020 FM-2-007	形变诱导硬化型中锰耐磨钢关键技术及应用	天津威尔朗科技有限公司、中国矿业大学	王军祥　王庆良　强颖怀　王　斌　岳宏霖　刘树仁　岳庚新　陶　嵘
2020 FM-2-008	以消除复杂地表影响为导向的高精度地震勘探技术	中国石油天然气股份有限公司大港油田分公司、中国石油大学(北京)	熊金良　李国发　翟桐立　周淑慧　郭淑文　李　皓　彭雪梅　蔡爱兵

表 18　　2020 年度天津市科学技术奖技术发明三等奖获奖情况一览表

奖励编号	项目名称	获奖单位	获奖人
2020 FM-3-009	水泥熟料烧成设备用高温耐磨和耐腐蚀新材料的研发	天津水泥工业设计研究院有限公司	刘　旭　向东湖　邓荣娟　陈廷伟　董　蕊
2020 FM-3-010	移动式头部锥形束体层摄影设备	天津金曦医疗设备有限公司	张　励　李　军　杨　舰　曹文田

表 19　　2020 年度天津市科学技术奖科学技术进步特等奖获奖情况一览表

奖励编号	项目名称	获奖单位	获奖人
2020 JB-1-010	天河 E 级关键技术验证系统重大应用与创新	国家超级计算天津中心、中国人民解放军国防科技大学、中国石油集团东方地球物理勘探有限责任公司、天津华大医学检验所有限公司、天津市天河计算机技术有限公司	冯景华　孟祥飞　张文喆　刘光明　杨　博　姜　浩　康　波　李胜国　武　威　方建滨　张　健　郑　刚
2020 JB-1-011	高效高功率密度电机系统关键技术及其应用	天津工业大学、浙江大学、天津大学、天津中德应用技术大学、浙江江潮电机实业有限公司、天津华云自控股份有限公司	史婷娜　陈　炜　阎　彦　王志强　耿　强　赵相宾　施竹超　兰玉华　潘运军　谷　鑫　王慧敏　金雪峰

续表 19

奖励编号	项目名称	获奖单位	获奖人
2020 JB-1-012	以制药认知智能为核心的中药智能制造关键技术及其应用	天津中医药大学、浙江大学、浙江中医药大学	程翼宇 李 正 赵筱萍 龚行楚 王春华 李振皓 王 毅 王海霞 王 怡 余河水 茹晨雷 仲 怿
2020 JB-1-013	甾体药物关键生物技术及其产业化应用	天津药业集团有限公司、江南大学、天津天药药业股份有限公司、天津药业研究院股份有限公司	许正宏 卢彦昌 张 杰 饶志明 王淑丽 李 会 陈立营 武 胜 杨新意 邵明龙 王延年 陈 伟
2020 JB-1-014	基于安全大脑的国家关键信息基础设施网络实战攻防演习平台	三六零科技集团有限公司、公安部网络安全保卫局、北京奇虎科技有限公司、公安部第一研究所、国家计算机病毒应急处理中心	郭启全 周鸿祎 张秀东 杜跃进 胡光俊 张锦章 李海威 钱晓斌 陈建民 龚晓锐 陈 卓 杜振华

表 20　　2020 年度天津市科学技术奖科学技术进步一等奖获奖情况一览表

奖励编号	项目名称	获奖单位	获奖人
2020 JB-1-015	超长深埋海底隧道建设关键技术及应用	中铁（天津）隧道工程勘察设计有限公司、中铁第六勘察设计院集团有限公司、同济大学	贺维国 宋超业 于 勇 陈 馈 袁 勇 费曼利 刘庆方 田 峰 杜宝义 范国刚 毕经东 陈 翰
2020 JB-1-016	城市电网精益感知与防控关键技术及应用	国网天津市电力公司电力科学研究院、天津大学、国电南瑞科技股份有限公司、中国电力科学研究院有限公司、国网天津市电力公司城南供电分公司、天津市三源电力设备制造有限公司、天津天大求实电力新技术股份有限公司	贾宏杰 霍现旭 穆云飞 杜红卫 蒲天骄 丁 一 侯 恺 尚学军 戚 艳 蔡月明 王旭东 张 波
2020 JB-1-017	大型复杂钢结构断裂与疲劳性能及安全评估技术	天津大学、蓬莱巨涛海洋工程重工有限公司、北京市建筑工程研究院有限责任公司、广州地铁集团有限公司	韩庆华 邓彩艳 芦 燕 龚宝明 王东坡 张津瑞 程尚华 尤德清 徐 杰 方恩权 徐万海 刘秀国
2020 JB-1-018	风电互联网的关键技术与工程应用	天津理工大学、天津瑞能电气有限公司	周雪松 侯立军 马幼捷 陶 珑 赵家欣 问虎龙 刘 茂 李 微 杨路勇 杨 霞 吴博宁 王成龙
2020 JB-1-019	高温多变量复杂生产体系节能减排理论方法与关键技术应用研究	南开大学、天津天钢联合特钢有限公司、航天环境工程有限公司、中冶建筑研究总院有限公司	于宏兵 阚永海 郭秉楠 李鹏飞 徐晓轩 于 晗 赵满坤 张士军 孙青林 邹宗来 吴俊国 朱晓华
2020 JB-1-020	光纤陀螺及惯性系统技术研究与应用	中国船舶重工集团公司第七〇七研究所	赵小明 郑志胜 于洪宇 杨盛林 陈桂红 宋 超 陈 勇 庞 松 林 毅 陈 馨 肖永刚 王玥泽
2020 JB-1-021	果蔬节能精准冷链保鲜技术研创及应用	天津科技大学、浙江大学、中华全国供销合作总社济南果品研究院、新疆红旗坡农业发展集团有限公司、天津捷盛东辉保鲜科技有限公司、浙江科技学院、天津绿新低温科技有限公司	李喜宏 姜云鸿 贾晓昱 班兆军 陈 兰 杨相政 李 莉 杨维巧 潘艳芳 庞玲玲 王露茵 邵重晓
2020 JB-1-022	海洋复杂油气田高效环保钻井液关键技术及规模应用	中海油田服务股份有限公司、中国石油大学（华东）	耿 铁 邱正松 罗健生 赵 欣 李自立 李怀科 苗海龙 陈 强 郭 磊 刘雪婧 张 伟 雷 克

科技支撑与服务

续表 20

奖励编号	项目名称	获奖单位	获奖人
2020 JB-1-023	基于最优深度级联学习的目标智能感知技术	天津大学、中国船舶重工集团公司第七〇七研究所、中国科学院西安光学精密机械研究所、北京航空航天大学、北京英泰智科技股份有限公司、中国汽车技术研究中心有限公司、天津职业技术师范大学	庞彦伟 李跃芳 李学龙 曹先彬 杨云飞 龚进峰 曹家乐 罗智 谢今 黄楠 聂晶 潘静
2020 JB-1-024	家禽疫苗大规模全悬浮连续流细胞培养关键技术及应用	天津瑞普生物技术股份有限公司、华东理工大学、瑞普(保定)生物药业有限公司	李守军 易小萍 付旭彬 朱秀同 庄英萍 王艳晓 郁宏伟 刘海霞 任培森 李建丽 李亚杰 唐荣宏
2020 JB-1-025	精密卧式加工中心正向设计方法及工程应用	天津大学、北京工研精机股份有限公司、沈机集团昆明机床股份有限公司、四川普什宁江机床有限公司	黄田 张大卫 高卫国 聂应新 朱祥 姜华 牛文铁 常文芬 崔岗卫 刘雁 田文杰 刘腾
2020 JB-1-026	铝合金汽车覆盖件模具关键技术研发及产业化	天津职业技术师范大学、天津汽车模具股份有限公司、国家超级计算天津中心	蔡玉俊 常世平 李国和 袁斌先 王金葵 常青 孟祥飞 任伟 夏梓峻 李健增 段磊 王涛
2020 JB-1-027	软件安全漏洞检测关键技术研究及应用	天津大学、天津普泰国信科技有限公司、中国科学院信息工程研究所、国家电网有限公司客户服务中心	李晓红 孙贞文 刘旭生 陈恺 谢肖飞 孟国柱 王俊杰 陈森 陶文源
2020 JB-1-028	水泥窑废气典型污染物全过程控制及深度治理关键技术与装备	天津水泥工业设计研究院有限公司、天津大学、河北工业大学、天津中材工程研究中心有限公司	胡芝娟 何小龙 刘庆岭 沈伯雄 陈昌华 彭学平 梁金生 王永刚 刘彩霞 刘瑞芝 李志军 俞为民
2020 JB-1-029	维生素B12生产菌种关键技术研发及应用	中国科学院天津工业生物技术研究所、河北玉星生物工程股份有限公司	张大伟 董会娜 房欢 王玉锋 王康乐 夏苗苗
2020 JB-1-030	我国东部断陷盆地老区新领域勘探理论技术创新与十亿吨增储	中国石油天然气股份有限公司大港油田分公司、中国石油天然气股份有限公司华北油田分公司、中国石油集团东方地球物理勘探有限责任公司、中国石油集团测井有限公司	赵贤正 周立宏 金凤鸣 蒲秀刚 韩文中 王权 姜文亚 韩国猛 李洪革 柴细元 张胜传 董雄英
2020 JB-1-031	系列化水下滑翔机工程设计关键技术与应用	天津大学、青岛海洋科学与技术国家实验室发展中心、北京蔚海明祥科技有限公司、青岛海山海洋装备有限公司	王树新 王延辉 张宏伟 刘玉红 汪东平 于耿 牛文栋 杨亚楠 马伟 杨绍琼 张连洪 张立杰
2020 JB-1-032	小站稻优异种质创制及新品种选育	天津市农作物研究所、天津市国瑞谷物科技发展有限公司	刘学军 孙林静 孙玥 张融雪 苏京平 王胜军 马忠友 郭彦丽 王晓静 刘静妍 闫双勇 李军玲
2020 JB-1-033	肺癌精准诊治体系建立和临床应用	天津医科大学总医院、中国医学科学院北京协和医院	陈军 刘红雨 王孟昭 李永文 徐嵩 周清华 陈钢 徐燕 李昕 刘明辉 钟巍 赵静
2020 JB-1-034	食品和饮水中污染物快速检测技术与智能化装备创新及应用	军事科学院军事医学研究院环境医学与作业医学研究所、中国科学院大连化学物理研究所、中山大学、北京勤邦生物技术有限公司、天津市生态环境监测中心、力合科技(湖南)股份有限公司、天津飞眼无人机科技有限公司	高志贤 关亚风 李攻科 白家磊 崔海峰 张震 张琳琳 彭媛 耿旭辉 韩铁 肖小华 李双

续表20

奖励编号	项目名称	获奖单位	获奖人
2020 JB-1-035	血细胞系列单抗关键技术及产品产业化	中国医学科学院血液病医院（中国医学科学院血液学研究所）、协和干细胞基因工程有限公司、北京旷博生物技术股份有限公司	王建祥　熊冬生　廖晓龙　王　敏　安　娜　陶中飞　饶　青　徐颖茜　王　迎　竺晓凡　邹德慧　张宇光
2020 JB-1-036	胰岛素合成和分泌异常所致糖尿病的机制及个体化临床应对	天津医科大学总医院	刘　铭　崔景秋　何　庆　丁　莉　冯文利　舒　画　黄雨蒙　张晓娜　李　新
2020 JB-1-003	新型冠状病毒（2019-nCoV）抗体检测试剂盒	调整为：博奥赛斯（天津）生物科技有限公司、重庆医科大学、天津市疾病预防控制中心、天津市海河医院、天津医科大学肿瘤医院、天津市医疗器械审评查验中心、博奥赛斯（重庆）生物科技有限公司	调整为：刘　萍　黄爱龙　汪德强　陈　娟　苏　旭　孙海柏　李晓燕　任　丽　唐　楠　丁　军　杨　葳　张振斌　田云霞　刘朝阳　刘佳庆

表21　　2020年度天津市科学技术奖科学技术进步二等奖获奖情况一览表

奖励编号	项目名称	获奖单位	获奖人
2020 JB-2-037	300MN超塑性等温锻造智能成型工艺技术与成套装备	天津市天锻压力机有限公司、天津职业技术师范大学、机械工业仪器仪表综合技术经济研究所、天津中德应用技术大学	王世东　董晓传　赵　华　杜丽峰　王　鑫　周　正　计　鑫　孟祥懿
2020 JB-2-038	北方新型热泵供热系统关键技术创新与应用	中国铁路设计集团有限公司、黑龙江爱科德科技有限公司、广东申菱环境系统股份有限公司、同济大学、飞泰交通科技有限公司	邹志胜　朱建章　孙兆军　韩兴旺　周　翔　张学伟　孔华彪　吕轶娜
2020 JB-2-039	滨海工程混凝土劣化机理与耐久性提升关键技术	天津大学、中国建筑第八工程局有限公司、天津城建大学、青岛理工大学、海南瑞泽新型建材股份有限公司	侯东帅　张津瑞　荣　辉　李志鹏　王登科　孙加齐　姜福香　于海申
2020 JB-2-040	渤海莱北地区隐蔽油气藏勘探地震技术创新与重大发现	中海石油（中国）有限公司天津分公司、中海油研究总院有限责任公司	周东红　张志军　明　君　张金淼　谭辉煌　郭　军　朱振宇　郑江峰
2020 JB-2-041	渤海西岸地区重污染天气预报预警评估关键技术研究及应用	天津市气象科学研究所、南开大学、天津市生态环境监测中心、天津市环境气象中心	韩素芹　冯银厂　蔡子颖　邓小文　张裕芬　姚　青　张　敏　郝天依
2020 JB-2-042	柴油车颗粒物捕集器系统关键技术研究及产业化	中国汽车技术研究中心有限公司、贵州煌缔科技股份有限公司、天津大学、广西玉柴机器股份有限公司、天津布尔科技有限公司	李孟良　黄黎敏　周　华　王计广　闫方超　李志军　覃星念　毛　欣
2020 JB-2-043	车站智能监测识别系统的构建与应用	天津商业大学、天津光电高斯通信工程技术股份有限公司	韩建枫　李　杰　张　勇　尉　斌　谷晓英　单玉堂
2020 JB-2-044	城市地铁运营快速动态精密检测技术及应用研究	中铁第六勘察设计院集团有限公司、武汉大学	王昌洪　梅文胜　王洪战　王　磊　杨祝华　何晓辉　赵　华　花书军
2020 JB-2-045	城市污水处理系统运行特性与工艺设计技术研究	中国市政工程华北设计研究总院有限公司、中国科学院生态环境研究中心	郑兴灿　尚　巍　张　昱　陈　轶　游　佳　高晨晨　夏琼琼　贲伟伟

续表21

奖励编号	项目名称	获奖单位	获奖人
2020 JB-2-046	池塘高效生态养殖模式构建及水质调控技术研究与应用	天津市水产研究所	缴建华 张 韦 吴会民 叶红梅 刘 健 董玉波 王永辰 王 娜
2020 JB-2-047	创新药物研发中放射性同位素关键技术的研究	天津药物研究院有限公司、天津药物研究院新药评价有限公司	刘昌孝 曾 勇 高 晶 李亚卓 李 薇 慈小燕 武卫党 魏滋鸿
2020 JB-2-048	大数据融合管理及隐私保护关键技术与应用	南开大学、天津南大通用数据技术股份有限公司、中汽数据(天津)有限公司	刘哲理 张亚楠 赵 伟 汪 定 陈文亭 张绍勇 杨伟伟 贾春福
2020 JB-2-049	电力变压器负载能力提升关键技术及智能装备	国网天津市电力公司、天津市特变电工变压器有限公司、华北电力大学、西南交通大学、国网河北省电力有限公司电力科学研究院	魏菊芳 周利军 王 伟 王 楠 刘宏亮 王永强 张 弛 郗晓光
2020 JB-2-050	电力设备巡检诊断与操控机器人关键技术研究及示范应用	天津理工大学、天津市三源电力设备制造有限公司、天津中德应用技术大学	高 强 徐建斌 张志利 李大华 张志刚 赵相宾 田 禾 李景云
2020 JB-2-051	定量磁共振成像新技术在脑疾病诊断与预后评估中的创新应用	天津市第一中心医院	夏 爽 沈 文 柴 超 李金萍 常斌鸽 刘松
2020 JB-2-052	动力电池热安全性测评关键技术及应用	中国汽车技术研究中心有限公司、天津市捷威动力工业有限公司	王 芳 王驰伟 刘仕强 马天翼 陆 春 从长杰 林春景 刘 磊
2020 JB-2-053	多发性骨髓瘤骨病发病机制及早期综合诊疗的临床应用研究	天津医科大学总医院	付 蓉 宋 嘉 陈 瑾 邵宗鸿 刘 惠 刘召云 邵 青 丁 凯
2020 JB-2-054	多级增效制冷/热泵机组产业化关键技术研究与应用	天津商业大学、准得(天津)试验有限公司、河北航研制冷设备有限公司、天津冷源工程设计院	杨永安 孙志利 孙 欢 田 绅 王忠孝 刘长征 李泽阳 刘起友
2020 JB-2-055	恶臭电子鼻在线监测预警溯源技术研究与应用	天津市生态环境科学研究院、天津迪兰奥特环保科技开发有限公司、天津环科环安科技有限公司	包景岭 王 亘 邹克华 荆博宇 袁雪竹 刘 博 王铁铮 李伟芳
2020 JB-2-056	防砂、防垢潜油电泵成套装备开发及产业化	天津荣亨集团股份有限公司	庄合义 董树东 庄朝荣 董文超 朱楠楠 董树栋 陈术国 薄桂志
2020 JB-2-057	防治骨骼肌萎缩的关键技术和康复应用研究	天津体育学院	黄力平 曹龙军 刘畅格 王轶钊 梁 军 刘世忠 牛 岩
2020 JB-2-058	风光发电系统关键技术研究及应用	天津科技大学、煜林枫新能源技术(北京)有限公司、天津理工大学、天津和谐云泽成套电气设备有限公司、天津凌威光伏科技有限公司	游国栋 李继生 徐晓宁 李铁生 段英宏 张家慧 刘潇亮
2020 JB-2-059	复杂场地隧道抗震关键技术研究及在重要基础设施建设中的应用	天津城建大学、中国地震灾害防御中心、中国市政工程华北设计研究总院有限公司、中国电建市政建设集团有限公司	张 海 刘中宪 杜建梅 李芳芳 王 岱 尤红兵 张郁山 李国栋
2020 JB-2-060	复杂电网调度人工智能自主决策关键技术及应用	国网天津市电力公司电力科学研究院、北京科东电力控制系统有限责任公司、中国科学院自动化研究所、北京用尚科技股份有限公司、天津市科远系统工程有限公司	王伟臣 王 梓 崇志强 武 毅 尚学军 王飞跃 黄志刚 李振斌

续表 21

奖励编号	项目名称	获奖单位	获奖人
2020 JB-2-061	复杂工况下水泥浆及固井关键技术创新与应用	天津大学、中国石油集团工程技术研究院有限公司	郭锦棠 靳建洲 于永金 胡苗苗 冯亚凯 齐奉忠 徐 杨 张 弛
2020 JB-2-062	港湾突发性溢油应急及生态修复技术合作研发	交通运输部天津水运工程科学研究所、天津理工大学	张华勤 彭士涛 陈汉宝 王晓丽 陈松贵 熊红霞 周 然 王心海
2020 JB-2-063	高比例受电的城市电网安全清洁构建及运行技术与应用	国网天津市电力公司、国网经济技术研究院有限公司、天津大学	曾 沅 李 慧 王智冬 黄 怡 王伟臣 李 晖 宣文博 刘 栋
2020 JB-2-064	高寒高烈度特长深埋山岭隧道建设关键技术及应用	中铁(天津)隧道工程勘察设计有限公司、中铁隧道局集团有限公司、中铁第六勘察设计院集团有限公司、西南交通大学	毕经东 贺维国 费曼利 郑余朝 王 华 孙克国 吕显福 李红军
2020 JB-2-065	高速铁路建设智能仿真技术研究	中国铁路设计集团有限公司	韩祖杰 赵 文 王 华 宁新稳 范登科 张 恒 黄 漪 王长进
2020 JB-2-066	高速铁路路基加筋土挡墙力学行为与性能保障技术研究	中国铁路设计集团有限公司、石家庄铁道大学、中铁十七局集团第六工程有限公司、青岛旭域土工材料股份有限公司	吴连海 杨广庆 张青波 王 贺 孙宏伟 郑 鸿 张 磊 闫晓峰
2020 JB-2-067	高速铁路无砟轨道板尺寸快速智能检测系统	中国铁路设计集团有限公司、武汉大学、武汉中观自动化科技有限公司、飞泰交通科技有限公司、铁道第三勘察设计院有限公司	许 磊 刘 成 郑顺义 王长进 李亚辉 康占龙 秦守鹏 牟春霖
2020 JB-2-068	高值果蔬贮运微环境保鲜关键技术与产品研发及应用	国家农产品保鲜工程技术研究中心(天津)、苏州市农业科学院、辽宁省果树科学研究所、西安永泰生物科技有限公司、陕西华圣企业(集团)股份有限公司	张 鹏 李江阔 王毓宁 郝 义 李家政 马丽红 谢伯泰 马佳佳
2020 JB-2-069	工厂化压裂施工工艺技术研究	中国石油集团渤海钻探工程有限公司	王 林 张世林 张曙光 黄 其 田胜敏 姜 勇 平恩顺 孙立波
2020 JB-2-070	工坊啤酒机械装备集成技术及应用	天津科技大学、宁波沪港食品机械制造有限公司	李占勇 戴晓勇 徐 庆 傅静宇 张 旅 马文燕 孙光辉
2020 JB-2-071	工业园区企业废水排放标准及达标工艺技术研发	南开大学、天津市生态环境科学研究院	卢学强 周明华 李 慧 刘红磊 李艳英 要亚静 周 滨 张 彦
2020 JB-2-072	海水工厂化养殖鱼类重要病害控制关键技术研究与示范	天津师范大学、天津市动物疫病预防控制中心	薛淑霞 张亦陈 王雪惠 李 硕 魏俊利 左志晗 董学旺 孙 妍
2020 JB-2-073	华北夏季降水气候监测预测技术与应用研究	天津市气候中心、南京信息工程大学	郝立生 朱志伟 何丽烨 马 宁 郭 军 谢 均 杨德江 梁苏洁
2020 JB-2-074	活血化瘀法心肌保护的作用途径及机制研究	天津中医药大学第一附属医院、山东丹红制药有限公司、天津中医药大学	樊官伟 崔元璐 姜苗苗 王小莹 毛浩萍 胡 珍 赵 超 贺 爽
2020 JB-2-075	火电机组灵活性改造及热电协同调度技术与应用	国网天津市电力公司电力科学研究院、天津大学、天津国电津能热电有限公司、西安交通大学、双良节能系统股份有限公司	鄂志君 张 利 张 宇 孔祥玉 杨晓静 王 坤 杜 岩 杨帮宇
2020 JB-2-076	基于 60000 余例肛周疾病建立的规范化诊疗体系	天津市人民医院	张锡朋 张诗武 秦 海 张明庆 陈 硕 张庆怀 井浩人 许明月

续表21

奖励编号	项目名称	获奖单位	获奖人
2020 JB-2-077	基于NB-IoT的多业务广覆盖电力物联网关键技术研究与应用	国网天津市电力公司、天津大学、南京南瑞信息通信科技有限公司、天津市普迅电力信息技术有限公司、中国电力科学研究院有限公司	岳顺民 尹喜阳 杨 挺 盆海波 李霜冰 马 涛 吕国远 翟 峰
2020 JB-2-078	基于肠黏膜免疫精制甘草多糖抗肿瘤机制的研究	天津中医药大学、天津市第二人民医院	边育红 宋新波 王 丽 李 薇 赵舒武 田晓轩 周会芳 张晓雨
2020 JB-2-079	基于超亲水和超疏水的自清洁玻璃关键技术及应用	天津城建大学、中国民航大学、石家庄铁道大学、天津市三众工程安装有限公司	刘志锋 吴湘锋 李军伟 郭振刚 康建海 宋庆功 阮梦楠 韩建华
2020 JB-2-080	基于地空/车路协同的道路交通监控关键技术及应用	天津职业技术师范大学、交通运输部公路科学研究所、天津中德应用技术大学、北京千方科技股份有限公司、天津易华录信息技术有限公司	刘晓锋 牛树云 肖金坚 关志伟 郭 冰 徐 扬 张 凡 徐 运
2020 JB-2-081	基于电力客服的异地双活系统关键技术及应用	国家电网有限公司客户服务中心、北京中电普华信息技术有限公司、北京科东电力控制系统有限责任公司、天津大学	刘旭生 杨 维 黄秀彬 于 策 马永波 李子乾 朱 克
2020 JB-2-082	基于电力物联网的智慧城市多能源信息采集关键技术研究与应用	天津科技大学、深圳市国电科技通信有限公司、国网信息通信产业集团有限公司、天津三源电力信息技术股份有限公司	张翼英 何业慎 梁 琨 刘 杜 欧清海 张素香 杨巨成 王 扬
2020 JB-2-083	基于多肽自组装的重大疾病诊疗新技术及应用	中国医学科学院放射医学研究所、天津医科大学总医院	刘鉴峰 杨翠红 黄 帆 刘金剑 张文学 杨丽军 任春华 张玉民
2020 JB-2-084	基于分子分型指导的前列腺癌精准治疗的体系建立及推广应用	天津医科大学第二医院	王海涛 霍 彬 王 磊 王丽丽 霍小东
2020 JB-2-085	基于混合增强智能的有源配电网高可靠运行关键技术研究与应用	天津大学、南方电网科学研究院有限责任公司、国网天津市电力公司电力科学研究院、国网冀北电力有限公司经济技术研究院、天津永汇仁恒科技股份有限公司	孔祥玉 崔 凯 董旭柱 陈立明 王晟晨 于 浩 李 雪 宋关羽
2020 JB-2-086	京津冀大宗果品质量安全风险评估体系创建及应用	天津市农业质量标准与检测技术研究所、中国农业科学院果树研究所、北京农业质量标准与检测技术研究中心、河北省农林科学院农产品质量安全研究中心、青岛农业大学	陈秋生 聂继云 郭永泽 张 强 李 安 钱 训 李 娜 邵 辉
2020 JB-2-087	经导管主动脉瓣植入术治疗主动脉瓣狭窄临床研究	天津市胸科医院	姜 楠 陈庆良 付 博 赵 丰 郭志刚 姜 华 韩建阁 关 欣
2020 JB-2-088	灵芝活性多糖三萜的高效制备及相关产品研发	天津市林业果树研究所	张志军 李淑芳 陈晓明 罗 莹 李凤美 刘连强 钱 磊 杨丽维
2020 JB-2-089	陆相碎屑岩储层层次表征关键技术及工业化应用	中国石油天然气股份有限公司大港油田分公司、中国石油大学(华东)	芦凤明 张宪国 李 健 张 阳 宗 杰 马 瑞 季 岭 孟瑞刚
2020 JB-2-090	绿色村镇住宅新型结构体系关键技术与应用	天津城建大学、中国建筑技术集团有限公司、天津住宅科学研究院有限公司	张建新 李东彬 杨新磊 王建军 江 春 周晓洁 吴东云 张淑朝

续表21

奖励编号	项目名称	获奖单位	获奖人
2020 JB-2-091	面向城市公共交通的云网端智能车载支付系统关键技术及应用	天津环球磁卡股份有限公司、天津理工大学、天津大学	朱万山　刘振忠　纪鸿舜　王春兴 刘　琨　孙玉波　杨庆伯　李　鹏
2020 JB-2-092	面向能源革命先锋城市的优质电力供应保障关键技术及工程应用	天津大学、国网北京市电力公司城区供电公司、中国科学院电工研究所、国网天津市电力公司城东供电分公司、北京潞电电气设备有限公司	葛磊蛟　贾东强　朱　晋　王中冠 李　治　肖万芳　王　波　韩　辉
2020 JB-2-093	奶牛养殖精准管理信息化系统关键技术研究及推广应用	天津农学院、天津嘉立荷牧业集团有限公司、天津神驰农牧发展有限公司、天津市武清区海林养殖场、天津市惠泽牧业有限公司	赵　辉　张学炜　单慧勇　邹　旸 袁文焕　曹学浩　杨仁杰　田雨佳
2020 JB-2-094	难治性头颈部鳞癌转移及耐药的基础研究与临床应用	天津医科大学肿瘤医院	王旭东　周　旋　张　仑　段远胜 吴延升　王　宇　井　超　岳　恺
2020 JB-2-095	能源物联海量终端接入与安全管控关键技术及应用	国网天津市电力公司、天津大学、全球能源互联网研究院有限公司、南开大学、北京智芯微电子科技有限公司	金志刚　岳顺民　王剑锋　甄　岩 袁晓洁　张　旭　卜宪德　徐敬东
2020 JB-2-096	汽车空心半轴智能精密锻造关键技术研究与产业化	天津天海精密锻造有限公司、天津城建大学	赵　坚　杜静娟　田文松　田松龄 刘进军　翁　钧　王桢华　安仲勇
2020 JB-2-097	氢气对危重症患者多器官损伤的保护效应及临床应用	天津医科大学总医院	谢克亮　于泳浩　王国林　陈红光 王瑶琪　于　洋　刘宏伟　张媛媛
2020 JB-2-098	清宫寿桃丸的临床再评价研究	天津中新药业集团股份有限公司达仁堂制药厂	刘　淑　陈可冀　田金洲　丛伟红 付长庚　商丹丹　邵　凤　孟亚飞
2020 JB-2-099	全自动血型分析仪及系列检测卡的开发	天津德祥生物技术有限公司	黄志刚　王秀柱　王伟权　王　丽 吴　昊　董志强　张冠华
2020 JB-2-100	软土地层非线性冻结理论和冻胀融沉低影响控制技术	天津城建大学、大连民族大学、安徽水安建设集团股份有限公司、甘肃省科学院地质自然灾害防治研究所、阜阳市建设投资控股集团有限公司	李顺群　周亚东　李　岩　王彦洋 高凌霞　汪东林　谢　宋　于　飞
2020 JB-2-101	伞降系统智能地面站	南开大学、襄阳宏伟航空器有限责任公司	孙青林　韩晋阳　贾洪琛　檀盼龙 高　峰　孙　昊　李　俊　邬婉楠
2020 JB-2-102	深层页岩气开发用高性能套管研究与应用	天津钢管制造有限公司、中国石油集团川庆钻探工程有限公司页岩气勘探开发项目经理部	丛国元　张哲平　罗　鑫　黄永智 李　轩　吕春莉　杨腾飞　周家祥
2020 JB-2-103	深度感知边缘智能服务关键技术研究与应用	天津市中环电子计算机有限公司、天津大学	张文博　王　征　肖海民　孙美君 张亚平　武建峰　周洪芸　毛雪冬
2020 JB-2-104	神经支架联合仿生力学促进脊髓损伤再生修复关键技术研究与应用	中国人民武装警察部队特色医学中心、南开大学、天津市口腔医院	陈旭义　段　峰　何　滔　李瑞欣 李正超　梁　冰　张　金　涂　悦
2020 JB-2-105	适宜机械化水稻种质创制及新品种选育	天津市农作物研究所、天津市国瑞谷物科技发展有限公司	孙海波　冯瑞光　邹美智　杨　勇 袁文娅　王景宗　郑久明　龚海生
2020 JB-2-106	适应多元需求的用户侧综合能源接入设计、优化控制技术及工程应用	国网天津市电力公司、天津大学、国电南瑞科技股份有限公司、天津天大求实电力新技术股份有限公司	迟福建　葛磊蛟　林　强　李盛伟 何　平　杜　炜　李小宇　宋　杰

科技支撑与服务

续表21

奖励编号	项目名称	获奖单位	获奖人
2020 JB-2-107	水激活因子主动长效防水关键技术及其地铁工程应用	天津城建大学、北京东方雨虹防水技术股份有限公司、天津市禹神建筑防水材料有限公司、天津市奇才防水材料工程有限公司、中国建筑第六工程局有限公司	刘洪丽 李洪彦 李 婧 郑先军 刘 涛 李奇智 张 博 王会刚
2020 JB-2-108	糖尿病足保肢外治理论体系的建立及关键技术研究	天津中医药大学第二附属医院	张朝晖 朱朝军 徐 强 卢旭亚 孙玉芝 刘现周 田 影 马 静
2020 JB-2-109	陶瓷基功能膜材料及过程强化分离装备技术	中海油天津化工研究设计院有限公司	陈 赞 刘宗园 吴 巍 于海斌 滕厚开 盛春光 郑秋红 罗 超
2020 JB-2-110	体外开窗系列技术治疗主动脉关键区域病变的技术创新及临床应用	天津医科大学总医院	戴向晨 朱杰昌 罗宇东 范海伦 冯 舟 张益伟 胡凡果 罗光泽
2020 JB-2-111	天津市居民精神障碍与行为问题的疾病负担流行病学调查	天津市安定医院	徐广明 尹慧芳 谷 岩 田红军 杨桂伏
2020 JB-2-112	天津市糖尿病移动医疗管理服务模式建设及应用研究	天津医科大学朱宪彝纪念医院、天津九安医疗电子股份有限公司	陈莉明 郭立川 李 晶 张 媛 张 伟 宋 欣 刘 毅 赵海珍
2020 JB-2-113	铁过载对血液病患者造血和脏器功能的影响及祛铁治疗在临床的应用	天津市第一中心医院	赵明峰 倪红艳 卢文艺 吕海容 李 青 穆 娟 金 鑫 孙 瑞
2020 JB-2-114	胃癌根治术后规范性淋巴结送检标准的研究	天津医科大学肿瘤医院	邓靖宇 梁 寒 张汝鹏 刘 勇 王学军 丁学伟 张 李 吴亮亮
2020 JB-2-115	五味子对肾脏疾病的保护作用及机制研究	天津市中医药研究院	张勉之 张大宁 谭小月 卢爱龙 田 妮 董 奥 孔 琪 艾 辰
2020 JB-2-116	鲜食葡萄双效杀菌保鲜及配套品控关键技术创新与应用	国家农产品保鲜工程技术研究中心(天津)、中国农业大学、新疆农业科学院农产品贮藏加工研究所、渭南葡萄研究所、天津市林业果树研究所	朱志强 张小栓 集 贤 王 想 张 平 吴 斌 王录俊 魏 佳
2020 JB-2-117	新能源汽车多材料轻量化混合车身关键技术及应用	中国汽车技术研究中心有限公司、天津银宝山新科技有限公司、天津大学	孟宪明 方 锐 李洪亮 李 杰 高继东 李 皓 张 赛 吴 昊
2020 JB-2-118	新型轻纺阻燃材料的开发及其标准化评价技术的构建	天津海关工业产品安全技术中心、天津科技大学、天津工业大学、成都海关技术中心、中国检验认证集团天津有限公司	周 磊 王劭妤 任元林 刘晓辉 俞凌云 闫 婧 杨 菁
2020 JB-2-119	亚单位流感疫苗的工艺研究及产业化生产	中逸安科生物技术股份有限公司	张 艳 高 辉 魏文进 阮承迈 赵 斌 李凤凯 李华东 兰明明
2020 JB-2-120	烟粉虱及其传播的番茄病毒病内御外阻防控技术研究与应用	天津市植物保护研究所、中国农业科学院蔬菜花卉研究所、北京市农林科学院、天津市宁河区蔬菜技术推广站、拜耳作物科学(中国)有限公司	刘佰明 谷希树 王少丽 王 甦 徐维红 刘晓琳 张艳玲 刘俊丽
2020 JB-2-121	药源海马繁育与养殖关键技术研究与应用	天津农学院、天津汉盐海泽生物科技有限公司、天津市兴盛海淡水养殖有限责任公司、威海虹润海洋科技有限公司、黑龙江省水生动物资源养护中心	孙金辉 夏苏东 邵 蓬 程镇燕 崔 培 杨燕菁 李 阳 于信勇

续表21

奖励编号	项目名称	获奖单位	获奖人
2020 JB-2-122	叶酸促进子代神经发育的作用机制及应用研究	天津医科大学	黄国伟 李 文 闫 婧 刘 欢 张绪梅 罗素慧 张美琳 王 璇
2020 JB-2-123	以行车指挥为核心的轨道交通综合自动化系统	天津凯发电气股份有限公司	王传启 卢凌云 张 浩 苏 醒 张振华
2020 JB-2-124	优质种猪选育及配套高效生产技术体系示范	天津市畜牧兽医研究所、中国农业科学院北京畜牧兽医研究所、天津市宁河原种猪场	崔茂盛 李千军 陈 亮 李维琦 李继良 周伟良 安建勇 张 丹
2020 JB-2-125	在役海洋结构系统安全运维技术研究	天津大学、瀚辰海洋科技(天津)有限公司	余 杨 余建星 聂为之 王华昆 李志成 苏育挺 梁彧卿 韩梦雪
2020 JB-2-126	阵列波导光栅解调系统异构集成的关键技术研究	天津工业大学、天津维晟微科技有限公司	李鸿强 张 振 刘 洋 陈力颖 张赞允 张 诚
2020 JB-2-127	智能肌电假手关键技术	南开大学、中国人民武装警察部队特色医学中心	段 峰 陈旭义 张 金 杨怡康 薛佳宁 宫晓利
2020 JB-2-128	智能网联汽车仿真测试评价关键技术研究及应用	中国汽车技术研究中心有限公司、中汽数据(天津)有限公司	吴志新、郑继虎、杜志彬、朱向雷、赵帅、翟洋、宝鹤鹏、陈超
2020 JB-2-129	中俄东线低温环境(-45℃)服役X80钢管、弯管及三通开发	中国石油集团渤海石油装备制造有限公司、巨龙钢管有限公司	陈小伟 杨玮玮 赵志伟 赵 波 巩忠旺 刘 涛 白雷杰 王 旭
2020 JB-2-130	中华面制品营养与品种提升关键技术和低碳与智能智造	天津狗不理食品股份有限公司、天津科技大学	张 营 周中凯 吴懿娜 王志伟 王德生 张 芹 商文婷 刘金光
2020 JB-2-131	中药材低氧气调养护技术研究及应用	天津森罗科技股份有限公司	周华华 晋 朝 孙双双 郭晓光 刘智君 王 昆 高 红 王利波
2020 JB-2-132	重载铁路公铁两用三主桁钢桁梁长联顶推技术	中国铁建大桥工程局集团有限公司、天津大学、中铁建大桥工程局集团第四工程有限公司、中铁大桥勘测设计院集团有限公司、哈尔滨工业大学	王宏毅 林再志 龚国锋 武永新 胡辉跃 刘昌永 何 巍 岳旭光

表22　　2020年度天津市科学技术奖科学技术进步三等奖获奖情况一览表

奖励编号	项目名称	获奖单位	获奖人
2020 JB-3-133	1.1类抗肿瘤新药氟马替尼中间体的开发	天津法莫西医药科技有限公司	田东奎 何 磊 袁素霞
2020 JB-3-134	16″-56″高压全焊接球阀技术研究与应用	中国石油集团渤海石油装备制造有限公司、渤海卡麦龙流体控制设备(天津)有限公司	杨安金 刘 涛 杨保军 李文艳 王乐超
2020 JB-3-135	JST27-2200智能化多连杆伺服压力机	天津市天锻压力机有限公司、天津中德应用技术大学	梁伟立 吕国盛 武 晋 王 磊 孙海洋
2020 JB-3-136	超高层泵送高强高性能混凝土成套技术与应用	天津金隅混凝土有限公司、河北工业大学、北京金隅水泥节能科技有限公司	陈军亮 刘 磊 王丽娟 李方忠 张晶晶
2020 JB-3-137	储层改造用自降解聚合物及应用技术研究	中国石油集团渤海钻探工程有限公司	邹 鹏 李 楠 潘艳萍 王文山 刘 林
2020 JB-3-138	大型全钢工程子午线自卸车轮胎开发及产业化	天津国际联合轮胎橡胶股份有限公司	王礼均 王 军 杨国涛 丁树强

科技支撑与服务

续表22

奖励编号	项目名称	获奖单位	获奖人
2020 JB-3-139	儿童肝移植围术期心脑肾功能保护策略的建立与应用	天津市第一中心医院	喻文立 杜洪印 盛明薇 于洪丽 贾莉莉
2020 JB-3-140	斐波那契数列欣赏	天津商业大学	吴振奎
2020 JB-3-141	腹腔镜胃镜联合手术切除胃间质瘤综合诊疗体系的建立及应用	天津市人民医院	赵永捷 曹 磊 李 文 杨正多
2020 JB-3-142	高速数据采集与宽带数据传输通讯终端研制	天津航天中为数据系统科技有限公司	朱铁林 远中文 郗小鹏 赵国柄 曹 旸
2020 JB-3-143	高性能抗腐蚀飞机蒙皮涂层防护体系的研发	天津灯塔涂料工业发展有限公司	黄 震 高 萌 魏乃影 何效凯 孙 瑞
2020 JB-3-144	骨修复材料	天津中津生物发展有限公司、重庆大清生物有限公司、天津市医药科学研究所	李湘杰 丁 力 任 芳 柳志富 聂 卫
2020 JB-3-145	轨道板重力式车辆减速器	天津铁路信号有限责任公司	张 军 史国珍 寇建设 刘 宇 许世雄
2020 JB-3-146	海底裸置管道屈曲机理及控制技术研究	中交天津港湾工程研究院有限公司、中交第一航务工程局有限公司、海洋石油工程股份有限公司	刘文彬 雷震名 刘爱民 李京爽 徐宾宾
2020 JB-3-147	黄瓜新流行病害－棒孢叶斑病抗病分子育种体系创建与应用	天津科润农业科技股份有限公司	邓 强 王惠哲 杨瑞环 曹明明 李淑菊
2020 JB-3-148	基于分布式计算的视频会议技术及应用	天津卓朗科技发展有限公司、天津大学	陈岩光 李昌禄 张晓磊 孙立红 李婉璐
2020 JB-3-149	基于基因算法辅助人工神经网络的中药质量评价研究方法	天津中医药大学	任晓亮 王 萌 孙立丽 牟佳佳 王丽芝
2020 JB-3-150	辣椒种质资源创新及系列新品种选育	天津科润农业科技股份有限公司	高素燕 焦 荻 黄亚杰 吕敬刚 商纪鹏
2020 JB-3-151	螺旋焊管生产线智能制造技术研究与应用	中国石油集团渤海石油装备制造有限公司、华油钢管有限公司	邓志伟 周书亮 孙志刚 李建明 韩秀林
2020 JB-3-152	面向电梯行业产业链协同的云服务平台	天津理工大学、天津市腾达楼宇自控有限公司	袁甜甜 赵 伟 杨 学 高 勇 姜 琨
2020 JB-3-153	面向能源互联网转型的智能电网多维动态评价关键技术及应用	国网天津市电力公司、天津大学、天津天大求实电力新技术股份有限公司	王旭东 徐 弢 王天昊 王 魁 韩 柳
2020 JB-3-154	面向新能源汽车智慧型电控系统关键技术研发及产业化	中汽研（天津）汽车工程研究院有限公司、天津清源电动车辆有限责任公司、江苏九龙汽车制造有限公司	王 旭 朱仲文 李 丞 龚进峰 高继东
2020 JB-3-155	脑电信号多尺度定量分析在中枢神经系统疾病诊疗中的应用	天津大学、天津市人民医院、天津医科大学总医院	姜 楠 张美云 张本恕 王凤楼 陈 英
2020 JB-3-156	脓毒症中西医结合治疗的基础和临床研究	天津市第一中心医院、天津市急救医学研究所	高红梅 王勇强 常文秀 李 寅 窦 琳
2020 JB-3-157	人脐带间充质干细胞防治糖尿病视网膜病变的应用基础研究	天津市眼科医院、中国医学科学院血液学研究所泰达生命科学技术研究中心	陈 松 张 惟 段红涛 毕 雪 王继明

续表22

奖励编号	项目名称	获奖单位	获奖人
2020 JB-3-158	生物启发材料及糖尿病患者自我管理策略在糖尿病诊疗中的应用	天津医科大学朱宪彝纪念医院、南开大学、天津大学	毋中明　张新歌　张艳龙　孟慧鹏
2020 JB-3-159	水蛭素磷脂复合物的制备及其对糖尿病肾病的应用	天津中医药大学	王洪武　崔换天　国大亮　孟静岩　蔡　青
2020 JB-3-160	天津山楂种植及传统加工产业技术升级与应用	天津市林业果树研究所、天津科技大学、天津逸爽食品工贸有限公司	贾爱军　陈君然　郭兴科　胡云峰　刘文忠
2020 JB-3-161	天津市信用信息共享交换平台建设与应用	天津市公共信用中心、浪潮软件股份有限公司	陈立松　李朝铭　郑彦东　于克达　刘叶婷
2020 JB-3-162	天然安全高效新型饲料添加剂的关键技术与产业化	天津纳尔生物科技有限公司	孙　静　张荣飞　李汝娟
2020 JB-3-163	雾对天津港口作业的影响及风险预警技术研究	天津市滨海新区气象预警中心	徐灵芝　卜清军　许长义　胡　潮　吴　桐
2020 JB-3-164	新型生态混凝土技术在环境修复和城市绿化提升改造中的研究与应用	天津市建筑科学研究院有限公司	纪慧宇　王建伟　栗　涛　任小伟　冯伟风
2020 JB-3-165	血管性痴呆的针刺证治规律及相关细胞免疫学机理研究	天津中医药大学第一附属医院、天津医学高等专科学校	张雪竹　于　涛　沈　鹏　贾玉洁　韩景献
2020 JB-3-166	抑郁症的新型标记物ELISA检测及临床应用	天津医科大学第二医院、天津大学	杨春蕊　张晓阳　宁　莉　孙　倩　孟慧鹏
2020 JB-3-167	婴幼儿体外循环心脏手术节约用血综合策略	天津市胸科医院	武　婷　王　强　刘建实　纪振华　史国宁
2020 JB-3-168	应用大数据分析天津市吸烟疾病负担和控烟健康效果的研究	天津市疾病预防控制中心	江国虹　李　威　王德征　郑文龙　张　辉
2020 JB-3-169	油气输送用厚壁直缝埋弧焊管焊缝自动超声检测关键技术研究与应用	中国石油集团渤海石油装备制造有限公司、中国石油集团石油管工程技术研究院	黄　磊　吕育栋　张鸿博　曹华勇　陈宏达
2020 JB-3-170	油气田钻完井作业现场信息化平台建设	中国石油集团渤海钻探工程有限公司	陈中普　陶青龙　郭怀玉　刘　坤　任立春
2020 JB-3-171	中新天津生态城水资源优化配置关键技术研究与应用	中国市政工程华北设计研究总院有限公司、天津生态城水务投资建设有限公司	黄　鹏　王金丽　王　力　葛铜岗　刘　旭
2020 JB-3-172	重点传染病病原体快速检测与分子特征研究体系建立及其应用	天津市疾病预防控制中心	李晓燕　苏　旭　孔　梅　郭丽茹　吕莉琨

【科技成果转化】　2020年，天津市以市级科技成果交易平台为核心，建立3个市级成果转移转化示范区，培育国家级技术转移示范机构11家、市级示范机构24家，打造电子信息、生物医药等4个中试平台，发展技术转移机构190多家，汇集技术经理人900多名，通过开展“科技成果俏津门”活动，建立市场化合作机制，形成全市的技术转移体系，技术市场活跃。全年技术合同交易额1113亿元，居全国第十；占GDP比重，居全国第二。建立科技成果评价师、技术经理人、创新工程师

等技术转移人才体系，技术经理人参与各培训环节，推行技术经理人全程参与的成果转化模式，累计培养科技成果评价师120名、技术经理人900余名、创新工程师400余名。（梁传辉）

【技术市场】 2020年，天津市登记、统计各类技术合同9822项，成交金额1112.98亿元，比2019年增长20.63%。

表23 2020年度天津市技术市场交易统计表

	登记合同数（份数）	合同成交总金额（万元）	其中技术交易额（万元）
总计	9,822	11,129,787.55	6,008,025.46
按技术合同类别分			
技术开发	3,628	1,139,412.63	665,249.84
技术转让	515	346,314.33	292,798.56
技术咨询	378	643,519.61	403,407.62
技术服务	5,301	9,000,540.98	4,646,569.44
按合同买方类别分			
机关法人	1,115	1,610,248.12	584,624.71
事业法人	1,586	311,544.78	162,435.40
社团法人	31	3,087.92	3,010.77
企业法人	6,950	9,152,376.83	5,212,375.32
自然人	45	5,593.80	5,578.44
其他组织	95	46,936.10	40,000.82
按合同卖方类别分			
机关法人	64	34,661.84	31,239.67
事业法人	4,918	886,380.86	485,397.49
社团法人	2	83.00	83.00
企业法人	4,826	10,207,253.43	5,489,911.87
自然人	4	79.50	64.50
其他组织	8	1,328.93	1,328.93
按社会经济目标分			
环境保护、生态建设及污染防治	506	493,848.93	307,994.68
能源生产、分配和合理利用	599	969,942.46	593,023.60
卫生事业发展	604	185,164.91	154,030.26
教育事业发展	125	27,170.78	25,634.79
基础设施以及城市和农村规划	662	3,300,376.15	1,451,412.13
社会发展和社会服务	4,024	3,261,761.52	1,557,119.27
地球和大气层的探索与利用	15	819.97	601.19
民用空间探测及开发	18	3,373.32	1,531.81
农林牧渔业发展	1,093	26,086.91	23,944.67
工商业发展	490	928,527.43	575,139.12
非定向研究	318	185,617.00	179,892.99
其他民用目标	1,315	1,740,626.81	1,132,364.04
国防	53	6,471.36	5,336.91
按技术流向分类			
本市	3,686	3,609,999.58	1,613,311.17
外地	6,136	7,519,787.97	4,394,714.29

（马东升）

知识产权

【简况】 2020年，全市累计有效发明专利38152件，同比增长9.87%；每万人口发明专利拥有量24.4件，较2019年净增2.1件。专利申请量11.47万件，同比增长19.5%。全市有效注册商标28.89万件，较2019年增长17.5%，全市提交商标注册申请8.5万件，核准注册量5.1万件。全市拥有国外注册商标353件。国家知识产权局批复成立中国（天津）知识产权保护中心。国家知识产权局批准滨海新区为国家知识产权运营服务体系建设城市，获中央财政专项资金支持1.5亿元。

（何　瑛）

【知识产权战略】 2020年，天津市知识产权局起草印发天津市《关于强化知识产权保护的实施意见》，起草《2020－2021年天津市强化知识产权保护推进计划》。印发《天津市知识产权“十四五”规划编制工作方案》，组织知识产权“十四五”规划编制工作，起草《天津市知识产权“十四五”规划》基本框架。强化专利质量导向，推动知识产权强区建设，制定出台《市知识产权局关于知识产权强区建设的意见》，推进知识产权强区建设，培育知识产权特色小镇，推进知识产权工作。

（何　瑛）

【知识产权保护】 2020年，天津市知识产权局制定《关于落实〈天津市知识产权保护条例〉2020－2021年工作方案》，印发《关于新型冠状病毒感染肺炎疫情防控期间打击侵犯注册商标专用权违法行为的通知》《市知识产权局关于做好2020年商标专用权保护工作的通知》《市知识产权局关于切实推进地理标志保护产品和证明商标、集体商标发展工作的指导意见》。市场监管行政执法机构办结商标侵权案件401件，会同市公安部门破获1起涉嫌侵犯商业秘密案件，破获涉嫌构成销售假冒注册商标的侵犯知识产权重大案件，调处各类专利纠纷结案103件。与市市场监管综合行政执法总队对专利代理机构违法违规行为和无资质专利代理违法违规行为进行监督检查、执法办案。挖掘京津冀知识产权保护专家资源，完善天津市知识产权保护专家库，开展首批天津市知识产权保护专家入库征集工作，形成京津冀地区行政、司法、审协中心以及科研高校技术专家组成的鉴定队伍，首批入选专家86人。

（何　瑛）

【知识产权强企工程】 2020年，天津市知识产权局采用电话咨询、网上办理、资料邮寄的“不见面、一次办”方式进行技术合同认定登记，完成技术合同登记额1.03亿元。印发《关于组织开展天津市专利奖2020年申报工作的通知》，启动2020年天津市专利奖申报工作，确定授奖项目50项。参加第二十一届中国专利奖评选，天津专利权人获18项奖励，其中金奖1项，优秀奖14项，外观设计优秀奖3项，天津市知识产权局获优秀组织奖。采用“市区联动、分区包片”工作模式，为民营企业宣讲知识产权惠企政策，定期向各区提供专利企业数据情况。编印《“走出去”企业海外知识产权保护》《“一带一路”国家知识产权保护政策概览》。（何　瑛）

【知识产权服务能力】 2020年，天津市知识产权局在线组织全市高校学习《关于提升高等学校专利质量，促进转化运用的若干意见》，引导高校和科研机构加强对科研项目的专利布局。国家知识产权局、教育部联合下发《关于确定2020年度国家知识产权试点示范高校的通知》，天津市5所高校入选，其中天津大学入选国家知识产权示范高校，南开大学、天津科技大学、天津工业大学、天津理工大学入选国家知识产权试点高校。各分中心开展业务4976笔，运营收入合同金额7335万元，获运营委托权专利数量65784件，促成专利质押融资1.14亿元，开展专利评估70项。

（何　瑛）

【企业复工复产】 2020年，天津市知识产权局出台支持复工复产企业高质量发展10条措施，成立8支服务队，派出人员888人次，深入企业338户次，解决问题333个。全年组织受理企业电子申请107582次，为近万家企业实施专利费用减缴1.5

亿元，开展专利优先审查550次。新冠肺炎疫情期间，调整知识产权业务办理方式，明确专利代办窗口、商标受理窗口、专利保护现场咨询、群众来访接待4项业务网上办理、邮寄资料、电话咨询等远程服务的具体方法。（何　瑛）

【知识产权文化建设】　2020年，天津市知识产权局与天津市新闻中心召开“4·26”知识产权日新闻发布会，天津电视台、天津广播电台专题报道10次，中国知识产权报、天津日报、北方网等媒体报道37篇。联合天津市教育委员会等10部门举办天津市知识产权创新创业大赛，为中小企业、青年学生提供融媒体展示平台。开展天津市知识产权教育示范校试点工作，天津中学等10所学校通过评审。（何　瑛）

【知识产权人才培养】　2020年，天津市知识产权局开展政策辅导讲座，组织市知识产权战略领导小组成员单位及企业、高校代表400余人参加。与天津市人力资源和社会保障局完成知识产权专业由工程系列划转为经济系列工作，2020年知识产权高级职称评审通过8人。成立21名专家组成的市知识产权专家组、86名专家组成的知识产权保护专家库、43名专家组成的知识产权评审专家库。（何　瑛）

【天津水务集团有限公司知识产权】　2020年，天津水务集团有限公司申请专利97项，其中发明专利23项，获授权54项，其中发明专利4项。天津市管道工程集团有限公司发明专利《直埋蒸汽保温管》获2020年天津市专利优秀奖。天津市管道工程集团有限公司参编的《压力管道规范公用管道》发布实施。（李　荣）

软科学

【科技发展战略】　2020年，天津市在研项目126项。发表CNKI论文56篇，其中核心期刊2篇；发表《科技战略研究报告》8篇；出版专著5部，获市领导批示12人次；编印《科技创新观察》，发表14篇，其中2篇获市科技局主要领导批示。《天津市中长期科学和技术发展规划纲要（2006－2020年）评估及新一轮规划编制思路研究》项目通过研究国际国内科技发展动态和国内外发展环境的变化与形势，分析天津市国民经济和社会发展对科技的需求，提出未来15年天津科技发展的方针策略和总体部署。《天津市科技全面创新改革进展评价与深化举措研究》项目通过比较借鉴研究和总结天津发展的典型经验，认识、评价和把握天津科技体制机制改革面临的痛点、堵点和盲点问题，提出优化改进的方向、路径和对策建议。《优化本市重大科技创新平台和载体布局的思路研究》项目对天津科技创新平台载体的发展思路提出建议，就载体优化整合、提升创新能力和支撑保障能力，促进资源开放共享和管理机制创新等提出对策，就争取国家重大科技创新载体落地、天津创新平台升格等提出建议。《天津国家自主创新示范区评价指标体系构建与分析研究》项目探索出一套与自主创新示范区建设结合的评价指标体系，对天津国家自主创新示范区的实力、效率、潜力进行年度测算和监测，总结和纠正园区发展中的弱项和偏差，形成对天津国家自主创新示范区建设的把控，提供政策参考和数据支撑。（李　颖）

【天津市科研诚信管理制度与机制研究】　该项目由天津市科学技术发展战略研究院、天津市公共信用中心王华峰等完成，2020年9月结题。该项目通过梳理国内外科研诚信制度体系及理论研究成果，指出天津科研失信行为的表现形式与多发领域，提出加强科研诚信体系建设的思路、举措与对策建议；厘清科研诚信建设责任主体的职责权限，明确科研失信行为管理的思路与规程，形成政策制度文本与工作方案；形成科研诚信工作机制；提出天津市科研诚信信息系统建设的思路与架构。（马莉莎）

【面向2035、2025年的科技创新国际化发展规划思路研究】　该项目由天津市科学技术发展战略研究院王双双等完成，2020年9月结题。该项目梳理和总结天津在科技创新国际化工作中的做法和亮点，对国内部分省市和国外部分地区开展国际科技创新合作的做法和成效进行学习和总结，形成能够为天津未来5年至15年所借鉴的思路；研究天津在科技创新国际化工作中的不足和存在短板，提出对策建议；明确天津2025和2035年科技创新国际化工作的重点任务和战略举措。

（马莉莎）

【加强天津市科技监督与评估体系建设对策研究】 该项目由天津市科学技术发展战略研究院、北方技术交易市场高峰等完成，2020年9月结题。该项目构建科技监督评估组织体系，明确牵头部门、配合部门、专业机构、承担单位、专家和科技人员的权责；明确监督评估业务布局，将工作融入科技工作重点环节和科技计划管理过程；突出重点领域和环节，加强与科技计划管理的一体化部署实施，在重点领域和环节做好设计；研究形成天津科技监督与评估工作机制和运用反馈机制，与科研诚信体系建设对接。

（马莉莎）

【深化京津冀基础研究合作的思路与对策研究】 该项目由天津大学张慧颖等完成，2020年4月结题。该项目以“incopat”数据库为数据来源，研究京津冀在智能制造方面的协同创新。通过对京津冀技术融合分析得出京津冀两两区域间技术的联系、技术融合的热点和重点、技术和产业发展的方向，从技术层面反映区域的协同创新现状、相应的建议、政府的政策需要评估这些技术关系对天津的意义和价值，确立激励方向。得出区域间协同创新能力强的技术领域和协同创新能力有待加强的技术领域，从技术层面为区域协同创新发展提供相应的指导方向，建议政府给予政策倾斜，激励企业提升技术水平。

【天津市行政区综合科技创新能力评价研究】 该项目由天津市科学技术发展战略研究院高文等完成，2020年5月结题。该项目总结科技部及相关省市开展科技创新能力评价的经验和做法；研究建立天津市行政区科技创新能力评价指标体系；研究建立天津市科技百强高新技术企业科技创新能力评价指标体系；按照指标体系内容，采集、整理和汇总2017年至2018年天津市行政区和百强高企科技、经济统计数据；开展全市行政区和百强高企科技创新能力评价；分析各行政区与百强高企创新发展中的优势与不足，提出对策建议。

（马莉莎）

【面向2035、2025年的创新型企业发展规划思路研究】 该项目由天津市科学技术发展战略研究院李晓锋等完成，2020年9月结题。该项目提出天津人工智能、生物医药、新能源新材料等领域企业未来五年和十五年发展战略和举措，推动企业制造业模式和形态的转变，创新型企业能级提升，高成长企业梯度培育，为全市产业技术变革和优化升级助力，为天津经济发展提供支撑。

（马莉莎）

【重点创新改革政策的区域比较和评估研究】 该项目由天津市科学技术发展战略研究院郑卫华等完成，2020年9月结题。该项目构建部分省市科技创新政策措施比较数据库；总结部分省市创新改革经验和教训，拓展创新改革思路；探究科技创新政策支撑区域经济高质量发展的着力点；梳理天津科技创新政策体系，查找问题；提出激励科技创新综合性、纲领性政策框架和措施建议。为天津深化改革、谋划新时代科技创新的总体思路、制定纲领性政策措施提供理论支撑和对策建议。

（马莉莎）

【天津市科技全面创新改革进展评价与深化举措研究】 该项目由天津工业大学唐家龙等完成，2020年10月结题。该项目回顾分析天津推进全面创新改革的进展、问题，建立对重大科技政策举措评估的指标体系，通过比较借鉴研究和总结天津发展的典型经验，认识、评价和把握天津科技体制机制改革面临的痛点、堵点和盲点问题，提出优化改进的方向、路径和对策建议。为科技主管部门、市委市政府评估贯彻落实中央决策部署、评估全市推进全面创新改革的进展情况提供建议。

【新型企业家创新调查及培养机制研究】 该项目由天津市科学技术发展战略研究院、天津职业大学陈金梅等完成，2020年12结题。该项目把握新形势下新型企业家成长和企业创新发展新需求，构建“个性化、多元化、层次化”新型企业家培养机制；通过调查研究，构建“体系完善、服务高效、管理规范、公平公正”的天津市科技营商环境框架；完善天津市新型企业家调研平台，建立调查机制。（马莉莎）

【改革开放40年天津科技体制改革的回顾研究】 该项目由天津市科学技术发展战略研究院夏孝瑾等完成，2020年5月结题。该项目阐述天津市科技体制改革的背景；研究国家科技体制改革理论基础和工作经验；梳理天津改革出台的科技政策、措施以及工作情况，回顾天津市科技体制改革的成效与不足，展望未来天津科技体制改革方向。

（马莉莎）

【天津市基础软硬件支撑人工智能发展的难点问题与解决路径研究】 该项目由天津大学、天津市科学技术发展战略研究院李克秋、刁建超、赵来平、高红运等完成，2020年12月结题。该研究表明基础软硬件是支撑人工智能发展的重要基础，是推动人工智能自主研发生态建设的通用技术，是人工智能时代的战略制高点，重点把握基础软硬件的发展趋势和规律，理清天津基础软硬件的发展现状和问题。分析国内外基础软硬件的发展形势和天津基础软硬件的发展现状及问题。提出加快天津基础软硬件发展的对策，包括支持骨干企业实施重大创新项目，构建软硬结合综合体，持续启动人工智能科技重大专项，建设人工智能开放创新平台，加强基础软硬件适配与替代力度，继续创新揭榜制项目组织形式等。

【面向2035、2025年的新能源新材料创新发展规划思路研究】 该项目由天津市科学技术发展战略研究院、天津大学材料科学与工程学院胡文彬等完成，2020年9月结题。该项目研判天津市新能源新材料产业创新发展水平，提出“十四五”期间和中长期新能源新材料领域重点发展方向、高质量发展路径与模式对策，从核心技术突破、重大工程建设、创新体系建设等方面，为天津市“十四五”期间和中长期科技发展规划提供支撑。

（马莉莎）

【面向2035、2025年的科技监督评估机制规划思路研究】 该项目由天津市科学技术发展战略研究院、天津商业大学刘红霞等完成，2020年9月结题。该项目通过对国内外理论研究成果及国家、相关省市科技监督评估制度与工作方案等问题的研究，总结经验，在分析科研管理改革导向、工作要求与创新主体需求的基础上，提出天津市面向2035、2025年的科技监督评估工作思路与工作机制，提出围绕科技监督与评估工作的任务，建立天津市科技监督评估工作方案，为全市科技创新发展规划提供参考。

（马莉莎）

【面向2035、2025年的科技金融创新生态规划思路研究】 该项目由天津市科学技术发展战略研究院、天津大学张维等完成，2020年9月结题。该项目构建天津科技金融创新生态系统框架，明确主体构成、要素以及相互关系，按照“产品－服务－主体－产业－环境”整体框架进行顶层设计；分析总结天津科技金融创新生态系统的现状和问题，针对问题及未来发展需求寻找工作突破口和政策切入点；明确天津构建科技金融创新生态系统未来5年、15年的发展思路、发展目标与举措。（马莉莎）

【公立中医院发展与财政、医保的关系及其策略分析】 该项目由天津市中医药研究院附属医院朱海云、阚建英、崔倩等完成，2020年5月通过天津市卫生健康委员会验收。该项目从机构数量、医疗总收入、国家财政补助、医疗药品收入等方面，对2016年天津市公立中医院发展现状与天津市综合医院进行比较；从中医诊疗技术、中药收入（草药+中成药）、中医类别执业医师等方面，评估天津市公立中医院特色中医药技术情况。调查结果显示，公立中医院财政补助比西医院少三倍以上，中医院诊疗设备落后，限制中医院发展和总体效益提升。公立中医院中医执业医师比例为62.5%，中医师不足。中医医疗服务人力成本高，定价低，技术劳务价值得不到体现，导致中医人才流失，影响中医传统特色和技术的发扬、传承。公立中医院参保人员问卷调查结果显示，中医药技术毒副作用低、治疗慢性病疗效确切，中医药技术报销比例低、起付线高，一些中医药特色项目（养生、气功、治未病等）未纳入医保，影响患者的就医选择意向。

（叶 梅）

区域协同创新

【京津冀协同创新】 2020年，天津市推进京津冀协同创新，为实现“一基地三区”定位、打造京津冀自主创新重要源头和原始创新主要策源地提供支撑。一是打造自主创新重要源头和原始创新主要策源地。推进新一代超级计算机、大型地震工程模拟研究设施等国家重大科研设施建设；获批组分中药国家重点实验室、国家应用数学中心等国家级创新平台。国家科技型中小企业评价入库8100家，全市有效高企数量达到7422家，累计认定产业技术研究院20家。二是强化三地协同创新保障。京津冀国家技术创新中心揭牌，签署《京津冀国家技术创新中心共建框架协议》。三是深化院市、校市合作。与中科院编制院市合作“十四五”规划，筹划签署“十四五”院市科技合作协议。构建“天津市出卷、中科院答卷、市场阅卷”的院市合作新模式新机制，共同组织实施“新能源·育动能”院市合作重点任务专项。组织中科院山西煤化所、天津中科先进院等与天津新能源领域100余家企业开展技术对接会。推动国科医工、中科和光、中科谱光等项目入选科技部“科技助力经济2020”重点专项。编制人工智能战略院白皮书，确立中国工程科技发展战略天津研究院咨询研究项目14项。引进清华大学肿瘤精确靶向放疗设备产业化项目、北京大学多脏器肿瘤治疗设备项目落地，开展项目520多个。四是推动京津冀成果转移转化平台互联互通。全年在精准医学领域征集项目247项，支持20项应用基础研究项目。举办“2020京津冀青年科学家论坛”，邀请中国工程院院士张伯礼、徐建国等专家做报告。启动技术经纪职称专业标准制定工作，确认实行京津冀经纪人职称互认，成立京津冀技术转移联盟，与京冀技术市场管理部门共享技术交易数据，与京冀技术转移机构联合开展公益大讲堂3场。筛选140项科技抗疫技术成果至科技部“科技抗疫—先进技术成果信息共享与服务平台”。举办“天津科技河北行”活动，与雄安新区、邯郸市开展产业技术对接，促进食品深加工、新型建材工艺等项目合作。五是促进京津冀资质互认、资源开放共享。制定《落实京津冀协同发展重点改革任务分工的实施方案》，北京市高新技术企业整体迁入天津4家；制定推动落实《天津市推广第三批支持创新相关改革举措》。推动三地大型科学仪器设备共享平台资源与服务拓展，新增资源单位5家，新增大型仪器126台，总量97家，大型仪器1293台套，总原值21亿元，服务企业5000余家。全年京津冀创新券兑现补贴70余万元。

（王一成）

【一带一路科技创新合作】 2020年，市科技局结合全市推进“一带一路”建设工作部署，做到疫情防控与科技创新发展双战双赢，以“一带一路”科技创新合作支撑引领天津市高质量发展，营造一流科技创新生态。一是深化抗击疫情国际合作。天津市海外研发中心参与全球疫情防控工作，天隆种业、华韵乐器、瑞奇外科向海外输送防疫物资，安普德研发新冠肺炎远程诊疗新装备，万贝集团引进捐赠医用等离子空气消毒机。康希诺生物股份有限公司与军事与医学科学院陈薇院士团队合作联合研发全国首个重组腺新冠疫苗（腺病毒载体），天津中医药大学张伯礼院士团队研制出“宣肺败毒方”。二是与重点国家开展合作。与意大利开展科技合作，推进中意中小企业产业园建设，主办“合作交流育动能·中意中小企业产业园科技对接洽谈会”，天津意大利中小企业产业园签约加入“中意创新创业联盟”，天津卓宝科技有限公司等建设中意联合研究中心，天津大学与罗马第一大学联合研发项目“基于声流体技术的DNA分子诊断芯片”列入中意政府间科技合作计划。与俄罗斯开展科技创新合作，参与“中俄科技创新年”，落实俄罗斯科学院与市科技局签署的合作备忘录，培育推动9家中俄联合研究中心建设，实施开展技术联合研发项目7项，引进国外先进技术13个，向国外输出先进技术10个，为企业解决难题16个。开展中国—中东欧“17+1”科技创新伙伴计划，与塞尔维亚国家创新办、中东欧的人工智能峰会（Wonderland）建立合作关系，举办“合作交流育动能——天津塞尔维亚合作交流直通车”活动，搭建津塞对话交流平台。组织南大、天大、农学院与保加利亚、塞尔维亚、匈牙利围绕生物医药、新材料领域开展联合研发项目6项。对韩国开展科技合作交流，与大韩贸易振兴公社举办“智汇天津2020中韩科技合作投资洽谈会”，促成天津3家企业与韩方达成合作意向，实现意向投资额1000万元。落实中以创新合作行动计划，血液病医院“中以人群医学‘一带一路’联合实验室”建设，配置和综合集成中以双方在干细胞和群体医学领域优势资源。三是统筹资源。科技人文交流，推荐中国－中东欧政府间科技例会交流项目6项；组织18名青年学者申报青年科学家交流计划；举办第七届天津国际设计周、第四届世界智能大会天津“设计之都”云展览，与联合国教科文组织总部生态花园建设项目签约。跨国科研合作，“车用天然气燃料混合动力系统优化及能源影响研究”等2个项目获“政府间科技创新合作”重点专项立项支持，中国－孟加拉港口建设联合研究中心获科技部援外计划项目立项支持，获中央财政支持964万元。推动设立海外研发推广中心、中外联合研究中心，开展技术联合研发及转移转化，提高自主创新能力、拓展国际市场，新增海外研发推广中心4个，累计达62个，新增中外联合研究中心24个，累计81个。

（张思月）

科技创新创业

【科技创新体系建设】 2020年，天津市新增省部共建国家重点实验室1个，国家野外科学观测研究站1个，天津市企业重点实验室29个。累计建设重点实验室364个，其中国家重点实验室7个，省部共建国家重点实验室3个，企业国家重点实验室4个，依托高校和科研机构的市级重点实验室161个，认定市级企业重点实验室189个。组分中药国家重点实验室获“全国抗击新冠肺炎疫情先进集体”。推进新一代超级计算机项目落地，为京津冀协同创新发展提供科技支撑，形成承接国家重大任务能力，支撑其他创新平台建设。环渤海滨海地球关键带国家野外科学观测研究站落地。大型地震工程模拟研究设施完成造波系统正样机试验方案设计优化。印发执行《天津市建设国家新一代人工智能创新发展试验区行动计划》，为推动人工智能试验区建设提供行动指南。支持人工智能试验区十大示范场景建设，打造天津样板，形成一批可复制推广的人工智能应用解决方案。国家合成生物技术创新中心共建网络单位44家，在天津注册成立“天工生物科技有限公司”；承担国家级科技攻关项目98项，“天津市合成生物技术能力提升行动”组织项目60项；引育孵化5家科技企业，向73家企业提供技术服务85项，合同交易额约3.49亿元，在天津转化的合同交易额占85%；6位院士专家入驻合成生物中心，新引进各层级人才65人。印发《天津市技术创新中心建设实施方案》，面向全市重大科技任务，建设一批技术创新中心。新批复组建4家市级技术创新中心，累计8家。技创中心累计开展科研项目超过150项。全市建有国家临床医学研究中心3家。泰达国际心血管病医院等10家医院的15个疾病领域（专科）被认定为第三批天津市临床医学研究中心，其中6家完成备案程序，成为国家中心的分中心。市级临床医学研究中心25家。颁布实施《市政府办公厅关于加快产业技术研究院建设发展的若干意见》，累计认定产业技术研究院20家。与清华大学、北京大学、浙江大学、中科院建立合作机制，积淀科研成果和创新能力。产研院衍生孵化企业420家。建立3个市级成果转移转化示范区，培育国家级技术转移示范机构11家、市级示范机构24家，打造电子信息、生物医药等4个中试平台，发展技术转移机构190多家，汇集技术经理人900多名。全市技术合同交易额1113亿元，居全国第十；占GDP比重居全国第二。

（丁瑞卿　张铖伟　李宏博　段志刚　梁传辉　刘晓）

【科技金融】 天津市科技金融工作服务企业，政策引导、资金支持与市场化运作相结合，助力科技型企业发展。建立“初创分担风险、成长让利退出”的高成长初创科技型企业专项投资扶持机制，制定印发意见和管理办法，解决重大创新成果转化和企业创业初期市场化融资难题，支持培育高成长初创科技型企业。天使、创投引导基金全年新增批复子基金5支，新增设立子基金5支，新增实缴资金6亿元。累计参股设立子基金27支，累计实缴41.19亿元，其中财政资金实缴8.11亿元，财政资金一级放大5.08倍。子基金累计投资科技型企业175家，投资总额26.55亿元，撬动投融资138.54亿元，财政资金二次放大17.08倍。开展天使直投100项，投资额1.04亿元。向218家“雏鹰”企业发放贷款奖励1090万元，撬动贷款8.25亿元，财政资金放大76倍，“雏鹰”企业贷款余额由8.66亿元增加到32.99亿元。推动银行、担保机构推出“同心贷”“抗疫复工应急贷”等产品，合作金融机构为2022户企业授信69.39亿元。注资3家担保机构年度新增担保科技型企业771家，新增担保额20.52亿元；在保科技型企业777家，同比增长440%，在保额21.05亿元，同比增长134%。全年新增科技型上市企业5家，首发募集资金73.5亿元，科技型上市企业40家。组织全市科技金融对接服务平台围绕复工复产开通线上业务，提供“云对接”“云培训”等服务，举办787场活动，服务3.2万人次，对接715项，融资额58.47亿元。线上举办2020中国企业国际融资洽谈会暨民企投融资洽谈会，科技板块重点安排创业投资论坛、科技项目融资路演、创新科技企业展等活动，组织金融机构等400余名观众线上观看。（刘　佳）

【助推创新创业】 强化天津市孵化机构示范引导、分类指导和宣传推广，推动建设一批高端化、品牌化孵化机构，盘活优质创新创业资源，促进产学研合作。推动天津市高校院所建立公共技术服务平台，面向企业和社会开放高端创新资源，降低科技创业企业研发成本。弘扬创新创业文化，全市市级众创空间内聚集1000余名专职创业导师服务创业者，2020年举办行业论坛、线上对接等创新创业活动累计达3600余场，开展创业教育培训2600余场。天津市近三年创新创业大赛参赛项目4000余个，其中近1/5参赛和获奖项目来自全市专业化众创空间、孵化器等创新机构，专业化众创空间成为优质项目落地的重要载体。

（阚全玲）

【众创空间建设与服务】 2020年，天津市市级备案众创空间203家，国家备案众创空间83家，国家专业化众创空间6家（全国排名第三）。出台《天津市创新型载体培育行动计划》，优化政策环境，推进众创空间建设。对专业化众创空间引导扶持，细分产业领域，对接实体经济，推动科技型创新创业取得成效。支持众创空间围绕优势领域搭建研究、开发、检测等公共服务平台，构建集技术、投融资、孵化、辅导、培训等于一体的“双创”服务体系，吸引培育优质企业，截至2020年年底，全市众创空间共聚集创业团队3000余个、创业企业3200余家，创业企业拥有有效知识产权7000余项。统筹行业协会和社会服务机构的培训资源，强化辅导培训，组织开展创业孵化大讲堂等专题培训活动，提升孵化机构服务水平和能力。整合聚集资源搭建协作网络鼓励众创空间、科技中介服务机构、科技创业投资机构（分行业）等自愿组成协作组织，组建环天南大创业孵化载体联盟，在区域内打造“众创空间+孵化器+产业园”的全链条创新创业孵化体系，众创空间通过搭建专业化服务平台或整合资源为近3000个创业团队和企业提供技术支撑服务。

（阚全玲）

【产业创新联盟】 天津电子信息职业技术学院与华为等企业开展合作，服务天津职业教育信创领域校企协同育人平台建设，筹备成立天津职业教育信创产教联盟，成立津电－鲲鹏产业学院，探索创新校企融合新范，为信息技术产业“国产自主可控替代计划”提供技术技能人才保障，打造校企命运共同体。天津市手性和晶型药物制备技术产业创新战略联盟通过天津市产业技术创新战略联盟备案，该联盟是天津药物研究院药业有限责任公司在天津市手性和晶型药物制备技术企业重点实验室基础上联合多家科研院所、大专院校及科技创新领军企业牵头组建。天津市科协成立天津市服务科技经济融合发展联合体、天津市产业服务类企业联合科协，建立15个新型联合体，围绕产业链、人才链、创新链建成6个产业发展创新联盟、5个人才创新联盟和57个产业技术创新联盟。（白志杰　李振佶　潘玉伟）

【科创中国试点城市建设】 2020年5月，天津市科协、市科技局、市工信局、市商务局启动“科创中国”天津行动。制定出台《天津市实施中国科协服务科技经济融和发展行动方案》，在滨海新区全国试点基础上，扩展东丽区、北辰区、武清区为市级试点区，以服务“四区四园百企”为重点，开展两个方面9项重点任务；滨海新区出台《滨海新区建设“科创中国”试点城市实施方案》，实施新型组织创设、创新主体培育、双创载体升级等专项行动。建立市委市政府统一领导、相关部门推动、“四区四园”党委政府和管委会具体落实等体制，构建企业提需求、学会送服务、科协搭平台、地方汇资源的工作模式和工作机制。

（潘玉伟）

科技平台

【科技条件平台建设】 天津市全年新增资源共享单位5家，新增大型仪器146台。平台资源单位总量97家，大型仪器1293台套，总原值21亿元。共享平台内大型仪器对外服务开机60余万小时/年，比开放共享前2013年增长近一倍，平均开机率从30%增长到50%以上。研究制定《天津市大型科研仪器设施开放共享管理办法》。完成国务院办公厅信息约稿和天津电视台《天津新闻》栏目、天津日报、天津广播电视台采访报道工作；大仪共享经验做法被科技部“科技工作情况”第43期专题宣传。举办大仪开放共享工作推进会，与国家网络平台在平台运营、资源协作共享方面达成合作意向。与京冀两地仪器开放共享管理部门、仪器管理单位和专业化服务机构合作交流。天津市大型科学仪器共享平台管理单位年服务京冀企业超过1500家次，天津药明康德新药开发有限公司面向沧州那瑞化学科技有限公司提供样品分析测试服务。大型仪器开放共享平台引入第三方服务平台，利用社会资源提升仪器共享水平。推进“科服网”与天津市基理科技公司“仪器控”合作，对大型仪器设备进行网上连接和集约化管理，为科技企业与高校、科研机构搭建科研服务高效能共享平台。 （李 堃）

【以医联体云平台推进基层医疗服务体系建设研究】 该项目由天津医科大学眼科医院孙国玲完成，2020年12月通过中共天津市委宣传部验收。该项目通过眼科医联体云医疗远程综合服务平台（简称“云平台”），实现基层医院与上级医院病历资料共享，加大对眼科疑难病的防治力度，保证患者诊疗的连续性，缩减患者因转诊造成的时间和资金损耗。利用医联体云平台建设，将人才培养融入日常医疗实践，建立同质化的基层医生研修制度，培养一批具有临床诊治能力的专科医师。该项目发表论文4篇。 （杜 静）

【中药定量药理学与精准药学平台】 该项目由天士力医药集团股份有限公司孙鹤、郭治昕、周水平等完成，2020年4月通过市科技局验收。该项目配套液质联用仪、斑马鱼饲养、成像系统及电子文档管理系统等设备，构建完成中药定量药理学和精准药学平台的硬件设施，获天津市实验动物使用许可证，可承接标准化动物饲养及药代动力学研究，与现代中药制造平台相互补充形成创新中药开发平台；完成复方中药T89在实验动物及健康志愿者体内的群体药代动力学（PPK）探索性研究，以复方中药T89为例，在实验动物及健康志愿者体内的群体药代动力学（PPK）模型的建立；结合T89临床试验和动物模型开展PK-PD研究，通过代谢组学技术以及结合临床试验结果筛选T89药效潜在生物标志物，建立定量分析方法。该项目实施期间向美国FDA递交Pre-IND申请1项，递交IND申请1项获批复，完成芪参益气滴丸在马来西亚NPRA的注册申请；发表论文10篇，其中SCI收录8篇；申请发明专利5件，其中2件获授权；培养博士研究生4人，硕士研究生6人；晋升职称9人，其中正高级2人、副高级3人、中级4人。

（孟 洋）

【天津市智慧建筑设计与运维管控一体化工程技术中心】 该中心开展绿色智慧建筑设计与运维管控一体化关键技术研究，推进绿色智慧建筑、园区、城区实践；提供建筑全生命期设计与运维管控一体化技术服务。承担和参与科研课题10余项，发表论文40余篇，申请专利等知识产权20余项，主编和参与国家、地方标准编制近20项，获科技进步奖及工程项目奖10余项。研究成果Eco-mixture智慧平台应用在天津市滨海文化中心、保定市建筑设计院有限公司办公楼等20余个绿色智能化工程项目中，取得经济和社会效益。

（曲辰飞）

【天津市高精密机械手表企业重点实验室】 2020年12月，依托天津海鸥表业集团有限公司建设的天津市高精密机械手表企业重点实验室通过滨海新区科技局验收。该实验室科研用房面积1500平方米，仪器设备28台套，总值2495万元。2019年至2020年，投入752万元，其中设备费233万元，专利信息费12万元，办公管理费24万元，人员费452万元。该实验室人员30人，其中硕士以上学位8人，高级职称18人，1人入选天津市“131”创新型人才培养工程第一层次人选、2人入选第二层次人选、1人入选第三层次人选。设立学术委员会，聘请行业内专家6名。申请发明专利7件，其中授权专利3件。“一种陀飞轮倾斜于表盘面的传动机构”获中国专利优秀奖、天津市专利优秀奖。制定修订标准5项，其中国家标准2项，行业标准3项。制造使用微型链条结构机芯。设计生产1款满足分档生产需求的仪器样机。自制级进模投入生产，完成多项标准制定，应用到ST2100、ST17、SL1212、SL3351等产品模具制造中。完成多个再制产品零部件及结构仿真分析，节约生产成本。超薄系列机械自动男表实现产业化，销售收入1000万元，利润200余万元。

（范　琚）

【天津市集成电路设计中心—爱德万测试芯片测试技术联合培训中心】 2020年9月24日，天津市集成电路设计中心－爱德万测试芯片测试技术联合培训中心揭牌。该中心为满足天津市设计企业对芯片测试的需求，扩展爱德万测试在北方建立集成电路测试人才培训基地的人才需要，提升集成电路测试技术服务质量，推动天津市集成电路产业向高水平发展。

（王瑞霞）

【天津市中药注射剂关键技术校企协同创新实验室】 该项目由天津天士力之骄药业有限公司、天津大学鞠爱春、高文远、李德坤、李霞等完成，2020年10月通过市科技局验收。该实验室针对中药注射剂全产业链质量提升的需求，从注射级药材加工方法研究、注射级药材标准研究、注射剂安全性评价研究、注射剂作用机制研究等方面开展工作，带动中药注射剂上下游协同发展。项目组完善注射级红参药材加工方法，开展红参、麦冬及五味子的基原研究，建立注射级药材内控标准，通过研究中药材的基原和炮制过程中有效成分的变化，从药材源头角度提升产品的质控水平；完善中药注射剂安全性评价方法，开展注射用益气复脉（冻干）联合用药、药物组织分布以及蛋白组学研究，阐释其治疗心衰的机制。该项目发表论文23篇；申请专利1件；培养硕士研究生7人；晋升职称6人。

（孟　洋）

【天津市绿色海水水处理药剂企业重点实验室】 2020年12月，天津市绿色海水水处理药剂企业重点实验室通过验收。该实验室由天津市中海水处理科技有限公司与自然资源部天津海水淡化与综合利用研究所联合共建，实验用房3000平方米，仪器设备222台套，购置仪器设备6000万元。实验室科研人员入选省部级以上人才计划4人次；获省部级以上科技奖励3项，发表学术论文28篇，授权发明专利5件；制定国家标准3项，行业标准7项；成果转化超2000万元。

（李　雪）

【天津药物研究院有限公司技术中心】 该中心被认定为国家企业技术中心，负责制定企业技术创新规划、开展产业技术研究、推进技术创新全过程实施。天津药物研究院具有60多年新药研发经验，累计完成国家级和省部级重大科研项目200多项，取得科研成果700多项，获得新药证书、临床批件或生产批件300余项，获国际、国内奖励300多项，拥有授权专利近500件，其中多项获中国专利优秀奖、天津市专利金奖。

（王　琳）

【京津冀肿瘤防治研究联合中心】 2020年7月24

日，天津医科大学肿瘤医院（国家肿瘤临床医学研究中心）、北京大学国际癌症研究院、河北医科大学第四医院成立“京津冀肿瘤防治研究联合中心”，京津冀三地围绕临床肿瘤学、肿瘤流行病学、肿瘤生物学、肿瘤药学、肿瘤免疫学、血液肿瘤学开展合作。首届学术委员会主任为郝希山院士，首任主任为詹启敏院士。

图15　京津冀三方代表签约

（邹小莉）

【国家恶性肿瘤临床医学研究中心江西分中心】 2020年12月3日，国家恶性肿瘤临床医学研究中心江西分中心在江西省肿瘤医院成立。该中心是国家临床医学研究中心创新网络体系的组成部分，依托江西省肿瘤医院建立，打造江西区域恶性肿瘤临床医学研究高地，带动省市县级医院肿瘤专科建设，提高江西肿瘤防治能力和水平。

图16　双方签署分中心建设协议

（邹小莉）

科技企业

【简况】 天津市完成10万家科技型中小企业、3000家“雏鹰”企业、300家“瞪羚”企业、200家领军企业评价入库、认定等任务，打造科技型企业发展“2.0”“3.0”版。全市市级以上科技企业孵化器80家，其中国家级36家，在孵企业3900家；市级以上众创空间208家，其中国家级备案众创空间88家，专业化众创空间6家、列全国第3，在孵企业和团队5800个；产业技术研究院20家，衍生和孵化企业420家。累计举办五届创新创业大赛，为6000余家企业搭建平台。成立天使、创投等引导基金及政策性担保资金，建立高成长初创科技型企业专项投资扶持机制，出台贷款、股改等奖励政策，在各区支持建立31家科技金融对接服务平台，打造“科技金融大讲堂”服务品牌，形成覆盖科技型企业成长全周期的金融服务体系。引导基金参股设立天使、创投基金累计27支，开展投资超26亿元，带动投融资近140亿元；“一企一策”帮扶14家科技型企业上市，累计40家，占全市上市企业总数51%。贯彻落实统筹疫情防控和经济社会发展工作部署，制定专项工作方案，以“撮合”房租减免、就业、信贷为重点，对口服务16个区以及开发区、保税区、滨海高新区。累计“撮合”贷款、担保近30亿元，“撮合”承租国有经营用房孵化器执行减免政策，“撮合”9家高校人才与企业对接，遴选超过1000名特派员深入900家企业开展专业服务。

（吕景礼）

【天津市管道工程集团有限公司】 该公司企业技术中心通过认证复评，连续9年被认定为天津市企业技术中心。全年科技活动经费筹集总额10700万元，研究与实验发展（R&D）经费支出总额10700万元；申请专利79件，获国家知识产权局授权32件，其中29件实用新型专利，3件发明专利；与天津职业大学合作研究“基于大数据与物联网的保温管智能生产及物流系统的研究与应用”，通过智能化工厂和数字化车间建设，提升产品质量和产能。与南开大学联合研究，申请发明专利，其中“一种能自动液化的聚合硫酸氯化铝凝胶絮凝剂及其制备方法”和“一种聚合硫酸氯化铝铁絮凝剂的制备方法”两项发明专利获授权。

（郑国路）

【天津药物研究院药业有限责任公司】 2020年12月22日，该公司通过国家高新技术企业重新认定。该公司对所形成的工程化技术、新制剂、新技术标准、质量检测方法、商标、外观设计等依法取得知识产权保护。通过开展知识产权工作，构建专利保护网，构筑同类产品技术壁垒。全年获授权专利9件；申请商标6件；获批国家标准1项。

（李振佶）

【天津水务集团有限公司】 2020年，天津水务集团有限公司开展致嗅物质的处理技术、智慧水务建设、淡水壳菜的综合防治和疫情期间饮用水安全知识等主题技术讲座和专业研讨20余场，参加活动400余人次。到凌庄水厂、双青污水处理厂等现场观摩，参加活动60人。到社区开展“二次供水中常用消毒技术”“身边的网络安全”等科普工作。与天津大学、天津城建大学及天津市市政工程设计研究总院联合开展科研项目合作，《泵站调节池污泥淤积规律及清淤对水质影响的研究》和《污泥用于园林绿化土的应用技术研究》2项课题立项，进行泵站调节池清淤及污泥资源化利用项目的开发，项目经费145万元。建成天津水务集团中试基地，投资322万元。

（李　荣）

科学普及

【简况】 2020年，天津市科技局推进全域科普工作，与市科协召开4次科普工作联席会议，在天津科技馆新馆建设方案、“十四五”时期科学技术普及发展规划和全域科普中长期规划编制、新冠疫情防控和防震减灾科普宣传教育、科技周重大活动等方面开展协作。建立疫情防控科普宣传常态化机制，发挥137家市级科普基地和2500名科普专员作用，采取权威科普资源“专人筛选、统一发布、广泛推广”工作模式，提升权威科普信息的传播质量和普及效率。全市近百家科普网站平台累计发布（转发）超过1万条科学防疫信息，日最高阅读次数超过2万次，网上专题讲座约50场，线上科普活动超过100场（次），直接或间接受益人数近千万人次。组织网络科普专项行动，开发制作《科学战“疫”助力双赢》微视频，经科技部推荐在学习强国面向全国推广。开展“众志成城、战疫有我”全域防疫科普作品征集活动，征集来自全国的2724组优秀作品，在“科普天津云”“科普惠”“今日头条”“抖音”等平台向社会发布，受益超过2552万人次。开发数字科普馆、云展览、网络科普资源包等新媒体功能，推出360°全景VR云展览、“听海”海博电台等活动。市级科普基地总数达160家，国家级科普基地总数达31家，年接待群众参观超过1700万人次，举办各类展览、讲座、竞赛等活动超过2000场。开展科普品牌活动，举办天津市科普讲解大赛、科普微视频大赛、科学实验展演汇演、优秀科普图书评选等，超过200万人次参与关注，新华网、人民网、天津日报、津云等10余家官方媒体进行专题报道。选拔和培训天津市科技工作者、科普志愿者参加全国科普讲解大赛，获三等奖1项，优秀奖5项，天津市科技局被评为优秀组织单位。建立3300人的科普专员队伍，开展科普宣传、科学传播等工作。组织全国科普先进集体和先进工作者推荐评选工作，4个单位和7名个人获荣誉称号。

（刘瑞明）

【科普基地建设】 科普基地是弘扬科学精神、普及科学知识、传播科学思想和科学方法的重要载体，是开展社会性、群众性、经常性科普活动的支撑平台。天津市推进科普能力建设，调动社会各类组织参与科普的积极性，形成政府、企事业单位、高校、科研机构、社会团体等多方参与科普的局面。按照《天津市科普基地认定管理办法》（津科社〔2014〕45号）有关规定，市科技局、市教委、市科协组织专家对58家申报单位进行集中评审、现场踏勘和主管部门评议，提出建议名单。经市科技局局长办公会审议、网上公示等环节，认定滨海科技馆等35家单位为天津市科普基地。按照《天津市科学技术普及条例》和《天津市科普基地认定管理办法》的要求，市科技局组织开展2017年及以前认定的93家天津市科普基地的评估工作。经答辩评审、现场踏勘等程序，80家科普基地通过评估，其中天津科学技术馆等10家科普基地评估结果为优秀；天津市建筑工程质量检测中心有限公司科普基地建议整改；其他12家评估不合格的单位退出天津市科普基地序列。天津市市级科普基地总数达160家，国家级科普基地总数达31家，年接待参观总量超1700万人次。科普基地面向全市公众开展丰富多彩的科普活动，在疫情防控、防震减灾等社会化宣传中发挥作用。

（刘瑞明）

【天津市科学技术协会科普工作】 2020年，天津市科协为900多家企业进行数字化转型服务；协调“科创中国”专家与飞腾信息技术有限公司、麒麟软件有限公司等企业合作，解决产业发展信息化、智能化问题；组织全国学会与天津力神电池股份有限公司、盛实百草药业有限公司等企业开展57项对接；天津市石油学会举办全国炼化企业创新发展论坛，为渤海油田发展开展科技咨询服务；承办2020年全国创新方法大赛总决赛，为200多家企业培训千名研发人员。开展院士学术活动37场次、重点学术交流78场次、高校科协交流6场次，百余位两院院士到天津做学术报告，参加人员超100万人次。组织28个学会的百余名专家、千名志愿者开展集体产业技术指导、农技培训、农业科普等；组织市级学会、高校科协，开展55场文化科技卫生“三下乡”活动；完成武清区曹子里镇大白马港村、东柳店村结对帮扶任务；完成西部帮扶社会动员300万元专项工作，筹集款物378万元；联合主办“天津市科技助力精准扶贫工作成果展”。启动应急防疫科普，市区两级科协267人参加疫情防控；152个科技社团、69位科普大使、3100名基层“N长”、9.6万名科技志愿者、4.8万名社区（村）网格员、16万名科普信息员助力疫情防控；科技工作者建言献策170余项；举办天津市科技工作者抗疫风采展，接待团队313个、超过10万人次。截至2020年年底，全市市级学会累计152个。新冠肺炎疫情发生后，152个市级学会慰问抗疫一线科技工作者，23个医学领域市级学会帮助卫健系统动员医疗科技工作者驰援一线，80余个市级学会联系专家普及防疫知识、传播防控方法，累计传播全域防疫科普知识3000多万条。市健康教育协会、市心理学会等60多个学会组织专家学者推出科普作品181种。市医学会专家任新生讲解的“无症状传播”4天点击量突破1000万人次。市心脏学会举办第十届渤海－天津心脏学术会议，中国工程院院士韩雅玲等近百位心血管专业的专家学者进行研讨交流，在线观看9.5万人次。市机器人学会、市机器人产业协会、市机器人与智能制造产业技术创新战略联盟和南京理工大学北方研究院联合主办第三届天津机器人大会，150余人参加会议。

（潘玉伟）

【全域科普】 2020年，天津市科协推动全域科普进入《生态环境保护条例》《生活垃圾管理条例》《突发公共卫生事件应急管理办法》《街道工作条例》等地方性法规。与有关部门联合开展“健康天津行动－健康知识普及行动”、防震减灾专项科普工作、生态环保科普活动。新冠肺炎疫情期间，开展应急防疫科普，服务覆盖超过5700万人次，60多个学会组织专家学者推出科普作品181种，全媒体累计传播防疫科普知识超8000万条次。在全市246个街道（乡镇）成立科协组织，1728个社区、3538个村成立科普组织，科普工作进入5145个社区（村）党群服务中心，明确4.8万名社区（村）网格员承担科普工作责任。“科技大讲堂”“我们爱科学”等8个市级科普传播“生活黑科技”“百医百顺”等10档电视科普节目。发展科普信息员16万名，全市4000多家市属社会组织开展行业科普，全年服务上百万人。开展天津市科学传播职称评审，42人获中、高级职称。会同有关部门举办第34届科技周、全国科普日、全国青少年科学影像节活动，带动基层开展科普活动2860场、基层反邪教宣传活动1930场。

（潘玉伟）

【河北工业大学举办科技活动周】 2020年8月23日至29日，河北工业大学以“科技战疫、创新强国”为主题开展科技活动周。校科协与校团委联合举办2021年第十七届“挑战杯”全国大学生课外学术科技作品竞赛校内选拔赛，培养河北工业大学的大学生创新意识、创造思维、科技能力和学术精神；联合化工学院、机械工程学院为师生举办科普知识讲座10余场；邀请天津市人民医院李松松做关于“新冠疫情的再认识和相关思考”讲座；邀请王云峰开展专题对话；通过线上问卷方式，开展“疫情防控”知识竞答；组织师生观看战疫纪录片；通过线上直播形式向公众展示实验室的研究方向与科研成果。

（王媛媛）

【战疫情节目】 2020年2月29日，由天津市科协主办的《天津科技大讲堂》推出“战疫情”特别节目，在天津广播电视台科教频道、津云网络平台、中国青少年科技辅导员协会科技学堂平台进行直播。邀请天津市新冠病毒肺炎医疗救治专家组吴琦、智英健康数据研究中心黄森忠、南开大学生命科学学院丁丹、天津中医药大学第一附属医院治未病科汤毅、天津医科大学心理健康教育中心毛富强等，对天津市疫情防控举措和医疗救治手段做介绍，围绕大数据技术对疫情发展分析、新冠病毒及检测研究进展、中西医结合产生抗疫效果以及突发应激事件中心理干预的意义作用等作讲解。

（潘玉伟）

【线上—线下相结合的心血管疾病防—治—养一体化“养心”特色科普活动】 该项目由泰达国际心血管病医院刘亚平、葛焕琦、郭琪等完成，2020年1月通过泰达国际心血管病医院验收。该项目促进和带动居民心血管疾病、糖尿病的认识和重视，降低发病率，节约医疗费用，减轻个人和社会的经济负担。医院担负滨海新区心血管疾病及糖尿病的科普性健康教育工作，在全市推广多学科融合、全员参与、多形式综合应用的医学科普教育模式。通过线上微信公众号、医院官网发布心血管疾病预防及康复相关科普知识，为居民提供预防保健知识；通过院内讲课，邀请专家学者开展大讲堂活动等多种形式满足人群需求；通过制作、发放科普材料，使心血管健康保健知识的宣传具有持久性。

（许一凡）

学术交流

【2020中国创新设计大会天津峰会&云峰会】 2020年11月29日，2020中国创新设计大会天津峰会&云峰会召开。大会以“创新设计助力中国制造腾飞”为主题，研究创新设计助力装备制造业升级转型、天津市建设设计之都产业布局、天津市智能制造发展基础及对策等，为推动创新设计产业发展、宣传创新设计先进理念、提升区域和行业创新设计能力，服务坚持制造业立市起到促进作用。河北工业大学、天津大学、河北区科学技术局等单位参加线上线下活动。全市各行业专家学者代表80余人参加大会，超2万名观众通过VTC云直播平台在线观看。

（潘玉伟）

【2020天津信息技术应用创新研讨会】 2020年12月10日，由中国科学技术协会学会学术部、天津市工业和信息化局指导，“科创中国”试点城市建设北京天津挂点工作组、天津市科学技术协会、天津市信息技术应用创新工作委员会、天津信息技术应用创新产业（人才）联盟共同主办，天津市软件行业协会、滨海新区科协等单位联合承办的“‘科创中国’信息技术促进实体经济发展高峰论坛暨2020天津信息技术应用创新研讨会”举办。6位业界代表从各自领域分别发表信创标准体系建设、信创产业生态建设、信创人才培养体系、信创自主创新突围、信创金融领域应用及鲲鹏生态搭建等主题分享。成立天津市软件和信息技术服务业专家顾问委员会、天津市软件行业协会区块链分会，发布2019年度天津市软件和信息服务业人力资源薪酬调查问卷分析报告。天津市信创企业代表近200人参加会议。

（潘玉伟）

【弘扬新时代科学家精神建设世界科技强国报告会】 2020年7月30日，天津市科协举办“弘扬新时代科学家精神 建设世界科技强国”专题报告会，中国工程院院士张伯礼出席，作“中医药抗击疫情的经历与思考”专题报告，介绍新冠肺炎的医疗救治、科技攻关、前沿技术、疫情进展相关情况。中国科学院院士饶子和等出席，市社科联、市社科院、市科协等近200人参加报告会。

（潘玉伟）

【中国海油首届科技大会】 2020年10月23日，由中国海洋石油渤海地区协调领导小组、中国海油渤海油田科学技术协会主办的首届科技大会在天津滨海新区开幕，大会主题为“科创渤海·智领未来”，中国工程院院士周守为、罗平亚、曾恒一、李根生、邓运华等出席。大会围绕中国海油建设中国特色国际一流能源公司奋斗目标和渤海油田“十四五”发展目标，探讨加快科技创新、突破关键技术领域、解决关键核心技术难题、构建支撑上产4000万吨的近海油气勘探开发技术体系等问题。海洋石油工程股份有限公司、中海油田服务股份有限公司、中海油能源发展股份有限公司天津分公司、中海石油（中国）有限公司天津分公司等4家中国海油驻津单位设立视频分会场，1000余名渤海油田科技工作者参会。

（潘玉伟）

【中国医药生物技术协会临床前评价技术专业委员会】 2020年10月22至23日，中国医药生物技术协会临床前评价技术专业委员会成立大会暨第一届生物制品临床前评价学术会议在天津举办。该次会议由中国医药生物技术协会主办，中国医药生物技术协会临床前评价技术专业委员会和天津药物研究院承办，天津天诚新药评价有限公司、天津和创生物技术有限公司、天津中草药杂志社协办，会议主题为“聚能·创新”，中国工程院院士刘昌孝、王军志等出席。中国医药生物技术协会临床前评价技术专业委员会吸纳委员55名，刘昌孝当选主任委员。

（王　琳）

【天津国际视网膜论坛暨玻切星世界临床病例讨论会】 2020年10月24日至25日，天津国际视网膜论坛暨玻切星世界临床病例讨论会在天津医科大学眼科医院举行，5个国家和地区数百位专家学者参加，就国内外玻璃体视网膜疾病进展进行总结和交流，围绕前沿性热点问题进行讨论。会议在提高眼科诊疗水平、扩大国内外影响力、促进玻切手术技术创新等方面具有意义，为天津医科大学眼科医院对接国际眼科诊疗水平搭建平台，为学习国内外先进理念提供机会，为实现共享眼科新知识建立沟通机制。

（杜　静）

科技服务

【科技惠民】 2020年，市科技局支持科技特派员项目30个，农业科技帮扶提升项目9个，新增备案团队科技特派员57个，法人科技特派员24个，认定津甘双地科技特派员145人；累计建立138支科技帮扶团队，培育科技特派员总数超过1000人，推广农业新技术、新成果600余项，形成“科技特派员＋基地＋农户”“科技特派员＋农户”等工作方式，推动全市现代都市型农业发展。支持环境污染治理项目11个，财政经费560万，带动社会投资2011万元；中央引导地方科技发展专项湿地项目提出《天津“一中心四基地”滨海湿地生态观测系统规划方案》，提出近天然湿地区保育恢复、远天然湿地区人工强化恢复2种技术模式，在七里海湿地进行示范应用；针对外来物种互花米草入侵问题，研发天津滨海互花米草防控技术方案，协助北大港湿地管理中心进行2000亩海滩互花米草防治示范应用，北大港湿地列入《国际重要湿地名录》。中国盐碱地生态产业技术创新战略联盟开展土壤、植物、绿地、生态和新技术方向等科研项目17项，与天津中医药大学联合申报“天津市中药植物资源高价值开发及其废弃物智能高效利用企业重点实验室”；天津市海绵城市产业技术创新联盟完成雨季实地监测海绵城市国家试点区建设，编写的《海绵城市建设浅层土壤渗透性测试标准》，填补国家空白。张伯礼团队与国家中医医疗队协作，完成多中心大样本新冠肺炎中医证候流行病学调查研究，总结中医药对新冠肺炎临床疗效的特点和规律；研制宣肺败毒颗粒，入选国家中医药管理局“三药三方”；天津红日药业股份有限公司的血必净注射液列入国家卫生健康委发布的《新型冠状病毒肺炎诊疗方案》（试行第三～七版），作为中、重症治疗药物之一；康希诺生物股份公司参与研发的重组新型冠状病毒疫苗（腺病毒载体）在全球率先开展临床研究，获中国发明专利授权，在5个国家开展全球多中心Ⅲ期临床试验，试验数据表明该疫苗安全、可快速实现免疫保护；全市9个检测试剂盒获国家医疗器械注册证，22个检测试剂盒获欧盟安全性认证；天津怡和嘉业医疗科技有限公司研制的“ResPro系列”呼吸机，获医疗器械注册证。

（汤桂兰　党　馨　张钺伟　李宏博）

【科技扶贫】 2020年，市科技局制定《2020年天津市科技局东西部扶贫协作与对口支援及合作工作方案》及《2020年天津市科技局东西部扶贫协作与对口支援及合作工作任务分解表》。组织开发“津科帮扶”在线咨询服务平台，实施“互联网+农业科技特派员”工作机制，与甘肃、青海、新疆建立线上专家库，入库专家400名，注册用户1500余人，在线咨询解答果树用药、乳肉兼用牛养殖、香菇种植等问题150余个。组织实施红景天苷等藏产中药材活性成分提取工艺的研发与示范、甘肃平凉苹果深加工关键技术与示范等8个科技援助项目，培训4000余人次，带动脱贫人数近2000人。认定145名志愿服务甘肃乡村振兴、生态文明建设和特色产业发展的科技人员。引导天津人才资源与受援地共建牦牛专家工作站、天农－甘南青稞联合研发中心等创新平台。市科技局与新疆于田阿热勒村签订《天津市科技局 阿热勒村村民委员会帮扶协议书》，发布《科技引领绘宏图 脱贫攻坚显担当》倡议书，组织“疫情当前，服务不打烊，农业科技特派员在行动”系列专题报道，记录农业科技特派员抗疫战贫助农先进事迹，在天津日报、新华网及市扶贫简报等发表信息50余篇。天津市农业科技特派员班立桐、戴建良被评为全国脱贫攻坚先进个人。

（汤桂兰）

【档案科技管理】 2020年，天津市档案局完善档案科研专家库建设，在档案科技项目立项、验收和评奖等环节组织专家进行审核把关。全市申报9个国家档案局科技项目，其中《机构改革后档案工作机制与工作模式创新研究》等4个项目获国家档案局批准立项，《档案封存与寿命延长的关键技术研究》等5个项目通过国家档案局验收，《疾病预防控制档案系统创建与标准制定研究－以天津市疾控中心为例》等3个项目通过市档案局验收。天津市城市建设档案馆承担的《城市规划档案管理公共服务能力提升研究－以天津市为例》获国家档案局优秀科技成果三等奖。该项目对规划档案管理相关标准规范进行完善，构建全新业务流程，搭建档案管理平台，实现规划档案信息前端控制和业务电子文件在线归档，整合市、区档案馆（室）规划档案资源，提升城市规划档案共享利用水平，全市规划系统电子文件自动归档近2.7万件，建设用地、建设管理、规划验收项目文件材料归档率100%，市政项目文件材料归档率99%，向社会提供利用规划档案近1.2万卷。

（天津市档案局）

【职工宣传教育】 2020年，天津市职工宣传教育文化中心组织召开职工优秀技术成果专家认定会4场，认定职工技术创新成果99项，35家企业、624名技能人才获“天津市科学技术成果登记证书”。9个劳模（职工）创新工作室参加中华全国总工会开展的2020年度职工创新补助资金项目，其中天津航天长征火箭制造有限公司崔蕴国家级技能大师工作室“大型运载火箭尾舱管路总装技术研究”、中国石油大港油田公司第三采油厂宫艳红创新工作室“油水井提质增效关键技术及规模化应用”分获40万元和20万元项目补助资金。全市18家企业19项专利参加遴选第二十二届中国专利奖，其中“一种Zr-B-O-N纳米复合涂层制备工艺”专利项目列入参评名单。全市5个行业的27项职工创新成果参加第六届全国职工优秀技术创新成果交流活动，其中“内河沉管隧道建设关键技术研究与应用”项目入选。2020年，天津港保税区开展技能竞赛16项，参赛企业160余家，参与竞赛职工4000余人。嘉里粮油（天津）有限公司获天津市非公企业劳动竞赛示范单位评选展示第一名。天津经济技术开发区开展的职工技术创新评审活动中，其中一等奖20项，二等奖30项，三等奖50项。

（解　雯）

【服务科技工作者】 2020年，天津市科协面向领军人才、高端人才，开展“天津市杰出人才培养计划”；面向青年后备人才，实施“天津市青年人才托举工程”“天津市‘科技咨询专家’青年项目”。为36名杰出人才培养计划入选者、38名青年人才托举工程入选者拨付培养经费1419.6万元。组织国家级科技人才奖项推荐工作，天津市张伯礼、王树新、陈军、程博闻、王黎明等5人获第二届全国创新争先奖，孟祥飞、陈焱、展思辉等3人获第十六届中国青年科技奖，陈波、崔永抗、刘海亮等11人入选第五届中国科协青年人才托举工程。制定《关于进一步关心关爱医护科技工作者的若干措施》，明确11项关心关爱务实举措。加强27个科技工作者调查站点建设，开展人才发展、科技创新等4项专项调查。制定实施《关于科技工作者之家服务体系的指导意见（试行）》，统筹各级科协组织、科技社团，借助科研院所、科普基地、党群服务中心等资源，建设覆盖全市的科技工作者服务机构，全年建成示范点49个。挂牌成立天津市院士之家，全年服务接待院士专家1961人次，服务科技工作者7727人次，服务各类学术活动111场。全国科技工作者日期间，市、区科协慰问300余个基层单位、2000余位一线科技工作者。

（潘玉伟）

【服务地方经济建设】 2020年，河北工业大学开展“走访百县”活动，走访石家庄、衡水、唐山、邯郸等20余个市县，实地考察调研冀中能源集团有限责任公司、河钢集团、安鑫集团、泰华集团等80余家企业，与邢台市人民政府签署全面合作框架协议；河北教育网、津云、全国产经平台头条等对河北工业大学暑期“走访百县”活动进行跟踪报道，发布新闻报道43篇；机械工程学院、土木与交通学院等13个学院走访40余个市县，与100多家企事业单位对接洽谈，部分学院与企业签署合作协议，推动地方经济发展。河北工业大学鼓励引导科技人员服务天津企业，加强科技成果转化，为企业提供科技和智力支撑，选派49名科技特派员入驻企业，推荐20名企业科技特派员与企业联合申报特派员项目。

（王媛媛）

【海河工匠技能大赛】 2020年，天津市职工宣传教育文化中心承办“海河工匠杯”技能大赛－中华人民共和国第一届职业技能大赛天津选拔赛暨2020年天津市职工职业技能大赛。全市36家区、局、集团公司，93家基层单位，360人参赛，92.4万人在线观看大赛网络直播。天津电子信息职业技术学院于晓光、吴志刚获奖，电子信息1队在AWD攻防对抗团体赛中获奖，学院获优秀组织单位奖。中国石化第四建设有限公司、天津市机电工艺技师学院、天津职业大学、天津航天机电设备研究所的4名选手参加全国赛。天津航天机电设备研究所孟庆昕作为“海河工匠”代表接受媒体报道。天津市总工会对在市级决赛中获奖的选手授予天津市五一劳动奖章，给予现金奖励。

（解　雯　杨　阳）

【天津“健康码”服务城市疫情防控一码通行】 天津市委网信办、天津市大数据管理中心开发建设天津“健康码”系统，2020年2月29日上线服务，通过“津心办”APP或“津心办”支付宝小程序、微信小程序在线申领。该系统个人填报信息与国家确诊及疑似病例库、密切接触者库、县域疫情分级风险等级库、入境人员信息库、跨省健康码库等数据进行校验比对。全年调用国家接口15亿次，数据3946万条，自主申领1831万人，累计亮码10.6亿次，服务数据核验排查1300余万人次。追踪14天内人员健康码动态信息，与人员其他地区健康码信息综合研判；与国家政务服务一体化平台、天津市卫生健康委医院入院登记系统、天津市市场监管委食品安全追溯平台等对接，跨地区联防联控、医院分诊和冷链食品全流程追溯。天津市范围内主要交通场站、人员聚集场所实现绿码一码通行。

（天津市大数据管理中心数据资源处）

【天津市“互联网+监管”助力创新监管方式】 该项目由国务院办公厅主办，天津市委网信办、天津市大数据管理中心开发建设，2020年11月完成，在市区两级500余个部门进行应用推广。该项目编制覆盖市、区两级的监管事项目录清单，建设监管数据中心，建设面向社会公众工作界面和面向政府部门工作界面，建设标准规范体系和安全防护体系，构建7个应用系统；建设完成8个基础主题库，监管数据2.17亿余条，完成全市监管事项目录和实施清单梳理，向国家平台推送监管数据1.6亿余条；建立全市统一监管风险预警模型，完成应急管理、生态环境等13类领域30余个风险模型建设，接收国家下发预警信号1664条，产生本地信号6541条；为执法人员提供工作信息化工具，防疫期间加入“健康码验证”模块。

（天津市大数据管理中心研发运维一中心）

【天津市信息资源统一开放平台】 该平台由天津市委网信办、天津市大数据管理中心开发建设，网站Web端、“津心办”APP、微信小程序等多渠道发布。截至2020年年底，信用服务、医疗卫生等21个主题上线，1019个数据集、566个接口，数据总量7003.19万条，访问总量超过967万次。用户可查看相关数据、检索数据名称，可选择获取数据资源方式。2020年7月，天津市互联网信息办公室印发《天津市公共数据资源开放管理暂行办法》，指导和规范天津市信息资源统一开放平台建设和天津市公共数据资源开放。天津市信息资源统一开放平台提供政务数据支持，提高开放数据的社会利用价值，推动天津市营造数据开放生态，2020年发布的《中国地方政府数据开放报告》中，天津市开放数林指数在全国排名第8。

（天津市大数据管理中心数据资源处）

各区科技

天津市滨海新区

【简况】 天津市滨海新区全年技术合同成交额372.2亿元，同比增长63.1%。申请新认定高新技术企业996家，重新认定评审通过561家，新增788家，增长27.7%，累计3349家。国家科技型中小企业评价入库3089家，增长50.8%。“雏鹰”企业评价入库1407家，增长161%；“瞪羚”企业评价入库138家，增长22.1%；领军（培育）企业新增23家，累计108家。独角兽企业累计4家。新增科技型上市企业2家，累计28家。获国家科学技术奖4项；天津市科学技术奖73项（其中科技进步特等奖3项、科技进步一等奖11项、技术发明一等奖2项），增长5%。全年新增市级以上研发平台12家、市级企业重点实验室9家、市级技术创新中心3家、市级制造业创新中心3家、产业技术研究院2家。市级以上研发机构累计518家，其中重点实验室138家（其中国家级17家）、工程（技术研究）中心111家（其中国家级16家）、企业技术中心254家（其中国家级33家）、其他15家。全区建成市级以上众创空间68家，其中国家专业化众创空间4家、国家级众创空间24家；市级以上科技企业孵化器30家，其中国家级15家。引进国家省部级创新人才6人，选拔“国家特支计划”科技创新创业领军人才30人，累计引进新区创新领军人才74人，培养青年英才39人，引进外国专家210人，实施外国专家项目14个。 （王明涛　沈　静）

【科技金融】 举办“云服务”系列线上活动，从科技政策、股权融资、债权融资、融资租赁、上市辅导等维度帮扶企业。发挥辖区科技金融对接服务平台作用，组织各类金融对接活动300余场，帮助企业对接投融资超过20亿元。帮助科技企业争取市级雏鹰贷款奖励、区级股改补贴、股权融资等。上市后备库企业服务，天津锐新昌科技股份有限公司、泽达易盛（天津）科技股份有限公司登录创业板和科创板上市，康希诺生物股份公司在科创板上市，成为科创板首个“A+H”疫苗股，新区上市科技企业累计28家。 （张　昂　王　妍）

【科技型企业发展】 滨海新区认定国家科技型中小企业3089家，“雏鹰”企业评价入库1407家、“瞪羚”企业评价入库138家，1539家企业通过国家高新技术企业认定，国家高新技术企业累计3349家。新增国家专业化众创空间2家，国家级众创空间5家，市级众创空间4家，市级科技企业孵化器3家。累计建成国家专业化众创空间4家，市级以上众创空间68家，市级以上科技企业孵化器30家，13家生产力促进中心纳入市级生产力促进中心培育体系。组织开展双创论坛系列活动，推荐科技型企业参加天津市创新创业大赛，29家获奖。 （闫　蓓　郑运昕　成新元　王　婧）

【重大科技创新平台建设】 滨海新区制定印发《滨海新区关于进一步支持创新载体平台建设的若干措施（试行）》，修订完善《关于滨海新区进一步支持研发中心的实施细则》《关于滨海新区支持国家级和省部级科研院所来滨城发展的实施细则》。建设实施国防科技大学飞腾、麒麟、北斗、物联网等首批落地项目。天津（滨海）人工智能军民融合创新中心与8家单位签订合作协议，全年签订项目合同13项，合同金额超1.1亿元。完成新一代E级超级计算机项目机房配套设施建设。国家超级计算天津中心研发新冠肺炎医学影像AI辅助诊断系统，在线服务中国和美国、印度等十几个国家200余个医院和科研机构，访问量超过100万次。清华大学天津电子信息研究院项目近120个，注册公司40家，涉及芯片、激光、物联网、医疗器械等领域，其中国家高新技术企业8家、"瞪羚"企业3家。北京大学（天津滨海）新一代信息技术研究院研发团队国家杰出青年等领军人才30余名，形成以高文、黄如、梅宏等院士领衔的一批代表性成果，其中天津云圣智能科技有限责任公司获新基建产业独角兽TOP100、中国科创企业百强，完成近1.8亿元B轮融资，估值超10亿元。浙江大学滨海产业技术研究院引进培育各类人才300余人，聚焦"智能制造"和"医疗健康"领域，成立研究中心17个，院企联合研发中心14个，研发办公场地及标准厂房3.53万平方米。天津中科智能识别产业技术研究院推动智能制造、智能安防、智能服务、智能教育4个二期项目建设，承接国家、地方等项目40余项，申请国家发明专利70件，累计为70余家企业提供技术服务，为新区20余所中小学数万人次提供人工智能科普教育服务，获批天津市人工智能科普基地。中英生物医药技术转化与产业化基地入驻项目及企业53家，其中7家企业被认定为国家高新技术企业，2家企业挂牌天津OTC股权交易市场成为直通板企业，入驻企业纳税总额近3000万元。

（张　昂　皇甫健　张　静　张文升）

【生物医药产业发展】　滨海新区建设"细胞谷"、国家合成生物技术创新中心，制定《2020年滨海新区细胞产业技术创新行动方案工作要点》，建立市区两级"细胞谷"领导小组联席会议制度，组建"细胞谷"专家库，"细胞谷"试验区在天津经济技术开发区和天津滨海高新区挂牌；推动天津药物研究院和中国医学科学院血液病医院（血液学研究所）共建细胞产品质控中心，该项目获批天津市细胞技术创新中心；天津昂赛细胞基因工程有限公司研发的"注射用间充质干细胞（脐带）"新药临床试验启动，合源生物科技（天津）有限公司的中国首个自主CAR-T细胞治疗产品"CNCT19细胞注射液"获国家药监局"突破性治疗药物"认定；天津药物研究院有限公司的泰宁纳德获Ⅰ类新药临床试验许可；京天成、瑞博生物等项目落地。建设国家合成生物技术创新中心核心研发基地，实施"天津市合成生物技术创新能力提升行动专项"，组织国内37家单位共同承担重大科技攻关项目、人才项目、产业孵化项目等60项，项目总经费4.66亿元；开启全球引才引智工作，引进高端人才65人；协同创新网络初步形成，与44家国内高校院所签订共建合作协议，与比利时弗兰德生物技术研究院签约成立国家合成生物技术创新中心TIB-VIB合成生物学联合中心；牵头组建生物制造产业（人才）联盟，联盟成员123家；孵化引进双创企业14家，新增注册资金2.5亿元；在新型碱基编辑技术、新酶设计、工业底盘创制等领域取得突破，创制缬氨酸、左旋多巴、红景天苷、食用蛋白质、健康糖等具有自主知识产权的高性能工业菌种，技术水平国际领先。启动"新型冠状病毒感染应急防治"重大专项，获天津市科技奖抗疫特别奖5项；康希诺生物股份公司在上交所科创板上市，康希诺重组新冠疫苗率先在全球启动，获中国军队特需药品批件；中新科炬、丹娜生物、喜诺生物的10款新冠病毒抗体检测试剂盒获中国三类医疗器械注册证书或欧洲统一认证。滨海新区科技局组织专场对接会，天津瑞派宠物医院管理股份有限公司发布疾病治疗干细胞技术、疫病预防用疫苗、AI远程诊断技术等9个领域的技术需求和合作项目，15家产业上下游企业参加，达成10余个合作意向。举办"洞察先机、行稳致远—新变局之下生物医药产业发展未来趋势与策略""第三届京津智慧医疗创新""天河助力产业发展—智慧医疗生态创新论坛"等系列活动。

（于　萍　高　慧）

【科技项目管理】　滨海新区纳入中央引导地方科技发展资金"科技抗疫·百城百园"成果转化行动重点城市（园区），7个项目立项，获国家财政经费800万元。组织新区企事业单位申报天津市自然科学基金、重点研发计划、科技重大专项以及技术创新引导专项（基金）等20个类别1460项科技计划项目，其中，1253家企业获研发投入后补助，获补贴1.97亿元。（单　琪）

【科技人才】　滨海新区对支持高层次人才团队、科技成果转化、青年英才等5项政策进行修改升级，新制定2项人才政策。落实"鲲鹏计划"科技创新领军人才、青年英才、科技创新券等人才计划相关政策，组织新区创新创业领军人才、国家省部级人才等各类人才项目申报。评选出创新领军人才14人，对40名青年人才进行培养和结项验收，拨付青年英才培养经费225万元，推动企业领取和使用区级科技创新券订单107个。推荐60个人才和团队申报天津市第七批创新人才推进计划，入选36个，组织34家企业设立创新人才推进计划开发科研助理岗位167个。承接“外国专家短期来华邀请函办理”“引进境外技术、管理人才项目申报”“出国（境）培训项目管理”3项市级权力下放事项，开设外国专家服务窗口，组织申报引进国（境）外专家项目46个，9个项目获市级资助140万元，依托外国专家项目引进外籍人才15人。制定《关于支持滨海新区外籍人才创新创业的工作方案》，为外籍人才办理在华永久居留推荐函6人次，为获得在华永居的外籍人才申请高层次人才服务证金卡，为外籍人才申请和发放高层次人才服务证。疫情期间，启动绿色通道，实行不见面审批，采取申请材料容缺受理，确保各单位对外籍人才的引进。

（谷　蜜　戴宗桐）

【科技成果与奖励】 滨海新区获天津市科学技术奖73项，同比增长5%，其中，科技进步特等奖3项、科技进步一等奖11项、技术发明一等奖2项。获天津市科学技术奖抗击新冠肺炎疫情特别奖5项，其中，一等奖1项，二、三等奖各2项。天津华鸿科技股份有限公司等7家单位获科技部“百城百园”行动先进成果示范基地证书。中加水与环境安全联合研发中心“基于人工智能和遥感水质监测系统”获第二十二届中国国际高新技术成果交易会“优秀产品奖”。完成51家市级技术转移机构和12家示范机构认定。天津汉康医药生物技术有限公司、天津天诚新药评价有限公司、天津国际生物医药联合研究院有限公司获2020年“天津市金牌技术转移机构”。开展“百城百园”科技抗疫成果转化行动，争取中央引导资金800万元，7家立项示范企业取得成果。以中央引导地方资金、天津市企业研发投入后补助、高新技术企业认定奖励和滨海新区重大专项形成近4000万元的“资金池”，引导社会资本投入超2亿元，取得13项抗疫成果。制定《2020年滨海新区技术合同认定登记工作方案》，带动技术合同登记点在全区开展技术交易活跃度提升行动。全年技术合同成交额372.21亿元，比2019年增长63.14%。

（王　雪　辛　鹏）

【科学普及】 滨海新区推动科普基地建设，滨海科技馆、浙江大学滨海产业技术研究院等10家单位获批天津市科普基地，累计50家。在天津市第34届科技周期间，举办“汽车战疫，科普强国”“创‘芯’梦想智慧未来”等6场开放日活动，260余名中小学生、企业职工和城乡居民参加，赠送科普图书近百册，发放科普资料300余份。整合4个研究院、5家企业的科技资源，选派35名科技志愿者组成12支技能培训和科普志愿者服务队，在6个街镇开展“新时代文明实践赶大集”活动20场次，其中在“点单派单”服务平台发布15场次，惠及社区群众、村民、中小学生、高校院所和企业科技人员2000余人次，《滨海时报》《今晚报》《每日新报》和津滨网等融媒体刊发活动消息24篇。组织辖区市级科普基地参加天津市心肺复苏技能培训，完成培训考核63人。

（万伟东　戴宗桐　谷　蜜）

【科技扶贫】 滨海新区印发《2020年东西部扶贫协作和支援合作工作方案》《推进网络扶贫信息化建设工作方案》。与天津市农科院向受援地区推广“津科助农”网络公开课，投放“水产微生态制剂选用”等10个专业技术培训课程。“科技扶贫惠农专项培训活动”登录云端，黄南州四县、甘南州合作市、张家川县和新区赵连庄困难村群众同时在线。天津瑞普生物技术股份有限公司邀请内蒙古农业大学兽医学院祁生旺在线讲授“黄肉牛的饲养管理与疫病防控”课程，线上互动人数超300人，张家川县组织分会场集中收看。组织“弘扬扶贫精神 凝聚奋斗力量”主题学习宣讲、“津城献爱心 精准助脱贫”主题消费扶贫、“脱贫攻坚我有责 人人参与献爱心”主题实践、“扶贫助困送温暖 真情关怀暖人心”携手奔小康等国家“扶贫日”专题系列活动。

（辛　鹏　陈　民）

天津经济技术开发区

【科技管理与服务】　天津经济技术开发区制定出台《加快引育新动能推动科技企业高质量发展的八条措施》。国家高新技术企业累计784家；国家科技型中小企业累计785家；“雏鹰”企业累计370家；“瞪羚”企业累计46家。制作培训课件，利用网络直播方式为区内企业培训“技术合同登记实务”，结合“党建惠企行动”“高企政策培训”等主题活动为企业宣讲技术合同登记政策。开展“共筑梦想、创赢未来”生态环境产业创新创业大赛推介会、第二届京津智慧医疗创新论坛、新冠病毒肺炎疫情防治技术创新与应用高峰论坛、允能资本小桌局POCT&微流控技术研讨会等系列活动。与中电建生态环境集团有限公司、一带一路环境技术交流与转移中心举办“2020创响中国天津经开区站暨生态环境产业创新创业大赛首届天津复赛区”活动。承办“2020年全国大众创业万众创新活动周天津分会场”活动。开展“科技融资那些事”主题系列活动。

（陈志远）

【科技成果与奖励】　天津经济技术开发区“天河三号”机房建设完工，人工智能创新中心迁址。双创示范基地获批国家特色创新创业载体项目。亿昇（天津）科技有限公司入选全国首批两业融合试点单位，成为全市唯一入选企业。诺思（天津）微系统有限责任公司牵头的科技项目获国家重点研发计划专项，天津芯海创科技有限公司参研的芯片ESW5610获行业“新锐产品奖”，连续三届获“中国芯”称号。天津利安隆新材料股份有限公司获评国家级企业技术中心，入选全国制造业单项冠军企业、中国轻工业塑料行业十强企业。康希诺生物股份公司与军事科学院联合研发的腺病毒载体新冠病毒疫苗进入三期临床试验。凯莱英医药集团（天津）股份有限公司进入2020中国化学制药行业工业企业综合实力百强。天津泰达洁净材料有限公司、国家超级计算天津中心获2020年度天津市科学技术奖抗击新冠肺炎疫情特别奖一等奖和三等奖。康希诺生物股份公司、邦盛医疗装备（天津）股份有限公司、零氪科技（天津）有限公司等23家企业申报科技抗疫先进技术成果37项。

（陈志远）

【科技项目管理】　天津经济技术开发区科技企业申报天津市自然科学基金项目、天津市重点研发计划科技支撑重点项目、企业研发投入后补助专项、新型冠状病毒感染应急防治科技重大专项、智能制造专项等项目，申请扶持资金，立项400余项。康希诺生物股份公司“新型冠状病毒候选疫苗研发”项目立项天津市新型冠状病毒感染应急防治科技重大专项。8家科技企业入选科技部“科技助力经济2020”重点专项天津市推荐项目名单。321家企业获批“研发投入后补助”。

（陈志远）

天津港保税区

【简况】　天津港保税区重点发展生物制造、高端装备制造、人工智能、航天航空、海洋经济、氢能利用等创新型产业建设；强化创新链和产业链深度融合，持续提升产业自主创新能力；打造科技创新平台，提升原始创新策源能力；引育高技术、高成长、高价值企业，夯实企业创新主体地位。截至2020年年底，天津港保税区国家高新技术企业累计433家；国家科技型中小企业502家；“雏鹰”企业278；“瞪羚”企业21家；科技领军及领军培育企业21家；上市企业11家；国家级孵化器1家；国家级众创空间6家；市级以上企业技术中心54家，其中国家级13家；企业重点实验室28家，市级以上技术创新中心3家，其中国家级1家；产业技术研究院1家；全年完成技术合同交易额106.6亿元；R&D投入占比5.3%；科研院所13家；工业战略新兴产业增加值占比全区规上工业增加值33.1%；高技术制造业增加值占比全区规上工业增加值14.6%。

（钟　晾）

【科技创新创业载体建设】　2020年12月24日，国务院办公厅发布《关于建设第三批大众创业万众创新示范基地的通知》，涉及全国92个区域、园区及企业，天津港保税区入选融通创新方向国家级大众创业万众创新示范基地。天津港保税区兽用生物制品国家专业化众创空间、化工新材料国家专业化众创空间通过科技部第三批国家专业化众创空间备案；渤化集团众创空间通过国家级众创空间备案。瑞普生物智创谷、民航科技创业苗圃在天津市众创空间绩效评估中获评“优秀”。截至2020年年底，保税区各类创新创业载体累计34家，其中国家级6家、市级以上19家。

（钟　晾）

【创新发展生态环境】　天津港保税区制定出台《天津港保税区产业专项扶持资金管理办法》《天津港保税区科技创新引领新动能引育工作方案（2020-2024年）》《天津港保税区关于加快新动能引育支持科技型企业高质量发展的政策措施》，从产业、平台、企业、人才、政策等推进新动能引育工作，发挥科技企业、创新产业、创新平台为区域经济发展起到的“新势能”“新引擎”作用，推动天津港保税区建设成为新时代高质量发展排头兵。

（钟　晾）

【科技奖励】　柯顿（天津）电子医疗器械有限公司“非接触式高精准红外体温检测技术应用研究”、恒银金融科技股份有限公司“现金票证智能安全处理系统关键技术研究及应用”获2020年度天津市科学技术奖抗击新冠肺炎疫情特别奖。

（钟　晾）

【产业创新平台建设】　天津港保税区产业创新平台建设取得突破，中冶天工集团有限公司获国家技术创新示范企业称号；天津市海水资源利用技术创新中心、天津市兽药技术创新中心获批组建；天科海岸开发与防护中孟联合研究中心获天津市科技局“一带一路”联合实验室（研究中心）认定。天津港保税区建成创新平台130个，汇聚中国科学院、自然资源部天津海水淡化综合利用研究所、中国铁路工程集团有限公司等14家国家级科研院所，企业技术中心、重点实验室94家，其中国家级20家。

（钟　晾）

天津滨海高新区

【简况】　天津滨海高新区国家科技型中小企业累计1287家，全市占比15.7%，新区占比41.7%；全年“雏鹰”企业评价入库534家，全市占比15%，新区占比38%；“瞪羚”企业评价入库50家，全市占比13%，新区占比36%；通过科技领军（培育）企业认定11家，全市占比21%，新区占比46%。有效高企1597家，全市占比超21%，新区占比近48%；境内上市企业12家，其中科技型10家，全市占比20%，新区占比近32%。净增市级及以上研发机构9家，累计176家；国家级孵化器累计9家，全市占比24.3%，新区占比52.9%；市级孵化器4家，全市占比7.4%，新区占比25%；国家级众创空间8家，全市占比8.7%，新区占比33.3%；市级众创空间24家，全市占比11.5%，新区占比35.3%。国家高企、国科小、“雏鹰”企业及登录多层次资本市场企业指标居全市第一，“瞪羚”企业和上市企业指标居全市第二。

（苏　航）

【创新主体培育】　天津滨海高新区组织国家科技中小企业评价，全年联合孵化器开展培训辅导20余次，培训覆盖超过1000人次，国家科技型中小企业1287家，完成新区任务的111.7%。组织“瞪羚”“雏鹰”领军企业评价，全年“瞪羚”企业评价入库50家，完成新区工作指标的106.4%；“雏鹰”企业评价入库534家，完成新区任务的125%；11家企业通过科技领军（培育）企业认定，完成新区任务的110%。推动国家高企认定，入库企业578家。全年组织13场政策解读及培训会，覆盖企业超600家次；走访企业超400家次；国家高企净增308家，有效高企1597家，完成新区任务的103.7%。推动企业登陆多层次资本市场，截至2020年年底，天津津荣天宇精密机械股份有限公司获深交所创业板上市委审核通过；2家企业的上市申请被证监会受理。高新区境内上市企业12家，全市占比20%，新区占比近32%；新三板挂牌企业31家，全市占比近21%，新区占比近46%；OTC挂牌企业215家，全市占比30.67%，新区占比73.63%。

（苏　航）

【创新创业通票制度】 天津滨海高新区编制完成《滨海高新区实施创通票制度的情况报告》，组织编制《创通票模式推广方案》和《创通票模式升级全国落地建设运营方案（初稿）》。截至2020年年底，通过创通票网络管理系统发放创通票14878张，发放创通票票面金额超6.5亿元，完成兑现1.9亿元，4069家企业受益。吸引服务机构366家，外地服务机构超过10%。

（苏　航）

【科技金融】 天津滨海高新区落实《天津高新区关于进一步支持科技型中小企业融资发展的若干措施》申报，累计受理48家企业、63个项目，撬动融资金额3.54亿元。制定出台《天津高新区关于支持企业在上海证券交易所科创板上市的若干政策措施》，从上市、迁入、资本运作三方面奖励科创板上市企业800万元。与北京知识产权运营管理有限公司合作，推动"智融宝"纯知识产权质押融资贷款。通过"互联网+政府服务"模式，实现对科技型中小企业融资发展的支撑，累计推动91家银行、金融机构注册备案，搜集融资需求370条，完成融资总额9.2亿元，推动直接融资5.6亿余元。完成首届"银企杯"科技金融"比武"大赛活动，推动12家银行81家支行为459家高新区科技型中小企业提供11.53亿元信贷资金。制定《天津高新区应对新冠肺炎疫情支持企业发展帮扶措施及实施细则（第一批）》中关于"500万元银行金融机构信贷支持奖励政策"的实施细则，鼓励银行业金融机构为企业提供信贷支持。全年累计举办融资服务活动90余场，完成科技型中小企业与投资机构对接服务200余次；通过参股专业民营投资机构发起设立的天使和创投基金，实现基金招商，按照市科技局关于建立高成长初创科技型企业专项投资工作部署，推动区内企业申报，3家企业获首批投资，全市占比25%。

（苏　航）

【知识产权战略】 天津滨海高新区聚集知识产权服务机构358家，政府公益服务机构6家，国家级知识产权品牌服务机构40家。服务机构涵盖知识产权代理、法律、信息、咨询、商用化、培训，形成知识产权服务业集聚地。联合天津市知识产权服务网，为区内企事业单位、科研机构、服务机构等免费提供9000多万条专利数据资源。建立以天津市知识产权服务中心为核心的贯标平台，集聚全国百余家知识产权贯标服务机构，为集聚区千余家企业提供贯标服务。117家企业通过认证，全市占比75%。举办津冀"知识产权万里行""蓝天"专项行动和服务品牌机构交流活动，建立津冀两地知识产权交流平台，促进津冀行业交流及知识产权发展。全年组织开展知识产权活动27场，2000余家创新主体参会。

（苏　航）

【创新创业氛围】 天津滨海高新区研究制定《天津滨海高新区高新技术企业引育专项政策》及实施细则，每年安排2亿元专项资金培育高新技术企业，对企业、载体、第三方机构给予奖励，按照"辅导一批、培育一批、认定一批"的方式在企业不同发展阶段给予资金扶持。起草《天津滨海高新技术产业开发区关于科技型企业梯度培育的若干政策》，依照不同梯度企业群体发展特点和不同阶段需求进行培育。推动三六零科技集团有限公司安全大脑"双创"服务平台项目获国家发展改革委支持资金2050万元。在国家级双创示范基地的评估中，天津高新区在区域类29家高新区和开发区中排名第4。全年组织17家载体参与项目建设，汇集200余人才团队、近300名创业导师；引建近170个公共服务平台；组织400多场次双创活动；集聚在孵企业1226家。吸引科研人员创业企业288家、大学生创业企业173家、留学人员创业企业73家。对16家优秀特色载体奖励500万元。发布《双创载体再升级专项申报指南》，提升特色载体服务水平。2020年被科技部评为优秀，获奖励资金500万元，累计获国家财政资金4500万元。

（苏　航）

【企业研发机构】 天津药物研究院有限公司获批建设国家企业技术中心；天津先进技术研究院获批天津市产业技术研究院，高新区累计4家，全市占比20%；麒麟软件有限公司获批建设天津市先进操作系统创新中心，天津药研院获批建设天津市细胞工程创新中心、天津市细胞技术创新中心。云账户技术（天津）有限公司、天津恒电空间电源有限公司、麒麟软件有限公司、紫光云技术有限公司、航天神舟科技发展有限公司、天津波音复合材料有限责任公司等6家公司获批建设天津市企业技术中心。德中（天津）技术发展股份有限公司、天津天大求实电力新技术股份有限公司、天津凯发电气股份有限公司、天津中晶建筑材料有限公司等4家企业获批建设天津市“一带一路”联合实验室（研究中心）。

（苏 航）

【科技人才】 天津滨海高新区推荐139个项目申报市级重点支持“项目+团队”，47个入选，建立“项目+团队”储备库。推进第二批天津市企业家队伍建设“111”工程，12人入选“杰出企业家”、11人入选“新型企业家”、162人入选“优秀企业家”，其中“杰出企业家”入选人数占滨海新区入选总数的34.3%。推荐28家企业入选新一批战略性新兴产业领军企业，高新区推荐入选领军企业累计100家，占新区入选总数的30%以上。推荐7人申报天津市“科技咨询专家”，其中6人申报“创业人才”项目、1人申报“外国专家”项目，“创业人才”项目申报人数分别占滨海新区和全市申报总数的46%和35%。天津波音复合材料有限责任公司、西门子电气传动有限公司2位专家获2020年度天津市海河友谊奖提名奖。

（苏 航）

【科技招商】 天津滨海高新区推动天津大学医疗机器人与智能系统研究院、天津西普阳光科技有限公司等10个科技类项目完成签约落地；安力信电磁空间安全联合实验室等在谈项目10余个。天津大学医疗机器人与智能系统研究院完成事业单位登记注册，成为全国首个破解高校设立事业单位性质的新型研发机构案例。

（苏 航）

【科技支撑】 天津滨海高新区征集飞腾信息技术有限公司、麒麟软件有限公司、云账户技术（天津）有限公司等企业需求，8家企业参加“科创中国”供需对接会，天津天大求实电力新技术股份有限公司与中国电工技术学会，飞腾信息技术有限公司、麒麟软件有限公司与中国电子学会，天津市威曼生物材料有限公司与中国机械工程学会，天津药物研究院有限公司与中国药学会，天津同阳科技发展有限公司与中国机械工程学会达成合作。推动天津力神电池股份有限公司为理事长单位，成立天津市新能源船舶产业创新联盟；与中国电气工程学会、天津市科协等签署共建协议，成立“中国（天津）电气装备产业科技经济融合发展联合体”。天津市天元生产力促进有限公司等5家企业51人加入天津市工程师学会。与中国药学会、中国机械工程学会签署合作协议。动员10个科协组织57名战“疫”宣传员，发布防疫信息2300余篇，阅读量超119万人次。制定《关于大力推进全域科普工作的实施方案》，开展百名专家进社区、科普宣传进党群活动服务中心、科普下午茶、反邪教宣传和警示教育等全域科普行动。开展科技工作者状况调查50余次，上报滨海高新区站点信息70余篇。获批“全国优秀调查员”推荐资格站点。3家单位获批市级科普基地。

（苏 航）

中新天津生态城

【简况】 中新天津生态城聚焦国家科技型中小企业、高新技术企业、天津市“雏鹰”企业、天津市“瞪羚”企业、天津市领军企业培育，挖存量，提供一对一培育服务，构建梯次培育体系。推动技术合同认定登记，组织业务科室参加市科技局组织的专题培训，建立专业化人员队伍。指导区内企业，培训专业化的技术经理人，加速科技成果转化。新建北航星空加速器，孵化航空航天、智能制造、军民融合、新能源新材料、信息技术等领域，完善“众创空间—孵化器—加速器”的科技创新载体体系。推动清华大学天津电子信息研究院二期合作协议进程，组织专业第三方机构对电子院成立以来在创新成果转化等方面进行运营评估；推动电子院成立医工结合创新中心和先进科技创新中心，提升研发技术与市场的契合度，DFB激光器芯片等项目达国际领先水平。

（于滢芳）

【科技创新体制机制】 中新天津生态城完成“‘十四五’科技专项规划”初稿编制，为生态城科技创新事业发展设立发展目标、提供行动指南；组织研究制定生态城“科技创新三年行动计划”，开展自主创新规划编制研究；组织编制出台高企奖励政策，推进高新技术企业长远发展；编制出台防疫科技专项政策，在疫情期间引导科技企业发挥科技效能力度。（于滢芳）

【科技项目管理】 中新天津生态城开展生态城自主支持课题，发布防疫药品研发和技术攻关专项征集指南，推动中新科技合作项目、中小升级专项项目、生态环保项目等；推动区内企业申报科研项目，提高生态城科技型企业自主创新能力，助推企业发展。（于滢芳）

【科技金融】 中新天津生态城推动天津市天使引导基金子基金华慧泰有、启迪基金天津光前启后完成注册，推动基金管理公司华控电科完成注册，推动天津北航投资创新创业基金落地，推动清华电子院无限启航创投基金落地，基金总规模4.12亿元。（于滢芳）

【科技服务】 中新天津生态城开展科技政策宣讲、科技企业认定答疑、研发加计扣除、项目路演等线上线下活动；组织召开生态城科技企业双万双服座谈会、引育新动能交流座谈会、企业实地走访，帮助企业解决难题。对管辖区主管行业企业进行消防安全、电气安全、实验室安全检查，开展隐患排查治理，推动安全生产工作责任落实；开展安全教育，组织安全生产法宣讲会，向企业发放学习资料，指导企业开展学习活动。生态城各局室、社区居民、企业人员注册科普中国信息员、科技志愿者；注册中新天津生态城科技（科普）志愿服务队；推动科普阵地、科普样板间以及科普基地建设。（于滢芳）

和平区

【科技型企业发展】 和平区91家科技企业申请国家高新技术企业首次认定，比2019年增长194%；国家科技型中小企业评价入库267家，完成全年任务的148%；“雏鹰”企业评价入库176家，完成全年任务的352%；“瞪羚”企业评价入库3家，完成全年任务的150%；技术合同交易额40.9亿元，完成全年任务的112%。组织百泰网络科技等6家企业申报天津市智能制造专项资金7项。大年重器科技有限公司、泓达（天津）区块链技术研发有限公司、天津掌停科技有限公司、天津耐杰科技有限公司等4家企业获“项目+团队”支持。天津天任大数据科技有限公司入选全市第五批战略性新兴产业领军企业名单。

（和平区科技局）

【科技成果与奖励】 和平区组织61家高新技术企业火炬统计填报。组织2家企业申报第七批天津市创新人才推进计划评选，派德洛格（天津）生物科技有限公司赵丹入选第七批天津市创新人才推进计划青年科技优秀人才。天津市百泰网络科技有限公司获第十届中国技术市场协会金桥奖项目二等奖。（和平区科技局）

【科技服务】 和平区科技局制定《区科技局关于“双万双服促发展活动”暨“接链、促需、护企”专项行动的实施方案》，启动重点科技企业分类分批走访服务，宣传“市惠企措施21条”“帮扶中小微企业和个体工商户27条”“和平15条”等政策红利，为科技企业提供对接渠道10余次，促成企企合作2次；开展产业链、供应链“接链”对接会3次，助力企业发展；建立包联企业专项台账，安排专人服务企业，协助企业申报战略型新兴产业领军企业、“项目+团队”、第十届中国技术市场协会金桥奖等项目和奖项，兑现政策支持资金，天津博安医用有限公司获中央财政支持应急物资保障体系建设补助资金15.05万元，转移支付市级奖励资金673.3万元，区级配套支付资金520万元，落实“和平科六条”政策，服务企业发展。疫情期间，发挥驻企工作组和“132”工作机制作用，建立责任清单，对复工复产企业“一对一”对接到具体组、具体人，推动规上工业企业和规上高新技术企业100%复工，国家高新技术企业、“雏鹰”企业、“瞪羚”企业复工率100%。

（和平区科技局）

【科技招商】 和平区建立“4+1”组团招商模式，制定招商工作方案，推动形成“3人一组”科技招商工作机制，定目标、定责任、定时间，明确实施路径，落实责任人，每月通报“报战果”。利用微信、网络视频等网上招商方式，对接服务意向企业，推动项目落地。全年引进科技型企业50家，完成全年任务的167%。

（和平区科技局）

河东区

【简况】 河东区国家科技型中小企业评价入库209家，完成任务指标的113%；“雏鹰”企业评价入库60家，完成任务指标的100%；“瞪羚”企业评价入库4家，完成任务指标的200%；国家高新技术企业评价入库15家，进入高新技术企业培育库24家。在科技企业中开展“万企帮万村”精准扶贫行动，全年科技企业捐款累计9.3万元，捐物4.6万元，消费扶贫累计12万元。制定《科技园区（企业）复工复产实施方案》，走访园区、企业推动科技园区（企业）复工复产，组建河东区科技局复工复产领导小组，提供咨询、指导服务。

（孟　莹）

【科技创新载体建设】 鑫帅领科技园入驻河东区运营，完成主楼整体装修改造，通过市级科技企业孵化器认定。蓝飞歌创意产业园入驻河东区运营，入驻率超过60%，通过市级众创空间备案。以科技园区为载体，引进企业250余家。填补重点产业创新平台建设，推进天津市红旗环保科技有限公司申报重点实验室。“河东科技大脑”大数据平台项目完成中期验收，APP上线试运行，线下大数据中心与天津市天金智慧科技有限公司签署共建协议，完成工程建设。

（孟　莹）

【科技成果与奖励】 河东区面向企业征集2020年天津市科技领军（培育）企业认定及支持项目、科技助力经济2020重点专项项目、自然科学基金、科技支撑重点项目等科技计划项目。中国能源建设集团科技发展有限公司等企业申报天津市科技计划项目63项。指导中国建筑一局（集团）有限公司华北公司开展技术合同认定工作；整理技术合同登记要点说明，帮助企业实现技术合同认定工作规范化、流程化，完成技术合同认定登记额40亿元。

（孟　莹）

河西区

【简况】 河西区国家科技型中小企业评价入库222家、“雏鹰”企业评价入库78家、“瞪羚”企业评价入库4家。国家高新技术企业累计145家。承办第六届天津市科普微视频大赛启动仪式暨天津市河西区第34届科技周开幕式活动，推动科普工作。组织专家对河西区32家工业企业和科技载体的48位主要负责人和安全管理人员开展安全生产专题培训。

（戈　静）

【企业复工复产】 河西区制定新冠肺炎防控措施、落实安全生产保障，分类分批组织企业复工复产，强化事中事后监管，落实“一企三人两员”工作机制，推动驻企服务全面到位，为企业复工生产创造条件、提供保障，统筹做好疫情防控与经济社会发展工作。

（戈　静）

【科技服务】 河西区组织召开高新技术企业认定工作推动会暨科技政策宣讲会，100余家企业在线参加。邀请市科技局专家讲解高企政策，部署2020年河西区高企认定工作，全区95家企业申报，其中93家为首次认定，全区推荐59家企业申请2020年国家高新技术企业认定。全年科技成果登记40项，技术合同登记548份，合同成交55.09亿元。

（戈　静）

【科技扶贫】 河西区引导企业到受援地投资，平凉天磊农业科技发展公司投资建设的生猪养殖基地、生猪屠宰基地项目以及甘肃省津慧聚农业科技有限公司投资建设的年产3000吨马铃薯鲜食粉条项目，全年完成投资额1317万元，带动贫困人口2473人。联合天津市农科院为庄浪县无偿提供8个品种蔬菜种苗。引导企业参与爱心捐助和结对帮扶，累计捐款34.17万元。动员机关干部职工和驻区单位消费扶贫，区科技局机关干部职工消费扶贫2.44万元，企业消费扶贫66.46万元。与庄浪县万泉镇3名贫困户结对认亲，认领“微心愿”，通过购买电动推车、割草机、米面油等形式，解决结对认亲户的困难。

（戈　静）

【科技项目管理】　河西区走访工业企业、国家高新技术企业、“瞪羚”企业、“雏鹰”企业、国家科技型中小企业和创新孵化载体，发放防疫物资，宣传惠企政策。全流程网上受理科技支撑重点研发计划、自然科学基金等科技计划项目，组织召开高新技术企业云端培训会和科技政策线上宣讲会。组织实施2020年天津市企业研发投入后补助项目，引导企业加大研发投入，84家企业申报，申报数量是2019年的1.8倍。28个项目申报市科技局科技计划项目，5个项目申报天津市科学技术奖，2个单位申报天津市科普基地，1家企业申报天津市“海河友谊奖”，1家企业申报天津市第五批战略性新兴产业领军企业。9家科技载体为入驻企业减免房租256万余元。兑现2019年度首次认定通过的国家高企市级奖励资金565万元，拨付2019年第三批智能制造专项资金1156万元。

（戈　静）

南开区

【简况】　南开区国家高新技术企业评价入库321家，“雏鹰”企业评价入库105家，“瞪羚”企业评价入库16家，国家科技型中小企业评价入库325家，科技领军（培育）企业5家，全社会研发投入强度7%。与市科技局共同打造“市区两级科技成果转移转化体系服务平台”；南开区获“天津市科技成果转移转化示范区”；全区技术合同交易额58亿元。

（任　辉）

【高新技术企业】　南开区申报高企培育入库企业29家，27家入库。申请国家级高企重新认定企业57家，复审参加率69.51%，比2019年增加16.48%。面向服务机构、企业开展培训会8次。全区191家企业提交国家级高企新认定申报材料。全区国家级高新技术企业累计321家。为119家企业发放2016－2019年度首次认定国家级高新企业奖励匹配资金2930万元。

（王　佶）

【创新载体建设】　南开区服务启航智能科技大厦和启航创新大厦，启航创新大厦入驻企业47家，科技企业占45%，入驻率48.9%。启航智能科技大厦入驻企业78家，入驻率82%，科技企业占81%。新增市级孵化器3个。新增备案市级众创空间1个。启动天津大学大学科技园项目。

（孙建弘）

【科技扶贫】　南开区6家科技企业与甘肃省庆阳市环县8个贫困村结对帮扶，捐款捐物19.3万元；组织社会力量为该县捐助资金和物资62.8万元；帮助帮扶对象协调当地政府部门解决住房和生活难题，捐助现金近6000元，投入南开区扶贫援助资金5万余元；帮扶环县提高污水处理能力和当地水质改善以及居民日常窖水饮水安全，组织天津市威奇环境工程技术有限公司到环县开展污水处理厂示范工程项目建设，25天完成施工建设，解决当地就业200人，捐赠11台组装窖水超滤净水机；完成消费扶贫67.73万元。

（李　昕）

河北区

【简况】　河北区国家科技型中小企业评价入库219家，完成全年任务的106.8%；“雏鹰”企业评价入库64家，完成全年任务的106.7%；“瞪羚”企业评价入库2家，完成全年任务的100%；技术合同成交额54.68亿元；科技成果登记102项；新认定科技领军（培育）企业1家；新认定国家高新技术企业15家，累计100家；新备案市级众创空间2家。制定《天津市河北区科技创新三年行动计划（2020－2022年）》《河北区新动能引育五年工作方案》，在全区形成新动能引育氛围。获2020年天津市创新创业大赛优秀组织者。

（关　潼）

【科技创新载体建设】　河北区与天津侠客岛数智科技有限公司在河北区科技招商展示服务中心建设“钉钉数智产业园”，注册企业累计518家，其中国家科技型企业46家，高新技术企业45家；对6家市级众创空间开展统计监测，孵化团队163家，孵化面积2万余平方米，明兴·青创社和米兰众创空间完成2020年度市级众创空间备案；通过线上线下相结合的方式开展科技企业培训服务3场，服务人数近200人。（关　潼）

【科技重点项目】　天津移山工程机械有限公司“直升机抢救装备研发”获市级立项；天津铸金科技开发股份有限公司的2个项目获科技项目结转资金20万元；国网天津市电力公司“天津市能源大数据仿真企业重点实验室”、天津铸金科技开发股份有限公司“天津市增材粉体新材料企业重点实验室”获批筹建；天津移山工程机械有限公司“天津市工程救援装备技术研究企业重点实验室”通过验收；天津公交易通科技有限公司等33家企业通过2020年企业研发投入后补助项目审批，获补助资金231.62万元。（关　潼）

【科技成果与奖励】　国网天津市电力公司、中国铁路设计集团有限公司的5项成果申报2020年度天津市科学技术奖，其中“适应多元需求的用户侧综合能源接入设计、优化控制技术及工程应用”“高速铁路无砟轨道板尺寸快速智能检测系统”获天津市科技进步二等奖。

（关　潼）

【科技服务】　河北区在新冠肺炎疫情期间举办3场高企、“雏鹰”企业在线银企对接会，70余家企业参与，采取担保、信用等融资方式，帮助4家企业获得300万元低息信用贷款；组织政策宣讲活动4次，120余人参加，实地走访企业187户次。河北区科技局在“政企互通服务平台”收到问题数4条，全部解决，收到企业评价4条；4家企业办理技术合同认定，认定技术交易额31.8万元；2家企业提交申请兑现合同4项，企业申请科技创新券6834.5元；制定《推进高新技术企业复工复产工作方案》等文件，发挥“三人小组”帮扶机制，走访企业200余次，宣传惠企政策400余次，覆盖科技企业100多家。

（关　潼）

【科技招商与引智】　河北区赴北京、四川、浙江等地招商考察30余次，对中关村智造大街、启迪孵化器、通广科技园等走访和接待百余次；引进铁道第三勘察设计院有限公司、铁三院（天津）工程咨询有限公司、戎行技术有限公司等科技企业14家；协助锦州铁道勘察设计院有限公司转入市外资金投资，全年完成国内招商引资到位额2715万元。（关　潼）

【特色工作】　2020年5月15日，第七届天津国际设计周在河北区北宁创意文化中心启动，开幕式采用“云”模式，通过网络连线邀请中外政要、设计师和艺术家、中外媒体参加，向全球进行直播。4个合作项目通过云签约签订协议。全年累计举办4期“津英汇”活动，与4个高校机构签订框架合作协议，吸引40多个创新项目路演，其中14个项目在河北区落地，活动为引育创新载体、孵化高质量项目提供平台，为推进新动能引育提供保障。（关　潼）

红桥区

【简况】　红桥区新认定国家科技型中小企业168家，“雏鹰”企业评价入库52家、“瞪羚”企业评价入库2家，科技领军（培育）企业评价入库1家。创客天下（天津）科技发展有限公司等5家团队入选天津市重点支持“项目+团队”，天津晨星衡祥科技有限公司等4家智能科技公司进入市专项投资备选。全区累计建设市级及以上科技企业孵化器2家、众创空间7家、认定科技型企业近3000家、完成科技型企业股份改造14家、6家企业在新三板上市。技术合同登记交易额64.5亿元。

（师　慧）

【科技服务】　红桥区举办4场专题撮合对接活动，天津卓朗科技发展有限公司、天津逸速达科技有限公司分别与天津大学、天津师范大学合作。举办4场科技企业专题融资对接会，41家企业参加，3家“雏鹰”企业获市财政贷款贴息15万元。走访51家科技企业，征求“企业认定”“科技奖励申报”中存在的39个问题全部解决。全年企业获市、区级科技扶持资金2352.72万元。受理驻区科研院所及重点科技型企业申报红桥区子牙人才计划，新引进“双一流”院校毕业生19人，累计121人；通过战略性新兴产业领军企业认定2家；天津卓朗科技发展有限公司等企业的项目获2020年度天津市科技进步一等奖1个、二等奖2个、三等奖1个。

（师　慧）

【科技招商】　红桥区引入天津福锐泰克电子科技发展有限公司、天津洛普能源科技有限公司、天津中融集团有限公司等项目。北京观化科技有限公司、中煤邯郸矿山机械有限责任公司等京冀项目落地。全年备案企业144家，注册资本7.17亿元，其中亿元以上企业3家，千万元以上企业16家。推动云翔金属材料经营有限公司、贵州智诚科技有限公司参与天津市“云签约”完成注册，云翔金属纳税400余万元。帮助中国船舶重工集团公司第七〇七研究所、中煤设计院、城建设计院申请相关政策，协调解决中煤设计院购置房屋问题，对接中煤地质水文局，做好企业资质、人员落户、社保转移相关服务工作，兑现区产业扶持资金196万元，兑现青年众创空间绩效考核奖励20万元。

（师　慧）

【科技产业园建设】　红桥区全年召开3次专题会和7次现场推动会，每两周督查一次园区建设进度，截至2020年年底保康东路建成通车，正融科技大厦投入运营，泰盈科技大厦完成消防验收，瑞玺科技大厦项目主体竣工，5-北-2地块具备出让条件。启动国家人力资源产业园红桥分园、智慧能源综合示范区建设，组织招商宣传和推介活动20余次，接待来访50余次。天津市海河中天人力资源管理有限公司入驻，与国网（天津）综合能源服务有限公司等企业组建合资公司，新一代智能化变电站、47路公交站、数据平台等项目推进；中国黄金集团建设公司、企来企往（财务）服务有限公司、天津锐网数据科技有限公司等落户园区；伍创数字电商产业园开园；与中国移动通信集团天津有限公司签署协议，打造中国移动5G示范园区；引进星巴克、便利蜂、浦发银行、中信银行等业态，增加园区生产生活便利性。全年园区注册各类市场主体2283家，实现税收1.84亿元。园区“两微一抖”新媒体平台和网站累计发布信息60余条，点击量83余万次。建立服务专员制度，为企业搭建服务平台提供线上线下服务，完成园区公共服务中心装修和功能布局。园区智慧管理系统V1.0版本进入验收阶段，集合正融科技大厦停车场、门禁、共享会议室等设施，实现一卡通消费。

（师　慧）

【新冠肺炎疫情防控】　红桥区科技局承担银泰大厦、智聪库孵化基地、意库创意产业园的新冠肺炎疫情防控、宣传工作，指导企业开展封闭管理，协调解决防控物资短缺问题，累计为企业提供额式测温仪10把、口罩2450个、消毒液700余斤、酒精11瓶。联合产权方和物业公司开展防控日常管理，向产权方等发出工作督办函2件，约谈企业10家、下发整改通知书6件。红桥区科技局组建7个部门、27名干部组成6个包保工作组，指导防疫工作400次，政策宣讲1664次，召开座谈会7次，85家企业参会。指导天津卓朗科技发展有限公司复工复产，该公司为全区第一家500人以上规模复工复产企业。为宝能创业中心、银泰大厦、正融科技大厦、智聪库孵化基地内企业减免房租356.91万元、物业费10.16万元，惠及企业222家。天津禾田电器有限公司张民当选中共天津市委宣传部“最美抗疫人物”。为天津奥尚户外装备有限公司提供库房存放原材料和机器设备，保障该公司口罩生产线投产。截至2020年3月底，全区79家高新技术企业复工复产率100%，包保572家企业复工复产率98.08%。

（师　慧）

东丽区

【简况】 东丽区国家高新技术企业评价入库72家，累计382家。“雏鹰”企业评价入库271家，“瞪羚”企业评价入库20家，国家科技型中小企业评价入库526家。全年完成技术合同成交额50.3亿元。全区企业申报市级科技计划项目285项。4项科技成果获天津市科技进步奖，其中二、三等奖各2项。东丽区获批国家双创示范基地建设，精益创业工作得到国务院认可。瑷车众创空间、执信孵化器获评科技部中国百家特色载体。

（王　珂）

【科技型企业培育】 东丽区组织131家企业通过市级入库评审，新认定国家高新技术企业72家。对到期需重新认定的国家高新技术企业逐一走访服务，解决问题，高企流失率降至18.8%。实施高成长企业“雏鹰－瞪羚－领军”梯度培育计划，建立“多库联动”信息共享平台，与各街道园区双向沟通，培育一批成长性高、发展快的科技型中小微企业。（王　珂）

【科技创新载体建设】 东丽区谋划中国民航大学科技园和清华高端院科技园建设。建立载体评价标准体系，对考核结果优良的孵化器和众创空间给予资金支持。市级以上双创载体累计19家，其中国家级孵化器和众创空间10家。推动5个优质平台创新机构“结对”发展，实现资源跨区域流动和对接。7家企业在天津市创新创业大赛中获奖，东丽区科学技术局获市级优秀组织奖。

（王　珂）

【科研机构发展】 东丽区完成全年科研机构评估工作，与25家重点科研机构建立服务机制，科研院所衍生孵化创新型企业28家。与清华大学天津高端装备研究院签订深化合作备忘录，明确“一院一园一基金”发展格局。推进中科院研发产业集聚区建设，中科院过程工程研究所中科康仑、中科院广州能源研究所国科氢电2个产业化项目落地。天津包钢稀土研究院认定为市级产业技术研究院，全区市级产业技术研究院累计5家。

（王　珂）

【创新生态体系优化发展】 东丽区组织召开航空航天新材料、智能制造、新一代汽车技术等产业链创新链对接交流会4次，成立天津市生命科学及医疗器械产业技术创新战略联盟。推动科技金融赋能经济，为企业解决融资近2亿元；联合金融机构推出“战疫贷”“新动能贷”等多种惠企融资产品，缓解企业压力。科技创新服务平台举办融资对接、培训、路演等各类活动90余次。东丽区与南开大学合作开展“科技强区・千人圆梦计划”累计培养企业学员1200人。培育20个高价值专利组合，培养300个专利内审员。开展“双万双服促发展”活动，对口帮扶华明高新区20家包联企业，调研服务全区创新型企业168家次。

（王　珂）

西青区

【简况】 西青区国家科技型中小企业评价入库605家，“雏鹰”企业评价入库287家，“瞪羚”企业评价入库29家，分别完成全年任务的121%、102.5%、100%。科技领军企业认定3家，全区科技领军（培育）企业累计15家。高新技术企业610余家，154家企业进入高新技术企业培育库。全区技术合同认定59.9亿元。天津威尔朗科技有限公司等9家企业的项目获2020年度天津市科学技术奖。天津凯普瑞特新能源科技有限公司等8家企业在天津市创新创业大赛中获奖。天津奇安信网络技术有限公司与南开大学、北京奇安信科技集团开展人工智能和大数据技术的研发获市级资金支持。天津市华衡伟业称重系统股份有限公司、天津世仓工业设备有限公司等企业在装备制造、电子信息等领域与“一带一路”沿线国家开展合作。华喜汇通（天津）供应链管理有限公司新疆传统食品“美玉香馕”质量控制技术研究与标准化生产体系的应用项目获市级资助50万元。天津正达蜂业有限公司、天津市金三农农业科技开发有限公司等企业参与科技帮扶，通过蜜蜂、鲈鱼等养殖示范带动全区及对口帮扶地农民脱贫致富。探索“一校一园”“一园多区”和“多校一园”等多元建设模式，推动天津理工大学、天津工业大学等建设大学科技园。（高博文）

【科技重点项目】 西青区依托中国汽车技术研究中心有限公司数据资源中心、宜科（天津）电子有限公司、天津经纬恒润科技有限公司等，建设国家级车联网先导区。全年获省部级科技项目16项，天津氟斯特材料科技有限公司等7家企业获科技部“科技助力经济2020”重点专项立项。中国汽车技术研究中心有限公司数据资源中心获天津市“智能制造专项支持应用场景建设”项目立项，获资助1000万元。善测（天津）科技有限公司获国家科技部“制造基础技术与关键部件”重点专项立项，获资助1400余万元。

（高博文）

【科技创新载体建设】 西青区科技创新载体凌奥孵化器、大冢工程技术中心、凌智空间在国家、市级评估中获良好等次。中国汽车技术研究中心有限公司数据资源中心获批建设智能网联车领域市级企业重点实验室。中芯国际集成电路制造（天津）有限公司与天津理工大学合作建立集成电路产业人才联盟。打造建立科技型企业“众创空间－孵化器－科技园区”的全链条成长体系。

（高博文）

【科技人才】 西青区获科技部“科技创新创业人才”1人，全区累计5人。图尔克（天津）科技有限公司柯瑞斯托夫·凯撒获2020年度天津市海河友谊奖。实施“113”英才计划，高层次人才创新创业项目累计175个。天津脉络生物科技有限公司填补西青区基因检测领域空白，估值2亿元，该公司肿瘤基因筛查产品在全市三甲医院应用率排名第一。天津金曦医疗设备有限公司的移动式头部锥形束体层摄影设备产业化项目2020年取得相关医疗器械证件，推动移动CT国产化进程。

（高博文）

【科技服务】 西青区出台《西青区推进高新技术企业复工复产工作方案》，推动高新技术企业和创新载体复工复产。扶持项目251个、资金6500余万元，其中包括天大津康（天津）科技股份有限公司等产学研合作项目10项。推荐天津华宁电子有限公司等企业申报市级科技项目300余项。支持创新主体科技研发，拨付260余个项目市级资金4930余万元、区级配套资金3200余万元。开展“百日百企”科技专项服务行动，“双万双服”“接链”“撮合”等活动，组织产学研对接、银企对接、载体资源推介等，累计服务企业700余家，推介办公楼宇资源5万平方米。与中科院系列院所、南开大学、天津理工大学、天津工业大学等高校院所对接，围绕电子信息技术、新能源新材料、机械制造等领域15名专家与50余家科技型企业开展校企合作交流。

（高博文）

津南区

【简况】 津南区国家科技型中小企业评价入库558家，完成全年任务的111.6%；“雏鹰”企业评价入库242家；“瞪羚”企业评价入库26家。天津海尔洗涤电器有限公司和华海清科股份有限公司通过2020年天津市科技领军（培育）企业认定。出台《津南区产业技术研究院管理办法》。国家高新技术企业累计468家，高新技术企业培育入库79家。（何洪梁）

【科技创新载体建设】 津南区成立大学科技园建设工作专班，对接天津大学、南开大学，推动津南区大学科技园建设工作。天津恒生科技孵化器有限公司和天津福布斯企业孵化器有限公司在全市创新载体三年绩效评估考核中获良好等级。天津华易智诚科技发展有限公司申报国家级科技孵化器。天津博诺智创机器人技术有限公司、天津冰利蓄冷科技有限公司获批筹建市级企业重点实验室。海棠众创大街引进企业270家，税收600余万元，引进人才600余人；阿里云创新中心引入融新（天津）高新科技有限公司等企业18家，新增就业100余人，销售收入近亿元，3家企业获111万元创业贷款。截至2020年年底，全区认定市级孵化器4家、市级众创空间7家、市级企业重点实验室2家、市级工程技术中心4家、市级产研院1家、技术转移服务机构9家。

（何洪梁）

【技术转移与成果转化】 津南区推荐天津新思为科技咨询有限公司备案天津市技术转移机构。4项科技成果交易项目获市级补助，其中天津职业技术师范大学3项，南开大学1项，技术交易额137.85万元，补助5.51万元。

（何洪梁）

【科技重点项目】 津南区组织企业申报市级科技计划项目188项，立项131项，获资金1950余万元。发放2019年津南区科技计划项目扶持资金2340余万元。受理2020年津南区科技计划项目申报106项，38个项目获扶持资金500余万元。华海清科股份有限公司联合承担的国家科技重大专项通过验收。拨付华海清科股份有限公司承担的国家科技重大项目第一批市区两级地方财政配套资金4200余万元。（何洪梁）

【科技人才】 津南区8名企业家入选第二批天津市企业家队伍建设“111”工程，其中“杰出企业家”3名、“新型企业家”5名。截至2020年年底，津南区“杰出企业家”累计4名、“新型企业家”累计68名。23个人才和团队项目申报第七批“天津市创新人才推进计划”，天津中盛海天制药有限公司许培立、天津华清环宇环保科技有限公司史全滨、中铁十八局集团“TBM创新团队”入选。8家企业获评第五批“天津市战略性新兴产业领军企业”。全区“新型企业家”参加市科技局、南开大学、天津大学组织的培训活动20余次。

（何洪梁）

【科技金融】 津南区5家“瞪羚”企业完成股份制改造，其中华海清科股份有限公司科创板上市材料获中国证监会受理。全年发放股改企业补贴369万元。凯尔测控技术（天津）有限公司和源博（天津）医疗科技发展有限公司申报天津市“高成长初创科技型企业专项投资”项目。举办“天津市创新创业大赛”在线培训会，全区20余家企业参赛，5家企业获奖。津南区科技金融对接服务平台获天津市科技局2020年度绩效考核优秀等级。天津科创天使投资有限公司与恒生科技园成立津南区天使驿站，引进启迪之星和宏杉资本，对初创企业给予资金支持。全年组织融资对接项目路演21场，融资对接企业57家，融资1.6亿元。

（何洪梁）

北辰区

【简况】 北辰区国家科技型中小企业评价入库538家，“雏鹰”企业评价入库232家，“瞪羚”企业评价入库33家，国家级高新技术企业累计472家，完成技术合同登记额56亿元。6家企业入选天津市科技领军（培育）企业重大项目。天津市伟星新型建材有限公司、天津耀皮工程玻璃有限公司等企业重点实验室获批筹建。星谷创业工场、创E空间获优秀绩效评价，北达孵化器获良好评价。（杜飞腾）

【科技重点项目】 天津雅迪实业有限公司“基于互联网技术的安全智能电动自行车”、万控（天津）电气有限公司“高可靠性智能高低压配电柜及其MES精细化生产管理系统的研发”、天津吉达尔重型机械科技股份有限公司“高端装备智能制造试点示范工厂建设”、天津金隅振兴环保科技有限公司“水泥窑规模化处置挥发性污染土壤及飞灰技术研发与应用”、天津耀皮工程玻璃有限公司“高结晶态节能改性三银Low-E产品成套技术”、天津市中央药业有限公司“口服固体制剂研究及产业化升级”等项目获天津市科技局2020年领军企业重大培育项目立项。（杜飞腾）

【产学研合作】 北辰区与区内外高等院校、科研机构和驻区企业合作。“北辰科技成果超市”依托河北工业大学京津冀大学科技园联盟以及国内外科研院所的科技资源优势，建立科技成果库、高端人才库、企业需求库，通过科技成果展示、科技成果发布、项目路演、技术人才对接等活动，把高校、科研院所的先进技术、科技成果、科技人才送到企业，促进“校企联姻”“科企联盟”。

（杜飞腾）

【科技人才与奖励】 天津市雅迪实业有限公司张小刚、天津市中重科技工程有限公司马冰冰、天津福云天翼科技有限公司张立、天津华科泰生物技术有限公司林斯入选2020年天津市创新人才推进计划科技创新创业人才。天津水泥工业设计研究院有限公司、天津市天锻压力机有限公司、天津森罗科技股份有限公司等企业获天津市科技进步奖。

（杜飞腾）

武清区

【简况】 武清区国家科技型中小企业评价入库850家，“瞪羚”企业评价入库54家，“雏鹰”企业评价入库322家。新增国家高新技术企业143家，累计650家。新增天津市科技领军（培育）企业3家，累计19家，其中领军企业7家。新备案市级产业技术创新战略联盟1家，累计3家。

（甄倩楠　王　璐）

【科技重点项目】 武清区4家企业获科技部“科技助力经济2020”重点专项立项，支持资金250万元；4家企业获天津市科技领军培育企业认定及重大项目立项，支持资金1300万元；3家企业获“新型冠状病毒感染应急防治”科技重大专项立项，支持资金200万元；1家企业获天津市智能制造专项立项，支持资金1000万元；3家企业获天津市重点研发计划项目立项，支持资金175万元；3个项目获天津市自然科学基金立项，支持资金18万元；216家企业获天津市研发投入后补助项目立项，支持资金3101.17万元；1家单位获优秀科技特派员项目立项，支持资金5万元。

（甄倩楠　王　凯）

【产学研合作】 武清区引进哈尔滨铁路科研所、清华大学、南开大学等高校院所科技成果转化及产业化项目25个，累计引进科技成果转化项目184个；累计与清华大学、北京大学、中科院化学所、中国铁道科学院等80家高校院所签署合作协议。

（宋嘉嘉）

【科技人才】 三英精控（天津）仪器设备有限公司须颖入选天津市创新人才推进计划创业人才。武清区累计引进中国工程院院士王浩等高层次创新创业人才115名，累计63名企业家入选天津市新型企业家培养工程。

（李阳梓）

【科技创新载体建设】 武清区14家众创空间投入运营，其中国家级2家、市级7家；8家科技企业孵化器投入运营，其中国家级4家、市级1家；新增市级产业技术研究院1家，累计投入运营5家，其中市级2家；新增市级企业重点实验室2家，重点实验室、工程技术中心等市级企业创新平台累计22家。

（宋嘉嘉　王　娟）

【科技奖励】 武清区2家企业获天津市科学技术奖抗击新冠肺炎疫情特别奖，其中天津红日药业股份有限公司获一等奖、天津怡和嘉业医疗科技有限公司获二等奖。

（甄倩楠）

宝坻区

【简况】 宝坻区国家科技型中小企业评价入库199家，“雏鹰”企业评价入库80家，“瞪羚”企业评价入库18家，国家高新技术企业累计217家。技术合同交易额15.78亿元。制定《宝坻区科技局2020年引育新动能专项方案》《宝坻区高企倍增计划》，为全区企业创新创业提供服务保障。全年获科技部重大专项2项，市科技局项目立项2项，天津市科技领军企业计划1项，天津市科技支撑项目1项。

（孙凤国）

【京津冀协同发展】 宝坻区对接北京科创资源，在全区推广使用中科院研发的京津冀综合科技服务平台和北京大学研发的技术转移平台，为全区企业搭建产学研对接平台，解决企业的技术、人才需求，落实《“通宝唐”战略合作发展框架协议》，建立协同创新工作联席机制，组织三地科技部门及企业家走进北京大学、中国科学院开展科技培训，对接科技资源，实现与河北唐山、北京通州联合举办第四届创新创业大赛、成果展示和成果发布。

（孙凤国）

【科技服务体系建设】 宝坻区国家农业科技园区获科技部批准建设。开展农业科技特派员聘任工作，新聘第六批农业科技特派员203名。以九园园区新一代动力电池材料企业为支撑，打造新一代动力电池产业基地，促推产业聚集和产业链融合发展。指导津华泽环境检测有限公司和天津联创环境保护监测有限公司通过认证，成为天津市科服网创新券服务机构。天津国安盟固利新材料科技股份有限公司、安泰天龙钨钼科技有限公司等2家企业重点实验室获市级批准筹建。天津京津中关村科技城发展有限公司通过市级科技企业孵化器认定。（孙凤国）

【科技服务】 宝坻区组织“金桥之友”科技金融大讲堂2次，10家企业参加融资路演；开展科技金融对接8次；帮助80多家科技企业融资5亿多元；9家企业获2019、2020年度“雏鹰”贷款奖励资金45万元；推荐科峰航智电气科技（天津）有限公司申报“天津市高成长初创科技型企业专项投资项目”。2020年国家高新技术企业通过认定36家，重新认定37家，累计217家；组织高企培育库入库36家。完成技术合同登记157项，实现合同交易额15.78亿元。2020年度天津市企业研发投入后补助项目立项115家。

（孙凤国）

【科技扶贫】 宝坻区与新疆和田民丰县，甘肃省武山县、永登县，吉林省农安县开展科技交流对接，帮扶甘肃武山县脱贫攻坚，利用全区的黄板鳅泥鳅、脱毒蕃薯品种和技术优势，在武山县试种试养进行推广，带动困难户脱贫。

（孙凤国）

宁河区

【简况】 宁河区国家科技型中小企业评价入库105家，完成任务的102%；“雏鹰”企业评价入库49家，完成任务的111%；“瞪羚”企业评价入库9家，完成任务的112%。认定国家高新技术企业37家，全区累计85家；国家高新技术企业培育库入库29家。认定玖龙纸业（天津）有限公司为科技领军企业。组织实施区级科技项目22项；申报研发投入后补助项目企业31家。组织天津华融智联科技有限公司等7家企业的7个项目申报天津市科技支撑重点项目。全年完成科技成果登记3项；技术合同交易额16.9亿元。组织10余场企业家专题培训，60余人参加。撮合60余家科技型企业与天津商业大学、安徽工业大学、天津大学等高校院所建立产学研技术合作关系。

（张义涛）

【科技成果与奖励】 天津天钢联合特钢有限公司获中国创新方法大赛一等奖；天津宝信铸造股份有限公司“高刚度磨切一体加工机器人技术及应用”获2020年度天津市技术发明一等奖、天津天钢联合特钢有限公司“高温多变量复杂生产体系节能减排理论方法与关键技术应用研究”获2020年度天津市科技进步一等奖、天津荣亨集团股份有限公司“防砂、防垢潜油电泵成套装备开发及产业化”获2020年度天津市科技进步二等奖；认定宁河区气象科普基地为天津市科普基地。向天津市天祥水产有限责任公司、天津荣亨集团股份有限公司等30余家企业发放科技奖励和扶持资金1000余万元。（张义涛）

【科技创新载体建设】 宁河区3个市级众创空间开展创新创业活动，众创空间总收入43.78万元，其中服务收入6.38万，服务人员35人，创业团队136人，举办创新创业活动23场次，创业导师队伍25个。（张义涛）

静海区

【简况】 静海区国家科技型中小企业评价入库167家；“雏鹰”企业评价入库59家；“瞪羚”企业评价入库20家；新认定国家高新技术企业56家，到期复审认定通过34家，全区累计273家；完成技术合同登记额25.16亿元。企业申报各类市级科技计划项目107项，立项71项。

（朱中文）

【科技创新载体建设】 静海区推进企业孵化器和众创空间建设，天津天海同步科技孵化器有限公司、天津恒兴科技企业孵化器有限公司在孵企业87家；支持虫洞、大匠工坊、华大3家众创空间发展，创业团队累计65个。天津市方矩管产业发展与合作创新联盟通过市级备案，装配式建筑产业创新联盟通过市级考核。

（朱中文）

【科技服务】 静海区回复政企平台企业问题20个，解决重难点问题4个，企业满意率100%。机关干部走访企业71家，解决问题115个。利用与北京银行天津分行、天津农商银行静海支行搭建的科技金融联合服务机制，为全区33家科技企业提供融资贷款8亿余元。 （朱中文）

【防震减灾】 静海区在"5·12全国防灾减灾日""科普宣传日""科技周""7·28唐山地震纪念日"等宣传活动中，发放各种宣传手册、挂图、宣传制品等5000余份，2000余人参加，提高群众安全意识和自救自护能力。

（朱中文）

蓟州区

【简况】 蓟州区国家科技型中小企业评价入库127家，"雏鹰"企业评价入库40家，"瞪羚"企业评价入库2家，组织国家高新技术企业认定30家，科技领军企业认定1家。组织申报天津市科技计划项目28项，立项17项，获经费568.33万元。实施企业科技创新项目38项，完成技术合同成交额23.31亿元。完成全社会科技研发投入3.47亿元，投入强度1.65%。实施农业科技创新项目23项，引进示范推广农业新技术成果80个。全区科技特派员累计200名，实施市、区科技特派员精准帮扶项目12个。科技部备案蓝科水产等6个"星创天地"，累计获批天津市科普教育基地6家。制定《推进新动能引育加快高新技术企业发展工作方案》。 （董　颖）

【科技扶贫】 蓟州区与甘肃省武威市、古浪县、天祝县签订合作协议11个，推进东西部科技帮扶协作工作。科技特派员组成专家服务团，对接武威市9家企业，针对肉羊、肉牛养殖及繁殖技术、食用菌栽培技术进行服务指导。组织专家服务团为当地科技特派员开展能力培训，累计5000余人参加。协调武威市科技部门与天津农学院班立桐团队、天津市博菲德科技有限公司合作对接。为天祝臣祥菌业有限公司、南阳山农业科技有限公司引进香菇新品种0912，查看制棒发菌情况和增菇酶应用情况，对香菇、羊肚菌等品种在种植过程中遇到的生产问题进行技术指导。南阳山农业公司、臣祥菌业公司试验示范种植基地扩繁香菇新品种0912约11万棒，带动当地100多户农户推广种植，实现脱贫致富。蓟州区科技特派员班立桐和戴建良获"天津市扶贫协作和支援合作工作先进个人"和"全国脱贫攻坚先进个人"。完成全社会科技研发投入3.47亿元，投入强度1.65%。全区技术合同成交额23.31亿元。

（董　颖）

【产学研合作】 蓟州区推动天津澳宏环保材料有限公司、创远亿德（天津）集团有限公司、天津冶建特种材料有限公司与清华大学、河北工业大学开展产学研合作，挂牌成立产学研合作基地3个，转化科技成果3项。天津蓝科水产养殖有限公司与北京市水产科学研究所签订合作协议，实施科技项目2项。 （董　颖）

【科技创新载体建设】 蓟州区推进自主创新示范区蓟州分园建设，新增科技型企业30家，累计252家，其中，高新技术企业23家，占全区49%。天津博雅全鑫磁电科技有限公司等12家企业申报市级科技创新项目13个。天津博雅全鑫磁电科技有限公司获批组建天津市稀土永磁及器件研发企业重点实验室。 （董　颖）

【科技服务】 蓟州区开展科技政策宣讲6次，累计培训企业169家，人员600余人次。依托蓟州区科技金融对接服务平台，通过组织线上视频会议、线下集中培训等方式，协调天津科技融资控股集团有限公司、蓟州区4家银行与80余家科技型企业，开展融资对接活动3次，介绍"雏鹰"贷、"瞪羚"贷等相关金融服务产品。为11家高新技术企业申请贷款6140万元。联合天津职业技术师范大学开展科技帮扶对接活动，撮合解决高新技术企业、"雏鹰""瞪羚"等科技型企业在资金、技术等方面问题，与8家企业达成合作意向。通过落实企业科技研发费用加计扣除税收优惠等政策，为65家企业降低创新创业成本6236万元。 （董　颖）

附 录

文件辑录

加强“从0到1”基础研究工作方案

国科发基〔2020〕46号

为贯彻落实党的十九大精神和《国务院关于全面加强基础科学研究的若干意见》(国发〔2018〕4号),切实解决我国基础研究缺少“从0到1”原创性成果的问题,充分发挥基础研究对科技创新的源头供给和引领作用,制定工作方案如下。

一、总体考虑

当前,新一轮科技革命和产业变革蓬勃兴起,国际竞争向基础研究竞争前移,科学探索不断向宏观拓展、向微观深入,交叉融合汇聚不断加速,一些基本科学问题孕育重大突破,可望催生新的重大科学思想和科学理论,产生颠覆性技术。加强“从0到1”的基础研究,开辟新领域、提出新理论、发展新方法,取得重大开创性的原始创新成果,是国际科技竞争的制高点。“从0到1”原创性突破,既需要长期厚重的知识积累与沉淀,也需要科学家瞬间的灵感爆发;既需要对基础研究进行长期稳定的支持,也需要聚焦具有比较优势的领域,进一步突出重点,有所为、有所不为。

(一)指导思想。以习近平新时代中国特色社会主义思想为指导,面向世界科技前沿、面向国家战略需求、面向国民经济主战场,围绕重大科学问题和关键核心技术突破,以人为本、深化改革、优化环境、稳定支持、创新管理,强化基础研究的原创导向,激发科研人员创新活力,努力取得更多重大原创性成果,为建设世界科技强国提供强有力的支撑。

(二)基本原则。

突出问题导向。围绕基础前沿领域和关键核心技术重大科学问题,坚持需求导向和前瞻引领。从国家战略需求出发,强化重点领域部署,鼓励跨领域、跨学科交叉研究,形成关键领域先发优势。

坚持以人为本。遵循人才成长规律,创新人才评价制度,深入实施人才优先发展战略,注重青年人才和创新团队的培育,激发青年人才创新活力。不唯帽子、不唯名气、不唯团队大小。

注重方法创新。适应大科学、大数据、互联网时代科学研究的新特点,注重科研平台、科研手段、方法工具和高端科学仪器的自主研发与创新,提高基础研究原始创新能力。

优化学术环境。遵循基础研究的规律与特点,推动基础研究分类评价,探索支持非共识项目的机制。鼓励自由探索,赋予科研人员更多学术自主权。弘扬科学精神,营造勇于创新、敢于啃硬骨头和学术民主、宽容失败的科研环境。

强化稳定支持。优化基础研究投入结构,依托国家重点实验室和国家科技计划等,对关系长远发展的基础前沿领域加大稳定支持力度,努力取得重大原创性成果和关键核心技术突破。

二、优化原始创新环境

(三)建立有利于原始创新的评价制度。一是推行代表作评价制度。对人和创新团队的评价,注重评价代表作的科学水平和学术贡献,让论文回归学术,避免唯论文、唯职称、唯学历、唯奖项倾向。二是建立国家重点实验室新的评价制度。坚持定期评估和分类考核制度。将完成国家任务情况和创新效能作为重要的评价标准,建立以创新质量和学术贡献为核心的评价制度。三是建立促进原创的基础研究项目评价制度。基础研究项目重点评价新发现、新原理、新方法、新规律的原创性和科学价值,注重评价代表性成果水平;应用基础研究项目重点评价解决经济社会发展和国家安全重大需求中关键科学问题的效能和应用价值。在高校、科研院所开展评价试点。

(四)支持高校、科研院所自主布局基础研

究。高等学校与科研机构结合国际一流科研机构、世界一流大学和一流学科建设，遵循科研活动规律，自主布局基础研究，扩大高等学校与科研机构学科布局和科研选题自主权。鼓励科学家围绕重要方向开展长期研究，不追热点，把冷板凳坐热。鼓励和支持科学家敢于啃硬骨头，敢于挑战最前沿科学问题，在独创独有上下功夫，努力开辟新领域、提出新理论、设计新方法、发现新现象。推动科教融合，围绕重大科技任务加强科研育人。

（五）改革重大基础研究项目形成机制。根据改革完善科技计划项目形成机制的有关要求，完善国家重大基础研究项目形成机制，在指南编制方式、有效竞争、开放性、项目评审机制、评审专家队伍建设等方面完善基础研究项目形成方式和管理方式。充分重视科学研究过程的灵感瞬间性，对原创性课题开通项目申报、评审绿色通道，建立随时申报的机制。对于在重大原创性突破研究过程急需解决的关键问题实行滚动立项。国家重点研发计划对港澳机构开放，国家自然科学基金进一步研究向港澳特区科研人员开放基金项目申请的具体方案并逐步实施。

（六）深化国际合作与交流。深化政府间科技合作，建立国际创新合作平台，联合开展科学前沿问题研究。加大国家科技计划开放力度。鼓励国际科研合作交流，积极参与国际大科学计划和大科学工程。

（七）加强学风建设。提倡学术自由和学术民主，坚持严谨、求实的良好作风，力戒浮躁张扬之风，树立诚信、严谨的正确导向，弘扬爱国奉献、诚实守信、淡泊名利的科学精神。加强科研活动全流程诚信管理，对违背科研诚信要求的行为责任人开展失信惩戒，加大对科研造假等学术不端的惩治力度。

三、强化国家科技计划原创导向

（八）强化国家自然科学基金的原创导向。稳定支持各学科领域均衡协调可持续发展，加强对数学、物理等重点基础学科的支持，稳定支持一批基础数学领域科研人员围绕数学学科前沿问题开展基础理论研究，夯实发展基础。坚持自由探索、突出原创，科学问题导向和需求牵引并重，引导科学家将科学研究活动中的个人兴趣与国家战略需求紧密结合，实现对科学前沿的引领和拓展，全面培育源头创新能力。坚持学科建设的主方向，推进跨学科研究，强化学科交叉融合，培育新的学科发展方向。稳定支持面上项目、青年科学基金项目和地区科学基金项目，鼓励在科学基金资助范围内自主选题。为原创项目开辟单独渠道，采取专家或项目主任署名推荐、不设时间窗口接收申请，探索实施非常规评审和决策模式，着重关注研究的原始创新性，弱化对项目前期工作基础、可行性等要求，优化完善非共识项目的实施机制。

（九）国家科技计划突出支持重要原创方向。坚持全球视野，把握世界科技前沿发展态势，在关系长远发展的基础前沿领域前瞻部署。在重大专项和重点研发计划中突出支持基础研究重点领域原创方向，持续支持量子科学、脑科学、纳米科学、干细胞、合成生物学、发育编程、全球变化及应对、蛋白质机器、大科学装置前沿研究等重点领域，针对重点领域、重大工程等国家重大战略需求中的关键数学问题，加强应用数学和交叉研究，加强引力波、极端制造、催化科学、物态调控、地球系统科学、人类疾病动物模型等领域部署，抢占前沿科学研究制高点。创新“变革性技术关键科学问题重点专项”的组织模式和机制，加强变革性技术关键科学问题研究，支持我国科学家取得原创突破、应用前景明确、有望产出具有变革性影响的技术原型，加大对经济社会发展产生重大影响的前瞻性、原创性的基础研究和前沿交叉研究的支持，推动颠覆性创新成果的产生。

（十）国家科技计划突出支持关键核心技术中的重大科学问题。面向国家重大需求，对关键核心技术中的重大科学问题给予长期支持。重点支持人工智能、网络协同制造、3D打印和激光制造、重点基础材料、先进电子材料、结构与功能材料、制造技术与关键部件、云计算和大数据、高性能计算、宽带通信和新型网络、地球观测与导航、光电子器件及集成、生物育种、高端医疗器械、集成电路和微波器件、重大科学仪器设备等重大领域，推动关键核心技术突破。

四、加强基础研究人才培养

（十一）建立健全基础研究人才培养机制。

要创新人才培养、引进、使用机制，真正选对人、用好人。加快培养一批在国际前沿领域具有较大影响力的领军人才，赋予领军人才技术路线决策权、项目经费调剂权、创新团队组建权。重视培养基础研究领域的青年人才，对青年人才开辟特殊支持渠道，重点支持淡泊名利、献身科学、潜心研究的优秀青年人才。推动教育创新，改革培养模式，把科学精神、创造能力的培养贯穿教育全过程。重视素质教育养成，加强基础研究人才创新能力的教育培养，培育一批具有基础研究创新能力的人才。支持高校、科研院所、企业多方引才引智，广聚天下英才。

（十二）实施青年科学家长期项目。统筹利用现有渠道，聚焦重点研究方向，准备支持一批30－余40岁具有高级职称或博士学位、有志于长期从事科学研究的优秀青年科学家，瞄准重大原创性基础前沿和关键核心技术的科学问题，在数学、物理、生命科学、空间科学、深海科学、纳米科学等基础前沿领域和农业、能源、材料、信息、生物、医药、制造与工程等应用基础领域开展基础研究。按方向选人，按人定项目。青年科学家人选由一线科学家推荐。被推荐人根据确定的重点方向提出项目。项目负责人自主确定研究内容和技术路线。对项目进行全程跟踪、服务。承担单位对项目团队成员可实行年薪制等灵活分配方式。

（十三）在国家科技计划中支持青年科学家。抓住中青年时期这一实现原创性突破的峰值年龄，依托国家科技计划培养青年人才。在重点研发计划中加大对35岁以下青年科学家的支持。国家自然科学基金加强对“青年科学基金项目”“优秀青年科学基金项目”“杰出青年科学基金项目”等资助计划的支持，鼓励青年科学家自主选题，开展基础研究工作，构建分阶段、全谱系、资助强度与规模合理的人才资助体系，加大力度持续支持中青年科学家和创新团队。加大对博士后的支持力度，积极吸引国内外优秀博士毕业生在国内从事博士后研究。

五、创新科学研究方法手段

（十四）加强重大科技基础设施和高端通用科学仪器的设计研发。聚焦空间和天文、粒子物理和核物理、能源、生命、地球系统与环境、新材料、工程技术等世界科技前沿和国家战略急需领域，布局建设一批重大科技基础设施。依托重大科技基础设施开展科学前沿研究，解决经济社会发展重大科技问题。充分发挥设施的集聚作用，吸引国内外创新资源，促进科技交叉融合，形成国际顶尖科研队伍。培育具有原创性学术思想的探索性科学仪器设备研制，聚焦高端通用和专业重大科学仪器设备研发、工程化和产业化研究，推动高端科学仪器设备产业快速发展。

（十五）大力支持科研手段自主研发与创新。加大力度支持科研平台、科研手段、方法工具的创新，提升开展原创研究的能力，大力加强实验材料、数据资源、技术方法、工具软件等方面的创新。着力开展高端检测试剂、高纯试剂、高附加值专用试剂研发和科研用试剂研究，加强技术标准建设，完善科研用试剂质量体系。完善科技资源库（馆）的建设和运行管理机制，提升科技基础资源整理加工、保藏鉴定以及对科技创新和经济社会发展的支撑保障能力。鼓励研发国产高端设计分析工具软件，保证研发设计过程自主安全可控。在重大研发任务中加大对高端试剂、可控软件研发和基础方法创新的支持。

六、强化国家重点实验室原始创新

（十六）发挥国家重点实验室的辐射带动作用。发挥国家重点实验室创新平台作用，作为国家重大科技任务的提出者和组织者，牵头组织全国相关领域的科技力量，发挥集群优势，开展协同攻关，承担起行业领域的辐射带动作用。探索建立国家重点实验室作为独立责任主体申请和承担国家科技任务的机制。

（十七）支持国家重点实验室长期积累。支持国家重点实验室围绕孕育重大原始创新、推动学科发展和解决国家战略重大科技问题，在特定优势领域长期持续开展科技创新，在重点学科领域和关键技术领域形成持续创新能力。强化国家重点实验室的独立性和自主权，鼓励国家重点实验室在重要领域开展前沿探索，提出新方向，发展新领域。加大对国家重点实验室稳定支持力度，聚焦前沿、长期积累、突出原创。

七、提升企业自主创新能力

（十八）推动企业加强基础研究。鼓励企业

面向长远发展和竞争力提升，前瞻部署基础研究。鼓励企业与高等院校、科研机构等基础研究机构合作，共建各类研究开发机构和联合实验室，加强企业实验室与高校、科研院所实验室紧密衔接和实质性合作，促进基础研究、应用基础研究与产业化对接融通，提高企业研发能力。重视企业内部创新环境建设，鼓励企业引进高层次人才，与高等院校和科研院所共同培养基础研究人才。发挥国家科技计划的导向作用，在重大专项、重点研发计划论证和实施过程中，组织企业家、产业专家和科技专家共同凝练来自生产一线、关系经济社会发展的关键重大科学问题，支持企业承担国家科研项目。

（十九）引导企业加大投入。切实落实企业研发费用按75%比例税前加计扣除等财税优惠政策。在具备条件的企业建设国家重点实验室，衔接基础研究和应用需求。做强国家自然科学基金企业创新发展联合基金，推动科研院所与高等院校围绕企业技术创新需求，解决企业发展中面临的重大科学问题和技术难题。

八、加强管理服务

（二十）加强组织协调和统筹实施。组建基础研究战略咨询专家委员会，加强基础研究顶层设计和统筹协调，研判基础研究发展趋势、凝练基础研究重大需求，在推进重大工作部署中发挥战略咨询作用。建立部门间沟通协调机制，统筹各类科技计划支持基础研究的资助政策与管理机制。强化中央和地方协作联动。发挥知识产权制度激励作用，推动知识产权权属改革，加强知识产权运用和保护。

（二十一）加大中央财政的稳定支持力度。中央财政加大对基础研究的稳定支持力度，建立健全稳定支持和竞争性支持相协调的投入机制。探索实施中央和地方共同出资、共同组织国家重大基础研究任务的新机制。

（二十二）加大地方政府和社会力量对基础研究的投入。鼓励和支持地方政府结合自身优势和特色，制定出台加强地方基础研究和应用基础研究的政策措施，加大对基础研究的支持力度。探索共建新型研发机构、联合资助、慈善捐赠等措施，激励企业和社会力量加大基础研究投入。北京、上海、粤港澳科技创新中心和北京怀柔、上海张江、合肥、深圳综合性国家科学中心应加大基础研究投入力度，加强基础研究能力建设。

（二十三）改进管理部门工作作风。科技管理部门要提高站位、做好统筹，坚持“抓战略、抓规划、抓政策、抓服务”，进一步推进政府职能转变和“放管服”改革。科研院所和高等院校的科研管理部门全面提升微观管理服务水平，在放权上求实效，在监管上求创新，在服务上求提升，努力营造有利于基础研究的科研生态。

新形势下加强基础研究若干重点举措

国科办基〔2020〕38号

基础研究是整个科学体系的源头，是所有技术问题的总机关。现代科学技术发展进入大科学时代，科学、技术、工程加速渗透与融合，科学研究的模式不断重构，学科交叉、跨界合作、产学研协同成为趋势。经济高质量发展急需高水平基础研究的供给和支撑，需求牵引、应用导向的基础研究战略意义凸显。新形势下进一步加强基础研究，要以习近平新时代中国特色社会主义思想为指导，尊重科学发展规律，突出目标导向，支持自由探索，优化总体布局，深化体制机制改革，创新支持方式，营造创新环境，提升原始创新能力，努力攀登世界科学高峰，为创新型国家和世界科技强国建设提供强大支撑。

为落实《国务院关于全面加强基础科学研究的若干意见》，进一步加强基础研究，提升我国基础研究和科技创新能力，实现前瞻性基础研究、引领性原创成果重大突破，特提出以下重点举措。

一、优化基础研究总体布局

1. 加强基础研究统筹布局。坚持基础研究整体性思维，把握基础研究与应用研究日趋一体化的发展趋势，注重解决实际问题，以应用研究带动基础研究，加强重大科学目标导向、应用目标导向的基础研究项目部署，重点解决产业发展和生产实践中的共性基础问题，为国家重大技术创新提供支撑。强化目标导向，支持自由探索，突出原始创新，强化战略性前瞻性基础研究，鼓励提出新思想、新理论、新方法。制定基础研究

2021－2035年的总体规划。

2. 完善国家科技计划体系。充分发挥国家自然科学基金的作用，资助基础研究和科学前沿探索，支持人才和团队建设，加强面向国家需求的项目部署力度，提升国家自然科学基金支撑经济社会发展的能力。面向国际科学前沿和国家重大战略需求，突出战略性、前瞻性和颠覆性，优化国家科技重大专项、国家重点研发计划、基地和人才计划中基础研究支持体系，强化对目标导向基础研究的系统部署和统筹实施。

二、激发创新主体活力

3. 切实把尊重科研人员的科研活动主体地位落到实处。完善适应基础研究特点和规律的经费管理制度，坚持以人为本，增加对“人”的支持。重点围绕优秀人才团队配置科技资源，推动科学家、数学家、工程师在一起共同开展研究。落实科研人员在立项选题、经费使用以及资源配置的自主权，释放人才创新创造活力。切实保障科研人员工作和生活条件，强化对承担基础研究国家重大任务的人才和团队的激励，落实以增加知识价值为导向的分配政策，探索实行年薪制和学术休假制度，对科研骨干在内部绩效工资分配时予以倾斜。加快推进经费使用“包干制”的落实落地。认真落实《关于优化科研管理提升科研绩效若干措施的通知》，安排好纯理论基础研究、对试验设备依赖程度低和实验材料耗费少的基础研究项目间接费用。

4. 支持企业和新型研发机构加强基础研究。引导企业面向长远发展和竞争力提升前瞻部署基础研究。扫除高校、科研院所和企业间人才流动的制度障碍。支持企业承担国家科研项目。支持新型研发机构制度创新，在科研模式、评价体系、人才引进、职称评定、内控制度等方面积极探索，先行先试。支持新型研发机构建设创新平台、承担国家科研任务。推动产学研协作融通，形成基础研究、应用研究和技术创新贯通发展的科技创新生态。

三、深化项目管理改革

5. 改革项目形成机制。健全基础研究任务征集机制，组织行业部门、企业、战略研究机构、科学家等共同研判科学前沿和战略发展方向，多方凝练经济社会发展和生产一线的重大科学问题。提高指南开放性，简化指南内容，不限定具体技术路线，对原创性强的研究探索以指向代替指南。合理把握项目规模，避免拼凑和打包，保证竞争性和参与度。推行评审专家责任机制，强化“小同行”评审，应用目标导向类基础研究评审须增加应用和产业专家。推进评审活动国际化。优化完善非共识项目的遴选机制和资助机制，建立非共识和颠覆性项目建议“网上直通车”，全时段征集重大需求方向建议。对于具备“颠覆性、非共识、高风险”等特征的原创项目，应单独设置渠道，创新遴选方式，探索建立有别于现行项目的遴选机制。对原创性项目开通绿色评审通道。

6. 改进项目实施管理。在调整参与人员、研究方案、技术路线和经费开支科目方面赋予项目负责人更大的自主权。实施“减表行动”，简化预算测算说明和编报表格。建立定期评估与弹性评估相结合的评估制度，减少评估频率，可依项目自主申请开展中期评估，三年以下的项目不再进行中期评估。建立项目动态调整机制，强化全程跟踪，对实施好的项目加强滚动支持，对差的项目要及时调整。项目完成情况要客观评价，不得夸大成果水平。将科学普及作为基础研究项目考核的必要条件。稳步提升基础研究计划、项目和基地的对外开放力度。推动基础研究人才、项目等多层次、全方位、高水平交流和国际合作。

四、营造有利于基础研究发展的创新环境

7. 改进基础研究评价。创新人才评价机制，建立健全以创新能力、质量、贡献为导向的科技人才评价体系。注重个人评价和团队评价相结合，尊重和认可团队所有参与者的实际贡献。基础研究评价要符合科学发展规律、反映基础研究特点，实行分类评价、长周期评价，推行代表作评价制度。注重基础研究论文发表后的深化研究、中长期创新绩效评价和成果转化的后评价工作。对自由探索和颠覆性创新活动建立免责机制，宽容失败。高校、科研院所要严格落实《关于深化项目评审、人才评价、机构评估改革的意见》要求，破除“唯论文、唯职称、唯学历、唯奖项”的倾向。

8. 推动科技资源开放共享。加强科研设施与仪器国家网络管理平台建设，完善开放共享的评价考核和后补助机制，深化新购仪器设备购置查重评议，强化管理单位主体责任，加快推进科研设施与仪器开放共享。推进国家科技资源共享服务平台建设，建设一批国家科学数据中心和国家科技资源库（馆）。加强实验动物资源和科研用试剂的研发与应用。构建完善的国家科技文献信息保障服务体系。

五、完善支持机制

9. 加大对基础研究的稳定支持。完善基础研究投入机制，加大对长期重点基础研究项目、重点团队和科研基地的稳定支持。支持优秀青年科学家长期稳定开展基础研究，坚持本土培养和从外引进并举。认真落实《关于扩大高校和科研院所科研相关自主权的若干意见》，支持高校和科研院所围绕重要方向，自主组织开展基础研究。重构国家实验室和国家重点实验室体系，形成以重大问题为导向，跨学科领域协同开展重大基础研究的稳定机制。

10. 完善基础研究多元化投入体系。拓宽基础研究经费投入渠道，逐步提高基础研究占全社会研发投入比例。中央财政持续加大对基础研究的支持力度。通过部省联合组织实施国家重大科技任务和共建科研基地等方式，推动地方加大基础研究投入，强化地方财政对应用基础研究的支持。积极推动与各行业设立联合基金，解决制约行业发展的深层次科学问题。引导和鼓励企业加大对基础研究和应用基础研究的投入力度。鼓励社会资本投入基础研究，支持社会各界设立基础研究捐赠基金。

科技部印发《关于破除科技评价中“唯论文”不良导向的若干措施（试行）》的通知

国科发监〔2020〕37号

为落实中共中央办公厅、国务院办公厅《关于深化项目评审、人才评价、机构评估改革的意见》《关于进一步弘扬科学家精神加强作风和学风建设的意见》要求，改进科技评价体系，破除国家科技计划项目、国家科技创新基地、中央级科研事业单位、国家科技奖励、创新人才推进计划等科技评价中过度看重论文数量多少、影响因子高低，忽视标志性成果的质量、贡献和影响等“唯论文”不良导向，按照分类评价、注重实效的原则，经商财政部，现提出如下措施。

一、强化分类考核评价导向。实施分类考核评价，注重标志性成果的质量、贡献和影响。

（一）对于基础研究类科技活动，注重评价新发现、新观点、新原理、新机制等标志性成果的质量、贡献和影响。对论文评价实行代表作制度，根据科技活动特点，合理确定代表作数量，其中，国内科技期刊论文原则上应不少于1/3。强化代表作同行评议，实行定量评价与定性评价相结合，重点评价其学术价值及影响、与当次科技评价的相关性以及相关人员的贡献等，不把代表作的数量多少、影响因子高低作为量化考核评价指标。

（二）对于应用研究、技术开发类科技活动，注重评价新技术、新工艺、新产品、新材料、新设备，以及关键部件、实验装置/系统、应用解决方案、新诊疗方案、临床指南/规范、科学数据、科技报告、软件等标志性成果的质量、贡献和影响，不把论文作为主要的评价依据和考核指标。

（三）提高对高质量成果的考核评价权重。对于具有一定学术影响或取得实际应用效果的标志性成果可作为高质量成果，可增加到10%的权重；对于具有重要学术影响、对相关领域的科技创新具有带动作用的，可增加到30%的权重；对于已在实践中应用、对经济社会发展和国家安全作出重要贡献的，可增加到50%的权重。具体权重由相关科技评价组织管理单位（机构）根据实际情况确定。

鼓励发表高质量论文，包括发表在具有国际影响力的国内科技期刊、业界公认的国际顶级或重要科技期刊的论文，以及在国内外顶级学术会议上进行报告的论文（以下简称“三类高质量论文”）。上述期刊、学术会议的具体范围由本单位的学术委员会本着少而精的原则确定，其中，具有国际影响力的国内科技期刊参照中国科技期刊卓越行动计划入选期刊目录确定；业界公认的国际顶级或重要科技期刊、国内外顶级学术会议由本单位学术委员会结合学科或技术领域选定。对于“三类高质量论文”的研究成果，可按高质量成果进行考核评价。发挥同行评议在高质量成果考核评价中的作用。

二、对国家科技计划项目（课题）评审评价突出创新质量和综合绩效。立项评审注重对项目（课题）可行性和先进性进行评价，综合绩效评价注重对项目（课题）合同约定标志性成果的质量和影响进行评价。

（四）对于应用研究、技术开发类项目（课题），不把论文作为申报指南、立项评审、综合绩效评价、随机抽查等的评价依据和考核指标，不得要求在申报书、任务书、年度报告等材料中填报论文发表情况。

（五）对于基础研究类项目（课题），对论文评价实行代表作制度，代表作数量原则上不超过5篇。在申报书、任务书、年度报告等材料中，重点填报代表作对相关项目（课题）的支撑作用和相关性；在立项评审、综合绩效评价、随机抽查等环节，重点考核评价代表作的质量和应用情况。

三、对国家科技创新基地评估突出支撑服务能力。注重评估科技创新基地支撑服务国家重大需求、经济社会发展的作用和效果。

（六）对于国家技术创新中心、国家临床医学研究中心等技术创新与成果转化类基地，注重评估对国家重大需求和工程建设的支撑作用、对重大临床需求和产业化需要的支撑保障作用。不把论文作为主要的评价依据和考核指标。

（七）对于国家科技资源共享服务平台、国家野外科学观测研究站等基础支撑与条件保障类基地，注重评估对外服务的质量和效果。不把论文作为主要的评价依据和考核指标。

（八）对于国家实验室、国家重点实验室等科学与工程研究类基地，注重评估原始创新能力、国际科学前沿竞争力、满足国家重大需求的能力等。对论文评价实行代表作制度，每个评价周期代表作数量原则上不超过20篇。

四、对中央级科研事业单位绩效评价突出使命完成情况。注重评估科研机构履行国家使命和宗旨目标的情况，以及成果的学术价值和影响力。

（九）对于技术研发类机构，注重评估在成果转化、支撑产业发展等方面的绩效，不把论文作为主要的评价依据和考核指标。

（十）对于社会公益性研究类机构，注重评估公益性研究成果的绩效、履行社会责任的效果，不把论文作为主要的评价依据和考核指标。

（十一）对于基础研究类机构，注重评估代表性成果水平、国际学术影响、在经济社会发展和国家重大需求中的贡献等。对论文评价实行代表作制度，每个评价周期代表作数量原则上不超过40篇。

五、对国家科技奖励评审突出成果质量和贡献。注重评审相关科技成果的质量、效果和影响，以及相关人员的贡献。

（十二）对于自然科学奖，注重对成果的原创性、公认度和科学价值等进行评审。对论文评价实行代表作制度，代表作数量原则上不超过5篇。

（十三）对于技术发明奖、科技进步奖，注重对成果的创新性、先进性、应用价值和经济社会效益等进行评审，不把论文作为主要的评审依据。

（十四）最高科学技术奖、国际合作奖也要落实分类评价要求。

六、对创新人才推进计划人才评选突出科学精神、能力和业绩。注重评价学术道德水平以及在学科领域的活跃度和影响力、研发成果原创性、成果转化效益、科技服务满意度等。

（十五）对于科技创新创业人才，注重评价创业人才创办企业带动就业、产业科技含量及经济社会效益等，不把论文作为主要的评价依据和考核指标。

（十六）对于中青年科技创新领军人才，注重评价已取得核心成果的创新性和学术影响。对论文评价实行代表作制度，代表作数量原则上不超过5篇。

（十七）对于重点领域创新团队，注重评价团队协作创新能力，以及团队负责人的组织协调和领导力。对论文评价实行代表作制度，代表作数量原则上不超过10篇。

（十八）其他科技人才计划也要落实分类评价要求。

七、培育打造中国的高质量科技期刊。以培育世界一流的中国科技期刊为目标，推动中国科技期刊高质量发展，服务科技强国建设。

（十九）加快实施中国科技期刊卓越行动计划，推进领军期刊建设，培育重点期刊、梯队期刊，鼓励创办高起点英文期刊，提高中文期刊英文摘要质量；建立中国特色、具有国际影响力的“科学引文索引”系统。鼓励财政资金资助的论文在高质量国内科技期刊发表。

（二十）完善学术期刊预警机制，定期发布国内和国际学术期刊的预警名单，并实行动态跟踪、及时调整。将管理和学术信誉差、商业利益至上的学术期刊，列入“黑名单”。

八、加强论文发表支出管理。建立与破除“唯论文”导向相适应的资金管理措施，从严控制论文资助范围、从紧管理论文发表支出。

（二十一）对于国家科技计划项目产生的代表作和“三类高质量论文”，发表支出可在国家科技计划项目专项资金按规定据实列支，其他论文发表支出均不允许列支。对于单篇论文发表支出超过2万元人民币的，需经该论文通讯作者或第一作者所在单位学术委员会对论文发表的必要性审核通过后，方可在国家科技计划项目专项资金中列支。

（二十二）对于发表在“黑名单”和预警名单学术期刊上的论文，相关的论文发表支出不得在国家科技计划项目专项资金中列支。不允许使用国家科技计划项目专项资金奖励论文发表，对于违反规定的，追回奖励资金和相关项目结余资金。

（二十三）在项目综合绩效评价过程中，项目管理机构应加强对在国家科技计划项目专项资金中列支论文发表情况的核验。

（二十四）相关高校、科研院所等要对论文发表的必要性以及与项目研究的相关性进行审核；对于可能涉及国家安全和秘密等的论文，要从严审核、加强管理。不允许将论文发表数量、影响因子等与奖励奖金挂钩。

九、强化监督检查。加大监督检查力度，确保各项措施落实落地。

（二十五）开展破除“唯论文”不良导向各项措施落实情况的监督检查。对落实不力、存在严重“唯论文”问题或存在奖励论文发表的相关高校、科研院所等，采取约谈、通报批评等方式予以处理并责令整改，整改期间暂停国家科技计划项目专项资金对该单位论文发表的资助。加强对咨询评审专家的培训引导，对项目评审中存在“唯论文”现象的，及时予以纠正。

（二十六）相关高校、科研院所要加强论文发表署名管理。《关于进一步弘扬科学家精神加强作风和学风建设的意见》发布后，对论文无实质学术贡献仍然“挂名”的，依规严肃追究责任。

（二十七）加大正面典型案例的宣传，树立正确的舆论导向。不允许过度宣传论文发表情况，不提倡将论文数量、影响因子作为宣传报道、工作总结、年度报告的重要内容。

赋予科研人员职务科技成果所有权或长期使用权试点实施方案

国科发区〔2020〕128号

为深化科技成果使用权、处置权和收益权改革，进一步激发科研人员创新热情，促进科技成果转化，根据《中华人民共和国科学技术进步法》《中华人民共和国促进科技成果转化法》《中华人民共和国专利法》相关规定，现就开展赋予科研人员职务科技成果所有权或长期使用权试点工作制定本实施方案。

一、总体要求

（一）指导思想。

以习近平新时代中国特色社会主义思想为指导，全面贯彻党的十九大和十九届二中、三中、四中全会精神，认真贯彻党中央、国务院决策部署，加快实施创新驱动发展战略，树立科技成果只有转化才能真正实现创新价值、不转化是最大损失的理念，创新促进科技成果转化的机制和模式，着力破除制约科技成果转化的障碍和藩篱，通过赋予科研人员职务科技成果所有权或长期使用权实施产权激励，完善科技成果转化激励政策，激发科研人员创新创业的积极性，促进科技与经济深度融合，推动经济高质量发展，加快建设创新型国家。

（二）基本原则。

系统设计、统筹布局。聚焦科技成果所有权和长期使用权改革，从规范赋予科研人员职务科技成果所有权和长期使用权流程、充分赋予单位管理科技成果自主权、建立尽职免责机制、做好科技成果转化管理和服务等方面做好顶层设计，统筹推进试点工作。

问题导向、补齐短板。遵循市场经济和科技创新规律，着力破解科技成果有效转化的政策制度瓶颈，找准改革突破口，集中资源和力量，畅通科技成果转化通道。

先行先试、重点突破。以调动科研人员创新积极性、促进科技成果转化为出发点和落脚点，强化政策引导，鼓励先行开展探索，破除体制机制障碍，形成新路径和新模式，加快构建有利于科技创新和科技成果转化的长效机制。

（三）主要目标。

分领域选择40家高等院校和科研机构开展试点，探索建立赋予科研人员职务科技成果所有权或长期使用权的机制和模式，形成可复制、可推广的经验和做法，推动完善相关法律法规和政策措施，进一步激发科研人员创新积极性，促进科技成果转移转化。

二、试点主要任务

（一）赋予科研人员职务科技成果所有权。

国家设立的高等院校、科研机构科研人员完成的职务科技成果所有权属于单位。试点单位可以结合本单位实际，将本单位利用财政性资金形成或接受企业、其他社会组织委托形成的归单位所有的职务科技成果所有权赋予成果完成人（团队），试点单位与成果完成人（团队）成为共同所有权人。赋权的成果应具备权属清晰、应用前景明朗、承接对象明确、科研人员转化意愿强烈等条件。成果类型包括专利权、计算机软件著作权、集成电路布图设计专有权、植物新品种权，以及生物医药新品种和技术秘密等。对可能影响国家安全、国防安全、公共安全、经济安全、社会稳定等事关国家利益和重大社会公共利益的成果暂不纳入赋权范围，加快推动建立赋权成果的负面清单制度。

试点单位应建立健全职务科技成果赋权的管理制度、工作流程和决策机制，按照科研人员意愿采取转化前赋予职务科技成果所有权（先赋权后转化）或转化后奖励现金、股权（先转化后奖励）的不同激励方式，对同一科技成果转化不进行重复激励。先赋权后转化的，科技成果完成人（团队）应在团队内部协商一致，书面约定内部收益分配比例等事项，指定代表向单位提出赋权申请，试点单位进行审批并在单位内公示，公示期不少于15日。试点单位与科技成果完成人（团队）应签署书面协议，合理约定转化科技成果收益分配比例、转化决策机制、转化费用分担以及知识产权维持费用等，明确转化科技成果各方的权利和义务，并及时办理相应的权属变更等手续。

（二）赋予科研人员职务科技成果长期使用权。

试点单位可赋予科研人员不低于10年的职务科技成果长期使用权。科技成果完成人（团队）应向单位申请并提交成果转化实施方案，由其单独或与其他单位共同实施该项科技成果转化。试点单位进行审批并在单位内公示，公示期不少于15日。试点单位与科技成果完成人（团队）应签署书面协议，合理约定成果的收益分配等事项，在科研人员履行协议、科技成果转化取得积极进展、收益情况良好的情况下，试点单位可进一步延长科研人员长期使用权期限。试点结束后，试点期内签署生效的长期使用权协议应当按照协议约定继续履行。

（三）落实以增加知识价值为导向的分配政策。

试点单位应建立健全职务科技成果转化收益分配机制，使科研人员收入与对成果转化的实际贡献相匹配。试点单位实施科技成果转化，包括开展技术开发、技术咨询、技术服务等活动，按规定给个人的现金奖励，应及时足额发放给对科技成果转化做出重要贡献的人员，计入当年本单位绩效工资总量，不受单位总量限制，不纳入总量基数。

（四）优化科技成果转化国有资产管理方式。

充分赋予试点单位管理科技成果自主权，探索形成符合科技成果转化规律的国有资产管理模式。高等院校、科研机构对其持有的科技成果，可以自主决定转让、许可或者作价投资，不需报主管部门、财政部门审批。试点单位将科技成果转让、许可或者作价投资给国有全资企业的，可以不进行资产评估。试点单位将其持有的科技成果转让、许可或作价投资给非国有全资企业的，由单位自主决定是否进行资产评估。

（五）强化科技成果转化全过程管理和服务。

试点单位要加强对科技成果转化的全过程管理和服务，坚持放管结合，通过年度报告制度、技术合同认定、科技成果登记等方式，及时掌握赋权科技成果转化情况。试点单位可以通过协议定价、在技术交易市场挂牌交易、拍卖等方式确定交易价格，探索和完善科技成果转移转化的资产评估机制。获得科技成果所有权或长期使用权的科技成果完成人（团队）应勤勉尽职，积极采取多种方式加快推动科技成果转化。对于赋权科技成果作价入股的，应完善相应的法人治理结构，维护各方权益。鼓励试点单位和科研人员通过科研发展基金等方式，将成果转化收益继续用于中试熟化和新项目研发等科技创新活动。建立健全相关信息公开机制，加强全社会监督。

（六）加强赋权科技成果转化的科技安全和科技伦理管理。

鼓励赋权科技成果首先在中国境内转化和实施。国家出于重大利益和安全需要，可以依法组织对赋权职务科技成果进行推广应用。科研人员将赋权科技成果向境外转移转化的，应遵守国家技术出口等相关法律法规。涉及国家秘密的职务科技成果的赋权和转化，试点单位和成果完成人（团队）要严格执行科学技术保密制度，加强保密管理；试点单位和成果完成人（团队）与企业、个人合作开展涉密成果转移转化的，要依法依规进行审批，并签订保密协议。加强对赋权科技成果转化的科技伦理管理，严格遵守科技伦理相关规定，确保科技成果的转化应用安全可控。

（七）建立尽职免责机制。

试点单位领导人员履行勤勉尽职义务，严格执行决策、公示等管理制度，在没有牟取非法利益的前提下，可以免除追究其在科技成果定价、自主决定资产评估以及成果赋权中的相关决策失误责任。各地方、各主管部门要建立相应容错和纠错机制，探索通过负面清单等方式，制定勤勉尽责的规范和细则，激发试点单位的转化积极性和科研人员干事创业的主动性、创造性。完善纪检监察、审计、财政等部门监督检查机制，以是否符合中央精神和改革方向、是否有利于科技成果转化作为对科技成果转化活动的定性判断标准，实行审慎包容监管。

（八）充分发挥专业化技术转移机构的作用。

试点单位应在不增加编制的前提下完善专业化技术转移机制建设，发挥社会化技术转移机构作用，开展信息发布、成果评价、成果对接、经纪服务、知识产权管理与运用等工作，创新技术转移管理和运营机制，加强技术经理人队伍建设，提升专业化服务能力。

三、试点对象和期限

（一）试点单位范围。

试点单位为国家设立的高等院校和科研机构。优先在开展基于绩效、诚信和能力的科研管理改革试点的中央部门所属高等院校和中科院所属科研院所，医疗卫生、农业等行业所属中央级科研机构，以及全面创新改革试验区和国家自主创新示范区内的地方高等院校和科研机构中，选择一批改革动力足、创新能力强、转化成效显著以及示范作用突出的单位开展试点。

（二）试点期限。

试点期3年。

四、组织实施

（一）加强组织领导。

在国家科技体制改革和创新体系建设领导小组指导下，科技部会同发展改革委、教育部、工业和信息化部、财政部、商务部、人力资源社会保障部、知识产权局、中科院等部门建立高效、精简的试点工作协调机制，及时研究重大政策问题，编制赋权协议范本，加强风险防控，指导推进试点工作，确保试点宏观可控。相关地方要建立协调机制，推动试点任务落实，做好成效总结评估和经验推广工作。试点单位应按照实施方案的原则和要求，编制试点工作方案。

（二）加强评估监测。

科技部会同相关部门完善试点工作报告制度，试点单位应及时将试点工作方案、年度试点执行情况和赋权成果名单报告主管部门和科技部。对试点中的一些重大事项，可组织科技、产业、法律、财务、知识产权等方面的专家，开展决策咨询服务。发挥第三方评估机构的作用，对试点进展情况开展监测和评估。对于试点前有关地方和单位已经开展的科技成果赋权和转化成功经验、做法和模式，及时纳入试点方案。对试点中发现的问题和偏差，及时予以解决和纠正。

（三）加强推广应用。

充分发挥试点示范作用，开展经验交流，编发典型案例，加强宣传引导。对形成的一些好的经验做法，通过扩大试点范围等方式进行复制推广，总结试点中形成的改革新举措，及时健全完善相关政策措施。为解决试点中可能出现的突出问题和矛盾，需要对现行法律法规进行调整的，依法律程序解决。

各有关部门和地方要按照本方案精神，强化全局和责任意识，统一思想，主动改革，勇于创新，积极作为，确保试点工作取得实效。国防领域赋予科研人员职务科技成果所有权或长期使用权的试点由国防科技工业主管部门和军队有关部门参照本方案精神制定实施方案，另行开展。

国务院关于促进国家高新技术产业开发区高质量发展的若干意见

国发〔2020〕7号

各省、自治区、直辖市人民政府，国务院各部委、各直属机构：

国家高新技术产业开发区（以下简称国家高新区）经过30多年发展，已经成为我国实施创新驱动发展战略的重要载体，在转变发展方式、优化产业结构、增强国际竞争力等方面发挥了重要作用，走出了一条具有中国特色的高新技术产业化道路。为进一步促进国家高新区高质量发展，发挥好示范引领和辐射带动作用，现提出以下意见。

一、总体要求

（一）指导思想。

以习近平新时代中国特色社会主义思想为指导，贯彻落实党的十九大和十九届二中、三中、四中全会精神，牢固树立新发展理念，继续坚持“发展高科技、实现产业化”方向，以深化体制机制改革和营造良好创新创业生态为抓手，以培育发展具有国际竞争力的企业和产业为重点，以科技创新为核心着力提升自主创新能力，围绕产业链部署创新链，围绕创新链布局产业链，培育发展新动能，提升产业发展现代化水平，将国家高新区建设成为创新驱动发展示范区和高质量发展先行区。

（二）基本原则。

坚持创新驱动，引领发展。以创新驱动发展为根本路径，优化创新生态，集聚创新资源，提升自主创新能力，引领高质量发展。

坚持高新定位，打造高地。牢牢把握“高”和“新”发展定位，抢占未来科技和产业发展制高点，构建开放创新、高端产业集聚、宜创宜业宜居的增长极。

坚持深化改革，激发活力。以转型升级为目标，完善竞争机制，加强制度创新，营造公开、公正、透明和有利于促进优胜劣汰的发展环境，充分释放各类创新主体活力。

坚持合理布局，示范带动。加强顶层设计，优化整体布局，强化示范带动作用，推动区域协调可持续发展。

坚持突出特色，分类指导。根据地区资源禀赋与发展水平，探索各具特色的高质量发展模式，建立分类评价机制，实行动态管理。

（三）发展目标。

到2025年，国家高新区布局更加优化，自主创新能力明显增强，体制机制持续创新，创新创业环境明显改善，高新技术产业体系基本形成，建立高新技术成果产出、转化和产业化机制，攻克一批支撑产业和区域发展的关键核心技术，形成一批自主可控、国际领先的产品，涌现一批具有国际竞争力的创新型企业和产业集群，建成若干具有世界影响力的高科技园区和一批创新型特色园区。到2035年，建成一大批具有全球影响力的高科技园区，主要产业进入全球价值链中高端，实现园区治理体系和治理能力现代化。

二、着力提升自主创新能力

（四）大力集聚高端创新资源。国家高新区要面向国家战略和产业发展需求，通过支持设立分支机构、联合共建等方式，积极引入境内外高等学校、科研院所等创新资源。支持国家高新区以骨干企业为主体，联合高等学校、科研院所建设市场化运行的高水平实验设施、创新基地。积极培育新型研发机构等产业技术创新组织。对符合条件纳入国家重点实验室、国家技术创新中心的，给予优先支持。

（五）吸引培育一流创新人才。支持国家高新区面向全球招才引智。支持园区内骨干企业等与高等学校共建共管现代产业学院，培养高端人才。在国家高新区内企业工作的境外高端人才，经市级以上人民政府科技行政部门（外国人来华工作管理部门）批准，申请工作许可的年龄可放宽至65岁。国家高新区内企业邀请的外籍高层次管理和专业技术人才，可按规定申办多年多次的相应签证；在园区内企业工作的外国人才，可按规定申办5年以内的居留许可。对在国内重点高等学校获得本科以上学历的优秀留学生以及国际知名高校毕业的外国学生，在国家高新区从事创新创业活动的，提供办理居留许可便利。

（六）加强关键核心技术创新和成果转移转化。国家高新区要加大基础和应用研究投入，加强关键共性技术、前沿引领技术、现代工程技术、颠覆性技术联合攻关和产业化应用，推动技术创新、标准化、知识产权和产业化深度融合。支持国家高新区内相关单位承担国家和地方科技计划项目，支持重大创新成果在园区落地转化并实现产品化、产业化。支持在国家高新区内建设科技成果中试工程化服务平台，并探索风险分担机制。探索职务科技成果所有权改革。加强专业化技术转移机构和技术成果交易平台建设，培育科技咨询师、技术经纪人等专业人才。

三、进一步激发企业创新发展活力

（七）支持高新技术企业发展壮大。引导国家高新区内企业进一步加大研发投入，建立健全研发和知识产权管理体系，加强商标品牌建设，提升创新能力。建立健全政策协调联动机制，落实好研发费用加计扣除、高新技术企业所得税减免、小微企业普惠性税收减免等政策。持续扩大高新技术企业数量，培育一批具有国际竞争力的创新型企业。进一步发挥高新区的发展潜力，培育一批独角兽企业。

（八）积极培育科技型中小企业。支持科技人员携带科技成果在国家高新区内创新创业，通过众创、众包、众扶、众筹等途径，孵化和培育科技型创业团队和初创企业。扩大首购、订购等非招标方式的应用，加大对科技型中小企业重大创新技术、产品和服务采购力度。将科技型中小企业培育孵化情况列入国家高新区高质量发展评价指标体系。

（九）加强对科技创新创业的服务支持。强化科技资源开放和共享，鼓励园区内各类主体加强开放式创新，围绕优势专业领域建设专业化众创空间和科技企业孵化器。发展研究开发、技术转移、检验检测认证、创业孵化、知识产权、科技咨询等科技服务机构，提升专业化服务能力。继续支持国家高新区打造科技资源支撑型、高端人才引领型等创新创业特色载体，完善园区创新创业基础设施。

四、推进产业迈向中高端

（十）大力培育发展新兴产业。加强战略前沿领域部署，实施一批引领型重大项目和新技术应用示范工程，构建多元化应用场景，发展新技术、新产品、新业态、新模式。推动数字经济、平台经济、智能经济和分享经济持续壮大发展，引领新旧动能转换。引导企业广泛应用新技术、新工艺、新材料、新设备，推进互联网、大数据、人工智能同实体经济深度融合，促进产业向智能化、高端化、绿色化发展。探索实行包容审慎的新兴产业市场准入和行业监管模式。

（十一）做大做强特色主导产业。国家高新区要立足区域资源禀赋和本地基础条件，发挥比较优势，因地制宜、因园施策，聚焦特色主导产业，加强区域内创新资源配置和产业发展统筹，优先布局相关重大产业项目，推动形成集聚效应和品牌优势，做大做强特色主导产业，避免趋同化。发挥主导产业战略引领作用，带动关联产业协同发展，形成各具特色的产业生态。支持以领军企业为龙头，以产业链关键产品、创新链关键技术为核心，推动建立专利导航产业发展工作机制，集成大中小企业、研发和服务机构等，加强资源高效配置，培育若干世界级创新型产业集群。

五、加大开放创新力度

（十二）推动区域协同发展。支持国家高新区发挥区域创新的重要节点作用，更好服务于京津冀协同发展、长江经济带发展、粤港澳大湾区建设、长三角一体化发展、黄河流域生态保护和高质量发展等国家重大区域发展战略实施。鼓励东部国家高新区按照市场导向原则，加强与中西部国家高新区对口合作和交流。探索异地孵化、飞地经济、伙伴园区等多种合作机制。

（十三）打造区域创新增长极。鼓励以国家高新区为主体整合或托管区位相邻、产业互补的省级高新区或各类工业园区等，打造更多集中连片、协同互补、联合发展的创新共同体。支持符合条件的地区依托国家高新区按相关规定程序申请设立综合保税区。支持国家高新区跨区域配置创新要素，提升周边区域市场主体活力，深化区域经济和科技一体化发展。鼓励有条件的地方整合国家高新区资源，打造国家自主创新示范区，在更高层次探索创新驱动发展新路径。

（十四）融入全球创新体系。面向未来发展和国际市场竞争，在符合国际规则和通行惯例的前提下，支持国家高新区通过共建海外创新中心、海外创业基地和国际合作园区等方式，加强与国际创新产业高地联动发展，加快引进集聚国际高端创新资源，深度融合国际产业链、供应链、价值链。服务园区内企业“走出去”，参与国际标准和规则制定，拓展新兴市场。鼓励国家高新区开展多种形式的国际园区合作，支持国家高新区与“一带一路”沿线国家开展人才交流、技术交流和跨境协作。

六、营造高质量发展环境

（十五）深化管理体制机制改革。建立授权事项清单制度，赋予国家高新区相应的科技创新、产业促进、人才引进、市场准入、项目审批、财政金融等省级和市级经济管理权限。建立国家高新区与省级有关部门直通车制度。优化内部管理架构，实行扁平化管理，整合归并内设机构，实行大部门制，合理配置内设机构职能。鼓励有条件的国家高新区探索岗位管理制度，实行聘用制，并建立完善符合实际的分配激励和考核机制。支持国家高新区探索新型治理模式。

（十六）优化营商环境。进一步深化“放管服”改革，加快国家高新区投资项目审批改革，实行企业投资项目承诺制、容缺受理制，减少不必要的行政干预和审批备案事项。进一步深化商事制度改革，放宽市场准入，简化审批程序，加快推进企业简易注销登记改革。在国家高新区复制推广自由贸易试验区、国家自主创新示范区等相关改革试点政策，加强创新政策先行先试。

（十七）加强金融服务。鼓励商业银行在国家高新区设立科技支行。支持金融机构在国家高新区开展知识产权投融资服务，支持开展知识产权质押融资，开发完善知识产权保险，落实首台（套）重大技术装备保险等相关政策。大力发展市场化股权投资基金。引导创业投资、私募股权、并购基金等社会资本支持高成长企业发展。鼓励金融机构创新投贷联动模式，积极探索开展多样化的科技金融服务。创新国有资本创投管理机制，允许园区内符合条件的国有创投企业建立跟投机制。支持国家高新区内高成长企业利用科创板等多层次资本市场挂牌上市。支持符合条件的国家高新区开发建设主体上市融资。

（十八）优化土地资源配置。强化国家高新区建设用地开发利用强度、投资强度、人均用地指标整体控制，提高平均容积率，促进园区紧凑发展。符合条件的国家高新区可以申请扩大区域范围和面积。省级人民政府在安排土地利用年度计划时，应统筹考虑国家高新区用地需求，优先安排创新创业平台建设用地。鼓励支持国家高新区加快消化批而未供土地，处置闲置土地。鼓励地方人民政府在国家高新区推行支持新产业、新业态发展用地政策，依法依规利用集体经营性建设用地，建设创新创业等产业载体。

（十九）建设绿色生态园区。支持国家高新区创建国家生态工业示范园区，严格控制高污染、高耗能、高排放企业入驻。加大国家高新区绿色发展的指标权重。加快产城融合发展，鼓励各类社会主体在国家高新区投资建设信息化等基础设施，加强与市政建设接轨，完善科研、教育、医疗、文化等公共服务设施，推进安全、绿色、智慧科技园区建设。

七、加强分类指导和组织管理

（二十）加强组织领导。坚持党对国家高新区工作的统一领导。国务院科技行政部门要会同有关部门，做好国家高新区规划引导、布局优化和政策支持等相关工作。省级人民政府要将国家高新区作为实施创新驱动发展战略的重要载体，加强对省内国家高新区规划建设、产业发展和创新资源配置的统筹。所在地市级人民政府要切实承担国家高新区建设的主体责任，加强国家高新区领导班子配备和干部队伍建设，并给予国家高新区充分的财政、土地等政策保障。加强分类指导，坚持高质量发展标准，根据不同地区、不同阶段、不同发展基础和创新资源等情况，对符合条件、有优势、有特色的省级高新区加快“以升促建”。

（二十一）强化动态管理。制定国家高新区高质量发展评价指标体系，突出研发经费投入、成果转移转化、创新创业质量、科技型企业培育发展、经济运行效率、产业竞争能力、单位产出能耗等内容。加强国家高新区数据统计、运行监测和绩效评价。建立国家高新区动态管理机制，对评价考核结果好的国家高新区予以通报表扬，统筹各类资金、政策等加大支持力度；对评价考核结果较差的通过约谈、通报等方式予以警告；对整改不力的予以撤销，退出国家高新区序列。

关于加快推动国家科技成果转移转化示范区建设发展的通知

国科办区〔2020〕50号

各省、自治区、直辖市及计划单列市科技厅（委、局），新疆生产建设兵团科技局，各相关管理单位：

国家科技成果转移转化示范区（以下简称“示范区”）是实施创新驱动发展战略的重要载体，是创新科技成果转移转化机制的试验田，是促进科技与经济社会融合发展的先行区。按照国家技术转移体系建设的任务要求，科技部已批复建设江苏苏南、四川成德绵等9家示范区，为探索科技成果转化机制和推进全面创新发展提供了经验和示范。

为深入贯彻党中央、国务院关于创新促进科技成果转化机制的部署要求，积极开展科技成果转化先行先试，优化创新创业生态，打通产学研相结合的创新链、产业链和价值链，充分发挥示范区示范带动作用，统筹推进科技支撑“六稳”工作和“六保”任务，以科技成果转化引领示范区高质量发展，现就有关事项通知如下。

一、以服务科技型企业为重点，发挥支撑复工复产示范带动作用。示范区要全面落实科技支撑复工复产和经济平稳运行的若干措施。以实施“百城百园”行动为抓手，加快项目建设，扶持科技型企业发展，以创新创业带动就业。加强协调组织，通过成果转化助力示范区成为新基建、新技术、新材料、新装备、新产品、新业态的主阵地，培育一批科技成果转化示范企业。实施科技人员服务企业专项行动，推动科技特派员、科技专家服务团等参与企业科技成果转化，积极开展技术转让、技术许可、技术开发、技术咨询和技术服务等活动。

二、以创新促进科技成果转化机制模式为重点，进一步加大先行先试力度。示范区要坚持以供给侧结构性改革为主线，发挥企业主体和政府统筹作用，进一步创新科技成果转化机制，促进技术、资金、应用、市场等对接，着力推进以需求为导向的市场化科技成果转化机制先行先试。鼓励有条件的示范区开展赋予科研人员职务科技成果所有权或长期使用权试点。健全以转化应用为导向的科技成果评价机制。规范简化科技成果转化审批程序，完善科技成果转化容错纠错机制，实行审慎包容监管。探索知识产权证券化，有序建设知识产权和科技成果产权交易中心，完善科技成果转化公开交易与监管机制。

三、以强化科技成果转化全链条服务为重点，提高成果转化专业化服务能力。示范区要加强综合性科技创新公共服务平台建设，着力提升科技成果、产业服务、科技金融、市场应用等公共科技服务能力。建立绩效奖励机制，支持各类技术转移机构发展。在高等学校中开展国家技术转移中心建设试点，培育和发展一批特色明显、服务能力突出的专业化技术转移机构，支持社会化技术转移机构为高等学校、科研院所和科技企业提供服务。建设职业化技术转移人才培养基地，将技术转移人才纳入相关人才计划，推动建立技术转移职业技能等级制度。

四、以示范区主导产业为重点，加快推进重大科技成果转化应用。示范区要聚焦高新区、农高区等科技园区主导产业，加快培育新兴产业和创新型产业集群，定期发布技术需求清单和新技术应用场景清单，建立以企业为主体的科技成果转化中试熟化基地，加强产学研协同技术攻关与成果转化应用。支持承担国家科技计划项目的企业，在示范区开展成果落地转化。依托先进技术成果信息共享服务平台，委托第三方建立示范区“定制化”技术成果供给清单。针对医疗卫生、生态环保、公共安全、乡村振兴等重大民生需求，示范区积极组织开展形式多样的科技成果进基层、进园区、进乡村等活动，推动科技成果惠及民生。

五、以集聚创新资源为重点，促进技术要素的市场化配置。示范区要重视和积极发展技术要素市场，建立健全技术交易规则、服务标准规范和从业信用体系，完善科技成果常态化路演机制。高水平建设国际技术转移中心，发展技术贸易，促进技术进口来源多元化，扩大技术进出口。推动科技创新券对科技型中小微企业和创新创业人员全覆盖，推动跨区域互通互认。积极探索综合运用后补助、引导基金、风险补偿、科技保险、贷款贴息等方式支持成果转化。鼓励示范区组织发行高新技术企业集合债券，支持商业银行与示范区共建科技支行等特色专营机构，开展高新技术企业上市培育行动，推动企业进入科创板、创业板等多层次资本市场融资。

六、以完善工作推进体系为重点，提升示范区治理水平。示范区要落实《国家科技成果转移转化示范区建设指引》相关要求，健全示范区多部门协调联动机制，明确建设主体，健全人员、资金、政策等支撑保障。鼓励示范区健全政策先行机制和专家咨询指导机制，建立常态化自评价体系，完善科技成果转化考核机制。鼓励示范区建立与国家区域战略的对接机制，推动示范区间的交流协作，促进合作共赢。

七、以优化布局和绩效评价为重点，加快推进示范区高质量发展。科技部按照区域创新战略布局，进一步完善示范区建设标准要求和评估遴选程序，建立高层次专家咨询制度，推动现有示范区优化升级，未来五年再布局建设一批创新引领、特色鲜明的示范区。建立示范区监测评价机制，加强周期性绩效考核，根据评价结果给予激励和创建示范表扬。建立示范区发展报告制度，定期总结示范区科技成果转化典型经验和好的做法，形成案例集，加强宣传和推广。

各级科技部门要加强管理服务与指导，及时掌握本地区示范区的建设发展情况，研究解决执行中出现的问题，有力推进政策落实落地。

国家科学技术奖励条例

（中华人民共和国国务院令

第731号第三次修订）

（1999年5月23日中华人民共和国国务院令第265号发布　根据2003年12月20日《国务院关于修改〈国家科学技术奖励条例〉的决定》第一次修订　根据2013年7月18日《国务院关于废止和修改部分行政法规的决定》第二次修订　2020年10月7日中华人民共和国国务院令第731号第三次修订）

第一章　总　则

第一条　为了奖励在科学技术进步活动中做出突出贡献的个人、组织，调动科学技术工作者的积极性和创造性，建设创新型国家和世界科技强国，根据《中华人民共和国科学技术进步法》，制定本条例。

第二条　国务院设立下列国家科学技术奖：

（一）国家最高科学技术奖；

（二）国家自然科学奖；

（三）国家技术发明奖；

（四）国家科学技术进步奖；

（五）中华人民共和国国际科学技术合作奖。

第三条　国家科学技术奖应当与国家重大战略需要和中长期科技发展规划紧密结合。国家加大对自然科学基础研究和应用基础研究的奖励。国家自然科学奖应当注重前瞻性、理论性，国家技术发明奖应当注重原创性、实用性，国家科学技术进步奖应当注重创新性、效益性。

第四条　国家科学技术奖励工作坚持中国共产党领导，实施创新驱动发展战略，贯彻尊重劳动、尊重知识、尊重人才、尊重创造的方针，培育和践行社会主义核心价值观。

第五条　国家维护国家科学技术奖的公正性、严肃性、权威性和荣誉性，将国家科学技术奖授予追求真理、潜心研究、学有所长、研有所专、敢于超越、勇攀高峰的科技工作者。

国家科学技术奖的提名、评审和授予，不受任何组织或者个人干涉。

第六条　国务院科学技术行政部门负责国家科学技术奖的相关办法制定和评审活动的组织工作。对涉及国家安全的项目，应当采取严格的保密措施。

国家科学技术奖励应当实施绩效管理。

第七条　国家设立国家科学技术奖励委员会。国家科学技术奖励委员会聘请有关方面的专家、学者等组成评审委员会和监督委员会，负责国家科学技术奖的评审和监督工作。

国家科学技术奖励委员会的组成人员人选由国务院科学技术行政部门提出，报国务院批准。

第二章　国家科学技术奖的设置

第八条　国家最高科学技术奖授予下列中国公民：

（一）在当代科学技术前沿取得重大突破或者在科学技术发展中有卓越建树的；

（二）在科学技术创新、科学技术成果转化和高技术产业化中，创造巨大经济效益、社会效益、生态环境效益或者对维护国家安全做出巨大贡献的。

国家最高科学技术奖不分等级，每次授予人数不超过2名。

第九条　国家自然科学奖授予在基础研究和应用基础研究中阐明自然现象、特征和规律，做出重大科学发现的个人。

前款所称重大科学发现，应当具备下列条件：

（一）前人尚未发现或者尚未阐明；

（二）具有重大科学价值；

（三）得到国内外自然科学界公认。

第十条　国家技术发明奖授予运用科学技术知识做出产品、工艺、材料、器件及其系统等重大技术发明的个人。

前款所称重大技术发明，应当具备下列条件：

（一）前人尚未发明或者尚未公开；

（二）具有先进性、创造性、实用性；

（三）经实施，创造显著经济效益、社会效益、生态环境效益或者对维护国家安全做出显著贡献，且具有良好的应用前景。

第十一条　国家科学技术进步奖授予完成和应用推广创新性科学技术成果，为推动科学技术进步和经济社会发展做出突出贡献的个人、组织。前款所称创新性科学技术成果，应当具备下列条件：

（一）技术创新性突出，技术经济指标先进；

（二）经应用推广，创造显著经济效益、社会效益、生态环境效益或者对维护国家安全做出显著贡献；

（三）在推动行业科学技术进步等方面有重大贡献。

第十二条　国家自然科学奖、国家技术发明奖、国家科学技术进步奖分为一等奖、二等奖2个等级；对做出特别重大的科学发现、技术发明或者创新性科学技术成果的，可以授予特等奖。

第十三条　中华人民共和国国际科学技术合作奖授予对中国科学技术事业做出重要贡献的下列外国人或者外国组织：

（一）同中国的公民或者组织合作研究、开发，取得重大科学技术成果的；

（二）向中国的公民或者组织传授先进科学技术、培养人才，成效特别显著的；

（三）为促进中国与外国的国际科学技术交流与合作，做出重要贡献的。

中华人民共和国国际科学技术合作奖不分等级。

第三章　国家科学技术奖的提名、评审和授予

第十四条　国家科学技术奖实行提名制度，

不受理自荐。候选者由下列单位或者个人提名：

（一）符合国务院科学技术行政部门规定的资格条件的专家、学者、组织机构；

（二）中央和国家机关有关部门，中央军事委员会科学技术部门，省、自治区、直辖市、计划单列市人民政府。

香港特别行政区、澳门特别行政区、台湾地区的有关个人、组织的提名资格条件，由国务院科学技术行政部门规定。

中华人民共和国驻外使馆、领馆可以提名中华人民共和国国际科学技术合作奖的候选者。

第十五条 提名者应当严格按照提名办法提名，提供提名材料，对材料的真实性和准确性负责，并按照规定承担相应责任。

提名办法由国务院科学技术行政部门制定。

第十六条 在科学技术活动中有下列情形之一的，相关个人、组织不得被提名或者授予国家科学技术奖：

（一）危害国家安全、损害社会公共利益、危害人体健康、违反伦理道德的；

（二）有科研不端行为，按照国家有关规定被禁止参与国家科学技术奖励活动的；

（三）有国务院科学技术行政部门规定的其他情形的。

第十七条 国务院科学技术行政部门应当建立覆盖各学科、各领域的评审专家库，并及时更新。评审专家应当精通所从事学科、领域的专业知识，具有较高的学术水平和良好的科学道德。

第十八条 评审活动应当坚持公开、公平、公正的原则。评审专家与候选者有重大利害关系，可能影响评审公平、公正的，应当回避。

评审委员会的评审委员和参与评审活动的评审专家应当遵守评审工作纪律，不得有利用评审委员、评审专家身份牟取利益或者与其他评审委员、评审专家串通表决等可能影响评审公平、公正的行为。

评审办法由国务院科学技术行政部门制定。

第十九条 评审委员会设立评审组进行初评，评审组负责提出初评建议并提交评审委员会。参与初评的评审专家从评审专家库中抽取产生。

第二十条 评审委员会根据相关办法对初评建议进行评审，并向国家科学技术奖励委员会提出各奖种获奖者和奖励等级的建议。

监督委员会根据相关办法对提名、评审和异议处理工作全程进行监督，并向国家科学技术奖励委员会报告监督情况。

国家科学技术奖励委员会根据评审委员会的建议和监督委员会的报告，作出各奖种获奖者和奖励等级的决议。

第二十一条 国务院科学技术行政部门对国家科学技术奖励委员会作出的各奖种获奖者和奖励等级的决议进行审核，报国务院批准。

第二十二条 国家最高科学技术奖报请国家主席签署并颁发奖章、证书和奖金。

国家自然科学奖、国家技术发明奖、国家科学技术进步奖由国务院颁发证书和奖金。

中华人民共和国国际科学技术合作奖由国务院颁发奖章和证书。

第二十三条 国家科学技术奖提名和评审的办法、奖励总数、奖励结果等信息应当向社会公布，接受社会监督。

涉及国家安全的保密项目，应当严格遵守国家保密法律法规的有关规定，加强项目内容的保密管理，在适当范围内公布。

第二十四条 国家科学技术奖励工作实行科研诚信审核制度。国务院科学技术行政部门负责建立提名专家、学者、组织机构和评审委员、评审专家、候选者的科研诚信严重失信行为数据库。

禁止任何个人、组织进行可能影响国家科学技术奖提名和评审公平、公正的活动。

第二十五条 国家最高科学技术奖的奖金数额由国务院规定。

国家自然科学奖、国家技术发明奖、国家科学技术进步奖的奖金数额由国务院科学技术行政部门会同财政部门规定。

国家科学技术奖的奖励经费列入中央预算。

第二十六条 宣传国家科学技术奖获奖者的突出贡献和创新精神，应当遵守法律法规的规定，做到安全、保密、适度、严谨。

第二十七条 禁止使用国家科学技术奖名义牟取不正当利益。

第四章　法律责任

第二十八条　候选者进行可能影响国家科学技术奖提名和评审公平、公正的活动的，由国务院科学技术行政部门给予通报批评，取消其参评资格，并由所在单位或者有关部门依法给予处分。其他个人或者组织进行可能影响国家科学技术奖提名和评审公平、公正的活动的，由国务院科学技术行政部门给予通报批评；相关候选者有责任的，取消其参评资格。

第二十九条　评审委员、评审专家违反国家科学技术奖评审工作纪律的，由国务院科学技术行政部门取消其评审委员、评审专家资格，并由所在单位或者有关部门依法给予处分。

第三十条　获奖者剽窃、侵占他人的发现、发明或者其他科学技术成果的，或者以其他不正当手段骗取国家科学技术奖的，由国务院科学技术行政部门报国务院批准后撤销奖励，追回奖章、证书和奖金，并由所在单位或者有关部门依法给予处分。

第三十一条　提名专家、学者、组织机构提供虚假数据、材料，协助他人骗取国家科学技术奖的，由国务院科学技术行政部门给予通报批评；情节严重的，暂停或者取消其提名资格，并由所在单位或者有关部门依法给予处分。

第三十二条　违反本条例第二十七条规定的，由有关部门依照相关法律、行政法规的规定予以查处。

第三十三条　对违反本条例规定，有科研诚信严重失信行为的个人、组织，记入科研诚信严重失信行为数据库，并共享至全国信用信息共享平台，按照国家有关规定实施联合惩戒。

第三十四条　国家科学技术奖的候选者、获奖者、评审委员、评审专家和提名专家、学者涉嫌违反其他法律、行政法规的，国务院科学技术行政部门应当通报有关部门依法予以处理。

第三十五条　参与国家科学技术奖评审组织工作的人员在评审活动中滥用职权、玩忽职守、徇私舞弊的，依法给予处分；构成犯罪的，依法追究刑事责任。

第五章　附　则

第三十六条　有关部门根据国家安全领域的特殊情况，可以设立部级科学技术奖；省、自治区、直辖市、计划单列市人民政府可以设立一项省级科学技术奖。具体办法由设奖部门或者地方人民政府制定，并报国务院科学技术行政部门及有关单位备案。

设立省部级科学技术奖，应当按照精简原则，严格控制奖励数量，提高奖励质量，优化奖励程序。其他国家机关、群众团体，以及参照公务员法管理的事业单位，不得设立科学技术奖。

第三十七条　国家鼓励社会力量设立科学技术奖。社会力量设立科学技术奖的，在奖励活动中不得收取任何费用。

国务院科学技术行政部门应当对社会力量设立科学技术奖的有关活动进行指导服务和监督管理，并制定具体办法。

第三十八条　本条例自2020年12月1日起施行。

天津市科技创新三年行动计划
（2020－2022年）

津政发〔2020〕23号

为贯彻落实习近平总书记关于“打造我国自主创新的重要源头和原始创新的主要策源地”重要指示精神，进一步加快本市科技创新发展，特制定本行动计划。

一、总体要求

（一）指导思想

坚持以习近平新时代中国特色社会主义思想为指导，全面贯彻党的十九大和十九届二中、三中、四中、五中全会精神，深入贯彻落实习近平总书记对天津工作“三个着力”重要要求和一系列重要指示批示精神，深入实施创新驱动发展战略，坚持“四个面向”，践行新发展理念，构建新发展格局，深度融入京津冀协同发展重大国家战略，以提升自主创新和原始创新策源能力为主线，着力强化创新源头供给，促进成果转移转化，提升企业主体地位，引育创新人才队伍，深化开放协同和体制创新，营造一流创新生态，支撑引领本市高质量发展，为实现“一基地三区”定位、打造京津冀自主创新重要源头和原始创新主要策源地提供有力支撑。

（二）工作目标

科技创新能力明显增强。到2022年，全社会研发投入强度力争达到3.2%以上；全市有效发明专利达到4万件；新建重大创新平台和科技基础设施8个左右，组织实施10个左右重大科技创新专项，突破一批“卡脖子”关键核心技术。

科技成果转化能力明显提升。到2022年，全市高新技术企业总量突破9000家，“雏鹰”企业、“瞪羚”企业、科技领军（领军培育）企业分别达到3500家、350家和250家，“独角兽”企业达到6家。全市技术合同成交额达到1400亿元，占GDP比重位居全国前列。力争新建5家市级大学科技园，2家获批国家级大学科技园。

科技赋能引领产业高质量发展。到2022年，工业战略性新兴产业增加值占规模以上工业增加值比重达到30%以上，高技术制造业增加值占规模以上工业增加值比重达到20%以上。

二、重点任务

（一）着力增强原始创新策源能力，打造战略科技力量

1．全力打造承接国家战略任务的重大科研设施。按照“一设施一政策”原则，推动大型地震工程模拟研究设施、新一代超级计算机尽快形成承接国家重大任务能力，布局建设合成生物学国家重大科技基础设施。发挥重大科研设施“筑巢引凤”作用，力争在战略必争领域取得一批突破性成果。

2．加快建设面向科技前沿的原始创新平台。高水平建设组分中药国家重点实验室、国家应用数学中心、天津交叉创新中心等平台，积极申报合成生物、新能源转化与存储、功能晶体等国家重点实验室、高级别生物安全实验室（P3）和环渤海滨海地球关键带野外科学观测研究站等一批国家级科技创新平台，对标国家实验室谋划建设天津市实验室（海河实验室），构建具备源头科学创新和前沿技术创造能力的原始创新策源体系。

3．争取更多资源布局前沿创新领域。整合优势资源，争取更多国家重点研发计划、国家自然科学基金等项目，力争脑机交互、手性科学、应用数学等领域走在全国前列。以解决重点产业技术发展中的重大科学问题为目标，探索建立多元投入机制，鼓励企业、社会力量以联合出资、捐赠等多种途径设立应用基础研究基金。探索联合项目“首席制”，天津市杰出青年科学基金项目试点实行经费“包干制”。对开展应用基础研究有成效的科研单位和企业，在金融、税收等方面给予支持。

（二）着力提升自主创新能力，打造天津版“国之重器”

1．加强“卡脖子”关键核心技术攻关。坚持需求和问题导向，聚焦重点领域，制定“保持现有优势”“解决‘卡脖子’问题”“抢占未来战略必争领域”三类技术攻关清单。组织实施重大科技专项，采取定向择优、定向委托等方式，依托华为、飞腾等龙头企业，发挥其市场化机制和发现功能，重点支持智能感算一体芯片、5G射频前端模组、区块链技术及支撑系统、量子科技等新一代信息技术；绿色连续反应、组分中药、新药临床研究等医药技术；工业菌种理性设计、酶定向进化等合成生物技术；车联网、车用操作系统、集群控制、轻型航空发动机等无人系统关键技术；智能机器人、高性能智能传感器、核心工业软件、增材制造、轨道交通等高端装备制造技术；先进电子材料、高端铝合金、复合材料等新材料制备技术；大功率风电、高转化率太阳能电池、氢能等新能源技术；新体系动力电池、氢燃料电池发动机、驱动电机等新能源汽车技术。攻克一批对外高度依赖的关键核心技术，形成一批占据世界科技前沿的优势技术。

2．推动重点产业发展。着力推动以信创产业为突破口、生物产业和高端装备制造等为重点的产业创新能力提升，围绕产业链部署创新链，营造产业创新生态。编制信创产业“十四五”规划。聚焦基础软件、应用软件、网络安全、CPU设计和集成电路、终端设备等开展技术攻关。绘制技术、产业及生态图谱，大力引聚信创龙头企业、国家级大院大所和创新人才。加强信创领域创新学科建设。编制生物产业发展三年行动计划，以生物技术赋能医药、绿色制造、种业等为重点，加强技术研发，布局建设创新平台和载体。

3．优化技术创新平台布局。加快建设国家合

成生物技术创新中心，推进创建曙光国家先进计算产业创新中心、国家先进操作系统制造业创新中心等。积极融入京津冀国家技术创新中心建设。聚焦重点领域支持建设一批市级技术创新平台。鼓励企业、高校院所参与全球科技创新合作，与“一带一路”沿线国家和地区共建联合实验室，支持企业建立海外研发中心。

4．支持推动科技创新标志区、集聚区建设。着力打造“环天南大知识创新集聚区”“天河产业园”“研发产业集聚区”“硅巷式”中央智力密集区等标志区。加快建设生物医药、新能源等产业生态区和“中国信创谷”“生物制造谷”“细胞谷”“北方声谷”等集群建设。高水平建设国家新一代人工智能创新发展试验区，以中新天津生态城为核心，以自主算力引擎、智慧港口、车联网应用三大示范为重点，打造国家级人工智能发展标杆示范区。

5．推动科技赋能传统制造业和民生建设。加强人工智能、区块链、物联网、大数据等技术对航空航天、装备制造、石油化工、汽车工业等优势产业转型升级支撑，建设一批数字工厂、智能化车间等，形成一批智能制造标杆和“灯塔”企业。加强科技对民生健康、生态环境等领域的支撑，推进国家和市级临床医学研究中心建设，探索建立研究型病房，加大医保对医药创新支持。

（三）着力推动科技成果市场化转移转化，打通从科技强到产业强、经济强的通道

1．构建高水平技术转移体系。以市级科技成果交易平台为核心，发展区域、高校院所、行业、服务等四类技术转移机构，构建与国内外技术市场互联互通的技术转移网络，按照绩效对运营机构给予补助。开展工程技术系列技术经纪专业职称评定，加强对技术转移人才培养基地的支持，推动成果评价师、技术经理人等技术转移专业人才队伍建设。

2．推动技术要素市场化流动。打造科技成果展示交易、供需对接、成果融资等科技成果市场化流动平台，建立科技成果库和企业技术需求库，开展“科技成果俏津门”品牌活动。在滨海新区探索知识产权证券化。完善“企业出题、高校院所破题、政府助题”揭榜机制。

3．打通成果转化政策落实堵点难点。深入推动高校院所科技成果转化体制机制创新，建立有利于成果转化的绩效评价体系。在本市科技奖励评审中增加技术合同交易额指标权重。鼓励高校院所全面落实科技成果使用权、处置权和收益权改革，试点赋予成果完成人职务科技成果所有权或长期使用权。推动职务科技成果转化现金奖励税收政策落地，探索对做出重大贡献的科技成果转化的个税采取以奖代补的政策。落实尽职免责制度，在科技成果转化中已履行勤勉尽责义务的人员不作负面评价。

4．积极承接北京科技成果转化。抢抓京津冀协同发展重大历史机遇，加强与中科院、工程院、清华大学、北京大学等合作，推进中国科学院大学天科工程生物学院（暂定）、中国中医科学院天津分院和中国医学科学院天津分院建设。与中科院开展专项合作，吸引更多中科院高水平成果落地转化。打通与北京的线上科技成果展交平台，成立京津冀科技成果转化基金，充分发挥京津冀科技成果转化联盟作用，吸引北京、河北先进成果在津转化。建设滨海－中关村科技园、宝坻京津中关村科技城、武清京津产业新城等京津协同创新中心，支持东丽、北辰、津南、静海等区打造京津微创新中心，辐射服务雄安新区建设。

（四）着力推动大学科技园建设，形成科技、教育、经济融通发展新局面

1．加强大学科技园顶层设计。秉持高校与城市共生共荣理念，以推动大学科研优势转化为区域发展新动能为目标，将大学科技园建设纳入全市科技、教育、产业等“十四五”发展规划，制定大学科技园建设行动计划，出台专项支持政策。发挥大学科技园成果转化、创业孵化、集聚资源、培育人才和协同创新等核心功能，将其打造成为高校成果转化“首站”和区域创新创业“核心孵化园”，为天津高质量发展提供强力引擎和策源支撑。

2．建立健全大学科技园建设体制机制。按照国家级、市级和培育级三个层次，探索“一校一园”、“一园多区”和“多校一园”等多元建设模式。推动校区、园区、社区“三区”协同发展。探索制度创新、管理创新和模式创新，提升专业

服务能力，激发各类主体积极性和创造性。发挥高校主体作用，将大学科技园建设成效纳入本市高校分类评价指标体系。建立全市推进大学科技园发展的协调工作机制，实施动态管理、定期评估、科学监督和优胜劣汰制度。

（五）着力提升科技型企业创新能级，更好发挥企业技术创新主体作用

1．大力培育国家高新技术企业。按照“保存量、促增量、育幼苗、引优苗、建生态”思路，推动高新技术企业培育库与企业登记信息库、知识产权数据库等多库联动，构建遴选、入库、培育、认定“四个一批”工作机制，引导人才、服务、政策、资本向高新技术企业聚集。对首次认定、整体迁入、再认定、入库培育企业等给予财政奖励。从京冀整体迁入的国家高新技术企业按照首次认定给予支持，省（市）级高新技术企业直接入库培育。实行国家高新技术企业急需人才“企业提名单、政府接单办”政策。

2．大力推动高成长企业梯度培育。建立“雏鹰－瞪羚－领军”梯度培育机制，加强“独角兽”企业培养，在应用场景、数据支持、评价奖励等方面给予支持。建立企业榜单定期发布机制，通过第三方定期发布，引导金融资本、社会资源支持企业发展。加大企业研发投入扶持力度，着力推动企业技术中心培育认定。

3．大力营造创新创业浓厚氛围。加强市区联动，高水平建设双创示范基地，打造众创空间、孵化器、小型微型企业创业创新示范基地、大学生创业孵化基地、海外人才创新型载体等孵化载体。继续办好“双创”活动周、创新创业大赛、“创客中国”“中国创翼”等赛事，进一步提升创新创业“热度”和“浓度”。探索天津市产业技术研究院（以下简称产研院）作为新型研发机构的发展路径，支持产研院技术成果转移转化，推动其内部创业和裂变发展，衍生孵化一批科技型企业。

（六）着力引育高水平科技创新人才和团队，更好发挥人才“第一资源”作用

1．加快科技创新人才聚集。打造“海河英才”行动计划升级版，制定以企业需求为主导的定制化政策和以吸引北京人才为主的区域定向化政策，放宽青年和紧缺人才落户通道。建立“人才点餐、天津配餐”机制，采用长期聘用和柔性引进相结合的方式，大力引进海内外高层次人才。编制发布高端人才指导目录和科技人才图谱，聚集一批高端创新人才和团队。

2．加强科技创新人才培养。深入实施杰出人才培养计划，重点遴选培养院士后备人才。启动卓越制造人才提升计划，建立十大产业人才创新创业联盟，加强产业领军人才培养。推进产业基础人才振兴计划，培养“海河工匠”等高技能人才队伍。开展创新后备人才强基计划，依托杰出青年科学基金、青年人才托举工程等，选拔培养千名优秀青年科技人才。创新高校人才培养机制和人才评聘制度，积极开展“订单式”培养，推动高校人才培养更好服务科技创新和产业发展。

3．优化科技人才发展生态。改进人才评价机制，深化职称制度改革，赋予用人单位、行业组织人才评价主体地位，实施代表作评价等评价方式，适当延长基础研究人才和青年人才评价周期。完善科技人才双向流动机制，支持科研人员离岗创业、企业研发人才到高校任职。建立年薪制、协议工资、项目工资等多元分配机制。

（七）着力深化科技体制改革，持续优化科技创新生态

1．完善科技宏观管理统筹协调机制。加快科技管理职能从研发管理向创新服务转变。健全科技决策咨询机制，充分发挥科技创新战略研究基地等创新智库支撑作用。建立多层次统筹协调机制，强化部门沟通协调和市区有效联动。深化科技评价激励制度改革，推进项目评审、人才评价、机构评估改革。完善科技奖励制度。

2．改革科技项目形成机制。健全稳定支持与竞争性经费相结合的科技创新投入方式，突出质量、贡献、绩效导向。建立主要由市场决定的科技项目遴选机制。建立应急启动机制。优化项目组织实施机制，探索完善“揭榜制+里程碑”“大平台大设施+项目”等新机制。

3．优化创新环境培育创新文化。大力弘扬新时代科学家精神，加强学风和作风建设，完善科研诚信体系，建立事前承诺、事中监督和事后绩效评估的管理机制，强化与其他社会领域诚信信息共享，营造风清气正的科研环境。深入推进全

域科普，在全社会营造崇尚科学、鼓励创新的良好氛围。

三、保障措施

（一）加强组织领导。坚持党对科技创新事业的全面领导，在市科技领导小组指挥下，统筹发挥好有关科技议事协调机构职能。各区、各部门、各单位要密切协调配合，齐抓共管、整体推进，确保各项任务落实到位。

（二）加强政策保障。推动全市引育新动能、智能制造等政策落实落地。加大科技投入，提高财政资金使用效率，建立健全政府引导、社会参与的多元化投入体系。鼓励各区积极创新政策。加强科技、工业和信息化、教育、人社、国资等各部门的政策联动和协同配合，提升创新服务意识，优化营商环境。

（三）加强金融支撑。健全覆盖科技型企业成长全周期的科技风险投资体系，加大高成长初创科技型企业专项投资、天使投资基金、创业投资基金、海河产业基金等扶持力度。建立重点上市企业资源库，对入库企业培育期间产生的上市费用、贷款利息、贷款担保费用等给予补贴，“一企一策”服务培育企业。鼓励银行业金融机构设立科技专营机构，创新适合科技型企业融资特点的风控手段和考核激励机制。鼓励银行、保险、担保等金融机构，开发知识产权质押、科技保险、投贷联动等金融产品。加强科技金融对接服务平台建设，择优给予奖补。

建立高成长初创科技型企业专项投资扶持机制的意见和天津市高成长初创科技型企业专项投资管理暂行办法

津科规〔2020〕2号

关于建立高成长初创科技型企业专项投资扶持机制的意见

为推动本市经济高质量发展，更好发挥财政资金在支持高成长初创科技型企业发展中的引导作用，加快新动能引育，探索建立财政资金对高成长初创科技型企业的专项投资扶持机制，支持培育更多好企业茁壮成长，制定本意见。

一、指导思想

坚持以习近平新时代中国特色社会主义思想为指导，全面贯彻党的十九大和十九届二中、三中、四中全会精神，深入落实习近平总书记对天津工作“三个着力”重要要求和一系列重要指示批示精神，按照市委、市政府工作要求，聚焦引育新动能，建立和完善以“分担风险、让利退出”为特点的支持高成长初创科技型企业扶持机制，探索科技金融创新服务新范式。

二、基本原则

——政府出资，支持早期。财政出资扶持高成长初创科技型企业发展，在企业创业早期投入，解决制约高风险早期科技型企业发展的融资难题。

——分担风险，让利退出。专项投资不追求超额收益，重在培养好苗子，分担创业风险。创业成功实现增值收益的，专项投资让利退出。创业未达预期目标或创业失败，导致专项投资发生损失的，对符合相关规定的投资损失按程序核销。

——规范管理，尽职免责。建立政府主导，专业机构投后管理的专项投资管理规范。按照管理程序实施决策和管理发生损失的，对符合条件的机构和个人实施容错机制、尽职免责。

三、主要任务

通过政府专项投资引导，优化高水平人才团队创新创业环境，促进重大科技成果转化，5年内引育不少于100家高成长初创科技型企业，助力本市经济社会高质量发展。

（一）建立扶持机制，投向目标企业。建立高成长初创科技型企业专项投资扶持机制，与本市已设立的天使投资、创业投资、产业并购等科技风险投资引导基金相互衔接，共同形成覆盖科技型企业初创期、成长期、壮大期各阶段的科技风险投资体系。专项投资重点扶持天使投资、创业投资等风险投资基金主动投资意愿低的高成长初创科技型企业。专项投资在投资前与企业签订投资协议，明确约定让利、退出等相关安排。创业成功实现增值收益的，专项投资依约定让利退出，让利部分主要用于奖励创业经营团队。创业未达预期目标或创业失败，导致专项投资发生损失的，对符合相关规定的投资损失按程序核销。

（二）财政投入引导，联动持续推进。统筹本市已设立的天使投资、创业投资、产业并购三类科技风险投资引导基金，回收资金与收益循环投资，从中安排专项投资资金。设立激励机制，引导撬动社会风险投资机构、创业团队、本市各区（包括功能区）跟投联投高风险早期企业，形成支持合力。设置梯度让利和管理费用分段提取机制，加快资金回收，形成滚动投资、持续扶持的循环。

（三）聚焦引育新动能，瞄准重点企业。专项投资聚焦智能科技、生物医药、新能源新材料等产业领域，专注拥有核心技术和核心专利产品、成果转化能力强、市场前景好、产业带动作用突出的企业，对本市产业发展补链作用明显的高成长初创科技型企业。加大对高水平优秀“项目+团队”创新创业的扶持，加快本市新旧动能转换和战略性新兴产业集聚。重点从本市招商引资企业、创新型领军计划企业、国家高新技术企业、国家科技型中小企业等优质科技型企业中筛选，对符合条件的给予支持。对于引进的创业团队和企业，可先行受理和决策，迁入本市后实施投资。

（四）强化政府导向，依约履职尽责。建立各区（包括功能区）、市相关部门推荐，管理机构受理论证，部门联审，天津市高成长初创科技型企业专项投资管理委员会（以下简称管委会）决策，管理机构落实决策意见及投后管理的工作机制。管理机构依据本意见、《天津市高成长初创科技型企业专项投资管理暂行办法》（以下简称《管理办法》）和协议约定履职尽责。专项投资发生投资损失时，对按照本意见、《管理办法》和相关协议约定依法依规开展工作，符合条件的机构和个人尽职免责，审计机关依法对专项投资进行监督。

（五）加强风险管理，依规核销。加强项目源头把控、投资决策和投后管理。各区（包括功能区）、市相关部门优选推荐符合条件的企业，管委会按照本意见和《管理办法》实施决策，管理机构加强投后管理、跟踪服务和日常预警。专项投资发生的投资损失，由管理机构聘请具备资质的评估机构开展评估形成报告，管理机构根据评估结果提出核销建议报管委会办公室，管委会办公室组织部门联审，部门联审通过的，由管理机构报管委会审议，审议通过后核销。

四、保障机制

（一）加强组织领导。建立由分管副市长担任主任的管委会，作为专项投资决策机构，主要负责专项投资、年度预算安排及投后管理过程中重大事项的审议决策。管委会下设办公室，主要负责管委会审议事项准备、工作协调落实、监督考核等工作。遴选专业机构负责专项投资的受理论证、投资入股、投后管理。专项投资启动初期，为探索管理经验，可指定经验丰富的专业机构作为管理机构。各区（包括功能区）、市相关部门配合做好优质企业推荐工作，协调促进各类社会资本与专项投资形成资本合力。

（二）加强日常监管。管委会办公室定期对专项投资开展绩效考核评价，视情况启动下轮投资，监督管理机构规范专项投资的具体运作，实现专项投资资金滚动投资。管理机构强化对被投企业的日常管理，建立预警机制，发现风险及时报请管委会办公室研究应对方案并落实。

（三）加强资金保障。加大资金筹集力度，适时补充专项投资，弥补投资损失；加快资金回笼，提高使用效率，将专项投资保持在一定规模，保证及时投资符合条件的企业。

本意见自发布之日起施行，有效期5年。

天津市高成长初创科技型企业专项投资管理暂行办法

第一条 为支持高成长初创科技型企业发展，引导优秀团队创新创业，让更多好企业茁壮成长，本市设立高成长初创科技型企业专项投资（以下简称专项投资）。为规范专项投资运作与管理，制定本办法。

第二条 统筹使用天津市天使投资引导基金、创业投资引导基金、科技小巨人企业产业并购引导基金，回收资金与收益循环投资，从中安排专项投资资金，重点投资高风险初创科技型企业；构建相互衔接，覆盖科技型企业初创期、成长期、壮大期各阶段的科技风险投资体系，更好发挥政府资金引导作用。

第三条 专项投资对单一企业的投资额一般不超过1000万元，不作为企业发起人和第一大股

附录

东。对单一企业投资额超过1000万元的，应就其必要性作出充分说明。被投企业一般应先期或同期获得创业经营团队、中国证券投资基金业协会登记的基金管理人和备案基金（以下称备案跟投资本）、本市各区（包括功能区）代表机构或企业任意一方货币投资，专项投资分别不高于其10倍、2倍和1倍。

第四条 被投企业注册地和主要经营场所均须在本市；对注册地和主要经营场所不在本市的可先行决策，迁入本市后实施投资。企业须承诺在获得投资后不迁出本市。

被投企业应属于智能科技、生物医药、新能源新材料等领域，具有核心技术、核心创新能力、核心专利产品，且至少具备下列基本条件之一：

（一）由国内外优秀科研团队领衔，拥有原创性、颠覆性、关键共性技术或与重大工程密切相关的技术成果，具有技术迭代升级能力；

（二）创业经营团队具备较强的成果转化能力，企业成果具备转化条件，市场方向明确，具有重大需求或较强产业带动作用；

（三）获得过国家级、省部级科技重大专项等资金支持或国家级、省部级科技奖励；

（四）获得“项目+团队”A、B级政策支持的“带土移植”优秀团队；

（五）对本市重点产业具有补链作用的企业；

（六）其他符合本市引育新动能要求的企业。

专项投资优先投资列入国家高新技术企业、国家科技型中小企业名录的企业；列入本市“雏鹰”“瞪羚”、科技领军（培育）企业名录的企业或“专精特新”中小企业；本市各区（包括功能区）重点支持的企业；备案跟投资本同期跟投的企业。

第五条 专项投资在企业成长初期投资入股，分担企业创业失败风险，一般应在企业上市前、新的社会资本投资前等节点退出。专项投资在投资前应与企业签订投资协议，明确约定让利、退出等相关安排，在退出时依约定落实。

创业经营团队有受让意愿的，自投资之日起3年（含）内，专项投资以原始价格加管理成本后转让给创业经营团队；自投资后第4年起至第5年（含），按投资年限以原始价格及利息之和（年利率为退出时中国人民银行公布的1年期贷款基础利率，以下简称专项投资本息）转让给创业经营团队；超过5年的，各方同股同权。

备案跟投资本同期跟投的，自投资之日起3年（含）内，专项投资可将不超过备案跟投资本同期跟投额且不超过专项投资30%部分，以原始价格加管理成本后转让给备案跟投资本，其余部分以原始价格加管理成本后转让给创业经营团队；自投资后第4年起至第5年（含），专项投资可将不超过备案跟投资本同期跟投额且不超过专项投资30%部分，按专项投资本息转让给备案跟投资本，其余部分按专项投资本息转让给创业经营团队；超过5年的，各方同股同权。备案跟投资本不与创业经营团队同步受让专项投资的，专项投资可将全部投资份额一并转让给创业经营团队。

企业创业未达预期目标或创业失败，经协商，专项投资可通过适当方式退出。

第六条 建立天津市高成长初创科技型企业专项投资管理委员会（以下简称管委会）作为专项投资决策机构，分管副市长担任主任，市科技局主要负责同志担任副主任，市发展改革委、市教委、市科技局、市工业和信息化局、市财政局、市商务局、市合作交流办分管负责同志为成员。主要职责包括：

（一）审议年度预算及资金筹措方案；

（二）审议投资事项；

（三）审议投后管理重要事项；

（四）确定管理机构；

（五）审议其他有关重大决策事项。

第七条 管委会下设办公室，办公室设在市科技局，市科技局主要负责同志担任办公室主任，市科技局、市财政局分管负责同志担任办公室副主任，市发展改革委、市教委、市科技局、市工业和信息化局、市财政局、市商务局、市合作交流办分别委派相关处室主要负责同志任办公室成员。办公室承担管委会日常工作，主要职责包括：

（一）做好需管委会审议事项的前期工作；

（二）建立管委会成员单位工作协调机制，确保管委会高效运行，对相关工作督促检查落实；

（三）建立部门联审工作机制，对投资方案

进行政策目标审查，形成联审意见；

（四）对管理机构相关工作进行部署、指导和监督；

（五）每3年对被投企业的产业带动、经营效益、税收贡献和就业情况等投资绩效开展评估考核，视情况启动下轮投资安排；

（六）完成管委会交办的其他工作。

第八条 管理机构代行出资人职责，负责受理申报、尽调论证、出资管理等工作。主要职责包括：

（一）受理各区（包括功能区）、市相关部门推荐的企业申请，对申请企业发展潜力、产业发展前景、技术成果先进性，以及对我市产业补链作用进行分析，深入企业开展尽职调查，形成报告。组织技术、投资专家开展投资咨询论证，形成论证意见。管理机构综合尽调报告、论证意见，提出投资建议，上报管委会办公室；

（二）根据管委会决策意见洽谈投资协议，并代表财政资金按工商管理有关规定出资持股；

（三）建立检查报告机制，对被投企业开展日常性预警评估，如发现重大风险及时采取措施，定期向管委会办公室报告投资情况；

（四）实施投资退出与资金回收；

（五）管委会及其办公室委托的其他事项。

第九条 专项投资主要决策流程如下：

（一）申请推荐。企业、创业经营团队或成果拥有者填写投资申请书，申请书应包括企业基本情况、技术或产品创新性、团队技术实力、产业带动能力、市场分析和发展规划、融资使用计划等内容，并报各区（包括功能区）或市相关部门。各区（包括功能区）、市相关部门推荐优质企业，向管委会办公室出具正式推荐函，推荐函应包括是否符合专项投资支持方向、申请专项投资支持的必要性、对本市产业补充提升作用等内容，招商引资项目还应提出落地安排；

（二）受理论证。管理机构常年受理申请，深入了解项目情况，组织技术、投资专家开展投资咨询论证，出具论证意见，提出投资建议；

（三）部门联审。管委会办公室召集办公室成员对投资方案开展部门联审，提出联审意见；

（四）投资决策。管委会听取管理机构汇报，内容包括推荐意见、论证意见、联审意见，开展投资决策；

（五）实施投资。管理机构按照管委会决策意见，细化投资协议，投资入股。

管理机构应于收到申报材料之日起15个工作日内形成投资建议，报管委会办公室。管委会作出的投资决策意见1年内有效。

第十条 管理机构按照在投企业投资额度累计从专项投资中提取7%管理费，“包干”使用。在被投企业管理期间每年提取1%，最多提取3年，剩余管理费在投资回收时一次性提取；5年内完成投资回收的，另外奖励2%管理费。

第十一条 专项投资发生损失时，对按照《关于建立高成长初创科技型企业专项投资扶持机制的意见》、本办法和相关协议约定依法依规开展工作的，依照《天津市人民代表大会常务委员会关于鼓励促进改革创新的决定》和有关规定，对符合条件的机构和个人尽职免责，审计机关依法对专项投资进行监督。

第十二条 专项投资发生的投资损失，管理机构聘请具备资质的评估机构开展评估，管理机构根据评估结果提出核销建议报管委会办公室，管委会办公室组织部门联审，部门联审通过的，由管理机构报管委会审议，审议通过后核销。

第十三条 本办法自发布之日起施行，有效期5年。

天津市建设国家新一代人工智能创新发展试验区行动计划

津政办发〔2020〕21号

建设国家新一代人工智能创新发展试验区是国家赋予天津的重大科技任务，是建设“天津智港”、打造人工智能应用创新先锋城市的关键支撑。为深入贯彻落实习近平总书记致第三届世界智能大会贺信精神，高标准建设天津国家新一代人工智能创新发展试验区（以下简称人工智能试验区），根据《新一代人工智能发展规划》（国发〔2017〕35号）、《科技部关于支持天津建设国家新一代人工智能创新发展试验区的函》（国科函规

〔2019〕182号）等文件精神，结合本市实际，制定本行动计划。

一、总体思路

坚持以习近平新时代中国特色社会主义思想为指导，全面贯彻党的十九大和十九届二中、三中、四中全会精神，深入贯彻习近平总书记关于人工智能系列重要讲话精神以及对天津工作“三个着力”重要要求和一系列重要指示批示精神，以促进人工智能与经济社会发展深度融合为主线，大力实施人工智能试验区“三一三三三”行动计划，以加强重大应用场景落地、加快培育人工智能产业、加大人才引进培养力度为三大目标，以中新天津生态城为一个核心，以自主算力引擎、智慧港口、车联网应用三大示范为重点，实施智能赋能制造、产业集群培育、政策创新突破三大工程，强化组织领导、人才引育、环境营造三大保障，积极探索人工智能发展的新路径、新机制、新政策、新模式，为本市人工智能发展不断增创算力优势、彰显制造优势、释放场景优势、厚植生态优势，加快推动“天津智港”建设，打造人工智能应用创新先锋城市，为全市引育新动能、加快高质量发展提供有力支撑。

二、建设原则

——国家使命、天津特色。围绕国家重大布局，紧密结合天津实际，突出特色、发挥优势、体现作为，将天津建设成为国家人工智能重要支点，为落实国家战略提供强有力支撑。

——系统布局、重点突破。统筹部署、分步实施、连续推进，在人工智能核心区域、重点区域、特色区域进行重点布局和支持，形成可示范、可推广、可复制的区域经验做法。

——技术驱动、应用牵引。瞄准世界科技前沿，聚集全球创新资源，加强基础、前沿技术研究，强化变革性、颠覆性技术布局，推动智能科技与产业发展、社会治理深度融合，进一步提升经济社会智能化水平。

——先行先试、创新探索。在人才引育、创新创业、伦理规范、国际交流合作等方面开展政策先行先试和体制机制创新，探索完善人工智能治理框架。

——政府引导、市场主导。积极发挥相关部门在人工智能重大平台、重大项目等方面的支撑引导作用，更好发挥市场在要素流动、主体培育、产业聚集等方面的决定性作用，共同发力构建人工智能发展良好生态。

三、建设目标

到2024年，人工智能试验区建设取得显著阶段性成效，综合支撑力、产业聚集力、创新创业活力大幅提升，成为引领全市人工智能产业发展的核心载体，在智慧城市、自主算力引擎、智慧港口、车联网应用等重点领域走在全国前列。

——加速重大应用场景落地，提升综合支撑力。在智能制造、智慧港口、智慧城市等方面打造天津样板，形成一批可复制推广的高水平人工智能应用解决方案。加快人工智能、车联网、区块链等应用场景建设，打造100个人工智能行业应用场景示范项目，推动中新天津生态城等引领人工智能创新应用示范。

——加快培育人工智能产业，提升产业聚集力。培育10家百亿级以上的人工智能领军企业、50家以上细分领域处于领先地位的人工智能高新技术企业，形成3至5个千亿规模的人工智能产业创新集群。

——加大人才引进培养力度，提升创新创业活力。加快集聚人工智能领域高层次人才，引进培育10个以上有国际影响力的人才或团队、100名领军人才、1000名高端研发和技术人才，为构建人工智能领域创新生态、产业生态提供人才智力支撑。

四、重点任务

（一）打造“1+3”国家级标杆示范区，促进人工智能重大应用场景落地

凸显中新天津生态城在人工智能先锋城市建设中的核心示范引领作用，发挥自主算力引擎、智慧港口、车联网应用三大示范作用，打造一批人工智能新地标，引领本市人工智能试验区高质量发展。

1．打造智慧城市建设的国家级标杆区。推动中新天津生态城实施“生态城市升级版”和“智慧城市创新版”双轮驱动发展战略，打造国内智慧城市标杆。超前布局智能基础设施，推动智慧能源小镇、5G示范应用等重大项目建设。推进城

市运行管理智能化，促进信息化与绿色化在城市管理、政务服务、交通服务、公共服务、居民生活等服务领域的应用，提高城市治理水平、降低城市治理成本、促进居民与政府的良性互动，推动城市治理更加精细化、现代化、智能化、人性化。建设智慧城市运营中心，构建城市大数据汇聚平台，提升数据资源纵横联动和创新应用能力。围绕“医、食、住、行、乐”等方面开展城市服务创新应用，深化城市运行一网统管，支撑城市健康高效运行和突发事件快速智能响应。大力培育数字经济新业态，促进智慧城市建设和产业发展高度融合，形成成熟的可在全国复制推广的建设经验和模式。（中新天津生态城、市委网信办、市发展改革委、市工业和信息化局、滨海新区人民政府等按职责分工负责）

2．打造自主算力引擎的国家级领航区。保持自主可控产品技术水平与国际主流同步，建设国产自主可控产业链、应用环境和产业生态，支持天津超算中心、麒麟软件、天津飞腾、曙光信息、华为鲲鹏和昇腾生态创新中心、长城自主创新基地、滨海新区信息技术创新中心、人工智能创新中心等科研机构、企业，通过典型示范推动通用计算和人工智能等自主可控软硬件核心技术的规模化应用，吸引聚集上下游优势企业，形成国产基础软硬件天津产品群，打造完整产业链条。强化平台和服务支撑能力建设，推动新一代超级计算平台建设，推进国家先进计算产业创新中心建设，成立天津市信息技术应用创新工作委员会，加快构建产学研用自主创新联盟，以最先进的服务端智能算力，加速催生新兴产业发展，推动传统产业智能化升级，为新基建输出核心算力和核心生态。（滨海新区人民政府、市委网信办、市发展改革委、市科技局、市工业和信息化局、市财政局等按职责分工负责）

3．打造智慧港口的国家级示范区。加快世界一流智慧港口、绿色港口建设，谋划实施天津港重大项目，建设海陆联运、辐射“三北”地区的集疏运项目，加强互联网、大数据、人工智能等新技术与港口各领域深度融合。推进5G网络、高精地理信息系统等信息基础设施建设与应用。打造港口智慧大脑，构建港航大数据服务、运营与创新协同平台。新建智能化集装箱码头，加快大型装卸生产设备的自动化升级，开展无人驾驶集卡规模化应用。推进港口业务单证电子化和“一站式”服务平台建设，探索区块链技术在港航服务领域的应用。打造关港集疏港智慧平台，探索天津智慧港口实践模式，开展区块链技术在天津口岸跨境贸易业务场景中的创新应用，实现智能技术、信息技术与天津口岸跨境贸易各领域的深度融合，构建港口业务创新共享生态圈。（天津港集团、天津海关、市委网信办、市发展改革委、市工业和信息化局、市交通运输委、滨海新区人民政府等按职责分工负责）

4．打造车联网应用的国家级先导区。创建天津（西青）国家级车联网先导区，规模部署蜂窝车联网C－V2X网络，在重点区域开展交通设施车联网功能改造和核心系统能力提升，推动车联网安全管理、通信认证鉴权体系和信息开放、互联互通的云端服务平台建设。支持西青区、东丽区、海河教育园区等区域，深度挖掘多场景应用与服务，探索自主接泊、环卫作业车、园区物流车、公交车等智能化、网联化应用，构建开放融合、创新发展的产业生态，形成可复制、可推广的经验做法。加快行业关键急需标准制定和验证，加强测试评价体系建设，促进行业管理制度和规范的完善。（西青区人民政府、东丽区人民政府、海河教育园区管委会、市工业和信息化局、市住房城乡建设委、市交通运输委、市公安局等按职责分工负责）

（二）实施三大工程，构建有利于人工智能发展的良好生态

1．实施人工智能赋能制造业转型升级工程。推动人工智能赋能制造业，打造智能制造新样本。开展智能制造领域试点示范，促进人工智能与制造业深度融合，全面提升制造业智能化水平，为本市建设“一基地三区”赋能。大力发展工业互联网，推进工业互联网网络基础设施建设，推动工业互联网平台整合汇聚基础制造资源，开展面向不同行业和场景的创新应用。实施制造新模式示范工程，推广流程智能制造、离散智能制造、网络化协同制造等新型制造模式。实施智能制造装备与系统创新示范工程，突破10种

以上智能制造关键技术装备、成套装备、核心工业软件。实施行业示范工程，加快培育智能制造产业链集成商，为重点行业提供集成方案。实施智能制造试点示范工程，建设智能制造示范基地、示范园区、示范企业，建成100项以上市级智能制造项目。（市工业和信息化局、市科技局等按职责分工负责）

2．实施人工智能产业集群培育工程。坚持引育并重，打造有国际竞争力的人工智能新兴产业集群。引育一批产业链前端的创新性项目和龙头企业，支持曙光、麒麟、五八、滴滴、腾讯数码、狮桥集团等企业成长为百亿级以上人工智能领军企业。建立相对完善的上下游产业链，吸引更多上下游企业落户天津，打造产业链本地化配套集群。以人工智能“七链”等为抓手，推进产业链上下游互为应用场景、互为供求协同发展，加强多层次间的技术和产品兼容适配工作，促进产业链节点之间的技术互动、协同发展，形成整系统应用、全链条发展。强化优势产业链条和供应链条，汇聚产业资源、创新资源，提升产业链条和创新链条要素供给能力。聚焦完善重点产业链和布局重点领域，延伸产业链，打通供应链，融通资金链。培育一批专业化、高端化人工智能产业集群，打造具有更强创新力、更具附加值的产业链条，支持以三六零为龙头的网络安全产业集群、以云账户为代表的营利性服务业产业集群等成长为千亿级产业集群。鼓励设立和培育人工智能联盟、协会、学会等，定期开展交流研讨，构建公共服务平台，推动产业链联合创新。（市发展改革委、市工业和信息化局、市科技局、滨海新区人民政府等按职责分工负责）

3．实施人工智能政策创新突破工程。加快建立人工智能的治理框架及伦理指南。建立公平公正、包容共享、有序竞争的人工智能治理环境，树立安全可控、尊重隐私、和谐友好的伦理标准。依托中国工程科技发展战略天津研究院、中国新一代人工智能发展战略研究院、天津市科学技术发展战略研究院等高端智库，构建人工智能治理平台，聚焦伦理的规范性和技术的健壮性研究，推动人工智能伦理、规范方面的学术研究与成果应用，促进人工智能治理体系的技术供给。建立人工智能产品及应用的综合检测与评估机制，加强前瞻预防与约束引导，最大限度降低风险，确保人工智能安全、可靠、可控发展。加强开放协作，打造跨学科、跨领域、跨地区、跨国界的交流合作平台，推动形成具有广泛共识的人工智能治理框架和标准规范。（天津大学、南开大学、市委网信办、市科技局、市工业和信息化局等按职责分工负责）

（三）强化三大保障，夯实人工智能发展基础

1．加强组织领导。由天津市科技领导小组统筹协调人工智能试验区建设工作，明确任务分工和进度安排。成立专家咨询委员会，指导制定人工智能试验区建设总体路线，提供战略咨询。各区成立建设工作组，强化市区联动，负责对接各项事务落地。加强重点任务监督检查，严格督查考核，统筹推进各项重点任务顺利实施。（有关单位按职责分工负责）

2．加强人才引育。布局人工智能学科建设，形成高度关联、贯通融合、持续创新的人工智能创新研究体系，发挥创新发展聚集区产教融合发展优势，加快“人工智能+”技术的成果转化。建立产学研用深度融合新机制，探索面向人工智能技术的多学科跨界整合、产业和高校多主体参与合作、校内外和国内外开放办学的新工科人才培养模式。依托本市职业教育资源，大力培养人工智能领域的高素质技术技能人才，在关键领域精准引进国内外高层次人才，全面增强人才核心作用。（市教委、市科技局、市人社局、天津大学、南开大学、津南区人民政府等按职责分工负责）

3．加强环境营造。强化世界智能大会的平台作用，聚焦更为丰富、更为高端的国际资源，大力推进国际资源集聚和国内资源集聚双向发力，打造高端人工智能资源聚集区。建设开放包容多元的人工智能产业生态和创新创业生态，实施“数据驱动+基础设施驱动”双驱动战略，推动5G、大数据、物联网等技术与实体经济融合发展。加快发展数字经济，建设一批智能网联车运营试验区、线上经济或无人经济试验区等，形成多点支撑发展的局面。强化人才、资金、平台等的支撑，加强人工智能领域的知识产权保护，促进人工智能持续健康发展。（市委网信办、市工业

和信息化局、市财政局、市市场监管委、市知识产权局、市科技局等按职责分工负责）

天津市科技专家库管理办法

津科规〔2020〕1号

第一章　总则

为加快建设全国领先的创新型城市和产业创新中心，充分发挥科技专家在科技创新中的决策咨询作用，提高科技管理工作水平，推进天津市科技专家库（以下简称专家库）建设，按照《中共天津市委办公厅 天津市人民政府办公厅印发〈天津市关于深化项目评审、人才评价、机构评估改革的实施方案〉的通知》的要求，结合我市实际，制定本办法。

第一条　本办法所称科技专家是指来源于企业、高校、科研院所、政府机关和社会团体等组织并入选专家库的专家。

第二条　天津市科学技术局负责专家库建设的总体部署和统筹协调，研究制定相关政策和管理制度，开展专家库的建设、运行维护、开发利用等相关工作；同时做好专家服务工作，不定期向在库专家推送国家及我市科技战略规划制定、科技前沿动态、科技计划管理、科技政策等信息。

第三条　专家库集成各类高层次人才，是天津市科技管理信息系统（以下简称信息系统）的重要组成部分。通过专家库建设，积极鼓励引导国内外专家为天津科技发展提供服务。

第四条　专家库按照集中统一、标准规范、安全可靠、开放共享的原则建设和运行。

第五条　我市科技计划项目评审评估、监督检查、结题验收、绩效评价，科技创新基地认定与评价，科技人才评价，科研机构评估以及科学技术奖评审等所需专家，从专家库中选取使用。

第二章　专家库建设

第六条　入库专家分类及条件。专家库由科技界、产业界和经济界的高层次专家组成。专家遴选着重考虑德才兼备，客观公正，作风民主，一线优先，且年龄一般不超过65周岁（两院院士等可放宽年龄）。专家应熟悉国内外相关行业或领域的最新发展动态，具有较高的专业水平和较强的分析判断能力，在时间和精力上能够保证完成相关咨询、评议、服务等工作，同时不存在学术道德问题，没有失信、违纪违法等不良记录。

（一）科技界专家主要是从事科技研发、科技发展战略及科技创新政策研究或项目管理，或在主要国际学术组织中任中高级职务、具有较高专业水平的专家。原则上应具有副高级及以上职称，或作为负责人承担过国家或省部级科技计划项目（课题），或是国家或省部级科技奖励获得者。研究成果突出的优秀青年学者及我市战略性新兴产业领军企业的技术骨干，可适当放宽条件。

（二）产业界专家主要是我市战略性新兴产业领军企业、国家高新技术企业、国家级高新区和科技园区、行业协会（学会）及产业技术创新战略联盟等的高级管理人员。

（三）经济界专家主要是具有财务会计（审计）专业背景，取得注册会计师资格或具有副高级及以上职称，经市科技局培训的财务专家；知识产权法、民商法等相关领域具有副高级及以上职称的专家，或律师事务所合伙人；创业服务机构的创业导师，天使投资或创业投资机构的高级管理人员；资本市场、银行信贷及保险等机构中，有3年以上实际工作经验的中高级管理人员。

第七条　专家入库采用公开征集的方式，经专家本人在线申请、所在单位推荐审核、市科技局公示等程序后，正式进入专家库。市科技局对公示期间有异议的专家开展调查，确保入库专家符合标准。进一步推进开放创新，大力鼓励外地或外籍专家以个人自荐的方式提出申请，市科技局将按照专业领域进行审核并公示后入库。为更好地满足评审活动要求，市科技局在按照第七条专家入库标准的基础上，可以特邀方式邀请专家入库。

当年度获得我市科技计划项目立项支持的项目负责人，在经本人同意后可直接公示并进入专家库。

第三章　专家库管理与维护

第八条　专家库实行信息动态更新机制。在库专家可随时登录信息系统在线更新本人信息。市科技局每年通过短信、邮件等方式组织一次专家信息集中确认。

第九条　在库专家连续两年未对本人信息进行确认的，专家资格将被冻结。专家重新登录确认信息并经所在单位审核后，可解除冻结状态。

第十条　有以下或其他不适宜参加评审活动的情况，取消相关专家资格：

（一）被列入天津市科技计划项目失信行为记录且被采取限制措施的；

（二）违法违纪；

（三）开除公职或党籍；

（四）学术失范。

以上情况除第（一）条外，专家所在单位获知后，应及时向市科技局报告。

第十一条　专家本人可申请退出专家库。因超龄等个人原因不符合入库条件的，自动退出专家库。

第四章　专家使用与管理

第十二条　从专家库中选取专家，应当遵循以下原则：

（一）轮换原则。为保障专家科研时间，原则上每位专家每年参与评审活动不超过10次。

（二）随机原则。根据项目类型特点，合理确定评审专家遴选条件和专家组组成原则，由信息系统随机产生候选专家。

（三）同行原则。充分考虑专家专业水平和知识结构，主要选取活跃在科研一线、真懂此行此项的专家参与评审。与产业应用紧密结合的项目，选取一定比例活跃在生产一线的专家参与评审。

（四）回避原则。具有以下情形之一的，不能参与相关评审活动：

1.被评审项目的负责人或参与人员；

2.与被评审项目负责人有近亲属关系、师生关系（硕士、博士期间）以及其他重大利益关系；

3.24个月内与被评审项目单位有过聘用关系，包括现任该单位的顾问或为其提供过咨询服务；

4.与被评审项目申报单位有经济利害关系，如持有涉及申报单位的股权（申报单位为上市公司的除外）；

5.被评审项目评审前声明提出的回避事项，如存在利益竞争或学术争议的单位及个人；

6.其他有可能妨碍评审公正性的情形。

第十三条　建立专家评价机制。市科技局通过多种途径对专家参与评审咨询活动情况进行评价，包括评审能力、评审质量、公正性、责任性等，相关评价结果将作为我市科技评审咨询活动专家选取的重要依据。

第十四条　建立专家“画像”机制。基于大数据，从科研项目、论文专著、知识产权、成果转化、产业发展、科研诚信等多维度对入库专家“画像”，为专家遴选提供科学、客观的辅助支持。

第十五条　选取专家和使用专家的岗位，应当分离。

第十六条　专家接受评审邀请的，应当在评审活动开始前，签署科研诚信承诺书。

第十七条　在库专家不得将科技专家作为荣誉称号加以使用和宣传。因专家个人的违法、违规等行为对有关单位造成损失的，由专家承担相应的责任。

第十八条　我市专家所在单位要认真履行法人主体责任，加强对专家信息的审核把关；及时向市科技局报告本单位专家学术失范、违法违纪等重大事项。如因单位审核不力、报告不及时，给评审活动造成重大影响的，将视情节轻重给予计入单位诚信记录、通报批评直至取消单位推荐资格等处罚。

第十九条　市科技局可根据实际工作需要，与国家及其他省市，特别是京冀地区，共享科技专家。我市其他部门需要使用专家库的，按照专家自愿参与的原则，依申请使用。

第五章　附则

第二十条　本办法自发布之日起施行，有效期5年。

第二十一条　本办法由市科技局负责解释。

天津市科技领域财政事权和支出责任划分改革方案

津政办发〔2020〕5号

为进一步深化本市科技领域体制改革，构建依法规范、权责清晰、运转高效的科技领域财政事权和支出责任划分模式，根据《国务院办公厅关于印发科技领域中央与地方财政事权和支出责任划分改革方案的通知》（国办发〔2019〕26号）精神，结合本市实际，制定本方案。

一、总体要求

以习近平新时代中国特色社会主义思想为指导，全面贯彻党的十九大和十九届二中、三中、四中全会精神，深入贯彻落实习近平总书记对天津工作“三个着力”重要要求和一系列重要指示批示精神，坚持新发展理念，坚持推动高质量发展，坚定实施创新驱动发展战略，科学厘清政府与市场支持科技创新的功能定位，合理确定政府科技投入的边界和方式，引导和激励市场主体加大科技投入，加快形成本市多元化、多层级、多渠道的科技投入体系，科学合理划分科技领域市与区财政事权和支出责任，着重加大对技术开发和转化应用投入支持力度。兼顾当前和长远，分类施策，在保持科技领域现有财政事权和支出责任框架稳定的基础上，合理区分现有事项，积极稳妥推进改革。

二、主要内容

将本市科技领域财政事权和支出责任划分为科技研发、科技创新基地建设发展、科技人才队伍建设、创新型企业发展、区域创新体系建设、科技成果转移转化、科学技术普及、科研机构改革和发展建设等方面。

（一）科技研发。本市利用财政资金设立的用于支持基础研究与应用基础研究、应用研究和技术研究开发等方面的科技计划（专项、基金等），确认为市、区共同财政事权，由市级财政和区级财政区分不同情况承担相应的支出责任。

1. 基础研究与应用基础研究

自由探索类基础研究要聚焦探索未知的科学问题，目标导向类应用基础研究要紧密结合本市发展战略目标，着眼于整体自主创新能力提升，开展基础性、前瞻性研究，加强杰出创新人才培养，充分发挥天津市自然科学基金支持源头创新的重要作用，由市级财政承担主要支出责任。

2. 应用研究和技术研究开发

通过天津市科技重大专项与工程，对聚焦本市重大战略与重大产业化目标、加速关键核心技术突破和集成创新、在一定时限内带动关键领域跨越式发展的事项予以支持，由市级财政承担主要支出责任。

通过天津市重点研发计划，对战略性新兴产业领域共性关键技术攻关、旨在形成具有自主知识产权的原创技术和产品，以及事关国计民生的社会公益性研究的事项予以支持，由市级财政承担主要支出责任。

各区根据实际情况自主设立的应用研究和技术研究开发方面的科技计划（专项、基金等），由区级财政承担支出责任。

（二）科技创新基地建设发展。对围绕国家和本市目标，根据科学前沿发展、战略需求以及产业创新发展需要建设的重点实验室、技术创新中心、产业技术研究院、临床医学研究中心、工程研究中心、科技资源共享服务平台等市级科技创新基地，确认为市、区共同财政事权，由市级财政和区级财政区分不同情况承担相应的支出责任。同时，各区根据本区相关规划等自主建设的科技创新基地，由区级财政承担主要支出责任。

（三）科技人才队伍建设。对本市围绕建设高层次科技人才队伍，根据相关规划等统一组织实施的科技人才项目（计划），分别确认为市级或区级财政事权，由同级财政承担支出责任。其中：市级实施的涉及科技人才引进、培养支持的人才项目（计划），确认为市级财政事权，由市级财政承担支出责任；各区按相关规划等自主实施的科技人才引进、培养支持的人才项目（计划），确认为区级财政事权，由区级财政承担支出责任。

（四）创新型企业发展。突出企业的创新主体地位，对本市通过补助、奖励、风险补偿、创投引导等财政投入方式支持创新型企业发展，确认为市、区共同财政事权，由市级财政和区级财政区分不同情况承担相应的支出责任。市级财政主要通过发挥市级专项资金、基金的引导和杠杆作用，运用市场机制，支持企业技术创新活动，加速高成长企业梯度培育；区级财政主要结合本地区实际，支持本区域重点产业快速发展。

（五）区域创新体系建设。对本市推进区域创新体系建设项目财政负担资金，确认为市级或区级财政事权，由市级财政和区级财政区分不同情况承担相应的支出责任。对本市国家自主创新示范区各分园建设财政负担资金，由区级财政承担主要支出责任，市级财政视情况给予支持。各区根据本区相关规划等自主开展区域创新体系建设，财政负担资金由区级财政承担支出责任。

（六）科技成果转移转化。对建立本市技术转移体系、推动科技成果转化的项目，确认为市级或区级财政事权，由市级财政和区级财政区分不同情况承担相应的支出责任。其中：市级科技成果转化平台建设、成果转化公益服务、技术转移机构培育和交易绩效补助，由市级财政承担主要支出责任；各区对应工作事项，由区级财政承担支出责任。

（七）科学技术普及。对本市普及科学技术知识、倡导科学方法、传播科学思想、弘扬科学精神、提高全民科学素质等工作的保障，确认为市级或区级财政事权，由市级财政和区级财政区分不同情况承担相应的支出责任。其中：支持开展科普示范活动、科普阵地建设、科技服务、科普宣传、科普开发与信息化、科普工作推动及其他公益性科普工作与活动，以及推动科学普及“全领域行动、全地域覆盖、全媒体传播、全民参与共享”落地见效等工作，由市级财政承担主要支出责任；各区自主开展的科普工作和科普阵地建设，由区级财政承担支出责任。

（八）科研机构改革和发展建设。对本市利用财政性资金设立的科研机构改革和发展建设方面的补助，按照隶属关系分别确认为市级或区级财政事权，由同级财政承担支出责任。其中：对市级科研机构改革和发展建设方面的补助，确认为市级财政事权，由市级财政承担支出责任；市级科研机构承担区政府委托任务，由区级财政给予合理补助。对区级科研机构改革和发展建设方面的补助，确认为区级财政事权，由区级财政承担支出责任。中央驻津科研机构承担市或区政府委托任务，由同级财政给予合理补助。

（九）科技领域的其他未列事项。“一带一路”科技创新合作有关事项，由市级财政承担主要支出责任。科技领域其他未列事项，按照改革的总体要求和事项特点具体确定财政事权和支出责任。通过科技发展战略研究计划，对与本市科技创新相关的战略规划、政策法规、体制改革、产业创新、经济分析、重大任务等“软科学”给予支持，由市级财政承担主要支出责任。社会科学研究领域，根据本市研究任务部署，对事关本市经济社会发展重大现实问题的研究项目、本市哲学社会科学基础性和综合性研究项目等事项，由市级财政承担主要支出责任。

三、配套措施

（一）增强科技投入保障。各区、各有关部门要始终坚持把科技作为支出重点领域，按照本方案确定的财政事权和支出责任做好预算安排，持续加大财政科技投入力度，确保财政科技投入只增不减。加大对基础研究的支持力度，完善稳定支持和竞争性支持相协调的投入机制。

（二）落实绩效管理机制。按照全面实施预算绩效管理的要求，积极落实科技领域预算绩效管理机制，强化绩效评价结果应用，强化绩效管理监督问责，将科研项目绩效评价结果作为相关研发、管理人员和项目承担单位业绩考核的重要参考依据。

（三）协同推进相关改革。按照推进“放管服”改革的要求，进一步深化科技计划项目和经费管理改革，建立完善以信任为前提的科研管理体制，按照能放尽放的要求赋予科研人员更大的人财物自主支配权，充分释放创新活力，调动科研人员积极性。探索赋予科研人员科技成果所有权或长期使用权，调动科研人员的积极性和创造性。建立健全产业创新融合机制，促进科技成果转化，进一步加大科技创新的生产力转化力度。

（四）加快修订完善制度。各有关部门要全面系统梳理工作职责，加快修订完善相关管理制度。今后在制定相关政策时，要充分落实科技领域财政事权和支出责任划分的相关要求，强化法治化、规范化建设。

本方案自印发之日起施行。2019年1月1日至本方案印发之日前本市科技领域财政事权和支出责任划分，参照本方案执行。

重要报道

天津航天机电设备研究所全方位助力嫦娥五号
他们将“太空”和“月面”搬回地球

2020年12月17日，嫦娥五号探测器圆满完成探月任务，天津航天机电设备研究所承担交会对接试验大平台的研制以及多项关键部件与工装的生产任务，参加嫦娥五号探测器热控实施、装配和地面保障任务，为嫦娥五号探测器探月任务的成功完成提供全方位的助力。

“探测器对接需要非常精准，所以要提前在地球上模拟出太空环境来进行测试，研究所通过团队的智慧力量，克服了实验室基础建造、设备取材等重重困难，建造了这个平台。”这座大型超平支撑平台总面积达1200平方米，单块平台水平度达到2角秒，拼缝高度差达到10微米，高度还原太空中的环境，可以说是“将太空环境搬回地球”。

探月返回过程中，设备能否完成交会对接是决定嫦娥五号是否可以将月壤带回地球的关键环节之一，虽然中国已掌握空间交会对接技术，但与以往地球轨道交会对接相比，38万公里的月球轨道上没有办法借助导航卫星的帮助，完全要靠探测器自己来解决，这就需要突破月球轨道测控精度、月球轨道敏感器交互、轻小型航天器对接等关键技术。作为进行对接试验的平台，只有这么高的精度才能保证嫦娥五号的模拟器在平台上进行近乎无摩擦的运动，从而验证探测器交会对接过程中的制导、导航与控制技术。

为了让嫦娥五号探测器首次月面自动采样任务顺利完成，天津航天机电设备研究所与中国空间技术研究院总体设计部共同完成嫦娥五号探测器采样区域模拟月面形貌制备与构筑系统。该系统根据嫦娥五号探测器登陆月面回传后的图像信息，通过技术手段在实验室模拟真实采样区域的月面形貌，为快速、有效地完成采样点选择与采样策略的制定提供参考依据，简单地说，就是将“月面搬到地面上”。

通过智慧力量全方位助力嫦娥五号以外，天津航天机电设备研究所作为探月工程的研制单位，先后参与嫦娥一号、嫦娥二号、嫦娥三号、嫦娥四号等所有探月工程相关型号的研制任务，一代代的天津航天机电设备研究所人，伴随“嫦娥”一路走过中国航天人的探月之旅，将自己的青春与热血奉献给中国航天事业。

（来源：《今晚报》12月19日）

打造原始创新策源能力
构建原始创新策源体系

天津市科技局党委书记、局长戴永康以答记者问的方式，介绍了天津采取哪些措施来深入实施创新驱动发展战略，协同打造自主创新的重要源头和原始创新的主要策源地，打好关键核心技术攻坚战，优化创新生态系统，加快推动科技成果转化，全力塑造发展新优势。

戴永康从原始创新和自主创新说起，“原始创新主要指的是基础研究，要充分发挥天津的科教资源优势，着力打造原始创新策源能力，创造出更多的基础成果。全力打造国家战略任务的重大科研设施，加快建设面向科技前沿的原始创新平台，构建具备源头科学创新和前沿技术创造能力的原始创新策源体系，力争取得一批突破性成果。”“自主创新则主要是解决关键核心技术‘卡脖子’问题。”戴永康说，要主动承担国家重大科研任务，通过已经落实落地的国家重大创新平台建设，瞄准天津市目前产业链的断链、弱链和短板，组织关键核心技术突破。发挥核心企业龙头带动作用，调动高校、院所以及产业链其他创新资源，改变过去的立项方式，积极探索“揭榜制”+“里程碑”的立项和管理模式，即企业提出需求，科技管理部门明确技术指标、经济指标，“能人”揭榜破题。

同时，大力推进京津冀协同创新，结合天津

产业链的优势和需要，吸纳更多的北京的创新资源和创新主体，来津补链、强链。积极推进大学科技园建设，以大学科技园作为大学成果转化的“首站”，实现校区、园区、社区“三区联动”，推进科研成果就近转化，以大学科技创新的“源头活水”支撑天津的自主创新再上新台阶。

（来源：《天津日报》12月3日）

深入学习宣传贯彻落实党的十九届五中全会精神
《天津市科技创新三年行动计划（2020—2022年）》出台

增强“硬核”实力 打造京津冀自主创新重要源头

搭平台，扶企业，建体系，创环境。天津深耕自主创新，成绩斐然。一份最新出炉的统计数据显示，2019年天津市全社会研究与试验发展（R&D）经费投入强度排名全国第三。

“问渠哪得清如许，为有源头活水来。”天津市深入学习宣传贯彻落实党的十九届五中全会精神，正式出台《天津市科技创新三年行动计划（2020－2022年）》，为未来三年提升自主创新和原始创新策源能力指出发展路径。到2022年，全社会研发投入强度力争达到3.2%以上，全市有效发明专利达到4万件，为打造京津冀自主创新重要源头和原始创新主要策源地提供有力支撑。同时，科技赋能引领产业高质量发展也将更为显著。到2022年，工业战略性新兴产业增加值占规模以上工业增加值比重达到30%以上，高技术制造业增加值占规模以上工业增加值比重达到20%以上。

布局前沿创新领域 增强原始创新策源能力

储备6万多份中药组分，拥有目前国内包含中药组分数量最多、中药有效成分数字化模型最多、检索速度最快的数据库，这就是“人民英雄”国家荣誉称号获得者、中国工程院院士、天津中医药大学校长张伯礼带领团队创建的组分中药国家重点实验室，也是全国中医药系统第一个国家重点实验室。在抗击新冠肺炎疫情中，组分中药国家重点实验室的研究成果在救治患者、促进康复全疗程发挥重要作用，为形成中国特色治疗方案做出重要贡献。在规划中，天津市将高水平建设组分中药国家重点实验室、国家应用数学中心、天津交叉创新中心等平台，对标国家实验室谋划建设天津市实验室（海河实验室），构建具备源头科学创新和前沿技术创造能力的原始创新策源体系。同时，推动大型地震工程模拟研究设施、新一代超级计算机尽快形成承接国家重大任务能力，布局建设合成生物学国家重大科技基础设施，打造承接国家战略任务的重大科研设施。鼓励企业、社会力量以联合出资、捐赠等多种途径设立应用基础研究基金，解决重点产业技术发展中的重大科学问题，争取更多资源布局前沿创新领域。

提升自主创新能力 打造天津版“国之重器”

“银河麒麟操作系统V10版本”日前正式发布，这是国内首款实现具有内生安全架构的操作系统，打破了国外的技术封锁与垄断，成为承载国家关键信息系统的安全基石。“银河麒麟操作系统V10具有国内最高安全等级，快速实现了国产操作系统的跨越式发展。”麒麟软件有限公司执行总裁孔金珠告诉记者。为了加强“卡脖子”关键核心技术攻关，天津市制定“保持现有优势”“解决‘卡脖子’问题”“抢占未来战略必争领域”三类技术攻关清单。依托华为、飞腾等龙头企业，组织实施新一代信息技术、合成生物技术、新能源技术等10个左右重大科技创新专项。攻克一批对外高度依赖的关键核心技术，形成一批占据世界科技前沿的优势技术。同时，优化技术创新平台布局，加快建设国家合成生物技术创新中心，推进创建曙光国家先进计算产业创新中心、国家先进操作系统制造业创新中心等，新建重大创新平台和科技基础设施8个左右。打造“环天南大知识创新集聚区”“天河产业园”“研发产业集聚区”“硅巷式中央智力密集区”等标志区。加快生物医药、新能源等产业生态区和“中国信创谷”“生物制造谷”“细胞谷”“北方声谷”等集群建设。以中新天津生态城为核心，以自主算力引擎、智慧港口、车联网应用三大示范为重点，打造国家级人工智能发展标杆示范区。

打通政策堵点难点 推动科技成果市场化

平均每四天产生一个发明专利，每两周与一个企业签署产业合作协议。中国科学院天津工业生物技术研究所的成果转化道路越走越顺畅。工业生物所的专利运营率达到32%，每件专利许可费平均超过800万元，让科研人员从科研工作中有更多的“获得感”，激发全所科技工作者的创新创造活力。天津市以市级科技成果交易平台为核心，发展区域、高校院所、行业、服务等四类技术转移机构。打造科技成果展示交易、供需对接、成果融资等科技成果市场化流动平台，建立科技成果库和企业技术需求库。在天津市科技奖励评审中增加技术合同交易额指标权重，推动职务科技成果转化现金奖励税收政策落地，打通成果转化政策落实堵点难点。预计到2022年，全市技术合同成交额达到1400亿元，占GDP比重位居全国前列，科技成果转化能力明显提升。

作为此次规划的亮点之一，天津市将大学科技园建设纳入全市科技、教育、产业等“十四五”发展规划，推动大学科研优势转化为区域发展新动能。发挥大学科技园成果转化、创业孵化、集聚资源、培育人才和协同创新等核心功能，将其打造成为高校成果转化“首站”和区域创新创业“核心孵化园”。力争新建5家市级大学科技园，2家获批国家级大学科技园。同时推动高新技术企业培育库与企业登记信息库、知识产权数据库等多库联动，构建遴选、入库、培育、认定“四个一批”工作机制，引导人才、服务、政策、资本向高新技术企业聚集。从京冀整体迁入的国家高新技术企业按照首次认定给予支持，省（市）级高新技术企业直接入库培育。到2022年，全市高新技术企业总量突破9000家，“雏鹰”企业、“瞪羚”企业、科技领军（领军培育）企业分别达到3500家、350家和250家。

（来源：《天津日报》11月27日）

在国内和全球区域创新版图中地位进一步提升

津城“打榜”全球创新集群百强

天津市在“全球创新集群百强榜”和“自然指数－科研城市2020”中的排名进步显著，显示出天津市在国内和全球区域创新版图中的地位进一步提升。

世界知识产权组织（WIPO）发布2020年全球创新指数报告（GII）。2020年GII报告“全球创新集群百强榜”依据PCT专利申请量占比和科学论文数占比两项指标进行排名，中国共有17个创新集群进入100强。天津居全球第56位，较2019年提升4位；国内排名第9位，较2019年提升2位。2019年，天津市PCT专利申请量为812件，在国内上榜城市中列第10位，比上年上升3位；科学论文数达到41989件，在国内上榜城市中列第9位，比上年上升2位。最新发布的“自然指数－科研城市2020”显示，中国共有9座城市进入全球排名30强，天津列全球第24位，较2018年提升11位；在国内排名第7位，较2018年提升2位。“自然指数—科研城市2020”榜单指标为“自然指数文章份额”，通过追踪发表在《自然》《科学》《细胞》等全球82种顶尖自然科学类期刊上文章的绝对计数和份额，来评估城市的高质量科研产出及合作情况。天津“自然指数文章份额”为485.73，文章数为1060，占全国份额比重为3.6%，较上次提升0.5个百分点。

（来源：《天津日报》11月24日）

中国高成长企业发布会在津举办

天津市2020年首批有204家瞪羚企业、1561家雏鹰企业通过评价入库

2020年7月28日，中国高成长企业发布会在天津举办，会议发布了《2020年天津市首批雏鹰和瞪羚企业研究报告》。报告显示，天津市2020年首批有204家瞪羚企业、1561家雏鹰企业通过评价入库。与2019年相比，2020年入库的雏鹰和瞪羚企业年均营业收入均有所提高。其中，瞪羚企业综合收入复合增长率增长了11.39个百分点，雏鹰企业平均资产规模增长了2.28倍。据介绍，天津市启动实施《天津市创新型企业领军计划》，聚焦人工智能、生物医药、新能源新材料等战略性新兴产业，大力推动新技术、新产业、新业态、新模式“四新经济”，扎实推动创新型企业发展。

“我市建立了‘雏鹰－瞪羚－科技领军’企业梯度扶持体系，实施精准培育，着力打造‘科

企3.0版'。"天津科技融资控股集团公司总经理王润田表示，"报告显示，我市的雏鹰和瞪羚企业研发投入高，发展后劲足，行业分布集中，尤其是瞪羚企业实现了收入的高增长。"

会上，长城战略咨询发布的2019年科技创新领军企业研究报告中指出，2019年中国科技创新领军企业数量达到218家，总估值7964亿美元，平均估值36.5亿美元，其中估值超过100亿美元（含）的共7家。其中前沿科技领域的企业数量增加至69家，集中在新一代信息技术、医疗健康、新能源汽车、智能网联、新材料、新能源等领域。根据长城战略咨询连续四年的跟踪研究，中国科技创新领军企业数量持续增长，2016年至2019年间，每年度数量分别为131家、164家、202家和218家。新技术、新场景、新消费重塑价值链，推动新经济模式、新业态日益形成，新赛道不断涌现。2019年，新零售、产业互联网、智慧物流、互联网教育、医疗健康、智能网联、人工智能、大数据、云服务等领域集聚科技创新领军企业，它们作为主赛道不断裂变出新的赛道。

（来源：《天津日报》7月29日）

张伯礼领衔的现代科技加持传统中医药项目获重奖——《天津国家自主创新示范区条例》7月1日起施行

以法治之力助推自创区建设全面升级

2020年5月18日，天津市十七届人大常委会第十九次会议审议通过《天津国家自主创新示范区条例》（以下简称《条例》），自2020年7月1日起施行。

"市委、市政府高度重视天津国家自主创新示范区建设，持续深化体制机制改革、优化创新创业生态环境、推进创新体系和创新能力建设、引聚创新要素资源，当前，自创区已成为推动天津高质量发展的重要引擎。"市人大常委会法工委负责人表示，制定《条例》，就是要把自创区建设和改革探索的重要成果和经验以法治的形式固化下来，把改革决策转化为制度保障，同时面向未来发展，对标更高标准，促进自创区建设进一步全面升级。《条例》共8章41条，明确自创区战略定位、建设目标、发展方向和管理体制，对推动开放合作、吸引要素聚集、鼓励探索创新、增强人才支撑等方面作出具体规定。

发挥协同优势 深化开放合作

习近平总书记对京津冀协同发展提出明确要求，打造国内自主创新的重要源头和原始创新的主要策源地。深入贯彻落实习近平总书记重要讲话和重要指示精神，天津国家自主创新示范区在实施国家重大发展战略中抢抓机遇，坚定不移深化开放合作。《条例》明确规定，支持在示范区创新服务京津冀协同发展的体制机制，优化区域科技协同创新能力，支持示范区承接科技类非首都功能疏解项目，促进优秀科技成果有效转化。支持建立中国（天津）自由贸易试验区与示范区发展联动机制，合作开展改革创新工作，推动自贸试验区改革试点经验在示范区率先复制。

集聚创新要素 助力技术攻关

打造创新主体集聚区是示范区的重要战略定位，也是建成示范区的关键。《条例》围绕吸引和促进创新要素聚集，明确了相关的政策措施。管委会设立企业发展专项资金，支持示范区内企业开展科技创新、产业发展、人才引进、平台建设、挂牌上市等活动。创新财政投入方式，采取前资助、后补助、间接投入、基金等多种方式，支持企业、高等学校、研究开发机构、科技领军人才围绕产业发展关键核心技术、前沿引领技术、颠覆性技术等，协同开展技术攻关活动。在示范区共建产业技术创新联盟、知识产权联盟等创新合作组织。支持科技保险、互联网银行等金融持牌机构和创业投资机构在示范区注册或者设立分支机构，鼓励商业银行在示范区设立科技金融专营机构。

完善保障机制 鼓励大胆创新

鼓励和支持探索创新，是示范区建设的应有之意。《条例》在鼓励创新方面作出了具体规定。明确在示范区建立健全激励机制和容错纠错机制，鼓励探索创新、干事创业。规定管委会可以探索委托具备相应条件的机构行使出资人权利，创新财政投入方式。支持知识产权证券化等基于知识产权的金融创新，支持知识产权服务机构开展知识产权咨询、代理、评估、质押融资和托管运营等服务。鼓励在示范区设立新型研发机构，支持其建立科学化的研发组织体系和内控制度，加强科研诚信和科研伦理建设，根据科学研究、技术创新和研发服务实际需求，自主确定研发选题，动态设立调整研发单元，灵活配置科研人员、组织研发团队、调配科研设备。管委会通过建立贷款风险补偿机制等方式，为金融机构对示范区内企业开展知识产权质押、信用贷款、信用保险、贸易融资、产业链融资等提供支持。

“真金白银”激励 强化人才支撑

人才是创新的根基，是创新的核心要素。《条例》围绕人才引进、人才培养和人才激励等方面作出具体规定，管委会应制定创新创业型人才发展规划，建立人才信息平台，健全人才培养、引进、流动、评价、激励、服务和保障机制，设立人才发展专项资金，对示范区引进的顶尖人才、领军人才、高端人才等高层次人才、团队及其创新创业项目予以支持。支持国内外知名企业、高等学校、研究开发机构、高端研究咨询机构在示范区内建立人才培养机构。鼓励高等学校、研究开发机构、新型研发机构等单位按照国家和天津市有关规定，通过科技成果入（折）股、股（期）权奖励、科技成果收益分成等方式，落实对做出重要贡献的科研人员和管理人员的激励机制和奖励措施。鼓励高等学校、研究开发机构和企业及其他组织之间实行人才双向流动。

（来源：《天津日报》5月20日）

中药研制
从“大海捞针”到“碗里捞针”

聚焦科技抗疫一线

“临床流调、中西救治、新药研发、老药筛选等都离不开科技支撑。”在4月23日天津市科技“奥斯卡”颁奖典礼上，中国工程院院士、天津中医药大学校长张伯礼感慨地说。张伯礼院士领衔开展的“新冠肺炎中西医结合救治与创新中药宣肺败毒颗粒研究”获得天津市抗击新冠肺炎疫情特别奖一等奖。张伯礼院士团队研制的宣肺败毒方，入选国家推荐的“三药三方”，得到广泛推广应用。现代科技配合中医药传统经验，使新药研制过程从“大海捞针”变为“碗里捞针”。

远程信息技术助力中医证候学调查

张伯礼院士表示，借助远程信息技术连接前线与后方，协同开展病例数据处理、基础研究，首次完成多中心大样本新冠肺炎中医证候流行病学调查研究。

“新冠肺炎刚出现的时候，西医、中医对它的认识都很少。”天津中医药大学循证医学中心主任张俊华介绍，西医主要通过基因测序认识病毒，而中医关注的是患者的临床表现，要认识证候，确定病因、病机，才能辨证论治开方子。因此张伯礼院士1月27日到武汉后，就给项目组布置任务，开发临床数据采集系统，为证候学调查做准备。

“我们以前有临床数据采集系统开发的经验，而这次最大挑战是时间太紧。此外由于一线医护人员穿着隔离服，因此这个系统还要适合在封闭隔离条件下进行操作。”张俊华介绍，最终他们用不到一周时间，开发出临床数据系统App，使医生通过手机完成数据采集与回传。为避免大量并发导致系统负载问题，项目组与国家超级计算天津中心联系，他们专门准备了20台服务器以备不时之需。

通过证候采集系统App，项目组对1000余例新冠肺炎患者进行中医证候学调查，明确了“湿毒疫”中医证候特点和病因病机，为临床救治和指南制定指引了方向。

数据分析技术帮中医药“见招拆招”

“认识了证候接着就是治疗，病情变化的数据也要及时反馈回来。”张俊华说，选择采集哪些信息最能反映疾病的变化非常重要，2月上旬已有不少临床研究方案注册，但评价指标有100多个，退烧、症状减轻、核酸转阴、炎症因子、CT影像吸收……让人难以选择。

天津中医药大学循证医学团队历经8年实践，建立了一套符合国际规范的技术流程。面对新冠肺炎疗效评价指标问题，他们开展了应急研究，为取得专家共识，张伯礼院士等数十名在一线救治的专家都参加了核心指标集遴选，最后形成首个新冠肺炎临床疗效评价核心指标集（COS-COVID）。这一成果得到世界卫生组织新冠肺炎特征研究小组高度评价。

通过对定点医院、方舱医院和隔离点2000余例不同分期临床数据分析，系统总结了中医治疗特点和优势，有效指导了中医药全程介入、有针对性干预的科学施治，特别是重症患者，在现代医学支持治疗的基础上，中医药也可见招拆招。

中药组分+传统经验加速新药研制

“确定了这个病在中医里属‘湿毒疫’，我们通过文献研究、临床经验，以四个经典方剂为基础，根据临床特点进行优化。”天津中医药大学中医药研究院副院长王涛介绍，之后他们开展了药学研究，进行化学成分分析，基本上明确药方中的主要化学成分。再通过多学科交叉开展活性评价，部分明确这个复方治疗新冠肺炎的作用机制。

“能在应急状态下快速反应进行新药的研制，和我们多年积累分不开。”王涛说，“张伯礼院士一直强调，我们要围绕药效物质、作用机制‘两个相对清楚’开展深入研究，提高中药的科技水平。我们在20年前就开始进行组分中药研究，构建了中药组分库。我们可以根据临床需求提供相对应的活性组分。”目前在中医药研究院组分库中，已存放6万个中药组分。

“虽有现代化科技手段作支撑，但如果没有中医理论和经验指导，我们逐一筛选适合的中药就会如‘大海捞针’。而有了中医药经验指引，这个过程就变成‘碗里捞针’，成功率大大提高。”张俊华感慨地说，他们也因此探索了一条应急状态下中药新药发现的路径，最根本的就是把中医药经验和现代科技手段进行结合。

正如张伯礼院士所讲，中医药作为中国古代科学的瑰宝，在这次抗疫全程发挥重要作用，从过去的参与者变成了主力军，中西医结合救治也成为了中国方案的亮点。“这也更加坚定了我们通过科技创新发掘中医药科学内涵、推动中医药传承与创新、实现中医药事业振兴发展的信心和决心。”

（来源：《科技日报》4月24日）

坚决打赢疫情防控阻击战

疫情当前天津市企业勇于担当攻坚克难

科技防控 天津用实力说话

2020年4月23日，2019年度天津市科学技术奖揭晓，抗击新冠肺炎疫情特别奖成为今年颁奖中的焦点，获奖项目涵盖检测试剂盒、人工智能诊断、中医药等多个方面，覆盖生活预防、人群筛查、病毒检测、临床治疗等整个疫情防控链条，彰显天津科技防控的整体实力。

博奥赛斯（天津）生物科技有限公司董事长栾大伟展示最新的测试仪器：“样本进行编号，选择样品类型……你看，这结果已经出来了，就这么快！”刚刚放入仪器的样本弹出仪器机舱，几秒钟的时间一套检测流程就已完成。新冠肺炎疫情发生后，博奥赛斯研发团队紧急启动项目“新型冠状病毒（2019-nCoV）抗体检测试剂盒”的论证、研发工作，2月6日研发出新型冠状病毒（2019-nCoV）IgM和IgG抗体检测试剂盒，2月29日获得国家药监局产品注册证，产品在第一时间送达湖北省及全国多所定点医院，已用于国家及各地疾控、多所医院，将最新科技成果应用于战“疫”一线。

天津泰达洁净材料有限公司相关负责人介绍，在疫情初期，公司对于可能出现的口罩需求的增长就有预判，再加上一直以来在核心技术上的优势，帮助公司保障防疫物资的生产。泰达洁净在抗击新冠肺炎疫情特别奖中脱颖而出，除了其熔喷技术过硬外，评委会还考虑到其在此次新冠疫情中的重大贡献。疫情期间，公司用新技术提高产能40%以上，保供增产，源源不断地把“泰达芯”一批批送上前线，及时有力地驰援了疫区。泰达洁净负责人表示，公司的专业呼吸过滤防护滤材一直在国内市场占有率中名列前茅，此次对现有设备进行了整体改造升级，开发了高性能呼吸过滤材料。每年营收的五分之二都投在研发上的泰达洁净，曾获国家科技进步二等奖、天津市科技进步奖一等奖，现有发明专利4项，实用新型专利11项，其中一项发明专利被评为国家专利优秀奖和天津市专利金奖。这些技术上的优势和经验，在疫情这样的危难时刻，为保障物资起到了重要作用。

（来源：《今晚报》4月24日）

2020年中国十大科技进展

1.嫦娥五号完成中国首次地外天体采样返回之旅

11月24日4时30分，中国成功发射探月工程嫦娥五号探测器，12月1日成功着陆在预选着陆区。完成月壤取样后，嫦娥五号上升器于12月3日从月面起飞，嫦娥五号返回器于12月17日1时59分在内蒙古四子王旗预定区域成功着陆，标志着中国首次地外天体采样返回任务圆满完成。随后，重达1731克的嫦娥五号样品移交中国科学院，将在位于国家天文台的“月球样品实验室”中存储、处理和分析，正式开启月球样品与科学数据的应用和研究。嫦娥五号任务作为中国复杂度最高、技术跨度最大的航天系统工程，对于中国提升航天技术水平、完善探月工程体系、开展月球科学研究、组织后续月球及星际探测任务，具有承前启后、里程碑式的重要意义。

2.北斗三号最后一颗全球组网卫星发射成功

6月23日9时43分，中国在西昌卫星发射中心用长征三号乙运载火箭，成功发射北斗系统第55颗导航卫星暨北斗三号最后一颗全球组网卫星。此次发射的北斗导航卫星和配套运载火箭分别由中国航天科技集团有限公司所属的中国空间技术研究院和中国运载火箭技术研究院抓总研制，中国科学院微小卫星创新研究院等多家科研院所全方位参与了研制建设。这是长征系列运载火箭的第336次飞行。在测控、地面运控、星间链路运管、应用验证等系统的强有力支撑下，此前发射的所有在轨卫星都已入网。至此，北斗三号全球卫星导航系统星座部署比原计划提前半年全面完成。

3.中国无人潜水器和载人潜水器均取得新突破

6月8日，由中国科学院沈阳自动化研究所主持研制的“海斗一号”全海深自主遥控潜水器搭乘“探索一号”科考船海试归来。在此航次中，“海斗一号”在马里亚纳海沟实现近海底自主航行探测和坐底作业，最大下潜深度10907米，填补了中国万米级作业型无人潜水器的空白。11月28日，由中国船舶集团有限公司第七〇二研究所牵头总体设计和集成建造、中国科学院深海科学与工程研究所等多家机构联合研发的“奋斗者”号全海深载人潜水器随“探索一号”科考船返航。此次“奋斗者”号在马里亚纳海沟成功坐底，创造了10909米的中国载人深潜新纪录，标志着中国在大深度载人深潜领域达到世界领先水平。

4.中国率先实现水平井钻采深海可燃冰

3月26日，自然资源部召开视频会透露，在水深1225米的南海神狐海域的试采创造了“产气总量86.14万立方米、日均产气量2.87万立方米”两项新世界纪录。此次试采中，研究人员自主研发了一套实现天然气水合物勘查开采产业化的关键技术装备体系，创建了独具特色的环境保护和监测体系，自主创新形成了环境风险防控技术体系。此次试采攻克了深海浅软地层水平井钻采核心技术，实现了从探索性试采向试验性试采的重大跨越，在产业化进程中取得标志性成果。中国也成为全球首个采用水平井钻采技术试采海域天然气水合物的国家。

5.科学家找到小麦“癌症”克星

山东农业大学农学院教授、山东省现代农业产业技术体系小麦创新团队首席专家孔令让及其团队从小麦近缘植物长穗偃麦草中首次克隆出抗赤霉病主效基因Fhb7，成功将其转移至小麦品种中，首次明确并验证了其在小麦抗病育种中不仅具有稳定的赤霉病抗性，具有广谱的解毒功能。相关研究成果4月10日在线发表于《科学》。已有30多家单位利用抗赤霉病的种质材料进行小麦抗赤霉病遗传改良，在山东、河南、江苏、安徽等地进行广泛试验，结果表现良好。

6.科学家达到“量子计算优越性”里程碑

中国科学技术大学潘建伟院士、陆朝阳教授等与中国科学院上海微系统与信息技术研究所、国家并行计算机工程技术研究中心的研究人员合作，构建了76个光子的量子计算原型机“九章”，实现了具有实用前景的“高斯玻色取样”任务的快速求解，使得中国成功达到量子计算研究的首个里程碑——量子计算优越性，为研制可解决具有重大实用价值问题的规模化量子模拟机奠定技术基础。相关成果12月4日在线发表于《科学》。

7.科学家重现地球3亿多年生物多样性变化历史

南京大学樊隽轩教授、沈树忠院士等自建大型数据库，自主研发人工智能算法，利用“天河二号”超算取得突破，获得了全球第一条高精度的古生代3亿多年的海洋生物多样性变化曲线，其分辨率较国际同类研究提高400倍。新曲线精确刻画出地质历史中多次重大生物灭绝和辐射事件及其与环境变化的关系。成果于1月17日以研究长文形式发表于《科学》。

8.中国最高参数“人造太阳”建成

12月4日，中国新一代可控核聚变研究装置“中国环流器二号M”（HL-2M）建成放电，标志中国跨入全球可控核聚变研究前列。该项目由中核集团核工业西南物理研究院自主设计建造。据悉，该装置是中国目前规模最大、参数最高的先进托卡马克装置，是中国新一代先进磁约束核聚变实验研究装置，采用更先进的结构与控制方式，等离子体体积达到国内现有装置2倍以上、电流能力提高到2.5兆安培以上、离子温度可达到1.5亿摄氏度，能实现高密度、高比压、高自举电流运行，是实现中国核聚变能开发事业跨越式发展的重要依托，也是中国消化吸收ITER技术的重要平台。

9.科学家攻克20余年悬而未决的几何难题

中国科学技术大学教授陈秀雄、王兵发表的关于高维凯勒·里奇流收敛性的论文，率先攻克了哈密尔顿－田猜想和偏零阶估计猜想——这些均为几何分析领域20余年来悬而未决的核心猜想。相关成果于11月初发表在《微分几何学杂志》。论文篇幅超过120页，从投稿到正式发表耗时6年。该论文引进了众多新思想和新方法，对几何分析，尤其是里奇流的研究产生了深远的影响。该文是几何分析领域内的重大进展，或将推进诸多相关工作。

10.中美团队获2020戈登贝尔奖

11月19日，由中国科学院计算技术研究所贾伟乐、中科院院士鄂维南、北京大数据研究院张林峰及其合作者完成的应用成果获得国际高性能计算应用领域最高奖——戈登贝尔奖。该工作在国际上首次采用智能超算与物理模型的结合，引领了科学计算从传统的计算模式朝着智能超算的方向前进。该成果通过高性能计算和机器学习将分子动力学极限提升了数个量级，达到了上亿原子的体系规模，保证了“从头算”的高精度，且模拟时间尺度较传统方法提高1000倍，有望为力学、化学、材料、生物乃至工程领域解决实际问题发挥更大作用。

（来源：《中国科学报》1月21日）

2020年世界十大科技进展

1.科学界完成迄今最全面癌症基因组分析

2月5日，英国韦尔科姆基金会桑格研究所宣布，一个国际团队完成了迄今覆盖面最广泛的癌症全基因组分析，这有助于加深研究人员对癌症的认识，为开发出更高效的治疗方案铺平道路。这个被称为“泛癌症计划”的项目由来自37个国家的1300多名科学家合作开展，旨在研究可导致癌症的变异基因，绘制出这些基因的全图谱，团队分析了38种不同类型肿瘤的2658个全基因组，为癌症研究获取了丰富的基因数据。相关成果在当天以20多篇系列报告的形式发表在《自然》杂志及子刊上。

2.人造叶绿体研制成功

德国马克斯·普朗克陆地微生物研究所和法国波尔多大学的研究人员5月8日在《科学》上发文，他们通过将菠菜的“捕光器”与9种不同生物体的酶结合，制造了人造叶绿体。这种叶绿体可在细胞外工作、收集阳光，并利用由此产生的能量将二氧化碳转化成富含能量的分子。研究人员希望他们制造的加强版光合作用系统，最终能将二氧化碳直接转化成有用的化学物质，或者使转基因植物吸收大气中二氧化碳的量达到普通植物的10倍。这种新的光合作用将为转基因作物打开新大门，创造出比现有品种生长速度更快的新品种。

3.人工智能首次成功解析蛋白质结构

谷歌旗下人工智能公司DeepMind开发的深度学习程序AlphaFold能够精确预测其三维形状。人们需要借助实验确定完整的蛋白质结构，这些方法需要数月或数年时间。人工智能有能力给出精确预测的计算方法，可能只要几天或半个小时。11月30日，在蛋白质预测结构挑战赛CASP上，AlphaFold程序在百余支队伍中脱颖而出。将深度学习与张力控制算法结合，并应用于结构和遗传数据，该深度学习网络利用目前已知的17万种解析完毕的蛋白质进行了训练。

4.新型催化剂将二氧化碳变为甲烷

美国科学家开发出一种新型铜－铁基催化剂，可借助光将二氧化碳转化为天然气主要成分甲烷，这一方法是迄今最接近人造光合作用的方法。新催化剂如获进一步改良，将降低人类对化石燃料的依赖。1月出版的美国《国家科学院院刊》报道了这种新型催化剂，作为将二氧化碳转化为甲烷的光驱动催化剂，其效率和产量是有史以来最高的。

5.脑—机接口技术助瘫痪男子重获触觉

4月23日，美国巴泰尔科研中心和俄亥俄州立大学韦克斯纳医学中心的研究团队在《细胞》上发文，他们成功利用脑－机接口（BCI）系统帮一位瘫痪患者恢复了手部触觉。这项技术能捕捉到人所无法感知的微弱神经信号，并通过发回受试者大脑的人工感觉反馈来增强这些信号，从而极大地优化受试者的运动功能。BCI系统在改进后成为首个同时恢复运动与触觉功能的系统，不仅能让受试者仅靠触觉就能感知到物体，还能够感知握持或捡拾物体时所需的压力。

6.科研人员绘出迄今最大三维宇宙结构图

物理学家组织网7月20日报道，在对400多万个星系和蕴含巨大能量的超亮类星体进行分析后，国际斯隆数字巡天调查项目团队发布了迄今最大的宇宙三维结构图。绘出该图的是多国科研人员组成的“扩展重子振荡光谱巡天（eBOSS）”项目团队，该项目是世界最大星系巡天项目“斯隆数字巡天”的一部分。最新成果建立在世界各地数十家机构的数百名科研人员超过20年合作的基础上，由eBOSS项目团队耗费数年完成。通过理论分析和天文观测，科研人员此前对宇宙的远古历史和最近的膨胀史都有相当了解，但中间却存在一个约110亿年的认知缺口。有关研究人员表示，新成果填补了这一空白，是宇宙学领域的重大进展。

7.美研究人员在超高压下实现室温超导

10月16日，美国的一个科研团队在《自然》杂志发表研究成果。该团队在超高压下的一种氢化物材料中观察到室温超导现象，这一新突破让研究人员朝着创造出具有极优效率的电力系统迈进了一步。近年来超导研究的进展已表明，富氢材料在高压下可将超导温度提高至零下23摄氏度左右。美国罗切斯特大学科研人员在实验室中将可实现零电阻的温度提高到了15摄氏度，这个效果在2670亿帕斯卡压力下的一个光化学合成三元含碳硫化氢系统中被观察到，这个压力约是典型胎压的100万倍，并且达到了实验中实现的最高压力值。

8.“基因魔剪”首次直接用于人体试验

一名遗传失明症患者成为接受CRISPR-Cas9基因疗法直接人体试验的第一人。3月初英国《自然》网站报道，科学家首次开展临床试验，将CRISPR-Cas9基因疗法直接用于人体，治疗遗传性眼病——莱伯氏先天性黑蒙症（LCA10）。LCA10是导致儿童失明的主要原因。CRISPR-Cas9有“基因魔剪”之称，在最新试验中，这种基因编辑系统的组件被编码于病毒基因组中，然后直接注入患者眼睛的近光感受器细胞内。这项最新试验名为“光明”（BRILLIANCE），旨在测试该基因编辑技术移除导致LCA10的基因突变的能力，具有里程碑意义。

9.引力波探测器发现迄今最强黑洞合并事件

引力波探测器探测到迄今为止所知的最大规模的黑洞合并事件。9月2日，《物理评论快报》和《天体物理学期刊快报》分别上线文章，介绍了这项发现。此次黑洞合并最早发现于2019年5月21日，合并产生的引力波被美国激光干涉引力波天文台（LIGO）和意大利室女座干涉仪（Virgo）探测到，合并事件被命名为GW190521。这是上述引力波探测器当年第二次探测到非常规的黑洞合并事件。此次合并事件中，两个黑洞的质量分别是太阳的85倍和66倍，合并后形成的新黑洞质量接近150个太阳。

10.冷冻电镜技术突破原子分辨率障碍

如果想绘制出蛋白质最微小的部分，科学家通常需要使数百万个单个蛋白质分子排列成晶体，然后用X射线晶体学分析它们；或者快速冷冻蛋白质的副本，然后用电子轰击它们，这是一种低分辨率的方法，叫作冷冻电镜技术。在电子束技术、探测器和软件进一步的帮助下，来自英国和德国的两组研究人员将分辨率缩小到1.25埃或更小，这已经足以计算出单个原子的位置。增强的分辨率或使更多的结构生物学家选择使用冷冻电镜技术。这项技术只适用于异常坚硬的蛋白质。研究人员将在刚性较小、较大的蛋白质复合物（如剪接体）中达到类似清晰程度的分辨率。相关论文10月21日发表于《自然》。

（来源：《中国科学报》1月21日）

2020年天津市科技局领导成员及机构名录

领导成员

党委书记、局　长：戴永康

党委委员、副局长、天津市外国专家局局长：袁　鹰

党委委员、副局长：段志强

党委委员、市纪委监委驻市科技局纪检监察组组长：郑若冰

党委委员、副局长：夏正淮

党委委员、副局长：祖延辉

总工程师：王凤云

二级巡视员：薛景山

机构设置及处室负责人

办公室

处　长 张雪颖

副处长 刘爱林　樊　敏

战略规划与政策法规处

处　长　赵莉晓

副处长　曹建华

科研院所服务处

处　长　邢向东

副处长　储智强

资源配置与管理处

处　长　孙文秀

副处长　殷亚辉　王　健

科技金融处

处　长　孙丽华

副处长　殷　毅

科技监督与诚信建设处

处　长　杨银厂

副处长　刘　杰

基础研究处

处　长　崔振平

高新技术处

处　长　谭振东

副处长　王明国　王祯祥

社会发展与农村科技处

处　长　刘建军

副处长　汤桂兰

生物医药处

处　长　王　锐

副处长　张钺伟

科技成果与技术市场处

处　长　刘惠忠（二级巡视员）

副处长　杨卫红　梁传辉

区域创新处

处　长　卞　刚

副处长　姚　磊

网络安全和信息化办公室

处长　余向华

引智育才工作处

处　长　于学凤

副处长　李　健　姜洪全

合作交流处

处　长　华　强

副处长　仲　诚

干部人事处

处　长　于　扬

副处长　王光强

党群工作处

处　长　冯德义　王　海

副处长　王　军　张子英

机关党委、统战处

处　长　杨　坤　阎兴华

副处长　阎兴华

离退休干部处

处　长　魏　东

副处长　陈铁明

2020年天津市滨海新区科学技术局及各区科技局领导名单

天津市滨海新区科学技术局主要领导

党组书记、局长，区外国专家局局长	陈良文（~2020.03）
局长、区外国专家局局长	张桂华（2020.04~）
党组成员、副局长	刘朱岩
党组成员、副局长	白　玉

各区科技局主要领导

和平区科技局局长	李　钢	
河西区科技局局长	吴志华	
河北区科技局局长	周孜哲（~2020.09）	郑贵忠（2020.10~）
河东区科技局局长	李文生	
南开区科技局局长	王世瑄	
红桥区科技局局长	贾俊河（~2020.04）	杨永祥（2020.09~）
东丽区科技局局长	李春捷	
津南区科技局局长	孟祥凯（~2020.04）	刘　莉（2020.05~）
西青区科技局局长	方文轩（~2020.03）	梁红升（2020.03~）
北辰区科技局局长	魏贺明（~2020.03）	丁庆兰（2020.03~）
武清区科技局局长	连　欣（~2020.10）	张维其（2020.10~）
宝坻区科技局局长	杨文胜	
宁河区科技局局长	张国仲（~2020.03）	刘　茜（2020.03~）
静海区科技局局长	靳秀江（~2020.05）	陶　哲（2020.05~）
蓟州区科技局局长	贾宏伟（~2020.03）	么丽娜（2020.03~）

索 引

1. 该索引包括单位名称索引和人名索引；
2. 该索引按名字汉语拼音音序排列；
3. 索引后的数字表示内容所在的页码。

单位名称索引

单位名称	页码
B	
邦盛医疗装备(天津)股份有限公司	272
北方技术交易市场	43,65,69,72,255
北京大学(天津滨海)新一代信息技术研究院	270
贝壳技术有限公司	54
滨海科技馆	263,271
博奥赛斯(天津)生物科技有限公司	139,324
C	
创客天下(天津)科技发展有限公司	279
创远亿德(天津)集团有限公司	286
D	
德中(天津)技术发展股份有限公司	275
F	
飞腾信息技术有限公司	264,275
G	
格创东智(天津)科技有限公司	54
国家超级计算天津中心	55,269,272,323
国家地震监测技术装备中心	225
国家电网天津公司	176
国家电网有限公司客户服务中心	55,192
国家海洋博物馆	176,182
国家海洋信息中心	76,79
国家合成生物技术创新中心	82,236,270,320
国家纳米技术与工程研究院	53
国家农产品保鲜工程技术研究中心(天津)	106,120,124
国网(天津)综合能源服务有限公司	280
国网电商科技有限公司天津技术研究院	56
国网天津市电力公司	67,71,191,279
国网天津市电力公司宝坻供电分公司	126
国网天津市电力公司城东供电分公司	71
国网天津市电力公司城南供电分公司	191
国网天津市电力公司电力科学研究院	67,192
H	
海洋石油工程股份有限公司	53,66,78,194,266
瀚辰海洋科技(天津)有限公司	76
航天神舟科技发展有限公司	275
航天泰心科技有限公司	58
合源生物科技(天津)有限公司	270
河北工业大学	34,72,186,223
河北工业大学材料科学与工程学院	34,67
河北工业大学材料科学与工程学院能源装备材料技术研究院	67
河北工业大学化工学院	35
河北工业大学机械工程学院	64
河北工业大学能源与环境工程学院	230
河北区科学技术局	265
恒银金融科技股份有限公司	273
泓达(天津)区块链技术研发有限公司	276
华海清科股份有限公司	282,283
华喜汇通(天津)供应链管理有限公司	281
J	
嘉里粮油(天津)有限公司	267
建科机械(天津)股份有限公司	62
交通运输部天津水运工程科学研究所	187,194,202
京津冀肿瘤防治研究联合中心	261,262
玖龙纸业(天津)有限公司	285
K	
凯尔测控技术(天津)有限公司	283
凯莱英医药集团(天津)股份有限公司	272
康希诺生物股份公司	266,269,272
柯顿(天津)电子医疗器械有限公司	273
科峰航智电气科技(天津)有限公司	285
L	
力神动力电池系统有限公司	68
零氪科技(天津)有限公司	272
N	
南开大学	31,66,138,216,265

单位名称	页码
南开大学陈省身数学研究所	32,228
南开大学单分子科学研究中心	31
南开大学光电功能晶体与装备研究院	31
南开大学生命科学学院	35,50,130,265
南开大学数学科学学院	33
南开大学物理科学学院	33
南开大学医学院	154
南开大学组合数学中心	32
诺思(天津)微系统有限责任公司	272
P	
派德洛格(天津)生物科技有限公司	276
Q	
麒麟软件有限公司	53,264,275,320
清华大学天津电子信息研究院	269,275
清华大学天津高端装备研究院	62,281
R	
戎行技术有限公司	279
融新(天津)高新科技有限公司	282
瑞普(天津)生物药业有限公司	102
S	
赛诺医疗科学技术股份有限公司	58
三英精控(天津)仪器设备有限公司	284
善测(天津)科技有限公司	282
盛实百草药业有限公司	264
曙光信息产业股份有限公司	53
双福源(天津)环境科技发展有限公司	74
水利部海河水利委员会	187,188
水利部海河水利委员会科技咨询中心	188
水利部海河水利委员会水利信息网络中心	188
水利部海河水利委员会水文局	188
T	
太重(天津)滨海重型机械有限公司	53
泰达国际心血管病医院	58,129,151,265
天大津康(天津)科技股份有限公司	282
天地伟业技术有限公司	53,54
天纺标检测认证股份有限公司	97,215
天纺投资控股有限公司	97,98,99
天津(滨海)人工智能军民融合创新中心	53,269
天津昂赛细胞基因工程有限公司	270
天津奥尚户外装备有限公司	280
天津澳宏环保材料有限公司	286
天津巴莫科技有限责任公司	72
天津宝信铸造股份有限公司	99,285
天津滨海新区基础设施养管有限公司	178
天津冰利蓄冷科技有限公司	282
天津波音复合材料有限责任公司	275
天津博安医用有限公司	276
天津博迈科海洋工程有限公司	53,57,78,79
天津博诺智创机器人技术有限公司	282
天津博雅全鑫磁电科技有限公司	286
天津渤海化工集团有限责任公司	82,174
天津渤海化工集团有限责任公司劳动卫生研究所	174
天津渤化安创科技有限公司	57
天津渤化讯创科技有限公司	174
天津渤化资产经营管理有限公司	75
天津晨星衡祥科技有限公司	279
天津城建大学	46,180,205,263
天津达仁堂京万红药业有限公司	92
天津大沽化工股份有限公司	174
天津大学	31,70,155,214,265
天津大学表层地球系统科学研究院	216
天津大学材料科学与工程学院	256
天津大学第二医院	216
天津大学环境科学与工程学院	186
天津大学四川创新研究院	32
天津大学医疗机器人与智能系统研究院	275
天津德安圣宝安全卫生评价监测有限公司	174
天津德祥生物技术有限公司	172
天津迪兰奥特环保科技开发有限公司	74
天津电视台	254,260
天津电子信息职业技术学院	230,259,268
天津东方泰瑞科技有限公司	195
天津纺织集团控股有限公司	97,215
天津氟斯特材料科技有限公司	282
天津福布斯企业孵化器有限公司	282
天津福锐泰克电子科技发展有限公司	280
天津钢管制造有限公司	84,85,86
天津港(集团)有限公司	75,195,199,201
天津港港务设施管理中心	199
天津港航工程有限公司	196,199,200
天津港集装箱码头有限公司	199
天津港焦炭码头有限公司	200
天津港信息技术发展有限公司	198,200
天津港远航矿石码头有限公司	199
天津工程机械研究院有限公司	62,66
天津工业大学	34,97,230,253
天津工业大学化学与化工学院	72
天津工业大学省部共建分离膜与膜过程国家重点实验室	49,69

索引

单位名称	页码
天津工业大学天津市电工电能新技术重点实验室	43
天津工业大学天津市光电检测技术与系统重点实验室	65
天津工业大学天津市现代机电装备技术重点实验室	65
天津公交易通科技有限公司	279
天津冠芳可乐饮料有限公司	102
天津光电高斯通信工程技术股份有限公司	208
天津光电通信技术有限公司	82
天津广播电视台	260,265
天津国安盟固利新材料科技股份有限公司	285
天津国电津能热电有限公司	192
天津国际生物医药联合研究院有限公司	271
天津海尔洗涤电器有限公司	282
天津海关动植物与食品检测技术中心	215
天津海关工业产品安全技术中心	98,215
天津海鸥表业集团有限公司	98,261
天津海事局	203,218
天津海洋中心气象台	218,220,221
天津汉康医药生物技术有限公司	271
天津航天机电设备研究所	268,319
天津禾田电器有限公司	280
天津合尔科技有限公司	53
天津和创生物技术有限公司	266
天津恒奥科技发展有限公司	214
天津恒电空间电源有限公司	275
天津恒生科技孵化器有限公司	282
天津恒兴科技企业孵化器有限公司	285
天津华科泰生物技术有限公司	284
天津华宁电子有限公司	282
天津华清环宇环保科技有限公司	283
天津华融智联科技有限公司	285
天津华易智诚科技发展有限公司	282
天津环科环安科技有限公司	74
天津环科环境咨询有限公司	74,75,80,187
天津环球磁卡股份有限公司	208
天津吉达尔重型机械科技股份有限公司	283
天津技术产权交易有限公司	108,122,154,174
天津嘉立荷牧业集团有限公司	209
天津金曦医疗设备有限公司	282
天津金耀药业有限公司	89,95,96
天津金隅振兴环保科技有限公司	283
天津津荣天宇精密机械股份有限公司	273
天津京津中关村科技城发展有限公司	285
天津经纬恒润科技有限公司	282
天津静顺小杂粮种植专业合作社	109
天津久日新材料股份有限公司	66
天津凯发电气股份有限公司	205,275
天津凯普瑞特新能源科技有限公司	281
天津科创天使投资有限公司	283
天津科技大学	35,71,119,253
天津科技融资控股集团有限公司	286
天津科润农业科技股份有限公司	120,121,123
天津科润农业科技股份有限公司蔬菜研究所	122,123
天津科学技术馆	263
天津蓝科水产养殖有限公司	286
天津理工大学	42,187,208,253
天津理工大学材料科学与工程学院	72
天津力神电池股份有限公司	264,275
天津利安隆新材料股份有限公司	272
天津联通	62,209,210
天津洛普能源科技有限公司	280
天津脉络生物科技有限公司	282
天津膜天膜科技股份有限公司	53
天津牧疃星科技有限公司	159
天津纳尔生物科技有限公司	116
天津耐杰科技有限公司	276
天津南大通用数据技术股份有限公司	53,208
天津农垦渤海农业集团有限公司	113
天津农商银行静海支行	286
天津农学院	51,103,120,209
天津普泰国信科技有限公司	55
天津奇安信网络技术有限公司	281
天津旗领机电科技有限公司	62
天津日报	57,254,260
天津荣亨集团股份有限公司	100,285
天津锐网数据科技有限公司	280
天津锐新昌科技股份有限公司	269
天津瑞能电气有限公司	42
天津瑞派宠物医院管理股份有限公司	270
天津瑞普生物技术股份有限公司	102,118,271
天津三安光电有限公司	66
天津三环乐喜新材料有限公司	53
天津森罗科技股份有限公司	160,284
天津商业大学	33,100,256,285
天津神驰农牧发展有限公司	209
天津生态城水务投资建设有限公司	177
天津师范大学	34,68,119,230
天津师范大学生命科学学院	230
天津施可丰生物有机肥料科技发展有限公司	108

单位名称	页码
天津石墨烯创新中心	53
天津世仓工业设备有限公司	281
天津市安定医院	171
天津市百泰网络科技有限公司	276
天津市宝坻区气象局	221
天津市北辰区气象局	219
天津市北洋分公司	97
天津市滨海新区大港医院	154
天津市滨海新区科学技术局	137,145
天津市滨海新区气象预警中心	216
天津市滨海新区新海农业种植有限公司	111
天津市产品质量监督检测技术研究院	211
天津市产品质量监督检测技术研究院检测技术研究中心	211
天津市产权交易有限公司	75
天津市城市管理委员会	114,115
天津市城市园林绿化服务中心	115
天津市畜牧兽医研究所	116,117,118
天津市大数据管理中心	184,185,268
天津市档案局	267
天津市地震局	41,222,224
天津市第三中心医院	132,144,155
天津市第四中心医院	131,154,169,210
天津市第一中心医院	128,134,155,169
天津市第一中心医院器官移植多学科会诊平台	129
天津市电子计算机研究所	171
天津市动物疫病预防控制中心	119
天津市儿童医院	165
天津市港航管理局	195
天津市高精密机械手表企业重点实验室	98,261
天津市工业和信息化局	265
天津市公共设计研究所	186
天津市公共信用中心	254
天津市公路工程设计研究院	179,180
天津市公路事业发展服务中心	179,180
天津市公用设计研究所	186
天津市公用事业设计研究所	186
天津市恭学教育科技有限公司	230
天津市谷丰果树种植专业合作社	123
天津市管道工程集团有限公司	186,254,262
天津市国瑞谷物科技发展有限公司	106
天津市果树研究所	110,111,112
天津市海河医院	128,131,139,152
天津市海河中天人力资源管理有限公司	280
天津市海水资源利用技术创新中心	73,273
天津市海外研发中心	257
天津市海洋气象重点实验室	216
天津市红旗环保科技有限公司	277
天津市鸿禄食品有限公司	109
天津市华博水务有限公司	186
天津市华衡伟业称重系统股份有限公司	281
天津市华森给排水研究设计院有限公司	186
天津市环湖医院	149,170
天津市环境保护科学研究院	75
天津市机电工艺技师学院	268
天津市基理科技公司	260
天津市急救医学研究所	142
天津市疾病预防控制中心	128,139,172,173,174
天津市集成电路设计中心	261
天津市计量监督检测科学研究院	212,213
天津市蓟州区人民医院	154
天津市建筑材料科学研究院有限公司	49
天津市建筑工程质量检测中心有限公司	184,263
天津市建筑科学研究院有限公司	182,184
天津市交通科学研究院	178,179,185,199
天津市交通运输委员会	178,185,186
天津市教育委员会	113,120,129,254
天津市捷威动力工业有限公司	87
天津市金三农农业科技开发有限公司	281
天津市静海区良王庄乡政府	123
天津市静海区气象局	217
天津市静海区种植业发展服务中心	123
天津市九安医疗电子股份有限公司	213
天津市科技创新发展中心	69
天津市科学技术协会	264,265
天津市科学技术信息研究所	93
天津市林业果树研究所	107,111,115,127
天津市龙网科技发展有限公司	188
天津市绿色海水水处理药剂企业重点实验室	261
天津市南澳种子有限公司	108
天津市南开医院	130,132
天津市宁河原种猪场	116
天津市农村经济与区划研究所	102,103,105
天津市农工商津港公司农业科技创新示范基地	111
天津市农业科学院	51,111,122,124
天津市农业科学院信息研究所	121,124,125,126
天津市农业科学院植物保护研究所	51
天津市农业农村委员会	102,117,125
天津市农业生物技术研究中心	114

索引

单位名称	页码
天津市农业质量标准与检测技术研究所	124,210
天津市农业资源与环境研究所	108,121
天津市农作物研究所	106,108
天津市普丰谷物种植专业合作社	110
天津市气候中心	216,218,222
天津市气象服务中心	220,224
天津市气象局	216,220
天津市气象科学研究所	77,216,221
天津市气象台	216,217,221
天津市气象信息中心	222
天津市气象灾害防御技术中心	218
天津市器官移植临床医学研究中心	129
天津市人工影响天气办公室	217,219
天津市人力资源和社会保障局	254
天津市人民医院	128,136,170,264
天津市软件行业协会	265
天津市三源电力设备制造有限公司	192
天津市三众工程安装有限公司	47
天津市生态环境监测中心	74,187,216
天津市生态环境科学研究院	50,75,80,187
天津市石油学会	264
天津市食品安全检测技术研究院	213,214,215
天津市市场监督管理委员会	211,215
天津市市政工程设计研究院	177,179
天津市兽药技术创新中心	102,273
天津市疏浚工程技术企业重点实验室	203
天津市蔬菜研究中心	122,123
天津市水产研究所	119
天津市水利科学研究院	186,188,190
天津市水务局	189,190
天津市特变电工变压器有限公司	191
天津市特种设备监督检验技术研究院	211,212
天津市腾达楼宇自控有限公司	209
天津市天锻压力机有限公司	100,284
天津市天金智慧科技有限公司	277
天津市天津医院	154,155
天津市天友建筑设计股份有限公司	208
天津市天元生产力促进有限公司	275
天津市突发公共事件预警信息发布中心	220
天津市威曼生物材料有限公司	275
天津市威奇环境工程技术有限公司	278
天津市伟星新型建材有限公司	283
天津市武清区农业农村委员会	105
天津市西青区气象局	220
天津市心血管疾病临床研究中心	129
天津市新冠病毒肺炎医疗救治专家组	265
天津市新闻中心	254
天津市信息技术应用创新工作委员会	265,313
天津市胸科医院	128,140,141
天津市休闲农业协会	102
天津市眼科医院	142,153,154
天津市药品监督管理局	89,128,129
天津市医疗器械审评查验中心	139
天津市医药科学研究所	38,130,163,167
天津市禹神建筑防水材料有限公司	205
天津市园林花卉管理中心	114,115
天津市知识产权局	253,254
天津市职工宣传教育文化中心	267,268
天津市植物保护研究所	106,111,121
天津市智慧建筑设计与运维管控一体化工程技术中心	260
天津市中海水处理科技有限公司	261
天津市中环电子计算机有限公司	55
天津市中水科技咨询有限责任公司	187
天津市中天高科农业发展专业合作社	123
天津市中心妇产科医院	151
天津市中央药业有限公司	283
天津市中医药研究院	133,161,169,256
天津市中医药研究院附属医院	133,164,170,256
天津市中重科技工程有限公司	283
天津市众天科技发展有限公司	63
天津市住房和城乡建设委员会	176
天津市自来水集团有限公司	186
天津市自来水集团有限公司凌庄水厂	186
天津水泥工业设计研究院有限公司	180,284
天津水务集团尔王庄分公司	186
天津水务集团有限公司	186,254,263
天津泰达洁净材料有限公司	272,324
天津体育学院	172
天津天诚新药评价有限公司	266,271
天津天大求实电力新技术股份有限公司	193,275
天津天纺投资控股有限公司	98,99
天津天钢联合特钢有限公司	285
天津天海精密锻造有限公司	88
天津天海同步科技孵化器有限公司	285
天津天任大数据科技有限公司	276
天津天士力现代中药资源有限公司	92
天津天士力之骄药业有限公司	261
天津天药药业股份有限公司	90,95
天津天盈新型建材有限公司	49
天津铁路信号有限责任公司	205

单位名称	页码
天津同阳科技发展有限公司	275
天津威尔朗科技有限公司	100,281
天津维晟微科技有限公司	43
天津西普阳光科技有限公司	275
天津侠客岛数智科技有限公司	279
天津先进技术研究院	275
天津现代晨辉科技集团有限公司	119
天津现代建筑产业园	176
天津协力自动化有限公司	97
天津芯海创科技有限公司	56,272
天津新港船舶重工有限责任公司	89
天津信息技术应用创新产业(人才)联盟	265
天津修船技术研究所	89
天津雅迪实业有限公司	283
天津艳晨畜禽养殖有限公司	118
天津药明康德新药开发有限公司	260
天津药物研究院新药评价有限公司	90,96
天津药物研究院药业有限责任公司	97,259,262
天津药物研究院有限公司	90,96,261,275
天津药物研究院有限公司技术中心	261
天津药业集团有限公司	90
天津药业研究院股份有限公司	90
天津耀皮工程玻璃有限公司	283
天津冶建特种材料有限公司	286
天津医科大学	128,150,171,260
天津医科大学第二医院	129,141,150,171
天津医科大学基础医学院	133
天津医科大学心理健康教育中心	265
天津医科大学眼科医院	156,157,260,266
天津医科大学肿瘤医院	139,147,262
天津医科大学总医院	128,139,142,144
天津怡和嘉业医疗科技有限公司	139,266,284
天津移山工程机械有限公司	279
天津亿昇科技有限公司	70
天津艺点意创科技有限公司	208
天津逸爽食品工贸有限公司	107
天津逸速达科技有限公司	280
天津银宝山新科技有限公司	88
天津银龙预应力材料股份有限公司	206
天津永汇仁恒科技股份有限公司	67
天津云圣智能科技有限责任公司	270
天津长芦海晶集团有限公司	57
天津长芦汉沽盐场有限责任公司	57
天津掌停科技有限公司	276
天津正达蜂业有限公司	281

单位名称	页码
天津职业大学	186,255,262,268
天津职业技术师范大学	43,87,100,286
天津中材工程研究中心有限公司	180
天津中草药杂志社	266
天津中德应用技术大学	99,100,192
天津中法芥园水务有限公司	186
天津中环半导体股份有限公司	53
天津中汇建筑规划设计有限公司	177
天津中晶建筑材料有限公司	275
天津中科先进院	257
天津中科智能识别产业技术研究院	270
天津中融集团有限公司	280
天津中盛海天制药有限公司	283
天津中祥农业科技发展有限公司	109
天津中新药业集团股份有限公司	90,93,95
天津中新药业集团股份有限公司达仁堂制药厂	90
天津中新药业集团股份有限公司乐仁堂制药厂	91,94
天津中新药业集团股份有限公司隆顺榕制药厂	93
天津中新药业集团股份有限公司研究院分公司	95
天津中新药业集团股份有限公司中新制药厂	94
天津中医药大学	90,131,160,229
天津中医药大学第二附属医院	142,160,171
天津中医药大学第一附属医院	160,169,229,265
天津中屹铭科技有限公司	99
天津住宅科学研究院有限公司	181
天津卓宝科技有限公司	257
天津卓朗科技发展有限公司	209,280
天津自然博物馆	223,225
天科海岸开发与防护中孟联合研究中心	273
天士力医药集团股份有限公司	91,260
铁道第三勘察设计院有限公司	279
铁三院(天津)工程咨询有限公司	279
图尔克(天津)科技有限公司	282
W	
万控(天津)电气有限公司	283
Y	
宜科(天津)电子有限公司	282
亿昇(天津)科技有限公司	272
逸兴泰辰技术有限公司	177
源博(天津)医疗科技发展有限公司	283
云翔金属材料经营有限公司	280
云账户技术(天津)有限公司	275
Z	
泽达易盛(天津)科技股份有限公司	269
智英健康数据研究中心	265

单位名称	页码
中国船舶重工集团公司第七〇七研究所	43,87,280
中国地震局第一监测中心	223,225
中国工程科技发展战略天津研究院	257,314
中国海油渤海油田科学技术协会	265
中国科学院天津工业生物技术研究所	114
中国联合网络通信有限公司天津市分公司	209
中国民航大学	46,281
中国民用航空华北地区空中交通管理局天津分局	77
中国能源建设集团科技发展有限公司	277
中国汽车技术研究中心有限公司	43,87,282
中国石化第四建设有限公司	268
中国市政工程华北设计研究总院有限公司	73,177,186
中国水电基础局有限公司	191,193
中国铁路设计集团有限公司	46,204,279
中国医学科学院放射医学研究所	38
中国医学科学院生物医学工程研究所	36,39
中国医学科学院血液病医院(中国医学科学院血液学研究所)	58
中国医学科学院血液学研究所泰达生命科学技术研究中心	142
中国移动通信集团天津有限公司	280
中海石油(中国)有限公司天津分公司	266
中海油能源发展股份有限公司天津分公司	266
中海油天津化工研究设计院有限公司	84
中海油田服务股份有限公司	83,208,266
中环天仪(天津)气象仪器有限公司	76
中交(天津)生态环保设计研究院有限公司	203
中交第一航务工程局有限公司	191,194,201
中交第一航务工程勘察设计院有限公司	177,195,202
中交天航滨海环保浚航工程有限公司	203
中交天航港湾建设工程有限公司	203
中交天津港湾工程研究院有限公司	194
中交天津航道局有限公司	201,203
中汽数据(天津)有限公司	54,88,208
中汽研(天津)汽车工程研究院有限公司	88
中汽研汽车检验中心(天津)有限公司	88
中水北方勘测设计研究有限责任公司	191
中铁(天津)隧道工程勘察设计有限公司	177,204

人名索引

姓　名	页码
A	
阿不都外力·阿不力克木	219
B	
白　朝	161
白承铭	33
白东清	119
白景峰	197
白艳娇	222
白子建	177,178
班兆军	106
包景岭	74
毕金强	194
毕经东	177
毕相东	120
卞富国	199
别东洋	42
卜国云	155
卜清军	216
卜睿臻	92
卜显和	44
C	
才　真	134,143
蔡启亮	150
蔡瑞婕	113
蔡玉俊	87
蔡子颖	216,221
曹　威	59
曹　辒	114
曹　煜	195
曹东辉	62
曹东丽	213,215
曹高燚	109,110
曹经福	222
曹龙军	172
曹文权	207
曹先彬	43
曹小立	136
曹雪涛	229
柴　超	137,140
柴士伟	170
常　颖	151
常　钰	115
常晨红	93
常世平	87
常文秀	142,168
常雪峰	195,198
常子栋	212
车树强	167
陈　波	267
陈　冠	49,73,166
陈　娟	139
陈　军	47,138,267
陈　恺	55
陈　馈	204
陈　兰	106
陈　莉	46
陈　亮	116
陈　玲	170
陈　龙	193
陈　宁	59
陈　鹏	105
陈　平	56,67
陈　强	169,199
陈　瑞	35,75,80
陈　圣	92
陈　松	142
陈　薇	149,257
陈　伟	153,174
陈　炜	99
陈　文	206,208
陈　欣	134
陈　兴	212
陈　叙	151
陈　淼	267
陈　瑶	31,58
陈　铁	186
陈　英	130
陈　颖	74,75,80
陈　赞	84
陈宝泉	198
陈昌华	180
陈成彬	114
陈德富	50
陈冠益	49,73
陈汉宝	187,194,195
陈怀永	131
陈金梅	255
陈景灵	32

姓名	页码
陈君然	107
陈康寅	144
陈可冀	90,91
陈立明	67
陈丽娜	105
陈念念	229
陈庆良	140
陈秋生	210
陈瑞阳	35
陈思宁	219
陈文亭	208
陈喜文	50
陈小刚	36
陈晓明	115,127
陈晓霞	65,115
陈岩光	209
陈彦熹	184
陈业刚	150
陈叶福	60
陈永川	228
陈予恕	228
陈跃程	99
陈跃浩	222
陈云霞	93
陈则明	123
陈增强	45
陈正攸	179
程　磊	203
程　奕	124
程　悦	155
程博闻	68,267
程津培	228
程立君	149
程明明	32
程善俊	222
程文东	211
程翼宇	90
迟福建	193
崇志强	192
楚艳华	153
褚孝鹏	82
褚英双	198
褚志强	147
从　靖	217
从　明	213
从国元	84
从培文	202
崔　锦	218
崔　静	150
崔　凯	67
崔　倩	256
崔　蕊	165
崔　涛	96
崔　壮	174
崔红岩	36
崔建东	35
崔茂盛	116
崔尚金	118
崔少杰	126
崔晓旭	169
崔尧尧	212
崔永抗	267
崔宇晨	168
崔子林	132,133,147
D	
戴　伟	120
戴光宇	211
戴向晨	139
戴晓勇	101
邓　娟	38
邓　琦	143
邓　强	120
邓彩艳	180
邓小文	74,216
邓永林	147
邸新杰	46
刁建超	256
丁　博	109
丁　丹	35,265
丁　军	139
丁　舒	127
丁红岩	70
丁建民	132
丁连明	173
丁文智	196,199,200
丁一夫	88
丁忠仁	129
东莉洁	156
董　冲	146
董　茜	149
董　霞	37
董宝彦	179,180
董朝阳	219
董焕丽	45
董会娜	114
董立新	190
董明达	199
董琪如	220
董少宁	168
董树东	100
董晓传	100
董秀芹	63
董旭柱	67
董振清	108
董志珍	215
窦　琳	133
窦金霞	169
窦艳芬	105
杜　超	131
杜　月	42
杜　智	134
杜菲菲	133
杜桂琴	135
杜红卫	191
杜洪印	137,141,146
杜建梅	181
杜静娟	88
杜雷功	191
杜丽峰	100
杜丽平	61
杜丽萍	211
杜文君	132,170
杜新华	211
杜彦芳	126
杜艳红	126
段　峰	31,42,57
段　恒	42
段　瑞	212
段丽瑶	220
段云霞	75,187
E	
鄂志君	192
F	
樊瑞红	164
樊威伟	167,168
樊小农	160
范　颖	213
范嘉骏	42
范玉进	82
方　锐	88
方　涛	135
方　勇	42
方海峰	72
房　欢	114
费春楠	174
费曼利	177
冯　红	92
冯　悦	195
冯国林	203
冯惠涛	32
冯景华	55
冯鸣凤	74,75
冯瑞光	106,108
冯亚凯	84
冯银厂	216
冯永仁	83
付　博	140
付　超	210
付　娜	105
付　强	199
付　蓉	139
付从贵	108
付荣霞	110
付旭彬	116
付学文	33
付治强	180
傅　魁	206
傅　琳	183
傅　强	131
傅　裕	98
傅静宇	101
G	
高　波	73
高　峰	81,169,255
高　辉	172,184
高　晶	90
高　静	35
高　鹏	212
高　璞	179
高　强	46,192,221

姓名	页码
高　伟	146,203
高　苇	108
高　文	91,255,270
高　扬	110
高　英	115
高　勇	209
高春娟	77,79
高红梅	133,142
高红运	256
高继东	88
高凌霞	182
高士耆	35
高素燕	121,122
高卫峰	138
高卫国	100
高文远	91,261
高学平	44
高永生	196
高志刚	174
高志贤	55
高子双	203
戈龙仔	194
葛察忠	75
葛焕琦	265
葛磊蛟	71,193
葛墨林	228
葛铜岗	177
耿　强	65,99
耿　铁	83
耿宝磊	195
耿文皓	213
耿雅杰	96
宫志宏	219
龚　诚	67
龚宝明	180
龚国锋	205
龚行楚	90
龚进峰	88
垢德双	139
古　瑜	123
谷　岩	153,171
谷翠丽	93
谷希树	106
顾　娜	130
顾立强	136
顾明臣	177
顾学宁	170
关亚风	55
桂建舟	34
郭　斌	206
郭　宏	51
郭　佳	224
郭　林	155
郭　玲	224
郭　梅	112
郭　蓬	88
郭　琪	145,265
郭　涛	166
郭　宪	42
郭秉楠	66
郭建博	50
郭锦棠	84
郭小云	151
郭兴科	107,110
郭秀霞	93
郭学武	60
郭永泽	211
郭玉娣	218,220
郭振刚	47
郭知明	213
郭治昕	260
H	
韩　丁	159
韩　林	162
韩　柳	193
韩　梅	142
韩　阳	168
韩凤娴	165
韩家广	31
韩建枫	208
韩金博	104,105
韩晋阳	55
韩俊泉	161,162
韩娜娜	112
韩佩佩	145
韩启厚	123
韩庆华	180
韩瑞芳	154
韩素芹	216
韩婷婷	216
韩文中	83
韩兴旺	71
韩雅玲	264
韩鹦嬴	168
韩玉敏	123
韩忠朝	142
韩祖杰	204
郝　迪	163
郝　健	82
郝　朋	154
郝　莎	165
郝　义	120
郝春旭	75
郝立生	216
郝希山	229,262
郝永娟	107,111,121
郝志香	189
何　方	202
何　峰	135
何　菊	153
何　平	193
何春年	31
何光杰	96
何立忠	178
何丽烨	216,222
何俗非	171
何文菊	152
何小龙	180
何业慎	208
何玉香	112
何宗均	108
贺维国	177,204
贺燕丽	161
贺禹森	48
洪宁宁	197
洪育春	214
侯　建	93,153
侯常春	173
侯东帅	180
侯东哲	170
侯建存	153
侯立安	49
侯立军	42
胡　刚	54
胡　炜	136
胡　毅	31,33
胡德庆	31,133
胡辉跃	205
胡建勋	33
胡利华	73
胡苗苗	84
胡田田	221
胡文彬	256
胡文平	45
胡文星	104,105
胡献刚	50
胡雪瀛	183
胡艳亚	171
胡云峰	107
胡蕴慧	38,163
胡芝娟	180
胡智勇	212
淮明生	146
黄　亮	113
黄　鹏	177
黄　平	38,145
黄　谦	182
黄　如	270
黄　田	63,100
黄　怡	192
黄　毅	44
黄　悦	157
黄爱龙	139
黄传惠	164
黄冬梅	217
黄凤华	95
黄建全	112
黄黎敏	87
黄黎香	155
黄力平	172
黄平升	38
黄森忠	54,265
黄秀彬	192
黄学群	102,103
黄亚杰	121
黄艳丽	91
黄永智	84
黄长江	96
黄志刚	172
黄志银	123

姓名	页码	姓名	页码	姓名	页码	姓名	页码
霍彬	129,144	蒋智佳	143	雷鸣	222	李正	54,90,228
霍蕾	215	焦荻	121,122	雷震名	194	李治	71
霍建飞	107	焦剑	167	李安	211	李卓	75
霍现旭	191	焦定量	122	李斌	31,180	李保国	190
霍小东	144	焦红波	76	李财	206	李昌禄	209
J		焦丽芳	31	李峰	108	李大华	192
吉立柱	114	缴建华	119	李刚	150	李德冠	136
集贤	106	金冬寒	229	李根	219,265	李德坤	261
纪鸿舜	208	金凤媚	114	李红	165,212	李东彬	181
纪慧宇	182,184	金凤鸣	83	李欢	42	李冬冬	38
纪烈辰	136	金建华	123	李慧	73,98,192	李芳芳	181
纪学悦	174	金瑞佳	195	李健	84	李凤菊	125,126
季倩	147	金书晓	170	李杰	88,208	李攻科	55
季国田	88	金志刚	193	李瑾	102,103	李广平	144
季则舟	195,196,201	晋朝	160	李晶	215	李广智	188,189,190
郏艳红	114	靳建洲	84	李婧	205	李国发	83
贾爱军	107,111	靳静娜	36	李军	47	李国和	87
贾东强	71	靳燕宇	143	李立	167	李国星	173
贾凤伶	105	经翔	132	李莉	139	李海波	50
贾宏杰	191	荆博宇	74	李玲	112	李红亮	212
贾洪琛	55	鞠爱春	261	李梅	123	李宏峰	165
贾淑杰	166	K		李曚	63	李洪建	200
贾晓昱	106,120	阚伯红	164	李明	48,109,206	李洪钧	151
贾志红	95	阚建英	256	李盼	37	李洪亮	88
蹇峰	177	阚永海	66	李坡	213	李洪彦	205
江春	181	康磊	74,80	李青	165	李鸿强	43
江茜	163	康明	34	李帅	145,151	李焕勇	110
江霞	169	康鑫	187	李硕	119	李继良	116
江国虹	172	康建海	47	李思	166	李继生	71
江汉民	122	康建立	68	李涛	119	李佳音	50
姜楠	130,140	康苏海	202	李彤	144	李家政	120
姜伟	162	亢丽娟	211	李威	172	李建民	58
姜岩	105	柯瑞斯托夫·凯撒	282	李伟	31,50,74	李建新	48
姜洪丰	155	柯水平	177,178	李文	211	李剑明	145,151
姜嘉旗	198	孔康	58	李霞	261	李江阔	120
姜立夫	33	孔梅	172	李新	51,150	李金中	189,190
姜胜超	195	孔德刚	143	李旭	163,184	李津立	115
姜衍祥	190	孔德领	35,39,40	李轩	154	李进华	58
姜艳军	35	孔席超	200	李岩	182,200	李京爽	194
姜云鸿	106	孔宪卫	202,203	李扬	125	李军伟	47
姜云鹏	194,195	孔祥玉	67,192	李阳	64,132,284	李珺莹	165
姜忠义	45	孔勇发	33	李忆	82	李克秋	256
蒋静	212	寇斌	210	李毅	154,213	李兰冬	31,44
蒋宁	149	寇建设	205	李寅	142	李留安	118
蒋丽琴	37	L		李振	97,189,259,263	李孟良	87

索引

姓名	页码	姓名	页码	姓名	页码	姓名	页码
李明君	48	李艳英	73	刘　琨	208	刘广均	227
李明宇	206	李毅堂	213	刘　莉	122,123,150	刘桂华	47
李千军	116	李英华	217,220	刘　林	35,201,203	刘国慧	179,180
李强光	213	李莺莺	62	刘　林	35,201,203	刘国柱	31
李荣金	45	李永辉	63	刘　锰	211	刘海峰	44
李汝娟	116	李猷嘉	229	刘　明	56	刘海亮	267
李盛伟	193	李远福	206	刘　铭	138	刘海涛	63
李时鑫	213	李跃芳	43	刘　楠	125	刘海霞	118
李守军	116	李占勇	101	刘　萍	139	刘弘毅	169
李书红	61	李章超	203	刘　茜	165	刘红磊	73
李淑芳	115	李正名	228	刘　强	38,130	刘红霞	256
李树海	110,111	李志成	76	刘　晴	217	刘宏亮	191
李树茂	170	李志鹏	180	刘　润	70	刘洪斌	68,163
李霜冰	192	李志清	157	刘　淑	90,185,186,219	刘洪丽	205
李顺群	182	李忠正	164	刘　涛	183,205	刘洪亮	173
李松松	264	李宗金	154	刘　维	162	刘洪伟	206
李太林	199	栗　涛	182	刘　伟	67,93,130,206	刘华一	170
李微微	213	练继建	70	刘　祥	213,214	刘建华	110
李维琦	116	梁　好	220	刘　翔	105	刘建实	141
李伟芳	50,74	梁　琨	208	刘　旭	55,179,192	刘剑锋	149
李卫东	124	梁　琳	118	刘　艳	62,153,195	刘杰强	199
李文娜	211	梁　婷	197	刘　洋	43	刘金福	109
李喜飞	68	梁　潇	42	刘　晔	197,198	刘金平	91
李喜宏	106	梁丙臣	203	刘　英	169	刘进超	42
李细芬	92	梁春永	47	刘　莹	214	刘进生	202
李祥春	147	梁冬坡	220	刘　颖	151	刘景超	110
李祥海	222	梁新书	121,122,125	刘　影	34	刘景樑	182,183
李小兵	134	廖　益	33	刘　邕	218	刘敬乐	217
李晓锋	255	廖春雨	155	刘　雍	68	刘俊红	162
李晓红	55	廖晓龙	58	刘　勇	135	刘克强	154
李晓燕	139,172	廖振宇	213,214	刘　悦	102	刘莉莉	122,123
李醒飞	82	林　劼	95	刘　柱	208	刘连生	202
李兴阳	217	林　强	193	刘爱民	194	刘庆焕	163
李杏华	82	林　瑞	184	刘爱霞	218	刘庆岭	180
李秀峰	183	林　毅	218	刘佰明	51,106	刘琼琼	187
李秀金	49	林立刚	69	刘帮民	96,97	刘赛峰	137
李旭东	184	林再志	205	刘宝生	111	刘少敏	49
李学菊	189	刘　蓓	56	刘昌孝	90,229,266	刘仕强	87
李学龙	43	刘　斌	72	刘畅格	172	刘淑梅	219
李学洋	215	刘　超	37	刘成刚	178	刘淑艳	185
李雪冰	132	刘　成	178,204	刘春江	33	刘树业	134
李亚卓	90	刘　峰	129,161	刘春艳	107,111,219	刘同海	105
李延伟	202	刘　钢	149	刘丛强	228	刘伟伟	31,32,67,130
李彦赟	95	刘　辉	31,153,196	刘大颖	120	刘文彬	194
李艳雯	76	刘　军	152,174	刘典忠	193	刘文忠	107

姓　名	页码
刘小芳	184
刘小龙	41
刘晓辉	98
刘新峰	51
刘杏忠	35
刘旭锴	179
刘旭生	55,192
刘学军	106
刘亚梅	97
刘亚平	265
刘延财	45
刘艳芳	62
刘燕清	108
刘曜玮	42
刘迎午	144
刘永平	165
刘永胜	104
刘玉红	62
刘运亭	35
刘哲理	31,208
刘振文	183
刘振忠	208
刘征辉	124
刘志锋	47
刘志朋	36
刘中宪	181
刘忠波	195
刘忠信	42
刘宗园	84
柳海明	88
龙　鸿	115
龙以明	33,228
娄旭峰	193
卢　珑	171
卢　涛	83
卢焕珍	216
卢凌云	205
卢文艺	140
卢学强	31,73
卢彦昌	90
芦　燕	31,180
芦凤明	84
陆晓东	199
鹿　兴	155
路　玲	133
路　垚	108
路　遥	213
路福平	59
路来风	60
路文海	79
栾立群	211
罗　刚	197
罗　鑫	84
罗　莹	113
罗健生	83
罗智敏	122
吕　静	71
吕　楠	130
吕海英	126
吕宏虹	230
吕晓龙	48
吕雄杰	126
吕英辉	211
吕永铭	137
M	
麻雪艳	220
马　超	56
马　闯	115
马　杰	170
马　珂	199
马　龙	59
马　明	179
马　楠	146
马　宁	216,222
马　任	36
马　挺	32,36
马　轩	51
马爱静	178
马百成	165
马春华	33
马殿光	202
马富玲	149
马庚雪	219
马桂蕾	37
马国伟	64
马红伟	178
马洪顺	153
马吉飞	118
马天翼	87
马文超	73
马新宾	63,71
马永波	192
马幼捷	42
马志明	54
麦若绵	196
毛富强	265
毛静远	161,171
毛雪冬	55
梅　宏	270
梅　凯	195
梅文胜	204
梅早仙	151
孟　辉	217
孟　郊	173
孟凡超	196
孟建强	48
孟庆良	123
孟庆昕	268
孟宪明	88
孟祥飞	55,267
孟玉环	105
孟昭鹏	171
苗　颖	112
苗长云	65
明　君	48
幕　慧	183
穆　彤	212
穆云飞	191
N	
倪道凤	149
倪红艳	140
粘　红	156
聂继云	210
聂江力	112
聂为之	76
聂应新	100
宁　文	35
宁　莉	141
宁　萌	144
宁培勇	174
牛国保	123
牛国旗	202
牛卫飞	211
O	
欧清海	208
P	
潘　勤	95
潘淑杰	220,224
庞海燕	150
庞纪平	94
庞兴荣	214
庞彦伟	43
裴　坚	45
裴　毅	112
盆海波	192
彭　勃	108
彭　轼	56
彭冬秀	123
彭士涛	187,197
彭双阶	33
彭一刚	227
蒲天骄	191
蒲秀刚	83
Q	
齐　浩	219
齐　伟	190
齐　新	154
齐国元	43
齐红莉	112
齐秀娟	110
祁力群	33
祁生旺	271
钱　磊	127
钱春阳	124,125
钱皋韵	228
钱晶瑶	137
强颖怀	100
邱冠华	101
邱晓滨	220
邱正松	83
裘祖荣	82
曲　明	92
曲　平	77
曲鹏飞	161
R	
冉　阳	183
冉　勇	212
饶志明	90
饶子和	228,265
任耿祥	196

姓 名	页码
任晓文	97
任新军	156
任新生	264
任元林	98
戎 辉	88
荣 辉	180
S	
单慧勇	209
商纪鹏	122
商佳胤	112
尚 巍	186
尚东维	113
尚学军	192
尚芝群	149
邵 兵	178
邵 蓬	119
邵 伟	131
邵海军	68
申 雷	214
沈 超	56
沈 文	140,147,155
沈 燕	160
沈伯雄	72,180
沈平邦	184
盛明薇	137,141,163
师燕超	179
施 鑫	213
施丽婕	170
石 红	72
石 军	120
石广玉	178
石皓文	107
石会民	109
石家福	45
石学敏	229
史 源	153
史国珍	205
史慧妍	164
史佳林	102,104,105
史立洲	200
史鹏飞	206
史婷娜	99
史永堂	32
舒歌群	87
帅 领	31,58,277
司传领	49

姓 名	页码
宋 斌	125
宋 嘉	284
宋 建	104,114
宋 薇	217
宋超业	204
宋春喜	110
宋存先	37
宋代旺	101
宋桂江	201
宋宏坤	207
宋建辉	104
宋礼成	228
宋铁麟	183
宋文辉	153
宋晓燕	185
宋欣芫	168
宋鑫博	220
宋轶民	99
宋圆圆	50
宋昭煌	183
苏 杭	221
苏 赫	58
苏 见	183
苏 杰	171
苏 洁	218
苏 宁	197
苏 旭	139,172
苏 哲	212
苏万华	229
隋松男	143
孙 昊	42
孙 鹤	260
孙 欢	100
孙 静	75,116
孙 娟	165
孙 军	77
孙 夔	115
孙 宁	32,42,109
孙 强	126
孙 涛	99,138
孙 昕	131,151,152
孙 玥	106
孙冰冰	107
孙国玲	260
孙国兴	103,104,105
孙国志	215

姓 名	页码
孙海柏	139
孙海波	106,125
孙宏伟	46
孙洪范	37
孙华文	195
孙建元	216
孙金辉	119
孙晋津	143
孙立红	209
孙利民	56
孙林静	106
孙密娜	221
孙明玮	42
孙青林	31,42,55
孙书洪	123
孙双双	160
孙铁斐	73
孙晓磊	221
孙晓翔	182
孙学良	34
孙雁翔	145
孙银合	213
孙英峰	118
孙英杰	91,94
孙约兵	50
孙云东	211
孙兆军	71
孙贞文	55
孙志利	100
孙治贵	218,220
孙仲彬	193
T	
泰宁纳德	96,270
谭国栋	114,115
谭小月	159
谭亚军	215
谭毅培	41,224
汤 毅	265
汤立达	96
唐 楠	139
唐家龙	255
唐梓洲	33
陶 金	42
陶 珑	42
陶华岳	144
陶占良	47

姓 名	页码
滕 贺	158
滕 藤	49
田 华	31,87
田 晶	149
田 绅	100
田 涛	107
田 野	75
田 昀	212,213
田凤石	135
田会静	203
田金洲	90
田津生	168
田松龄	88
田文丽	184
田文松	88
田郁郁	213
田志宾	83
佟 颖	44
童 茜	182
W	
万 振	152
万相见	31
汪 定	208
汪德强	139
汪东林	182
汪东平	62
汪绍盛	124
汪顺亭	229
汪悦平	201
王 斌	100
王 超	122,123,191
王 岱	181
王 芳	87
王 风	161
王 亘	74
王 海	70,129,193
王 浩	153,199,284
王 贺	46
王 红	161,162,165
王 宏	38,163,214
王 浒	44
王 华	76,168,254
王 辉	135
王 静	170,220,229
王 娟	45,136,284
王 凯	146,284

姓　名	页码
王　恺	39
王　魁	193
王　坤	230
王　磊	92,129,214
王　蕾	130,167
王　黎	49,267
王　力	177
王　莲	163
王　亮	69
王　林	84
王　琳	91,94
王　龙	76
王　敏	61
王　楠	191
王　鹏	82
王　琦	109
王　强	141
王　权	83
王　舒	160
王　帅	195
王　爽	134
王　硕	171
王　甦	106
王　涛	132,155,324
王　铁	218,219
王　维	165
王　伟	38,172,192
王　卫	164
王　想	106
王　欣	36
王　鑫	100
王　璇	212
王　岩	94
王　彦	182,219
王　艳	121,214,221
王　毅	184
王　颖	46,217
王　勇	108,121,142
王　禹	42,101
王　玉	91,143,202
王　喆	74,213
王　震	45
王　梓	130,166,192
王宝山	222
王步江	109
王昌洪	204

姓　名	页码
王超楠	122,123
王朝晖	45
王晨阳	202
王驰伟	87
王传启	205
王春华	90
王春敏	108
王春兴	208
王得玲	153
王德征	172,173
王登科	180
王东坡	46,180
王东强	134,152
王凤楼	130
王凤梅	132
王甫友	179
王付永	42
王光普	151
王海峰	153
王海凤	110
王海军	70
王海涛	129,144
王海艳	193
王浩然	199
王红梅	165
王宏毅	205
王宏智	214
王洪战	204
王华峰	254
王华昆	76
王惠哲	120
王计广	87
王建波	188,189
王建春	121,124,126
王建恒	49
王建军	181,196,203
王建伟	182,184
王建祥	58
王剑锋	193
王金丽	177
王劲松	45
王景余	108
王静康	229
王军祥	100
王军志	266
王俊斌	110

姓　名	页码
王黎明	267
王立宾	114
王立君	115
王美茹	202
王攀峰	99
王庆良	100
王润玲	128
王三喜	113
王少丽	106
王劭妤	98
王生辉	101
王胜平	63
王晟晨	67
王世东	100
王书军	94
王淑丽	90,95
王树新	58,62,267
王双双	254
王思琪	136
王天昊	193
王万立	121
王伟臣	192
王伟权	172
王伟伟	38
王文博	66
王文彤	164
王武斌	70
王贤良	161
王小波	113
王晓春	39
王晓冬	145
王晓丽	187
王晓莉	37,40
王晓清	72
王新泽	205
王兴芬	148
王秀娟	166,170
王秀柱	172
王旭东	193
王绪亭	195
王学利	109
王学文	144
王雪惠	119
王雪莲	217
王延辉	62
王延群	36

姓　名	页码
王彦洋	182
王艳超	214
王艳春	221
王仰仁	124
王弋嘉	136,137
王永清	154
王勇强	142
王宇凡	134
王玉锋	114
王玉红	202
王玉晶	91,94
王玉亮	143
王毓宁	120
王远宏	109
王泽江	77
王长进	204
王志刚	200
王志鹏	213
王志强	99
王志勇	155
王智冬	192
王中冠	71
王忠孝	100
王子龙	88
王子威	168
王子相	203
韦有波	205
卫海桥	87
尉　斌	208
尉英华	221
魏菊芳	191
魏丽萍	154
魏瑞华	158,159
魏树龙	213
魏文进	172
魏永祥	149
温春秀	124
文正华	122,123
翁亦齐	146,163
吴　丹	77,79
吴　芳	105
吴　进	202
吴　楠	119
吴　澎	202
吴　琦	131,152,265
吴　涛	189

姓 名	页码
吴 巍	84
吴 潇	95
吴 璇	80
吴彬贵	77
吴东风	121
吴会民	119
吴建辉	153
吴利蕊	211
吴连海	46
吴玲玲	166
吴庆东	177,178
吴深涛	169
吴咸中	228
吴湘锋	47
吴晓静	136,137,138
吴亚辉	126
吴以成	229
吴轶欧	211
吴沅皞	162
吴振奎	33
吴正桥	191
吴志刚	268
吴志新	56,88
吴忠良	206
武 胜	95,218
武 婷	141
武 毅	42,192
武春瑞	69
武国良	222
武俊平	152
武胜利	218
武毅男	42
武永新	205
武云鹏	123
X	
夏 爽	137,140
夏承遗	45
夏栋文	183
夏苏东	119
夏孝瑾	256
夏媛媛	96
夏长亮	230
肖 萍	109
肖 妍	215
肖朝霞	72
肖传学	91
肖冬梅	33
肖恩尚	191,193
肖海民	55
肖建中	110
肖新光	56
肖雄丙	196
谢 均	218
谢 荣	182
谢春刚	78
谢宏山	115
谢善文	202
谢肖飞	55
谢小波	36
谢晓东	109
谢晓亮	124
谢志成	74,75
辛曙辉	150
辛永波	126
邢 军	197,201
邢美楠	187
邢晓彤	169
熊冬生	58
熊金良	83
徐 波	92
徐 杰	174
徐 靖	148
徐 磊	155
徐 强	171
徐 庆	101
徐 姝	217
徐 弢	193
徐 英	168
徐宾宾	194
徐广明	171
徐慧静	213,214
徐建斌	192
徐建国	257
徐连勇	31
徐灵芝	216
徐为人	96
徐维红	106
徐晓娜	149
徐晓宁	71
徐晓燕	113
徐艳艳	161
徐义鑫	124,126
许 佳	62,195
许 坚	139
许 磊	204
许 俨	165
许光全	56
许佳音	62
许家帅	194
许庆芬	108
许桃元	206
许条建	202
许长义	216
许正宏	90
薛 斌	162
薛 俊	114
薛 雪	32,136
薛淑霞	119
薛卫东	45
薛永华	197
Y	
延秀敏	164
闫 波	206
闫 俊	217
闫 武	199
闫春财	41
闫方超	87
闫师杰	112
闫锡桐	82
闫燕红	178
严秀平	31
阎 皓	135
阎 彦	99
阎国荣	109
阎瑞香	113
阎玉涛	200
杨 斌	134
杨 兵	203
杨 冬	45
杨 帆	119
杨 广	46,119
杨 洁	188
杨 菁	40
杨 军	35,39,159
杨 阔	170
杨 磊	31
杨 丽	64,111,189
杨 龙	96,147
杨 倩	49
杨 清	144
杨 挺	192
杨 维	192
杨 学	209
杨 珣	183
杨 阳	212,268
杨 勇	106,108
杨成良	75
杨春蕊	141
杨广庆	46
杨红澎	113
杨鸿钧	196
杨健博	221
杨金爽	214
杨静慧	119
杨丽芳	111
杨丽萍	189
杨培岭	123
杨培树	170
杨瑞波	159
杨瑞环	120
杨胜伟	177
杨伟华	50
杨文杰	152
杨晓宏	93
杨晓静	192
杨新磊	181
杨秀娟	166
杨永安	100
杨玉森	197,198
杨元庆	166,169
杨云飞	43
杨长义	198
杨振文	46
杨志新	198
尧命发	44,45
姚 青	221
姚从容	105
姚慧茹	218
姚建铨	228
姚卫锋	165
姚新强	224
姚雪力	214
姚玉良	195
姚玉荣	107,111

姓　名	页码
姚占辉	72
叶澜涛	112
叶声华	229
叶艳霞	200
伊秀林	96
易小萍	116
殷　涛	36
殷福星	67
尹　川	103,105
尹　黔	205
尹慧芳	171
尹胜超	178
尹喜阳	192
印卧涛	33
尤红兵	181
尤建功	33
游国栋	71
游强蓁	94
于　策	192
于　勇	204
于春水	142
于海龙	123
于宏兵	31,32,66
于洪宇	87
于佳卉	220
于晋泽	113,124
于景华	52
于茂河	174
于文双	74,75
十晓光	268
于永金	84
于战平	103
于长彬	205
于智睿	215
余　杨	76
余国琮	33,227
余洪猛	149
余建星	76
余伦创	191
余铭程	63
余松林	213
余贻鑫	229
余逸群	149
俞　佳	213
俞凌云	98
宇克莉	41

姓　名	页码
庾建设	33
喻文立	137,141,163
袁　玲	167
袁　英	96
袁　勇	204
袁春波	189,190
袁明星	42
袁甜甜	209
袁文焕	209
袁希钢	33
袁晓洁	193
袁雪竹	74
苑　晶	42
岳　颖	164
岳建锋	65
岳明祥	213,214
岳顺民	192,193
Z	
曾　斌	108
曾　明	119
曾　强	173
曾　勇	90,96
曾　沅	192
查博钒	230
翟桐立	83
詹水芬	195
展思辉	32,267
张　宾	56
张　斌	122
张　超	37
张　弛	197
张　峰	76
张　海	181
张　浩	45,205
张　恒	135
张　红	48,75,123
张　辉	221
张　健	103
张　杰	90,95,145,151
张　洁	214
张　金	122
张　军	205
张　凯	47
张　磊	162
张　利	192
张　民	179,280

姓　名	页码
张　明	40,123,148
张　娜	112,113
张　楠	57,219
张　宁	74,75,80
张　鹏	120
张　平	106,124,134
张　茜	31,105,170
张　强	211
张　青	46,93
张　芮	80
张　涛	40,75
张　韦	119
张　惟	142,211
张　维	256
张　伟	33,148,228
张　馨	97,207
张　岩	164,167
张　琰	157,158
张　彦	75,187
张　艳	172
张　阳	84
张　怡	109
张　颖	170,174
张　勇	115,208
张　宇	192
张　昱	186
张　悦	153
张　振	43,188,190
张爱琳	112
张宝文	96
张保岩	126
张本恕	130
张伯礼	81,161,237
张闯年	37,38
张春红	162
张春霆	228
张春燕	42
张春意	197
张春泽	138,148
张大宁	159,160,168
张大伟	114
张大卫	100
张凤环	144
张福庆	111
张高燕	155
张广玉	88

姓　名	页码
张桂贤	130
张浩力	45
张和永	109
张红杰	48
张红振	75
张宏伟	62,70
张华勤	187
张华庆	201,202
张慧颖	255
张坚磊	152
张建春	77
张建红	198
张建磊	42
张建亮	137
张建新	181
张杰民	145,151
张金良	122
张津瑞	180
张静琦	134
张娟娟	42
张俊辉	82
张兰兰	92
张立华	211
张立云	58
张丽丽	162
张琳华	37
张美佳	173
张美云	130
张勉之	159
张敏华	63
张明明	40
张明庆	148
张佩良	196,200
张平平	109,134
张青波	46
张荣飞	116
张融雪	106
张若纬	123,124
张社荣	191
张诗武	148
张世林	84
张淑萍	115
张曙光	84
张树良	214
张树林	120
张天华	199

姓　名	页码
张桐茂	171
张万祥	152
张伟华	148
张伟平	33,228
张玮晔	147
张卫东	62
张文博	55
张文馨	214
张文喆	55
张文柱	168
张武军	194
张锡朋	148
张宪国	84
张小丽	122,123
张小栓	106
张晓磊	209
张晓阳	141,148
张晓玉	111
张效生	104,116
张新辉	167
张馨文	97
张学利	136
张学炜	209
张雪飞	121,124,126
张雪辉	212
张雅敏	132,147,153
张亚南	79
张亚楠	56,208
张亦陈	119
张翼英	208
张永宾	179
张永光	47
张玉志	54
张裕芬	216
张哲平	84
张振杰	58
张志刚	192
张志军	113,115
张志利	192
张祝华	121
张宗华	63
章清华	169
章顺楠	91
赵　丹	276
赵　红	162
赵　华	100
赵　辉	132,209
赵　嘉	148
赵　坚	88
赵　岚	164
赵　亮	173
赵　路	95
赵　宁	74
赵　鹏	195
赵　萍	150
赵　涛	206
赵　伟	208,209
赵　文	204
赵　欣	83
赵　新	42
赵　鑫	194
赵　莹	95
赵　宇	92
赵春雷	218
赵国杰	63
赵家欣	42
赵来平	256
赵立峰	169
赵丽中	148
赵明峰	136,140,143
赵明刚	33
赵秋洪	211
赵少贞	158
赵士达	224
赵贤正	83
赵祥增	103
赵小明	87
赵晓峰	162
赵晓雷	108
赵筱萍	90
赵秀梅	38,163
赵学满	99
赵玉军	63,71
赵振营	137,148
赵振宇	165
赵志强	149
甄　岩	193
郑　虹	183
郑朝晖	49
郑海燕	148
郑继虎	56
郑连斌	230
郑连生	179
郑顺义	204
郑卫华	255
郑先军	205
郑兴灿	186
郑余朝	177
郑志胜	87
郑志伟	124
郑尊清	44
周　滨	75
周　冲	101
周　恒	227
周　鸿	93
周　华	87,160
周　磊	98
周　莉	179
周　麒	32
周　盛	39
周　玮	72
周　翔	71
周　烨	195
周　震	44
周春雷	146
周德俊	147
周东明	128
周方南	206
周光涛	203
周海亮	212
周洪芸	55
周华华	160
周锦程	220
周立宏	83
周利军	191
周明华	73
周其林	228
周启星	31,50
周青云	112,123
周世杰	212
周淑慧	83
周水平	260
周卫峰	185
周湘忠	154
周晓青	36
周星娅	169
周学永	110
周雪松	42
周亚东	182
周燕川	218
周永斌	113
周志华	189
朱　晋	71
朱　平	31
朱　彤	88
朱　祥	100
朱海剑	114
朱海云	256
朱建丽	210
朱建章	71
朱连义	200
朱如森	136
朱万山	208
朱先忠	54
朱向雷	88
朱晓丹	91,94
朱秀同	116
朱玉山	35
朱兆洲	42
朱志强	106,124
朱志伟	216
祝月艳	72
庄朝荣	100
庄合义	100
庄英萍	116
卓　强	183
訾惠君	108,113
纵微星	134
邹　竞	229